Richard von Frankenberg
Marco Matteucci

Geschichte des Automobils

sigloch edition

Völlig überarbeitete und neugestaltete deutsche Ausgabe von
»Storia dell'Automobile« von Marco Matteucci, erschienen bei STIG, Turin

Redaktion und Herstellung: Günther Schmidt, Künzelsau/Stuttgart
Übersetzung der italienischen Vorlage: Carlo Musazzi

Satz und Druck: J. Fink, Ostfildern
Papier: 135 g/qm und 170 g/qm BVS der Papierfabrik Scheufelen, Lenningen
Bindearbeiten: Buchbinderei Sigloch, Künzelsau
Auslieferung an den deutschen Buchhandel: Stürtz Verlag, Würzburg
ISBN 3-8003-0100-8

Geschichte des Automobils

Baden-Württemberg wird mit Recht als das Kernland des Automobils bezeichnet. Carl Benz stellte in Mannheim und Gottlieb Daimler in Bad Cannstatt die ersten betriebsfähigen, dreirädrigen und vierrädrigen Automobile her. Aus diesen ersten Prototypen entstand auch ein wesentlicher Teil der baden-württembergischen Kraftfahrzeugindustrie. Die Erfindungen dieser beiden Männer gaben aber auch wesentliche Impulse für die Entwicklung der Automobilindustrie in Frankreich, England und Österreich.

Auch Wilhelm Maybach, der engste Mitarbeiter Daimlers, der von 1908 an durch den Bau seiner Maybach-Luftschiff-Motoren und nach dem ersten Weltkrieg durch den Bau der Maybach-Wagen berühmt wurde, war ein Württemberger: Seine Wiege stand in Heilbronn, sein Werk nachher in Friedrichshafen.

In dem Maße, wie sich die Automobilindustrie im Lande entwickelte, faßte auch die dafür so wichtige Zubehörindustrie Fuß. Zahlreiche Firmen sind in der Folge dieser Entwicklung wegen ihrer soliden Struktur und Leistungsfähigkeit in der ganzen Welt bekannt geworden.

Während die Firmen Benz und Daimler schon in der allerersten Phase des Automobils entstanden sind und auch NSU in Neckarsulm schon kurz nach der Jahrhundertwende mit dem Motorrad- und dann mit dem Autobau begann, kam das Konstruktionsbüro von Professor Porsche erst 1930 nach Stuttgart. Hier entstanden in den 30er Jahren der Volkswagen und der Grand-Prix-Wagen der Auto Union. Von 1950 an baute Porsche eigene Autos.

Wen wundert es unter solchen Umständen, daß Baden-Württemberg im Rahmen der gesamten EG über die höchste Verkehrsdichte verfügt?

Dieses Buch, im Kernland des Automobils entstanden, dokumentiert die Pionierleistung, die in unserem Lande auf dem Gebiet des Automobilbaus geleistet wurde.

Dr. Rudolf Eberle
Minister für Wirtschaft, Mittelstand und Verkehr
des Landes Baden-Württemberg

Wer das große Glück hat, in einer vom Verkehr noch wenig berührten Gegend zu wohnen, wird zweifellos sein Automobil mit anderen Augen betrachten als ein Großstädter: Mehr Freude am Fahren und die Notwendigkeit der heute unentbehrlichen Mobilität leihen dem Auto durchaus noch erfreuliche und lebensnotwendige Charakterzüge. Unwillkürlich schweift die Erinnerung zurück: erstes Auto im Familienbesitz 1905, Führerschein der Großmutter 1909, Fahrt der Großmutter 1910 mit dem Auto nach Nizza – man könnte mit Beispielen so fortfahren. Nicht verwunderlich also, daß man die Liebe zum Automobil und allem, was damit zusammenhängt, in der Wiege vorfand. In wem steckt heute nicht der geheime Wunsch, Autos der Pionierzeit zu besitzen oder sie wenigstens kennenzulernen? Welche Chancen hat man, sich mit der Materie vertraut zu machen? Eine dieser Chancen ist zweifellos das vorliegende Werk. Welche Mühe mag die Vorbereitung, die Bearbeitung, das Manuskript, die Illustrationen, der Druck und der Einband gekostet haben, um ein solch umfassendes Werk fertigzustellen! Mit diesen Mühen ist es aber auch möglich gemacht worden, Autos kennenzulernen, die so verschieden sind wie die Menschen, die sie damals bauten.
Vielleicht ist es gerade diese Individualität, die viele unserer Zeitgenossen sehnsüchtig und liebevoll an die frühen Tage des Automobils denken läßt. Die Uniformität der Mehrzahl unserer heutigen Autos ist ja fast deprimierend zu nennen, wenngleich sie aus guten Gründen nicht zu ändern ist. Wieviel gute und fortschrittliche Gedanken sind jedoch schon in der Frühzeit des Automobilismus ersonnen und realisiert worden. Mit viel Sympathie und Freude, dessen bin ich sicher, wird dieses Buch von jedem Veteranenfreund begrüßt. Einblick zu nehmen in die Welt des polierten Messings, der riesigen Scheinwerfer, der Holzspeichenräder und der ungewöhnlichen Kühlergesichter, vertraut zu werden mit eigenwilligen Persönlichkeiten – das ist eine Wohltat. Wem Fahren noch eine Freude ist, der wird sicherlich manche Stunde mit einem Hauch von Nostalgie an vergangene große Tage in der Geschichte des Automobils denken.

Kraft Fürst zu Hohenlohe-Langenburg

Modell eines windgetriebenen Gefährts nach Roberto Valturio, 1472

Wie es anfing

Man kann die Entwicklung, die zum Automobil heutiger Prägung geführt hat, in sechs Epochen unterteilen. In der ersten Epoche stehen nur die Ideen über das, was man vielleicht eines Tages tun könnte. Es stehen in dieser ersten Epoche aber auch die Muskelkraftwagen und die Segelwagen, mithin Fahrzeuge, die noch nicht durch eine Verbrennung irgendwelcher Art angetrieben wurden. Die zweite Epoche umfaßt die Dampfmaschine, die ja im 19. Jahrhundert nicht nur zum Antrieb von Lokomotiven, sondern auch von Straßenfahrzeugen benutzt wurde. In der dritten Epoche sehen wir den Verbrennungsmotor entstehen, der mit Petroleum oder ähnlichen Stoffen betrieben wird, aber der noch keine Verdichtung besitzt – die sogenannten atmosphärischen Maschinen. Die vierte Epoche bringt dann den Verbrennungsmotor mit Verdichtung in Form des Kolbenmotors. In der fünften Epoche erst kommt die Umsetzung der Energie in die Bewegung, die Umsetzung also auf das Auto, das Motorrad, das Motorboot, das Luftschiff und das Flugzeug. Damit entsteht auch das, was wir Automobil nennen, Selbstbeweger. Die sechste Epoche umfaßt dann die Versuche neueren Datums, den Kolbenmotor durch Rotationsbewegung zu ersetzen, also den Wankelmotor und die Turbine.

Der erste Mann, der vermutlich mit dem Gedanken gespielt hat, daß man irgendwann einmal Mittel und Wege finden könnte, auf mechanischem Wege Fahrzeuge und Flugzeuge anzutreiben, war der englische Philosoph Roger Bacon, ein Franziskanermönch, der 1219 geboren wurde und in Oxford 1294 starb. In seiner Philosophie neigte er oft zu naturwissenschaftlichen Spekulationen, und ohne daß er Details beschrieb, glaubte er doch, daß eines Tages die Menschen so weit sein könnten, sich mit einer mechanischen Kraft fortzubewegen.

Muskelkraft und Wind

Die Idee zu Muskelkraftwagen geht natürlich schon auf viel ältere Zeiten zurück. Max Rauck vom Deutschen Museum in München vermutet, daß die Urzelle des Muskelkraftwagens bei den riesigen hellenischen Belagerungstürmen im 4. Jahrhundert vor Christus zu suchen seien, die schon durch Treträder bewegt wurden. Aus dem Jahre 308 v. Chr. ist der selbstfahrende Wagen des Demetrios von Phaleron überliefert, der bei religiösen Umzügen mitfuhr und »durch eine unsichtbare Kraft« bewegt wurde. Die unsichtbare Kraft waren Menschen, die im Innern dieses Fahrzeugs, das wie eine riesige Weinbergschnecke aussah, Tretarbeit verrichteten. Und aus dem 2. Jahrhundert n. Chr. wird vom römischen Kaiserhof berichtet, daß es dort einen bequemen Wagen gegeben hätte, der durch im Innern versteckte Sklaven bewegt wurde. In deutschen Chroniken taucht ein solcher Muskelkraftwagen zum ersten Mal 1447 in der sogenannten

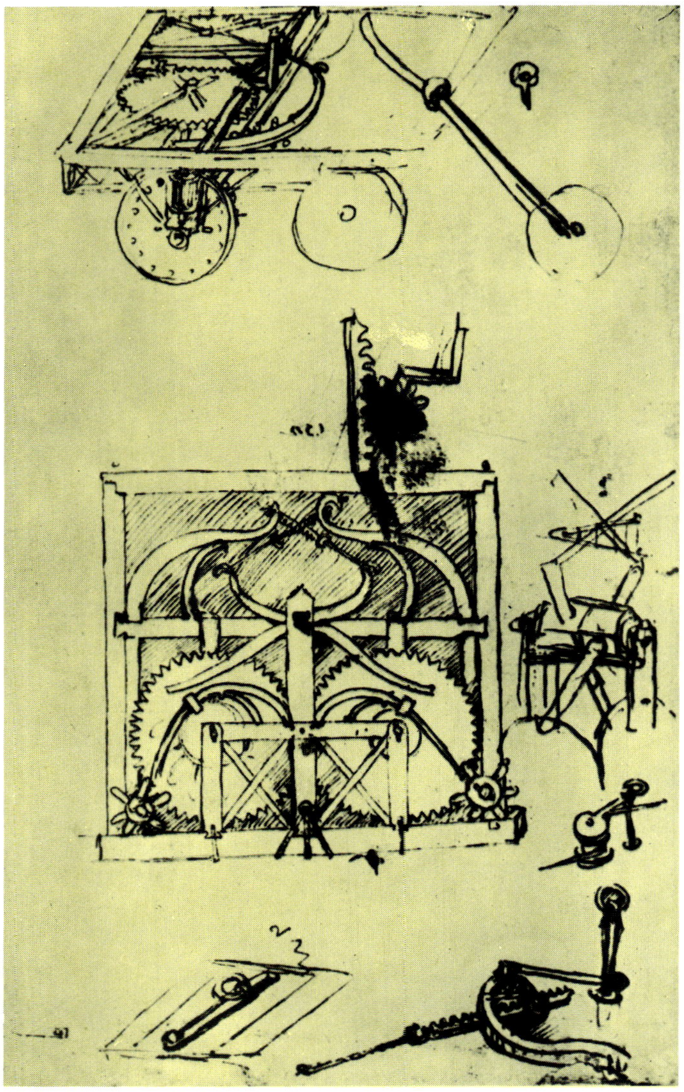

Zwei Skizzen von Leonardo da Vinci: oben für eine selbstgetriebene Karre (aus dem Codex Atlanticus), rechts für ein durch Schwerkraft angetriebenes Fahrzeug

Memminger Chronik auf; ein pferdeloser Wagen habe damals dieser Stadt einen Besuch abgestattet. Bemerkenswert ist, daß in dieser frühen Zeit sich zahlreiche Künstler mit diesem Problem auseinandersetzten; so hat Leonardo da Vinci um 1490 schon Entwürfe für selbstfahrende Wagen gezeichnet, und auch Dürer hinterließ Entwürfe für solche Muskelkraftwagen. Sehr bekannt geworden ist später der mechanische Prunkwagen des Nürnberger Zirkelmeisters Johann Hautsch zwischen 1650 und 1660. Hautsch baute zwei solcher Wagen, in denen versteckte Männer an Kurbeln drehten, und verkaufte sie an die Höfe von Schweden und Dänemark. Kurz danach baute der Uhrmacher Stefan Farffler aus Altdorf bei Nürnberg ebenfalls einen solchen Muskelkraftwagen. 1745 führte der französische Automatenbauer Jacques de Vaucanson König Ludwig XV. einen zweisitzigen Muskelkraftwagen vor, der den Herrscher sehr begeisterte. Man kennt aus dem 18. Jahrhundert Berichte aus England und Rußland, die im Prinzip auf das gleiche hinauslaufen: Ein Diener steht meist verborgen hinter dem Fahrgast und tritt abwechselnd zwei Bretter, die durch ein Band über eine Rolle zwangsläufig geführt werden und die Kraft auf die Hinterachse übertragen. Auch im 19. Jahrhundert wurden noch vielfach solche Muskelkraftwagen konstruiert, aber niemals in Serie hergestellt.

In diese Epoche gehören zweifellos auch die Segelwagen, und es soll bereits der ägyptische König Amenemhet III. mit einem solchen Segelwagen am Nil entlanggefahren sein. Auch in China soll es in alter Zeit solche Windwagen gegeben haben. Um das Jahr 1600 baute der holländische Mathematiker Simon Stevin einen Segelwagen, den man als wirklich brauchbar bezeichnen konnte. Ein großes Modell faßte 30 Personen und erreichte, wie die Chroniken berichten, auf der Strecke von Scheveningen nach Petten eine Durchschnittsgeschwindigkeit von 34 km/h – aber solche Segelwagen fuhren natürlich nur, wenn entsprechend guter und starker Wind herrschte.

Cugnots Dampfwagen

Die Ära der Straßendampfwagen leitete Nicolas Joseph Cugnot ein.
Wenn man es genau nimmt, dann war das erste »Automobil«, der erste Selbstbeweger schon 1769 unterwegs: ein Dampfwagen, der Fahrversuche in Paris machte. Er wurde von einem französischen Ingenieuroffizier namens Nicolas Joseph Cugnot gebaut und heißt deshalb der Cugnot-Dampfwagen. Cugnot erhielt seine technische Ausbildung in Deutschland, nahm am Siebenjährigen Krieg auf der Seite Maria Theresias teil und siedelte 1763 nach Paris über. Im Auftrag des französischen Königs baute er 1769 erst einmal einen kleineren Dampfwagen-Prototyp, der mit 4 Passagieren eine Maximalgeschwindigkeit von gut 9 km/h erreichte. Der erzeugte Dampf reichte aber nur für 12 Minuten Fahrt.

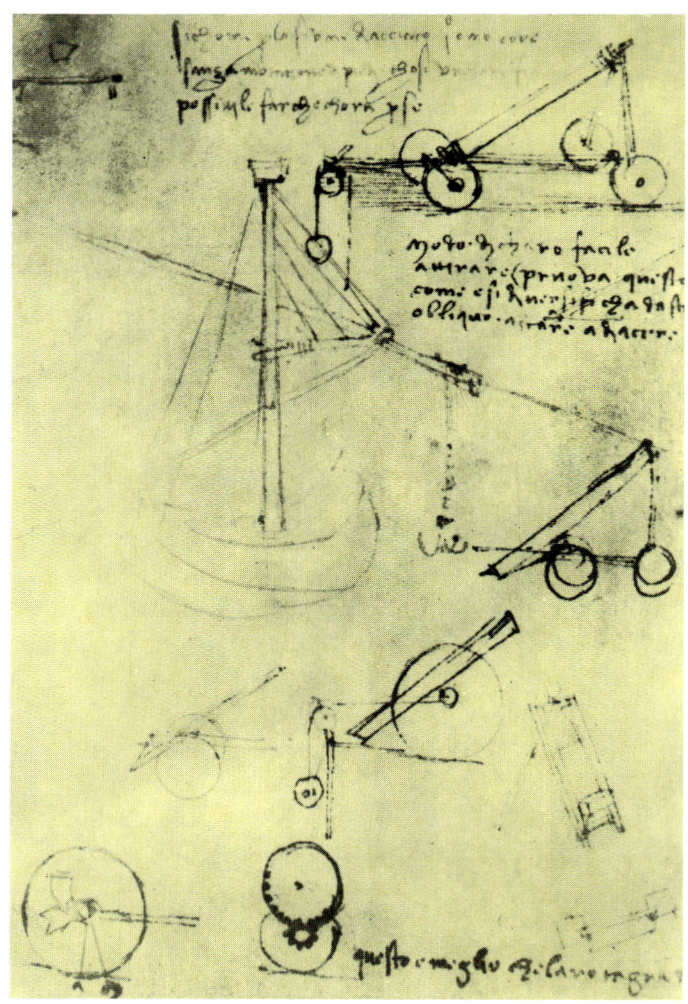

Daraufhin baute Cugnot einen zweiten, größeren Dampfwagen, der 4 bis 5 Tonnen tragen sollte, vorne ein Rad und den riesigen Dampfkessel, hinten zwei Räder besaß und mit einer einfachen Plattform als »Karosserie« ausgestattet war. Gedacht war dieses Fahrzeug für militärische Zwecke: zum Transport von Geschützen und schweren Lasten.
Genaue Berichte über die einzelnen Versuchsfahrten liegen nicht mehr vor. Sie fanden zwischen dem 20. November 1770 und dem 2. Juli 1771 in Vincennes statt. Als das Fahrzeug nicht die erhoffte Leistung brachte und zum Schluß gegen eine Mauer fuhr, unterstützte der Kriegsminister das Projekt nicht mehr.
Das wieder reparierte Fahrzeug wurde schließlich 1801 in ein Museum gestellt. Cugnot lebte daraufhin von einer kleinen Pension und starb 1804 verarmt und einsam in Brüssel. Das Deutsche Museum besitzt ein naturgetreues Modell von diesem Cugnot-Dampfwagen. 1913 errichteten die Franzosen auf Anregung des damaligen Präsidenten Poincaré bei Void in Lothringen, Cugnots Geburtsort, ein Denkmal, das aber im zweiten Weltkrieg zerstört wurde. Mit Hilfe deutscher Spenden ist es in den letzten Jahren wieder aufgebaut worden. Die Initiative dazu kam vom Deutschen Museum in München.
Es ist eigentlich erstaunlich, daß der Franzose Cugnot zum ersten Mal den Dampf für den Straßenbetrieb benutzte, wo doch in England die ersten Dampfmaschinen erfunden wurden und liefen. Die Dampfkraft wurde in England aber zuerst fast ausschließlich im Bergbau eingesetzt. Man wollte dadurch Lasten leichter heben und besser befördern, und ehe es zur Eisenbahn und dann zu den Straßendampfwagen für Personenbeförderung kam, existierte das Dampfschiff. Der erste regelmäßige Passagierdienst mit einem Dampfomnibus wurde 1831 in England eingerichtet. Es war eine Konstruktion von Walter Hancock. Die 30er Jahre des vorigen Jahrhunderts schienen in England die Zeit der Dampfomnibusse zu sein. Aber auf den schlechten Straßen und mit der schlechten Federung hatte man große Probleme. Es gab auch gelegentlich Unfälle, und als die Eisenbahn aufkam, entschied sich der Staat dafür, die neue Eisenbahn zu fördern und diese Omnibusse auf den Straßen nicht anzuerkennen. Es gab zunächst hohe Straßen- und Brückenzölle und schließlich jene Geschwindigkeitsbegrenzung, die man unter dem Begriff des »Red Flag Act« kennt: Es durfte kein Straßenfahrzeug in England schneller als vier Meilen pro Stunde auf dem Lande und zwei Meilen pro Stunde in der Stadt fahren,

Oben der Dampfwagen von Nicolas Joseph Cugnot 1770/71, unten Dampffahrzeug von Rickett und ein Dampfdreirad von Trevithick um 1800

Oben: Dampfkutsche von Church etwa 1833. – Unten: Dampfwagen von Virgilio Bordino, Turin 1854. Die horizontal angeordnete 2-Zylinder-Maschine brachte das Fahrzeug bei einem Verbrauch von etwa 30 kg Kohle in der Stunde auf eine Geschwindigkeit von etwa 8 km/h.

außerdem mußte immer ein Mann mit roter Flagge vorangehen, um die Leute zu warnen.
In den 70er und 80er Jahren kamen in Frankreich Personendampfwagen auf, insbesondere die Konstruktionen von Amédée Bollée und von Léon Serpollet, dessen Dampfwagen von 1888 bis zu seinem Tode 1907 in größeren Stückzahlen gebaut wurden. Man weiß, daß 1902 ein solcher Dampfwagen sogar einmal den Geschwindigkeitsweltrekord für Automobile aufstellte. Um die Jahrhundertwende gab es auch in den USA Dampfwagen in erheblichen Stückzahlen, vor allem die Konstruktionen von Stanley, White und Locomobile, später von Doble, während es in Deutschland zu keiner nennenswerten Produktion von Straßendampfwagen kam. Insgesamt gesehen wurden die Dampfwagen von den aufkommenden Automobilen mit Verbrennungsmotor verdrängt, vor allen Dingen, da die Dampfwagen nur sehr schwer in kleinen und kleinsten Dimensionen herzustellen waren, während man mit dem Verbrennungsmotor auch kleine, leichte und volkstümliche Automobile antreiben konnte.

Dieser Stanley-Dampfwagen, hergestellt 1899 von der Locomobile Company in Amerika, lief auch in Europa. Der Kessel für die stehende 2-Zylinder-Maschine wurde petroleumbeheizt. Kettenantrieb auf die Hinterachse

Die atmosphärischen Maschinen

Nach den Muskelkraftwagen und den Dampfmaschinen kamen – das muß man als dritte Epoche bezeichnen – jene Verbrennungsmaschinen auf, die, zum Teil mit Petroleum getrieben, in der Lage waren, kleine Maschinen und auch kleine Fahrzeuge zu bewegen, jedoch noch keine Verdichtung besaßen, sondern als atmosphärische Maschinen bezeichnet werden. Als einen Vorläufer hierzu müßte man den holländischen Physiker und Mathematiker Christiaan Huygens bezeichnen, der unter anderem die Pendeluhr erfunden und den ersten Saturnmond entdeckt hat. Huygens, in Den Haag am 14. 4. 1629 geboren, wurde 1663 Mitglied der Royal Society in London und siedelte 1665 als Mitglied der neugegründeten Akademie der Wissenschaften nach Paris über. Dort kam er zusammen mit seinem Mitarbeiter Denis Papin auf die Idee, die Explosionsgase von Schießpulver für eine Maschine auszunutzen, um, wie er notierte, »stets eine sehr bedeutende Triebkraft zur Verfügung zu haben, die keine Unterhaltungskosten erforderte, wie man sie bei Menschen oder Tieren benötigt«. Der Druck des explodierenden Schießpulvers sollte innerhalb eines Zylinders einen Kolben emportreiben, dann müßte unter dem Kolben ein luftleerer Raum entstehen, der den Kolben wieder in seine Grundstellung zurückführt.

Offenbar ist eine solche atmosphärische Kolbenmaschine mit Pulverantrieb 1674 auch gebaut worden, und zwar von Huygens Mitarbeiter Denis Papin, der sie einem Minister Ludwigs XIV. vorführte. Doch schien es gefährlich zu sein, eine solche Maschine weiterzuentwickeln, und es war mit den damaligen Mitteln der Technik auch nur ein sehr geringer Wirkungsgrad zu erzielen, weshalb Denis Papin dann eine Maschine entwarf, in der statt des Schießpulvers Wasserdampf verwendet wurde, womit er eine der ersten brauchbaren Wärmekraftmaschinen schuf.

Isaac de Rivaz

Ein wesentliches Stück näher dem Automobil sind die Entwicklungen von Isaac de Rivaz gekommen, der von 1752 bis 1828 gelebt hat. Er war der Abstammung nach Schweizer aus dem Kanton Wallis. Er wurde aber als Sohn eines Ingenieurs in Paris geboren und diente zunächst als Leutnant in der französischen Armee. Im Gegensatz zu vielen Erfindern brachte er eine relativ normale Karriere hinter sich: Von 1785 bis 1791 war er Major der Miliz in Monthey, besaß kurze Zeit eine Papiermühle und war ab 1798 Staatsbeamter. Als das Wallis nach dem Sturz Napoleons wieder eidgenössisch wurde, machte man ihn zum Staatskanzler. Einer seiner Biographen, Kanonikus Henry Michelet, schrieb, daß Isaac de Rivaz schon 1782 daran dachte, die Explosionskraft von Gasen für den Antrieb eines Wagens zu benutzen. Erste Versuche mit Schießpulver beschädigten aber den Kessel, »doch ließ er von seinen Experimenten nicht ab, sondern verschaffte sich andere chemische Mischungen. Er dachte dabei an den Bau eines stärkeren Kessels, doch zeigte sich der beauftragte Schmied von dieser Arbeit nicht begeistert.« Erst 1791 griff er das Problem wieder auf. Er testete die Explosionskraft von Gasen, die durch die Destillation von Kohle und Holz gewonnen waren, und die Pistole von Volta gab ihm die Idee, das Gemisch mit Hilfe eines elektrischen Funkens zu entzünden. Aber erst 1802 fanden die ersten Experimente und Versuche statt. Er hatte offenbar immer schon im Auge, mittels dieser Maschine einen Wagen anzutreiben. Einen solchen mechanischen Wagen mit einem Explosionsmotor, der nicht mehr im Original erhalten ist, aber mehrfach nachkonstruiert wurde, hat er offenbar tatsächlich gebaut. Er verbesserte diesen Motor dann 1804, und sein Biograph schreibt: »Dieser Motor umfaßte schon alle wesentlichen Bestandteile des heutigen Explosionsmotors, so vor allem einen Zylinder, in dem sich ein Kolben hin und her bewegte. Dieses Organ war von der Dampfmaschine übernommen worden.« De Rivaz fügte eine Vorrichtung bei, die die explosive Ladung aufnehmen sollte – die Verbrennungskappe. Sie bestand aus einem Blechrohr von etwa 32 cm Länge, das etwas in den Zylinder hineinragte und angeschweißt war. Das bei jeder Ladung angezogene Explosionsgemisch entstand aus 422 ccm Steinkohlengas, gewonnen durch die Destillation von Kohle und Holz, und aus 2,3 cdm Luft und Wasserstoff. Diese Mischung wurde bei jeder Explosion in einem Spezialschlauch dosiert. Hahnöffnungen regulierten die Zufuhr von Wasserstoff, der aus einem Behälter kam, sowie die Zufuhr von Luft. Die Zündung wollte Isaac de Rivaz mit Hilfe eines elektrischen Funkens verwirklichen, der zwischen einer Metallspitze und dem Motorkolben übersprang. Er benutzte dazu verschiedene Stromquellen, unter anderem auch die sogenannte Leidener Flasche, aber er war nicht befriedigt, weil oft der Funke versagte und es nur unregelmäßige Explosionen gab.

Erst 1813 fertigte er einen größeren »mechanischen Wagen« an, der offenbar auf der Straße gelaufen ist – ein ganz großes Fahrzeug, mit einem Radstand von 5,20 m, bei dem die Räder einen Durchmesser von 2,10 m hatten. Der Antrieb erfolgte durch die Senkbewegung des Kolbens im Zylinder. Eine oberhalb des Kolbens angeordnete Stange war mit einer Kette versehen und trieb ein doppeltes Klinkenzahnrad an. Die Drehung dieses Zahnrades übertrug die Rotation über eine zweite Kette auf ein weiteres Kettenzahnrad, das auf der Radnabe befestigt war. Diese übertrug dann die Bewegung auf den Wagen. Nach seinen Berechnungen sollte jeder Kolbenhub den Wagen um etwa 2,60 m vorwärtstreiben. Die erzeugte Kraft erwies sich aber als ungefähr doppelt so groß, und auf der Ebene bewegte sich der Wagen einigermaßen gleichmäßig, jedoch kaum bergauf. Die Ergebnisse der Versuchsfahrt von Vevey am Genfer See, im Jahre 1813, entsprachen den Erwartungen des Erfinders. Sein Biograph sagt mit Recht: »Die Beschreibung des Motors läßt zahlreiche Mängel erkennen. Die vorgeschlagenen Zündungsmethoden waren nicht betriebssicher, die Kraftübertragung über Ketten und Zahnräder war primitiv, ein Schwungrad hätte den Motorlauf ausgeglichen. Andererseits wäre es aber unbillig, dieses erste Modell mit heutigen Motoren vergleichen zu wollen, die eineinhalb Jahrhunderte Entwicklungsarbeit verkörpern.«

In Paris erhielt nach vielem Hin und Her Isaac de Rivaz am 30. Januar 1807 das Patent Nr. 731, das man als das erste Kraftfahrzeugpatent der Welt bezeichnen kann. Es lautete auf »Nutzbarmachung der explosivartigen Verbrennung entzündlicher Gase als Triebkraft für verschiedene Maschinen an Stelle des Wasserdampfes«. Neben der Beschreibung des atmosphärischen Flugkolbenmotors, genannt Voltasche Pistole, enthält es auch die Abbildung dieses vierrädrigen Fahrzeuges von de Rivaz, und zwar jenes mit einer Länge von 3,90 m. Der Zylinder des in der Patentschrift beschriebenen Wagens war aus Kupferblech und hatte einen Durchmesser von 17,6 cm und eine Länge von 1,46 m, somit den phantastischen Gesamtzylinderinhalt von 35,5 Liter. Max Rauck, ein anderer Biograph Isaac de Rivaz', sagte über ihn abschließend: »Er war der erste, der ein Fahrzeug mit einem Verbrennungsmotor ausrüstete und damit Versuche anstellte. Er selbst versicherte aber öfters, daß er keinen selbstfahrenden Wagen für die allgemeine Praxis schaffen wolle, sondern mit seinen Versuchen zufrieden sei, die ihm die Möglichkeit bewiesen, Straßenfahrzeuge durch den Verbrennungsdruck von Gasen zu bewegen.

Man kann ihn also nicht gut als Erfinder des Automobils bezeichnen, denn gerade bei ihm spielt die Diskrepanz zwischen seinem Wollen und den tatsächlichen technischen Möglichkeiten noch eine zu verhängnisvolle Rolle. Es galt noch zu viele technische Schwierigkeiten zu überwinden, und schnell schwanden die Versuche des Isaac de Rivaz mit seinem selbstfahrenden Kraftwagen aus dem Gedächtnis der Zeitgenossen. So bleibt diesem Mann nicht einmal der Ruhm, andere mit seinen Ideen befruchtet zu haben. Unbestritten aber bleibt die Tatsache und das Verdienst, daß dieser unerschrockene Konstrukteur den ersten Versuch mit einem verbrennungsmotorisch getriebenen Wagen gemacht hat.«

In der ersten Hälfte des 19. Jahrhunderts tauchen an verschiedenen Stellen Patentschriften auf, die die Fortbewegung mit einem »Gasmotor« zum Gegenstand haben, ohne daß es irgendwie zu einer echten Realisierung kam. Der Amerikaner Peter Cooper sollte erwähnt werden, der bei seinen Versuchen das Augenlicht verlor. Der französische Ingenieur Lebon, der Engländer Robert Street und sein Landsmann Michael Faraday, der berühmte Physiker, der 1824 bei der Destillation fetter Öle das Benzol und das Butylen fand. Zwei weitere Engländer, Samuel Brown und Wellmann Wright, hatten Patente für einen Gasmotorwagen erhalten (1823 und 1833), ohne daß diesen Konstruktionen je ein praktischer Erfolg beschieden war.

Bemerkenswerter waren die Versuche der Italiener Eugenio Barsanti und Felice Matteucci. Ihr erster Motor wurde 1856 gebaut. In diesem Motor war schon die Idee der Ventilsteuerung und der Wasserkühlung der beiden Zylinder verwirklicht. Der zweite derartige Gasmotor - ohne Kompression, mit einem frei vorstoßenden Kolben versehen, atmosphärisch, wie wir heute sagen würden - wurde dann 1858 gebaut. Ein dritter lief 1861 bei einer Nationalausstellung in Florenz. Die Konstruktion der beiden Italiener konnte sich aber nicht durchsetzen.

Gustav Goldbeck schrieb in seiner »Geschichte der Erfindung des Ottomotors« treffend: »Von allen Vorläufern des Verbrennungsmotors verdienen die Arbeiten der Italiener Barsanti und Matteucci wohl besondere Anerkennung. Der Geistliche Eugenio Barsanti (1821-64) war Lehrer der Physik in Florenz. Ebenso wie de Rivaz von der Voltaschen Pistole angeregt, begann er, später von dem Mechaniker Matteucci unterstützt, Motoren zu bauen, die teils direkt wirkend waren, teils nach dem atmosphärischen Prinzip arbeiteten. Diese Motoren wurden in Florenz in der Werkstätte der Königlichen Eisenbahn gebaut und auch bei der Firma Bauer und Helvetica in Mailand, einem Unternehmen, das später den atmosphärischen Motor von Otto und Langen in Lizenz übernahm. Barsanti erhielt auch Patente in England. Die letzten Bemühungen des kranken Erfinders galten dem Versuch, die damals weltberühmte Firma Cockerill in Seraing bei Lüttich zu gewinnen. Doch nach der ersten glücklich verlaufenen Vorführung der Maschine starb er in Lüttich am 18. April 1864 . . . Als er seine letzte Kraft daran wandte, seinen Motor durchzusetzen, schlossen sich in dem kaum 100 Kilometer entfernten Köln Otto und Langen zusammen, um den von Otto erfundenen atmosphärischen Motor zu bauen und zum Erfolg zu bringen, der nach dem gleichen Prinzip arbeitete wie der Motor des italienischen Gelehrten.«

Lenoirs Gasmaschine

Als Konstrukteur des ersten wirklich betriebsfähigen Gasmotors gilt der Franzose Etienne Lenoir. Sein Motor wurde ihm am 24. Juni 1860 patentiert. In Lenoirs Maschine, die in einem Zylinder zwei Kolben besaß, wurde das Leuchtgas-Luft-Gemisch durch einen elektrischen Funken gezündet (mit Hilfe sogenannter Ruhmkorffspulen). Obwohl keine anderen Beweise vorliegen als die Memoiren und Notizen

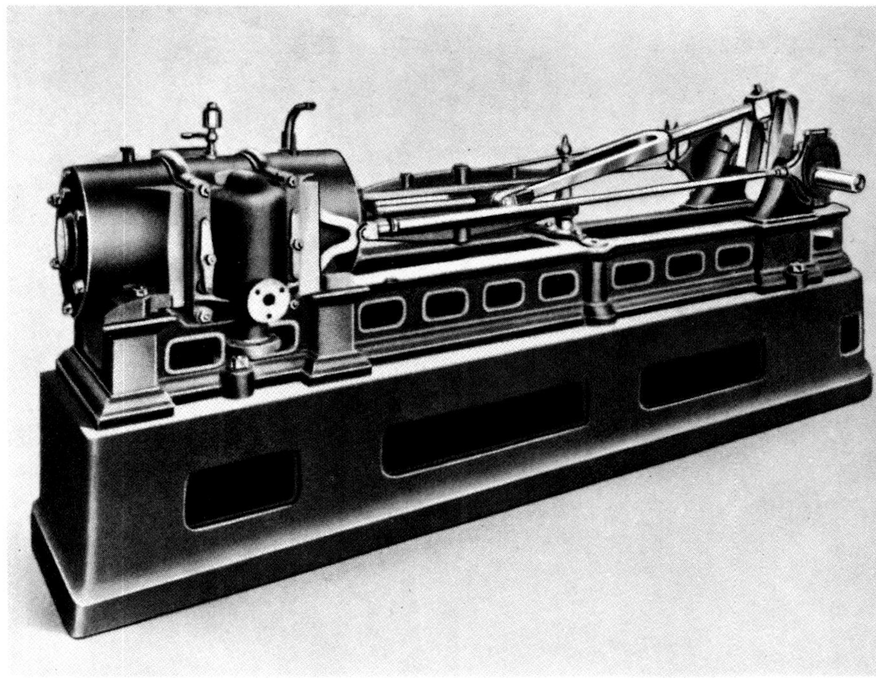

Die Gasmaschine von Etienne Lenoir, Paris 1860

Lenoirs selbst, muß man annehmen, daß er 1863 seinen Gasmotor in ein kleines Fahrzeug eingebaut hat und damit die Strecke von Paris nach Joinville-le-Pont zurücklegte; Joinville liegt 11 Kilometer vor den Toren von Paris. Lenoir hatte mit seiner Gasmaschine kommerziellen Erfolg. Auf der Pariser Weltausstellung von 1867 wurde er als einer der größten Erfinder gefeiert. Dabei war Lenoir, in Muny-la-Ville in Luxemburg geboren, eigentlich Autodidakt; in seinen jungen Jahren hatte er als Kellner gearbeitet.

Nicht unerwähnt lassen sollte man bei dieser Aufstellung den Münchner Uhrmacher Christian Reithmann (1818-1909), der aus dem kleinen Mosbach bei Fieberbrunn in Tirol stammte. Reithmanns Versuche, »eine neue Kraftmaschine zu schaffen«, gehen bis ins Jahr 1852 zurück. Einen kleinen Versuchsmotor von ihm - ein Gasmotor, der im Zweitaktverfahren lief - hatte er 1858 betriebsfertig, und 1860 erhielt er - also im gleichen Jahr wie der berühmte Lenoir - für seinen Gasmotor ein bayerisches »Privileg«. Er benutzte seinen Motor zum Antrieb kleiner Maschinen in seiner eigenen Werkstatt. Der Versuch, eine Fabrik zu gründen, schlug fehl, und als er 1868 auf der Münchener Industrieausstellung seinen Gasmotor öffentlich vorführte, brach die Kurbelwelle.

Christian Reithmann hat auch 1872/73 eine in Viertakt laufende Maschine gebaut, einen Motor, der ¾ PS bei 200 Umdrehungen entwickelte. Nikolaus Otto verklagte später Reithmann wegen Patentverletzung, doch wurde die Klage in Bayern abgewiesen. Reithmann, der nie zu Ehren und Erfolg kam, blieb fast unbekannt; eine seiner Maschinen steht heute im Deutschen Museum in München.

Das Viertaktprinzip brachte den entscheidenden Schritt nach vorne. Die Gasmotoren der beiden Italiener und die von Lenoir hatten nie das Viertaktsystem benutzt, sondern liefen als »Dreitakter«: Ansaug-Verbrennung-Ausstoß. Es gab also bei diesen Gasmaschinen noch keinen eigenen »Verdichtungstakt«.

Der Weg zum Viertaktmotor

Nikolaus August Otto, der Mann, nach dem der Verbrennungsmotor unserer Zeit Ottomotor genannt wurde, hatte freilich schon vor Reithmann einen Viertaktmotor konstruiert und zum Laufen gebracht, hatte aber damals kein Patent erteilt bekommen. Und vor Reithmann gab es auch einen französischen Theoretiker namens Alphonse Beau de Rochas, der zwischen 1860 und 1862 Studien zu einem Viertaktgasmotor in Frankreich zum Patent eingereicht hatte.
Nikolaus Otto, der Erfinder, wurde am 14. Juni 1832 in Holzhausen südlich von Limburg geboren. Seine Vorfahren waren einfache Landleute. Sein Vater, der schon ein Jahr nach der Geburt dieses Sohnes (seines sechsten Kindes) starb, verdingte sich als Gastwirt.
Nikolaus August lernte Kaufmann und kam 1853 nach Köln in eine Kolonialwarengroßhandlung. Er wurde dort Reisender und lebte im Hause seines älteren Bruders, der einen Textilgroßhandel führte und es schon zu einem kleinen Vermögen gebracht hatte. Nikolaus fühlte sich den technischen Entwicklungen seiner Zeit aber viel mehr verbunden als seiner beruflichen Tätigkeit.
Die ersten Versuche mit Motoren, die Nikolaus August Otto unternahm, hat offenbar sein Bruder mitfinanziert. Außerdem erhielt er Mitte 1860, nach dem Tode seiner Mutter, eine Erbschaft von etwa 7000 Taler. Er beschäftigte sich intensiv mit der Erfindung von Lenoir und ließ sich schon Anfang 1861 eine kleine Modellmaschine bauen, um diese atmosphärische Gasmaschine genau zu studieren, und natürlich auch, um sie eventuell zu verbessern. In der kleinen Werkstatt des Mechanikers Michael Zons, in der Schildergasse in Köln, wurde dieser Versuchsmotor offenbar im März 1861 fertiggestellt. Durch ständige Experimente mit dieser kleinen Lenoirschen Gasmaschine, die ja ein atmosphärischer Motor war, kam er Ende 1861 auf die Idee, daraus einen Viertaktmotor zu machen, dergestalt, daß er einen eigenen Verdichtungshub einführte. In seinen Erinnerungen beschreibt er das folgendermaßen: »Ich kam dadurch auf den richtigen Gedanken: die Zündung und Verbrennung muß zu Beginn des Kolbenhubes stattfinden und wie dieser Gedanke, so war auch die Ausführung da. Ich schaltete den elektrischen Zündapparat aus und saugte auf einen halben oder dreiviertel Hub Explosionsgemisch an, versuchte den Kolben durch umgekehrte Drehung am Schwungrad so weit wie möglich zurück zu pressen, zündete alsdann und siehe, das Schwungrad machte dann mit großer Kraft mehrere Umdrehungen. Das war der Ausgangspunkt für einen Viertakt-Gasmotor.
Noch in demselben Jahr war die Zeichnung für einen solchen fertig. Ich glaubte meiner Sache so sicher zu sein, daß ich alle Vorsicht vergaß und an Stelle einer einzylindrigen Versuchsmaschine gleich eine große 4-Zylinder-Maschine baute. Die Maschine ließ ich in der mechanischen Werkstatt von M. Zons in Köln ausführen. 1862 lief dieselbe und war in demselben Jahr total ruiniert durch die heftigen Stöße, welche in derselben auftraten. Diese Viertaktmaschine unterschied sich im wesentlichen von meiner Erfindung 1876, daß ich durch Hilfskolben die Verbrennungsprodukte aus der Maschine trieb.« Kein Zweifel, Nikolaus August Otto verwirklichte schon 1862 die Einschaltung eines Kompressionshubes und schuf damit die Basis für den späteren Viertaktmotor, aber er reichte noch kein Patent dafür ein, er wollte das erst tun, wenn er seine Maschine zu einem befriedigenden Dauerlauf gebracht hatte. Unterdessen meldete in Paris Beau de Rochas ein Patent an, was mehr theoretischer Natur war, denn Beau de Rochas hat niemals einen Motor zum Laufen gebracht. Dieser Motor, den der Franzose in seiner Patentschrift ausführte, war im Arbeits-, aber nicht im Verbrennungsverfahren mit dem Ottomotor mehr oder weniger übereinstimmend.
Daß diese erste vierzylindrige Viertaktmaschine nicht so lief, wie er sich das vorgestellt hatte, war bei Otto ein Grund völliger Verzweiflung. In seinen Erinnerungen schreibt er selbst: »Die Erfahrungen mit der Viertaktmaschine waren so deprimierend, daß ich damals zweifelte, ob es je gelänge, eine

Skizze zu Ottos 4-Zylinder-Maschine von 1862 mit Kompressionshub

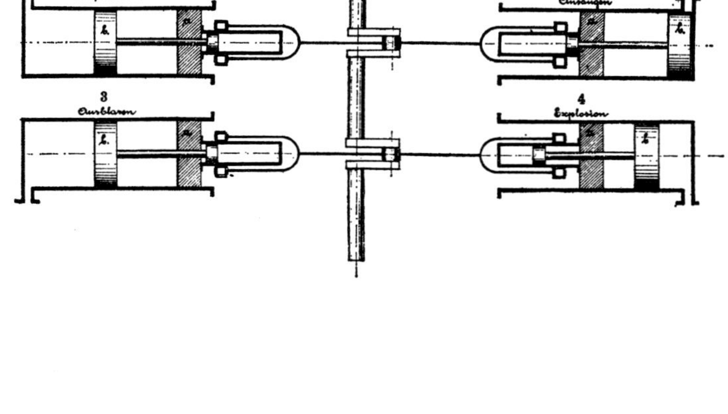

1902 Motobloc
Frontmotor mit zwei schrägliegenden Zylindern, drei Vorwärts-, ein Rückwärtsgang, Geschwindigkeit 40 km/h

direkt wirkende Gasmaschine zu bauen. Ich versuchte nun atmosphärische Gaskraftmaschinen zu bauen, bei welchen die Explosionskraft eines Gemenges von Gas und Luft nur zur Bildung eines luftverdünnten Gemengeraumes benutzt wird und dann der Überdruck der äußeren Atmosphäre als treibende Kraft zur Geltung kommt.
Den gemeinschaftlichen Bestrebungen des Herrn Eugen Langen und meinerseits gelang es, eine brauchbare Maschine 1867 auf der Pariser Weltausstellung auszustellen.«
Mit dieser Pariser Ausstellung kamen Ehre und Erfolg für Otto und Langen, und es kamen Aufträge für ihre Firma, die sie inzwischen gegründet hatten. 1868 wurden 46 Stück solcher atmosphärischen Motoren verkauft, aber man hätte 10 Stück wöchentlich absetzen können. Infolgedessen mußte die Firma entscheidend vergrößert werden. In der Mitte des Jahres 1869 ging man an den Bau einer neuen Fabrik: An der Chaussee von Deutz nach Mühlheim wurde ein drei Morgen großes Grundstück zwischen der Straße und dem Rhein erworben. Dort, wo diese erste Motorenfabrik entstand, ist heute noch das Zentrum des großen Unternehmens, der Maschinenfabrik Deutz. Damals brachten unter Ottos Leitung 40 Arbeiter im Jahre 87 Motoren heraus. Dem schloß sich ein rapider Aufstieg an. Am 5. Januar 1872 wurde eine neue Gesellschaft als »Gasmotorenfabrik Deutz Aktiengesellschaft« gegründet. Die Herren Otto und Langen traten als »alleinige Inhaber der mit allen Aktiven und Passiven an die neue Gesellschaft übergehenden Firma« auf. Im gleichen Jahr trat ein neuer, tatkräftiger, aber keineswegs einfacher, zäh seine Ideen und auch seine Beteiligung verteidigender Mann in diese Firma ein: Gottlieb Daimler.
Erst im Winter 1875/76 kam Nikolaus August Otto wieder auf seine Ideen von 1861 zurück und begann nun mit dem Hintergrund und den Mitteln einer großen Firma, einen Versuchsmotor im Viertaktverfahren zu bauen.
Ende März 1876 lief dieser, den man später den Ottomotor nannte, auf dem Prüfstand. Die Ausarbeitung des Patentgesuches verzögerte sich indessen, weil man noch einige Versuche abwarten wollte. Das erste erhalten gebliebene Diagramm von einem Versuchslauf eines Viertakt-Ottomotors trägt das Datum vom 9. Mai 1876. Es ist gewissermaßen die Geburtsurkunde des Verbrennungsmotors. Vier Wochen später reichte dann die Gasmotoren-Fabrik Deutz das Patent ein, das unter der Nummer DRP 532 als Grundsatzpatent berühmt wurde. Bis Anfang Juli waren die Versuche so günstig verlaufen, daß man bereits beschloß, die neue »Kurbelmaschine«, wie sie zunächst genannt wurde, in vier Zylindergrößen aufzulegen. Natürlich nur als stationären Motor. Als man dann um die Jahreswende 1876/77 Prospekte für die neue Maschine entwarf, schlug man dem Aufsichtsrat der Firma vor, die neue Maschine unter dem Namen »Ottos neuer Motor« einzuführen. Ein Beschluß, der einstimmig angenommen wurde; das Protokoll ist auch von Gottlieb Daimler unterschrieben worden.
Im Motorenmuseum Köln-Deutz kann man diesen Versuchsmotor von 1876 noch sehen, und über dem Ottomotor im Deutschen Museum zu München steht eine Gedenktafel: »Nikolaus August Otto, 1832 bis 1891, sein Motor mit verdichteter Ladung, erdacht 1861 und geschaffen 1876, beendete die Zeit der Vorläufer und gründete die Motorentechnik der Welt.«

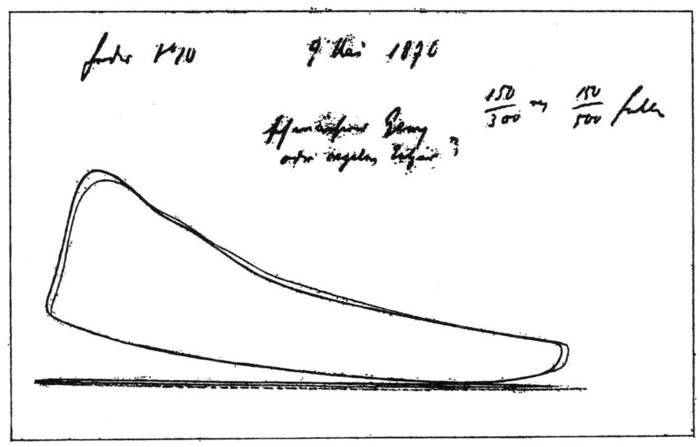

Oben: Der erste Viertakt-Ottomotor und das Diagramm vom 9. Mai 1876 – die Geburtsurkunde des Verbrennungsmotors. – Unten: Der Motor des ersten Automobils, des Benz-Motorwagens von 1886 mit 0,9 PS

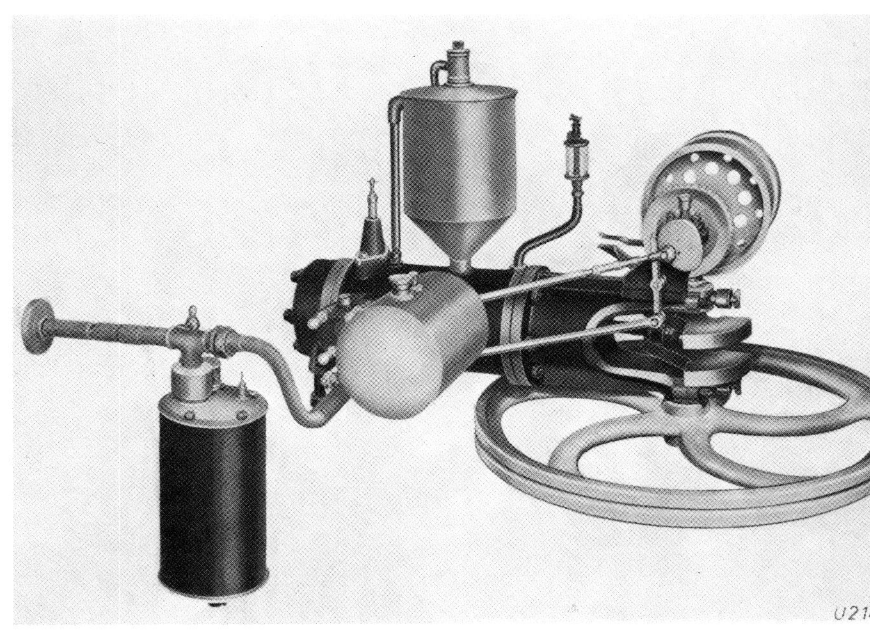

Mit diesem Motorwagen fuhr Carl Benz am 3. Juli 1886 zum ersten Mal in der Öffentlichkeit.

Die Geburt des Automobils

Erst mit der fünften Epoche beginnt die eigentliche Geschichte des Automobils. Der Ottomotor war ja zunächst eine stationäre Maschine gewesen. Nun galt es, diese Kraft in eine Bewegung umzusetzen: beim Automobil, beim Motorrad, beim Motorboot, beim Luftschiff, beim Flugzeug. Die Arbeit am Verbrennungsmotor verzweigt sich nun, wir bleiben jedoch ausschließlich beim Kapitel Automobil.
Die Geschichte der Technik ist voller Legenden. Auch die Erfindung des Automobils ist von Legenden umrankt, Legenden, die zum Teil durch ungenaue Darstellung und Forschung entstanden, zum Teil durch den Einfluß persönlicher Interessen. Wer, würden Sie sagen, ist der Erfinder des Unterseebootes? Derjenige, der ein Schiff baut, das er Unterseeboot nennt, das aber nie unter Wasser fährt, oder derjenige, der mit einem solchen Unterseeboot sich tatsächlich als erster unter Wasser bewegt?
Über diese Frage gibt es eigentlich keinen Zweifel. Was soll ein U-Boot, das nur so heißt und gar nicht unter Wasser fährt? In der Technik ist eine Aufgabe immer erst dann gelöst, wenn ein direkter und aktiver Bezug zur Aufgabenstellung vorhanden ist. Somit ist ein »Automobil«, das nicht fährt, kein Automobil, was ja sinngemäß Selbstbeweger bedeutet. Dazu muß dieses Sich-Bewegen dokumentarisch belegt sein. Es ist Aufgabe der Automobilhistoriker, hier die Spreu vom Weizen zu trennen und nur die Aussagen gelten zu lassen, die tatsächlich überliefert sind und denen man hundertprozentig vertrauen kann.
Die Frage, wer das Automobil erfunden hat, ist im Grunde falsch gestellt. Wer ist als erster mit einem Automobil gefahren – nachweislich gefahren –, so muß man formulieren. Gleichgültig aber, wie man fragt, es gab in den letzten Jahrzehnten immer noch Zweifel. Nicht in punkto Daimler und Benz, denn über diese deutschen Anfänge des Automobilwesens herrscht seit langem völlige Klarheit: Am 3. Juli 1886 fuhr Carl Benz in Mannheim als erster in der Öffentlichkeit mit einem benzingetriebenen Wagen, in dessen Motor sich ein Kolben auf und ab bewegte, ein Kolben, der im Verbrennungsraum eine Verdichtung erzeugte. Dieser Wagen hatte den Charakter eines Automobils, wenn er sich auch nur auf drei Rädern vorwärtsbewegte, vorn eins, hinten zwei. Und am gleichen Tag stand noch in der Lokalzeitung, daß »ein mittels Ligroingas zu treibendes Veloziped in der Rheinischen Gasmotorenfabrik, von Benz und Cie. konstruiert, auf der Ringstraße ausprobiert wurde«.

Gottlieb Daimler bekam erst im August 1886 vom Cannstatter Kutschwagenbauer Wimpff seine »Karosserie« geliefert, in die er dann seinen Motor einbauen ließ: Diese erste Daimler-Kutsche fuhr am 4. März 1887 zum ersten Mal nachweislich auf einer freien Strecke, nämlich von Cannstatt nach Esslingen.

Die Marcus-Legende

Die Zweifel keimten also nie bei den Namen Daimler und Benz, sondern bei dem Namen Marcus. Es galt bei allen an der Automobilgeschichte Interessierten lange Zeit als ein mehr oder weniger feststehendes Faktum, daß dieser aus Mecklenburg stammende und in Wien arbeitende Mechaniker Siegfried Marcus im Jahre 1875 schon den ersten Benzin-Motorwagen hergestellt hatte und mit ihm auch gefahren war, mehr als zehn Jahre vor Benz und Daimler, daß aber sein Schicksal das eines typischen Erfinders gewesen sei: Das Auto hat er zwar erfunden, aber weil er nur ein Einzelexemplar baute, wurde er wieder vergessen, während Daimler und Benz von ihrem ersten Wagen aus gleich den Zugang zu einer industriellen Produktion fanden und darum viel eher als Marcus als die Väter des modernen Automobils zu gelten haben. So etwa hatten wir diesen Ursprung des Kraftwagens jahrzehntelang vor unseren Augen stehen, obwohl wir nie historisch Genaueres über den ersten Marcus-Wagen erfuhren, denn nirgends fand sich eine alte Zeitungsnotiz, nirgendwo war aus diesem Jahr 1875 ein genaues Datum angegeben.
Was mich schon vor Jahren etwas skeptisch stimmte, war, daß auch die Österreicher – wenngleich keine Automobilfabrik dahinterstand, aber immerhin Instanzen wie der Automobilclub und das Technische Museum in Wien – nie diese Marcus-Reminiszenzen in wirklich konsequenter Weise ausgewertet hatten. Das von Marcus gebaute Automobil wurde im Jahr 1900 auf den österreichischen Stand bei der Pariser Weltausstellung gebracht. Es stand dort übrigens neben dem Elektrowagen »System Lohner-Porsche«, der den damals erst 24jährigen Ferdinand Porsche schon berühmt machte durch den eigenartigen Radnabenantrieb. Der Marcus-Wagen wurde also offiziell von Österreich präsentiert und propagiert, und man hatte in deutsch und französisch ein Schild an dem Wagen angebracht: »Benzin Automobil System S. Markus in Wien 1875«.
Seitdem wird das Jahr 1875 als das Jahr der Entstehung und der ersten Fahrt dieses Automobils angenommen. Man hat sich vermutlich in späterer Zeit gesagt: Im Jahr 1900 müssen die Leute ja wohl noch gewußt haben, was im Jahr 1875 geschehen ist. Aber sie wußten es – dies sei mir erlaubt, vorwegzunehmen – offenbar nicht. Ein ganz winziger Hinweis darauf ist zum Beispiel, daß der Name auf diesem Schild falsch geschrieben war, und zwar mit »k« anstatt mit »c«. Marcus hat sich aber stets mit c geschrieben. Ein gewissenhafter Forscher hätte zumindest dieses Detail beachten müssen. Als man das Schild für die Weltausstellung machte, wurde aber offenbar nicht sehr gewissenhaft geforscht, und dieses Gefühl, daß man eigentlich nicht genau weiß, wie das alles mit diesem Herrn Marcus zuging, dieses Gefühl scheint mit ein Grund gewesen zu sein, warum man damals von Österreich aus nicht eine viel intensivere Pro-Marcus- und Anti-Benz-Propaganda betrieben und klar gesagt hat: Bei uns ist das Automobil erfunden worden und nicht in Mannheim oder in Cannstatt.
In Berlin erschien damals ein Buch »Die Pariser Weltausstellung 1900 in Wort und Bild«, das alle wesentlichen Ausstellungsstücke erwähnt. Ein eigenes Kapitel ist dem »Österreichischen Automobil auf der Weltausstellung« gewidmet. Darin erscheint ausführlich beschrieben der Lohner-Porsche-Wagen. Mit keiner Silbe wird aber vom Marcus-Wagen gesprochen, der zwar im Ausstellungskatalog erwähnt wird, im offiziellen Ausstellungsbericht dann aber plötzlich nicht mehr erscheint. War das nicht auch ein indirekter Beweis dafür, daß man dieser Datierung nicht recht traute und die österreichische Priorität nicht ganz ernst nahm?
1904 wurde der Wagen noch einmal auf einer Wiener Ausstellung gezeigt, und in der »Allgemeinen Automobilzeitung« in Wien erschien ein Artikel mit Erinnerungen an Siegfried Marcus, geschrieben von einem Patentanwalt, der noch einige Modelle von Marcus-Erfindungen bei sich verwahrt hatte. Aber auch in diesem Artikel fand man keine genaue Angabe oder Datierung von diesem Weltausstellungswagen: Dieser 1921 verstorbene Patentanwalt hätte doch sicher einiges sagen können, wenn offenkundige Beweise dagewesen wären. Damit schlief die Marcus-Begeisterung für 25 Jahre ein, niemand redete mehr von ihm, niemand schrieb mehr über ihn.
Erst 1928, an seinem 30. Todestag, begann eine Marcus-Renaissance. Der Hofrat Dr. Erich Kurzel-Runtscheiner veröffentlichte in der Zeitschrift des Österreichischen Ingenieur- und Architektenvereins einen ausführlichen Aufsatz über Siegfried Marcus, nicht nur über seine automobilistischen Ambitionen, sondern über sein ganzes Leben und Wirken. Im folgenden Jahr kam diese Niederschrift, erweitert, mit Bildern und Zeichnungen versehen, als Sonderpublikation des Wiener Technischen Museums an die Öffentlichkeit: die erste Marcus-Biographie. Diese Schrift ist 1956 als Faksimile-Druck neu aufgelegt worden. Der Präsident des ÖAMTC sagt im Vorwort, daß »Marcus der erste war, der im Benzin-Luftgemisch den Motortreibstoff der kommenden Jahrzehnte erkannte und ihn so zu bändigen verstand, daß er für den Antrieb von Automobilen praktisch verwendbar wurde. Er konstruierte und führte als erster ein Kraftfahrzeug, das von einem Benzinmotor angetrieben wurde.« Gemeint ist in diesem Vorwort jener Marcus-Wagen, der heute in Wien im Technischen Museum steht und von dem das Deutsche Museum ein naturgetreues, kleines Modell besitzt.
Übrigens hatte Siegfried Marcus schon längst vor diesem Gefährt eine Fahrmaschine konstruiert, wofür ihm am 16. Mai 1865 ein österreichisches Privileg erteilt worden war. Diese Fahrmaschine war aber nicht mit einem Benzin-Motor nach dem System Otto ausgerüstet worden, sondern mit einem nach dem atmosphärischen Prinzip, welches wir also in diesem Zusammenhang vergessen können, zumal niemand ein genaues Datum für eine Ausfahrt dieses Wagens besitzt. Es gab nur einen einzigen Bericht darüber, der 39 Jahre später niedergeschrieben wurde.
Der angeblich 1875 von Marcus gebaute Wagen mit dem Viertakt-Motor tauchte erst 1898 bei einer Ausstellung in Wien auf, ehe man ihn dann 1900 auf die Weltausstellung schickte. Für die Zeit vor 1898 gibt es keinerlei Zeitungs-

notizen über eine Fahrt des Wagens, auch keine Augenzeugenberichte, was einen schon skeptisch stimmt, denn Fahrten mit einem richtigen Automobil müßten ja in irgendeiner Form auch von Zeitungen überliefert worden sein. Fest steht, daß Marcus seine Motorenversuche bei der Maschinenfabrik in Adamstal unternommen hat, das geht vor allem daraus hervor, daß wir noch ein Prüfstandprotokoll mit einem Diagramm vom Marcus-Benzin-Viertakt-Motor aus Adamstal besitzen. Dieses ist datiert vom 7. Mai 1887, um diese Zeit gab es also Marcus-Motoren, was aber noch kein Beweis dafür ist, daß sie auch schon in ein Automobil eingebaut wurden. Dieser Marcus-Motor, von dem das Prüfstandsprotokoll existiert, trägt bereits die Motornummer 3, aber die Drehzahl ist nur mit 160 Umdrehungen angegeben. Im Gegensatz zu den Daimler- und den Benz-Motoren der damaligen Zeit, die etwa 400 bis 600 Touren drehten, war der damalige Marcus-Motor also noch ein Langsamläufer, was auch nicht auf die Verwendbarkeit in einem Kraftwagen hindeutet. Wir können heute mit an Sicherheit grenzender Wahrscheinlichkeit sagen, daß es zwei oder drei Marcus-Wagen in den Jahren 1888 bis 1890 gegeben hat – mithin deutlich nach den ersten Wagen von Benz und Daimler. Forschungen bei der Fabrik in Adamstal haben das ganz klar ergeben, und ein weiterer Hinweis darauf ist die Tatsache, daß an dem Marcus-Wagen eine ganze Reihe von technischen Details, besonders an Zündung und Vergaser, verwendet wurden, die Siegfried Marcus erst in den Jahren 1883 bis 1887 privilegiert worden sind. Es ist höchst unwahrscheinlich, daß Marcus damals Neuheiten in seinen Wagen eingebaut hat, ohne daß er sie vorher privilegieren ließ, denn Marcus war keineswegs der Typ eines armen Erfinders, der kein Geld und keine Lust hatte, sich um Privilegien (wie man in Österreich die Patente nannte) zu bemühen. Ganz im Gegenteil, seit dem Jahr 1860, als er sich in Wien selbständig machte, ließ er sich laufend solche Privilegien erteilen, auf magnetelektrische Apparate, Telegraphen und Lampen. Er war ein sehr universeller Erfinder, und er wußte sehr genau, daß man erst Privilegien haben muß, ehe man es riskieren konnte, Erfindungen öffentlich vorzuführen. Kurzum – das Schild 1875, das der Marcus-Wagen mit sich herumträgt, ist das Schild einer Legende.

Es gibt in Wien in der Nähe der Technischen Hochschule ein Marcus-Denkmal, das 1932 enthüllt wurde. Hitler ließ nach der Besetzung Österreichs das Denkmal entfernen, weil Siegfried Marcus Jude war. Seit dem 50. Todestag von Marcus steht es wieder an seinem alten Platz. Auf dem Sockel ist zu lesen: »Dem Wiener Mechaniker Siegfried Marcus, Erfinder des Benzinautomobils 1864.« Beide »Angaben« sind von den Tatsachen weit entfernt, denn erstens war Marcus Mecklenburger und kam erst im Alter von 22 Jahren nach Wien, zweitens kann man den atmosphärischen Handwagen schlecht als Automobil bezeichnen. Seitlich steht auf dem

Der Motorwagen von Siegfried Marcus, wie er 1898 in Wien und 1900 auf der Pariser Weltausstellung gezeigt wurde

Sockel: »Das in Wien erfundene Automobil nahm seinen Siegeslauf über die ganze Erde.« Das ist – milde gesagt – sehr lokalpatriotisch, eigentlich zu lokalpatriotisch und historisch eben nicht haltbar. Gewiß, man soll diesen Siegfried Marcus respektieren, soll ihn einen fähigen Erfinder nennen, einen Mann, dem in Wien ein Denkmal gebührt, aber man sollte im gleichen Atemzuge sagen, die Erfinder des Benzin-Automobils heißen Benz und Daimler.

Söhnleins Versuche

In diesem Zusammenhang sollte man sich aber auch noch mit einer zweiten Figur befassen: mit Julius Wilhelm Heinrich Söhnlein, Sohn jenes Mannes, der 1864 in Schierstein am Rhein eine Sektkellerei gründete. Von ihm gibt es folgende Geschichte: Vater Söhnlein habe 1873 die Equipage abgeschafft, die seine drei Söhne bis dahin in die Schule brachten. Der am 28. September 1856 geborene Sohn Julius, damals ein aufgeweckter Schüler am Gymnasium zu Wiesbaden, habe daraufhin beschlossen, einen Wagen ohne tierische Zugkraft zu bauen. Nachdem er von den atmosphärischen Gasmotoren von Lenoir und N. A. Otto gehört, habe er im Sommer 1873 – noch nicht 17 Jahre alt – einen Zweitaktmotor mit Verdichtung gebaut, also praktisch schon einen Ottomotor, und nicht nur das, er habe sich zu diesem Motor, dessen Gußteile von der Rheinhütte in Biebrich stammten, auch noch ein Fahrgestell beschafft, ursprünglich einen Ziegenbockwagen, in den er den liegenden Motor über der Vorderachse eingebaut habe. Im Sommer 1873 hätte er im elterlichen Park und dann auch auf der Biebricher Chaussee mit diesem Fahrzeug bereits Fahrversuche angestellt. Der Motor soll 50 mm Bohrung und 120 mm Hub gehabt, also 236 ccm, und 400 Touren erreicht haben. Das alles 13 Jahre vor dem Motorwagen von Benz und Daimler.

Es gibt nicht ein einziges Dokument darüber – außer einer Handschrift von Julius Söhnlein, der in einem Brief aus München am 15. März 1912 an den Schlossermeister Karl Weber in Schierstein am Rhein schrieb: »Sagen Sie mir bitte per Karte kurz ja oder nein, ob Sie sich aus Ihrem Gedächtnis erinnern können, wann Sie zuerst mir an den kleinen Geisbockwagen vorn ein Lenkrad und hinten an ein Rad eine Riemenscheibe gemacht haben? Das Ding sah so aus: Motor (es folgt eine etwas primitive Skizze), Riemenscheibe aus Eisenblech von Hand gemacht. Es geht jetzt durch die Zeitungen ein Artikel, daß Daimler der erste Erfinder des Automobils sei, während wie Sie wissen, ich sowohl die Motoren als wie das Auto erfunden habe. Ich will dem widersprechen. Mit bestem Gruß Julius Söhnlein.« Und drunter steht noch: »Obige Hoteladresse, aber nicht weitersagen, wo ich wohne.«

Man sollte diesen Brief ganz für sich stehen lassen. Es ist sehr unglaubwürdig, daß daraus ein Historiker ableiten wird, der 16jährige Julius Söhnlein habe 13 Jahre vor Benz und Daimler das erfunden, was man das Automobil nennt. Die nicht genau kontrollierbare Geschichte geht weiter: 1877 habe Söhnlein dann eine größere Maschine mit etwa 800 ccm Hubraum gebaut und damit auch eine Reihe von Fahrversuchen unternommen. Diesen Motor habe er dann vom Zweitakter auf das Viertakt-Verfahren umgebaut, nachdem er in Düsseldorf auf einer Ausstellung erstmals den Otto-Viertakt-Motor gesehen hatte, und man habe dann 1880 Herrn Söhnlein mit seinem Wagen öfters auf der Strecke von Biebrich nach Walluf gesehen.

Wenn ein junger Erfinder mit einer umwälzenden Sache an die Öffentlichkeit tritt, dann ist es selbstverständlich, daß er entsprechende Patente einreicht, und Julius Söhnlein tat dies auch vom 15. Juli 1884 an. Damals bekam er zunächst eine Erfindung auf zwei Petroleumkraftmaschinen patentiert, die aber nichts mit dem Ottomotor zu tun hatten. Die nächsten Patente Söhnleins datieren vom 18. September 1893 betreffend die Erfindung einer Zweitakt-Petroleum- beziehungsweise -Gasmaschine mit Vakuum zwischen den Arbeitsspielen, und vom 11. Februar 1896, wo es sich um eine regelbare Abmeßvorrichtung für Petroleumkraftmaschinen handelt. Julius Söhnlein habe sich, als er keinen wirklichen Erfolg seiner Bemühungen sah, verbittert von der weiteren Entwicklung seiner Motoren zurückgezogen, während sein jüngerer Bruder Heinrich diese weiter verfolgte und kurz nach der Jahrhundertwende mit dem Bau von stationären 1-Zylinder-Zweitakt-Motoren begann, Motoren, die »Solos« hießen und in einer kleinen Gesellschaft in Wiesbaden hergestellt wurden. Diese Solos-Motoren waren in der Tat als stationäre Motoren eine Zeitlang bekannt. Anschließend verlieren sich die Spuren von Julius Söhnleins Tätigkeit völlig. In den 30er Jahren nahm er Verbindung zum Deutschen Museum auf, er war damals freischaffender Ingenieur in Eberswalde bei Berlin und hatte mit der Sektkellerei seines Vaters offenbar nie etwas zu tun. Sein Leben lang blieb er ein Junggeselle und Einsiedler und verstarb im Alter von 85 Jahren. Als 80jähriger hat er noch aus dem Gedächtnis für das Deutsche Museum ein Modell seines Söhnlein-Wagens von 1873 anfertigen lassen, dann überbrachte er es dem Deutschen Museum. Es wurde aber im Krieg zerstört, es existieren nur noch Fotos davon. Aber auch dieses Modell, das nur äußere Konturen zeigt, ist keineswegs ein Beweis für die Priorität von Julius Söhnlein. Auf seinem Grab gibt es eine Inschrift: »Julius Söhnlein, bedeutender Pionier der Technik.« Sicherlich war er das, sicherlich hatte er schon in jungen Jahren sehr viele, sehr interessante Ideen. Aber sicherlich kann man nicht sagen: Julius Söhnlein hat das Automobil erfunden.

Aus dem Brief Söhnleins an Schlossermeister Weber vom 15. 3. 1912

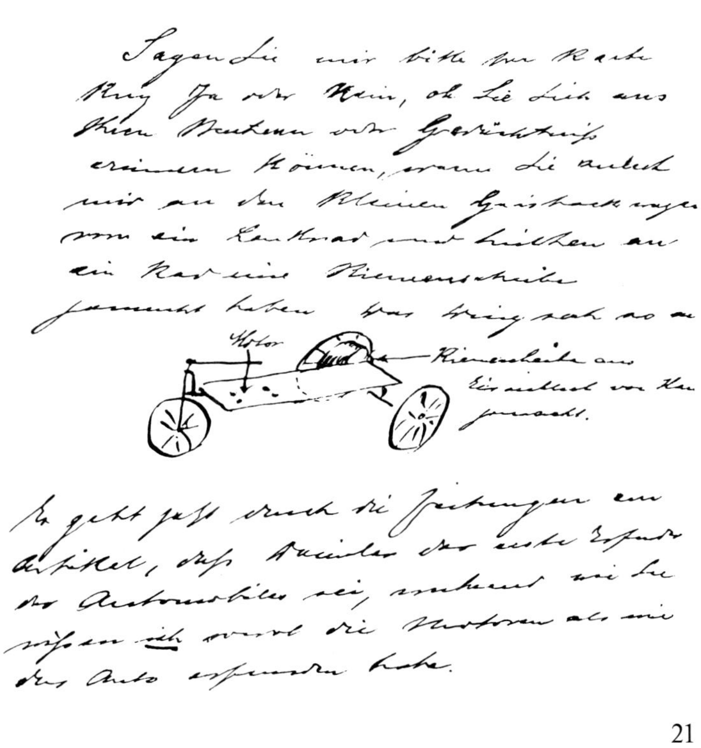
Sagen Sie mir bitte per Karte
kurz ja oder nein, ob Sie sich aus
Ihrem Gedächtnis
erinnern können, wann Sie zuerst
mir an den kleinen Geisbockwagen
vorn ein Lenkrad und hinten an
ein Rad eine Riemenscheibe
gemacht haben. Das Ding sah so aus
Motor — Riemenscheibe aus
Eisenblech von Hand
gemacht.

Es geht jetzt durch die Zeitungen ein
Artikel, daß Daimler der erste Erfinder
des Automobiles sei, während wie Sie
wissen ich sowohl die Motoren als wie
das Auto erfunden habe.

Carl Benz

»In schönem regelmäßigem Rhythmus lösen die Takte der Zukunftsmusik einander ab. Über eine Stunde schon lauschen wir tief ergriffen dem einförmigen Gesang ... Auf einmal fingen auch die Glocken zu läuten an, Silvesterglocken! Uns war es, als läuteten Sie nicht nur ein neues Jahr, sondern eine neue Zeit ein, jene Zeit, die vom Motor den neuen Pulsschlag empfangen sollte.«
So beschrieb Carl Benz in seinen Lebenserinnerungen die Silvesternacht am 31. Dezember 1879, als zum ersten Mal sein neuer Motor lief. Mit dem ganzen Pathos des Handwerkers, der es zu einer fundamentalen Erfindung gebracht hatte. Dieser erste Motor von Benz arbeitete noch im Zweitaktverfahren, einfach deshalb, weil er sich vom Ottomotor, der im Viertakt lief, unterscheiden wollte. Freilich hatte dieser erste Benz-Zweitakter noch eine Ventilsteuerung und nicht wie die späteren Zweitaktmotoren eine automatische Spülung ohne Ventile. Benz hatte bereits 1877 begonnen, an diesem Versuchsmotor zu bauen, in den Jahren 1880 bis 1882 reichte Benz dann die wesentlichen Patentschriften für diesen neuen Motor ein. Besonderes Augenmerk hatte er auf die Zündung gerichtet: Von einer Dynamomaschine, die über einen Riemen vom Schwungrad angetrieben wurde, ging der Primärstrom für einen Umformer aus, der den Funken erzeugte und an die Zündkerze weitergab.
Vater und Großvater von Carl Benz waren im Schwarzwald Dorfschmiede gewesen. Freilich hatte sein Vater schon den »Drang nach Höherem« verspürt und hatte einen für die damalige Zeit völlig neuen Beruf ergriffen: Er war Lokomotivführer geworden. Als im April 1843 die Eisenbahnstrecke Karlsruhe - Heidelberg eröffnet wurde, war Hans Georg Benz einer der ersten Lokomotivführer Badens. Sein Sohn Carl wurde am 25. November 1844 geboren, und als der kleine Bub noch nicht zwei Jahre alt war, starb der Vater an einer Lungenentzündung, die er sich auf der zugigen Lokomotive zugezogen hatte. Die Familie hatte ein paar Ersparnisse, der kleine Carl wuchs bei seiner Mutter auf und konnte in Karlsruhe auf das Lyzeum gehen, das er dann mit 16 Jahren verließ, um in Karlsruhe am Polytechnikum noch ein paar Semester zu studieren. Anschließend trat er seine erste Stellung als Techniker bei der Maschinenbaugesellschaft in Karlsruhe an. Der Dienst war damals noch hart und schwer, und genau wie die Arbeiter mußte der junge Benz von morgens 6 bis abends 7 Uhr präsent sein, bei einer Stunde Mittagszeit. 1867 sehen wir Carl Benz dann in Mannheim in einem technischen Büro Kranen und Zentrifugen konstruieren, anschließend kam er nach Pforzheim, wo er zwei Jahre lang bei einer Brückenbaufirma arbeitete. Dort lernte er auch seine Frau kennen, Bertha Benz, die 1888 mit seinem Auto die erste größere, heimliche Ausfahrt unternahm.
1871 kehrte er nach Mannheim zurück, um eine eigene, kleine mechanische Werkstatt zu eröffnen. Und in dieser Werkstatt begann 1877 sein Motorenbau. Die Versuche verschlangen mehr Geld, als Carl Benz hatte. Im Oktober 1882 wurde seine Firma in Gasmotorenfabrik Mannheim umbenannt und zu einer Aktiengesellschaft erklärt, nachdem er einige Teilhaber gefunden hatte. Es müssen aber für Benz große Schwierigkeiten aufgetaucht sein, denn bereits nach drei Monaten verließ er dieses Unternehmen wieder. Nun baute die Gasmotorenfabrik Mannheim ohne Benz noch viele Jahre Zweitaktmotoren Benzscher Konstruktion, während er erst ein Jahr später neue Geldgeber fand, die es ihm ermöglichten, die Benz & Co. Rheinische Gasmotorenfabrik in Mannheim als OHG zu gründen. Mit dieser Firma hatte er nun endlich Erfolg, und er verkaufte in den Jahren 1884/85 jährlich zwischen 40 und 50 stationäre Gasmotoren, System Benz, wie sie offiziell genannt wurden. Dieser Betrieb, der stationäre Zweitaktmotoren herstellte und 25 Mann beschäftigte, bildete die Grundlage für seine Versuche, ein Motorfahrzeug zu bauen. Dafür verwendete er nun einen Viertaktmotor, vor allen Dingen deshalb, weil er glaubte, mit dem Viertaktsystem auf höhere Drehzahlen zu kommen. Seine stationären Zweitaktmotoren kamen nur bis etwa 130 Umdrehungen, während sein erstes Viertaktmodell gleich 250 Touren schaffte und bald darauf auch mit 400 Umdrehungen belastet werden konnte. Das Kaiserliche Patentamt des Deutschen Reiches erteilte am 29. Januar 1886 der Firma Benz und Co. in Mannheim das erste Patent für ein »Fahrzeug mit Gasmotorenbetrieb«. Das Patent lief übrigens nicht auf den persönlichen Namen von Carl Benz.
Er hatte seinen kleinen Viertaktmotor schon im Spätherbst 1885 in ein dreirädriges Kutschwägelchen eingebaut (vorn ein Rad, hinten zwei Räder) und unternahm wohl auch gegen Ende des Jahres 1885 im Hof seiner Firma die ersten Fahrversuche, die aber offenbar nicht zur Zufriedenheit ausfielen. Seine ersten Versuche endeten meistens an den Hofmauern, weil der Wagen so schwer zu lenken war.
Carl Benz wußte sicherlich nichts von den etwa zur gleichen Zeit laufenden Versuchen Gottlieb Daimlers. Diese beiden Erfinder des Kraftwagens haben sich auch niemals gesehen.
Der historische Tag ist der 3. Juli 1886, als er in aller Öffentlichkeit auf die Straßen Mannheims ging und eine Ausfahrt unternahm, die dann von den Zeitungen entsprechend registriert wurde. »Es ist nicht zu bezweifeln«, so schrieb damals

der weitblickende Reporter, »daß dieses Motorenveloziped sich bald zahlreiche Freunde erwerben wird, da es sich voraussichtlich für Ärzte, Reisende, Sportsfreunde und so weiter als äußerst praktisch und brauchbar erweisen wird.«
Die ersten Vehikel von Carl Benz sind aber nicht in Deutschland verkauft worden, sondern in Frankreich. Schon 1887 kam zu Carl Benz sein Pariser Vertreter für die ortsfesten Benz-Zweitaktmotoren namens Roger, der sofort Probefahrten mit dem neuen Vehikel unternahm und sich ein Fahrzeug mit nach Paris schicken ließ. Bereits in diesem ersten Jahr stellte Benz seine ersten Fahrzeuge für den französischen Markt her, die in Frankreich zum Teil unter dem Namen Roger-Benz verkauft wurden. 1888 gab es den ersten offiziellen Automobilprospekt – wahrscheinlich den ersten Autoprospekt der Welt. Er bestand aus einem einfachen Blatt und zeigte den »in allen Industriestaaten patentirten Patent-Motorwagen mit Gasbetrieb durch Petroleum, Ben-

Das »Motorenveloziped«, mit dem Carl Benz am 3. Juli 1886 zum ersten Mal ausfuhr, hatte einen 1-Zylinder-Motor und erreichte etwa 15 km/h Geschwindigkeit.

Wahrscheinlich der erste »Führerschein« der Welt wurde am 1. August 1888 ausgestellt. Er lautet:
»Dem Herrn Benz, Besitzer der Rhein'schen Gasmotorenfabrik hier wird bis auf Weiteres die Genehmigung zu versuchsweisen Fahrten mit dem von ihm hergestellten Patent-Motorwagen auf den die Gemarkungen Mannheim, Sandhofen, Käferthal, Feudenheim, Ilvesheim, Schriesheim, Ladenburg, Neckarau durchziehenden Straßen und Wegen unter dem ausdrücklichen Hinweis ertheilt, daß der Unternehmer für allen Schaden, der durch den Gebrauch des Motorwagens für andere entsteht, verantwortlich ist.«

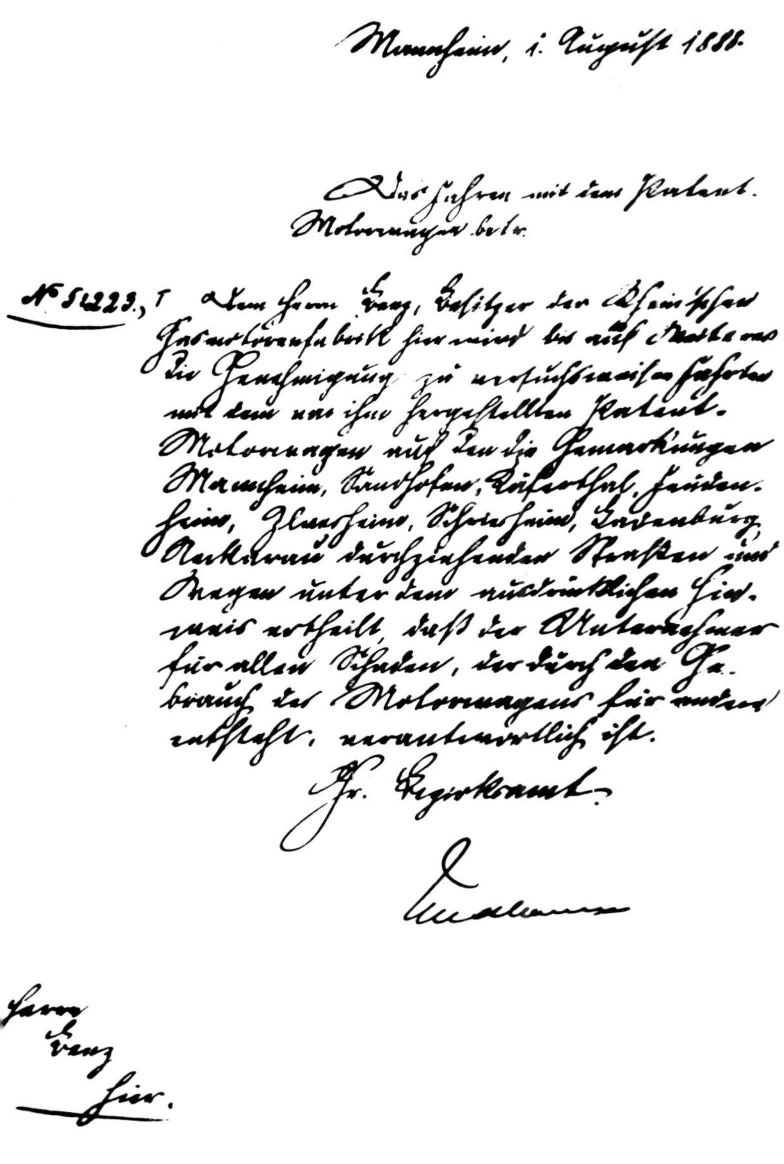

Der erste Automobilprospekt stammt aus dem Jahre 1888.

zin, Naphtha und so weiter« an. Es ist typisch, daß in diesem Prospekt der klassische Satz zu finden war: »Vollständiger Ersatz für Wagen mit Pferden. Erspart den Kutscher, die theuere Ausstattung, Wartung und Unterhaltung der Pferde.«
Im Jahr 1888 wurde der Benz-Patentmotorwagen auch zum ersten Mal in Deutschland ausgestellt: Bei der Münchner Gewerbe- und Industrieausstellung. Sicherlich fand er große Beachtung, aber trotzdem noch keine Käufer. Das in München ausgestellte Benz-Fahrzeug hatte einen gegen 1886 etwas verstärkten Motor, einen Einzylinder mit 115 mm Bohrung und 150 mm Hub. Der Motor leistete 2 PS bei einer Drehzahl von 500 Touren. Emile Roger stellte einen dieser Wagen auf der Pariser Weltausstellung 1889 aus. Das waren aber immer noch dreirädrige Fahrzeuge. Die Vorarbeiten zum vierrädrigen Automobil begannen bei Benz erst 1891, und der erste Wagen, von dem eine kleine Serie gebaut wurde, der Benz »Victoria«, erschien im Frühjahr 1893. Er wurde übrigens fast unverändert sechs Jahre lang fabriziert. Der Motor des Benz Victoria hatte eine Bohrung von 130 mm und einen Hub von 150 mm, was rund 2000 ccm ergab, mit einer Leistung von 3 PS bei knapp 500 Umdrehungen. Das Einlaßventil arbeitete automatisch als Saugventil, das Auslaßventil war gesteuert. Der Motor lag im Heck dieses Kutschwagens, durch einen Handhebel wurden auf beide Hinterräder die Klotzbremsen betätigt. Die Vorderräder waren deutlich kleiner als die Hinterräder, man verwendete Vollgummireifen. Das Fahrzeug, das 2,90 m lang war, wog 650 kg und lief 18 km/h. Es wurde zu einem Preis zwischen 3800 und 4200 Goldmark angeboten. Einen wirklichen Erfolg hatte dann Benz mit dem leichten »Velo«, von dem in den Jahren 1894 bis 1902 nicht weniger als 1200 Stück hergestellt wurden.
Die Anfangserfolge der 90er Jahre veranlaßten Benz, allzu konservativ zu denken und sich viel weniger als die Firma Daimler dem technischen Fortschritt zuzuwenden. Deshalb trat in den Jahren 1900 bis 1902 im Verkauf für Benz eine gewisse Krise ein. Daraufhin holte man 1902 ein französisches Ingenieurteam und den französischen Konstrukteur Marius Barbarou, der neue Modelle in Angriff nehmen sollte und auch sehr erfolgreiche Fahrzeuge konstruierte, die zum Teil unter dem Namen Benz Parzival bekannt wurden. Ein Mitarbeiter von Benz, Julius Ganss, propagierte den Parzival als das alleinige Werk des Ingenieurs Barbarou, worauf Carl Benz so verärgert war, daß er sein Mannheimer Werk im April 1903 verließ. Schließlich wählte man ihn 1904 wieder in den Aufsichtsrat, aber entscheidenden Einfluß auf die Konstruktionen hat Carl Benz dann nicht mehr gehabt. Er gründete nun – es ist eine etwas verworrene Geschichte – in Ladenburg bei Mannheim 1905 eine eigene Firma, die C. Benz Söhne hieß, zusammen mit seinen beiden Söhnen Eugen und Richard. Die Firma wurde im Sommer 1906 als Offene Handelsgesellschaft beim Amtsgericht in Mannheim eingetragen. Man begann dort aber erst nach einiger Anlaufzeit Automobile zu bauen. Immerhin hat sich Richard Benz 1909 mit einem solchen Wagen von C. Benz Söhne, dem sogenannten Typ 10/22, an der Prinz-Heinrich-Fahrt beteiligt und dort recht erfolgreich abgeschnitten. Eine große Firma

Oben: Das Benz »Velo« aus dem Jahr 1894 mit 1-Zylinder-Motor von 1045 ccm und 3 PS. – Rechts: Zwei Benz-Wagen aus dieser Zeit als Teilnehmer an Veteranenfahrten

wurde aber dieses neue Unternehmen nie. Im Kriege mußte die Herstellung von Automobilen eingestellt werden, weil man nur noch Automobilteile fabrizieren durfte. Nach dem ersten Weltkrieg versuchte man die Produktion bei C. Benz Söhne noch einmal anzukurbeln, was aber nicht gelang. Es wurden nur noch einzelne Fahrzeuge hergestellt, und 1925 hörte man mit der Produktion ganz auf.

1903 auf 1904 begannen die Benz-Wagen wieder Verkaufserfolge zu haben, wesentliche Impulse für die Konstruktion kamen von dem 1905 eingetretenen jungen Ingenieur Hans Nibel, der 1908 bei Benz Chefkonstrukteur wurde und auf den der Blitzen-Benz, der Weltrekordwagen mit 200 PS Leistung zurückzuführen ist. Die Benz-Wagen hatten überhaupt um diese Zeit auf der sportlichen Ebene sehr schöne Erfolge und waren ernste Konkurrenten für Daimler.

Inmitten der Nachkriegsschwierigkeiten erlebte Carl Benz noch, wie seine Firma im Frühsommer 1926 mit der Firma Daimler fusionierte. Er starb am 5. April 1929 84jährig in Ladenburg, und 1933 enthüllte man in Mannheim eine große Benz-Gedenktafel. Seine Witwe Bertha Benz konnte als Ehrengast noch an dieser Feier teilnehmen.

Erste Zeitungsnotizen

Neue Badische Landeszeitung Mannheim, 4. Juni 1886
»Für Velociped-Sportfreunde dürfte es von hohem Interesse sein zu erfahren, daß ein großer Fortschritt auf diesem Gebiet durch eine neue Erfindung, welche von der hiesigen Firma Benz & Co gemacht, zu verzeichnen ist.«

Neue Badische Landeszeitung, Morgenblatt, 3. Juli 1886
»Ein mittels Ligroingas zu treibendes Velociped, welches in der Rheinischen Gasmotorenfabrik von Benz & Co konstruiert wurde und worüber wir schon an dieser Stelle berichteten, wurde heute früh auf der Ringstraße probiert, und soll die Probe zufriedenstellend ausgefallen sein.«

Generalanzeiger der Stadt Mannheim und Umgebung, 5. September 1886
»Wir haben schon früher mitgeteilt, daß Herr C. Benz, Mitinhaber der Rheinischen Gasmotorenfabrik Benz und Cie und Erfinder der Gasmotoren mit elektrischer Zündung, einen Straßenwagen konstruiert, der mittels Gasmotor bewegt wird, und sich diese Erfindung patentieren ließ. Wir sahen das erste Vehikel entstehen und sahen es bereits vor Monaten in Betrieb. Schon bei dem ersten Versuch wurde uns die Gewißheit, daß durch die Benz'sche Erfindung ein Problem gelöst sei, mittels elementarer Kraft einen Straßenwagen herzustellen. Jedoch stellten sich, wie dies auch nicht anders erwartet werden konnte, noch viele Mängel ein, die durch fortgesetzte Versuche und Verbesserungen abzustellen waren. Diese Arbeit, ebenso schwierig wie die Erfindung selbst, darf nun als abgeschlossen betrachtet werden, und Herr Benz wird nunmehr mit dem Bau solcher Fuhrwerke, für den praktischen Gebrauch berechnet, beginnen. Wir glauben, daß dieses Fuhrwerk eine gute Zukunft haben wird, weil dasselbe ohne viele Umstände in Gebrauch gesetzt werden kann und weil es bei möglichster Schnelligkeit das billigste Beförderungsmittel für Geschäftsreisende, eventuell auch für Touristen werden wird.«

Gottlieb Daimler

Die Vorfahren von Gottlieb Daimler – die Schreibweise ist nicht einheitlich; noch sein Vater und sein Onkel schrieben sich Däumler – besaßen in Schorndorf, 30 Kilometer östlich von Stuttgart, eine Bäckerei. Johannes Daimler, der Vater von Gottlieb, heiratete am 31. Mai 1831 die Schorndorfer Bürgerin Wilhelmina Friederika Finsterer und übernahm das Bäkkereigeschäft in der Höllgasse, weil sein älterer Bruder, Gottlieb Heinrich, eine »höhere« Karriere machen wollte und später Stadtbaumeister von Schorndorf wurde. Wie damals üblich, war der Backstube eine kleine Weinstube angeschlossen, in der der Meister Johannes oft einen besonders guten Tropfen ausschenkte, wenn Freunde kamen. Im Frühjahr 1832 kam ein Stammhalter zur Welt, der Johannes getauft wurde und der später die Bäckerei des Vaters übernommen hat. Das zweite der vier Kinder, das am 17. März 1834 geboren und am 31. März auf den Namen Gottlieb Wilhelm getauft wurde, war jener Gottlieb Daimler, von dem später die ganze Welt gesprochen hat. Jung-Gottlieb kam in Schorndorf, wie das üblich war, in die Volksschule und wurde an Ostern 1848 entlassen, wobei seine Lehrer ihm bescheinigten, daß er vor allen Dingen auf der Ebene der Geometrie und der Trigonometrie schon Bemerkenswertes gelernt habe und befähigt sei, praktische Aufgaben zu lösen. Das kam daher, weil er mit seinem Onkel, damals Oberamtsgeometer, viel zusammen war und dieser ihm das Plänezeichnen beigebracht hatte.

Die Frage nach der Berufswahl wurde im wesentlichen von den Unruhen des Jahres 1848 bestimmt. Es erging zum Beispiel am 1. April ein Gesetz über die Volksbewaffnung, denn man wollte sich in Schorndorf zu einer Bürgerwehr zusammenscharen. Deshalb waren sich Gottlieb Daimlers Vater und sein Onkel, der Stadtbaumeister, einig, daß »die allgemeine Volksbewaffnung das Gewerbe der Büchsenmacher zum einträglichsten unter allen machen muß, und wer in diesem Handwerk gründlich ausgebildet, nicht faul, anstellig und regsam ist, der hat sich seine Zukunft gesichert«. Also kam der junge Gottlieb Daimler zu seinem Nachbarn und Freund, dem Büchsenmacher Hermann Raithel, in die Lehre. Der junge Daimler wurde zunächst Bäckengottlieb genannt, weil er ja der Sohn eines Bäckers war. Das Gesellenstück Gottlieb Daimlers aus dem Jahre 1852 blieb erhalten: eine doppelläufige Taschenpistole mit gezogenen Läufen von präzisester Arbeit; Beschläge und Knauf fein ziseliert und brüniert.

Die weiteren Stadien seines Lebens- und Berufsweges seien kurz skizziert: Nach der Gesellenprüfung Aufnahme in die Königliche Landesgewerbeschule in Stuttgart zur theoretischen Ausbildung. Infolge guter Leistungen bereits im Januar 1853 ein Stipendium zur weiteren praktischen Ausbildung in den mechanischen Werkstätten von Grafenstaden im Elsaß, die damals hohes Ansehen genossen und 1856 begannen, Lokomotiven zu bauen. Von dort aus im Herbst 1857 als außerordentlicher Schüler – auch infolge ungewöhnlich großer Fähigkeiten und Leistungen – an der Polytechnischen Schule in Stuttgart (der Vorgängerin der Technischen Hochschule Stuttgart) Studium des Maschinenbaus. Dort blieb er bis zum Herbst 1859. Rückkehr für ein knappes Jahr nach Grafenstaden in den Lokomotivbau, dann zwei Jahre England, dort Tätigkeit in diversen Maschinenfabriken. Anschließend von 1863–65 in Geislingen bei der späteren WMF und von dort aus 1865 zum Bruderhaus nach Reutlingen, wo Gottlieb Daimler die Maschinenfabrik leitete. Dann erhielt er am 1. Juli 1869 bereits eine leitende Stellung in der Maschinenbaugesellschaft Karlsruhe, und während er dort arbeitete, nahmen die Gebr. Langen von der Gasmotorenfabrik Deutz Kontakt mit ihm auf, was dazu führte, daß ein Vertrag vom 10. März 1872 ihn als Mitglied der Direktion nach Köln brachte. Schon bei seiner Tätigkeit im Bruderhaus in Reutlingen hatte er Wilhelm Maybach kennengelernt, der in der Zukunft auch an seiner Seite blieb und den er später als Chefkonstrukteur beschäftigte. Es muß der Name Maybach fast in einem Atemzug mit dem Namen Gottlieb Daimler genannt werden, weil später beim Beginn des Automobilbaus Wilhelm Maybach mit vielen Ideen, Patenten und Konstruktionen zur Vervollkommnung der Daimler-Automobile beigetragen hat. Wilhelm Maybach, geboren in Heilbronn am 9. Februar 1846, gestorben in Cannstatt am 29. Dezember 1929, wurde 1895 technischer Direktor der Daimler-Motorengesellschaft, aus der er 1908 ausschied, um unter Mitwirkung des Grafen Zeppelin eine Spezialfabrik für Luftschiffmotoren zu gründen: die spätere Maybach-Motoren-GmbH in Friedrichshafen, die 1922 auch begann, Kraftwagen zu bauen. Wilhelm Maybach gründete seine eigene Firma in engem Kontakt mit seinem hoch begabten Sohn Karl Maybach, der dort dann die Geschäfte führte.

Doch zurück zur Laufbahn von Gottlieb Daimler: Er hat an der endgültigen Gestaltung des Ottomotors wesentlich mitgewirkt, was schon daraus hervorgeht, daß der Aufsichtsrat der Gasmotorenfabrik Deutz ihn in der Aufsichtsratssitzung vom 12. Januar 1877 für seine Verdienste um die Schaffung des Viertaktmotors eine »namhafte Vergütung in Form von Aktienüberlassung« zusprach. Doch in den folgenden Jahren kam es zwischen Otto und Daimler zu ernsthaften Differenzen, die etwa auf der Ebene lagen, daß Otto Gottlieb Daimler als einen »dickköpfigen Schwaben« bezeichnete und Daimler von Otto als von einem Kaufmann sprach. Die Spannungen traten immer mehr hervor, so daß Eugen Langen in einem Brief vom 22. Januar 1877 Otto gegenüber die Frage aufwarf: Sind Sie beide denn Feuer und Wasser und können sich nie befreunden, weder geschäftlich noch persönlich, trotzdem sie die gleichen Interessen haben? Im September 1881 reiste Gottlob Daimler im Auftrag der Gasmotorenfabrik Deutz nach Rußland. Nach seiner Rückkehr beschloß der Aufsichtsrat, um die Differenzen aus der Welt zu schaffen, Daimler seinen Vertrag zu kündigen, ihm aber gleichzeitig die Errichtung eines Zweiggeschäftes in St. Petersburg vorzuschlagen. Daraufhin entschied sich Gottlieb Daimler, eigene Wege zu gehen, er schied mit dem 30. Juni 1882 aus dem Deutzer Werk aus und machte sich in Cannstatt ansässig. Er nahm Wilhelm Maybach mit nach Bad Cannstatt, und der Anstellungsvertrag beinhaltete, daß Maybach »bei Herrn Daimler in Cannstatt die Stelle als Ingenieur und Konstrukteur zur Ausarbeitung und praktischen Durchführung diverser Projekte und Probleme im maschinentechnischen Fache übernimmt, welche ihm von Herrn Daimler aufgetragen werden«. Daimlers erste Werkstätte, in der er mit der Konstruktion seines neuen Motors begann, lag im Garten seines Cannstätter Hauses in der Taubenheimstraße. Die Patentschrift, in der der Einzelmechanismus seines neuen Motors beschrieben wurde, erhielt das Deutsche Reichspatent Nr. 28243 vom 23. Dezember 1883. Zwischen August 1883 und Januar 1884 stellte er in seiner Werkstatt die ersten drei schnellaufenden Benzinmotoren her. Das erste Motorfahrzeug, das mit einem solchen Daimler-Motor ausgestattet wurde, war indessen noch kein Automobil, sondern ein Zweirad, das er im Sommer 1885 konstruierte und zunächst als Motor-Reitwagen bezeichnete: im Grunde das erste Motorrad der Welt, das aber ein Einzelexemplar blieb. Die erste größere Ausfahrt erfolgte am 10. November 1885 – der älteste Sohn des Erfinders, Paul Daimler, saß auf diesem Vehikel, und es gelang ihm, die »kolossale« Entfernung von Cannstatt nach Untertürkheim, etwa drei Kilometer, zurückzulegen. Ehe der Daimler-Motorwagen am 4. März 1887 seine erste größere Probefahrt in der Öffentlichkeit unternahm, hatte man in der Firma Daimler bereits im Winter 1885/86 einen Motorschlitten gebaut – der sich freilich bei den ersten Proben nicht bewährte – und den Daimlermotor in ein Boot eingebaut, das im Herbst 1886 eine Fahrt unternahm. Mit einem 1,5-PS-Motor erreichte dieses Boot die gleichbleibende Geschwindigkeit von 10 km/h. Die nächsten entscheidenden Schritte nach dem motorisierten Kutschwagen von 1886 waren erstens die Schöpfung des »Stahlradwagens« von 1889, der zum ersten Mal ein Stahlrohrfahrgestell besaß, und zweitens die Konstruktion eines 2-Zylinder-Motors in V-Form. In diesen Stahlradwagen wurde schon dieser V-Motor eingebaut, übrigens besaß dieses Gefährt bereits ein Vierganggetriebe. Es wurde 1889 auf der Pariser Weltausstellung gezeigt und erregte lebhaftes Aufsehen. Hier begann dann die enge Zusammenarbeit Gottlieb Daimlers mit französischen Industriellen, was

Der Daimler-Motorwagen mit 1,1-PS-Motor fuhr am 4. März 1887 zum ersten Mal auf einer öffentlichen Straße.

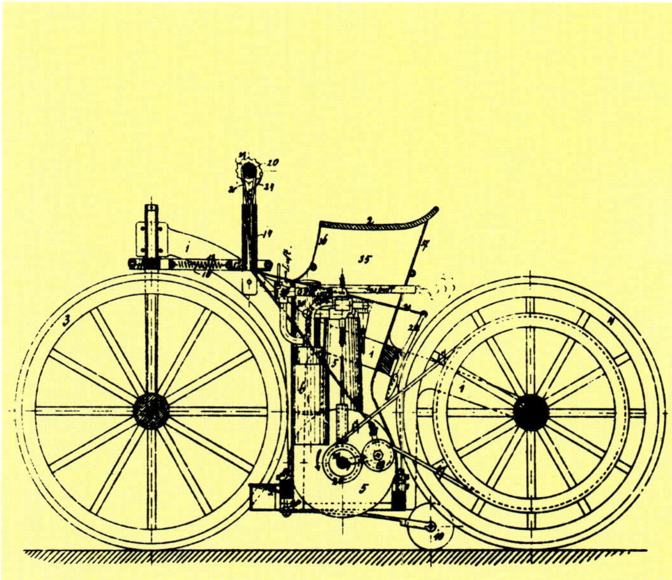

Oben: Zeichnung von Daimlers »Motor-Reitwagen« von 1885, dem ersten Motorrad der Welt. – Rechts: Der »Stahlradwagen« von 1889 und Daimlers erste Zeichnung dazu, mit 2-Zylinder-V-Motor und Vierganggetriebe

dazu führte, daß 1891 die ersten beiden französischen Automarken auftauchten, Peugeot und Panhard et Levassor, die beide Fahrzeuge mit Daimlermotoren herstellten. Übrigens ist Gottlieb Daimler keine einzige seiner Konstruktionen jemals selbst gefahren; er ließ sich entweder von Wilhelm Maybach oder von seinem Sohn Paul Daimler chauffieren.
Gottlieb Daimlers erste Frau, Emma Daimler, war am 23. Juli 1889 gestorben. Im Juli 1893 heiratete er zum zweiten Mal in Schwäbisch Hall Frau Lina Hartmann, und die Hochzeitsreise ging zur Weltausstellung nach Chicago, wo Daimlers sämtliche Wagen und Bootskonstruktionen ausgestellt waren. Indessen konnte Gottlieb Daimler in der schon 1890 gegründeten Daimler-Motorengesellschaft keineswegs mehr selbst über die ganzen Pläne und Investitionen verfügen, und er war sicherlich nicht sehr glücklich, daß Finanzleute die Zügel ergriffen, was aber von der sachlichen Seite aus gewiß richtig war, denn Gottlieb Daimler war nicht der Typ des Unternehmers. Am 15. März 1897 wurde er zum Vorsitzenden des Aufsichtsrates gewählt, was man eher als eine Geste verstehen muß. Er starb schon sehr früh, am 16. März 1900, und konnte auf diese Weise die Entwicklung der folgenden Jahre, die entscheidend zum Ruhm dieser Firma beitrug, nicht mehr erleben. Am 18. Februar 1901 nahm zum ersten Mal ein Daimler-Rennwagen unter dem Namen Mercedes an der Rennwoche zu Pau teil, ein Name, den fortan alle Daimler-Produkte tragen sollten: Nachdem der in Nizza ansässige österreichische Generalkonsul Emil Jellinek die Generalvertretung für Frankreich und einige andere Länder übernommen und eine große Zahl von Wagen abzunehmen versprochen hatte, erklärte er, daß dies mit dem Namen Daimler, den man in den anderen Ländern so schwer aussprechen könne, nicht mehr zu realisieren sei. Man müsse einen international attraktiven Namen wählen, und er meinte, daß der Vorname seiner Tochter Mercedes dazu geeignet sei – was sich auch als richtig erwies. Die Cannstatter Daimler-Fabrik wurde 1903 nach Untertürkheim verlegt, wo sich heute noch die Zentrale des Daimler-Benz-Konzerns befindet.

Erstmals im Lexikon . . .

Das erste Lexikon, das in Deutschland seine Spalten für den Motorwagen öffnete, zögernd öffnete, muß man sagen, war Meyers Konversationslexikon. Erst in dem 1898 erschienenen Ergänzungsband zur fünften Auflage wurde ausführlich mit einer Bildtafel vom Motorwagen berichtet.
Motorwagen ist das Stichwort, das war in Deutschland um die Jahrhundertwende der offizielle Ausdruck für das Auto. In Meyers Lexikon finden wir als Parallelbegriffe außerdem verzeichnet: Automobilen, Autocars, Autocabs, Akkumobilen, Straßenfuhrwerk und Wagen ohne Pferde. Welch eine Verwirrung der Begriffe! Zunächst fällt auf, daß wir heute für das Wort Automobil als Mehrzahl Automobile gebrauchen, während man damals – nach Meyer – Automobilen sagte. Akkumobilen bezog sich sinngemäß auf die Motorwagen

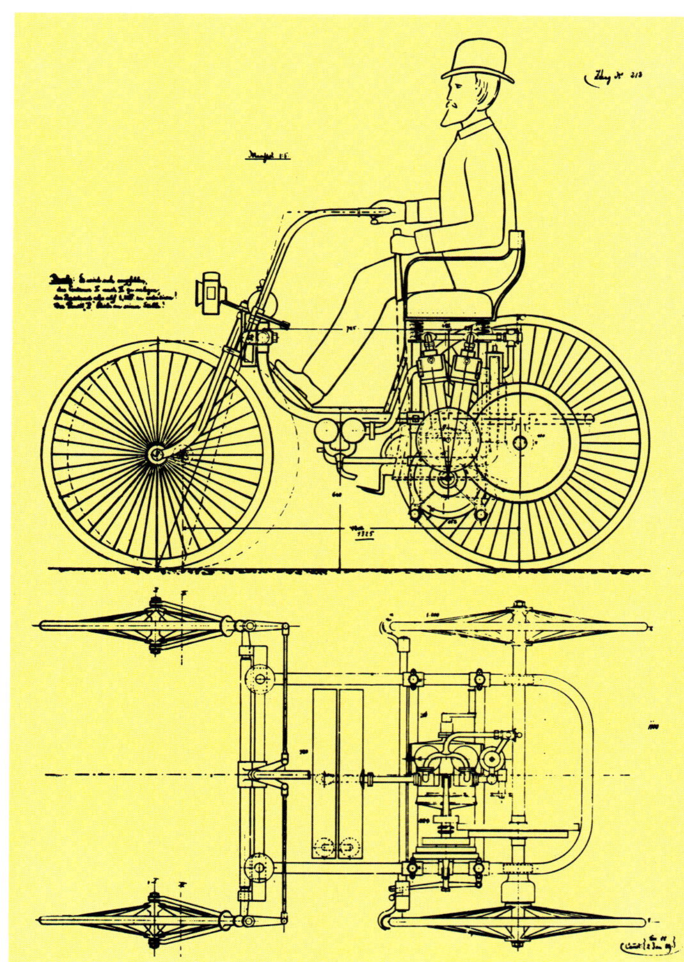

mit Akkumulatoren, also die elektrisch angetriebenen Fahrzeuge. Autocars ist einfach aus dem Englischen übernommen, Autocabs bezog sich auf die Taxis. Straßenfuhrwerk ist ein völlig irreführendes und unvollständiges Wort. Immerhin schienen Fachleute am Werk zu sein; man widmete den verschiedensten Systemen unter »Entwicklungsgeschichte« 8 Spalten und erwähnte am Schluß auch Bücher und Zeitschriften zu näherem Studium - erstaunlicherweise keine deutschen, sondern zwei französische (La Locomotion Automobile, Paris 1894, und Farman, Les Automobiles, Paris 1896, dazu The Autocar, London 1895). Auch das ist ein Beweis dafür, daß man in Deutschland der Entwicklung dieses neuen Wagens ohne Pferde noch mit Zurückhaltung und Skepsis gegenüberstand.

In diesem »Nachschlagewerk des allgemeinen Wissens«, wie sich das Meyersche Lexikon nannte, stand 1898: »Alle zur Zeit bekannten Motorwagensysteme lassen sich in zwei Hauptgruppen zerlegen: Entweder werden Dämpfe beziehungsweise Gase als Triebkraft verwendet, oder es treten die hierbei in Betracht kommenden Eigenschaften der Elektrizität an die Stelle der bisherigen Fuhrmittel. Was die erstere und zugleich ältere Gruppe anlangt, so sind die Versuche zur Herstellung von Fahrmaschinen bekanntlich beinahe ebenso alt wie die Benutzung des Dampfes als bewegende Kraft überhaupt. So wurde unter anderem der Murdocksche Dampfwagen schon 1785 erbaut. Allerdings waren die Ergebnisse lange Zeit wenig ermutigend, da gerade die Herstellung eines brauchbaren Dampffuhrwerks ohne Spurweg für den gewöhnlichen Straßenverkehr mehr Schwierigkeiten bietet, als man bei den großartigen Erfolgen des sonstigen Maschinenbaus anzunehmen geneigt ist. Zu recht achtbaren Erfolgen waren die Bemühungen Bollées gelangt, der 1878 bei der allgemeinen Ausstellung in Paris mit seinem Dampfwagen Aufsehen erregte.«

Uns interessiert natürlich mehr, was im Meyer von 1898 über den Benzinwagen steht: »Mit der Frage der durch Petroleum- oder Benzingase zu treibenden Wagen hat sich anscheinend zuerst Benz in Mannheim beschäftigt. Schon 1888 stellte er auf der Münchener Ausstellung ein durch einen Petroleumnaphthamotor getriebenes Gefährt auf, das im Laufe der Jahre mannigfache Verbesserungen erfahren hat. Der jetzige ›Patentmotorwagen Benz‹ von der Rheinischen Gasmotorenfabrik Benz & Co. in Mannheim, der je nach Ausführungsart zwei bis acht Personen aufnimmt, wird von einem einzylindrigen Benzinmotor (Benzin, Dampf und Luft) getrieben. Der Gang ist der gewöhnliche Viertakt der Gaskraftmaschinen, das heißt vier Kolbenschläge (zwei ganze Umdrehungen der Kurbelwelle) bilden zusammen eine Arbeitsperiode, in welcher ein Schlag die nützliche Arbeit liefert, während die anderen drei Schläge dazu dienen, den Zylinder neu zu laden.«

Amüsant ist die Bezeichnung »Schlag« für einen Takt des Verbrennungsmotors, die auch damit zusammenhing, daß man in der Redaktion des Meyerschen Lexikons damals bestrebt war, so viele deutsche Wörter wie möglich zu verwenden. Es herrschte geradezu eine deutschtümelnde Schreibweise vor. Aber weiter im Meyerschen Text:

»Der Gasapparat ist sehr einfach, da das Benzin schon bei gewöhnlicher Temperatur in zureichender Menge verdampft und keine Flamme notwendig ist. Ein Luftventil in der Leitung zwischen Gasapparat und Zylinder gestattet, das Verhältnis zwischen Benzin, Dampf und Luft zu regulieren, was vom Bock aus geschehen kann. Der Zylinder ist mit einer Kühlvorrichtung versehen, die Zündung erfolgt elektrisch

Gottlieb Daimler (zweiter von links) in einem Vis-à-vis von 1894 mit dem Vorstand der Daimler-Motorengesellschaft, links neben ihm Wilhelm Maybach

durch einen Akkumulator, die Kraft wird von der Maschinenwelle durch Riemen auf eine Nebenwelle und von hier aus durch gallische Ketten und Kettenräder auf die Hinterräder des Wagens übertragen.«
»Ähnlich«, heißt es in dieser Spalte weiter, »ist der Patentmotorwagen von F. Lutzmann aus Dessau konstruiert. Als Triebkraft wird ein Petroleumdestillat von einem spezifischen Gewicht von 0,7 verwendet. Zum Anzünden dienen Akkumulatoren mit einem Ruhmkorffschen Funkeninduktor. Der Wagen kann eine Geschwindigkeit von 25 km/h erreichen und Steigungen bis ungefähr 12 Prozent überwinden. Eine verhältnismäßig große Verbreitung haben namentlich in Frankreich die Wagen von der Daimler-Motoren-Gesellschaft in Cannstatt mit dem Motor Phoenix erfahren. Betriebsmaterial ist Benzin von 0,68 bis 0,70 spezifisches Gewicht. Zur Ingangsetzung des Motors muß der Zündhut rotglühend gemacht werden, was in wenigen Minuten geschehen kann. Mit Hilfe eines vierfachen Wechselgetriebes, welches mit einem Handhebel betätigt wird, können dem Wagen vier Geschwindigkeiten von 5 bis 25 km/h gegeben werden. Die Kraftübertragung erfolgt geräuschlos. Die Gesellschaft stellt Personen- und Geschäftswagen verschiedener Größe her.«
Es folgen noch einige technische Einzelheiten von einem 1,5-PS-Daimler-Motorwagen. (»Er soll das Befahren ebener Straßen von beliebiger Beschaffenheit, wie auch von Straßen mit weniger als 10 bis 12 Prozent Steigung ermöglichen. Der Motor liegt unter den Sitzen, von außen nicht wahrnehmbar, aber durch eine an der Rückwand des Sitzkastens angebrachte Tür zugänglich. Ist der Motor einmal in Gang gesetzt, wozu drei bis vier Minuten Zeit gehören, so ist eine dauernde Bedienung nicht nötig, es genügt, alle Stunden nachzusehen, ob die Schmiergefäße noch Öl enthalten und das mitgeführte Kühlwasser noch vorhält. Die Fahrgeschwindigkeit kann auf 6, 12 oder 18 km/h eingestellt werden und soll auf guter horizontaler Chaussee bis 22 km betragen.«)
Mit diesem Fahrzeug ist der bereits 1889 von Daimler und Maybach entworfene »Stahlradwagen« gemeint, der in Frankreich so großen Anklang fand, mit dem 2-Zylinder-V-Motor.
Es wird auch die »Wettfahrt« Paris - Marseille und zurück erwähnt. Anschließend beschäftigen sich drei Spalten ausschließlich mit den elektrisch betriebenen Motorwagen zwischen 1880 und 1896.
Es wird in diesem Lexikon schon darauf hingewiesen, daß die Neue Berliner Omnibusgesellschaft »in nächster Zeit Akkumulatorenwagen versuchsweise in den Verkehr stellen will«, und nachdem auch für die Straßenbahnen der elektrische Betrieb bevorsteht, »würden in Berlin wie anderwärts in absehbarer Zeit die Pferde mehr und mehr von der Bildfläche des Straßenverkehrs verschwinden. Ein Zustand, dessen baldige Verwirklichung im Interesse der größeren Reinhaltung der städtischen Straßen nur erwünscht sein kann.«
Dann kommt das Schlußresümee: »Mit Sicherheit läßt sich selbstverständlich jetzt noch nicht voraussehen, in welcher Form die Motorwagen ihre endgültige Einführung und Verbreitung finden werden. Jedenfalls wird dabei die Beschaffenheit der Wege ausreichend mit berücksichtigt werden müssen, da die Motorwagen meist schwerer sind als gewöhnliches Fuhrwerk und weil man an sie bezüglich der Schnelligkeit der Bewegung höhere Ansprüche stellt. Ein sehr bedenklicher Umstand ist ferner die Gefährdung des Verkehrs durch fahrlässige und ungeschickte Lenkung, weil ein Motorwagen unweigerlich dahin fährt, wohin er gelenkt wird, während Zugtiere erfahrungsgemäß sozusagen instinktmäßig an der Lenkung teilnehmen, und wenn sie nicht gerade durchgehen, von selbst das Fuhrwerk anzuhalten streben, wenn es nicht weiterfahren kann.«
Ein sehr naiv vorgebrachter, aber durchaus den Kern des Problems treffender Einwand: »Er fährt unweigerlich dahin, wohin er gelenkt wird.« Alle Fragen rings um das Thema Verkehrssicherheit gipfeln ja eigentlich in diesem Satz. »Es wird indessen«, so schließen die Spalten des Meyerschen Lexikons über den Motorwagen, »der Technik unzweifelhaft gelingen, auch diese Schwierigkeiten durch geschickte Anordnung und Vervollkommnung der Lenk- und Bremsvorrichtungen allmählich zu überwinden.«
Wir sind heute gar nicht mehr so optimistisch wie die Redaktion von Meyers Konversationslexikon im Jahre 1898, denn der Motorwagen fährt immer noch dahin, wohin er gelenkt wird. Ob eines Tages die Lenk- und Bremsvorrichtungen so weit vervollkommnet werden, daß man mit elektronisch gesteuerten Wagen auf Straßen mit Leitstrahlen und automatischer Kontrolle fährt? Das wäre dann eine Art maschinisierter Instinkt, der den Motorwagen leitet und der ihn sicherer leitet als der Mensch. Vorläufig aber fährt der Motorwagen »unweigerlich dahin, wohin er gelenkt wird«.

Opel-Lutzmann von 1898 mit wassergekühltem 4-PS-1-Zylinder-Motor, 2 Gängen und Rückwärtsgang

Ein Benz Victoria von 1893 mit 5-PS-Motor, wie ihn Baron Liebieg für seine 2500-km-Reise benutzte

Die ersten Reisen

Die mutige Bertha Benz

Bevor es die ersten Rennen gab, bewährte sich das Automobil auf einzelnen großen Reisen. Das Verdienst, die erste solche Überlandfahrtfahrt unternommen zu haben, gebührt einer Frau.
Bertha Benz hatte zwei Buben. Sie hießen Eugen und Richard und waren im Jahr 1888 15 beziehungsweise 13 Jahre alt. Als diese beiden Buben im Sommer Schulferien hatten, wollten sie einmal unternehmungslustig mit dem Motorwagen des Vaters eine kleine Ferienreise unternehmen und schlugen der Mutter vor, zu den Verwandten nach Pforzheim zu fahren.
Bertha Benz war sicher, daß der Papa die Erlaubnis zu einer solchen »Fernfahrt« nie geben würde und machte sich deshalb daran, ein richtiges Komplott mit ihren Söhnen zu schmieden. Der Benz-Patent-Motorwagen stand in einem Schuppen, und die beiden Buben machten sich in Abwesenheit des Vaters über den Wagen her, um ihn für die Fahrt zu präparieren. Bertha Benz erklärte ihrem Mann, sie wolle in den nächsten Tagen mit der Eisenbahn einmal nach Pforzheim zu den Verwandten fahren und dabei die Buben mitnehmen. Ganz scheinheilig sagte sie dann eines Abends ihrem Mann, sie wolle am nächsten Morgen mit dem Frühzug die Reise antreten.
Als die drei, Bertha Benz mit ihren beiden Söhnen Eugen und Richard, abfuhren, schlief der alte Benz noch. Typisch war, daß Benz in seinen Wagen einen kleinen Notsitz eingebaut hatte, der eigentlich als Dienersitz gelten sollte, so wie bei den Kutschenwagen. Auf diesem dritten Sitz saß nun der kleine, dreizehnjährige Richard. Der Wagen sprang ohne weiteres an, und der erste Teil der Fahrt wickelte sich programmgemäß ab. Immerhin hatte man eine Strecke von 180 Kilometern vor sich. Man erreichte zunächst Heidelberg und fuhr dann nach Süden über Wiesloch weiter. Die Geschwindigkeit lag zwischen 15 und 18 km pro Stunde.
Der zweite Teil der Fahrt gestaltete sich etwas schwieriger, weil man in die hügeligen Ausläufer des Schwarzwaldes kam und die Übersetzung eigentlich nur für die Ebene vorgesehen war. Deshalb mußten die Buben öfters herunterspringen und aus Leibeskräften schieben. Es war natürlich auch schwierig, die Berge hinunterzufahren, weil die Bremsen dieser ersten Benz-Motorwagen noch nicht von bester Qualität waren. Man hatte lediglich an den Rädern einen

einfachen hölzernen Bremsklotz mit einem Lederüberzug, und nach dem ersten längeren Gefälle war dieser Lederbezug völlig abgerieben. Man mußte deshalb im nächsten Dorf Halt machen, zum Dorfschuster gehen, dort ein Stück Leder kaufen und dieses neu aufnageln lassen, um dann wieder für einige Zeit eine wirksame Bremse zu haben.
Schwierig war auch, daß sich bei dieser langen Fahrt die Antriebsketten lockerten und nun aus den Zahnrädern zu springen begannen. Deshalb machte man wieder in einem Dorf Halt, ging zum Dorfschmied, während natürlich die ganze Bevölkerung um den Wagen herumstand und ihn bestaunte, als wäre er ein Geschenk des Himmels, denn man hatte ja noch nie einen ohne Pferde fahrenden Wagen gesehen.
Der Dorfschmied besorgte das Nachspannen der Ketten. Später war einmal der Benzinzufluß verstopft. Eugen kam aber auf die glänzende Idee, die große Hutnadel der Mutter zu nehmen, und mit diesem Instrument wurde der Schaden bald wieder behoben. Kurz darauf versagte die Zündung, worauf man das Strumpfband der Mutter als Isoliermaterial verwendete und damit auch diesen Mangel abstellen konnte. Natürlich wurde unterwegs auch einmal eingekehrt, und man mußte ja damals auch das Benzin in der Apotheke holen. Man fuhr mit sogenanntem Leichtbenzin.
Und so kam man erst spät am Abend nach Pforzheim. Bertha Benz gab ein Telegramm auf, in dem sie mitteilte, daß man glücklich angekommen sei. Jetzt erst begriff Vater Benz, was sich da für ein Abenteuer abgespielt hatte: die erste Fernfahrt in der Automobilgeschichte, rund 180 Kilometer lang. Und wer fuhr diesen Motorwagen - eine Frau!
1891 gab es in Frankreich zwei »Autoreisen«, die über eine für die damalige Zeit beträchtliche Länge führten. Emile Levassor fuhr mit seinem zweiten, im Juni 1891 fertiggestellten Wagen, der einen V-2-Zylinder-Daimler-Motor besaß, von Paris bis nach Etretat, jenem Badeort nördlich von Le Havre, eine Strecke also von mehr als 200 Kilometer Länge: Er wollte mit dieser Tourenfahrt die Brauchbarkeit des Motorwagens demonstrieren. Und Armand Peugeot erbat sich 1891 von der Rennkommission des Radrennens Paris - Brest (veranstaltet von der Zeitung »Petit Journal«) die Erlaubnis, die Radfahrer mit seinem neuen Motorwagen (auch mit Daimler-Motor versehen) begleiten zu dürfen. Dieser Peugeot war nach Art des Daimler-Stahlradwagens konstruiert; der mit Glührohrzündung versehene Motor lag waagerecht im Heck des Wagens. »Am ersten Tage legte der Wagen glatte 200 Kilometer zurück«, heißt es in einem zeitgenössischen Bericht, »aber am zweiten Tage wurde er durch eine Störung am Differential aufgehalten, die 24 Stunden zur Reparatur verschlang. Am Abend des dritten Tages fuhr der Benzin-Wagen jedoch unter großem Jubel zahlloser Zuschauer in Brest ein und schon am nächsten Morgen traten seine Fahrer mit ihm den Rückweg nach Paris an, wo sie wohlbehalten anlangten . . . mit einem Gesamtdurchschnitt von 15 km/h.« Die Entfernung von Paris nach Brest beträgt 589 Kilometer - für 1891 war dies eine einmalige Leistung!

Baron Liebieg unterwegs

Eine weitere private Fernfahrt fand 1894 statt. Ungefähr um dieselbe Zeit, als der Wettbewerb Paris - Rouen gestartet wurde. Aber diese private Fernfahrt führte über eine viel längere Distanz, insgesamt über 2500 Kilometer und wurde ausgeführt von dem Großindustriellen Theodor Freiherr von Liebieg, der damals in Reichenberg im Sudetenland residierte. Mit einem Freund zusammen beschloß er, einen Benz »Victoria« von Reichenberg über Mannheim, die Geburtsstätte der Benz-Wagen, nach Reims zu steuern und wieder zurück. Man würde von dieser abenteuerlichen, privaten Fernfahrt vielleicht nichts mehr wissen, wenn nicht das Tagebuch über die Fahrt 1938 veröffentlicht worden wäre. Man entnimmt daraus voll Erstaunen, welche großen Strekken auf den damaligen Straßen und mit einem Automobil, das eine Spitzengeschwindigkeit von kaum mehr als 20 bis 22 km/h entwickelte, zurückgelegt wurden. Am ersten Tag fuhr Baron Liebieg von Reichenberg bis Waldheim, insgesamt 196 Kilometer in 14 Stunden. Am zweiten Tag von Waldheim nach Eisenberg, 112 Kilometer. Dort wurde am folgenden Tag ein Ruhetag eingelegt. Dann ging es am vierten Tag weiter von Eisenberg nach Eisenach, 136 Kilometer, und schließlich nahm man die Mammutetappe Eisenach bis Mannheim in einer Tag- und Nachtfahrt in Angriff und legte in 26 Stunden 282 Kilometer zurück.
Bei Vater Benz gab es, als der Baron Liebieg mit dem Benz Victoria aus dem 700 Kilometer entfernten Reichenberg ankam, ein Betriebsfest, und es standen Bierfässer auf dem Tisch. Baron Liebieg, Benz und seine Arbeiter saßen zusammen und freuten sich über die gelungene Reise »ihres« Wagens.
Am folgenden Tag ging die Fahrt von Mannheim nach Boppard, 173 Kilometer, und am siebten Tag von Boppard nach Gondorf, nur 40 Kilometer. Dort in Gondorf ist der Baron Liebieg einst zu Hause gewesen. Bis zu diesem siebten Tag betrug die durchschnittliche Geschwindigkeit pro Stunde 13,5 Kilometer. Verbraucht wurden 140 Liter Benzin und, man höre und staune, 1500 Liter Wasser. Anschließend fuhr man von Gondorf an der Mosel noch weiter nach Reims und dann in etwas gemütlicheren Etappen von Reims wieder zurück nach Reichenberg im Böhmerland. Liebieg schrieb als Fazit in sein Tagebuch: »Wofür wir Benz am meisten zu danken haben, das ist, daß sein Wagen uns im Fluge die Welt aufschließt, daß wir erfahren, wieviel schöne deutsche Landschaften es gibt.«

Eine empfindsame Reise

Eine wahrhaft historische Reise war auch die Fahrt, die der Dichter und Schriftsteller Otto Julius Bierbaum 1902 unternommen hat und über die er ein Buch schrieb mit dem schönen Titel »Eine empfindsame Reise im Automobil«, ein Buch, das Ende 1903 erschienen ist.
Otto Julius Bierbaum war um jene Zeit ein recht bekannter Schriftsteller, der schon zahlreiche Bücher veröffentlicht hatte. Er hatte sich von den Adler-Werken in Frankfurt einen kleinen Adler mit 8-PS-Einzylinder-De-Dion-Motor ausgeliehen und fuhr damit zusammen mit seiner Frau und einem Fahrer von Adler zwischen Anfang April 1902 und Ende Juli desselben Jahres von Berlin nach Italien. Seine Reise hatte folgende Etappen: zuerst von Berlin bis Wien, von da nach München und von München nach Venedig. Natürlich war es eine geruhsame Reise, er machte immer wieder Station, beschaute sich Landschaft und Kunstgegenstände in den

F.I.A.T.

1903 Fiat
Frontmotor mit vier stehenden Zylindern, Hubraum 4181 ccm, vier Vorwärts-, ein Rückwärtsgang

jeweiligen Städten. Von Venedig fuhr er weiter nach Rimini, dann nach San Marino und von da nach Florenz. Es war also eine rechte Bildungsfahrt durch Italien. Von Florenz ging es über Siena nach Perugia, Terni, Frascati, hinunter bis nach Neapel. Von dort aus unternahm er mit dem Automobil einige Ausflüge in die Umgebung, zum Beispiel nach Sorrent und Richtung Vesuv. Dann fuhr er von Sorrent nach Rom zurück, von Rom nach Mailand und von Mailand schließlich bis Stein am Rhein, wo seine empfindsame Reise im Automobil endete.

Zunächst einmal kurz die technischen Daten dieses Wagens, mit dem er diese erstaunliche Reise unternommen hatte: Der Adler wies nur einen Hubraum von 865 ccm auf und leistete 8 PS bei 1500 Touren. Für die damalige Zeit und dieses kleine Automobil war die riesige Fahrt natürlich eine enorme Leistung. Der Adler hatte drei Gänge, im ersten Gang lief er 7 km/h, im zweiten 17, im dritten erreichte er 35, und wenn es leicht bergab ging, sogar 40 km/h. Das Fahrzeug war sehr leicht gebaut. Das Gesamtgewicht betrug nur 600 kg. Der Wagen kostete übrigens damals als Phaeton

6100,– Mark und als Limousine, was noch eine Seltenheit war, 7250,– Mark, Goldmark natürlich. Der Motor von De Dion hatte ein automatisches Einlaßventil und ein seitlich stehendes Auslaßventil und war luftgekühlt; er hatte einen Schlangenrohrkühler über der Vorderachse.

Otto Julius Bierbaum schrieb in dem Vorwort zu seinem Buch einige prophetische Worte: »Es wird zwar, wie ich glaube, nicht mehr lange dauern, und das Reisen im Automobil ist etwas Gewöhnliches, vorderhand aber gehören längere Reisen dieser Art noch zu den Seltenheiten. Die vorliegende Schilderung eines solchen Unternehmens ist, soviel ich weiß, die erste, die in Deutschland als Buch veröffentlicht wird. Nur in Sportzeitungen bin ich kürzeren Beschreibungen längerer Touren begegnet, und bei ihnen handelte es sich fast ausschließlich um Äußerungen rein sportlichen Interesses. Meine Reise aber hat mit dem Automobilsport als solchem nicht viel zu tun, sonst hätte ich sie nicht als eine empfindsame Reise bezeichnen können, denn was ein richtiger Automobilist ist, der kennt die Empfindsamkeit nicht. Ich meine das Wort natürlich in seiner alten Bedeutung

und nicht in dem Sinne von Sentimentalität, die es jetzt angenommen hat. Ich hoffe, daß dieses Buch meine Leser davon überzeugen wird, daß wir jetzt im Automobil das Mittel in der Hand haben, die Kunst des Reisens aufs neue zu pflegen und noch weiterzuführen, als es ihr in der Zeit der Reisekutschen beschieden gewesen ist, denen unsere Vorfahren Genüsse zu verdanken gehabt haben, wie sie der Eisenbahnreisende nicht einmal ahnte. Der gewöhnliche Automobilist allerdings auch nicht, der ist dazu zu sehr Sportsmann. Erst wenn der Automobilismus aufhört, ausschließlich ein Sport zu sein, wird er für die Kunst des Reisens das bedeuten, was seine eigentliche Bestimmung ist.«

Das waren prophetische Worte, und das Buch von Otto Julius Bierbaum läutete sozusagen eine neue Epoche ein: das Automobil als komfortables Reisegefährt. Damals war es noch nicht gerade sehr komfortabel, aber wenn man schon in einem kleinen 8-PS-Wagen eine empfindsame Reise antreten konnte, im Jahre 1902, um wieviel mehr ist das Reisen im Automobil in späterer Zeit ein Bestandteil unseres Lebens geworden!

Drei Fotos aus dem Reisealbum des Schriftstellers Otto Julius Bierbaum. Auch noch 1902 lief das ganze Dorf zusammen, wenn eine Benzinkutsche eintraf.

Emile Levassor nach seiner siegreichen Fahrt Paris – Bordeaux – Paris vom 17. bis 19. Juni 1895

Die ersten Rennen

Der Rennsport hat die Entwicklung der Automobile von Anfang an beeinflußt. Nirgendwo konnte man theoretische Erwägungen in der Praxis besser erproben als bei harten Rennen unter schwierigsten Voraussetzungen. Bei allen Teilen, die am Automobil Verwendung finden, hat man aus den Rennen stets sehr wichtige Erkenntnisse für die Weiterentwicklung und Verbesserung gewonnen.
Automobilwettbewerbe sind aber nicht nur für die technische Entwicklung von besonderem Interesse gewesen, sondern sie übten von Anfang an bis zum heutigen Tage eine unvergleichliche Faszination auf den Zuschauer aus. Wir werden daher in diesem Buch in breitem Stil über Autorennen, Fernfahrten und Rallyes berichten.

Der Wettbewerb Paris – Rouen

Das Reglement für diesen ersten großen Wettbewerb der Automobilgeschichte sah praktisch keine Beschränkungen irgendwelcher Art vor, vielleicht einfach deshalb, weil man damals noch gar nicht so richtig wußte, was man eigentlich reglementieren sollte:
»Der Wettbewerb ist offen für alle Fahrzeugtypen, vorausgesetzt, daß sie nicht gefährlich sind, vom Fahrer leicht kontrolliert werden können und nicht zu viel Geld kosten.«
Vermutlich hat es niemals wieder eine so weitgefaßte Ausschreibung, ein so großzügiges Reglement für einen Wettbewerb gegeben wie für diesen ersten, den es auf der Welt gab – für die Fahrt von Paris nach Rouen am 22. Juli 1894.
Diese erste Automobil-Fernfahrt war nicht im eigentlichen Sinne ein Rennen, denn es zählte nicht nur die Schnelligkeit, sondern auch die leichte Bedienbarkeit, der Komfort, die Sicherheit und die Bequemlichkeit für die Insassen wurden gewertet.
Ausgeschrieben hatte diese Fahrt noch kein Automobil Club (denn es gab noch gar keinen), sondern eine Pariser Zeitung, das »Petit Journal«, das damit seine Auflage zu erhöhen hoffte. Als Preis für den besten Wagen waren immerhin 5000 Goldfranken ausgesetzt worden.
Es meldeten sich in der Redaktion des »Petit Journal« in den Wochen und Monaten vorher eine Unzahl von Erfindern und Konstrukteuren, zum Teil hatten sie noch gar keine »Motorwagen«, sondern nur Zeichnungen in ihrer Tasche. Deshalb veranstaltete man zuerst einmal ein »Ausscheidungsfahren«, damit die für die Straße gänzlich unbrauchbaren Vehikel gar nicht erst an den Start kommen.
Es wurden die phantastischsten Antriebsarten genannt: durch Schwerkraft, durch das Gewicht der Passagiere, hydraulischer Antrieb, komprimierte Luft, Hebel, Pendelsysteme – alles wurde in die Diskussion gebracht. Zum Schluß standen sich als ernsthafte Wettbewerber aber nur Dampfwagen und Fahrzeuge mit Benzinmotoren gegenüber. Von 102 genannten Fahrzeugen erschienen zum Voraus-Test überhaupt nur 26, und 21 gingen dann wirklich an den Start

zu dieser 126 Kilometer langen Fahrt, die morgens um 8 Uhr an der Porte Maillot in Paris begann.
Etwa auf der Hälfte der Strecke, in Nantes, war für alle Teilnehmer eine Mittagspause von einer Stunde vorgesehen. Der riesige Dampfwagen des Comte de Dion ging sofort in Führung, und er erreichte auch als erster den Zielort Rouen. Auf der Strecke, vor allen Dingen in Rouen, hatten sich Tausende von Neugierigen versammelt, die dieser ersten Konkurrenz von pferdelosen Wagen voller Interesse zusahen. Man trug die Fahrer anschließend im Triumph durch die Stadt.
Im ganzen erreichten 15 von den 21 gestarteten Konkurrenten das Ziel, was für jene Zeit ein bemerkenswert gutes Ergebnis war. Man darf nicht vergessen, daß der Zustand der Straßen damals noch sehr schlecht war: staubig, holprig, schmal.
Die dampfgetriebenen Wagen litten meistens an Überhitzung. Der Comte de Dion bekam nicht den ersten Preis, weil man - zu Recht - argumentierte, sein Fahrzeug sei »weder leicht bedienbar noch leicht manövrierfähig«. Es wog nämlich zwei Tonnen, verbrauchte auf der Strecke 800 Liter Wasser und benötigte außer dem Fahrer einen eigenen Heizer.
Zu gemeinsamen Siegern wurden »MM. Panhard et Levassor (Seine), et Les Fils de Peugeot Frères« erklärt. Sie hatten die Strecke in einer reinen Fahrzeit von weniger als sechs Stunden geschafft und einen Durchschnitt von 20,47 km/h erzielt. Beide Fahrzeuge besaßen Benzinmotoren - und beides waren es Motoren »inventé par M. Daimler, du Wurtemberg«, wie es offiziell hieß.
Die Dampfwagen von de Dion und Serpollet wurden als Dritte und Vierte klassiert, dann kamen wieder zwei Benzinmotorwagen. Diese Fahrt brachte in Frankreich den Durchbruch des »Automobil-Gedankens«.

Nun echte Rennen

Das erste »richtige« Rennen, bei dem es nur nach der gefahrenen Zeit ging, wurde ein Jahr später ausgetragen: Am 17. Juni 1895 startete man Paris - Bordeaux - Paris über eine Distanz von 1175 Kilometer, die nonstop gefahren werden sollten.
Es starteten: 15 Wagen mit Benzinmotor, 6 Dampfwagen - darunter ein Dampfbus von Bollée mit eingebauter Toilette - und dazu 1 elektrisch getriebenes Fahrzeug. Es kamen ans Ziel: 8 Wagen mit Benzinmotor, 1 Dampfwagen. Schnellster war Emile Levassor mit seinem Panhard et Levassor, der einen 3,5-PS-Daimler-Motor besaß. Seine Zeit: 48 Stunden und 48 Minuten, was einem Durchschnitt von 24,5 km/h entsprach. Es wurde auch nachts ohne Unterbrechung gefahren. Der letzte noch ins Ziel nach Paris kommende Wagen brauchte 90 Stunden!
Emile Levassor, der mit unbeschreiblichem Jubel in Paris als Sieger dieses Rennens empfangen und dessen Wagen noch mehr als einen Monat lang in der Galerie Rapp ausgestellt wurde, hatte stets den Wagen selbst gelenkt. Er berichtete:
»Während der zweiten Nacht hat mich das Schlafbedürfnis wohl ein wenig belästigt, aber ich verjagte es singend oder mit meinem Wagen sprechend: ›Vorwärts, noch ist eine Anhöhe zu ersteigen, nur nicht langsam werden, dann wird alles gut.‹ Auf diese Weise hielt ich mich wach. Ich hatte jedoch einige Halluzinationen, die von dem Lichtspiegel meiner Scheinwerfer in den Bäumen oder auf dem Erdboden hervorgerufen wurden. Meine Scheinwerfer konnten der Erschütterung einer so schnellen Fahrt nicht widerstehen und lösten sich los, ich habe einen von ihnen meinem Begleiter zum Halten geben müssen. Dieser Mangel an Licht ist eine der Ursachen, die meine Rückkehr am meisten verzögert haben. Übrigens bin ich stets sehr vorsichtig gefahren und habe selbst bergab kaum mehr als 35 km/h erreicht. Meine Bremsen sind in ausgezeichnetem Zustand, ebenso auch die Vollgummireifen der Räder. In Bordeaux habe ich ungefähr 20 Minuten verloren, um mich ein wenig zu waschen. Ich bin begeistert von meinem Rennen und fühle einen gewissen Stolz, den Radfahr-Rekord Paris - Bordeaux - Paris geschlagen zu haben.«
Levassor wurde jedoch im offiziellen Klassement auf den 3. Platz zurückversetzt, da sein Wagen nur ein zweisitziges Modell war, und man erklärte den Franzosen Kœchlin auf einem Peugeot, der 11 Stunden später angekommen war, zum Sieger.
Mit Paris - Bordeaux - Paris war der Automobil-Rennsport geboren; freilich beschränkte er sich zunächst nur auf Frankreich, wo die Bevölkerung dem »Motorwagen« von Anfang an freundlicher gegenüber stand als in anderen Ländern.
Ein Jahr später, im Jahre 1896, gab es dann ein weiteres bedeutendes Autorennen in Frankreich, die Fernfahrt Paris - Marseille - Paris. Das Rennen wurde in zehn Etappen aufgeteilt, und während der Aufenthalte kamen die Fahrzeuge in abgeriegelte Räume, die von Polizisten bewacht wurden. 52 Teilnehmer meldeten sich an, von denen schließlich 32 am Start erschienen. Das Wetter bei diesem Rennen war unglaublich schlecht; Donner, Hagel, Regen und umgestürzte Bäume behinderten überall die Fahrzeuge, so daß schließlich nur noch 14 Teilnehmer in Marseille eintrafen. Bei diesem Rennen gab es eine Reihe von Unglücksfällen, zum Beispiel als Léon Bollée mit seinem Wagen auf einen quer über die Straße liegenden Baum auffuhr und sich dabei verletzte. Er konnte aber später weiterfahren. Auch ein Panhard mit Emile Levassor am Steuer kam in einer Kurve ins Schleudern, überschlug sich und endete im Graben am Straßenrand. Doch auch dieser Wagen konnte nach einiger Zeit das Rennen fortsetzen, was beweist, daß die Wagen damals schon recht stabil gebaut waren.
Das Rennen wurde von dem Franzosen Mayade gewonnen, der einen Panhard-et-Levassor-Wagen steuerte und die 1690 Kilometer lange Strecke in 67 Stunden 43 Minuten zurücklegte, was einem Durchschnitt von 25 km/h entsprach. Auch der 2. Platz ging an einen Panhard et Levassor, während den 3. Rang ein Dreiradfahrzeug von de Dion einnahm. Bei diesem Rennen landeten unter den ersten zehn auch zwei Wagen von Delahaye, der ja später mit seinen Rennfahrzeugen zu vielen Erfolgen kam.
Das Jahr 1898 begann mit einem tragischen Unfall. Beim Rennen Périgeux - Bergerac - Périgeux verlor der Graf von Montagnac, der beim Überholen eines anderen Teilnehmers diesen durch Winken begrüßen wollte, die Kontrolle über sein Fahrzeug, fuhr über die Straße hinaus und überschlug sich im Graben. Dabei zog er das andere Auto mit. Montagnac war auf der Stelle tot.
Beim Rennen Paris - Bordeaux am 11. und 12. Mai siegte René de Knyff auf einem Panhard et Levassor und erzielte einen Durchschnitt von 37,5 km/h.

Oben: Der begeisterte Empfang für Emile Levassor nach seinem Sieg beim Rennen Paris – Bordeaux – Paris 1895. Besonders hervorzuheben, daß er den Radfahr-Rekord auf dieser Strecke unterboten hatte! – Unten: Ein Benz Victoria beim selben Rennen

Unten: Emile Levassor gibt dem Fahrer René de Knyff letzte Ratschläge vor dem Start zum Rennen Paris – Amsterdam – Paris am 7. Juli 1898. Sieger in dieser ereignisreichen Fahrt wird Charron, gleichfalls auf einem Panhard et Levassor.

Am 17. Juli 1898 wurde auf der Strecke Turin - Asti - Alessandria - Turin das erste Autorennen Italiens ausgetragen.
Das größte Ereignis von 1898 war aber ohne Zweifel das Autorennen Paris - Amsterdam - Paris, vom Automobil-Club von Frankreich organisiert. Das Rennen wurde in drei Etappen auf einer Strecke von insgesamt 1502 Kilometer ausgetragen; 69 Fahrer meldeten sich zum Start. Aber es gab Schwierigkeiten mit der Polizei.
Diese verlangte, daß jeder Teilnehmer die Herstellungspapiere des Autos - heute würde man sie mit Kraftfahrzeugschein definieren - vorlegen solle, andernfalls würde der Start verlegt. Die Autofahrer, die nicht im Besitz eines solchen Scheines waren, erklärten sich nicht damit einverstanden. Sie sprachen sehr erregt miteinander, was die örtliche Polizei verunsicherte. Sie veranlaßte, daß sich eine Husarentruppe an den Startpunkt in Champigny begab, um den Beginn des Rennens notfalls mit Waffen zu verhindern. Da griffen die Autofahrer zur Selbsthilfe. Sie fuhren heimlich nach Villiers, einer Ortschaft, die in dem Departement Seine & Oise liegt, das heißt, ein Gebiet hinter der Grenze des Gerichtsbezirkes, in dem Monsieur Bouchet - Funktionär der Pariser Präfektur - diesen drastischen Befehl gegeben hatte. Von dort aus beabsichtigten die Fahrer, in Richtung »Châteaux d'Ardennes« - Ziel der ersten Etappe - zu starten. In Villiers angelangt, merkten sie, daß die Benzinfässer, die zur Treibstoffversorgung an der Rennstrecke dienen sollten, in Champigny zurückgeblieben waren! Doch da war der Sohn von Amédée Bollée, der alles auf eine Karte setzte, nach Champigny zurückkehrte und dem es mit einem Trick gelang, die Benzinfässer unter der Nase der Polizei zu entwenden.
Auf dem Rückweg wurde den Autofahrern dann in Verdun befohlen, den Weg über Corbeil und Versailles einzuschlagen. Es ist eine Idee von Monsieur Bouchet, der sich damit gegenüber den Fahrern revanchieren wollte, wenn diese in seinen Gerichtsbezirk einfahren mußten.
Noch einmal aber machte der sture Funktionär die Rechnung ohne den Unternehmungsgeist der Autofahrer, die es jetzt solidarisch ablehnten, weiterzufahren. Der Automobil-Club war damit einverstanden und ließ das Rennen in Montegeron enden, einer außerhalb des Gerichtsbezirkes gelegenen Ortschaft. Die Autofahrer erreichten später - sehr langsam und aufmerksam fahrend - die Stadt Versailles, ohne der Polizei Gelegenheit zu Strafmaßnahmen zu geben. Sieger wurde mit einem bemerkenswerten Durchschnitt von 44,4 km/h der Franzose Charron auf einem Panhard et Levassor.
Das Jahr 1898 brachte auch die ersten offiziellen Wettbewerbe in Deutschland. Der M.M.V. (Mitteleuropäischer Motorwagen-Verein) veranstaltete zusammen mit dem Deutschen Sportverein am 24. Mai die Wettfahrt Berlin - Potsdam - Berlin, Distanz 54 Kilometer. Es beteiligten sich 13 Fahrzeuge, schnellster war das englische Humber-Motordreirad in 2 : 08 : 30 Stunden, was 25,6 km/h im Schnitt entspricht. Ein viersitziger Daimler Phaeton kam in 2 : 17 : 30 auf den 2. Platz. Unmittelbar danach ließ der M.M.V. vom 25. bis 27. Mai die Fernfahrt Berlin - Leipzig - Berlin über eine Distanz von 387 Kilometern durchführen. In den drei ausgeschriebenen Klassen sah man aber insgesamt nur 6 Fahrzeuge am Start, dazu fuhren noch 3 Wagen der Firma Benz außerhalb der Konkurrenz mit, weil man sich mit der Fahrtleitung nicht einigen konnte. Alle Benz kamen an, von den übrigen Fahrzeugen jedoch nur zwei.

Dieser Panhard et Levassor von 1903 war ein vielkopierter Typ. Sein 2-Zylinder-Motor mit 1654 ccm Hubraum leistete 7 PS. 3 Vorwärtsgänge und Kettenantrieb auf die Hinterachse. Am Lenkrad Lord Montagu

Die Anfänge in Frankreich und England

Frankreich war das zweite Land, in dem Automobile mit Verbrennungsmotoren (Ottomotoren) hergestellt wurden. Die ersten französischen Motorwagen erschienen 1891 bei den Firmen Panhard et Levassor und Peugeot.
Ehe wir von diesen Anfängen der Motorisierung in Frankreich sprechen, müssen wir aber noch auf den aus Clermont-Ferrand stammenden, später in Paris arbeitenden Mechaniker und »Tüftler« Fernand Forest eingehen, der von 1851 bis 1914 lebte. Er beschäftigte sich, nachdem Ottos Motor bekannt geworden war, intensiv mit allen Motor-Problemen und erhielt 1881 sein erstes (französisches) Patent, einen stehenden Viertaktmotor betreffend, der mit einer Art Schieber gesteuert und mit Hilfe von kleinen Flügelrädern luftgekühlt war. Ob dieser Motor tatsächlich gelaufen ist, weiß man nicht. Auf jeden Fall baute er 1891 schon einen durch Ventile gesteuerten 4-Zylinder-Motor (mit einzeln gegossenen Zylindern), nach Otto den ersten Vierzylinder der Welt. Doch war dieser Motor zu schwer und drehte zu niedrig, um ihn in einen Motorwagen einzubauen. Forest hatte auch nicht die Absicht, den Motorwagenbauern Konkurrenz zu machen, sondern wollte in erster Linie Motoren für Boote herstellen. Bei einer Versuchsfahrt mit einem Motorboot ist er dann auch 1914, offenbar an einem Herzschlag, gestorben.

Panhard, Levassor und Peugeot

René Panhard (1841–1908, kleiner Bart, Zwicker) und Emile Levassor (1844–1897, großer Bart) hatten für ihre Maschinenbaufirma als erste die Patente von Daimler erworben. Gottlieb Daimler war ursprünglich mit einem anderen französischen Interessenten, dem Rechtsanwalt Edouard Sarazin, in Kontakt gekommen; dieser starb aber plötzlich, und die Witwe Sarazin heiratete am 17. März 1890 Herrn Levassor – so kamen die Patente und Lizenzen zu zwei Unternehmern, die schnell reagierten und schon ein halbes Jahr später den ersten Motorwagen mit dem neuen V-2-Zylinder-Daimler-Motor bauten, jenen, den Daimler in seinen Stahlradwagen eingebaut hatte. Die Firma Panhard et Levassor wurde bald darauf eine der führenden Firmen im Automobilbau – übrigens waren Panhard et Levassor die ersten, die den Motor vorn plazierten, zu einer Zeit, als Benz und Daimler die Motoren noch hinten zu »verstauen« pflegten.

Ganz oben: Der zweite von Panhard et Levassor gebaute Wagen (Juni 1891), noch mit hintenliegendem Motor (Museum von Compiègne)
Darunter Umschlag und zwei Zeichnungen aus dem Katalog von 1895

Die Gebrüder Peugeot führten eine wohlbekannte Firma der Eisen- und Stahlbranche, die 1889 ungefähr 2000 Arbeiter beschäftigte. Im Hintergrund standen eine Eisengießerei und ein Walzwerk. Man stellte dort auch die Eisenstäbe für die Krinolinen der Damen her. Den modernen Ideen aufgeschlossen, fabrizierte man bei Peugeot für die Weltausstellung von 1889 bereits einen dreirädrigen Dampfwagen, kaufte dann von Panhard et Levassor den Daimler-Motor für das erste »Quadricycle à petrole«, das Peugeot auch 1891 herausbrachte. Die Firma verkaufte bereits 1894 an einen Potentaten, den Bey von Tunis, einen Peugeot-Wagen, der als Vis-à-vis karossiert war. Peugeot plazierte die V-2-Zylinder-Motoren von Daimler im Heck des Fahrzeugs.
Es gibt eine hübsche Anekdote dazu: Die Firmenchefs von Peugeot und von Panhard et Levassor kannten sich gut und besprachen 1890 den Beginn der Fabrikation. Peugeot meinte, man müsse den Motor unbedingt vorn anbringen, das bringe eine bessere Balance. Levassor erklärte, der Motor gehöre nach hinten, weil dann die Lärm- und Geruchsbelästigung für die Insassen geringer sei – und nachdem jeder dem anderen seine wahren Absichten mit schönen Argumenten verheimlicht hatte, wandten sie genau die umgekehrten Prinzipien an.

Der Graf de Dion

Die Herren Panhard und Levassor waren beide Ingenieure. Dagegen lagen zwischen Albert de Dion und Georges Bouton ziemlich große Unterschiede: nicht nur berufliche, soziale, auch physische Unterschiede. Sehr groß und korpulent war der Graf de Dion, der aus einer belgischen Adelsfamilie – der de Dion-Leval – stammte. 1856 kam er in Carquefou bei Nantes auf die Welt. Sein Mitarbeiter Bouton dagegen war ein kleiner und graziler Mann von bescheidener Pariser Herkunft, aber ein tüchtiger Mechaniker und natürlich ein begeisterter Motorfanatiker. Der imponierende Graf wechselte seine Verpflichtungen in der »Society« der mondänen Welt des Fin de siècle mit den Besuchen ab, die er den kleinen Werkstätten abstattete. Dort waren die leidenschaftlichen Verfechter der »pferdelosen Kutsche« immer am Basteln, und Bouton fühlte sich in diesen Bastelstuben wie zu Hause. Sein Interesse galt aber nicht den damals noch laut lärmenden

Schon 1892 baute Peugeot einen viersitzigen Victoria, wie man diese Karosserieform damals nannte, mit einem 2-Zylinder-Motor von Daimler im Heck. – Unten: Um die Jahrhundertwende waren diese Fahrzeuge in Paris sehr beliebt: ein Peugeot »Quadricycle« mit De-Dion-Motor

Am Lenker ihrer Fahrzeuge: oben links Albert de Dion 1932 in einem Vis-à-vis von 1898, oben Georges Bouton. – Dem Dampfwagen von De Dion-Bouton (links) wurde bei der Fahrt Paris – Rouen 1894 der Sieg versagt – zugunsten der Benzinmotorwagen von Peugeot (unten links) und Panhard et Levassor. – Rechte Seite: De Dion-Bouton »Populaire« von 1903

und primitiven Verbrennungsmaschinen, sondern er beschäftigte sich mit Dampffahrzeugen – den sogenannten Steamers –, die schon vielseitig erprobt waren und Jahrzehnte an Erfahrungen aufwiesen. Daß sich diese damals bereits im Anfangsstadium einer Talfahrt befanden, konnte noch niemand ahnen.

Georges Bouton hat mit jenen Maschinen sozusagen ein ganzes Leben verbracht. Sein eigentlicher Beruf war, solche Dampfmaschinen en miniature – also kleine Spielzeuge – für Kinder reicher Eltern zu konstruieren, und das tat er in seiner kleinen Werkstatt, in Zusammenarbeit mit seinem Schwager, einem gewissen Trépardoux. Natürlich verstand er es auch meisterhaft, große Dampfautomobile zu bauen. Der Graf de Dion war, wie gesagt, in diesen Kleinbetrieben Dauergast. Mit den neuesten Modellen, die er sich ständig kaufte, fuhr er die Champs-Élysées auf und ab und wurde dabei pausenlos bestaunt. Sein größter Traum aber war, sich eines Tages mit anderen Fans bei Rennen zu messen und mit einem offiziellen Erfolg die Rolle zu festigen, die man ihm in diesem besonderen Milieu zuerkannte. In der Zwischenzeit, als einer dieser Vorschläge zu einem Wettbewerb um 1880 nahe daran war, realisiert zu werden, gedachte de Dion, sich rechtzeitig vorzubereiten, und baute sich ein Traumfahrzeug: einen Dreiradwagen mit einem rasch ausdunstenden Dampfkessel, besonders leicht und deshalb sehr schnell. Es war das erste Mal, daß jemand an ein speziell präpariertes Fahrzeug für ein bestimmtes Rennen gedacht hatte. Vorher und lange Zeit danach wurde nur mit »normalen« Maschinen gefahren.

Scotte Dampf-Bus 1892, acht Plätze, liegender 2-Zylinder-Motor für Holz- oder Kohlenfeuerung, 12 km/h Geschwindigkeit

Fiat 1901
Hugot 1897, 1-Zylinder-Heckmotor, 3½ PS, Bremsbetätigung durch ein kleines Rad unterhalb des Lenkrades

Peugeot Vis-à-vis 1892, Daimler-2-Zylinder-V-Motor, 1018 ccm, 15 PS, 3 Gänge und Rückwärtsgang, 30 km/h Geschwindigkeit
Marchand 1904. Liegender 4-Zylinder-Motor, 5429 ccm, 12 PS bei 1000 U/min, 4 Gänge und Rückwärtsgang, Kettenantrieb

Adams 1908
Peugeot Torpedo 81 B 1906, 4-Zylinder-Motor, 2208 ccm, 4 Gänge und Rückwärtsgang, Antrieb mit zwei Ketten

Ford Modell T 1915, Listenpreis 440 Dollar. D eser Wagen hat nicht mehr den Originalanstrich, der damals schwarz war.
Clément-Bayard 1913. 4-Zylinder-Motor, 3-Gang-Lenkradschaltung

Wolseley 1904/06, 1-Zylinder-Motor, 1302 ccm, 6 PS, 3 Gänge, Riemenantrieb
Rolland-Pilain Sportwagen, 4-Zylinder-Motor, 100 km/h Höchstgeschwindigkeit, Zweiter im Mont-Ventoux-Bergrennen 1909

Prosper-Lambert 1905, 4-Zylinder-Motor, 2545 ccm, 3 Gänge, Antrieb über Kardanwelle
La Buire 1907, 6-Zylinder-Motor in zwei Blöcken, zwei Vergaser

Fiat 1902, liegender 4-Zylinder-Motor in zwei Blöcken, 6370 ccm, 24 PS, Lederkonus-Kupplung, Kettenantrieb, 95 km/h maximal
Fiat 1902/03, liegender 4-Zylinder-Motor in zwei Blöcken, 3770 ccm, 14 PS, 3 Gänge und Rückwärtsgang, 70 km/h Geschwindigkeit

Die Ideen von de Dion waren ausgezeichnet, aber sie waren immer theoretischer Natur. Man brauchte einen erfahrenen Konstrukteur, der imstande war, zu bauen, was de Dion erdacht hatte. Dieser Mann sollte Georges Bouton sein.
Die industrielle Zusammenarbeit der beiden Männer entstand 1881. Das leichte Dreirad-Fahrzeug wurde gebaut. Der unruhige Graf aber mußte noch bis zum 20. April 1887 warten, um endlich an einem Wettbewerb teilnehmen zu können. An diesem Tag schrieb der Journalist Fossier ein Rennen aus, welches auf der Strecke Neuilly - Versailles und zurück (32 km) stattfinden sollte. De Dion errang mit seinem Dreirad-Fahrzeug den lang ersehnten Sieg. Er legte die Strecke in 1 Stunde und 14 Minuten zurück. Es hatte sich aber kein anderer der gemeldeten Konkurrenten am Start eingefunden, so daß de Dion der einzige Teilnehmer war! Es war die Macht des Schicksals, wenn de Dion nie ein reguläres Wagenrennen - sein Lebenstraum - gewinnen durfte. Diese Freude blieb ihm immer versagt. Vier Jahre nach Neuilly - Versailles nahm er am zweiten Wettbewerb der Autogeschichte, auf dem Ring von Longchamps, teil. Dieses Mal war endlich ein Kontrahent dabei, der über ein Dampf-Dreirad-Fahrzeug Marke »Serpollet« verfügte. Dieser mußte aber auf halber Strecke aufgeben, so daß de Dion wieder als einziger die Ziellinie passierte. Wenige Monate später war ein Rennen rund um Vincennes (40 km) an der Reihe, aber wieder war das Dreirad-Fahrzeug De Dion-Bouton allein angemeldet. Wahrscheinlich aus Ärger blieb de Dion dem Start fern und schickte an seiner Stelle einen gewissen Lacoux. Ein Glück, sonst hätte de Dion noch als bittere Pille hinnehmen müssen, aus dem Rennen herausgenommen zu werden, wie es Lacoux ging. Ein Polizeibeamter stoppte nämlich den Wagen, nachdem ein Zuschauer beinahe überfahren worden wäre.
Wir wissen, daß der erste große, echte Automobilwettbewerb - Paris - Rouen - 1894 theoretisch von de Dion gewonnen wurde, der sich für diesen Zweck einen größeren und kostspieligeren »Steamer« als je zuvor geschaffen hatte. Der erste Preis aber ging an den zweiten Wagen, einen Peugeot, weil die Kontrollkommission den Wagen de Dions für zu teuer und zu schwer zum Manövrieren hielt und ihn daher nicht in Einklang mit den Voraussetzungen des Reglements bringen konnte. Von diesem Moment an finden wir den Grafen de Dion nicht mehr unter den Teilnehmern an Automobilrennen in Frankreich. Dagegen versuchte er sich mit größerem Erfolg als Organisator. Er konzipierte mit Pierre Giffard zusammen das Rennen Paris - Bordeaux (1895), und zusammen mit dem Journalisten Paul Meyan gründete er gleich danach den »Automobile Club de France«. Und sein Name erschien im Zusammenhang mit den Fahrzeugen, die die Autofabrik De Dion-Bouton in immer größerer Zahl verließen, ständig in den Ergebnislisten von Veranstaltungen. De-Dion-Bouton-Motoren wurden in die ganze Welt gelie-

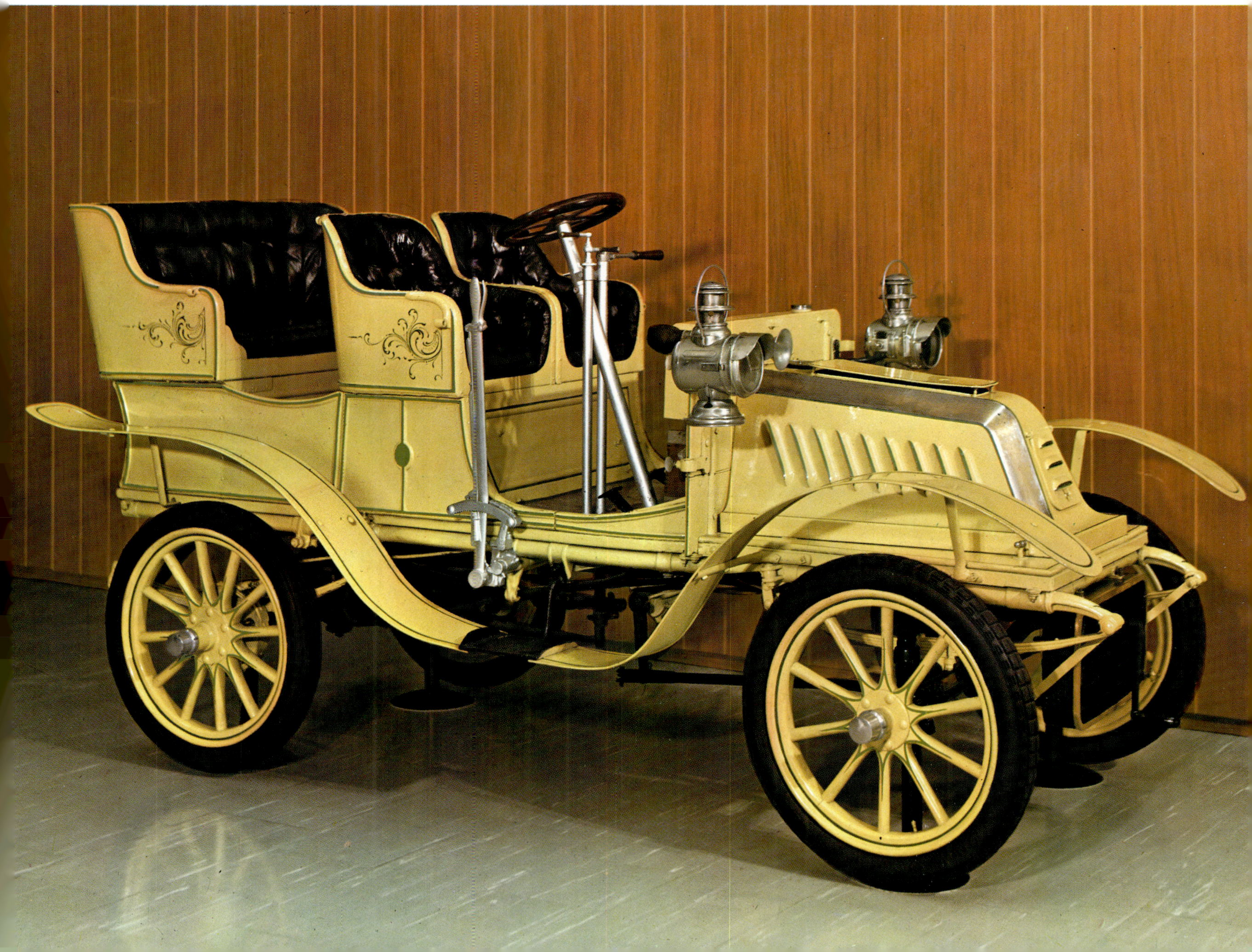

Oben: Voiturette von Rochet Frères aus dem Jahre 1898 im Museum Henri Malartre, Rochetaillée. – Unten: Zeichnungen des Darracq von 1899 und des Opel-Darracq von 1902

fert; viele Firmen rüsteten um die Jahrhundertwende speziell ihre kleinen Fahrzeuge mit 1- oder 2-Zylinder-Motoren von De Dion-Bouton aus, die als sehr zuverlässig galten.

Viele neue Firmen

In den letzten Jahren des 19. Jahrhunderts registrieren wir nicht nur die ersten, abenteuerlichen Autorennen, sondern auch die Entstehung einer großen Zahl von Autofirmen in Europa und Übersee, unter denen sich einige befinden, die die zukünftige Automobilgeschichte bestimmt haben.

In Frankreich kamen zwischen 1895 und 1898 zahlreiche Konstrukteure hinzu. 1895 beginnen Firmen wie Berliet, De Dietrich, Dewald, Mors (mit Daimler-Lizenz) und Rochet-Schneider ihre Autoaktivität. In den darauffolgenden Jahren vergrößert sich diese Liste bis ins Unglaubliche – die meisten freilich verschwinden wieder von der Bildfläche. Es entstanden zum Beispiel die Firmen Chenard-Walker aus Asnières, die Éclipse, die Minerve, die Société Française d'Autos Electriques, die Touraine, die Créanche, die Aigle, die Richard (später Unic), die Marot Gardon & Cie, die Energie, die David-Bourgeois, die Gobron-Brillié, die Vedrine-Breugniot, die Société Ancienne d'Automobiles et Traction de Paris, die Sphinx, die Nationale, die Dumond-Saralegui aus Levallois, die Gaillardet aus Puteaux.

Andere Firmen aber verdienen einen ausführlicheren Bericht. 1897 gründet der Ingenieur Alexandre Darracq die gleichnamige Fabrik, deren Produkte zu Anfang des Jahrhunderts eine wichtige Rolle gespielt haben (1904 stellt eine Darracq-Maschine mit 100 PS einen neuen, absoluten Weltrekord über den fliegenden Kilometer auf). Und es wird dieselbe Firma Darracq sein, oder besser gesagt, eine Filiale von ihr, die 1906 in Mailand die Firma Alfa Romeo ins Leben gerufen hat. Ganz zu schweigen von der Verbindung zwischen Opel und Darracq, die dazu führte, daß von 1902 bis 1904 der »Opel-Darracq«, wie er offiziell hieß, mit 8-PS-Einzylindermotor einer der erfolgreichsten Kleinwagen in Deutschland war.

1898 beginnt Emile Delahaye, der in seinem kleinen Betrieb in Tours 1896 zunächst einen dem Benz sehr ähnlichen Einzylinder gebaut hatte, eine Zusammenarbeit mit Desmarais und Morane, Pariser Konstrukteuren von hydraulischen Maschinen. Er verlegt seinen Betrieb in die französische Hauptstadt, wo er auf breiterer Basis anfängt. Die treibende Kraft dieser neuen Entwicklung ist der junge Ingenieur Charles Weissenbach, der einige Erfahrungen mit dem leichten Wagen von Bollée gesammelt hat. Dank Weissenbach erreichen die Delahaye eine außerordentlich gute Qualität, die der Firma schnellen Ruhm verschaffen.

Im selben Jahr entsteht eine andere interessante Maschine, der Décauville mit 3,5 PS. Dieser Wagen wurde von der »Société des Voitures Automobiles Décauville« gebaut, deren Zweck die Ausnützung der Patente der Ingenieure Cornilleau und Guesdon war. Der Motor dieses Fahrzeugs, hinten angebracht, weist zwei senkrechte, getrennte Zylinder auf, Hubraum 494 ccm, 3,5 PS bei 1200 U/min, Zündung durch Akkumulator, zwei Zündspulen und zwei Kerzen, zwei Schaltstufen ohne Rückwärtsgang, Luftkühlung. Das Décauville-Auto wird als leichtester Wagen in die Geschichte eingehen: nur 220 kg.

Ein Delahaye von 1912, holzkarossiert. 4-Zylinder-Motor mit 1,6 Liter und 10–12 PS, Magnetzündung

Inzwischen bekommen die schon seit einiger Zeit existierenden französischen Autofirmen neue Impulse, in ihren Betrieben entstehen immer weiter verbesserte Modelle.
Da ist der »B 1«-Wagen von Panhard et Levassor. Das Fahrzeug ist in seiner Gesamtkonzeption solider als die vorher gebauten. Neben den technischen Besonderheiten von damals weist dieser Wagen eine originelle Neuigkeit auf: eine Reihe konischer Bolzen im Getriebe, die durch einen Handhebel eine Schaltung der vier Vorwärtsgänge auch rückwärts erlauben. Vier Rückwärtsgänge – das gab es erst wieder als Kuriosum, das man nicht ausnutzte oder propagierte, bei den ZF-Maybach-Vorwählgetrieben, in den 30er Jahren am Maybach »Zeppelin« und an den Typen SW 35–42.
In diesen Zeiten ist Frankreich das Automobilzentrum der Welt. Die so umstritten ans Tageslicht gekommene »pferdelose Kutsche« wechselt in der Gunst der öffentlichen Meinung von einem mehr oder weniger großen Objekt der reinen Neugierde zu einem faszinierenden Spielzeug, welches Zielscheibe mutiger Prahlereien oder launenhafter Äußerungen werden sollte. 1897 haben wir zum Beispiel die erste »Frauen-Autoweltweisterschaft«. Sie wird von der Zeitung »L'Echo de Paris« organisiert und findet auf einem Straßenring statt. Es wäre sinnlos, den Namen der Siegerin zu nennen. Hauptsache bleibt, daß die siegreiche Frau nicht nur das ironische Lächeln der Männer auf sich zog, sondern auch die geheime Bewunderung jener Damen, die nicht den Mut hatten, vor dem Publikum eine lächerliche Figur zu machen.
Um auf das Autofieber der Franzosen – und insbesondere der Pariser – zurückzukommen: Die Chronik von 1897 registriert, daß die Louvre-Kaufhäuser einen Wettbewerb für Skizzen von Autokarosserien veranstalteten. 1894 hatte der »Figaro« schon einen ähnlichen Versuch unternommen.
1898 findet auf der Esplanade des Tuileries vom 13. Juni bis 3. Juli der Erste Internationale Automobilsalon in Paris statt. Es ist eine Mutprobe, mit der der Automobilclub von Frankreich die öffentliche Meinung herausfordern wollte. (Aus Furcht vor einer Blamage wurden ein Jahr zuvor wenige Autos bei der Ausstellung im Industriepalais an den Champs-Élysées bescheiden in eine Ecke gestellt, weil die Fahrräder immer noch die dominierende Rolle spielten.)
Die Behörden standen dieser Initiative noch etwas skeptisch gegenüber, und der Präsident der Republik, Félix Faure, sagte zu den Organisatoren: »Vos voitures sont bien laides et sentent bien mauvais!« – Ihre Autos sind richtig häßlich, und außerdem stinken sie.
Indessen – diese erste eigentliche Automobilausstellung,

Anfang des Jahrhunderts nur für Damen aus der High Society ein Vergnügen: ein Automobil zu lenken. – Unten: Einer der preisgekrönten Entwürfe aus dem »Figaro«-Wettbewerb von 1894

vom Französischen Automobilclub ins Leben gerufen, wird ein großer Erfolg. Insgesamt hatten, zusammen mit den Zubehör-Firmen, 269 Aussteller Stände belegt.

In diesen Jahren ist die französische Automobilindustrie in voller Expansion. Für einen Darracq gibt es zwei Monate Lieferzeit, sechs Monate für einen Delahaye, genausolang für einen Peugeot, acht Monate für einen Mors und – sage und schreibe – 20 Monate für einen Panhard et Levassor.

Rechts oder links?

Gegenüber dieser wachsenden Verbreitung des Autos auf den staubigen Straßen der Seine-Region sieht sich die örtliche Polizei zum ersten Mal vor Problemen, die etwas später alle anderen Länder beschäftigen werden. Schon 1893 setzt die Präfektur der Pariser Polizei eine 12-km/h-Geschwindigkeitsgrenze fest, die innerhalb von Paris eingehalten werden mußte. Andere Probleme tauchten auf: Auf welcher Seite soll man fahren, rechts oder links? Wie könnte man an Kreuzungen die Vorfahrt regulieren? Wie sollte man die Autos und ihre Besitzer kenntlich machen? Das letzte Problem wird gelöst, indem bei der Fahrzeuganmeldung eine »Departement«-Nummer am Auto anzubringen ist. Diese Nummern wurden damals in den Akten der Bergwerk-Verwaltung registriert, die den Auftrag hatte, Autoanmeldungen entgegenzunehmen. Das System hat sich im Prinzip bis in unsere Tage erhalten. Es gibt unter anderem die Frage um die Posi-

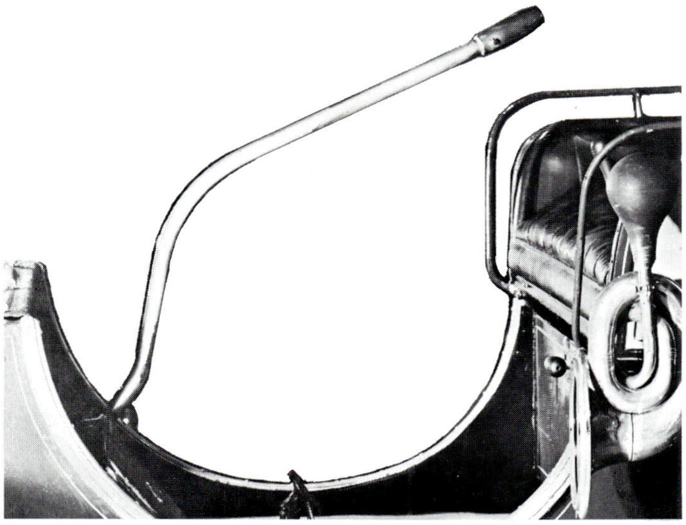

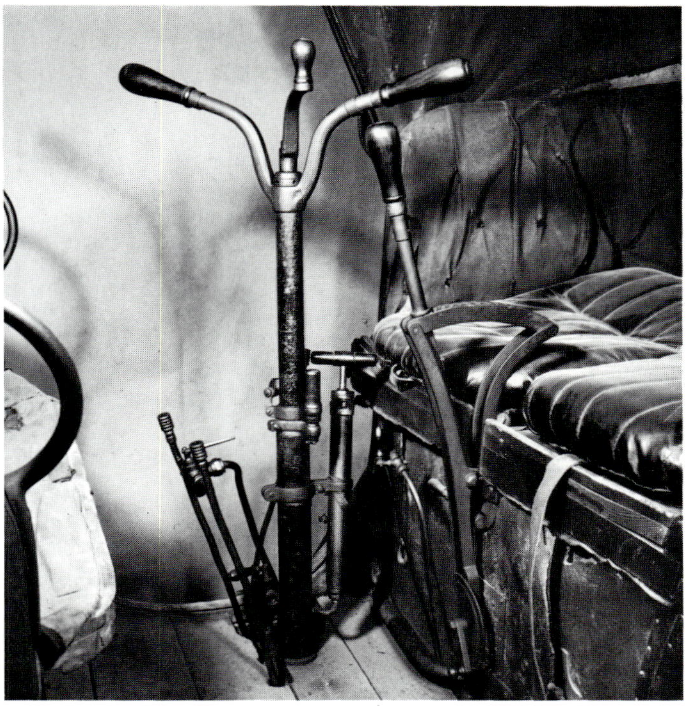

tion der Lenkung, die sich in dieser Zeit von der primitiven Hebelform distanziert und zum Rad entwickelt. Soll sie rechts oder links angebracht werden? Die Entscheidung über diese Frage ist natürlich mit dem noch nicht gelösten Problem der Fahrtrichtung verbunden. Erst gegen 1908 wird aus den USA, wo man sich für die Fahrtrichtung rechts entschieden hat, der Impuls kommen, das Lenkrad nach links zu legen. Aber in Europa blieb man trotzdem vor dem ersten Weltkrieg zunächst bei der Rechtslenkung, die man in den 20er Jahren bei den Luxuswagen beibehält, während die Gebrauchsfahrzeuge mit Linkslenkung ausgestattet werden. England ordnet den Linksverkehr an, und auch in Österreich fährt man zunächst links - keine Einigung in Europa.
Inzwischen taucht die erste publizistische Automobilwerbung auf, deren Naivität und Übertreibung uns heute unbegreiflich erscheint. Aber verlassen wir diesen Rückblick auf die französische Autoszenerie, die wenige Jahre später in jedem europäischen Land in gleicher Weise auftauchen wird. Verfolgen wir die Etappen der Automobilentwicklung in den anderen Ländern.

Oben: »Queue de vache« – Kuhschwanz – nannte man diese Lenkhebel auch. – Darunter eine Besonderheit von Audibert et Lavirotte. – Oben rechts: Lenkhebel-Variante beim Schöcheschen Dampfwagen von 1900 (zur Zeit im Auto- und Motorrad-Museum Bad Oeynhausen). – Die ersten Lenkräder um die Jahrhundertwende hatten zum Teil Jugendstil-Ornamente. – Rechtslenkung an einem englischen Sportwagen von 1930

Die Gebrüder Renault

Die Geburt des ersten Renault-Wagens und der heute so bekannten Firma Renault hängt mit den schlechten Schulleistungen von Louis Renault zusammen, womit nicht gesagt sein soll, daß ein schlechter Schüler automatisch auch immer ein berühmter Autokonstrukteur werden muß.
Louis Renault wurde 1877 geboren und war nach Georges, Fernand und Marcel der vierte Sohn einer Familie mit sechs Kindern. Sein Vater war ein bedeutender Tuchfabrikant, der außerdem eine Knopffabrik leitete. Er hatte sein Vermögen eigentlich aus dem Nichts aufgebaut. Als tüchtiger, solider Bürger war er verständlicherweise über den mangelnden Fleiß, den Louis von den ersten Schuljahren an an den Tag legte, verzweifelt. Louis Renault war wirklich unverbesserlich beim Schuleschwänzen. Aber dieses Schuleschwänzen hatte ungewöhnliche Formen: Eines Tages entdeckte ihn der Zugführer des Zuges Paris-Rouen in den Kohlen des Tenders versteckt. Louis Renault wollte wissen, wie man eine Lokomotive zum Laufen bringt.
Meistens trieb er sich bei Serpollet herum, der Dampfkessel herstellte, mit denen er dann seine Dampfwagen ausrüstete. Da Louis Renault eine sehr lebhafte Wißbegierde und viel Verständnis für alle technischen Probleme an den Tag legte, schloß Serpollet Freundschaft mit diesem etwas aufgeschossenen jungen Mann und informierte ihn über seine Pläne, erläuterte ihm seinen Forschungen und Erfindungen.

Madame und Monsieur Marcel Renault im ersten Renault. – Unten: Das Renault »Coupé« von 1899, der erste geschlossene Wagen der Welt

Seine Schlappen bei den Examina und die fehlende Begabung in der Rechtschreibung wurden bei Louis Renault durch ein unbestreitbar erfinderisches Genie ersetzt. Sein Vater war betrübt über das schlechte Abschneiden seines Faulpelzes von jüngstem Sohn; er nahm seine Erfindungen zwar nicht ernst, war jedoch vernünftig genug, sie nicht zu verbieten. Er ging sogar so weit, ihm einen alten Motor zu kaufen, den Louis Renault mit 14 Jahren zu bearbeiten begann, und zwar in einem Schuppen, der am hinteren Rande eines Gartens lag, den die Familie Renault in Billancourt bei Paris besaß. Dieser Schuppen existiert heute noch und wird als Erinnerung an die ersten Anfänge dieses Unternehmens Renault sorgsam gepflegt. Er befindet sich gegenüber den jetzigen Direktionsgebäuden von Renault in der Avenue Emile Zola Nr. 8 in Billancourt.
In diesem Schuppen beginnt im Jahr 1898 die Geschichte von Renault. Sie zeigt uns den jungen Louis, der erst 21 Jahre alt ist, einen Blasebalg in der Hand und bis zum Hals ölverschmiert, an einem kleinen De-Dion-Wagen herumbastelnd, ihn umbauend, indem er ein viertes Rad hinzufügt und so das Dreirad von De Dion in einen Renault-Vierrad-Wagen verwandelt. Louis Renault erdachte sich ein neues Übertragungssystem, mit dem er die bisher üblichen Riemen und Ketten ersetzte, die sehr geräuschvoll waren und hohe Reibungsverluste übertrugen. Er entwickelte ein Getriebe mit drei Vorwärtsgängen. Der dritte Gang war ein direkter Gang und übertrug die Drehbewegung der Hauptwelle über Teller- und Kegelrad auf die Hinterräder. Dieses Getriebe hatte auch einen Rückwärtsgang, was damals gar

Unten: Das zweite Renault-Modell von 1900 mit wassergekühltem 3½-PS-Motor von De Dion-Bouton. – Oben: »Doktorwagen« von 1911 mit der typischen Renault-Motorhaube

Marcel Renault und sein Monteur Vauthier rasen bei der Wettfahrt Paris – Madrid 1903 auf die verhängnisvolle Kurve bei Couhé-Verac zu. – Unten: Fernand Renault teilt Louis mit, daß ihr Bruder Marcel tödlich verunglückt ist – einer der vielen Unfälle, die zum Abbruch des Rennens bereits in Bordeaux führten.

keine Selbstverständlichkeit war. Im November 1898 fuhr dieser erste Vierradwagen von Louis Renault, aber nur einige der engsten Freunde wußten davon. Am 24. Dezember 1898 lud er einige Freunde in ein Wirtshaus ein, und er selbst kam mit seinem Wägelchen. Alle waren sehr erstaunt über das, was Louis Renault da zusammengebastelt hatte, und als die Nacht zu Ende ging, hatte er zwölf Aufträge für diesen neuen Wagen in der Tasche. Die meisten mit einer Anzahlung. Dieses Wägelchen wog 350 kg und konnte zwei Personen befördern, bewältigte auch die üblichen Steigungen ohne weitere Umstände und brauchte nur 6 Liter Benzin. Da Louis Renault die Anzahlungen angenommen hatte, mußte er jetzt einen Wagen bauen. Der kleine Schuppen hinten im Garten war zu klein dafür. Größere Räume wurden notwendig, Maschinen mußten gekauft werden. Marcel, sein älterer Bruder, half ihm dabei, und er riß auch den Bruder Fernand mit, so daß dann am 25. Februar 1899 die Société Renault Frères mit einem Kapital von 60000 Goldfrancs gegründet werden konnte. Der nächste wesentliche Schritt war sechs Monate später die Herstellung der ersten Limousine der Welt, eine Art hoher Sänfte mit einer sehr eigenartigen Form, in der aber die eleganten Herren in Begleitung ihrer empfindlichen Damen bei jedem Wetter geschützt durch Paris fahren konnten. So begann die Produktion bei Renault. Außerdem hatte sich Marcel Renault früh entschieden, an Rennen und Geschwindigkeitswettbewerben teil-

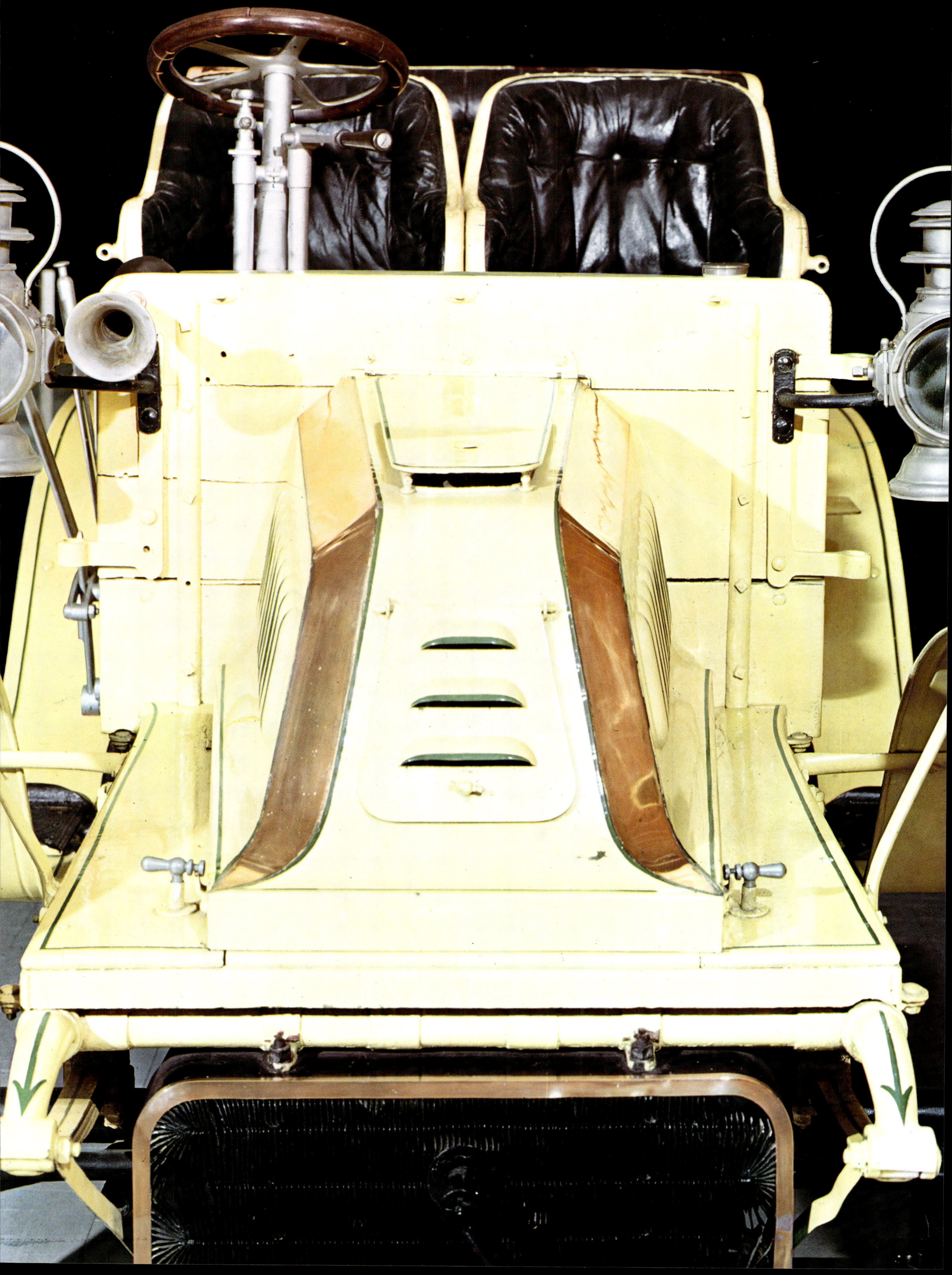

1903 De Dion-Bouton
1-Zylinder-Frontmotor, 864 ccm, 8 PS bei 1500 Umdrehungen

zunehmen, und der große Durchbruch kam, als Marcel 1902 in der berühmten Fernfahrt Paris - Wien das Gesamtklassement gewann. Leider ist Marcel Renault dann 1903 bei dem Rennen Paris - Madrid, das schon in Bordeaux wegen der zahlreichen Unfälle abgebrochen wurde, ums Leben gekommen.

Der Panhard et Levassor des Barons P. de Crawhez mit der Startnummer 78 traf als Fünfter in Bordeaux ein, der 60-PS-Mercedes mit J. B. Warden am Lenkrad (unten) auf Platz 6. Es waren 227 Wagen gestartet; von den Fahrern und Beifahrern verunglückten sechs tödlich. Zum Sieger wurde der französische Fahrer Gabriel auf Mors erklärt.

England: ab 1895

Im Jahre 1895 wird in England eine kleine Autofabrik gegründet, die sich Wolseley nennt. Diese Tatsache ist bemerkenswert, wenn man davon ausgeht, daß in Großbritannien das kuriose Gesetz mit dem »Red Flag Act« immer noch bestand, ein Gesetz, welches jedem Autofahrer vorschrieb, sich durch einen vor dem Auto laufenden Mann mit roter Flagge bemerkbar zu machen. Das waren sicher nicht die idealen Bedingungen für die Gründung einer Automobilfabrik. Dieses Gesetz wurde zwar 1896 abgeschafft, aber die Autofahrer konnten sich zunächst nur über eine behördlich vorgeschriebene Maximal-Geschwindigkeit von rund 20 km/h freuen. (Dieses Limit wurde 1904 auf 32 km/h gebracht und blieb in dieser Form bis zum Ende des zweiten Weltkrieges bestehen!) Wolseley war freilich im Anfang keine eigentliche Autofabrik, sondern stellte Schafschermaschinen her. Angesteckt vom Automobilfieber in Frankreich, beauftragte man einen jungen Ingenieur namens Herbert Austin 1895, Versuche mit Benzinmotorwagen zu machen. Und Austin baute als erstes einen Dreiradwagen, der dem französischen Modell von Leon Bollée sehr ähnelte, mit einem liegenden 2-Zylinder-Boxermotor. Zehn Jahre später hat Herbert Austin eine eigene Motorwagen-Firma gegründet, die zu einem der größten europäischen Konzerne emporwuchs.

Erwähnenswert ist auch die schottische Firma Arrol-Johnston, die 1896 entstand und einen kutschwagenähnlichen »dogcart« herausbrachte; der Motor besaß zwei gegenläufige Kolben. Sir William Arrol war ein bekannter Architekt.

Ein Wolseley aus dem Jahre 1899 wird 1959 auf den Weg geschickt zur 1000-Meilen-Fahrt rund um Britannien, die er bereits 1900 absolviert hat. – Unten: Der Austin Grand Prix von 1908 mit 9,7-Liter-6-Zylinder-Motor, Magnetzündung und 4 Gängen

Der Wagen des Herrn Knight

John Henry Knight baute und fuhr seinen ersten Motorwagen auch schon ein Jahr, bevor der »Red Flag Act« aufgehoben wurde, und sein erster »Prototyp« war ähnlich wie bei Carl Benz ein dreirädriges Fahrzeug. Im Oktober 1895 wurde er in seiner Heimatstadt Farnham zu fünf Schillingen Strafe verurteilt, weil er, ohne diesen Mann mit der roten Flagge vorausgehen zu lassen, mit seinem Motorwagen auf öffentlichen Straßen gefahren war.

Mr. Knight baute im Winter 1895/96 seinen Wagen dann um, versah ihn mit einer neuen Zündvorrichtung und nunmehr mit vier Rädern, stellte ihn im Mai 1896 bei der Crystal Palace Exhibition aus und fuhr ihn mit seiner Familie noch bis 1898, als er sich dann einen Benz kaufte. Das Londoner Science Museum erhielt den Wagen, von dort kam er zur Sammlung des Lord Montagu nach Schloß Beaulieu, wo er heute noch zu besichtigen ist, so weit restauriert, daß man ihn fahren kann.

Technisch war der Knight eine sehr interessante Konstruktion, versehen mit einem wassergekühlten Einzylindermotor im Heck, der 114,3 mm Bohrung und 152,4 mm Hub besaß (ein sehr großer, liegender und sehr langhubiger Zylinder also), was einen Hubraum von 1565 ccm ergibt. Der Motor arbeitete im Viertakt, jedoch war das Einlaßventil nicht gesteuert, sondern öffnete sich durch den Sog des Kolbens. Ursprünglich hatte John Henry Knight diese Motor-Konstruktion als stationären Motor ausgelegt.

Die Höchstdrehzahl lag bei 650 Touren, und schon damals gab es an diesem Knight-Motor eine automatische Abschaltvorrichtung für die Zündung, falls man die vorgeschriebenen 650 Touren überschritt: der erste Drehzahlbegrenzer.

Die Kraftübertragung erfolgte über Riemen und Kette, und mit Hilfe der Riemenscheiben konnte man zwei Gänge schalten, für die es je einen Hebel gab. Mit dem ersten Gang erreichte man etwa 9 km/h, mit dem zweiten eine Spitzengeschwindigkeit von ungefähr 15 km/h. Man darf nicht vergessen, daß dieser Motor nur etwa 1 PS entwickelte.

Das Fahrzeug besaß schon zwei Bremsen. Die eine - die Fußbremse - wirkte auf die Kraftübertragung, die andere - die Handbremse - war ähnlich wie bei den Kutschwagen ausgeführt: Am rechten Hinterrad mit Vollgummireifen befand sich eine Art Bremsklotz. Man lenkte den Wagen, der hinten wesentlich größere Räder als vorne hatte (auch das war typisch für die Kutschwagenform), noch mit einer geschwungenen Lenkstange.

Die beiden Vorderräder befanden sich in eigenen Gabeln (so ähnlich wie beim Stahlradwagen von Daimler 1889) und waren auf diese Weise einzeln und mit Schraubenfedern - zwei pro Rad - abgefedert. Auch hinten hatte Knight Schraubenfedern vorgesehen: der erste Kraftwagen mit einer solchen Abfederung.

Mit seiner kargen Sitzbank wog er nur etwa 350 kg. Er besaß keinen Rückwärtsgang, aber er war leicht rückwärts zu schieben, und außerdem konnte man dank der einzeln aufgehängten Räder den Wagen auf schmalsten Straßen wenden, ohne zurückstoßen zu müssen. In Serie ist dieser Knight-Wagen nie gegangen; es blieb bei diesem Prototyp am Anfang der englischen Automobilgeschichte, die in den folgenden Jahren durch die Daimler-Patente und den englischen Daimler-Wagen so nachhaltig beeinflußt wurde.

Der Wagen von John Henry Knight in seiner verbesserten, vierrädrigen Form. Zu beachten die einzeln aufgehängten Räder!

Das erste vierrädrige Automobil, das es in England gab, wurde 1895 von Frederick Lanchester gebaut. Auch diese Konstruktion entstand also in einer Zeit, in der noch der Red Flag Act galt. Die Gebrüder Lanchester bauten dann ab 1901 Automobile in größerer Serie, und es waren immer eigenwillige und sehr fortschrittliche Konstruktionen. Das Modell von 1901 hatte zum Beispiel einen luftgekühlten 2-Zylinder-Boxermotor mit zwei gegenläufigen Kurbelwellen und desmodromischer Ventilsteuerung. Er lag in der Mitte des Fahrzeugs (heute würden wir Mittelmotor dazu sagen). Lanchester, der nach dem ersten Weltkrieg nur noch Luxuswagen à la Rolls Royce baute, überlebte die Wirtschaftskrise nicht: 1931 wurde die Firma von der Waffenfabrik BSA aufgekauft.

1896 gab es eine weitere englische Autofirma, wenn auch diese Marke nur kurze Zeit Bestand hatte: Walter Arnold, der in East Peckenham eine Firma für landwirtschaftliche Geräte führte, importierte 1895 einen Benz und beschloß daraufhin, in der eigenen Firma einen verbesserten Benz zu bauen. Als man im November 1896 im Hyde Park in London den »Emancipation Run« startete, die historische Demonstrationsfahrt nach Brighton, nachdem der Red Flag Act abgeschafft war, wollte Arnold mit einer englischen Konstruktion dabei sein. Dieser Arnold-Wagen hatte aber lediglich einen eigenen Motor; Chassis und Kraftübertragung stammten von Benz, und deshalb stand auf dem Typenschild »Arnold Petroleum Carriage, Benz' System«. Es sind nur einige wenige Arnold-Wagen gebaut worden.

English Daimler

1896 wurde von einem Finanzmagnaten namens Harry I. Lawson die »English Daimler Motor Company« gegründet. Man hatte von Daimler in Cannstatt die Lizenz für den Motorenbau besorgt. Die ersten englischen Daimler von 1896/97 besaßen noch Original-Daimler-Motoren. Im Fahr-

Dieser Lanchester aus dem Jahre 1912 war der erste britische Serienwagen mit elektrischer Beleuchtung. Die Fußbremse wirkte auf die Kraftübertragung, die Handbremse auf die Hinterräder. 4-Zylinder-Maschine von 3,3 Liter mit Vorwählgetriebe.

Das englische Königshaus war dem Automobil wesentlich früher zugetan als die deutschen Herrscher, nämlich schon 1900. Hier Eduard VII. an der Seite von Lord John Scott-Montagu in dessen 24-PS-Daimler

gestell und in der Karosserie lehnte man sich mehr an den französischen Panhard et Levassor an. Gottlieb Daimler wurde zum Direktor dieser englischen Gesellschaft ernannt, doch war dies mehr ein Proforma-Titel, denn er beschäftigte sich nicht mit der Automobil-Entwicklung in England. 1903 wurden die englischen Daimler-Werke völlig reorganisiert, aber der Name Daimler blieb bestehen. Da sich die Firma in Coventry befand, sagte man am Anfang »Coventry-Daimler« im Gegensatz zu »Cannstatt-Daimler«, wie man die deutschen Daimler-Modelle nannte.

Eine Art offizielle Anerkennung für das Auto in England bringt der Besuch des Prinzen von Wales (späterer König Eduard VII. von England) bei der ersten Autoausstellung im Imperial Institute in London. Der Prinz nimmt sogar eine Einladung zu einer kurzen Probefahrt in einem Daimler an. 1899 fährt er zusammen mit Lord Montagu in einem 12-PS-Daimler eine größere Strecke in der Nähe von Southampton über Land, und am 1. Dezember 1900 bestellt er dann für den königlichen Haushalt den ersten Wagen – einen Daimler! In den folgenden Jahren hat das englische Königshaus immer nur englische Daimler gefahren. Obwohl Rolls-Royce ja schon 1907 mit dem »Silver Ghost« auf den Markt kam – diesem wirklich repräsentativen und vornehmen Auto, das den Ruhm von Rolls-Royce begründete –, hat es Jahrzehnte gedauert, bis die englischen Könige außer dem traditionellen Daimler auch große Rolls-Royce anschafften.

Napier

Auch der Vertrag zwischen Selwin Francis Edge und Montague Stanley Napier, aus dem die gleichnamige englische Automarke entstehen sollte, trägt das Datum von 1896. Der Name Napier ist verbunden mit aufsehenerregenden Geschwindigkeitsrekorden und großen Flugzeugmotoren: 1927 gewann ein englisches Wasserflugzeug, die Supermarine S 5, mit einem 875-PS-Napier-Lion-Motor die damals berühmte Schneider Trophy mit 452 km/h.
Edge war ursprünglich Radrennfahrer, der sich dann auch für Autos interessierte. Napier war mit Edge befreundet.
Edge und Napier kauften mit der schönen Summe von 30 000 Goldfrancs - vom britischen Automobilsyndikat zur Verfügung gestellt - den Panhard-Levassor, mit dem René de Knyff den 2. Platz beim Rennen Paris - Marseille errungen hatte. Nach verschiedenen Umbauversuchen (Pneus an Stelle von Vollgummi-Reifen, Ersatz der Hebel-Lenkung durch ein Lenkrad und Einbau eines neuwertigen englischen Motors) wurde der erste Napier im Frühjahr 1900 aus der Taufe gehoben. Die 9-PS-Maschine mit 2 Zylindern wurde Ende des Jahres durch 16 PS und 4 Zylinder ersetzt. Das war der Anfang einer Produktion, die es zwar nie zu großen Stückzahlen brachte, aber zu qualitativ hochwertigen Konstruktionen. Der erste »richtige« Rennwagen, der in England gebaut wurde, war 1901 ein Napier, vorgesehen für das Gordon-Bennett-Rennen. Er wurde aber nicht rechtzeitig fertig. Jedoch gewann dann S. F. Edge ein Jahr später, 1902, mit einem 40-PS-Napier dieses Gordon-Bennett-Rennen, das von Paris nach Innsbruck (590 km) führte, und das damals ein Teil des großen, berühmten Rennens von Paris nach Wien gewesen ist.

König Georg V. steigt in seinen imposanten Daimler ein (1910). – Unten ein Daimler »Open Tourer« von 1907, 10,6-Liter-Motor mit seitlichen Ventilen, 4 Gänge und Kettenantrieb

Zwei Napier: ein 3,3-Liter-Sportwagen von 1913 (im Besitz des Fürsten zu Hohenlohe-Langenburg) und ein 2,7-Liter-4-Zylinder-Modell von 1914 (in englischem Privatbesitz)

Humber, Riley, Rolls-Royce

Eine andere englische Marke, die im selben historischen Jahr 1896 entstanden ist, war Humber in Coventry. Es handelte sich hier um eine alte Fahrrad-Fabrik, die sich auf Automobile umstellte und als erstes eine Konstruktion von Pennington brachte, die ziemlich unbrauchbar war. Erst als Humber 1900 mit einigen neuen Modellen erschien, kam der Erfolg, vor allem 1903 durch einen Kleinwagen, den man »Humberette« nannte.
1898 war Riley an der Reihe. Diese Fabrik produzierte zunächst Fahrräder und nannte sich daher Riley Cycle Co. Aber bald danach widmete sie sich nur noch den Automobilen und änderte den Namen in Riley Engine Co. um. Ende der 20er und Anfang der 30er Jahre waren die Riley-Sportwagen in den kleinen Klassen sehr erfolgreich.

Der Rolls-Royce »Silver Ghost«, seinerzeit wohl einer der repräsentativsten Wagen, dessen Ruhm heute schon legendär ist, wurde von 1907 bis 1925 gebaut. Besonders wertvoll die Exemplare aus der Zeit vor dem ersten Weltkrieg wie dieses von 1913. Unten links der erste serienmäßige Humber, entworfen von Alec Craig, aus dem Jahre 1900 mit Einspeichen-Lenkrad. Die »Humberette«, unten aus dem Baujahr 1904, war Anfang des Jahrhunderts ein sehr erfolgreicher Kleinwagen. Der Name wurde ab 1913 wieder für ein Cycle Car verwendet.

1898 hat noch eine englische Firma begonnen, Automobile zu bauen: die in Birmingham beheimatete Maschinenfabrik Alldays and Onions (was wörtlich übersetzt den komischen Namen »Alltag und Zwiebel« ergibt). Diese Fahrzeuge gab es aber nur bis zum ersten Weltkrieg.
Die Rolls-Royce Ltd. wurde erst im März 1906 gegründet. 1903 hatte Henry Frederick Royce, damals bei einer Kranfirma beschäftigt, sein erstes Auto gebaut. Sein Partner, der junge Adlige Charles Stuart Rolls - Sohn von Lord Llangattock of Monmouth -, beschäftigte sich schon 1897 mit Automobilen. Durch den Kontakt mit Henry Frederick Royce ging er in die Geschichte der englischen Automobilindustrie als Mitgründer der Rolls-Royce Ltd. ein.

Der Spleen, eine besondere Autonummer zu haben, ist schon alt. Lord Russell wartete eine ganze Nacht hindurch, um die Nummer A 1 zu erhalten.

Englische Tierliebe machte sich bald das Automobil für ihre Schützlinge zunutze: Krankenwagen für Hunde und Katzen, aus dem Magazin »Nature and Art«.

Erstlinge britischer Automobilfirmen: oben Sunbeam 1899, rechts Vauxhall 1903, unten Singer 1905, daneben Hillman 1907

Um die Jahrhundertwende wurden in Großbritannien häufig Langstreckenprüfungen ausgetragen. Hier Mitglieder des Automobil-Clubs von Großbritannien (jetzt R.A.C.) vor dem Start zu einem solchen Wettbewerb im Juni 1901

Ein Bernardi aus dem Jahre 1896. Der Pionier Bernardi baute im Jahre 1894 in Italien als erster ein Automobil mit Verbrennungsmotor. Der hier gezeigte Wagen besitzt einen liegenden 1-Zylinder-Motor mit 624 ccm und 4 PS.

So begann es in Italien und den USA

Von einigen Einzelkonstruktionen abgesehen, begann erst in den Jahren 1898 bis 1900 auch in Italien – zunächst noch sehr zögernd – der Automobilbau. Man registriert in den Anfängen die Firmen Bernardi, Michele, Lanza in Turin, Miari & Giusti in Padua, Prinetti & Stucchi (die nach De-Dion-Bouton-Lizenzen Dreiräder bauten) und den Fahrradfabrikanten Edoardo Bianchi in Mailand. Um den zeitlichen Rückstand, den man gegenüber Deutschland, Frankreich und England hatte, so schnell wie möglich aufzuholen, kam es 1898 zu ersten Besprechungen zwischen einigen Piemontesen, die über Rang, Namen und Geld verfügten, mit dem Ziel, eine größere Firma für den Autobau zu gründen. Ein Gremium, bestehend aus Giovanni Agnelli, dem Grafen Emanuele Cacherano di Bricherasio, dem Grafen Roberto Bicaretti di Ruffia, dem Anwalt Cesare Gatti und dem Bankier Gustavo Deslex, gab einem Turiner Fahrradfabrikanten namens Giovanni Ceirano den Auftrag für den Entwurf eines Motorwagens, wobei man auch mit dem Ingenieur Aristide Faccioli zusammenarbeitete.
Im April 1899 wurde auf diese Weise ein Prototyp fertiggestellt und von dem Finanzgremium geprüft und gebilligt. Nun schritt man zur Gründung einer Gesellschaft, die zuerst (das Gründungsdatum war der 1. Juli 1899) »Società italiana per la costruzione e il commercio delle automobili Torino« hieß, also »Italienische Gesellschaft für den Bau und Vertrieb von Fahrzeugen«. Kurze Zeit später änderte man diesen etwas umständlichen Titel um in »Fabbrica Italiana Automobili Torino«, was man zu FIAT abkürzen konnte.

»Italienische Automobilfabrik« war zweifellos ein etwas prätentiöser Titel, vor allem im Jahr 1899, als diese neue Firma noch wenig geleistet hatte, doch scheint er in den folgenden Jahren ein Ansporn gewesen zu sein, ein finanziell und technisch gesundes Fabrikationsprogramm zu verwirklichen.

Der erste Fiat

Der erste Fiat-Wagen wurde im Herbst 1899 angeboten. Er entsprach im wesentlichen dem Ceirano-Prototyp; die Karosserieform nannte man entsprechend dem Kutschwagengebrauch »Duc«, wobei man in Deutschland zu einem solchen Fahrzeug wohl eher Vis-à-vis gesagt hätte. Vis-à-vis deshalb, weil gegenüber von Fahrer und Beifahrer noch ein Sitz angebracht war für eine, eventuell zwei Personen. Der Ausdruck Vis-à-vis war damals zum Beispiel bei Benz und ähnlichen Firmen in Deutschland allgemein gebräuchlich. Der Motor dieses ersten Fiat war ein Heckmotor, aber man hat damals diesen Bezeichnungen noch keine Bedeutung beigemessen, man hat den Motor einfach dort eingebaut, wo es Platz hatte, und Platz war unter den Sitzen an der Hinterachse. Dieser Motor hatte einen Hubraum von genau 679 ccm, die Bohrung betrug 65 mm, der Hub 99 mm, das Verdichtungsverhältnis nur 4 : 1. Als Höchstleistung wurden damals 3,5 PS angegeben bei einer Maximaldrehzahl von 800 Touren. Auch das war ganz normal, denn man hatte keine wesentlich höheren Drehzahlen als 800 bis 1000 Touren. Die Steuerung der Ventile war, auch das ist typisch für die damalige Zeit, so angeordnet, daß man ein automatisches Saugventil hatte, das nicht gesteuert war, sondern durch den niedergehenden Kolben sozusagen angesaugt wurde. Der Kraftstoffbehälter faßte 35 Liter, ein ungewöhnlich großer Behälter für jene Zeit, in der man ja nur kleine Strecken gefahren ist. Das Getriebe hatte drei Gänge und keinen Rückwärtsgang, weil man sich sagte, bei einem so kleinen, kompakten Fahrzeug mit einem so engen Wendekreis braucht man keinen Rückwärtsgang. Dieser Wagen war im Grunde ein typischer Kutschwagen, der motorisiert worden ist. Der Radstand betrug nur 1,47 m und die gesamte Länge des Fahrzeugs 2,30 m. Die Spurweite war 1,22 m, vorne und hinten, die Gesamtbreite 1,42 m. Was sind das für gute Ideen, würde man heute sagen, um einen Stadtwagen zu bauen, mit dem man überall parken kann. Bei heruntergeklapptem Verdeck betrug die Gesamthöhe 1,45 m, das Leergewicht des Wagens war 420 kg. Man weiß nicht ganz genau, wieviel Fahrzeuge von diesem Typ gefertigt worden sind, wahrscheinlich waren es nur insgesamt 8, wir wissen aber, daß es heute noch drei Exemplare dieses Wagens gibt: zwei davon in Turin, das dritte in den USA.
Die Höchstgeschwindigkeit dieses ersten Fiat betrug etwa 35 km/h, das maximale Steigvermögen lag zwischen 8 und 10 Prozent. Der Wagen hatte schon zwei getrennte Bremsen, die Fußbremse, mechanisch natürlich, wirkte auf die Kraftübertragung, die Handbremse auf die Hinterräder. Was recht bemerkenswert war, ist die Tatsache, daß dieser erste Fiat schon einen 2-Zylinder-Motor hatte, während um diese Zeit die meisten Automobile noch mit 1-Zylinder-Motoren ausgerüstet waren. Diese beiden Zylinder waren horizontal angeordnet und mit einem riesigen Schwungrad versehen. Der

Oben: Eine Anzeige von Michele Lanza aus dem Jahre 1897.
Unten: Ein Bianchi Phaeton von 1907

Motor lag wie gesagt hinten, aber der Kühler, oder besser gesagt die Kühlschlange, befand sich vorne. Die Übertragung auf die Hinterachse erfolgte, wie damals üblich, durch Ketten.
Ein Jahr später brachte Fiat das nächste Modell auf den Markt, das bereits 6 PS hatte. Der Hubraum war inzwischen auf 1100 ccm gebracht worden, und man hatte das Getriebe jetzt auch mit einem Rückwärtsgang ausgestattet. Aufgrund der größeren Abmessungen konnten nun Karosserien mit etwas größerem Fassungsvermögen auf diesen Wagen gesetzt werden. Es gab zuerst einmal eine viersitzige Ausführung, ein sogenanntes Phaeton, mit vier Plätzen. 1900 bis 1901 wurden von diesem zweiten Fiat-Typ, der bereits eine Höchst-

Der erste Fiat aus dem Jahre 1899 in natura und als Zeichnung. Leistung 3,5 PS

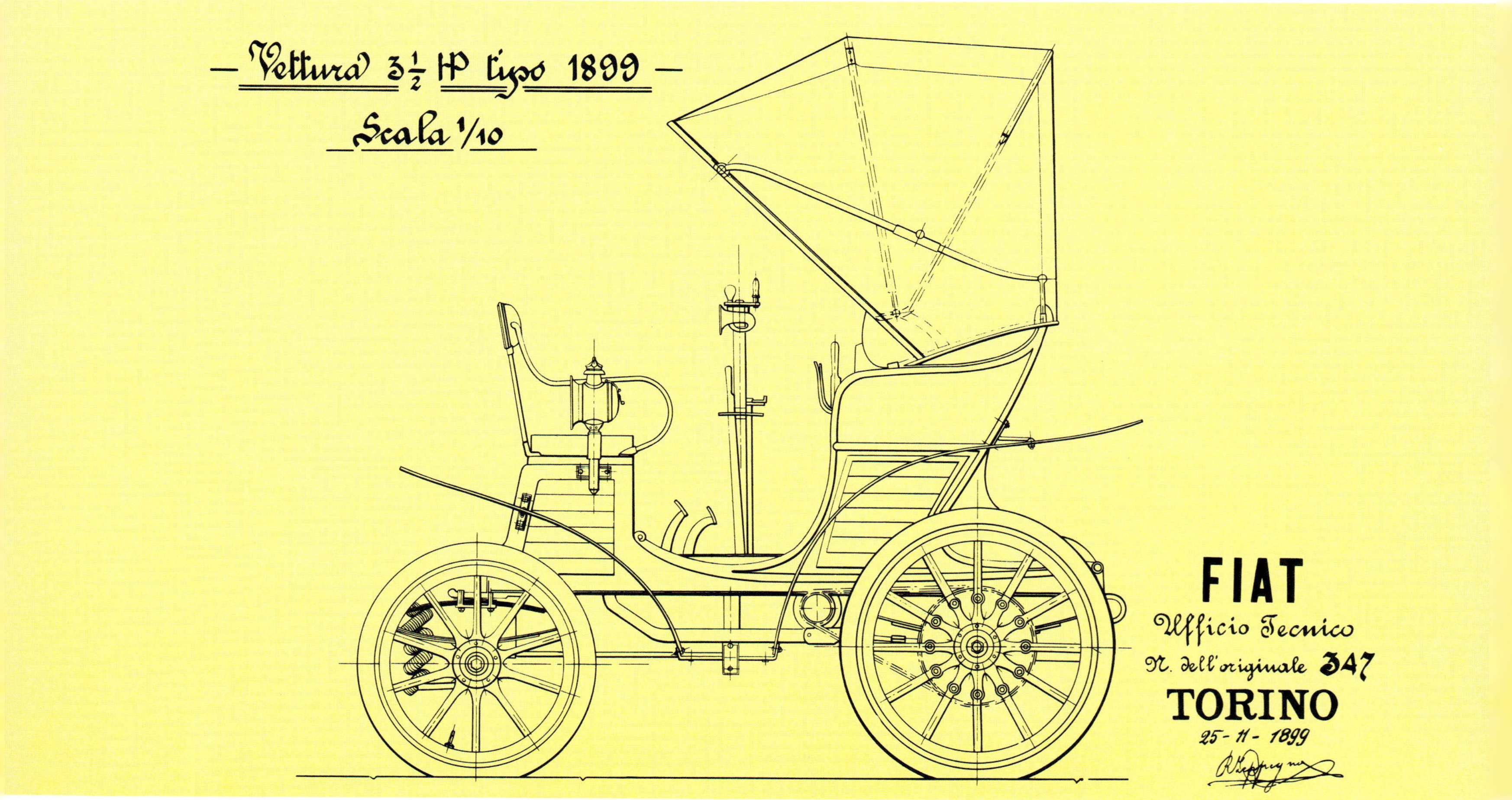

geschwindigkeit von 45 km/h entwickelte und 12prozentige Berge besteigen konnte, 12 Wagen hergestellt. So bescheiden begann die Firma, die später so berühmt geworden ist und zu den größten Automobilproduzenten in Europa, ja auf der ganzen Welt zählt.

Fiats goldenes Jahr

Die junge Turiner Firma legte größten Wert darauf, durch Rennerfolge populär zu werden, und es gelang ihr auch. Zum Ruf der Firma Fiat hat ganz wesentlich beigetragen, daß gerade in den ersten Jahren diese italienische Fabrik sich an zahlreichen berühmten internationalen Rennen beteiligt hat und dort einige bemerkenswerte Erfolge erringen konnte. Man kann sagen, daß Fiats goldenes Jahr 1907 war. Um diese Zeit waren die Rennformeln international noch nicht so festgelegt wie heute. Jedes Land hatte praktisch ein eigenes Reglement für die großen Rennen, und so war es für Fiat besonders schwierig, sich 1907 an die verschiedenen Formeln anzupassen. Mit dem Ergebnis, daß man einfach drei verschiedene Rennwagen baute, um drei große Rennen zu gewinnen. Eines davon war die Targa Florio. 1907 fand das zweite Targa-Florio-Rennen in der ruhmreichen Geschichte dieser Rennstrecke statt, es war auf drei Runden der alten Madonie-Rundstrecke angesetzt, Gesamtdistanz 438 Kilometer. Bei dieser Targa Florio galt als einzige »Spielregel«, daß die Bohrung der Motoren nicht mehr als 125 mm betragen durfte. Unter diesen Umständen baute Fiat einen Wagen mit insgesamt 7358 ccm, der eine Leistung von 40 bis 45 PS brachte und eine Spitzengeschwindigkeit von 95 km/h entwickelte. Damals waren viele Rennwagen schon viel voluminöser, konnten aber natürlich auf der kurvenreichen Targa Florio nicht eingesetzt werden. Deshalb erschien Fiat mit einem relativ leichten und wendigen Wagen und hatte großen Erfolg, denn Felice Nazzaro, der italienische Spitzenfahrer der damaligen Zeit, gewann auf einem Fiat dieses anstrengende Rennen nach einer Gesamtfahrzeit von 8 Stunden, 17 Minuten und 36 Sekunden. Der Durchschnitt von 52,8 km pro Stunde zeigt, wie kurvenreich, wie schwierig und wie schmal die Straße damals gewesen ist. Auch den 2. Platz konnte ein Fiat belegen, der Fahrer hieß Vincenzo Lancia. Der italienische Triumph wurde vollkommen dadurch, daß auf dem 3. Platz ein Itala-Wagen erscheint. Das zweite große Rennen des Jahres 1907 war das Kaiserpreis-Rennen im Taunus, wo die Ausscheidungsrennen am 13. Juni, das Entscheidungsrennen am 14. Juni 1907 stattfanden. Im Grunde war dieses Kaiserpreis-Rennen nur dadurch zustande gekommen, daß die ausländische Industrie, insbesondere die französische, aber auch die italienische, immer stärker geworden war und die deutschen Fahrzeuge nicht mehr so gut exportiert werden konnten. Daraufhin beschloß man in Deutschland, zur Anregung für die deutschen Firmen ein deutsches Rennen auszuschreiben und damit Impulse zu geben, daß sich deutsche Firmen mehr am Rennsport beteiligten. Aus diesem Grund stiftete Kaiser Wilhelm II. einen »Kaiserpreis« für dieses Rennen, das auf einer Rundstrecke im Taunus stattfand. Der Kurs führte von Saalburg über Usingen und Einhaus nach Weilburg, von dort über Weilmünster, Winden, Riedelbach nach Esch und dann über Glashütten, Königstein, Oberursel und Homburg nach Saalburg zurück. Es war zum Teil die gleiche Strecke wie beim Gordon-Bennett-Rennen des Jahres 1904, die Rennstrecke war aber von 140 Kilometer auf 118 Kilometer pro Runde verkürzt worden. Der Start befand sich nicht mehr an der Saalburg, sondern bei Kloster Thron zwischen Wehrheim und der Saalburg.

Autounfall in einer belebten Straße von Neapel. Zeichnung des italienischen Künstlers A. Beltrame um 1900

Am Tag vor dem eigentlichen Rennen mußte ein Ausscheidungsrennen ausgetragen werden, weil insgesamt 92 Wagen von 42 Firmen gemeldet worden waren. Im ersten Ausscheidungsrennen siegte bereits ein Fiat unter Vincenzo Lancia, Zweiter wurde Karl Jörns auf Opel. Im zweiten Ausscheidungsrennen siegte Felice Nazzaro aus Italien auf einem Fiat, Zweiter wurde hier ebenfalls ein Fiat-Wagen mit dem französischen Rennfahrer Wagner, an dritter Stelle kam ein belgischer Rennwagen der Firma Pipe an. Das Hauptrennen, dem der Kaiser beiwohnte, war mit 39 Wagen besetzt. Überlegener Sieger mit einem Vorsprung von etwa 5 Minuten wurde Nazzaro auf Fiat. Im Reglement war eine Hubraumbegrenzung von 8000 ccm vorgesehen worden. Fiat hatte dafür einen 4-Zylinder-Rennwagen entwickelt mit 140 mm Bohrung und 120,9 mm Hub. Er entwickelte 72 PS und eine Spitzengeschwindigkeit von etwa 130 km/h. Zweiter in diesem Rennen wurde der Belgier Hautvast auf einem Pipe, ganz knapp dahinter lag an dritter Position der Opel-Fahrer Jörns.

Kaum drei Wochen danach fand der Große Preis von Frankreich statt, der am 2. Juli auf einem Rundkurs bei Dieppe

Fiat 1903/04 mit vier stehenden Zylindern paarweise gegossen und 4181 ccm Hubraum, Mehrscheibenkupplung und Kettenantrieb. Höchstgeschwindigkeit 73 km/h

ausgetragen wurde. Hier gab es wieder ein anderes Reglement: Es war gleichgültig, mit welchem Hubraum man erschien, es war lediglich der Benzin-Verbrauch vorgeschrieben, und zwar auf 30 Liter pro 100 Kilometer begrenzt. 38 Rennwagen standen hier am Start. Fiat hatte auch für dieses Rennen wieder einen eigenen Wagen entwickelt, einen 4-Zylinder mit riesigen Dimensionen und einem Hubraum von 15 268 ccm. Das war bei diesem Großen Preis noch keineswegs der größte Motor, denn die Lorraine-Dietrich erschienen mit 17 304 ccm, der Panhard-Levassor hatte ebenfalls einen Motor von über 15 Liter Hubraum. Eine Runde führte über 77 Kilometer. Um diese Zeit waren die Rundstrecken ja im Vergleich zu heute noch außerordentlich lang, und es mußten 10 Runden, also 770 Kilometer, gefahren werden. Wieder war es Nazzaro mit seinem Fiat, der hier den Sieg davontragen konnte und nach einer Fahrzeit von 6 Stunden, 46 Minuten und 33 Sekunden einen Schnitt von 113,6 km/h erreichte und den Renault von Szisz klar schlagen konnte. Die deutschen Wagen, die hier gestartet waren, konnten keine Rolle spielen. Es war 1907 in der Tat so etwas wie ein Fiat-Jahr im Automobilsport, und Felice Nazzaro war ohne Zweifel einer der größten Fahrer jener Zeit.

Nur am Rande sollte noch vermerkt werden, daß bei der Targa Florio des Jahres 1907 der Opel-Fahrer Karl Jörns bis in die dritte Runde hinein gute Chancen hatte, sich unter den ersten zu placieren. Aber dann kam – ganz üblich dort unten in Sizilien, man hat das auch bis in die heutige Zeit hinein noch erlebt – ein Ziegenbock auf die Fahrbahn, den Jörns überfuhr und auf diese Weise einen Radbruch erlitt.

Nazzaro auf Fiat F 2 beim französischen Grand Prix 1907

Geburtswehen in Amerika

Das erste amerikanische Fahrzeug mit Ottomotor wurde 1892 von den Brüdern Charles und Frank Duryea gebaut, die in den folgenden Jahren eine ganz kleine Serie ihrer Motorfahrzeuge verkauften. 1894 war Ellwood Haynes aus Kokomo (Indiana) der zweite Amerikaner, der einen Motorwagen auf die Straße brachte. Die in Chicago erscheinende Zeitung »Times Herald« rief am »Thanksgiving Day« zu einem Wettbewerb für Motorfahrzeuge auf, der vom Jackson Park in Chicago nach Evanston und zurück führte, Distanz insgesamt 87 Kilometer, Preisgeld: 5000 Dollar! Sechs Fahrzeuge kamen an den Start, Frank Duryea gewann mit seinem Wagen nach 10½ Stunden Fahrzeit.
Ende Mai 1896 veranstaltete dann der Verleger der Zeitschrift »Cosmopolitan« das Autorennen New York – Irvington. Es meldeten sich 34 Teilnehmer, die sich – wie gewöhnlich – am Austragungstag auf sechs reduzierten. Unter diesen befand sich ein junger Arzt, Carlos C. Booth aus Youngstown in Ohio, der sich sein Motorfahrzeug selbst konstruiert hatte, nachdem seine Frau von einem zornigen Pferd überrannt und getötet worden war.
Der Zusammenstoß zwischen einem der vier teilnehmenden Duryea-Wagen und einem Radfahrer, die beide in Richtung Startplatz fuhren, verursachte die Verhaftung des Autofahrers und die Beschlagnahme des Fahrzeuges. Eine andere »pferdelose Kutsche« – ein Roger-Wagen – wurde aus dem Rennen ausgeschlossen, weil ein Fußgänger angefahren und zu Boden geworfen worden war. Die Rennstrecke führte auch über ein kurzes, sehr steiles Bergstück, wo sich alle Teilnehmer gezwungen sahen, auszusteigen, um ihre Fahrzeuge zu schieben. Unter dem Publikum, das die Rennstrecke säumte, breitete sich Gelächter aus, und es entstand der damals in Amerika berühmte Ausruf: »Get a horse!« (Nimm ein Pferd!), was ein geflügeltes Wort bei allen Autofeinden wurde.
Im September des gleichen Jahres fand in Amerika das erste Autorennen auf einer Bahn statt. Es nahmen 7 Fahrzeuge teil: 5 Duryea und 2 elektrische. Sieger des Meetings war ein elektrischer Wagen, ein »Riker Electric Stanhope«, der immerhin eine Durchschnittsgeschwindigkeit von 43 km/h erreichte.
Nachdem Duryea am 14. November 1896 beim »Emancipation Run« in England gewesen war, kehrte er nach Amerika zurück und ließ seine schon legendär gewordenen Fahrzeuge im Zirkus Barnum & Bailey – unter heiligen indischen Elefanten und Menschenaffen – in einer Show auftreten. Auch wenn die Autos nur wenige Manegen-Runden fuhren, buchte er doch einen enormen Erfolg. Die Gebrüder Franklin – Inhaber eines Konkurrenz-Zirkus' – bestellten daraufhin in aller Eile bei Charles King aus Detroit, einem anderen amerikanischen Autopionier, ebenfalls eine »pferdelose Kutsche«, mit der sie versuchten, eine gleichermaßen wirksame Show zu veranstalten.
Im selben Jahr (1896) erschien in Amerika der erste eigentliche Autoindustrielle, Ramson Eli Olds. Er stammte aus Ohio, war seit einiger Zeit in Lansing in Michigan wohnhaft und baute sich zuerst ein Dreirad-, dann ein Vierradfahrzeug, nachdem er in der mechanischen Werkstatt seines Vaters Erfahrungen mit Dampfmaschinen gesammelt hatte. Olds war 30 Jahre alt, als er auf den Straßen von Lansing am Steuer seines ersten Einzylinderwagens mit Verbrennungsmotor eine Probefahrt machte. Im darauffolgenden Jahr entwarf und baute er einen zweiten, verbesserten Wagen, mit dem er sich imstande fühlte, den Duryea-Fahrzeugen (zu diesem Zeitpunkt die einzigen, die eine – wenn auch kleine – Serienproduktion hatten) den Platz streitig zu machen. Olds ging auf die Suche nach Startkapital und fand es bei Freunden aus Lansing. Die Gelder waren aber noch unzureichend für den industriellen Beginn einer Wagenproduktion.
Zu diesem Zeitpunkt bekam Olds den Besuch eines Bekannten aus Detroit, Samuel L. Smith, Altmaterialhändler, der sich bereit erklärte, ihn unter der Bedingung zu finanzieren, daß Olds eine Gesellschaft in Detroit gründet. Diesem Zufall ist es zu verdanken, daß in Detroit – bis dahin ein wenig bekanntes amerikanisches Städtchen – die erste Automobilindustrie Amerikas entstand.

Frank Duryea mit seinem Wagen beim Wettbewerb Chicago – Evanston. – Unten: R. E. Olds auf dem Oldsmobile von 1897

Der Oldsmobile wird geboren

Der Auftakt der neuen Gesellschaft in Detroit, die den Namen Oldsmobile bekam, klang nicht sehr ermutigend. Es wurden für verschiedene Prototypen - einige davon elektrisch - 80 000 Dollars investiert.
Ende 1901 brach in der Detroiter Fabrik ein Brand aus. Die Ursache war auf einen Arbeiter zurückzuführen, der mit einem Benzineimer in der Hand zu nahe an einen Gießereiofen kam. In wenigen Stunden glichen fast alle Anlagen einem Trümmerhaufen, und es war nur dem Mut und der Geistesgegenwart eines jungen Technikers, J. J. Brady, zu verdanken, daß man aus den Flammen den Prototyp eines einfachen Wagens retten konnte, den Olds vor kurzem fertiggebaut hatte. Es ist ausgerechnet der gerettete Prototyp, der den ersten großen kommerziellen Erfolg für Oldsmobile brachte. Die Fabrik wurde in wenigen Monaten wieder aufgebaut.
Der Wagen, der wegen des originellen Profils den Spitznamen »Curved Dash« (eigentlich: gekrümmter Schwung) erhielt, wurde für 650 Dollar verkauft. Am Ende dieses Brand-Jahres waren in den USA schon 433 Oldsmobile im Verkehr. Für 1902 entwarf Olds einen Produktionsplan, der 2500 Fahrzeuge vorsah. Nicht nur die enorme Aufnahmekapazität des amerikanischen Marktes war für diesen ersten Erfolg maßgebend, sondern auch der Unternehmungsgeist eines Industriellen, der das Risiko eingegangen war, für ein noch ungewisses Produkt eine große Gelsumme zu investieren. 1903 wurden bereits viertausend und 1904 fünftausend Exemplare des »Curved Dash« verkauft.
Leider kam es 1905 zum geschäftlichen Bruch zwischen Olds und Samuel Smith. Wegen immer größer werdender Meinungsverschiedenheiten verließ Olds die Gesellschaft Oldsmobile, um gleich danach eine andere, die Reo Motor Car Company zu gründen. Bei der Finanzierung halfen Olds seine alten Freunde aus Lansing. Die Firma Oldsmobile ging 1907 in den neugegründeten Konzern »General Motors« über.
Zur Oldsmobile-Geschichte gehört eine kuriose Episode, die mit dem Kapitel der Langstreckenfahrten verbunden ist. Dank dem Mut einer kleinen Gruppe leidenschaftlicher Autofahrer von damals waren das noch heldenhafte Fahrten, die von einer Küste des Kontinents zu der anderen oder durch halbzivilisierte Gegenden auf primitiven Straßen führten und von Zeitungen in aller Welt betreut wurden. Diese

Der »Curved Dash« von R. E. Olds erhielt seinen Namen durch das stattliche, gewölbte Spritzbrett.

1904 Corre
Frontmotor mit vier stehenden Zylindern, drei Vorwärts-, ein Rückwärtsgang, Wasserkühlung mit zwei Kühlkörpern, Geschwindigkeit 65 km/h

Oldsmobile-Episode spielte sich 1902 ab. Einem jungen Techniker des Hauses, Roy D. Chapin, fiel ein, die lange Fahrt zwischen Detroit und New York mit einem Oldsmobile und nicht mit der Bahn zu unternehmen, und zwar so, daß er zeitlich mit der Eröffnung der Autoausstellung in New York eintreffen würde.
Die Fahrt auf den damals noch katastrophalen Straßen dauerte 7½ Tage. Chapins Beifahrer, John Maxwell, ein zukünftiger Autokonstrukteur, mußte unzählige Male das Auto aus Drecklöchern herausziehen, wobei es öfters so aussah, als würde es endgültig stehen bleiben. Als endlich der sagenhafte »Curved Dash«, der während der siebentägigen abenteuerlichen Fahrt keine Schäden erlitten hatte, auf der Fifth Avenue in New York auftauchte, brach ein Rad beim Anstoßen an einem Trottoir ab. Chapin gelang es mit einigen Tricks, die restlichen hundert Meter zu fahren und sich strahlend am Eingang des Waldorf-Astoria-Hotels aufzustellen. Leider glich sein Gesicht einer Schlamm-Maske und seine Kleider zerrissenen Lappen, so daß der Portier des berühmten New Yorker Hotels ihn abwies, als sei er ein vagabundierender Landstreicher. Und so mußte Roy Chapin, Held einer unglaublichen Autofahrt und zukünftiger Handelsminister unter der Regierung Hoover, durch die Hintertür zum Ziel seiner Reise gelangen.

Oben: Die Fabrikationsanlagen von Oldsmobile um 1900
Unten: Dr. H. N. Jackson auf einem Winton bei der ersten Durchquerung des amerikanischen Kontinents 1903

Langstreckenfahrten in den USA

Schon 1897 und 1899 unternahm ein Mechaniker aus Cleveland, Alexander Winton, nachdem er sich Fahrzeuge nach eigenem Entwurf gebaut hatte, zwei historische Autofahrten. Winton legte die 800 Meilen, die seine Heimatstadt von New York trennten, in 10 Tagen zurück, wobei er die unvorstellbaren Schwierigkeiten der amerikanischen Straßenverhältnisse überwand, die wegen der großen Entfernungen und der relativ jungen amerikanischen Zivilisation noch primitiver waren als die europäischen. Zwei Jahre später fuhr Winton dieselbe Strecke, aber diesmal - dank der gesammelten Erfahrungen und einiger technischer Verbesserungen an seinem Fahrzeug - in der Hälfte der Zeit. Nach dem schon beschriebenen Unternehmen von Chapin fand in Amerika eine andere Fernfahrt statt, von den Zeitungen - die mit immer größerem Interesse das Autogeschehen verfolgten - ins Leben gerufen: Die Fahrt von Küste zu Küste. Mit Start in San Franzisko und Ankunft in New York wurde die Fahrt vom 23. Mai bis zum 26. Juli 1903 durchgeführt. Der mutige Autofahrer, der diese Strecke als schnellster (mit einem Winton) zurücklegte, hieß Dr. H. N. Jackson aus Burmington in Vermont. Knapp einen Monat später versuchte es ein anderer kühner Mann, Tom Fetch, am Steuer eines Einzylinder-Packard mit dem Namen »Old-Pacific«. Fetch brauchte genau 53 Tage, also 10 Tage weniger als sein Vorgänger.

Die ersten Automobilausstellungen

1898 fand in Boston die erste Ausstellung (wenn man diese dürftige Versammlung von Motorfahrzeugen so nennen darf) statt, fast gleichzeitig mit der Pariser Autoausstellung. Der Anfang war sehr deprimierend: Von den zehn angemeldeten

Wagen erschienen nur vier. Bevor die Ausstellung ihre Pforten schloß, zählte man aber immerhin ein Dutzend Fahrzeuge.
Eine zweite Ausstellung wurde 1899 in Philadelphia abgehalten, wobei die Veranstalter diese als die erste bezeichneten. (Man weiß nicht, ob die Organisatoren damit Werbung machen wollten, oder ob sie wirklich nichts von der vorausgegangenen Ausstellung von Boston 1898 wußten.) Das Resultat dieser Ausstellung (4 Wagen anwesend) konnte man ebenfalls als niederschmetternd bezeichnen.
Man mußte bis 1900 warten, bevor in Amerika ernst zu nehmende Automobilausstellungen zu registrieren waren. Plötzlich sind es dann vier in einem Jahr! Eigenartig war, daß alle Veranstalter behaupten, die erste Ausstellung durchzuführen. Zunächst kam die Ausstellung von Bedford in Connecticut. Dazu starteten von dem nicht weit entfernten New Haven Sonderzüge, und sogar aus New York brachte ein Sonderzug die Prominenz des kürzlich gegründeten Automobile Club of America zusammen mit den Vertretern der größten Automarken zur Ausstellung nach Bedford. Die zweite amerikanische Ausstellung von 1900 fand in Chicago statt, allerdings besser organisiert. Auf dieser Ausstellung standen 80 Motorfahrzeuge, davon 21 mit Benzinantrieb, 26 dampfgetriebene und 33 elektrische. Die am stärksten vertretenen Marken waren Oldsmobile und Packard.
Nicht viel anders als die zwei vorausgegangenen Autoausstellungen war die dritte, 1900 in Trenton in New Jersey abgehaltene. Auch hier wurden abwechselnd Besichtigungen und Wettbewerbe organisiert. In Trenton registrierte man den ersten Besucherrekord: 95 000, eine erstaunliche Zahl, wenn man bedenkt, daß keine Ausstellung dieser Art in Amerika bisher mehr als 25 000 Besucher angezogen hatte.
Die vierte und letzte Ausstellung des Jahres brachte eine amtliche Anerkennung mit sich und war die wichtigste von allen. Sie wurde vom Automobile Club of America veranstaltet und fand im November im Madison Square Garden in New York statt. 34 Automarken waren vertreten: 19 davon mit Benzinmotoren, 7 mit Dampf, 8 elektrische. Die größte Attraktion wurde aber vom Zeitschriftenverleger John Brisbane Walker geboten, der keinen Platz im Innern des Gebäudes gefunden hatte. Walker mietete sich den beim Madison Square angelegten Garten und ließ eine dreistufige schräge Holzrampe aufbauen, auf der zwanzigmal am Tag die »Steamers« auf- und abfuhren. Walker war auch der erste, der einen Auto-Geschicklichkeitswettbewerb veranstaltete, und zwar ebenfalls im Madison Square auf einer ringförmigen Holzpiste, auf der mehrere Fässer als Hindernisse unregelmäßig aufgestellt waren. Das vom Publikum gezeigte Interesse zwang den Automobile Club of America, diesen Erfolg zu respektieren, und er verlängerte die Ausstellung. Es wurde eine spezielle Halle aufgemacht, in der ein Dutzend »alter Wagen« zu besichtigen waren, darunter ein niemals gelaufener Nadig von 1890 und ein Duryea von 1893. Die Oldtimer-Fans werden sich nun wundern, wie alt ihr Hobby schon ist.

Oben: Theodore Roosevelt, hinten links, in einem Oldsmobile, gesteuert von R. E. Olds
Mitte: Geschicklichkeitsfahrt New York 1900
Unten: Autounfälle auch schon um die Jahrhundertwende

Der Trend um die Jahrhundertwende

Im Jahr 1900 wurde der Magnet gleichzeitig von dem Engländer Frederic Richard Simms und von dem Deutschen Robert Bosch erfunden. Damit beginnt ein neues Kapitel in der Motorentechnik.

Der Motor wanderte um die Jahrhundertwende nach vorn. Auch dadurch bekam der Motorwagen langsam seine charakteristische Form. Kleinere Motoren mit ein und zwei Zylindern waren häufig luftgekühlt, größere besaßen im allgemeinen Wasserkühlung. Der Trend ging zur Wasserkühlung; man verwendete Schlangenrohrkühler oder auch (bei Daimler) den Bienenkorbkühler. Benz arbeitete mit Wasserkühlung durch Verdampfungseinrichtung, ging aber dann zum Schlangenrohrkühler über. Um das Jahr 1900 verwendeten die Konstrukteure als Lenkung nicht mehr eine senkrechte Säule mit einem Hebel, sondern ein Lenkrad, wobei die Lenksäule eine leichte Neigung erhielt. Von der Achsschenkellenkung ging man zur Schneckenlenkung über. Während man zum Beispiel beim Benz »Comfortable« kurz vor der Jahrhundertwende am offenen Schwungrad in die Speichen greifend den Motor anlassen mußte, brachte der vorne liegende Motor mit Andrehkurbel das »Berufsrisiko« der Zerrungen an den Handgelenken und der gebrochenen Mittelhandknochen mit sich.

Die beliebteste Karrosserie wurde das »Tonneau«, bei welchem die Insassen der hinteren beiden Sitze von hinten einsteigen mußten, weil durch den immer noch sehr kurzen Radstand seitlich kein Platz vorhanden war. Die Rücksitze des Tonneau - auch das ist eine vom Kutschwagen übernommene Form - waren halbrund angeordnet. Limousinen gab es - außer dem Versuch bei Renault, der nicht zu einer Serie führte - im Jahr 1900 noch nicht, und auch das Verdeck für den offenen Wagen wurde im allgemeinen nur gegen Aufpreis geliefert.

Und wie stand es um die Mode für den Autofahrer? Wie zog man sich an? Die Frage ist berechtigt, denn das offene Fahrzeug einerseits und die staubigen, dreckigen Straßen auf der anderen Seite machten einen besonderen Schutz notwendig, auch im Sommer. Große Staubmäntel kamen in Mode. Zweckmäßig war eine große Fahrerbrille, die eher einer Maske glich und fast das ganze Gesicht verdeckte. Für Autofahrerinnen wurden halbdunkle Schleier mit kleinen durchsichtigen Öffnungen vor den Augen empfohlen.

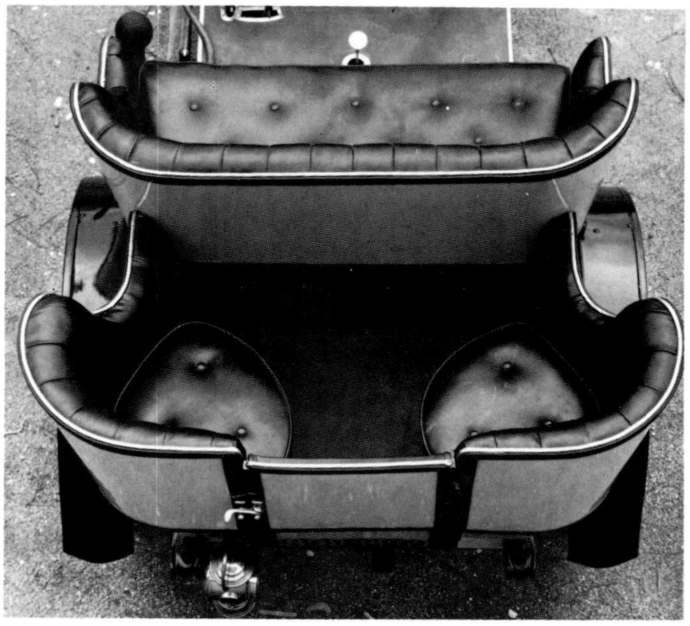

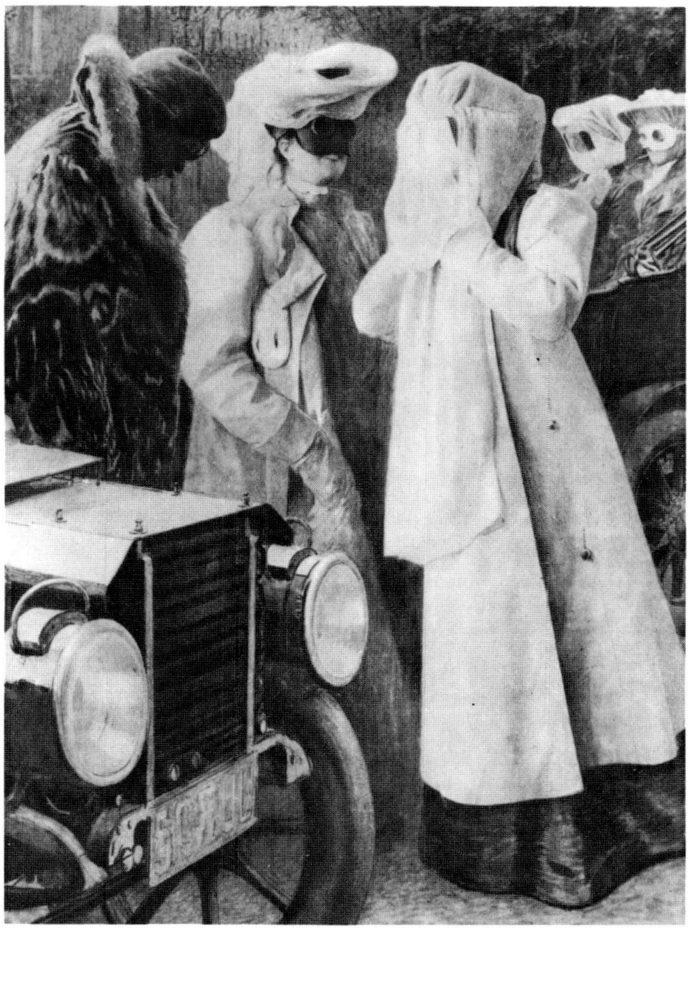

Jenatzys Rekordwagen »Jamais Contente« mit Elektroantrieb, mit dem erstmals die 100-Kilometer-Grenze überschritten wurde

Der Sport 1899 bis 1902

Das Jahr 1899 brachte im Automobilsport einige bemerkenswerte Ereignisse und vor allen Dingen jetzt auch in Deutschland und Österreich vermehrte Sportaktivität. Gekennzeichnet ist dieses Jahr dadurch, daß es dem Belgier Jenatzy auf einer Strecke in der Nähe von Paris zum ersten Mal gelang, die 100-Kilometer-Grenze mit einem Spezialrekordwagen zu überschreiten. Dies war am 29. März 1899.
1899 wurden übrigens in Deutschland insgesamt zwölf regionale Automobilclubs gegründet, die sich auch mit dem Automobilsport befassen wollten. Am 21. März fand das Bergrennen Nizza - Castellane statt, wobei die Rennwagenklasse von einem Peugeot, die Tourenwagenklasse von einem Daimler-Wagen gewonnen wurde. Wenige Tage danach fand zum ersten Mal das später sehr bekannte Bergrennen Nizza - La Turbie statt, das ebenfalls ein Peugeot gewann.
Am Ostersonntag, dem 2. April, wurde eine Fernfahrt von Dresden nach Berlin abgehalten, und am 23. April fand in Berlin auf der Radrennbahn im Sportpark Friedenau das erste Motorradrennen statt, das im Entscheidungslauf über eine deutsche Meile, also rund 7500 Meter, führte.
Im April gab es in Frankreich die erste Tour de France für Automobile. Sie führte in sieben Tagen über eine Distanz von 2200 Kilometer und wurde von René de Knyff mit einem 16-PS-Panhard und einem Fahrdurchschnitt von 48,5 km/h gewonnen.
Am 14. Mai veranstaltete der Westdeutsche Automobilclub die Fernfahrt Aachen - Koblenz. Dies war die erste international ausgeschriebene Konkurrenz in Deutschland. Historisch sind die Bestimmungen für diese Distanzfahrt von großem Interesse. Man las:
»Zugelassen zum Rennen sind alle Fahrzeuge, welche ihre Energie zur Ortsveränderung in sich tragen und von einem geübten Sachkundigen geleitet werden.«
Weiter hieß es: »Die Distanzfahrt nach Koblenz beginnt in Aachen, Jülicher Chaussee, um 9½ Uhr morgens, die Teilnehmer versammeln sich schon um 7.00 Uhr morgens im Hotel Grand Monarque in Aachen. Daselbst findet Besichtigung der Fahrzeuge statt, und daran anschließend gemeinsame Fahrt zum Start.« Diese Besichtigung der Fahrzeuge ist im Grunde nichts anderes gewesen als das, was wir heute die technische Abnahme nennen. Die Fahrt war unterwegs mit einigen Kontrollstationen versehen worden, wo es jeweils Depots für Benzin und Öl gab. Als Preise gab es noch keine Geldpreise, sondern jeweils große und kleine goldene Medaillen, und jeder Teilnehmer, der die Distanzfahrt innerhalb einer Maximalzeit von 8 Stunden zurücklegte, erhielt eine Silbermedaille.
Gemeldet hatten sich 25 Fahrzeuge, von denen aber nur 14 zum Start kamen, und zwar 9 Motordreiräder und 5 Motorwagen. Die Motordreiräder erwiesen sich als deutlich schneller als die Wagen, und der Gesamtsieger war ein Herr Cudell auf Cudell, der die 146 Kilometer lange Strecke in 5 Stunden und 10 Minuten zurücklegte. Die Maximalgeschwindigkeit, die man unterwegs erreichte, lag bei etwa 40 km/h. Als ein Dokument aus jener Zeit des ersten internationalen deutschen Autorennens geben wir hier den Begrüßungsbrief wieder, den der Bürgermeister der Stadt Bergheim an der Erft bei Köln »an den ersten in der Stadt Bergheim eintreffenden Fahrer der Automobilclubs« richtete. Dieser Brief lautete schlicht und herzlich: »Die Stadt Bergheim entbietet den Automobilfahrern herzlichen Gruß. Unterschrift: der Bürgermeister.« Sicherlich war dies die erste offizielle Begrüßung von Automobilfahrern durch eine deutsche Behörde.
Gehen wir in Stichworten die weiteren Sportereignisse des Jahres 1899 durch: Am 21. Mai veranstaltete der Öster-

reichische Automobilclub sein erstes Exelbergrennen, das erste österreichische Bergrennen überhaupt, wo acht Zweiräder, ein Dreirad- und ein Vierrad-Fahrzeug starteten und wiederum ein Dreirad, und zwar eines der Marke De Dion-Bouton, gewinnen konnte. Am 24. Mai fand die dritte Fernfahrt Paris - Bordeaux statt. Dabei siegte Charron auf Panhard und erreichte auf der 587 Kilometer langen Strecke den bemerkenswerten Durchschnitt von 49,4 km/h.
Übrigens wurde am 15. Juni auf dem Sportplatz Friedenau von dem Berliner Motorhaus Max Strieche die erste Berliner Automobilfahrschule eröffnet. Am 2. Juli fand die Tourenfahrt Frankfurt - Köln statt, und hier starteten insgesamt 22 Fahrzeuge. Der schnellste war Fritz Held aus Mannheim mit einem Benz, der die Strecke in 8 Stunden und 35 Minuten zurücklegte. Typisch für die damalige Zeit war, daß man solche Fernfahrten von Stadt zu Stadt laufen ließ, wie ja auch die ersten Rennen Stadt-zu-Stadt-Rennen waren. Vorbild blieben die französischen Rennen und Fernfahrten jener Zeit. Am 14. Juli 1899 gab es eine Automobilfernfahrt auf der 190 Kilometer langen Strecke Mainz - Bingen - Koblenz - Mainz. Hier konnte man eine sehr große Teilnehmerzahl begrüßen: 8 vierrädrige Wagen und 18 Dreiräder. Schnellster war diesmal ein De-Dietrich-Wagen mit 20 PS. Dann kam am 23. Juli ein Rennen auf der Strecke Innsbruck - München mit zwölf Teilnehmern, die in Abständen von je einer Minute entlassen wurden. Auch hier war der Baron De Dietrich mit seinem De-Dietrich-Wagen aus Niederbronn im Elsaß mit Abstand der Schnellste. Eine zeitgenössische Notiz zu diesem Rennen: »Die Fahrer Tochtermann und Pleyer, die einen Gladiator fuhren, waren von der Polizei in Rattenberg - in der Geschichte bekannt durch die Hinrichtung W. Bieners, des Kanzlers von Tirol - wegen Schnellfahrens verhaftet worden und 1½ Stunden im Arrest geblieben. Sie legten später einen Teil mit der Bahn zurück und wurden disqualifiziert.«
Am 27. August fand das Semmering-Bergrennen statt, das später große internationale Bedeutung erringen sollte. Am 12. September gab es eine Fahrt Berlin - Baumgarten - Brück - Berlin und am 20. September eine Fernfahrt Berlin - Leipzig, dann am 26. September eine Schnelligkeitsprüfung Berlin - Reinsberg und am 28. September einen speziellen Wettbewerb mit Elektromobilen. Am 22. Oktober 1899 fanden schließlich auf der Trab-Rennbahn bei Wien die ersten Automobilrennen auf geschlossener Bahn statt, etwa 10 000 Personen wohnten diesem neuartigen Schauspiel bei.

Erste deutsche Autoausstellung

Zwei Ereignisse, die außerhalb des Sportes stehen, sollten unbedingt erwähnt werden: Am 31. Juli wurde in Berlin der Deutsche Automobilclub, der spätere Kaiserliche Automobilclub, gegründet. Ihre Kaiserliche Hoheit die Großherzogin Anastasia von Mecklenburg-Schwerin wurde Protektorin. Diese Clubgründung kam dem Image des Autofahrers und dem Image des neuen Motorwagens natürlich sehr zugute, und am 3. September wurde in Berlin die erste internationale Motorwagenausstellung eingeweiht, die dann drei Wochen lang geöffnet blieb. Die Ausstellung wurde im Exerzierhaus des »Zweiten Garderegiments zu Fuß« in der Karlsstraße 34 untergebracht. Der Erfolg der Ausstellung war schon recht befriedigend. Sie war von insgesamt 120 Ausstellern beschickt worden, unter ihnen waren 13 französische, 4 belgische, 3 schweizerische und 2 österreichische Firmen. Die Ausstellung wurde von fast 100 000 Personen besucht und ergab auch einen finanziellen Überschuß.

Gordon Bennett

Im Jahr 1900 beginnen die Gordon-Bennett-Rennen, die sehr bekannt wurden. James Gordon Bennett war der reiche Sohn des »New York Times«-Besitzers und lebte in Paris, wo er die europäische Ausgabe leitete. Eine erregte Auseinandersetzung zwischen seinem Landsmann Winton, Autokonstrukteur und Rennfahrer, und dem Franzosen Charron gab ihm den Anlaß für diesen Wettbewerb, der seinen Namen tragen sollte. In jener Diskussion behauptete Charron, die absolut beste Qualität hätte der französische Wagen, Winton dagegen sagte, der amerikanische hätte sie. Gordon Bennett war der Ansicht, daß der einzige Weg, die Meinungsverschiedenheit zu beenden, die direkte Auseinandersetzung der Fahrzeuge im Wettkampf wäre.
Es entstand dabei eine Klausel, die später Zielscheibe heftiger Kritik wurde. Sie schrieb vor, daß die teilnehmenden Fahrzeuge in dem Land konstruiert sein mußten, dessen Farben die Rennfahrer vertraten. Auch die Reifen und das Zubehör mußten aus dem betreffenden Land stammen. Das war die Bedingung, um als »Fahnenträger des Vaterlandes« anerkannt zu werden.
Gordon Bennett informierte alle damals existierenden Automobil-Clubs der Welt (es waren sieben: der französische, 1895 gegründet; der belgische, 1896; der italienische, der englische und der irländische, 1898; der deutsche und der amerikanische von 1899) und beauftragte jedes Land, eine offizielle Mannschaft aufzustellen. Das Reglement - diesem Rundschreiben beigelegt - gestattete eine Teilnahme von höchstens drei Maschinen pro Land. Die Wagen durften das Gewicht von 1000 kg nicht überschreiten. Weiter war aus dem Reglement zu ersehen, daß die erste Austragung in Frankreich stattfinden und die Rennstrecke nicht kürzer als 340 Meilen und nicht länger als 400 Meilen sein sollte. Die folgenden jährlichen Pokalrennen sollten immer in dem Land stattfinden, welches als Sieger beim vorherigen Wettbewerb hervorgegangen war.
Bei der Austragung des ersten Bennett-Pokals entschloß sich der französische Automobil-Club für die Strecke Paris - Chartres - Orléans - Nevers - Lyon (556 Kilometer) und stellte mit den Rennfahrern de Knyff, Charron und Girardot die »Nationalmannschaft« auf. Amerika seinerseits schickte ein Team mit Winton an der Spitze nach Europa, Deutschland beteiligte sich mit zwei Benz und einem Dürkopp; auch Belgien nahm teil. Dabei wurden zum ersten Mal die Nationalfarben für Autorennen festgesetzt: blau für Frankreich, gelb für Belgien, weiß für Deutschland, rot für die Vereinigten Staaten (später ging rot an Italien). Am Tag des Startes erschienen nur 5 Teilnehmer: Die 3 Franzosen, der Belgier Jenatzy auf einem Wagen, der sich »Bolide« nannte, und der Amerikaner Winton am Steuer eines seiner Wagen.
Der erste Teil des Rennens wurde durch ein außergewöhnliches Ereignis charakterisiert: die Teilnahme eines Konkurrenten, der nicht vom französischen Automobil-Club

Viertes Gordon-Bennett-Rennen: Winton bei einem Pannenaufenthalt

Postkarte vom Gordon-Bennett-Cup 1904

ausgewählt worden war. Es war der Fahrer Levegh, der sich vorgenommen hatte, die nominierten Teilnehmer auszustechen, indem er weit vor ihnen im Ziel ankommen wollte. Und tatsächlich erreichte Levegh die Stadt Orléans mit fast einer halben Stunde Vorsprung vor den anderen, danach aber mußte er aufgeben. Inzwischen hatte Jenatzy schon einen starken Rückstand, Winton war außer Gefecht, und das Rennen schien eine klare Sache für die drei Franzosen, obwohl bei de Knyff die Schaltung kaputt ging. Als ob die mechanischen Defekte nicht schon genug gewesen wären, kamen auch noch Hunde ins Spiel. Bei den Ortsdurchfahrten warfen sich die durch den Höllenlärm der Fahrzeuge aufgeregten Tiere vor die Räder der Autos und verursachten weitere Schäden. Fünf hatte Charron schon überfahren, als ein riesiger Bernhardiner auf sein Fahrzeug sprang und dabei das Lenkrad beschädigte. Der Panhard drehte sich zweimal.
Fournier, dem Mechaniker-Beifahrer von Charron, gelang es noch einmal, die Maschine fahrbereit zu machen, so daß der Fahrer Lyon erreichen konnte, mit einer Durchschnittsgeschwindigkeit von 61,8 km/h und einem Vorsprung vor Girardot von 1 Stunde und 27 Minuten. Eine defekte Lenksäule zwang Girardot, sehr langsam und vorsichtig ins Ziel zu fahren.

Die Ära Mercedes

Die wichtigsten Autowettbewerbe von 1901 fanden wiederum in Frankreich statt. Das erste Rennen war das internationale von Pau, es wurde im Februar ausgetragen. Über die Rennformel gab es damals unter den Konstrukteuren technische Auseinandersetzungen. Man wollte zunächst vier Kategorien vorsehen: die eine für Wagen mit mehr als 1000 kg Gewicht, die zweite 650 bis 1000 kg, die dritte für Autos von 400 bis 600 kg und die vierte für ganz leichte Wagen, für »Voituretten« unter 400 kg.
Bei diesem internationalen Rennen von Pau startete zum ersten Mal ein Daimler-Rennwagen unter dem Namen »Mercedes«. Der Fahrer Lorraine-Barrow mußte jedoch mit einem Motorschaden aufgeben. Der Sieg in der schwersten Wagenklasse ging an Maurice Farman auf einem 24-PS-Panhard, während sein Bruder Henri den Lauf der mittelschweren

Links: Girling auf seinem 75-PS-Wolseley beim Gordon Bennett 1904. – Diese Reihe von oben nach unten: Jenatzy auf Mercedes (120 PS), Clifford und Earp auf Napier (90 PS), Tracy auf Locomobile (90 PS), alle beim Gordon-Bennett-Rennen 1905

Der 21-PS-Daimler des Barons Henri de Rothschild beim Chantaloup-Bergrennen 1900. Der Bienenkorb-Kühler war in diesen Jahren typisch für die Daimler-Wagen.

Klasse gewann, am Steuer eines 12-PS-Darracq. Anschließend setzte sich Louis Renault mit seiner 8-PS-Maschine beim Rennen der Kleinen durch.
Einen Monat nach dem Rennen von Pau fand das Rennen Nizza - Salon - Nizza statt, das über eine Distanz von 414 Kilometern führte. Hier kam es zum ersten bedeutungsvollen Sieg der neuen Mercedes-Wagen: Auf dem Fahrzeug des Barons Rothschild gewann der Canstätter Monteur Werner - der später der »Oberwagenführer« des Kaisers wird - in einer Zeit von 6:45:48 Stunden, was einem Durchschnitt von 61 km/h entsprach. Drei Tage danach, am 28. März 1901, fanden auf der Promenade des Anglais in Nizza Kilometer- und Meilenrennen statt, und Werner fuhr dabei mit 86,2 km/h die beste Zeit. Der 35-PS-Mercedes gewann unter Werner auch das anschließende La-Turbie-Bergrennen. Diese Erfolgsserie veranlaßte die Franzosen zu dem Ausspruch: Die Ära Mercedes hat begonnen. Für das zweite Gordon-Bennett-Rennen am 29. Mai 1901, das gemäß dem Reglement in Frankreich stattfinden sollte, da die französische Mannschaft das erste Rennen im Jahr 1900 gewonnen hatte, wählte man die Strecke Paris - Bordeaux. Es wurde ein Triumph für Girardot mit seinem 7,5-Liter-40-PS-Panhard, der die 525 Kilometer mit einem Durchschnitt von 59,6 km/h durchfuhr.
Mittelpunkt der europäischen Rennsaison 1901 aber war die Fahrt Paris - Berlin. Dieses Rennen fand vom 27. bis 29. Juni statt. Die 1198 Kilometer waren in drei Etappen aufgeteilt: von Paris bis Aachen 456 Kilometer; von Aachen bis Hannover 445 Kilometer; von Hannover bis Berlin 297 Kilometer. Ein strenges Reglement schrieb vor, daß die Fahrer nach Beendigung der einzelnen Etappen nur über eine Viertelstunde Zeit verfügen, um den Motor zu überprüfen, abzuschmieren, Reifen zu wechseln usw. Nach diesen 15 Minuten wurden die Fahrzeuge in einem abgeschlossenen Raum abgestellt bis kurz vor dem Start am nächsten Tag. Zu dem Rennen erschienen 110 Konkurrenten - ein Rekord an Beteiligung. Man hatte vier Klassen vorgesehen: Motorzweiräder, Voituretten bis 400 kg, leichte Wagen bis 650 kg und schwere Wagen über 650 kg (mit mindestens 140 kg Belastung). Erstaunlicherweise kamen noch 48 Fahrzeuge nach dieser harten, langen Fahrt ans Ziel. Der Mercedes von Werner konnte sich nur im Mittelfeld placieren. Klare Sieger wurden die Franzosen mit ihren inzwischen verbesserten Rennwagen. Mit großem Vorsprung siegte Fournier auf einem Mors vor zwei Panhard unter Girardot und de Knyff. Der Durchschnitt der Sieger lag bei 74 km/h.

Zwischenspiel mit Alkohol

Bevor wir beginnen, von Paris - Wien, dem zweiten großen Etappenrennen von Hauptstadt zu Hauptstadt und gleichzeitigen Hauptereignis der Saison 1902, zu sprechen, wollen wir kurz über ein anderes Kuriosum berichten. Es handelt sich um einen zu Beginn desselben Jahres in Frankreich ausgetragenen Wettbewerb, der - obwohl die offizielle Bezeichnung »Circuit du Nord« lautete - in die Geschichte der Automobilwelt als der »Concours du Ministre« eingehen sollte. Der damalige französische Landwirtschaftsminister der dritten Republik, Jean Dupuy, der sich wegen der ausländischen Konkurrenz in der Treibstoffbranche Sorgen machte, hatte sich vorgenommen, die Forschung der Techniker zu beeinflussen. Er wollte erreichen, daß die Autohersteller Motoren entwickelten, die mit Alkohol - wovon Frankreich große Mengen besaß - angetrieben würden. Deshalb organisierte er ein Autorennen, an dem nur Wagen mit Verbrennungsmotoren teilnehmen durften, die als Treibstoff Alkohol verbrauchten. Bevor der »Alkohol-Rennlauf« gebil-

ligt wurde, unternahmen der Minister und sein Kabinettschef Famechon einige Sondierungen bei den Bürgermeistern derjenigen Städte, die von den Autofahrern durchfahren werden mußten. Die beiden Staatsmänner befürchteten nämlich, daß die Stadtoberhäupter wegen Gefährlichkeit die Durchfahrt ablehnen könnten. Als endlich alle überzeugt waren, kam die amtliche Zustimmung für das Rennen, das in zwei Etappen - von Champigny nach Saint-Germain mit Aufenthalt in Arras - stattfand.
Indessen - dieses Rennen wurde eine Katastrophe. Ein ununterbrochen wütendes Unwetter zwang die Fahrer, äußerst vorsichtig zu sein. Die Alkohol-Fahrzeuge hatten in Wirklichkeit mehr oder weniger umgeänderte Benzinmotoren (einzige Ausnahme war der 16-PS-Gobron-Brillié mit Rigolly am Steuer. Der Wagen wurde speziell zu diesem Zweck entworfen). Den Endsieg eroberte diesmal Farman mit einem 40-PS-Panhard, der - wie wir schon wissen - auch den Grand Prix von Pau ein Jahr zuvor gewonnen hatte. Einen beachtlichen 2. Platz belegte Marcellin auf Darracq. Der »Concours du Ministre« gab Renault noch einmal die Gelegenheit, seine kleinen Wagen ins rechte Licht zu bringen; alle gestarteten Fahrzeuge kamen in brillantem Zustand ans Ziel und belegten jeweils die ersten Plätze ihrer Kategorie.
Ein »Alkohol-Rennen« wurde danach auch in Italien ausgetragen auf einer 10-km-Strecke in der Nähe von Conegliano. Mit einer Geschwindigkeit von über 110 km/h belegte hier Vincenzo Lancia auf Fiat den 1. Platz.

Das »Rennen der Rennen«

Keine Zeitung ließ sich entgehen, das Rennen Paris - Wien 1902 mit großem Interesse zu verfolgen. Als sich am Abend des 24. Juni die 137 Teilnehmer langsam in Richtung Champigny in Bewegung setzten, wo der Start erfolgen sollte, wartete dort eine unglaublich große Menge schreiender Zuschauer. Sonderzüge, Kutschen, Fahrräder und sämtliche anderen verfügbaren Transportmittel von damals hatten 10000 Personen an den Startplatz gebracht.
Der Lauf erstreckte sich über insgesamt 1700 Kilometer - durch Burgund, die Schweiz, Tirol und Arlberg. Auf den meisten dieser Straßen war noch nie ein Auto gefahren, so daß es nicht leicht für die Organisatoren war, die notwendigen Transitzustimmungen zu bekommen. Die schweizerische Regierung gab zwar ihre Zustimmung zur Durchfahrt, doch sie verlangte, daß die Wertung auf schweizerischem Boden unterbrochen wurde. Die zweite Etappe - Belfort - Bregenz - sollte praktisch nur eine Übergangsfahrt sein, die die Autofahrer langsam und vorsichtig zurücklegen sollten.

C. S. Rolls auf seinem Mors-Rennwagen, der am Rennen Paris - Berlin 1901 teilnahm

Das Haus Panhard hatte mit einer 70-PS-Maschine einen Trumpf in der Hand. Der Motor, ein Vierzylinder, hatte 13700 ccm Hubraum. Unsere Farben waren durch Mercedes vertreten, dessen »Simplex«-Modell aber nur einen Motor mit 40 PS unter der Haube hatte. Mors war mit 60-PS-Rennwagen dabei. Die Gebrüder Renault, die wie gewöhnlich auf den Erfolg in der leichten Klasse setzten, kamen mit einem neuen Vierzylinder an den Start, der bei 2000 U/min fast 35 PS entwickelte. Das Fahrzeug, auf dem dieser Motor montiert war, hatte ein Gewicht von nur 600 kg.
Das Reglement sah drei Klassen vor: bis zu 400 kg (darin sind auch die Dreiradfahrzeuge und Motorräder inbegriffen); von 500 bis 650 kg; dann Wagen über 650 kg. Ab 3.30 Uhr begannen die Wagen im Abstand von zwei Minuten loszufahren. Der erste Starter war Girardot, ein nach Amerika ausgewanderter französischer Rennfahrer, am Steuer eines »C.G.V.«-Modells (Anfangsbuchstaben von Charron, Girardot und Voigt, die in den USA eine kleine Rennwagenfabrik gegründet hatten, die aber nur etwa ein Jahr bestand). Gleich danach folgten der Engländer Edge mit einem Napier, der Franzose René de Knyff am Steuer des 60-PS-Panhard mit Alkohol-Motor und etwas später Marcel und Louis Renault.
Fournier, einem der bekanntesten und bewundertsten Rennfahrer von damals, gelang es mit seinem Mors-Wagen, einen Zug einzuholen, mit dem eine Menge von Autofans ans Ankunftsziel der ersten Etappe gelangen wollte. Man kann sich leicht vorstellen, was für eine hinreißende Begeisterung dabei entstanden ist. Fournier bezahlte dieses Überholmanöver aber teuer; denn in Chaumont (230 km nach dem Start) hatte er eine gebrochene Gangschaltung. Die ersten 80 Kilometer wurden von ihm mit einem Durchschnitt von 112 km/h gefahren! Auch Girardot mußte etwas später aufgeben, so daß der erste Etappensieg an den Panhard von de Knyff ging, der die 415 Kilometer mit einer Durchschnittsgeschwindigkeit von über 100 km/h zurücklegte. Es folgten Farman und Jarrot, ebenfalls mit Panhard, auf den nächsten Plätzen.
Nach der fröhlichen Transferfahrt des nächsten Tages von Belfort nach Bregenz wechselte die Situation radikal. Vor den Fahrern lagen jetzt die schmalen, steilen Saumpfade der dritten Etappe, die über den Arlberg nach Salzburg führten: Eine ganz andere Sache als die bequemen, geraden Streckenteile der ersten Etappe.
Rigolly gelang es mit seinem kleinen Darracq nicht, die starke Steigung des Arlbergs zu überwinden, worauf er seinen Wagen umdrehte und bis zur Spitze mit dem Rückwärtsgang fuhr, der dank seiner kleinen Übersetzung die letzten Kilometer schaffen konnte. Dabei mußte er jede nicht unbedingt notwendige Last loswerden: zuerst die Benzin- und Ölfässer, dann die Werkzeuge und Ersatzteile.
Der Napier von Edge rutschte in einen Straßengraben. Dem Fahrer gelang es aber, das Auto herauszuziehen und Innsbruck zu erreichen. Damit gewann Edge den dritten Gordon-Bennett-Pokal. (Man hatte 1902 das Gordon-Bennett-Rennen in die Fahrt Paris - Wien einbezogen. Bis Innsbruck war dieser Wettbewerb zugleich Gordon-Bennett-Rennen.)

Louis Renault trifft am 29. Juni 1902 gegen 12 Uhr in Wien ein – stürmisch gefeiert, nachdem er die letzte Etappe der Fernfahrt Paris – Wien in unvorstellbar kurzer Zeit zurückgelegt hat. Sein Wagen mit der Nummer 147 steht heute im Renault-Museum in Paris. Interessant der zu beiden Seiten der Motorhaube angebrachte Kühler. Der Fahrersitz ist gegenüber dem Sitz des Beifahrers etwas erhöht.

Der Baron de Forest gewann die Salzburger Etappe an Steuer seines robusten Mercedes, während Farman die Spitze im Gesamtklassement übernahm. Am nächsten Tag wurde die Fahrt auf der dritten und letzten Teilstrecke in Richtung Wien angetreten. Die bis dahin erreichten Positionen bestimmten die Reihenfolge am Start: ein Abstand von je einer Viertelstunde bei den ersten vier Placierten, zwei Minuten für alle anderen. Der Rennverlauf wurde gleich nach dem Start von Louis Renault auf den Kopf gestellt. Als siebenter gestartet, setzte er alles auf eine Karte, indem er mit unglaublicher Geschwindigkeit in die Kurven ging. Nach und nach gelang es Renault, die Zeit von Farman aufzuholen. Beide fuhren dann lange dicht hintereinander, bis es Renault gelang, 53 Kilometer vor Wien - dank seiner Spezialtechnik in den Kurven - den Panhard von Farman zu überholen. Wie entfesselt lenkte Renault sein Fahrzeug mit Vollgas bis zum Wiener Prater, wo er mittags - zwei Stunden früher als vorgesehen - ankam. Dort war noch nicht einmal die Jury anwesend, da man die ersten Teilnehmer erst gegen 14.00 Uhr erwartete. Kurios an dieser Geschichte ist auch, daß viele Bewohner der Stadt Renault nicht glauben wollten, er sei ein Rennteilnehmer, als er Wien erreichte und sie nach der Ziellinie fragte. Als jedes Mißverständnis beseitigt war, erkannte die sportliche Bevölkerung die Verdienste Renaults und bereitete dem Franzosen einen Triumphzug. Der Gesamt-Durchschnitt betrug 62,5 km/h.

Im gleichen Jahr 1902 war die ganze Automobilwelt Zeuge der Rekordleistung eines Dampfwagens: Es gelang Léon Serpollet mit seinem Dampfwagen »La Baleine«, einen neuen Weltrekord über den fliegenden Kilometer aufzustellen. Auf der Promenade des Anglais in Nizza erreichte Serpollet 120,761 km/h. Das war am 13. April. Am 5. September 1902 überbot Vanderbilt jr. auf einem Mors diese Marke und fuhr sogar 122,44 km/h. Von nun an wurden nur noch mit Verbrennungsmotoren Weltrekorde gefahren.

Buick Modell C, Baujahr 1905, mit liegendem 2-Zylinder-Motor. Im Katalog steht: »Preis 1200 Dollar. Garantiert 22 PS ... Ein Wagen, der jede Steigung bewältigt. 2 Gänge und Rückwärtsgang. Einfach, aber dauerhaft.«

Buick oder Die Entstehung von General Motors

Ein amerikanischer Autohistoriker hat einmal gesagt, mit Sicherheit gäbe es in Amerika nur drei wesentliche Dinge: daß man sterben muß, daß man Steuern zahlen muß und daß man einen Buick kaufen kann. Das mag ein wenig überpointiert sein, aber es trifft die Sache ganz gut. Alle Autofirmen, die heute im Gespräch sind, haben sich irgendwann einmal durch ungewöhnliche und aufsehenerregende Leistungen hervorgetan, Buick nie, oder besser – fast nie. Buick hatte das nie nötig, Buick hat es auch heute nicht nötig. Im Durchschnitt werden pro Jahr eine halbe Million Buick verkauft. Insgesamt sind bis heute etwa 16 Millionen Buick hergestellt worden. Buick ist eine feste Säule des General-Motors-Konzerns. Wie konnte das alles zustande kommen?
Auf der Suche nach dem historischen Untergrund, auf dem dieses mächtige Buick-Gebäude heute steht, stößt man auf noch viel merkwürdiger anmutende Details. Es ist einem vor allem unerklärlich, wieso die Buick-Wagen Buick heißen, weil David Dunbar Buick zwei Jahre, nachdem man mit der Produktion der Buick-Wagen begonnen hatte, bereits aus dieser Firma ausschied. Er war auch weder der Geldgeber noch der Chefkonstrukteur gewesen, vor allem, David Dunbar Buick war gar kein Amerikaner, sondern ein Schotte.
In der Mitte des vorigen Jahrhunderts wanderten nicht nur sehr viele Iren wegen zu großer Armut nach Amerika aus, auch aus Schottland kamen viele arme Handwerker und Bauern, um im »Goldenen Westen« eine neue Existenz zu gründen. David Dunbar Buick ist noch in Schottland, in einem kleinen Dorf, am 17. September 1854 (das Datum ist keineswegs ganz sicher) geboren, zwei Jahre später kam er mit seinen Eltern nach Amerika, die sich zunächst in Detroit niederließen. Die Quellen aus dieser Zeit, als die Buicks noch ganz unbekannte kleine Leute waren, fließen – wie man sich vorstellen kann – spärlich, und ich konnte nicht einmal feststellen, welchen handwerklichen Beruf Vater Buick damals ausübte. Jedenfalls begann sein Sohn, David Dunbar, jetzt Geld zu verdienen, indem er Zeitungen austrug und dann mit vierzehn als Lehrling in einer Maschinenfabrik anfing. Im übrigen in der gleichen Firma, wo auch Henry Ford einen Teil seiner Lehrzeit verbrachte. Von irgendeiner gehobenen Schulbildung war nicht die Rede.
Man schildert den jungen Buick als einen sehr aktiven, das Risiko nicht scheuenden Mann, mit einem ungewöhnlichen sechsten Sinn für alles Mechanische. In den 70er Jahren des vorigen Jahrhunderts spezialisierte sich David Dunbar Buick auf das, was man die sanitäre Branche nennen würde: das Herstellen und Reparieren von Waschbecken und Badewannen, Klos und Leitungen. Und Mitte der 80er Jahre – er war also ungefähr 30 Jahre alt – gründete er mit einem Kollegen zusammen einen eigenen Betrieb, die »Buick and

David Dunbar Buick fährt eines seiner ersten Automobile. Auf das Chassis waren lediglich zwei Holzsitze aufgesetzt.

Sherwood Manufacturing Company« in Detroit, die »sanitäre Spezialitäten« herstellte, darunter auch die um diese Zeit aufkommenden »Water Closets«. In diesem Betrieb war er sehr erfolgreich, vor allem konnte er sich einige Ideen patentieren lassen; er machte unter anderem die Verbindung von Porzellan und Gußeisen produktionsreif – Vorbedingung zum Herstellen von weißen Badewannen.
Der geschäftliche Erfolg auf diesem Sektor befriedigte ihn aber nicht. Vom Benzinmotor und von der Möglichkeit, ihn zu Wasser und zu Lande anzuwenden, war er so fasziniert, daß er seine Anteile an den sanitären Werken verkaufte und mit Motoren zu experimentieren begann, die er selbst entworfen hatte. Möglicherweise baute er schon 1901 ein Automobil, was aber nicht beweisbar ist. Er gründete jedenfalls die »Buick Auto Vim and Power Company« und arbeitete mit zwei anderen Technikern zusammen, einem Amerikaner namens Walter L. Marr aus Detroit und einem französischen Ingenieur namens Eugen C. Richard, der aus Philadelphia kam. Diesen Franzosen stellte er 1903 als eine Art Chefingenieur an. Da er zur Gründung seiner eigenen Firma nicht genügend Geld besaß – vieles war bei den Versuchen aufgebraucht worden –, liehen ihm zwei Fabrikanten, Benjamin und Frank Briscoe, 100 000 Dollar, damit in der »Buick Manufacturing Company« Motoren hergestellt werden konnten; zunächst stationäre 1-Zylinder-Motoren.
Offenbar ist 1903 auch ein Automobil gebaut worden, eine Art Prototyp, er ist jedoch nicht mehr erhalten. Man kennt auch keine Fotos, die mit Sicherheit auf diesen Wagen hinweisen. In der Zwischenzeit verloren aber die Brüder Briscoe wieder das Interesse am Motorenbau und verkauften das Unternehmen an einen anderen Fabrikanten, Mr. James H. Whiting, der in Flint, etwa 100 Kilometer von Detroit entfernt, eine Firma besaß, die unter anderem Kutschen herstellte. Mr. Whiting wollte nun auch Motoren und Automobile produzieren. So wurde die »Buick Motor Company« neu gegründet, wobei Buick selbst zwar einige Anteile an den Aktien erhielt, aber Whiting die überwiegende Mehrheit besaß. Außer Buick waren auf der konstruktiven Seite sowohl Walter Marr als auch Eugen C. Richard tätig. Es ist dabei schwer durchzublicken und zu sagen, wer nun wirklich die wesentlichen Ideen hatte. Erstaunlich ist, daß der Finanzier dieses Team unter dem Namen Buick laufen ließ und nicht unter dem eigentlichen Namen seiner Firma, die »Flint Waggon Works« hieß.
Die Firma war zunächst auf Automobile nicht angewiesen, denn sie verkaufte sehr viele stationäre Motoren. Ende Juli 1904 wurde der erste Wagen fertiggestellt, den man als produktionsreif bezeichnen konnte. Er wurde dann am 27. Juli 1904 dem ersten Kunden ausgeliefert, einem Arzt in Flint. Dieser erste Buick wurde Modell B genannt und besaß eine damals übliche offene viersitzige Karosserie ohne Verdeck und ohne Windschutzscheibe. Aus der B-Serie, von der bis Mitte September 1904 wahrscheinlich 16 Wagen gebaut

Buick Baujahr 1909

und ausgeliefert worden waren, gibt es kein Exemplar mehr. Der Motor war ein gegenläufiger, obengesteuerter 2-Zylinder-Viertakter, wassergekühlt, mit horizontal liegenden Ventilen und einem Hubraum von 2,6 Liter. Bei einer Maximaldrehzahl von 1200 Touren kam man auf 22 PS, was einer für die damalige Zeit schon erstaunlich hohen Liter-Leistung entsprach. Das Getriebe war ein Zweigang-Planetengetriebe. Die Firma gab eine Maximalgeschwindigkeit von 35 Meilen (56 km/h) an, was zutreffend gewesen sein könnte. Erstaunlich war die Größe des Tanks, rund 60 Liter. Man hat damals schon auf die großen Entfernungen in den USA Rücksicht genommen, natürlich auch darauf, daß es nicht an jeder Ecke Benzin zu kaufen gab.
Auf den alten Fotos vom Typ B sucht man vergeblich nach

Bremstrommeln an den Rädern, und trotzdem hatte man zwei Möglichkeiten, das Fahrzeug abzubremsen. Für das Rückwärtsfahren war ein auf das Planetengetriebe wirkendes Fußpedal zum Einschalten des Rückwärtsganges vorgesehen. In der Betriebsanleitung stand: »Das Betätigen dieses Pedals ergibt eine sofortige und ausreichende normale Bremswirkung und stoppt den Wagen und den Motor zu jeder Zeit und an jedem Platz.« Darüber hinaus hatte man noch eine »emergency brake« vorgesehen, eine Außenbandbremse mit zwei Bremsbacken, die auf die Kardan-Welle wirkte. Der Bremsbelag bestand dabei aus Leder.

Der nur 820 kg schwere Wagen wurde zu einem Preis von 950 Dollar angeboten, einschließlich Ballhupe, zwei Acetylen-Lampen, Werkzeug und einer Matte, damit man sich unter den Wagen legen konnte.

Obwohl dieses Automobil in einigen Exemplaren verkauft wurde, machte es der Firma doch große Schwierigkeiten, mit den finanziellen Problemen einer beginnenden Produktion fertig zu werden. Whiting, der um sein Kapital fürchtete, beriet sich mit einem Geschäftsfreund in Flint, der als Schatzmeister bei der Durant Dart Carriage Company wirkte, dem größten Unternehmen im Wagenbau ohne Motor. Dort war William Crapo Durant der führende Manager, der dieses Unternehmen zu Millionen-Gewinnen gebracht hatte. William C. Durant galt schon damals als das Finanzgenie von Flint, von dem man sagte, alles was er anfasse, werde zu Gold. Vor allem hatte er an der New Yorker Börse auf erstaunlich weitsichtige Weise mit Aktien spekuliert und auch hier ein Vermögen gemacht. Dieser William C. Durant, die Schlüsselfigur für den später entstehenden General-Motors-Konzern, sah genau, daß die Zeit der Wagen mit Pferden zu Ende ging, und entschied sich für die Buick Company.

Durant übernahm am 1. November 1904 die Stellung eines Vorstandsvorsitzenden. gleichzeitig wurde mit Hilfe von Durants Geldquellen das Kapital von 75 000 auf 300 000 Dollar erhöht. Ein Jahr später waren die Aktienkurse bereits so stark gestiegen, daß man 1,5 Millionen Kapital vorzeigen konnte, und W. C. Durant verkaufte Buick-Aktien und Buick-Wagen mit unübertrefflichem Geschick. David Dunbar Buick aber, der schottische Handwerkersohn, nach dem diese Firma immer noch hieß und weiterhin heißen sollte, weil der Name nun einmal eingebürgert – D. D. Buick hatte sich grollend in sein Büro zurückgezogen. Seine eigene Firma war ihm sozusagen vor seinen Augen über den Kopf gewachsen. Durant wollte ihn nicht ganz abschieben, gab ihm ein Gehalt und einen Posten im Aufsichtsrat, aber Buick hatte praktisch nichts mehr zu sagen, und das begann ihn mehr und mehr zu ärgern. So schied er zwei Jahre später aus »seinem« Betrieb aus und ging nach Kalifornien, um sich dort an einer Ölgesellschaft zu beteiligen. In dieser Gesellschaft verlor er aber, nachdem ein Rechtsstreit ausgebrochen war, sein ganzes Vermögen. Er kehrte dann auf einem Seitenweg wieder zum Automobil zurück und begann zusammen mit seinem Sohn Vergaser zu bauen. Es wurde aber keine sehr große Firma, und sie konnte sich bei den wachsenden Rationalisierungsmaßnahmen im Automobilbau nicht lange halten. Er versuchte es dann noch einmal bei einer Motorenfirma, hatte aber auch dort keinen Erfolg, wurde Grundstücksmakler, verdiente viel und verlor viel und war schließlich in Detroit Lehrer in einer Handelsschule: ein vergessener, nicht mehr gefragter Mann. Er wurde im Winter 1928/29 im Alter von 74 Jahren krank, kam in ein Detroiter Krankenhaus und starb dort in armen Verhältnissen am 5. März 1929.

Durant aber verkaufte weiterhin Buick-Wagen, nach dem Modell B das Modell C. Den Katalog nannte er Buickology. Er war nicht nur ein guter Börsianer und ein guter Verkäufer, er wußte auch, wie man mit guten Slogans wirbt. »Wir haben deshalb nur einen 2-Zylinder-Motor, weil wir mit zwei Zylindern das erreichen, wozu andere vier brauchen«, hieß seine Devise für 1905. Damit verkaufte er bereits 750 Automobile, und es waren Fahrzeuge, das muß man dazu sagen, die von der Fertigungsqualität her zu den besten der damaligen Zeit gehörten. Er sorgte auch dafür, daß möglichst schnell ein umfassendes Händlernetz entstand.

Durant brachte neue Modelle, und eines Tages kam das Modell D. Das war nun ein Vierzylinder mit normalstehendem Frontmotor und einzeln gegossenen Zylindern. Sein

Mit diesem Werbefoto wollte William C. Durant die Leistungsfähigkeit des Buick-Modells 1909 unterstreichen.

Auf solchen Straßen bewährte sich die Dauerhaftigkeit dieser Automobile – in Konkurrenz zu Maultierwagen!

Slogan mit den zwei Zylindern, die das können, was die anderen mit vier Zylindern machen, wurde schnell durch einen anderen ersetzt: »Die Buick-Kunden sind unsere besten Verkäufer.« Kurz danach kam man mit jenem Spruch, der Buick mehr als 35 Jahre lang durch alle Reklamefeldzüge begleitet hat: »Wenn bessere Automobile gebaut werden, wird Buick sie bauen.«
1906 konnte Durant mit mehr als 1400 Fahrzeugen die Zahl der verkauften Buick-Wagen verdoppeln. Buick-Wagen beteiligten sich auch an zahlreichen automobilistischen Wettbewerben, wobei man weiß, daß Durant selbst sehr gut fahren konnte. Vor allem gelang es einem Buick, werksunterstützt natürlich, den Rekord für die Strecke New York - San Franzisko - damals noch ein echtes, hartes Abenteuer - auf die Zeit von 24 Tagen, 8 Stunden und 45 Minuten zu bringen, was 9 Tage besser war als der bisherige Rekord.
1907 gab es wahlweise die Buick mit Zweigang-Planetengetriebe, das wegen seiner einfachen Bedienung sehr beliebt war, oder mit den normalen drei Gängen, jeweils als »runabout« oder als offener Tourenwagen, den man immer noch »Side Entrance Tonneau« nannte. 1907 kam im amerikanischen Automobilbau eine ernste Krise, vor allem dadurch, daß sehr viele kleine und mittlere Firmen anfingen, Automobile zu produzieren, aber ebenso serienweise, wie sie kamen, wieder verschwanden. Durant baute unbeirrt seine Buicks weiter, die Produktion stieg, und wenn er die Wagen nicht verkaufen konnte, stellte er sie in Lagerschuppen unter. Am Ende der kritischen Zeit hatte er dann Automobile parat. Zu Beginn des Jahres 1908 gab es in den USA, deutlich abgesetzt von den übrigen Marken, vier »Große«: Buick, Ford, Reo und Maxwell-Briscoe. 1908 brachte Durant, der die beiden Grundmodelle beibehielt, einen neuen Typ heraus, der sich Modell C nannte, einen leichten Vierzylinder mit zwei Schalensitzen ohne seitliche Türen und einem »rumble seat« hinten, einem dritten, offenen Sitz, den man um diese Zeit in Amerika den Schwiegermutter-Sitz zu nennen begann. Dieser Wagen kam zu dem erstaunlich günstigen Preis von 900 Dollar auf den Markt inklusive Lampen und Horn. Das Verdeck kostete 50 Dollar. Im gleichen Jahr erschien ja das Modell T von Ford um 850 Dollar. Die beiden Fahrzeuge waren anfänglich echte Konkurrenten.
Am 16. September 1908 gründete William C. Durant, durch seine Erfolge mit dem Buick groß, reich und berühmt geworden, in New Jersey die General Motors Company, die zunächst nur ein Finanzgebilde war. Am 28. September wurde das Kapital auf 12,5 Millionen Dollar gebracht, am 29. September übernahm Durant General Motors allein. Einen Monat später, Ende Oktober 1908, kaufte Durant die Olds Motor Works (Oldsmobile) dazu, im nächsten Jahr die Firma Oakland, aus der dann Pontiac wurde, und schließlich die Firma Cadillac.
Um diese Zeit wollte Durant auch Ford kaufen. Er bot Henry Ford 8 Millionen Dollar. Ford wollte diesen Betrag sofort in bar haben. Das konnte auch Durant nicht ohne Bankiers als Geldgeber, aber die winkten ab - Ford ist nicht 8 Millionen wert!
David Dunbar Buick hatte um diese Zeit schon längst nichts mehr mit der Firma, die seinen Namen trug, zu tun. Durant aber hatte mit ihr ein neues Imperium gegründet.

Ein Mercedes »Phaeton«, wie man diese Karosserieform nannte, aus dem Jahr 1910 mit 40-PS-Motor

Rund um das Auto

Rad und Reifen

Das Rad ist zweifellos eine der größten Erfindungen der Menschheit. Ohne das Rad gäbe es selbstverständlich auch keine Automobile. Wann und wo das Rad erfunden wurde, liegt im Dunkeln. Es ist jedoch bekannt, daß die Sumerer bereits 4000 vor Christus den Gebrauch des Rades kannten. Auf einem Flachrelief, in Ur gefunden, ist ein solches Rad abgebildet.

Die Sumerer besaßen auch schon Kriegswagen, die einen hohen Grad an Perfektion aufwiesen. Auch die Ägypter waren schon im Jahre 1700 vor Christus mit dem Rad vertraut, während beispielsweise die Einwohner von Ozeanien das Rad erst durch die Ankunft der ersten Europäer kennenlernten. Auch die Ureinwohner Amerikas fanden an dem Rad keinen praktischen Nutzen, obwohl sie es zweifellos im Prinzip gekannt haben.

Es ist klar, daß der Mensch irgendwann einmal versucht hat, die gleitende oder schleifende Reibung in eine rollende umzuwandeln. Es ist wahrscheinlich, daß man schweren Lasten Baumstämme untergelegt hat, um sie so einfacher transportieren zu können. Ob jedoch durch das Abtrennen von Scheiben von diesen Baumstämmen als nächster Schritt praktisch das Rad entwickelt wurde, ist fraglich, denn Rollen oder Walzen, unter eine Last gelegt, sind im Prinzip etwas anderes, als ein Wagengestell mit Hilfe von Rädern zu bewegen, die an einer Achse befestigt sind. Man stellt sich daher vor, daß das Rad von den umherschweifenden Steppenvölkern West- und Zentralasiens entwickelt wurde. Diese Völker befestigten ursprünglich ihre Lasten auf zwei Stangen, die dann von einem Zugtier, also einem Pferd oder einem Hund, gezogen oder besser gesagt geschleift wurden. Möglicherweise hat man diese Stangen dann zunächst mit Kufen versehen und schließlich mit zwei Rädern. Die älteste Form des Rades war eine einfache Holzscheibe mit einem Achsenloch versehen. Um das Auseinanderbrechen der Holzscheibe zu vermeiden, wurden verschiedene Verstärkungen eingebaut, und so ist man schließlich um 2300 vor Christus zum Speichenrad gekommen. Danach hat sich das Rad kaum mehr verändert. Es wurden zur Verstärkung der Holzfelgen Eisenreifen übergezogen, und solche eisenbewehrten Holzräder kennzeichnen auch noch die Transportmittel des 19. Jahrhunderts.

Beim Automobil wurden zunächst Vollgummireifen verwendet. Die Erfindung des Luftreifens war dann von ent-

Oben: Beim Rennen Paris – Bordeaux – Paris des Jahres 1895 startete erstmals ein luftbereifter Wagen, der von Edouard Michelin gelenkte »Eclair«, ein abgewandelter Peugeot-Daimler. – Unten: Camille Jenatzy mit seinem Rekordwagen von 1899, ausgerüstet mit profillosen Michelin-Luftreifen

scheidender Bedeutung für die weitere Entwicklung der Automobile.

Die ersten Patente, die einen Luftreifen betreffen, sind einem Schotten erteilt worden. Er hieß Robert William Thompson und ist fast vergessen, weil er aus seiner Erfindung keinen praktischen Nutzen zog. Seine Ideen wurden schon 1844 in London, 1846 in Paris und 1847 in den USA patentiert. Im Prinzip kann der Reifen Thompsons mit den heutigen Luftreifen schon verglichen werden: Er bestand aus einem Schlauch und einer Decke und besaß auch ein Ventil, durch das der Schlauch aufgepumpt wurde.

Daß er seine Ideen nicht kommerziell ausgewertet hat, hängt auch damit zusammen, daß es um diese Zeit noch keine Automobile gab, daß die Eisenbereifung für die damaligen Fuhrwerke vollauf ausreichend war und daß das Fahrrad in seiner heutigen Form auch noch nicht existierte. Es gab zwar von 1817 an die von dem Freiherrn von Drais zum ersten Mal konstruierten und patentierten »Fahrmaschinen«, bei denen man sich mit den Füßen vom Boden abstieß. Aber es gab erst in den 60er Jahren (von dem Franzosen Henri Michaux inspiriert) Fahrräder mit Pedalantrieb.

Um seinen Kindern das Fortbewegen mit drei und zwei Rädern leichter und bequemer zu machen, erfand ein Außenseiter, der englische Tierarzt John Boyd Dunlop, 1888 den Luftreifen - völlig unabhängig von Thompson - sozusagen zum zweiten Male, und er löste eine neue Epoche aus. Der damit einsetzende Trend zum luftbereiften Fahrrad wurde auch durch die Erfahrungen bei Radrennen entscheidend gefördert. In England entstand dann die seinen Namen tragende und bald weltbekannt werdende Reifenfirma Dunlop.

Im Grunde kann man die Entwicklung des Luftreifens in vier Stadien einteilen. Das erste Stadium war die Erfindung an sich durch Thompson. Das zweite war die Erfindung Dunlops, die die praktische Anwendung beim Fahrrad brachte, das dritte schließlich war dann die Übertragung dieses Prinzips auf das Automobil. In Frankreich hatten zu Beginn der 90er Jahre die Gebrüder André Michelin, geboren 1853, und Edouard Michelin, geboren 1859, in Clermont-Ferrand in ihrer kleinen Gummifabrik begonnen, Reifen für Fahrräder herzustellen. Warum, sagten sie sich, sollte man nicht versuchen, das Prinzip des Luftreifens auch auf das noch in seinen Kinderschuhen steckende Automobil zu übertragen?

Die Gebrüder Michelin waren die ersten, die das dann in die Tat umsetzten. Sie kauften sich einen Peugeot-Wagen, der mit einem Daimler-Motor ausgerüstet war, und meldeten zum zweiten Autorennen Paris - Bordeaux - Paris im Jahre 1895. Kein anderer Teilnehmer war mit Luftreifen erschienen. Die Gebrüder Michelin ahnten natürlich, daß diese neue Sorte Reifen eine solche für die damalige Zeit enorme Distanz nicht ohne Pannen durchstehen würde. Deshalb hatten sie hinten auf dem Wagen einen riesigen Koffer montiert, der ganze Berge von Werkzeug und Flickzeug für die Reifenmontage enthielt. Sie mußten dann auch tatsächlich sehr oft anhalten und reparieren, aber sie kamen immerhin als 17. in der Gesamtwertung am Ziel an.

Vier Jahre später wurden die meisten Automobile, vor allem die etwas teureren Fahrzeuge, schon mit Luftreifen ausgerüstet. Im Jahre 1899 fuhr Camille Jenatzy mit seinem abenteuerlich aussehenden Elektrowagen »Jamais Contente« zum ersten Mal in der Geschichte des Automobils mit einer Geschwindigkeit von über 100 km/h. Dieser Wagen war ebenfalls mit Michelin-Luftreifen ausgerüstet. Aber noch hatten alle diese Reifen, die sich bei den ersten Stadt-zu-Stadt-Rennen zu bewähren begannen, genau wie ihre Vorgänger, die Vollgummireifen, keine Profile.

Sie besaßen entweder eine ganz glatte Oberfläche oder nur Längsrillen. Von Rutschfestigkeit bei Regen war noch keine Rede. Und nun kommt das vierte Stadium: 1904 entwickelte die deutsche Firma Continental, 1871 als »Continental Caoutchouc- und Gutta-Percha-Compagnie« in Hannover gegründet, den ersten Luftreifen der Welt mit Profil. Um

SN

1907 Sizaire et Naudin
1-Zylinder-Frontmotor, 1244 ccm, Einscheiben-Trockenkupplung, Niederspannungs-Magnetzündung

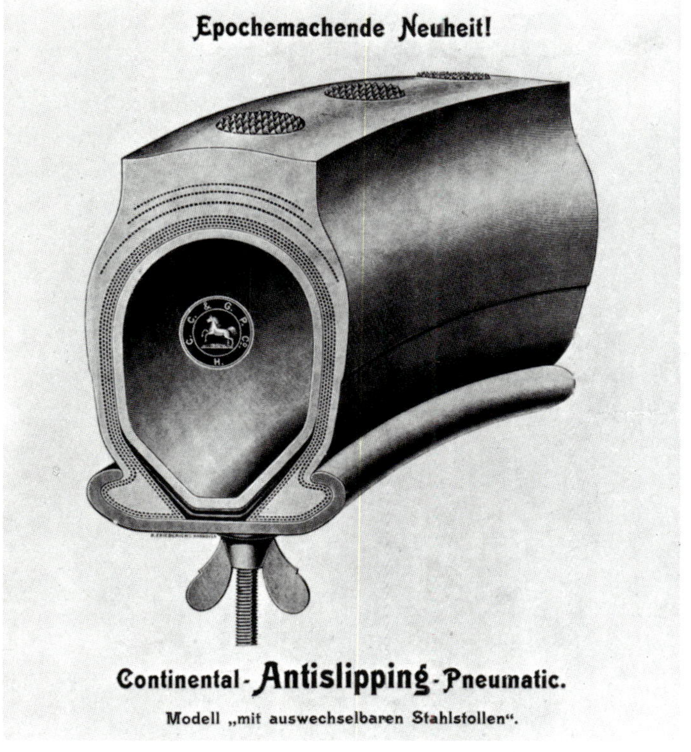

diese Zeit entwickelte man auch den sogenannten »Nietengleitschutzreifen«. Nieten wurden in einen besonders präparierten Chromlederstreifen oder direkt in die Lauffläche eingearbeitet, um auf nassen, glatten und schlüpfrigen Straßen einen besseren Halt zu geben. Hier haben wir praktisch die Vorläufer der heutigen Spikesreifen.
Ebenfalls in jener Zeit versuchte man auch eine andere Idee in die Praxis umzusetzen. Im Text einer französischen Anzeige von 1904 hieß es: »Le Pneu . . . c'est la mort! La Roue Elastique . . . c'est la vie!« (zu deutsch in etwa: Der Luftreifen, das ist der Tod; das elastische Rad, das ist das Leben!)

Es gab um diese Zeit Firmen, die statt Reifen (bei denen es damals eben noch sehr viele Defekte gab, nicht ungefährliche manchmal) elastische Räder anboten. Diese Räder hatten Felgen, die durch elastische Stahlbänder in sich gefedert sein sollten und die man dann mit einem Vollgummi versehen konnte. Diese Idee, die selbst in den 50er Jahren noch einmal auftauchte und immer wieder diskutiert wurde,

Links das elastische Rad aus der Zeit nach der Jahrhundertwende, rechts ein Spezial-Elektron-Rad für Sportwagen aus den 60er Jahren

hatte aber niemals durchschlagenden Erfolg, vor allem, weil man den Luftreifen immer weiter verbessern konnte.
Eine der wesentlichsten Verbesserungen kam Mitte der 20er Jahre: der Niederdruck-Ballonreifen. Bis dahin hatte man sehr hohe und schmale Reifen verwendet, die mit einem Luftdruck von 4 bis 5 atü gefahren werden mußten. Nun konnte man - bei einer breiteren Auflage - den Luftdruck auf rund 2 atü senken und damit viel weicher und komfortabler fahren.
Etwa zur gleichen Zeit begann man dem Kautschuk Ruß zuzusetzen. Durch diesen neuen chemischen Bestandteil wurden bessere Abriebfestigkeit und höhere Alterungsbeständigkeit erreicht. In Deutschland hatte die Reifenindustrie in den 30er Jahren insofern sehr schwere Aufgaben zu lösen, als das Dritte Reich eine autarke Wirtschaft anstrebte und eine deutliche Devisenverknappung eintrat. Daher mußte man versuchen, mit heimischen Werkstoffen zu arbeiten. Es begann die Suche nach Ersatzstoffen für Baumwolle und Naturkautschuk. 1936 führte die Firma Continental zum Beispiel erstmals Kunstseide und den neuen Kunstkautschuk der IG Farbenindustrie in die Reifenproduktion ein. Man nannte diese Reifen »Buna-Reifen«.
Obwohl der schlauchlose Reifen erst Mitte der 50er Jahre in die Produktion kam, gehen die Versuche und Patente dafür schon auf den Beginn der 40er Jahre zurück. Der schlauchlose Reifen wurde dann in den 60er Jahren Allgemeingut beim Personenwagen, und man hat ihn sogar für Renn- und Sportwagen entwickelt, obwohl die dort auftretenden Seitenkräfte und Querbeschleunigungen den schlauchlosen Reifen keine Chance zu geben schienen.
Ein historisches Jahr ist zweifellos 1948. Die Firma Michelin brachte in diesem Jahr den ersten Gürtelreifen auf den Markt, der ja seither eine immer größere Verbreitung gefunden hat und heute praktisch von allen Reifenherstellern produziert wird und der ohne Zweifel noch ein weiteres großes Stück zur Fahrsicherheit, Kurvenfestigkeit und zur Lebensdauer der Reifen beigetragen hat. Es gibt den Gürtelreifen - so genannt, weil er zwischen Unterbau und Decke eine weitere umlaufende Lage besitzt, gewissermaßen einen Gürtel - sowohl mit Stahl- als auch mit Textilgürtel.
Beim Rad selbst sind natürlich keine Weiterentwicklungen mehr zu erwarten. Beim Reifen hingegen gewinnt man vor allem durch Rennen und Rallyes immer wieder neue Erkenntnisse. Vor allem die Auflage wird im Interesse der Straßenlage immer mehr verbreitert, und ein serienmäßiger Personenwagenreifen von heute bringt eine bessere Bodenhaftung als ein Rennreifen vor 15 Jahren.

Die drei heute üblichen Reifenarten: der konventionelle Diagonalreifen, der Radial- oder Gürtelreifen und der Diagonal-Gürtelreifen mit Diagonalkarkasse und umlaufendem Gürtel

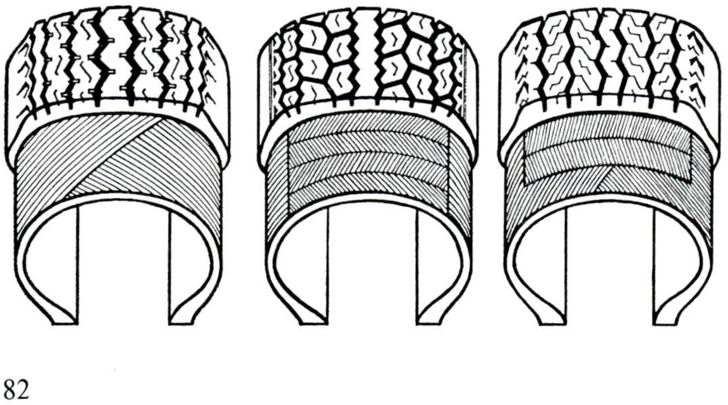

Die treibende Kraft

Erdöl, aus dem das Benzin, Treibstoff der heutigen Verbrennungsmotoren, gewonnen wird, war schon im Altertum bekannt. In Babylonien und Ninive mörtelte man mit Asphalt, die alten Ägypter benutzten Erdwachs zum Einbalsamieren ihrer Mumien. Die Perser kannten Gruben, in denen sich Erdöl - assyrisch naptu, griechisch Naphtha - sammelte und das die Priester zum Brennen des ewigen Feuers benutzten. 1665 machte der Jesuit Athanasius Kircher bei Höhlenforschungen die Entdeckung einer brennbaren Flüssigkeit, die aus Felsen wie aus einem natürlichen Behälter hervorsprudelte. Kircher meinte damit natürlich Erdöl. Er machte den bemerkenswerten Vorschlag, Bleirohre zu verlegen und somit eine Leitung zu schaffen, mit der man eine ewige Lampe ständig mit Brennstoff versorgen könnte. Hier tauchte also zum ersten Mal die Idee der Pipeline auf.
Erdöl wurde jedoch bis in die zweite Hälfte des 19. Jahrhunderts hauptsächlich zum Betrieb von Lampen oder auch für medizinische Zwecke verwendet. Erst mit dem Auftauchen der Verbrennungsmotoren war ein größerer Bedarf nach Erdöl gegeben, und 1859 fand Edwin L. Drake bei Bohrversuchen in Titusville in West-Pennsylvanien in einer Tiefe von 69½ Fuß Erdöl in größeren Mengen. Drake gewann an dieser Stelle rund 400 Gallonen täglich, und dieser glückliche Fund war der Grundstein für die heutige riesige Erdölindustrie in den USA. 1859 bauten Drake und sein Mitarbeiter Smith in Titusville den ersten Bohrturm. Durch laufende Forschung und ständig verbesserte Verfahren zur Aufbereitung des Erdöls wurden schließlich neben dem für unsere Automobile so wichtigen Benzin auch zahlreiche andere Produkte gewonnen, wie unsere nebenstehende Graphik zeigt. 1870 wurde in Rußland zum ersten Mal Heizöl produziert. 1877 wurde zum ersten Mal ein Mineralöl hergestellt, das zur Schmierung von Gasmotoren diente. 1913 entwickelte W. W. Burton das Verfahren des sogenannten »Crackens«, bei dem die Ausbeute an Benzin aus Erdöl von 20 auf 40 bis 60 Prozent gesteigert werden konnte. Benzin besteht aus leicht siedenden, höheren Kohlenwasserstoffen; Hauptbestandteile sind Paraffine wie Hexan, Heptan und Oktan. Gemische aus Benzindämpfen und Luft verpuffen unter beträchtlicher Wärmeabgabe. Benzin eignet sich daher besonders als Treibstoff für Verbrennungsmotoren.
Der Rohstoff Erdöl ist heute von lebenswichtiger Bedeutung für die Weltbevölkerung. Der Bedarf an Erdöl ist besonders in den letzten Jahrzehnten ungeheuer angestiegen. Um die Jahrhundertwende verbrauchte man jährlich rund 20 Millionen Tonnen, 1961 waren es 1,7 Milliarden Tonnen und 1972 rund 2,5 Milliarden Tonnen. Da die nachgewiesenen Erdölreserven der Erde derzeit bei rund 90 Milliarden Tonnen liegen und die Entdeckung neuer Vorkommen sinkende Tendenz aufweist, befürchten die Experten für die Zeit um das Jahr 1990 eine drohende Erdölkrise. Ob bis dahin bei den Automobilen ein anderer Antrieb, wie zum Beispiel der elektrische, zur Perfektion entwickelt wird, ist fraglich. Das hohe Gewicht der Batterien und der relativ geringe Aktionsradius von Elektrofahrzeugen erschweren die Entwicklung. Haupterdöllieferanten sind heute der Nahe Osten mit rund 44 Prozent der Weltförderung, gefolgt von den USA mit 22 Prozent, UdSSR und China mit 15 Prozent, Afrika mit 10 Prozent und Mittel- und Südamerika mit 9 Prozent.

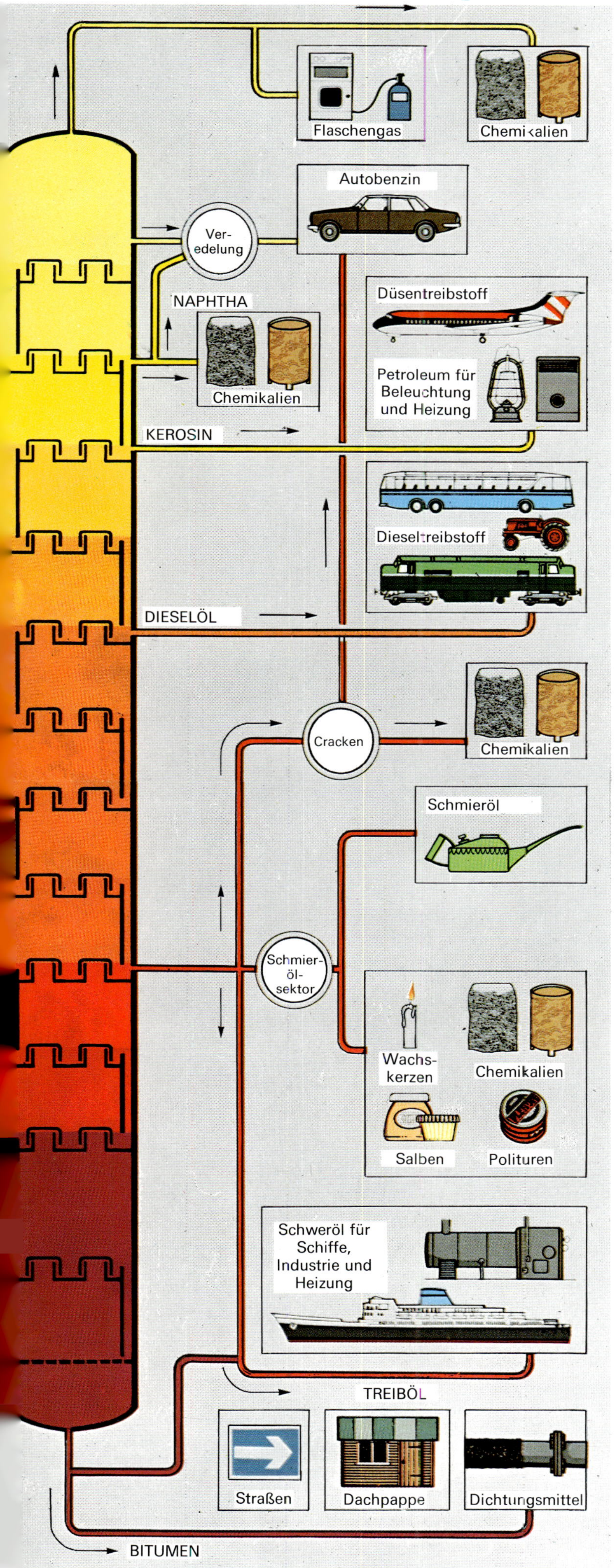

Oben: Der erste Ölbohrturm von Drake 1859. – Unten: Moderne Erdölfraktionierungsanlage einer BP-Raffinerie in Göteborg

Ohne Vergaser fuhren sie alle nicht

Die Erfinder des Verbrennungsmotors und jene, die aus dem stationären Gasmotor den Fahrzeugmotor schufen, weiterentwickelten und zur Betriebsreife bringen wollten, standen unter anderem vor der ganz entscheidenden Frage der Aufbereitung eines nicht nur zündfähigen, sondern auch zündbereiten Kraftstoff-Luft-Gemisches, also vor der Aufgabe, den Anteil flüssiger Kohlenwasserstoffe so zu »vergasen«, richtiger gesagt zu vernebeln, daß dessen feinste Tröpfchen sich mit der atmosphärischen Luft so innig wie möglich vereinigen, um eine hohe Zündfreudigkeit des Gemischs zu erzielen und zu fördern.
Die Frühzeitversuche, flüssige Kohlenwasserstoffe zu verdunsten, zu vergasen oder zu vernebeln, reichen bis auf das Jahr 1825 zurück, als Michael Faraday bei der Destillation von Ölen das Benzol entdeckte und mit »bicarburat of hydrogen« bezeichnete. Ob der Amerikaner Samuel Morey 1826 mit seinem »geheizten Vergaser« Spiritus oder Petroleum verdunstete, sei dahingestellt. 1833 gelang dem Berliner Chemiker und Universitätsprofessor Eilhard Mitscherlich die thermische Spaltung der Benzoesäure, wobei er - wie vorher Faraday - Benzol gewann, es aber »Benzin« nannte. Heute verstehen wir unter Benzin Destillations- und Veredlungsprodukte des Erdöls.
Vorgänger des Benzinmotors war der Petroleummotor. Bald jedoch erkannte man - und zwar, als es gelang, einen leichten Kohlenwasserstoff, eben das Benzin aus dem Erdöl herauszudestillieren -, daß Petroleum zu schwer verdunstbar ist, und so taucht dann der Begriff Benzinmotor Mitte der 70er Jahre auf, natürlich zuerst bei stationären Aggregaten.
Der bei Otto und Langen in Köln-Deutz arbeitende Wilhelm Maybach konstruierte 1875 für seinen erstmals mit Benzin (nicht mehr mit Leuchtgas) betriebenen Motor einen Oberflächenvergaser. Er führte die Luft mittels eines Rohres in den Kraftstoffbehälter und ließ sie, nun mit Kraftstoffdämpfen und -tröpfchen angereichert, durch den Motor ansaugen. Zur leichteren Verdunstung wurde eine Anwärmung des Benzinbehälters empfohlen.
1883 bauten Daimler, der 1882 bei Deutz ausgeschieden war, und Maybach, der ihm folgte, ihren ersten leichten und für den mobilen Betrieb geeigneten schnellaufenden Motor mit Glührohrzündung und versahen ihn mit einem Oberflächenvergaser, der nur unwesentlich von der oben angeführten Maybach-Konstruktion aus dessen Deutzer Zeit abwich. Im Jahr 1886 wurde dann Gottlieb Daimler ein eigener Schwimmervergaser patentiert. Etwa zur gleichen Zeit baute Benz in Mannheim seinen ersten »Patent-Motorwagen«, den er mit einem Oberflächenvergaser eigener Bauart versah und der 1888 patentrechtlich geschützt wurde. 1888/89 baute Siegfried Marcus für sein durch Verbrennungsmotor angetriebenes Fahrzeug einen Bürstenvergaser, zwischen dessen Bürsten sich Luft ansammelte. Beim Durchziehen durch einen zur Hälfte mit flüssigem Kraftstoff gefüllten Behälter wurden die Bürsten vom Kraftstoff benetzt, Luft und Kraftstoff vereinigten sich mittels einer Abstreifvorrichtung zu feinem Sprühnebel, der mit weiterem durch Vorwärmung verdunstendem Kraftstoff zusätzlich angereichert und nun als Kraftstoff-Luft-Gemisch dem Motor zugeführt wurde. Fünf Jahre später, 1893, entwarf Maybach bei Daimler den ersten Spritzdüsenvergaser, mit dem er nicht nur neue Impulse gab, sondern sogar die Grundlagen der modernen Vergasertechnik schuf.

Diese neue Vergaserart ermöglichte einen kleinen und handlichen Bau, was von den Motorkonstrukteuren als äußerst vorteilhaft empfunden wurde. Im Jahr 1902 erschien der Krebs-Vergaser mit selbsttätiger Luftregulierung. Auch diese Konstruktion wurde richtungweisend für kommende Vergaserentwicklungen. Bis etwa zum Jahr 1910 entstanden dann noch weitere Vergaserkonstruktionen, so von Horch im Jahr 1904, ferner wiederum von Maybach und Daimler. All dieses erhärtet die Feststellung, daß brauchbare Vergaser für die Aufbereitung des Kraftstoff-Luft-Gemisches ein sehr dringendes Problem darstellten, wenn die Kraftfahrzeugentwicklung nicht gehemmt werden sollte.
Obgleich die Kraftstoff-Luft-Gemischaufbereitung nunmehr ganz eindeutig durch Vernebelung und nicht durch Vergasung oder Verdunstung erfolgte, blieb für die Aufbereitungsapparatur die Bezeichnung »Vergaser« bis zum heutigen Tage erhalten.
Die Zahl der Automobilfabriken nahm um die Jahrhundertwende ständig zu. Dabei zeigte sich mehr und mehr, daß der Vergaserbau ein eigenes Fachgebiet wurde, dessen Betreuung Spezialisten übernehmen mußten. Nur wenige Fachleute unserer heutigen Generation kennen noch die vielen Markennamen der Zeit vor dem ersten Weltkrieg und der sich der Inflation anschließenden »goldenen« 20er Jahre.
Im Jahre 1907 erschienen der Claudel-Vergaser und die Vergaserkonstruktion von Bavery, die unter der Bezeichnung »Zenith«-Vergaser ein Begriff wurden. Um die gleiche Zeit meldeten Mennesson und Goudard ihre Konstruktionen zum Patent an, die später als »Solex«-Vergaser auf den Markt kamen.

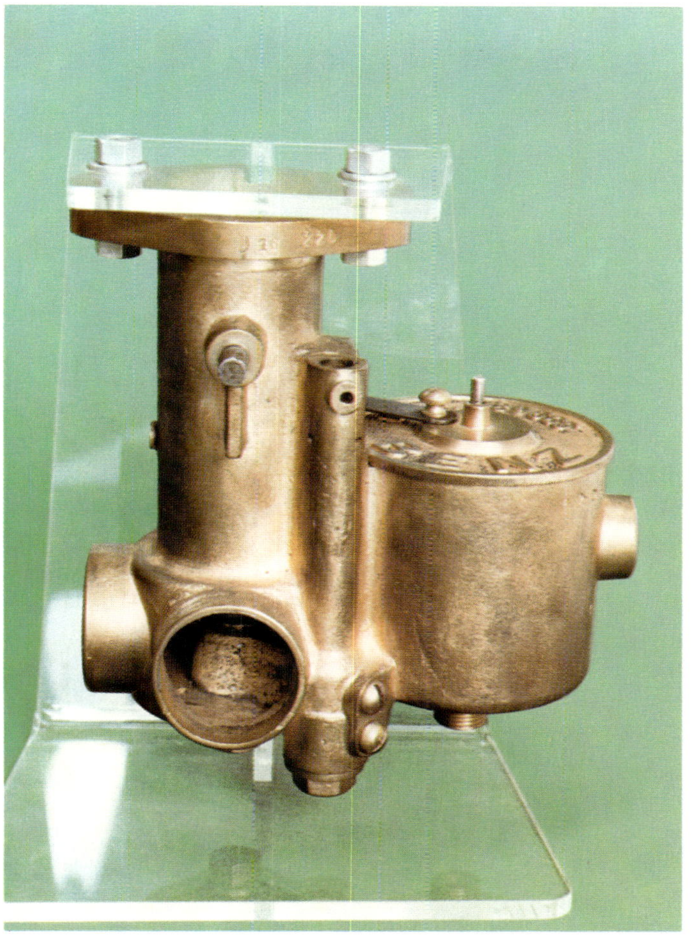

Von links nach rechts: Solex-Vergaser von 1910, Zenith- und Pallas-Vergaser aus der Zeit vor dem ersten Weltkrieg

Bis 1914 vermehrten sich die Vergaserkonstruktionen in ständig wachsender Zahl. Es seien Namen erwähnt wie Sum, Cudell, Favorit, Esoma und Graetzin, die fast alle in Berlin beheimatet waren. Als im Jahr 1914 die Technische Hochschule in Berlin-Charlottenburg zu einem Vergaserwettbewerb aufrief, beteiligten sich 14 verschiedene Vergaserhersteller an dieser Ausschreibung. Die Prüfungsbedingungen zeigten, daß die Reinheit der Auspuffgase bereits damals große Beachtung fand.

Im Jahre 1909 wurde in Berlin die »Arthur Haendler GmbH« gegründet. Sie übernahm bald die serienmäßige Herstellung und den Vertrieb der französischen Solex-Vergaser in Deutschland. Ein Jahr später erstand ebenfalls in Berlin die »Pallas-Apparate Gesellschaft mbH«, deren Aufgabe es war, das aus dem Jahr 1906 stammende Vergaserpatent des Berliners Paul Haack auszuwerten.

Diese beiden Gesellschaften waren mit einem zeitlichen Abstand von 18 Jahren – 1930 bis 1948 – die Keimzellen eines Großunternehmens, das sich Deutsche Vergasergesellschaft nannte und schon 1930 von Alfred Pierburg ins Leben gerufen und geleitet wurde. (Prof. Dr. Ing. e. h. Alfred Pierburg konnte am 8. April 1973 seinen 70. Geburtstag feiern.)

Die Zahl der Vergaserfabriken in der ganzen Welt ist klein geworden: Vier gibt es noch in den USA, drei in England und je zwei in Italien, Frankreich und Deutschland. Die enge Zusammenarbeit der Deutschen Vergasergesellschaft mit Solex und Zenith führte zur technischen Übereinstimmung der Vergaserfertigung für die deutsche, französische, britische und italienische Automobilindustrie und zu einer europäischen Forschungsgemeinschaft.

Das gute Dutzend von Vergaserfabriken muß eine weltweite Kraftwagenproduktion von gegenwärtig nahezu 30 Millionen Einheiten pro Jahr beliefern, von den motorisierten Zweirädern ganz abgesehen. Der Schwerpunkt liegt also heute nicht nur bei Forschung und Entwicklung, sondern in vermehrtem Maße bei der Produktion mit ihren diversen Fertigungs- und Kontroll-Problemen.

Als in der Mitte der 50er Jahre die ersten Personenwagen mit Benzineinspritzung erschienen, gab es manche Propheten, die von einem baldigen Ende des Vergasers sprachen. Obwohl dann in den 60er Jahren eine Reihe von Modellen auf Benzineinspritzung umgestellt wurden, besonders solche der höheren Leistungsklassen, blieb der »alte« Vergaser an der Alltagsfront, inzwischen weiter verbessert und vervollkommnet. Als die amerikanischen Abgasvorschriften vor der Tür standen, wurde wieder davon gesprochen, daß man mit dem Vergaser die Bedingungen wohl kaum erfüllen könne, mit der Einspritzung indessen viel besser. Gesteigerte Forschung hat aber inzwischen zu Vergasern geführt, die sich auch in dieser Hinsicht mit der Einspritzung messen können, und es ist interessant, daß in den USA alle Automobilfabriken alle ihre Modelle mit Vergasern ausrüsten, nicht mit Einspritzanlangen – wobei freilich die Amerikaner das Plus der großvolumigen Motoren besitzen.

Der zu Anfang des Jahres 1973 ins Gespräch gekommene »Spaltvergaser« von Siemens hat mit den herkömmlichen Vergaser-Konstruktionen nichts zu tun; er nimmt gewissermaßen die Wirkung eines Katalysators vorweg (vor dem Brennraum), ist im Fahrbetrieb noch nicht erprobt, offenbar ziemlich teuer und sicherlich noch lange nicht serienreif.

Hauptdaten der Vergaser-Entwicklung

1886–1889: Erste Benz- und Daimler-Fahrzeuge mit Oberflächen-Vergaser.
1892: Spritzdüsenvergaser im Daimler-2-Zylinder-»Riemenwagen« mit 4-PS-Motor.
1902: Kolbenschieber-Vergaser mit Luftvorwärmung im Mercedes-»Simplex«-4-Zylinder (6,8 Liter, 44 PS).
1906: Erstmals Doppelvergaser in den großen 6-Zylinder-Modellen von Mercedes (Doppel-Kolbenschieber-Vergaser).
1910–1912: Die großen Firmen gehen dazu über, Vergaser von eigenen Spezialfabriken zu beziehen. Anfänglich dominiert der Zenith-Vergaser.
1912: Der Pallas-Vergaser wird entwickelt.
1914: Der erste Solex-Vergaser erscheint.
1914: Als erster Serienwagen wird der 28/95-PS-Mercedes (7250-ccm-6-Zylinder-Motor) zur Leistungserhöhung mit zwei Vergasern ausgestattet.
1919: Auch die deutsche Firma Stoewer in Stettin bringt ein 6-Zylinder-Modell mit zwei Vergasern auf den Markt. So bekannte Sportwagenfirmen wie Bugatti (mit dem Typ 30) und Alfa Romeo (mit dem Typ RLS) erscheinen erst 1922 mit 2-Vergaser-Motoren.
1923: Erstes Automobil mit vier Vergasern: der von dem Engländer E. A. D. Eldridge gebaute Rekordwagen (234,9 km/h) mit Fiat-6-Zylinder-Flugmotor (21,7 Liter, 320 PS).
1927/28: Lastwagen-Vergaser werden mit mechanischen Zusatz-Aggregaten an der Drosselklappe ausgerüstet, die eine Drehzahlbegrenzung ergeben.
1929: Chrysler bringt den ersten Serienwagen mit einem Fallstrom-Vergaser (Konstruktion Stromberg) auf den Markt.
1930: Auf dem Kontinent erscheinen der Austro-Daimler ADR 8 (4,6 Liter, 100 PS, 8 Zylinder) und der Tatra Typ 80 (6 Liter, 115 PS, 12 Zylinder) zuerst mit Fallstrom-Vergasern.

Die Entwicklung der Bremse

Die ersten Kraftfahrzeuge wie der Benz-Motorwagen von 1886 und der Daimler-Stahlradwagen von 1889 haben an der Antriebsachse Außenbandbremsen, deren Stahlbänder noch ohne Bremsbeläge sind.

Bei den ersten vollgummi- und pneumatikbereiften Autos werden eiserne Löffelbremsen oder Klotzbremsen mit Gummireibflächen verschiedener Form verwendet.

Nach 1900: Bei leichten Kraftfahrzeugen halten sich Außenbandbremsen noch längere Zeit. Bei schnellen und schweren Wagen setzt sich die Innenbackenbremse an den Hinterrädern durch, die durch einen durch Zahnraste feststellbaren Handbremshebel betätigt werden.

Getriebebremsen werden durch ein oder zwei Fußbremshebel betätigt. Diese Bremsen sind als Außenbacken-, seltener als Außenbandbremsen ausgebildet; bei schweren Wagen sind sie öfters wassergekühlt.

1902: Scheibenbremsen von Dr. Frederick Lanchester (Patent).

1903: Gegossene Bremsbacken bekamen Bremsbeläge aus weichen Graugußstückchen.

1904: P. l. und J. Renouf, England, beschäftigten sich mit Vierradbremsen (Patent).

Auf Bremsbänder und Bremsbacken wurden auch Beläge aus Leder, Rotguß, Kamelhaarfilz und manchmal sogar Hartholzklötzchen aufgenietet.

1905: Auf dem französischen Automobil-Salon Vorführung von Vorderradbremsen an einem Wagen-Modell der Lokomotivfabrik Weyher & Richemond in Pantin bei Paris nach

Diese Klotzbremsen – hier an einem Benz-Wagen von 1893 – waren aus dem Kutschwagenbau übernommen. – Unten: Zeichnungen zu der Patentschrift von Hugo Mayer für eine hydraulische Bremsanlage aus dem Jahr 1895

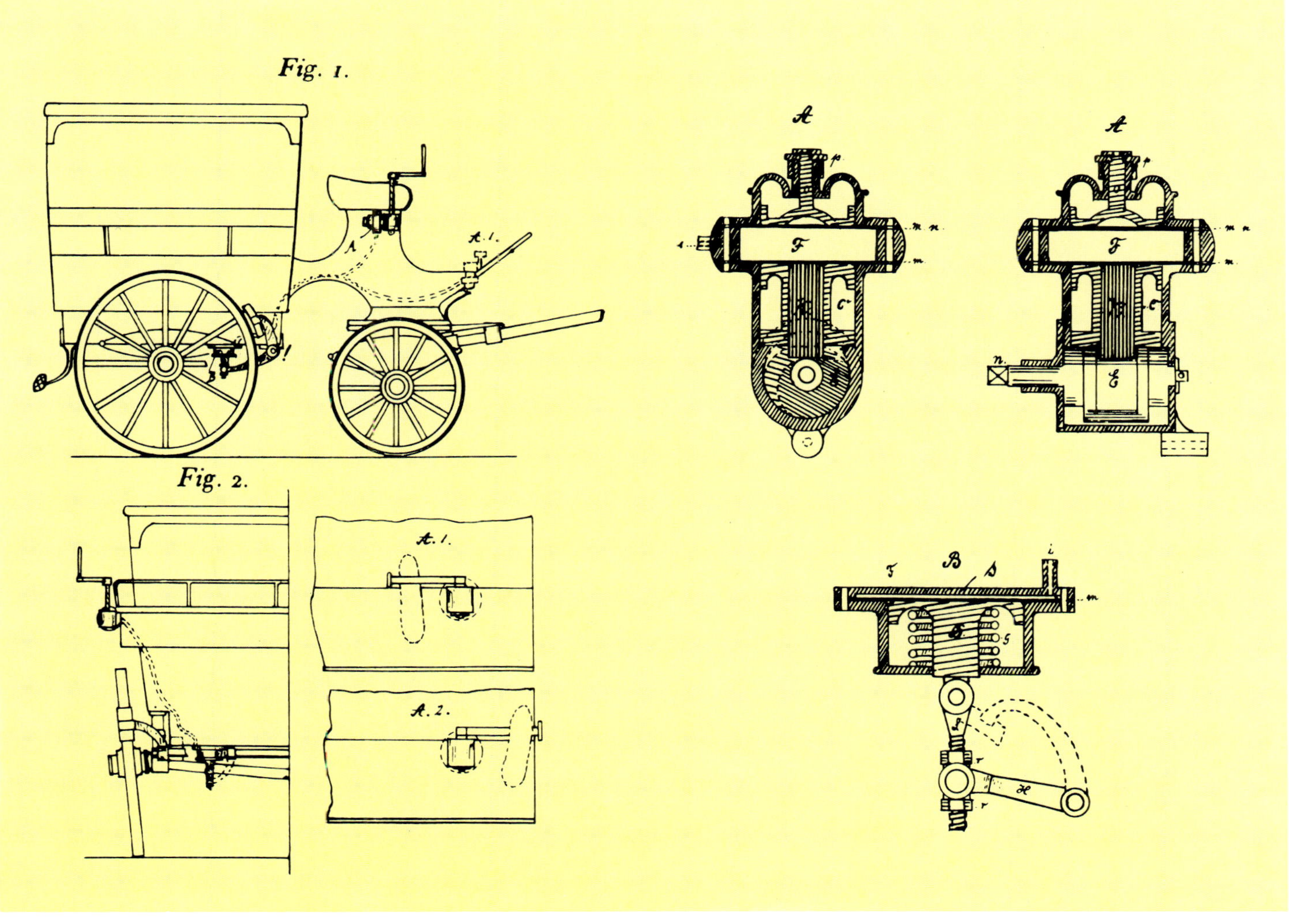

Lizenz der Wiener Firma Alex Friedmann, die damals Straßendampfwagen baute.

1906: Motorbremsen in Saurer-Lastwagen. An Mercedes-Wagen erstmals seilzugbetätigte Vorderrad-Außenbandbremsen (Versuche).

1907: Bei der Nesseldorfer Wagenbau-Fabrik Versuche mit Allradbremsen von Hans Ledwinka.

1908: Innenbackenbremsen der Adler-Wagen hatten anstelle der Bremsnocken Keilbetätigung.

1909: Richtungweisende Vorderradbremsen-Konstruktion von Oreste Fraschini. Bremsbetätigung unterhalb des Achsschenkeldrehzapfens, ohne Gelenke.

1910: Serienmäßig eingebaute Vierradbremsen nach Renouf-Patent in Kraftfahrzeugen der Firma Allan Liversidge. Lizenzen hatten die englischen Firmen Adams Manufacturing Co., Crossley-Motor Ltd., Sheffield-Simplex Motor Works Ltd. Diese mechanischen Vierradbremsen befriedigten damals noch nicht.

Bei Argyll-Motors Ltd. ist erstmals die Betätigung der Vorderradbremse mit obenliegender Schlüsselwelle von Henry Perrot ausgeführt. Große Verbreitung.

1911: Serienmäßig eingebaute Vierradbremse im 20/65 PS Nesseldorfer Typ S 6. Konstrukteur Hans Ledwinka (Tatra).

1912: In den USA begann man die feststellbare Handbremse auf die Getriebetrommel und den Fußbremshebel auf die Hinterradbremsen wirken zu lassen. Die Anordnung wurde auch in Europa übernommen. Serienmäßiger Einbau von mechanischen Vierradbremsen in alle Isotta-Fraschini-Wagen. Betätigung durch Handbremshebel.

1913: Versuche mit Bremsbelägen aus Baumwoll-Reibstoff mit Hartlack als Bindemittel.

1914: Hydraulisch betätigte Bremsen nach Malcolm Lockheed bewähren sich. (Erstes Patent auf eine Öldruckbremse erhielt 1895 Hugo Mayer in Rudolstadt [DRP 84748].)

Mechanische Vierradbremsen haben die Rennwagen Delage, Fiat, Peugeot und Piccard-Pictet im Großen Preis von Frankreich. Die siegreichen Mercedes-Rennwagen laufen jedoch ohne Vorderradbremsen. In den USA beginnt der Einbau mechanischer Vierradbremsen bei einigen Serienwagen.

1914/18: Bremsbeläge aus Asbest- und Adhäsions-Metall-Asbest mit Zwischenräumen, um das abgeschliffene Material aufzunehmen.

1919: Mechanische Vierradbremsen mit Servowirkung, serienmäßig beim Hispano-Suiza-Wagen (1923 von Rolls-Royce übernommen).

1920: Erstmals gepreßte Bremsbeläge für Kraftwagen.

Beim Typ C2 von Gabriel Voisin (7,4-Liter-12-Zylinder-V-Motor) treibt jedes Rad eine Ölpumpe für die Bremse an.

Dieser Lanchester von 1908 zeigt den ersten Versuch einer Art von Scheibenbremse, handbetätigt auf die Hinterräder. Auch die Fußbremse wirkte nur auf die Hinterräder. 4-Zylinder-Motor mit 2470 ccm, Dreigang-Planetengetriebe

Ein Blockieren der Räder ist nicht möglich, da bei stehendem Rad kein Bremsdruck erzeugt wird.

1921: Hitzebeständige Asbestbeläge in verschiedenen Zusammensetzungen mit Kupfer und anderen Metallen.
Erste Druckluftbremse der Air-Brake Company in Pittsburg. Beginn des Siegeszuges der mechanisch betätigten Vierradbremsen auf europäischen Automobilausstellungen.

1922: Erste hydraulische Vierradbremsen im Grand-Prix-Rennwagen von August S. Duesenberg.
Einführung der Duo-Servowirkung bei Trommelbremsen durch Bendix.

1923: Erste serienmäßige Verwendung von Druckluftbremsen in Lastkraftwagen und Anhängern in Deutschland durch Hans Jander, Berlin.

1925: Serienmäßige Ausrüstung der Chrysler-Wagen mit hydraulischen Lockheed-Vierradbremsen.

1926: Größere Verbreitung der Saugluft-Hilfsbremse, System Albert Dewandre (Lüttich seit 1922). Citroën B 14 mit Druckluftbremse von Westinghouse-Perrot.

1927: Einführung der Lockheed-Vierradbremse in Deutschland durch Alfred Teves, Frankfurt/Main.

1928: Dank der europäischen Lizenznehmer von Lockheed: Alfred Teves (ATE) Deutschland, Lockheed Frankreich, Lockheed England (A.P.) beginnt sich die hydraulische Vierradbremse, vorerst bei schweren Personenwagen, durchzusetzen.

1935: Entwicklung von Bremsbelägen mit Einlagen von Metall- und Stahlwolle.

1937: Teilbelag-Scheibenbremsen mit Grauguß-Bremsbelag für Getriebe-Handbremsen bei Lastkraftwagen von Gräf & Stift und der Österreichischen Automobilfabrik AG.

1939: Versuchsweiser Einbau von Lambert-Voll-Scheibenbremsen im Plymouth.

1939/40: Entwicklung der Flugzeug-Scheibenbremsen bei Argus durch Dr.-Ing. H. Klaue, spätere Verwendung auch in Panzern.

1940: Prototyp einer Girling-Scheibenbremse an einem englischen Daimler-Wagen.

1946/47: Serienmäßige Verwendung der Lambert-Vollscheiben-Bremse bei Chrysler-Imperial-Wagen.

1950: TELMA-Wirbelstrombremsen in Frankreich.

1951: Dunlop-Scheibenbremse erstmals im Jaguar Typ XR 120.

1952: Weitere Entwicklung der Scheibenbremsen System Dunlop durch Dunlop, Girling, A.P. und ATE. Blockierschutz bei Flugzeugrädern von Maxaret-Dunlop.

1955: Palmer-Scheibenbremse im H.R.G.-Sportwagen (Engineering Co. Ltd.).

1957: Reibstoffe auf der Basis Sintermetall im Handel.

1960: ATE erwirbt die Lizenz für Dunlop-Scheibenbremsen in Deutschland und im übrigen Europa. Später überschreitet die Scheibenbremse den Ozean.

1962: Der mechanisch arbeitende Bremsblockierverhüter von Maxaret-Dunlop wird bei Flugzeugbremsen verwendet.

1963: Beginn der Entwicklung der Strömungsbremse bei Teves.

1965: Herbst. Auf der Londoner Motor-Show ist der allradangetriebene Prototyp Jensen FF mit einem Maxaret-Bremsblockierverhüter ausgerüstet.

1966: Entwicklung von Strömungsbremsen bei Voith und Wirbelstrombremsen bei Bosch.

Oben: Die von ATE neuentwickelten Scheibenbremsen für Renn-Tourenwagen können bis zu 650° C heiß werden. Die Kühlrippen an den vorderen Vierzylinder- und den hinteren Zweizylinder-Bremsen dienen der schnelleren Wärmeabführung. – Unten: Computergesteuerte Antiblockieranlagen an allen vier Rädern regeln den Bremsdruck entsprechend dem Haftwert zwischen Reifen und Fahrbahn: Die Bremse der Zukunft

Die Sicherheitsvorschriften in den USA beginnen wegen des großen Exportanteils sich auf Europa auszuwirken. Einführung der Zweikreisbremse.

1969: Ford (USA) rüstet die Typen Continental Mk III und Thunderbird auf Wunsch (optional) mit Antiblockiervorrichtung für die Hinterräder aus, die in Zusammenarbeit mit Kelsey-Hayes entwickelt wurde. ATE, Knorr, Bosch, Grau und Westinghouse stellten auf der Internationalen Automobil-Ausstellung in Frankfurt elektronische Antiblockieranlagen für alle Räder der Öffentlichkeit vor.

1970: Mercedes-Benz/Teldix und Chrysler/Bendix führen elektronische Antiblockierbremssysteme vor.

1971: Chrysler-Imperial können serienmäßig mit einer elektronisch gesteuerten Antiblockierbremsanlage »Four Wheel Sure Brake« von Chrysler-Bendix geliefert werden.

Der erste elektrische Anlasser und die erste Lichtmaschine von Bosch an einem Itala-Wagen von 1914

Die elektrische Anlage

Die Entwicklung der elektrischen Anlage des Kraftfahrzeugs läuft parallel zu der Entwicklung auf allen anderen Gebieten und ist insofern ein essentieller Punkt, als kein Verbrennungsmotor ohne Zündung in Betrieb genommen werden kann. Gerade in dem Augenblick, als man aus den stationären Motoren mit ihren niedrigen Drehzahlen zum ersten Mal schnellaufende Verbrennungsmotoren mit Drehzahlen von mehr als 400 U/min zu entwickeln begann, um das für den Betrieb eines Motorwagens notwendige Verhältnis zwischen Gewicht und Leistung herzustellen, traten die Probleme der exakten Zündfunken-Erzeugung immer mehr in den Vordergrund. Unter den beiden Ahnherren des Automobils gebührt auf dem Gebiet der Zündung Carl Benz eine gewisse Priorität: Die ersten Fahrzeuge von Gottlieb Daimler waren noch mit der sogenannten Glührohrzündung ausgerüstet, die er bis 1898 beibehielt, ehe er zur Magnet-Abreißzündung überging, während Benz schon bei seinen ersten Fahrzeugen eine verhältnismäßig moderne Zündanlage mit Batterie, Summer und Zündkerze verwendet hat.

Ein um die Jahrhundertwende sehr bekannt gewordenes Automobilbuch – vermutlich das erste größere fachliche Nachschlagewerk –, das der Franzose L. Baudry de Saunier verfaßte und das 1901 auch in deutscher Übersetzung zu haben war, beschrieb das folgendermaßen: »Die Benzinautomobile sind stets mit Viertactmotoren versehen, in deren Cylindern das explosive Gasgemenge entweder durch Glührohr oder durch elektrische Zündung zur Explosion gebracht wird. Im ersten Falle werden die Platinrohre durch mit Benzin gespeiste Brenner glühend gemacht, und muß daher bei dieser Zündung ein besonderes kleines Benzinreservoir für die Brenner vorhanden sein. Letzteren fließt das Benzin entweder in Folge seiner eigenen Schwere zu (Panhard-, De-Dietrich-Wagen) oder es wird durch den von einer Pumpe auf seine Oberfläche ausgeübten Druck zu den Brennern geleitet. Bei der elektrischen Zündung erfolgt die Funkenbildung im Compressionsraume durch einen von Accumulatoren oder einer Batterie erzeugten elektrischen Strom, welcher entweder durch das gewöhnliche Inductionsverfahren in einen inducierten Strom verwandelt oder durch Selbstinduction verstärkt wird. Inductionsspulen, Zünder, manchesmal auch ein Vertheiler des inducierten Stromes bilden die weiteren Bestandtheile dieses Zündungsapparates.«

Obwohl man sich schon zu Beginn der Motorwagen-Entwicklung den Fragen der Zündung intensiv zugewandt hatte und eine Reihe von Spezialfabriken auf diesem Gebiet entstanden, obwohl auch Wesen und Wirkung der Batterien hinreichend bekannt waren, dauerte es doch eine verhältnismäßig lange Zeit, bis man den elektrischen Strom auch für das Anlassen von Kraftfahrzeugen und für die Beleuchtung einsetzte. Eines der ersten Patente für einen elektrischen Anlasser, der den heutigen Systemen ähnelt, wurde dem Franzosen Pierre Bossu am 17. Juni 1905 erteilt. Er nannte seinen Apparat »Dynamo universelle«, er sollte zum Anlassen, zum Aufladen der Batterie und zum Erzeugen von elektrischem Licht dienen und wurde in der Zeitschrift »Omnia« im Januar 1906 beschrieben, fand aber keinen Eingang in eine Serienfertigung. Im Gegenteil: Als die französische Firma Delaunay-Belleville Ende 1909 vom russischen Zaren den Auftrag für einen repräsentativen Wagen erhielt, »bei welchem man das Anlassen vom Sitz des Fahrers aus besorgen können muß, ohne große Geräusche«, baute man in diesen Staatswagen einen riesigen Druckluftbehälter ein, so daß man den Motor dann mit Hilfe von zwei eigens gebauten Luftkompressoren anlassen konnte, die vom Fahrersitz aus bedient wurden – womit dann der ganze Wagen fast 4000 kg wog.

Die Amerikaner dachten praktischer und handelten schneller. Nach den Patenten von Bendix wurden dort 1911/12 die ersten brauchbaren Anlasser hergestellt und 1912 bereits serienmäßig eingebaut. Im Handbuch »Das moderne Automobil« von Peter, das in Deutschland eine Art Standard-

Die Firma SCAT rühmte ihre Wagen als die einzigen in Italien mit automatischer Starteinrichtung.

werk wurde, begründete man das 1914 so: »Der elektrische Anlasser kam zuerst in Amerika auf den Markt, weil dort die Mehrzahl der Automobilbesitzer infolge der hohen Arbeitslöhne Selbstfahrer sind und deshalb die ganze Entwicklung des Automobilismus von jeher dazu drängte, Vorrichtungen dem Automobil einzuverleiben, welche dem Fahrer mühselige Handlungen ersparen. Hierzu gehört vor allen Dingen auch eine stets betriebsfertige und sicher arbeitende Anlaßvorrichtung.« Warum, fragt man sich freilich, waren die europäischen Automobilisten nicht so anspruchsvoll wie die amerikanischen?

»Die Frage des Anlassers«, fährt M. Peter fort, »ist eng verknüpft mit derjenigen der elektrischen Lichtmaschine (Lichtdynamo). An eine Einführung des Elektromotors zum Anwerfen der Explosionsmaschine war erst dann zu denken, als die elektrische Lichtmaschine völlig durchgearbeitet war, andererseits hat gerade die Forderung nach dem elektrischen Anlasser die Entwicklung der Beleuchtungsdynamo sehr gefördert. Beide zusammen bilden in Verbindung mit der Akkumulatorenbatterie, welche die überschüssige Leistung der Dynamo aufnimmt und zum Zwecke des Anlassens an den Elektromotor abgeben kann, ein einheitliches Ganzes, eine elektrische Zentrale im Kleinen.« Damit waren die wesentlichen Fragen für die Entwicklung der elektrischen Anlage gut umrissen.

Erst unmittelbar vor dem ersten Weltkrieg begann man auch den elektrischen Scheinwerfer serienreif zu machen, wobei sich eine kurze Zeit die alte und die neue Methode noch die Waage hielten. »Unbedingt nötig sind zwei Lampen am Spritzbrett des Wagens, die entweder mit Petroleum oder Elektrizität gespeist werden. Azetylen ist deshalb nicht zu empfehlen, weil die Gasentwicklung hin und wieder Störungen unterworfen ist. Die kleinen Lampen genügen auch im Stadtverkehr, um den polizeilichen Vorschriften nachzukommen, große Scheinwerfer wären im Stadtverkehr nur hindernd, sie blenden Pferd und Mensch. Die elektrischen Lampen mit Schalter am Spritzbrett bewähren sich gut, man hat 4- und 8-Volt-Lampen, die man an eine beziehungsweise zwei Batterien anschließt. Man kann gleichzeitig die zur Beleuchtung des Nummernschildes polizeilich vorgeschriebene Schlußleuchte davon speisen. Für Nachtfahrten auf

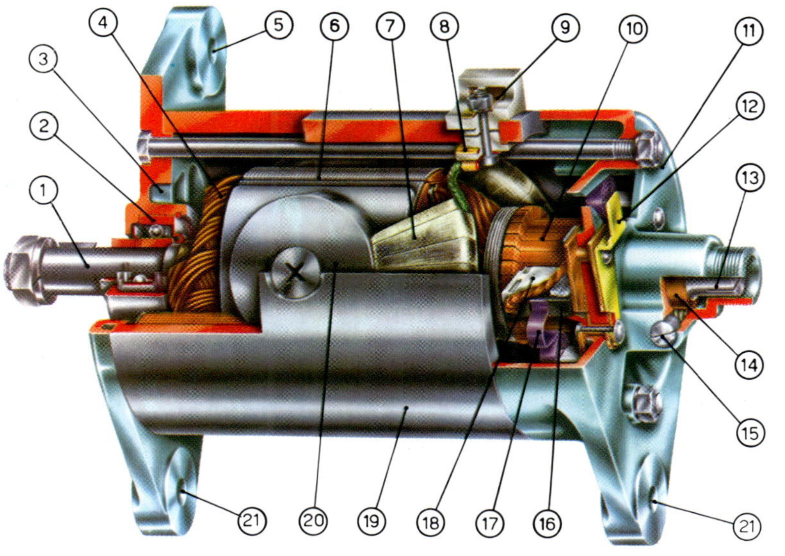

Oben: Schnitt durch eine Marelli-Gleichstrom-Lichtmaschine
1 Scheibenwelle – 2 Kugellager – 3 Begrenzungsplatte – 4 Induktionswicklung – 5 Befestigungsloch – 6 Erregerspule – 7 Erregerwicklung – 8 Erdung – 9 Pol – 10 Kollektor – 11 Begrenzungsplatte – 12 Pluspol – 13 Tachometerantrieb – 14 Lagerschale – 15 Ölnippel – 16 Schleifkohle – 17 Andruckfeder – 18 Haltevorrichtung – 19 Gehäuse – 20 Erdung – 21 Befestigungslöcher

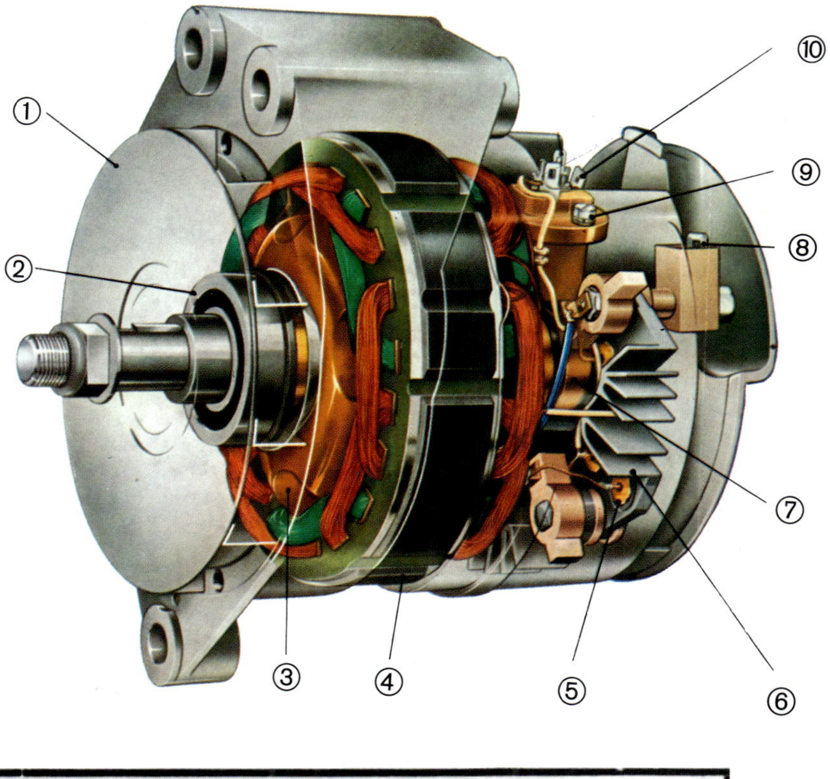

Rechts: Schnitt durch eine C.A.V.-Drehstrom-Lichtmaschine
1 Lüfterrad – 2 Lager – 3 Rotor – 4 Stator – 5 Silicon-Diode – 6 Flügel – 7 Kontaktring – 8 Pluspol – 9 Befestigung der Bürsten – 10 Minuspol

der Landstraße reichen aber diese Laternen nicht aus. Man tut gut, vorn am Rahmen, rechts und links vom Kühler, zwei Scheinwerfer anzubringen, die am besten entweder auch durch Elektrizität oder durch in Stahlflaschen komprimiertes Azetylengas gespeist werden.«

Man sieht, daß 1914 noch dieses Entweder-Oder bestand und das elektrische Licht sich immer noch nicht durchgesetzt hatte – das geschah erst nach dem ersten Weltkrieg. Die erste Hälfte der 20er Jahre brachte dann auch mehr und mehr elektrisches Zubehör: den Scheibenwischer (zuerst nur für den Fahrer), den Winker, das Horn, die Innenbeleuchtung, das Stoplicht, die Zusatzscheinwerfer (sehr beliebt in den 20er Jahren bei luxuriösen Fahrzeugen: der seitlich von der Windschutzscheibe angebrachte Suchscheinwerfer), den Zigarettenanzünder, schließlich zu Beginn der 30er Jahre auch das Autoradio.

Ein langer Weg von der Petroleumlampe, wie sie vom Kutschwagen übernommen wurde, bis zum modernen Autoscheinwerfer. Beim Pierce-Arrow von 1922 sehen wir erstmals in den Kotflügel eingebaute Scheinwerfer.

Autoradio und Autotelefon

Zu Anfang des Jahres 1973 feierte das Autoradio in Deutschland seinen 40. Geburtstag. Auf der Berliner Automobilausstellung von 1933 präsentierten die Idealwerke für drahtlose Telefonie, Berlin-Hohenschönhausen, das erste Autoradio, das man als serienmäßig hergestelltes Zubehör in seinen Wagen einbauen lassen konnte. Es erregte großes Aufsehen, fand aber noch keinen sehr großen Anklang, einmal wegen technischer Unvollkommenheiten, zum anderen, weil einzelne Fachleute sagten, das Autoradio lenke den Fahrer unweigerlich vom Verkehrsgeschehen ab und treibe so die Unfallzahlen in die Höhe. Doch schon vier Jahre später fand man, daß das Autoradio eine nützliche Einrichtung sei, und im »Peter«, dem beliebtesten Automobilhandbuch der damaligen Zeit, konnte man 1938 über das Autoradio bereits lesen: »Zur Ausstattung des Reisewagens gehört heute schon vielfach der Rundfunkempfänger. Er wird mit Skala im Armaturenbrett eingebaut, der dazugehörige Lautsprecher ist vom Empfänger getrennt. Die Antenne wird meist im Wagendach ausgelegt.«

Man kannte die später üblich gewordene teleskopisch verankerte Stabantenne neben der Frontscheibe noch nicht. Im »Peter« hieß es daher weiter: »Bei Cabriolets und Schiebedachlimousinen wird die Antenne am besten auf ein Stück Stoff genäht und dieser dann an den Vorder- und Hinterspriegeln des Verdeckes befestigt. Dann kann auch das Verdeck, ohne daß die Antenne entfernt werden muß, auf- und zugeklappt werden.«

In den USA war man beim Einbau von Autoradios und Antennen schon viel weiter als bei uns und hatte auch schon viel größere Serien hergestellt. Man fuhr ja auch im Durchschnitt viel längere Strecken. »Bei den meisten amerikanischen Fahrzeugen«, hieß es darum in diesem Handbuch von 1938, »wird die Antennenanlage schon serienmäßig eingebaut; der Käufer hat sich nur mehr den Empfänger zu beschaffen und anzuschließen.«

Wirklich populär geworden ist das Autoradio in Deutschland aber erst nach dem Krieg. Von neu gegründeten Firmen kamen dabei wesentliche Impulse. Ein typisches Beispiel dafür bot Max Egon Becker, der als 17jähriger Jungunternehmer seit 1945 in Pforzheim eine Rundfunkreparaturwerkstatt und einen Großhandel mit Rundfunkgeräten betrieb und im Winter 1948/49 sein erstes Autoradio in eigener Produktion herausbrachte. Erste Serie: 25 Apparate in Handfertigung.

Heute stellen in Deutschland die Firmen Becker, Blaupunkt, Deutsche Philips, Grundig und SEL Autoradios her, und 1972 wurden in Deutschland insgesamt 2,5 Millionen solcher Empfänger gebaut. Die Einbauquote für Autoradios liegt heute in der Bundesrepublik bei 45 Prozent.

In der technischen Entwicklung kam man zunächst von der Handabstimmung zu den Drucktasten, dann zum vollautomatischen Sendersuchlauf (erstmals eingebaut im Becker Mexiko 1953), ein Bedienungskomfort, der den Fahrer von der Ablenkungsgefahr beim Einstellen weitgehend befreit. Man kam dann zum UKW-Empfang und ging von den herkömmlichen Verstärkerröhren Ende der 50er Jahre zum

Das gewichtige erste Becker-Autoradio und sein handlicher Nachfolger, ein Stereogerät mit Sendersuchlauf und Kassettenrecorder

Ein modernes Selbstwähl-Autotelefon von Becker mit Rufnummer-Wiederholungstaste

Transistorgerät über. In den letzten Jahren konnte man von einer »Miniaturisierung« sprechen: Die Bauelemente wurden immer kleiner, Bauhöhen von weniger als 50 mm wurden üblich, und auch das Gewicht sank rapide. Der Becker »Avus« von 1970 wog zum Beispiel nur noch 1,2 kg, gegenüber den 5,3 kg seines Vorläufers von 1955.

Die Preise für Autoradios sind heute (1973) je nach Ausführung sehr verschieden. Einfache Geräte kann man schon für weniger als DM 300,– haben, während man für ganz hochwertige Ausführungen mit automatischer Senderwahl, Automatikantenne, Stereolautsprecher und Bandgerät DM 1000,– und mehr anlegen muß. Längst gibt es bei einzelnen Sendern einen »Verkehrsfunk«, der ständig Durchsagen über Straßenverhältnisse, Baustellen, Stauungen und so weiter bringt und der die Benützung eines Autoradios zur Notwendigkeit im Kraftfahreralltag werden läßt.

Eine weitere moderne technische Einrichtung im Automobil ist das Autotelefon. Wer einmal ein solches fahrendes Telefon erlebt hat, ist von der Möglichkeit fasziniert, von überall aus jedermann anrufen zu können. Für viele Geschäftsleute ist es daher von größtem Nutzen. Eine Selbstwähl-Autotelefonanlage kostet heute etwa DM 11 000,–, und die monatlichen Grundgebühren für ein solches Telefon stellen sich (Stand April 1973) auf DM 270,–. Die Gesprächseinheiten entsprechen denen des normalen Fernsprechverkehrs.

Die neueste technische Errungenschaft auf dem Gebiet des Autotelefons ist die Speicherung von Telefonnummern. Man braucht dann, um eine solche vorprogrammierte Nummer zu wählen, nur noch eine Ziffer zu tasten, was man praktisch ohne Ablenkung beim Fahren machen kann. Man nennt diese Vorrichtung den Zielwahlspeicher.

Ist eine so gewählte Nummer besetzt, drückt man eine Wiederholungstaste, dann wählt das Gerät so lange weiter, bis das Gespräch vermittelt ist.

Bei Autotelefonanlagen unterscheidet man zwischen dem Netz A und dem Netz B. Zunächst gab es nur Autotelefone für Handvermittlung über das entsprechende Fernamt, und für dieses Netz A gab es bis Oktober 1972 etwa 8400 Geräte in Deutschland. Seit November 1972 gibt es das Netz B, also das Autoselbstwähltelefon, das immer mehr Freunde findet.

Diese Motordrehleiter der Firma Saurer war von 1914 bis 1964 im aktiven Einsatz bei der St. Gallener Feuerwehr.

Den Mercedes-Reisewagen von 1903 mit 60-PS-Moto- würden wir heute als Kleinbus bezeichnen.

Lastwagen und Omnibusse in der Frühzeit

Im September 1896 erfuhr die Öffentlichkeit durch Prospekte, daß die Daimler-Motorengesellschaft in Cannstatt »im Anschluß an die dem Personenverkehr dienenden Daimler-Wagen einen Daimler-Motorlastwagen angefertigt hat, der bestimmt ist, den Frachtverkehr zu vermitteln«.
Die ersten Fahrzeuge mit einem Verbrennungsmotor für den Transport von Frachten erreichten Geschwindigkeiten von 3 bis 12 km/h und waren, wie der Prospekt besonders hervorhob, »auch zum Rückwärtsfahren eingerichtet«. Die Räder hatten eiserne Reifen. Als Extra-Ausstattung wurde zum Warmhalten der Füße des Fahrers an kalten Wintertagen im Bock des Wagens eine Heizvorrichtung angebracht, was allerdings 80 Goldmark zusätzlich kostete.
Geliefert wurde der erste Daimler-Lastwagen in vier Typen von 4 bis 10 PS und für Lasten von 1,5 bis 5 Tonnen. Der Motor in 2-Zylinder-Reihenbauart war zunächst am Heck, später unter dem Sitz angebracht. Auch alle Antriebsorgane des Riemenantriebs befanden sich unterhalb des Laderaumes, um eine uneingeschränkte Ausnutzung der Ladefläche zu ermöglichen. Dieser erste Daimler-Lastwagen fand aber zunächst in Deutschland noch keinen Widerhall.
Die Engländer mit ihrem ausgeprägt merkantilen Sinn erkannten als erste die Vorteile des neuen Motorlastwagens für den Warentransport. Frederick Simms, ein cleverer britischer Unternehmer mit feinem Spürsinn für Entwicklungsmöglichkeiten, war Daimlers Geschäftsvertreter in England. Er erhielt die Vorrechte für die Nutzung der Daimler-Patente innerhalb des britischen Weltreichs. Simms erkannte die Chancen der Daimler-Motorlastwagen im Frachtverkehr. Er stellte zum ersten Male 1898 in Sutton Coldfield den neuen Daimler-Lastwagen aus, später auch in London. Er errang mit ihm bei den ersten Nutzfahrzeugwettbewerben gegen die damals noch starke Konkurrenz der Dampflastwagen hervorragende Erfolge, die mit Gold- und Silbermedaillen ausgezeichnet wurden.
Diese ersten Leistungsberichte lenkten die Aufmerksamkeit auf die neuen, bisher unbekannten Transportmittel mit Benzinmotor, womit der erste Schritt zur Popularisierung des Motorlastwagens getan war. Andererseits spornten die Erfolge in England Gottlieb Daimler und Wilhelm Maybach an, die Lastwagen im Motor und im Antrieb laufend zu verbessern, so daß es im Jahre 1898 zum Beispiel zum Einbau der ersten Bosch-Niederspannungsmagnetzündung in einem Daimler-Lastwagen kam.

Im Juni 1898 stellten Gottlieb Daimler (rechts) und Wilhelm Maybach den 5-Tonnen-Lastwagen mit 2-Zylinder-Phoenix-Motor auf der Pariser Automobilausstellung vor. Das Ausland war an diesem neuen Transportmittel besonders interessiert.

Kampf gegen den Dampf

Aber noch beherrschte der dampfgetriebene Lastwagen das Feld, noch hielten alle übrigen Lastwagenhersteller zäh am Dampfantrieb fest. Erst die zunehmenden Erfolge der Daimler- und auch der Benz-Transportvehikel bei den zahlreichen strengen Testprüfungen in England und auch in Frankreich sorgten allmählich für einen Umschwung der Meinung. Bei den harten Wettbewerbsprüfungen setzten sich die deutschen Motorlastwagen so eindrucksvoll durch, daß von 1901 an in England, dem Pionierland der Dampfmaschinenindustrie, nun doch Zweifel an der Zukunft des Dampfwagens aufkamen. Und so kann die Zeit um 1903 als Wende und Übergang vom Dampfwagen zum benzingetriebenen Nutzfahrzeug angesehen werden.
Nachdem die Firma G. F. Milnes - mit Frederick Simms als Berater - englischer Interessenvertreter von Daimler geworden war, wurde nach 1901 die Beförderung der Londoner Paketpost zum ersten Mal einem Milnes-Daimler-Lastwagen anvertraut. 1902 rüstete Dunlop in London erstmals einen Daimler-Lastwagen mit Luftreifen aus.
Die Konkurrenz der Dampf- und Elektrofahrzeuge war in Amerika stärker als in Europa. Aber wie in England und Frankreich, so wurden um die Jahrhundertwende auch in Amerika Lastwagen-Zuverlässigkeitsfahrten durchgeführt, bei denen die Fahrzeuge des amerikanischen Daimler-Unternehmers William Steinway - zugleich Inhaber der weltbekannten Pianofabrik - im Kampf gegen die Dampf- und Elektrokonkurrenz ausgezeichnet abschnitten.
Auch auf der ersten internationalen Automobil-Ausstellung in New York 1900 erregten die in Amerika hergestellten Daimler-Lieferwagen Aufsehen. Für die ersten Käufer richtete man dort 1902 einen Kunden- und Abschleppdienst ein. Die damalige Daimler-Niederlassung in Philadelphia kann man als die Geburtsstätte des Automobil-Kundendienstes bezeichnen.
Eine Pioniertat ist auch aus Österreich zu vermelden, wo Paul Daimler - der Sohn Gottlieb Daimlers - die Daimler-Motorengesellschaft in Wiener-Neustadt führte. Unter seiner Leitung wurde in den Jahren 1903 bis 1905 ein geländegängiger Lastwagen mit Allradantrieb entwickelt. Nur in Deutschland, dem Geburtsland des Nutzfahrzeuges mit Benzinmotor, dauerte es etwas länger, bis sich das neue Transportmittel durchsetzte. Um die Jahrhundertwende erkannten zunächst nur Spediteure und Bauunternehmer seine Vorteile, aber schließlich entschlossen sich doch immer mehr Interessenten, von ihrem Pferdefuhrwerk auf die PS des Automobils umzusteigen.

8547 CH75

1907 De Dion-Bouton
1-Zylinder-Frontmotor, 942 ccm, drei Vorwärts-, ein Rückwärtsgang

Oben: Ein Versuchsmuster für einen Lastwagen, das aber zu keiner Serienproduktion führte, baute Panhard et Levassor schon 1893. – Darunter: Ein kleiner Daimler-Lastwagen von 1898. – Rechts: Ein Brauerei-Lastwagen von Daimler mit 12-PS-4-Zylinder-Motor. – Unten rechts: Ein 5-Tonnen-Lastwagen der Schweizer Firma Saurer von 1903/1904 mit 8-Liter-4-Zylinder-Motor, 27,5 PS, ca. 20 km/h Höchstgeschwindigkeit

Schwerer Start für den Omnibus

Die Anregung, aus einem mehrsitzigen offenen Motorwagen eine geschlossene, motorisierte Postkutsche - also den ersten Omnibus - zu fertigen, erhielt Carl Benz im Jahre 1894 von einigen aufgeschlossenen Geschäftsleuten, die zu Beginn des Jahres 1895 die »Netphener-Omnibusgesellschaft« als Genossenschaft mit einem Kapital von 12 500 Goldmark gründeten. Das Unternehmen war als Ersatz für die projektierte, aber erst später verwirklichte Siegtalbahn für den Verkehr zwischen der Stadt Siegen und den Orten Netphen und Deuz gedacht. Als Omnibusse wurden im Frühjahr 1895 zwei Benz-Motorwagen für acht Personen, sogenannte »Landauer«, in Betrieb genommen, die mit je einem liegenden 1-Zylinder-Motor von 5 PS ausgerüstet waren. Am 18. März 1895 wurde diese Omnibuslinie zwischen Siegen, Netphen und Deuz offiziell eröffnet. Für die 15 Kilometer lange Strecke brauchte der Omnibus 1 Stunde und 20 Minuten. Die Omnibusse fanden bei der Bevölkerung sofort lebhaften Zuspruch, obwohl der Fahrpreis von Siegen nach Deuz 1 Mark betrug - für die damalige Zeit ein sehr hoher Betrag. Die Erwartungen, die man an die neue Verkehrslinie knüpfte, konnten jedoch auf die Dauer nicht erfüllt werden. Ein besonders großer Nachteil lag in der Bereifung, denn die Räder - ursprünglich mit Vollgummi versehen - mußten wegen des schlechten Zustandes der Straßen mit Eisenreifen versehen werden, wodurch die Straßenhaftung ungenügend wurde. Oftmals waren die Fahrgäste genötigt, zwischen Dreis-Tiefenbach und Netphen auszusteigen, besonders bei schlechtem Wetter, weil der Wagen sonst die Steigung nicht überwinden konnte. Bei der Begegnung mit Fuhrwerken scheuten häufig die Pferde, und der Motor mußte abgestellt werden, bis das Gespann vorbeigefahren war. Besonders erschwerend waren auch verschiedene Mängel in der regelmäßigen Instandhaltung der Fahrzeuge, wodurch die Wagen vorzeitig unbrauchbar wurden. So wurde der Betrieb im Winter 1895 schließlich wieder eingestellt. Der Pferdeomnibus hatte noch einmal - ein letztes Mal - gesiegt.

Aber der Fortschritt war nicht mehr aufzuhalten. 1898 lieferte nun Daimler den ersten 12-PS-Omnibus für 20 Fahrgäste nach London, wo man mit dem neuartigen Fahrzeug sehr zufrieden war, so daß sich ihr Konstrukteur zu einem ersten Omnibus-Fertigungsprogramm ermutigt fühlte, bestehend aus vier Typen für 4–16 Personen mit Motorleistungen zwischen 4 und 10 PS. Während also in Deutschland die neuen Fahrzeuge nur vereinzelt auftauchten, verdrängten sie in England die dampfgetriebene Konkurrenz wesentlich schneller.

In diese Zeit fällt auch die Geburtsstunde des ersten Touristik-Reisedienstes mit Motoromnibussen. Im Bergland von Wales, und zwar im Stadtgebiet und in der Umgebung von Llandudno, verkehrten im Mai 1898 zum ersten Male drei Benz-Omnibusse, ausgerüstet mit einem 15-PS-Motor. Wie die Chronisten berichten, waren die Fahrgäste von dem Stil der neuen Ausflugsfahrten sehr begeistert.

Künzelsau – Bad Mergentheim

Drei Jahre nach der Stillegung der ersten Omnibuslinie bei Siegen wurde auf die englischen Erfolgsmeldungen hin im Februar 1898 auch in Deutschland wieder eine Linie eröffnet. Die kurvenreiche, rund 30 Kilometer lange Strecke zwischen Künzelsau und Bad Mergentheim führte bergauf, bergab, mit Höhenunterschieden bis zu 150 m. Die Probefahrt, an der auch Gottlieb Daimler teilnahm, verlief zu aller Zufriedenheit. Der Daimler-Victoria-Wagen war mit fünf Personen besetzt. Die Fahrt dauerte bei nassem Wetter 2 Stunden und 55 Minuten. Ende September 1898 wurde dann ein eigens für diese Gesellschaft umgebauter Daimler-Wagen für zehn Personen, mit einer Leistung von 10 PS, in Betrieb genommen und bald darauf noch ein zweiter Wagen geliefert. Von den Behörden wurde eine Durchschnittsgeschwindigkeit von 16 km/h und eine Höchstgeschwindigkeit von 20 km/h zugestanden.

Der Betrieb spielte sich infolge verschiedener Schwierigkeiten nur langsam und schwerfällig ein. So mangelte es den Fahrern an Übung im Umgang mit dem neuen Fahrzeug. Oft fehlte es an Betriebsstoff, und Stockungen entstanden, wenn die Apotheken kein Benzin liefern konnten. Durch die Höhe der Wagen, die etwa 3 Meter betrug, litt die Sicherheit in den zahlreichen Kurven sowie auf den Steigungen und Gefällstrecken. In der zweiten Betriebswoche setzte heftiger Regen ein, und in den aufgeweichten Straßen blieb der eisenbereifte Omnibus oft stecken, so daß ihn die Bauern der nahen Ortschaften mit ihren lebenden PS abschleppen mußten. Zu alledem kam es beinahe zu einem folgenschweren Unglück, als ein ungeübter Fahrer in einer Kurve das Fahrzeug nicht mehr rechtzeitig bremsen konnte. Glücklicherweise blieb der Omnibus jedoch mit einem Hinterrad an einem Baum hängen, wodurch der Wagen und seine Insassen davor bewahrt wurden, einen 30 Meter tiefen Hang hinabzustürzen. Dann stellten sich durch die Unbilden des Winters unvorhergesehene Schäden ein. Zahlreiche Beschwerden und Angriffe führten bald zu Beratungen über eine Liquidation des Unternehmens, doch gerade da funktionierte der Verkehr wieder besser, und man faßte neue Hoffnungen. Mitte März stellte die Daimler-Motorengesellschaft einen viersitzigen Victoria-Wagen als Reserve zur Verfügung. Nun glaubte man den Motorwagenverkehr endgültig gesichert. Aber die technischen Schwierigkeiten in diesem Gelände waren für die damalige Zeit doch zu groß, und so mußte die erste fahrplanmäßig betriebene Motor-Omnibus-Linie, die als Vorläuferin

Von oben nach unten: Einer der beiden ersten Linien-Omnibusse, ein achtsitziger Benz mit 5-PS-1-Zylinder-Motor, im Frühjahr 1895 von der Netphener Omnibusgesellschaft in Dienst gestellt. – Die erste »Kraftpost« mit einem 10-PS-Daimler-Omnibus für 10 Personen 1898/99 auf der Strecke Künzelsau – Mergentheim. – Ein Saurer-3-Tonnen-Omnibus im Kaukasus (1912)

Der erste Berliner Omnibus mit Benzinantrieb war ein »Doppeldecker« von Daimler mit 14-PS-Motor (November 1905).

der Kraftpost gelten kann, am 15. Juli 1899 ihren Betrieb wieder einstellen.

Mehr Erfolg hatte da schon der Omnibus-Lokaldienst, der vom Jahre 1899 an in der Stadt Speyer und in deren Umgebung mit vier Linien betrieben wurde. Die fünf Daimler-Wagen, von denen jeder mit einem 10-PS-2-Zylinder-Motor und mit Eisenreifen ausgestattet war, erreichten eine Spitze von 14 km/h und beförderten innerhalb von zwei Jahren über 110 000 Personen. Dann wurde nach insgesamt 11 Jahren die Eisenbahnlinie Speyer - Neustadt eröffnet und der Omnibuseinsatz über Nacht dadurch unrentabel und darum wieder eingestellt.

Im Vergleich mit der Postkutsche besaß der Motor-Omnibus mehr Schnelligkeit und größeres Fassungsvermögen. Diese Vorteile waren es denn auch, die schließlich einige deutsche Postverwaltungen zur Anschaffung von Postomnibussen bewog. Am 1. Juni 1905 wurde von der königlich-bayrischen Postverwaltung die erste deutsche Kraftpostlinie mit Omnibussen eingeweiht. Sie führte von Bad Tölz nach Lenggries in Oberbayern, und sie kam so gut an, daß auf einmal überall neue Linien in Betrieb genommen wurden. 1911 gab es bereits 53 ständige Linien, die das ganze Jahr hindurch betrieben wurden, dazu kamen 19 Ausflugslinien, und im Jahre 1911 verzeichnete die königlich-bayrische Postverwaltung einen Reingewinn aus dem Busverkehr von fast 300 000 Goldmark.

Auch in Berlin begegnete man »den lärmenden, stinkenden Benzinkutschen« zunächst mit Mißachtung, zumal vorher - aus Amerika kommend - geradezu eine Elektro-Euphorie geherrscht hatte. Alles, was damals in Berlin Räder hatte - ob Lieferwagen, Postwagen, Omnibus oder Droschke -, hatte einen Elektromotor. Erst als Kaiser Wilhelm II. im Jahre 1903 - spät genug - drei Daimler-Wagen kaufte, wurde auch der neue Motorwagen anerkannt. Es hatte sich in der Zwischenzeit auch herumgesprochen, daß der Aktionsradius eines Benzinfahrzeugs wesentlich größer ist als der eines Fahrzeugs mit Elektromotor.

Bierbrauereien, Warenhäuser und Möbellieferanten waren die ersten Abnehmer der Nutzfahrzeuge mit Benzinmotor, die bald das Straßenbild belebten, obwohl die Produktion noch keine besonders imponierenden Zahlen vorweisen konnte: 1902 lag sie im neuen Daimler-Werk Marienfelde bei einem Lastwagen pro Tag.

Im November 1905 konnte man dann im Berliner Lokalanzeiger lesen: »Die Premiere des Automobil-Omnibusses ist ausgezeichnet verlaufen. Das neue Verkehrsmittel bewährte sich tadellos. Berlin ist um eine Attraktion reicher! Gegenüber dem schwächlichen elektrischen Omnibus, der vor einigen Jahren todesmatt aus dem Verkehr gezogen werden mußte, bedeuten die beiden Automobile einen wirklichen Fortschritt.«

Die erste Berliner Omnibuslinie, die sich des Benzinmotorwagens bediente, wurde am 19. November 1905 eröffnet, und dieser erste Omnibus war bereits ein 14-PS-»Doppeldecker«, wie später die klassischen Berliner Omnibusse und wie auch die Omnibusse in London. Damals war dieser erste Omnibus, der vom Hallischen Tor zur Chausseestraße lief und von der Allgemeinen Berliner Omnibus-Actiengesellschaft betrieben wurde, noch nicht mit Luftreifen, sondern noch mit Vollgummireifen versehen. Er hatte wesentlich kleinere Vorderräder als Hinterräder. Die Vorderräder besaßen noch keine Bremsen. An den Hinterrädern befand sich ein Bremsschuh, wie bei Fuhrwerken, der von außen auf die Vollgummiräder gepreßt wurde, und das Oberdeck dieses Omnibusses war noch völlig offen. Der Fahrer hatte zwar ein Dach über seinem Kopf, aber sonst waren die beiden Vordersitze völlig freiliegend und besaßen noch keine Türen und keine Fenster, wie das ja bei den Personenwagen der damaligen

Drei Generationen von Löschfahrzeugen: Das erste deutsche Feuerwehrauto von Adler 1901, eine Magirus-3-Tonnen-Autospritze Modell Ulm 1924 und ein Flugplatz-Großtanklöschfahrzeug von Magirus 1972

Zeit auch noch üblich war. Die Omnibusse in London waren von der gleichen Bauart. 1906 führte man in Berlin einen neuen Omnibustyp ein, auch ein Oberdeckmodell, das 44 Sitzplätze hatte und dazu noch Stehplätze, also wesentlich größer war als die bisherigen Omnibusse. Das erreichte man dadurch, daß der Fahrersitz mit der Lenkung über den Motor gerückt wurde, der sich wiederum unmittelbar über der Vorderachse befand. Auch diesmal waren die beiden Vordersitze völlig offen und nur mit einem provisorischen Dach versehen. Diesen Bus von 1906 kann man als den Vorläufer des modernen Omnibusses bezeichnen, weil er in der Raumausnutzung schon vorbildlich war.

Mit Benzin zum Feuer

Gottlieb Daimler hatte schon 1892 eine (pferdegezogene) Feuerspritze mit einer motorisierten Pumpe versehen, um die breite Anwendungsmöglichkeit seiner Motoren zu dokumentieren.

Als erstes Feuerwehrauto in Deutschland gilt ein leichter Motorwagen der Adler-Werke, der 1901 auf der internationalen Feuerschutzausstellung in Berlin gezeigt wurde: ein umgebauter Personenwagen, der leider keinen Käufer fand.

Die Entwicklung der eigentlichen Feuerwehr-Automobile mit Spritzen und Drehleitern dagegen ist eng verknüpft mit den Fortschritten im Bau von Lastkraftwagen. Da man sich anfangs scheute, mit »Benzin zum Feuer zu fahren«, entstanden nach der Jahrhundertwende Ausweichlösungen, die ohne Benzin auskamen, aber entsprechend umständlicher waren: einerseits Dampfmaschinen-Fahrantriebe mit Petroleumheizung und Kohlensäuregas-Schnellstarteinrichtung, andererseits Elektroantriebe mit Batterien und Tatzlager- oder Radnabenmotoren, System Lohner-Porsche. Daneben bestand nach wie vor die Konkurrenz der Pferdebespannung.

Es herrschte noch weitgehend die Ansicht, daß »die heutige Dampfspritze, die mit gesunden Pferden bespannt, sicher und hilfebringend zur Brandstätte eilt, das Ideal eines Löschgerätes für jede Feuerwehr ist und bleibt«. Wirtschaftlichkeitsberechnungen, einfachere Handhabung und der Umstand, daß die Betriebsreife der Benzinmotoren durch Tausende von Last- und Personenkraftwagen, die vor dem ersten Weltkrieg die deutschen Straßen befuhren, erwiesen war, sprachen dann um 1914 endgültig für das Benzinautomobil im Feuerlöschwesen. Das Ausland war zu jener Zeit dem Benzinauto gegenüber wesentlich aufgeschlossener. Englische und amerikanische Firmen bauten Löschautos, und deutsche Firmen konnten ihre Fahrzeuge leichter im Ausland absetzen als daheim. Immerhin waren aber 1911 bereits 67 Benzinautomobile bei den deutschen Berufsfeuerwehren in Betrieb.

Während des ersten Weltkriegs waren die Motoren und Lastkraftwagen technisch wesentlich verbessert worden; dieser Umstand wirkte sich günstig auf die rasche Einführung des Kraftwagens bei den Feuerwehren aus. Schon im letzten Kriegsjahr wurden »Autospritzen« mit wirklich »automobilem Aussehen« geliefert. Offener Fahrersitz mit seitlichen Mannschaftssitzbänken, vom Fahrmotor angetriebene Feuerlösch-Kreiselpumpe, aufgeprotzte, fahrbare Schlauchhaspel und in der Mitte des Fahrzeugs angeordnetes Leitergerüst waren die typischen Merkmale der Fahrzeuge jener frühen Nachkriegszeit. Die Berliner Automobilausstellung von 1921 bot dann zum ersten Mal anhand zahlreicher Feuerwehrfahrzeuge einen Überblick über die Fortschritte des Kfz-Wesens bei der Feuerwehr. Der Verbren-

FEUERWEHR ULM 1924
Magirus
UL-04294

FLUGHAFEN MÜNCHEN

Oben: Mit Dampf zum Feuer! Dampfspritze von Magirus für die Kölner Feuerwehr (1904). – An der Autospritze auf Magirus-Fahrgestell für die Stadt Rottweil (1918) erkennt man die damals üblichen seitlichen Sitzbänke.

nungsmotor und das Kraftfahrzeug hatten sich durchgesetzt, die Vorzüge und die Sicherheit des Automobilbetriebes waren voll anerkannt. In den ersten Nachkriegsjahren wandelte sich das äußere Gesicht der Fahrzeug-Aufbauten nur wenig. Mit steigenden PS-Zahlen und zunehmenden Fahrgeschwindigkeiten erwiesen sich jedoch die Längsbänke als unzweckmäßig; ab 1926 wurden sie durch Querbänke ersetzt, wobei man zum besonderen Schutz der Feuerwehrleute auch schon vielfach seitliche Einsteigtüren anordnete. Zum Schutz gegen die Witterung wurden damals schon Verdecke vorgeschlagen; man war sich jedoch über deren Zweckmäßigkeit nicht einig, denn einerseits war »man der Meinung, daß die Mannschaft nach militärischem Vorbild gegen Wind und Wetter abgehärtet werden soll«, andererseits sah man aber ein, daß »es von großem Vorteil ist, die Leute unverbraucht an die Brandstelle zu bringen«. Es dauerte aber noch sechs Jahre, bis der Gedanke des vollständig geschlossenen Aufbaus erstmals bei einem Feuerwehrfahrzeug verwirklicht wurde. Damit trat 1932 ein Wandel im Gesicht der Feuerwehrautomobile ein, der zusammenfällt mit der erstmaligen Verwendung des Dieselmotors. Bei großen Kraftfahrdrehleitern glaubte man bis etwa 1930 aus Gründen der Standsicherheit auf die alte Vollgummi-»Elastik«-Bereifung nicht verzichten zu können, während die Autospritzen schon seit 1925 fast durchweg auf Luftreifen rollten. Vom Jahr 1931 ab wurden bei den Drehleitern die bisherigen stahlarmierten Holz-Leitersätze durch druckfeste Ganzstahl-Leitersätze abgelöst.

In den Jahren vor dem zweiten Weltkrieg erfolgte im Hinblick auf den Luftschutz eine weitgehende Vereinheitlichung der Löschfahrzeuge, während bis dahin die Herstellung der Feuerwehrautos mehr oder weniger Einzelfertigung gewesen war. Nach dieser Typisierung setzte während des Krieges dann die Großserienfertigung von Feuerlöschfahrzeugen ein. Im Hinblick auf die Schwierigkeiten bei der Löschwasserversorgung wurde besonders der Bau von Tanklöschfahrzeugen vorangetrieben, die einen großen Wasservorrat mitführten. Ende 1944 rechnete man mit einem Bestand von rund 22000 Fahrzeugen; etwa 4000 haben den Zusammenbruch einsatzfähig auf dem Gebiet der heutigen Bundesrepublik überstanden. 1948 wurde von Magirus-Deutz in Ulm der luftgekühlte Dieselmotor als Kraftmaschine bei mittleren und großen Feuerwehrfahrzeugen eingeführt; er hat sich wegen seiner Anspruchslosigkeit, besonders im Winterbetrieb, sehr gut bewährt. In den 50er Jahren waren die vielfältigen Aufgaben, die für die Feuerwehr hinzukamen, und die Einführung neuer Löschverfahren Anlaß dafür, in zunehmendem Maße Sonderfahrzeuge herzustellen. Das Typenprogramm wurde beträchtlich ausgeweitet durch die Aufnahme von Gerätewagen, Kranwagen, Pulverlöschfahrzeugen sowie Schaumlöschfahrzeugen für die Mineralölindustrie und für Flugplätze. Bei den Löschfahrzeugen setzte sich immer mehr der Allrad-Antrieb durch. Inzwischen ist ein umfangreiches Werk von Feuerwehrfahrzeug-Normen erschienen, das die einheitliche Ausführung und Ausstattung festlegt. Zum Beispiel sichert die Forderung nach 12 PS pro Tonne Wagengewicht den Feuerwehrfahrzeugen eine kraftvolle Beschleunigung und eine hohe Geschwindigkeit.

Nach 1965 trat wieder einmal ein Wandel im Gesicht der Feuerwehrfahrzeuge ein: Der Frontlenker war, nachdem er beim Lastwagen seine Bewährungsprobe bestanden hatte, auch bei der Feuerwehr im Vormarsch. Und heute wird die neue Generation der traditionellen Dreifahrzeugzüge – bestehend aus Tanklöschfahrzeug, Löschgruppenfahrzeug und Drehleiter – fast ausschließlich in modernster Frontlenkerbauweise hergestellt.

Daß die »Motorwagen« der Feuerwehr auch den Anschluß an das Jumbo-Jet-Zeitalter nicht verpaßt haben, beweisen die gigantischen Flughafen-Großlöschfahrzeuge mit 50 Tonnen Dienstgewicht und 1000 PS Motorleistung, die in den letzten Jahren auf mehreren internationalen Großflughäfen in Dienst gestellt worden sind.

Mercedes-Tourenwagen von 1903, 9230-ccm-4-Zylinder-Motor, 60 PS. Die elektrische Beleuchtung an diesem Wagen wurde 1910 versuchsweise eingebaut.

Vorschriften und Kuriositäten

Für das Königreich Preußen wurden am 15. April 1901 die ersten Polizeiverordnungen »über den Verkehr mit Kraftfahrzeugen« verkündet, die am 15. Juni 1901 in Kraft traten, wobei sie für die einzelnen Provinzen etwas unterschiedlich gehandhabt wurden. Für den Landespolizeibezirk Berlin hatte diese Verordnung insgesamt 38 Paragraphen, wobei es im ersten hieß: »Für den Verkehr mit Kraftfahrzeugen (Kraftwagen und Kraftfahrrädern) gelten sinngemäß die Vorschriften der den Verkehr von Fuhrwerken, beziehungsweise Fahrrädern auf öffentlichen Straßen und Plätzen regelnden Polizeiverordnung.«
Dies war die erste Vorschrift, die ins Detail ging, was vor allen Dingen der Paragraph 3 zeigte: »Die Lenkvorrichtungen müssen leicht zu handhaben sein und es ermöglichen, daß Kraftwagen auf Straßendämmen von zehn Meter Breite und Kraftfahrräder auf solchen von drei Meter Breite umkehren können. Für Kraftwagen, die Lastentransporten dienen, können Ausnahmen gemacht werden.«
Das gibt es nicht einmal heute, daß man eine Vorschrift für den Wendekreis der Kraftfahrzeuge hat, und man könnte die Fahrzeuge heute an den Fingern einer Hand aufzählen, die auf Straßendämmen von zehn Meter Breite ohne weiteres umkehren können, wobei unter »umkehren« wohl gemeint war, daß man nicht den Rückwärtsgang gebraucht. Man hatte damals schon recht konkrete Vorstellungen. Im Paragraph 4 hieß es: »Jeder Kraftwagen ist mit zwei voneinander unabhängig zu handhabenden, schnell und sicher wirkenden Bremsvorrichtungen zu versehen, von denen jede für sich im Stande ist, den Wagen auf ebenem, trockenem Asphaltpflaster bei einer Geschwindigkeit von 15 km/h auf höchstens 8 Metern Länge zum Stehen zu bringen. Für Kraftfahrräder genügt eine den vorstehenden Bestimmungen entsprechende Bremsvorrichtung.«
Man verwendete damals noch nicht das Wort »Motorräder«, sondern »Kraftfahrräder«, weil die wenigen »Motorräder«, die es gab, eigentlich Fahrräder mit Hilfsmotor waren und auch als solche betrachtet wurden. Die Vorschrift für die Bremsen war eigentlich schon ziemlich streng, weil aus die-

Die Verkehrsprobleme scheinen um die Jahrhundertwende nicht geringer gewesen zu sein als heute. – Unten: Selbstschutz für Straßenpassanten. (Aus dem Londoner »Punch« von 1910)

sem Paragraphen deutlich zu entnehmen ist, daß jede einzelne der beiden Bremsen eine solche Bremsung von 15 km/h auf 8 Meter Länge (das Deutsch der Vorschrift ist etwas holprig) zustande bringen mußte. Man darf nicht vergessen, daß damals ja noch kein Auto eine Vierradbremse besaß, sondern normalerweise eine Bremse für die Hinterräder und eine Bremse am Getriebe beziehungsweise an der Kardanwelle oder an der Hinterachse. Bezeichnend ist auch, daß man eine Geschwindigkeit von 15 km/h für die Bremswirkung als eine gewisse Richtlinie der Geschwindigkeit betrachtete und kein höheres Tempo. Freilich ist ein Abbremsen aus 15 km/h auf 8 Meter eine sehr bescheidene Bremswirkung, die nur bei etwa 1,2 m/sec^2 liegt, während wir heute beim Personenwagen Bremsen mit einer Verzögerung von etwa 7,5 bis 8 m/sec^2 haben.

Aber weiter im Paragraph 5: »Jedes Kraftfahrzeug muß mit einer Huppe ausgestattet sein; die mit derselben zu gebenden Warnzeichen müssen deutlich wahrnehmbar sein, ohne durch überlautes oder grelles Geräusch das Publikum zu belästigen.« Was man mit diesen Huppen machen mußte, das bestimmte der Paragraph 32: »Der Führer hat entgegenkommende, zu überholende, in der Fahrtrichtung stehende, oder in der Fahrtrichtung kreuzende Menschen, insbesondere auch die Führer von Fuhrwerken, Reiter, Radfahrer, Treiber von Vieh und so weiter durch deutlich hörbares Signal auf das Nahen des Kraftwagens aufmerksam zu machen. Er hat ferner langsam zu fahren und zu halten, sofern dies zur Vermeidung von Unfällen erforderlich ist. In gleicher Weise ist Signal zu geben vor Straßenkreuzungen. Mit dem Signalgeben ist aber sofort aufzuhören, wenn Pferde oder andere Tiere dadurch unruhig oder scheu werden. Zweckloses oder belästigendes Signalgeben ist zu unterlassen.«

Wenn das Pferd scheut

Man spürt, das Pferd genoß hier noch die Priorität. So stand im Paragraph 33 dann: »Merkt der Führer, daß ein Pferd oder ein anderes Tier vor dem Kraftwagen scheut, oder sonstwie durch das Vorbeifahren mit dem Kraftwagen Menschen oder Tiere in Gefahr gebracht werden, so hat er langsam zu fahren, oder erforderlichenfalls anzuhalten. Das Auspuffen des Dampfes bei Kraftfahrzeugen mit Dampfantrieb hat zu unterbleiben, insoweit dadurch das Scheuen von Vieh oder eine sonstige Störung verursacht werden kann.«

Über die Begrenzung der Geschwindigkeit gab Paragraph 28 Auskunft: »Die Geschwindigkeit der Fahrt darf bei Dunkelheit oder auf städtisch angebauten Straßen das Zeitmaß eines in gestrecktem Trabe befindlichen Pferdes (ca. 15 km/h) nicht überschreiten, außerhalb der Bebauungsgrenze darf sie, wenn gerade und übersichtliche Wege befahren werden, angemessen erhöht werden.« Auch hier war das Pferd (das Pferd im Trabe) der Maßstab für den Autofahrer von einst. Dafür zeugt auch der Paragraph 30. »An denjenigen Stellen, wo ein lebhafter Verkehr von Wagen, Reitern, Radfahrern oder Fußgängern stattfindet, sowie auf Strecken, die derart schlüpfrig sind, daß die Wirksamkeit der Bremse in Frage gestellt ist, darf höchstens mit der Geschwindigkeit eines kurz trabenden Pferdes gefahren werden.«

Interessant war, daß im Paragraph 31 eine Vorschrift verankert wurde, die weit vorausschauend genannt werden muß:

»Während der Dunkelheit und bei starkem Nebel müssen die Laternen brennen.« Daß man bei starkem Nebel die Scheinwerfer anzünden soll, das ist eine Forderung, die man auch heute nicht laut genug stellen kann, weil man oft noch Kraftfahrer findet, die bei Nebel oder in der Dämmerung viel zu spät ihre Scheinwerfer einschalten.
Damals mußte jedes Kraftfahrzeug »mit einem Schilde versehen sein, welches die herstellende Firma, die Anzahl der Pferdekräfte der Maschine und das Eigengewicht des Wagens angibt«. Das heißt also, es wurde schon 1901 das verlangt, was man ein Typenschild nennt. Einen Führerschein im eigentlichen Sinne gab es noch nicht, aber im Paragraph 21 wurde folgendes bestimmt: »Das Führen von Kraftfahrzeugen ist nur solchen Personen gestattet, die mit maschinellen Einrichtungen und deren Handhabung völlig vertraut sind und sich hierüber durch eine von einer Behörde, einer behördlich beaufsichtigten Fahrschule oder eines behördlich anerkannten Sachverständigen ausgestellte Bescheinigung ausweisen können. Die Bescheinigung ist der Polizeibehörde des Wohnorts des Führers zur Kenntnisnahme vorzulegen und von dieser mit einem Vermerk zu versehen.«
Und es wurde schon damals im Paragraphen 22 festgelegt, daß Personen, welche die dem Führer obliegenden Verpflichtungen verletzen, das Führen von Kraftfahrzeugen für bestimmte Zeit polizeilich untersagt werden könne. Für diese Befähigungszeugnisse, wie man es im Anfang nannte, wurden sechs Ingenieure genannt, die man in Berlin aufsuchen konnte, um sich von ihnen ein Zeugnis ausstellen zu lassen. Für elektrische Fahrzeuge (und das gab es ja damals noch in einer gewissen Anzahl) war zusätzlich der Stadtelektriker und Privatdozent Dr. Kallmann genannt. Man müsse auch, hieß es in dieser Verordnung, bei Automobilfahrten stets die Bescheinigung mit sich führen, daß man ein solches Befähigungszeugnis erlangt habe. Dies gilt als der erste Vorläufer des Führerscheins. Das Wort Führerschein existierte noch nicht. Es existierten auch nur Vorschriften für die einzelnen Länder, die sich untereinander zwar ähnelten, aber doch noch in verschiedenen Dingen voneinander differierten. Erst 1906 kamen einheitliche Regelungen für das ganze Reichsgebiet und einheitliche Führerscheine. Im übrigen war schon damals »Personen unter 18 Jahren« das Führen von Kraftfahrzeugen nicht gestattet.
Man hatte für die einzelnen Fahrzeuge auch Erkennungsnummern vorgelegt, und für den Landespolizeibezirk Berlin wurden sie in folgender Weise ausgegeben: für die Stadt Berlin selbst die Nummern 1–599 und 1000–1599. Das hieß mit anderen Worten: Man glaubte noch nicht, daß zunächst die Zahl von 1200 Fahrzeugen für die Stadt Berlin überschritten werden könnte. Die Stadtteile Charlottenburg, Schöneberg und Rixdorf hatten allerdings zusätzlich eigene Nummern bekommen.

In Württemberg 30 km/h

Im Königreich Württemberg wich die am 1. Juni 1902 in Kraft getretene Verordnung in einigen Punkten von der in Berlin erlassenen etwas ab: »Wer in Württemberg ein Motorfahrzeug in Betrieb setzen will, hat dem Oberamt seines Wohnortes, in Stuttgart dem Stadtdirektor, eine schriftliche Anzeige zu erstatten, in welcher angegeben ist:

1. Name und Wohnort des Besitzers;
2. Die Fabrik, aus welcher das Fahrzeug stammt und dessen Fabriknummer.
3. Die verwendete Triebkraft.
4. Das Gewicht des Fahrzeuges.«

Im Königreich Württemberg mußte jedes Fahrzeug »an einer ins Auge fallenden Stelle die Angabe des Namens und Wohnorts des Besitzers tragen«.
Im Königreich Württemberg war »Personen unter 16 Jahren das Führen von Motorfahrzeugen, auch der Gebrauch von Motorfahrrädern« nicht gestattet, mit anderen Worten, die Altersgrenze lag damals im Königreich Württemberg um zwei Jahre niedriger als in Berlin!
Da man in Württemberg, wie man damals sagte, immer päpstlicher als der Papst war, hatte man auch außerhalb der Ortschaft eine Geschwindigkeitsbegrenzung festgelegt – ausgerechnet in dem Land, in dem das Automobil erfunden worden war. Man durfte nämlich außerhalb der Ortschaft höchstens 30 km/h fahren, innerhalb der Ortschaften und auf »belebten Straßen« höchstens 12 km/h.

In Bayern angemessen erhöht

Eine der ersten Verordnungen für den Verkehr mit Motorfahrzeugen erließ am 7. Mai 1902 die bayrische Regierung. Aus dieser Verordnung hier einige Auszüge.
§ 2: »Motorfahrzeuge müssen so gebaut, eingerichtet und ausgerüstet sein, daß Feuer- und Explosionsgefahr sowie eine Belästigung von Personen und Fuhrwerken durch Geräusch oder durch üblen Geruch ausströmender Gase möglichst ausgeschlossen ist.
Die Radkränze der Triebräder dürfen nicht mit Unebenheiten versehen sein, welche geeignet sind, die Fahrbahn zu beschädigen.
Motorwagen von mehr als 3000 kg Gesamtgewicht (Eigengewicht und Ladegewicht) müssen, wenn sie ohne Gummibeschuhung sind, eine Felgenbreite von mindestens 10 cm, Motorwagen von mehr als 4500 kg Gesamtgewicht eine Felgenbreite von mindestens 15 cm haben.«
§ 6: »Der Führer ist zu besonderer Vorsicht in Leitung und Bedienung seines Fahrzeuges verpflichtet; auf den Halteruf eines Polizeiorgans hat er sofort anzuhalten. Er darf von dem Fahrzeug nicht absteigen, solange es in Bewegung ist, und darf sich von demselben nicht entfernen, solange der Motor angetrieben ist. Auch muß er die nötigen Vorkehrungen treffen, daß kein Unbefugter den Motor antreiben kann.«
§ 7: »Die Fahrgeschwindigkeit darf innerhalb der Ortschaften 12 km in der Stunde nicht überschreiten, außerhalb der Ortschaften darf dieselbe, wenn übersichtliche Wege befahren werden, namentlich bei Tag, angemessen erhöht werden.
An unübersichtlichen Stellen, insbesondere beim Passieren von engen Brücken, Toren und Straßen, beim Einbiegen aus einer Straße in die andere, sowie bei scharfen Straßenkrümmungen, bei der Ausfahrt aus Grundstücken, die an öffentlichen Straßen liegen, und bei der Einfahrt in solche Grundstücke, dann bei starkem Nebel, ferner auf abschüssigen Wegen und da, wo wegen Schlüpfrigkeit der Bahn die Wirksamkeit der Bremse in Frage gestellt ist, endlich überall da, wo ein lebhafter Verkehr stattfindet, muß so langsam und

Der Zeichner E. Heine ließ sich im »Schnauferl« von 1904 das Wohl seiner Mitmenschen angelegen sein. – Oben: Sonderkonstruktion eines Tonneau für Hofbräuhaus-Stammgäste, unten: ein früher Versuch, die Umweltverschmutzung durch Autoabgase zu bewältigen

vorsichtig gefahren werden, daß das Fahrzeug nötigenfalls sofort zum Halten gebracht werden kann.«

§ 11: »Wettfahrten auf öffentlichen Wegen, Straßen und Plätzen sind verboten, ausnahmsweise kann hierzu eine Bewilligung von der zuständigen Regierung, Kammer des Inneren, unter den nach Erfordernis festzusetzenden Bedingungen erteilt werden.«

§ 13: »Übertretungen der gegenwärtigen Vorschriften werden gemäß § 366 Nr. 10 des Reichsstrafgesetzbuches bis zu 60 Mark oder mit Haft bis zu 14 Tagen bestraft.«

Diese erste Verordnung mutet einen insofern sehr neuzeitlich an, als sie gewissermaßen den modernen § 1 enthält, indem man feststellt, daß die Geschwindigkeit angemessen erhöht werden darf, wenn übersichtliche Wege befahren werden. Was angemessen ist und wann ein Weg übersichtlich ist, wird nirgendwo definiert, und auch in den folgenden Paragraphen scheint man einen großen Ermessensspielraum offen gelassen zu haben, so daß der Autofahrer nie ganz genau wußte, woran er eigentlich war. Und was heißt schon, daß ein Fahrzeug sofort zum Halten gebracht werden kann? Dieser Ausdruck ist ja auch völlig unklar und kann im Zweifelsfalle sehr schnell gegen den Kraftfahrzeugführer ausgelegt werden. Amüsant mutet uns heute der Begriff Gummibeschuhung an, womit die Luftreifen gemeint sind. Typisch für die damalige Zeit ist auch, daß nicht nur von einer Belästigung von Personen, sondern von Fuhrwerken gesprochen wird.

Es gab in einzelnen Ländern auch Vorschriften, die einfach verrückt waren. Zum Beispiel wies das Großherzogtum Baden darauf hin, »daß im Bezirk Waldkirch die Landstraße Nr. 38 nach Furtwangen von der Bezirksgrenze bis zum Gasthaus zum Engel in Gütenbach, sowie auf der Kreisstraße Nr. 214 bei St. Peter bis zum Gasthof zur Sonne in Oberglottertal mit einer Geschwindigkeit nur befahren werden darf, welche 6 Kilometer in der Stunde nicht übersteigt«.

Besonders lustig mutet einem die Verordnung der Freien und Hansestadt Hamburg an: »Sämtliche auf Straßen verkehrenden Kraftfahrzeuge müssen mit obrigkeitlich bestimmten Nummern versehen werden, die betreffenden Nummern werden gegen Bezahlung von 90 Pf erteilt und sind vor und hinter der Zahl mit einem fünfstrahligen Stern zu versehen.«

Wollte man damals Fernfahrten unternehmen, so mußte man die verschiedenen Vorschriften sehr ausführlich studieren. Man darf nicht vergessen, daß es damals ja noch viele kleine Länder mit besonderen Hoheitsrechten gab, beispielsweise das Fürstentum Schwarzburg-Sondershausen, das Herzogtum Sachsen-Coburg-Gotha oder das Herzogtum Anhalt, zu schweigen von den Sondervorschriften für die Fürstentümer Waldeck und Pyrmont oder für das Fürstentum Schaumburg-Lippe.

Die Huppen

Aus einem Buch, betitelt »Der Automobil-Sport«, das 1903 erschienen ist, entnehmen wir folgenden Artikel:

»Signalhuppen werden zweckmäßig mit einem engmaschigen Sieb aus feinen Bronzedrähten versehen, damit nicht zu viele Insekten durch den starken Luftzug in die Schallöffnung getrieben werden und den Engpaß des Schalltrichters verstopfen. Für den Großstadtbetrieb empfiehlt sich ein mög-

»Huppen« mit solch langen Leitungen waren nicht selten. Ein Blick unter die Haube dieses Stanley-Tourenwagens von 1911 würde übrigens zeigen, daß es ein Dampfwagen ist.

lichst kräftiger Huppenton, um das Wagengerassel zu übertönen, denn man glaubt nicht, wie viele Menschen noch schlafwandeln, wenn sie den Damm selbst verkehrsreichster Straßen überschreiten und wie schwer die Kutscher von halbverdeckten Pferdewagen hören. Der Gummiball der Huppe soll prima Qualität sein, weil schlechter Gummi bald hart und brüchig wird und keine Kälte verträgt. Öl, Benzin und Petroleum halte man fern von dem Gummi. Etwas Nässe schadet ihm nur bei Frostwetter oder wenn Regenwasser in die Zungenöffnung läuft. Letzteres entfernt man leicht nach Abschrauben des Gummiballes und der Zungenfeder. Wenn die Huppe keinen Ton mehr gibt, ist meist Wasser oder Staub in der Zungenöffnung. Hat der Gummiball ein Loch, so überklebe man dieses mit Isolierband, welches man für die Kabelleitungen stets bei sich führt.«

Wahnsinnige Schnelligkeit

In einem Artikel über den »Geisteszustand des Automobilfahrers«, der 1904 im Archiv für Kriminalanthropologie und Kriminalistik erschienen ist, beklagt sich der Psychiater Paul Näcke aus Hubertusburg, daß man sich noch gar nicht um die Psychologie des »in wahnsinniger Schnelligkeit einherbrausenden Automobilisten« gekümmert habe: »Ein Kollege, der sehr viel mit Automobilen fährt, und zwar nicht gemächlich vernünftig, sondern, wenn es irgendwie geht, sportsmäßig, in rasendem Tempo, schildert mir sehr drastisch seine Geistesverfassung in solchen Momenten. Es träte, wenn das Fahrzeug dahinsaust, eine Art Umnebelung der Sinne ein, eine Art Trunkenheit, die sehr angenehm sei, zu immer kühnerem Fahren verleite, so daß man stets sorgloser auf seine Umgebung achte.« Diese Umnebelung aber glaubt Näcke als Folge der schnellen Fortbewegung mechanisch erklären zu können: »Durch die rasende Geschwindigkeit muß die Blutbewegung im Gehirn und die der Lymphe in den Bogengängen des Gehörorgans, die der Gleichgewichtslage-Empfindung vorstehen, geschädigt oder unregelmäßig werden. Es treten Schwankungen in der regelmäßigen Zirkulation ein, und dadurch müssen leichtere Störungen des Bewußtseins, Trübungen der Geistesklarheit eintreten, da die zarten Gebilde, besonders der Hirnrinde, zur guten Funktionierung eines regelmäßigen Blutzuflusses bedürfen. Erhöht aber wird die Störung noch durch den furchtbaren Luftwiderstand, durch Staub und alles, was peripherisch den Kopf angreifen und reflektorisch wieder Zirkulationsstörungen auslösen muß. Freilich sucht man durch den unschönen, an Mummenschanz erinnernden, dichten Anzug, mit Brille und so weiter, sich vor Staub zu schützen, doch wird dadurch andrerseits eine solche Hitze um den Kopf und Körper erzeugt, daß das womöglich noch schlimmer ist.«
»Eine juristische Seite hat die ganze Frage dadurch«, so folgert Näcke weiter, »daß nach obigem eventuell auf verminderte Zurechnungsfähigkeit erkannt werden muß. Ein Sportsmann in oben geschilderter Verfassung ist nicht mehr geistig normal zu nennen. Er würde freilich schon bestraft

Wie der »Autler« die Straße sieht. Karikatur von P. Simmel in den »Lustigen Blättern« 1924

sein, weil er zu schnell gefahren ist gegen die Verordnung. Wenn er aber glaubhaft machen kann, daß dies erst geschehen ist, als er in den euphorischen Zustand geriet, so ist seine Schuld gemindert, meine ich . . . Ich bin nun überzeugt, daß der wahre, bewußte oder unbewußte Grund der Sportsliebe in unserem Falle allein oder zum großen Teile wenigstens in eben jener leichten Umnebelung des Geistes beruht, die ein euphorisches Gefühl erzeugt. Das ist es auch, was alle Schaukel- und Drehbewegungen bei jung und alt so beliebt macht, wie die stets voll besetzten Karussells, Schaukeln und so weiter beweisen.

Auch das Tanzen ist hier zu erwähnen, namentlich der so begehrte Walzer, bei dem jedenfalls die mächtigsten Schwankungen des Blutgehalts im Gehirn und in der Lymphe des Labyrinths eintreten, daher am leichtesten jenes selige Gefühl erzeugen, das nur eine leiche Umnebelung der Sinne darstellt.«

Dies war, wohlgemerkt, ein ärztliches Gutachten im Jahre 1904, in einem Jahr, als der schnellste Mercedes mit einem 4,1-Liter-Motor und 30 PS bei 1200 Umdrehungen eine Spitzengeschwindigkeit von 80 km/h entwickelte. Der große NAG mit einer 5,2-Liter-Maschine und 24 PS bei 1000 Umdrehungen erreichte eine Spitzengeschwindigkeit von 65 km/h, während die etwas kleineren Fahrzeuge, wie der Benz-Parzival mit einem 1,6-Liter-Motor, der 10 PS leistete, auf eine Spitzengeschwindigkeit von knapp 40 km/h kamen. Der absolute Automobil-Weltrekord wurde zu Beginn des Jahres 1904 von 148,5 auf 152,5 und dann sogar auf 156,5 km/h verbessert, auf Geschwindigkeiten also, die heute jedes Automobil der unteren Mittelklasse auf der Autobahn tagtäglich erreicht – tempora mutantur . . .

Pflasterzoll

Nichts veranschaulicht die Situation des Autofahrers und die Konstruktionen der damaligen Zeit besser als ein Blick in die alten Fachzeitschriften. Mit einer gewissen Bitternis wird in »Der Motorfahrer« vom 8. Dezember 1911 ein Vortrag des Prinzen Ludwig von Bayern zur Kenntnis genommen, den er vor dem mitteleuropäischen Wirtschaftsverein hielt und bei dem er auch auf die sogenannten Pflasterzölle für Automobilisten zu sprechen kam, gegen die natürlich die Clubs und alle Herrenfahrer heftig ankämpften. Daß man diese Pflasterzölle auf den Straßen vielfach aufgehoben hatte, das fand der Prinz von Bayern einen unverdienten Vorteil für die Autofahrer. Es gäbe, bemerkte die Fachzeitung, ja noch immer über 150 Zollorte in Bayern, die verteilt auf die verschiedenen großen Staatsstraßen vorläufig noch ein gewaltiges Verkehrshemmnis darstellten. Mit anderen Worten, es gab damals in Bayern noch mehr als 150 Stellen, an denen man von dem Autofahrer einen Pflasterzoll für das Durchfahren von Städten oder das Überfahren von Brücken verlangte, und das 25 Jahre nach den ersten Automobilen von Benz und Daimler. Ganz bitter schreibt »Der Motorfahrer«: »Auch scheint Prinz Ludwig, trotzdem

Vorschlag für ein Großstadtauto des Zeichners Hermann Frenz im »Schnauferl« 1904

er schon viele Automobilfahrten gemacht hat, noch nichts erfahren zu haben von den Zollplackereien, die der gewöhnliche Sterbliche mit seinem Auto durch Anhalten durchzumachen hatte, denn ein Zolleinnehmer wird sich hüten, das prinzliche Automobil oder ein solches, in dem der hohe Herr Platz genommen hat, anzuhalten.«

Daß die Polizei dem Autofahrer nicht gerade wohlgesinnt war, erfahren wir aus einer anderen Notiz:

»Ein interessantes Moment teilt der Berliner Lokalanzeiger unter dem 21. November von einem Zusammenstoß zweier Autos mit. Der Zusammenstoß, der auf einer belebten Straße in Berlin stattfand und zum Umstürzen einer großen Limousine führte, verlief ohne ernste Folgen. Wie der verunglückte Freiherr von Wrangel im Berliner Lokalanzeiger mitteilte, herrschte in der sich schnell ansammelnden Volksmenge großer Unwille darüber, daß ein in der Nähe postierter Schutzmann sich gar nicht um den Unfall und seine eventuellen Folgen kümmerte und erst durch Passanten herbeigeholt werden mußte. Hätte der Zusammenstoß zwischen einem Auto und einem Pferdewagen stattgefunden oder hätte das Auto geraucht, eine Fanfarenhupe benutzt oder ein ausgegangenes Hinterlicht gehabt, so wäre wohl der Schutzmann rascher erschienen.«

Noch immer war man im Jahr 1911, speziell in Deutschland und unter den Bauern auf dem Lande, dem Automobil noch keineswegs wohlgesinnt, betrachtete es als eine echte Konkurrenz für das Pferd. Es gab auch gelegentlich noch tätliche Angriffe gegen das Automobil. Hier eine solche Notiz:

»In nebeliger Nacht wurde wieder einmal, diesmal bei Sebnitz, ein starker etwa drei Meter langer Pfahl quer über die Straße gelegt, so daß ein nachts um ½ 1 Uhr passierendes Auto auf den Pfahl auffuhr, glücklicherweise aber ohne Unfall davonkam. Der Fahrer war beiläufig ADAC-Mitglied. Die Polizei fahndet nach dem Täter.«

Die Bürger waren oft erbost darüber, daß überhaupt Automobile durch ihre Städte fuhren, und fanden jede Geschwindigkeit zu hoch, folglich zeigten sie den Automobilisten einfach bei der Polizei an. Unter der Rubrik Verkehrserschwerungen finden wir in dieser Zeitschrift vom November 1911 folgende Notiz:

»Über die Autofalle Lustheide bei Bensberg, vor welcher kürzlich an dieser Stelle gewarnt wurde, bringt die Gummersbacher Zeitung folgende Notiz, aus der unter anderem die erfreuliche Tatsache hervorgeht, daß die Tagespresse doch allmählich anfängt, objektiv zu werden: Am Dienstag, dem 21. November standen 19 Automobilisten als Angeklagte vor dem hiesigen Amtsgericht. Sämtliche Angeklagte waren wegen zu schnellen Fahrens in der Ortschaft Lustheide mit 15 Mark bestraft worden. Dem Vertreter der Angeklagten, Rechtsanwalt Franzen, gelang es, für alle 19 Fahrer Freisprechung zu erzielen, da in keinem Falle von den Angebern nachgewiesen werden konnte, daß auch nur einer tatsächlich zu schnell gefahren war. Zu bedauern bleibt es aber, daß es noch Leute gibt, die sich aus Vorurteil, ja Haß gegen das moderne Verkehrsmittel und den Automobilfahrer hinreißen lassen, den Angeber zu spielen.«

Ein paar Zeilen später heißt es in dieser Zeitschrift: »Vorsicht – auf der Leipziger Chaussee in Zwenkau sind jetzt zwischen dem Hartschlößchen und der Stadt selbst zwei Schutzleute in Zivil postiert, welche mit Stoppuhren ausgerüstet sind.«

Der Magnet-Selbstfahrer: »Zuverlässig und sparsam im Betriebe.«

Magnet-Selbstfahrer

Darunter findet man eine Anzeige für den Magnet-Selbstfahrer. Es handelt sich hier nicht etwa um ein Automobil, welches durch einen Magnet getrieben wird, sondern es gab eine Motorenfabrik Magnet in Berlin-Weißensee, die – wie die Anzeige besagt – den idealen Zweisitzer für Praxis und Sport herstellte. Mit erschütterungsfreier Handradsteuerung gab es den Magnet mit 5 PS als 1-Zylinder- und mit 7 PS als 2-Zylinder-Motor. Außerdem stellte diese Firma Bootsmotore und stationäre Motore, Motordynamos und Motorpumpen her, auch als Spezialkonstruktion Magnet-Motorräder. Dieser Magnet-Selbstfahrer, der nur einige wenige Jahre existierte, war im Prinzip ein Motorrad mit Beiwagen, jedoch war der Beiwagen voluminös und komfortabel gebaut, und der Fahrer saß in dem Beiwagen und lenkte mit einem richtigen Lenkrad dieses merkwürdige Gefährt.

Da der Winter vor der Tür stand, gab es in dieser Zeitung eine ganze Reihe von Anzeigen für Gleitschutz und Schneeketten. Außerdem wurde ein »abnehmbarer Panzerprotektor« System Bullermann annonciert, welcher »für die Winterzeit auf Wunsch gleich mit ersetzbarem Schnee- und Glatteislaufband ohne Aufpreis geliefert wird, viel besser als Ketten wirkend, zum Anschnallen«. Etwas ganz Neues waren um diese Zeit die Geschwindigkeitsmesser, die normalerweise nicht mit dem Automobil geliefert wurden, sondern als Zubehör gekauft werden mußten. Deshalb gab es eine Reihe von kleineren Firmen, die Geschwindigkeitsmesser herstellten und annoncierten. Es gab zum Beispiel den Veigel Tachometer mit Doppelmagnet (Andreas Veigel, Tachometerfabrik, Cannstatt); es gab den »in der äußeren Form viel nachgeahmt, in Ausführung und Wirkung nie erreicht, der nachweislich beste und meistgekaufte Geschwindigkeitsmesser mit Kilometerzähler« von den Deuta-Werken in Berlin; es gab den Mota-Idealtachometer für Automobile, der in Leipzig hergestellt wurde, und noch eine ganze Reihe von anderen Firmen. Wenn man sich diese Tachometer ansah, so erkannte man, daß sie für 80, 90 oder 100 Kilometer maximal ausgelegt waren, weil ja die damaligen Automobile nicht schneller fahren konnten.

Um diese Zeit annoncierte eine Reihe von Autofirmen, die längst vergessen sind und die es nur vor dem ersten Weltkrieg gegeben hat. Zum Beispiel stellte die Ramesol und Schmidt AG in Bielefeld ihren 4-Zylinder-Westfalia-Wagen her, von dem es vier verschiedene Modelle von 16 bis 30 PS

Vis-à-vis von Peugeot aus dem Jahr 1892 mit 1645-ccm-2-Zylinder-Motor und Lederkonus-Kupplung. – Unten: Ein Tonneau von Canellopoulos (1901), der französischen Vertretung von Dürkopp, deshalb »Canello-Dürkopp« genannt. 1804-ccm-2-Zylinder-Motor, 8 PS

Oben: Ein Phaeton von Vauxhall, Baujahr 1911, noch heute auf Veteranen-Rallyes zu sehen. – Unten: »Runabout« nannte man in den USA die offenen Zweisitzer, hier ein Maxwell von 1906. Die Firma baute von 1903 bis 1923 Autos und wurde von Chrysler übernommen.

Was alles angeboten wurde im »Motorfahrer« von 1912, dem damaligen offiziellen Organ des ADAC

gab, »billigste Preise, beste Konstruktion, erstklassige Arbeit, leichte Handhabung, geräuschloser Gang«. Man hat in der Reklame unbesorgt und uneingeschränkt immer das »Schönste« und »Beste« geschrieben. Der Oryx Vierzylinder 10/30 PS in Luxusausführung war »schnell, zuverlässig, lautlos und ein unübertroffener Bergsteiger«. Es gab auch das kleine Modell mit 6/18 PS. Hersteller: die Oryx-Motorenwerke in Berlin.

Mathis in Straßburg war damals ja noch eine deutsche Automobilfabrik und der Mathis-Wagen recht populär. Im März brachte diese Firma im »Motorfahrer« eine Anzeige auf dem Titelblatt, in der gesagt wurde, daß bei der Winterwettfahrt Stockholm - Göteborg - Stockholm der leichte Mathis-Wagen den Beweis seiner großen Leistungsfähigkeit und Betriebssicherheit gebracht habe und 1016 Kilometer ohne Strafpunkte durch tiefen Schnee gefahren sei, woraufhin man ihm den Preis des Königlichen Automobilclubs, den Preis des Französischen Automobilclubs und den Damenehrenpreis verliehen habe. Mathis brachte damals einen kleinen 4-Zylinder-Wagen mit 60 mm Bohrung und 100 mm Hub heraus, der immerhin 14 PS hatte und ein Vierganggetriebe. Diesen Mathis, der ein schmaler offener Wagen war, nannte man Baby - das Wort Baby wollte man möglichst deutsch schreiben und schrieb es Bäby. Und die Firma Ruppe und Sohn in Apolda in Thüringen verkündete über ihre Apollo-Wagen: »Kein anderer deutscher Motorwagen konnte bis jetzt Apollo die Siegespalme streitig machen.« Apollo war eine Autofirma, die damals sehr erfolgreiche kleine und mittlere Tourenwagen herstellte. Die Firma Gebr. Windhoff in Rheine in Westfalen stellte ebenfalls sehr beachtliche Tourenwagen her. Es gab damals sechs verschiedene Windhoff-Modelle.

Karosserieformen,
die 1903 in einem deutschen Autobuch verzeichnet waren:

Americain	Landaulet-Brougham
Berline	Limousine
Break	Mylord
Break-Tonneau	Phaeton
Brush-Diligence	Phaeton-Tonneau
Clarence	Spider
Coupé	Tonneau
Dos-à-dos	Victoria
Duc	Vis-à-vis
Landaulet	Voiturette

Das sind also nicht weniger als 20 Karosserieformen - im Vergleich dazu nimmt sich die Zahl der heutigen fast ärmlich aus. Wir haben Limousine und Spider (für einzelne sportliche Wagen) beibehalten, ebenso das Coupé. Außerdem sprechen wir heute von einem Cabriolet - es ist bemerkenswert, daß man 1903 noch keine Cabriolets fabrizierte!

Keine einzige Bezeichnung stammt aus dem Deutschen; fast alle diese Ausdrücke kommen aus dem französischen Sprachgebrauch, und die englischen Bezeichnungen Break, Mylord und Brush-Diligence waren auch im französischen Kutschwagenbau üblich. (Heute noch wird bei Citroën der Stationswagen Break genannt!)

Bei der Bezeichnung Voiturette stockt man: Die Franzosen benutzten damals dieses Wort nicht zum Charakterisieren einer Karosserieform, sondern als Bezeichnung für einen sehr leichten Motorwagen. Die 1902/03 mit Abstand beliebteste Karosserieform war das Tonneau, sofern man überhaupt einen viersitzigen Wagen haben wollte.

Die Bezeichnung Berline hat sich bis heute in Italien erhalten: Die viertürige, vierfenstrige Limousine heißt bei den größeren Alfa-Romeo-Modellen »Berlina«. Eine Berline war zur Kutschwagenzeit ein viersitziger geschlossener Reisewagen, jedoch meist mit sechs Fenstern und zwei Türen (jeweils in der Mitte der Kutsche).

Fiat
1908

1908 Fiat
Frontmotor mit vier stehenden Zylindern, 4500 ccm, vier Vorwärts-, ein Rückwärtsgang, 24 PS

Benz-Tourenwagen von 1905 mit 40-PS-Motor

Die klassischen Fernfahrten

Die bekannteste Rallye der heutigen Zeit ist zweifellos die Rallye Monte Carlo. Ihr Ursprung geht auf das Jahr 1911 zurück. Aber schon längst bevor diese erste Rallye Monte Carlo lief, gab es in Deutschland eine Reihe von Zuverlässigkeitsfahrten, die man durchaus als echte Vorläufer zur heutigen Rallye bezeichnen kann. Die erste solche Fahrt fand 1905 statt und nannte sich die Herkomer-Konkurrenz.
Ihre Entstehung geht zurück auf das Jahr 1903. Damals kam der Vorsitzende des Bayrischen Automobilclubs mit dem um diese Zeit sehr bekannten Maler Prof. Hubert von Herkomer zusammen. Herkomer war Mitglied des Automobilclubs geworden, weil er sich für die Idee des Automobils begeistern konnte. Er erklärte sich bereit, diesem Bayrischen Automobilclub eine Trophäe im Wert von mindestens 10 000 Goldmark zur Verfügung zu stellen, wenn eine große Konkurrenz, die nach ihm benannt sei, in Deutschland stattfinden würde. Es war allerdings kein Preis für Rennautomobile, sondern für normale viersitzige Tourenwagen. Prof. von Herkomer gehörte damals zu den populären Modemalern und war ein sehr wohlhabender Mann. Er war nicht nur in Deutschland, sondern auch in England geadelt worden.
Man wollte diese erste Herkomer-Konkurrenz schon 1904 veranstalten, aber die Befürchtung, daß das in diesem Jahr im Taunus zur Austragung gelangende Gordon-Bennett-Rennen dem Glanz der geplanten Tourenfahrt schaden würde, veranlaßte eine Verschiebung auf das Jahr 1905. Diese Herkomer-Konkurrenz sah im Ehrenkomitee den Prinzen Ludwig Ferdinand von Bayern und andere Fürstlichkeiten, so daß man annehmen durfte, daß auch von seiten der Behörde aus alles getan wurde, um eine reibungslose Abwicklung zu gewährleisten. Von Anfang an wurde dieser Herkomer-Preis international ausgeschrieben. Zugelassen waren Motorfahrzeuge aller Art, sofern sie touristischen Zwecken dienten. Dazu mußte jeder Wagen mindestens vier bequeme Sitze mit Rücklehnen aufweisen, Kotflügel für Vorder- und Hinterräder und, so hieß es in der Ausschreibung, drei Laternen, von denen eine hinten angebracht sein mußte. Ferner waren wenigstens zwei Bremseinrichtungen, ein Rückwärtsgang, eine Sicherung beim Bergfahren, Signalhupe und Auspufftopf erforderlich. Jeder Wagen mußte nicht nur mit mindestens zwei Personen besetzt werden, sondern auch einen Kontrolleur des Automobilclubs als dritten Mann aufnehmen, der genau die einzelnen Prüfungen überwachte. Die Konkurrenz umfaßte drei Teile: eine Bewertung für Bequemlichkeit und Schönheit, eine Schnelligkeitsprüfung – bestehend aus einer Bergfahrt auf den Kesselberg und eine Fahrt durch den Forstenrieder Park bei München –, dann eine Tour durch Süddeutschland, drei Tage lang, in Etappen aufgeteilt: München – Baden-Baden – Nürnberg – München. In der Ausschreibung hieß es ausdrücklich: »Alle an der Maschine notwendigen Reparaturen und Verrichtungen mit Ausnahme Pneumatikreparaturen dürfen während der ganzen Fahrt nur von ein und derselben Person vorgenommen werden. Auswechseln der Übersetzung gegen größere oder kleinere ist nicht gestattet.«
In § 12 der Ausschreibung hieß es dann: »Der Kontrolleur hat die Leistung des Wagens während der Tourenfahrt zu überwachen, die Anzahl der durch Funktionsstörungen in der Maschine veranlaßten, also unfreiwilligen Aufenthalte, ihre Ursachen und Zeitdauer bei auf der Strecke vorgenommener Reparatur aufzuzeichnen. Durch freiwillige Pausen (Mittagspausen), durch die Umstände der Tour, wie Straßenpassanten oder Eisenbahnübergänge, durch Rücksichtnahme auf die Umgebung veranlaßte Aufenthalte werden nicht berücksichtigt. Indessen sind die Kontrolleure für die Überwachung in diesen Zeiten verantwortlich.« Das war schon ein sehr strenges Reglement.
Die Preise für diese erste Herkomer-Konkurrenz waren sehr

Vor dem Start zur Herkomer-Fahrt 1907. Lord Montagu am Steuer eines englischen Daimler

erheblich. Der 1. Preis, wie gesagt, 10000 Goldmark, dazu ein Brustbild, gemalt von Prof. von Herkomer. Der 2. Preis war eine Bronzefigur im Wert von 2000 Mark, der 3. Preis immer noch ein silberner Pokal im Wert von 1200 Mark und der 4. Preis die Statuette eines Automobilisten in einem Wert von 1000 Mark. Die ersten zwanzig Wagen in der Reihenfolge der Punktwertung erhielten außerdem Ehrenschilder und Plaketten.

102 Meldungen

Die Veranstaltungsleitung konnte es kaum glauben: Es meldeten sich zu dieser ersten »Rallye«, die es auf der Welt gab, 102 Fahrzeuge, wobei Seine Königliche Hoheit der Prinz Heinrich von Preußen mit einem 40-PS-Benz selbst mitfuhr. Auch das Interesse der Firmen war sehr groß, und zahlreiche Wagen wurden schon damals als »Werkswagen« gemeldet. Die Herkomer-Fahrt des Jahres 1905 gewann der Münchner Edgar Ladenburg mit einem 40-PS-Mercedes im Gesamtklassement, während die beiden Schnelligkeitsprüfungen von Willi Pöge auf einem 60-PS-Mercedes siegreich beendet wurden.

Die Fahrt hatte so großen Anklang gefunden, daß man sie 1906 wiederholte - diesmal auf einer wesentlich größeren Strecke von insgesamt 1646 Kilometern. Die Herkomer-Prüfung 1906 wurde vom 5. bis 13. Juni ausgetragen und führte über die Strecke Frankfurt - München - Linz - Wien. Dort einen Tag Pause mit Ausstellung der Wagen, dann Klagenfurt - Innsbruck - München. Die Bergprüfung fand diesmal auf dem Semmering statt, die Schnelligkeitsprüfung wiederum im Forstenrieder Park. Es gewann der Zwickauer Rechtsanwalt Dr. Stöss mit einem Horch-Wagen das Gesamtklassement vor Neumeier (Stuttgart) auf Benz und Pöge (Chemnitz) auf Mercedes. An 4. Stelle placierte sich Heinrich Opel auf Opel mit einem Wagen, der nur 22 PS leistete. Ungewöhnlich war, daß sich an dieser Konkurrenz auch eine englische Dame beteiligte: Miss Maud Manville aus London, die einen Sonderpreis erhielt. 1907 gab es noch einmal eine Herkomer-Konkurrenz, zu der sich nunmehr 189 Fahrzeuge gemeldet hatten, was für die Organisation eine außerordentlich schwierige Aufgabe bedeutete. 161 Fahrzeuge starteten dann, und 109 kamen noch ins Ziel. Diesmal führte die Strecke über 1818 Kilometer und ging von Dresden über Eisenach, Mannheim, Lindau, München, Augsburg nach Frankfurt am Main, mit Rennen im Forstenrieder Park und am Kesselberg und einer Schönheitskonkurrenz, für die die Städte Augsburg, Eisenach, Leipzig und Mannheim eigene Preise stifteten. Bei dieser dritten Herkomer-Konkurrenz gewann Fritz Erle auf einem Benz das Gesamtklassement. Diesen Wagen hatte der Münchner Edgar Ladenburg, der 1905 der Sieger gewesen war, gemeldet. Zweiter wurde der Aachener Hans Aschoff auf einem Metallurgique, Dritter Heinrich Opel aus Rüsselsheim auf einem Opel. Das Rennen im Forstenrieder Park hatte der Düsseldorfer Weingand auf Mercedes gewonnen, und auch die Schönheitskonkurrenz ging an die Firma Mercedes.

1908: Prinz-Heinrich-Fahrt

Die Prinz-Heinrich-Fahrt, benannt nach dem Prinzen Heinrich von Preußen, trat 1908 dann das Erbe an, das ihr die letzte Herkomer-Konkurrenz hinterlassen hat. Auch sie war international ausgeschrieben. Den Siegespreis hatte Prinz Heinrich von Preußen gestiftet. Er bestand aus einer von einem Hofjuwelier fertiggestellten Nachbildung eines Tourenwagens aus Silber im Gewicht von 13,5 kg. Auch bei diesen Prinz-Heinrich-Fahrten waren viersitzige Tourenwagen vorgeschrieben, wobei man entweder mit Vierzylindern oder mit Sechszylindern starten durfte, deren jeweilige Maximalbohrung vorgeschrieben war. Außerdem war ein Minimalgewicht für die einzelnen Fahrzeugklassen vorgeschrieben. Die Meldeliste für die erste Prinz-Heinrich-Fahrt im Jahre 1908 umfaßte 144 Namen. Unter den Teilnehmern war auch Ettore Bugatti, der damals für die Firma Deutz konstruierte. Gegenüber der Herkomer-Konkurrenz war die Strecke noch größer geworden: 2201 Kilometer, Start in Berlin, Fahrtroute Stettin - Kiel - Hamburg - Hannover - Köln - Trier - Frankfurt. Bei Itzehoe eine zusätzliche Schnelligkeitsprüfung in der Ebene, bei Bacharach eine gewertete Bergfahrt.

Die Routiniers der Herkomer-Konkurrenzen waren auch bei dieser ersten Prinz-Heinrich-Fahrt vorn: Fritz Erle gewann auf einem Benz das Gesamtklassement, Willi Pöge auf einem Mercedes wurde Zweiter, der Fahrer Paul Geller mit einem Adler überraschender Dritter. Der Kommentar in der Fachpresse zu dieser ersten Prinz-Heinrich-Fahrt könnte von heute stammen: »Diese erste Fahrt hatte trotz ihres glücklichen Verlaufes unter manchen Teilnehmern einige Mißstimmung dadurch erzeugt, daß die ersten Plätze von Wagen gewonnen wurden, an deren Sieg vorher kaum gezweifelt wurde. Es waren dies Wagen, die den Bestimmungen durchaus nicht widersprachen, aber die Erbauer hatten sich die Freiheiten des Reglements mit großem Geschick zunutze gemacht, so daß in der Tat anstelle der gewöhnlichen Tourenwagen Spezialwagen erschienen. Da diese noch dazu meist in den Händen von in anderen automobilistischen Ereignissen erprobten Herrenfahrern waren, fühlte sich die Mehrzahl der übrigen Fahrer benachteiligt.« Man versuchte im Reglement für die Prinz-Heinrich-Fahrt 1909 das etwas auszugleichen, unter anderem dadurch, daß alle Fahrer, die keine große internationale Konkurrenz vorher gewonnen hatten, von vornherein drei Gutpunkte erhielten. Gleichwohl war die Teilnehmerzahl nicht so groß, aber immerhin starteten insgesamt 108 Wagen zu diesem Wettbewerb, der über 1850 Kilometer Länge führte und nun zum ersten Mal dadurch wahrhaft international war, daß er durch ganz Österreich ging. Start in Berlin, dann über Breslau und Gleiwitz durch die Hohe Tatra und schließlich nach Budapest. Von dort über Preßburg, Wien, Linz, Salzburg nach München. Das Flachrennen fand auf einer 6 Kilometer langen, etwas welligen Strecke bei Guben statt, außerdem gab es noch ein Flachrennen im Forstenrieder Park. Diese zweite Prinz-Heinrich-Fahrt des Jahres 1909 wurde von Wilhelm Opel

Ein Mercedes bei der Herkomer-Fahrt 1907. Vorne links ein Fotograf mit Plattenkamera bei der Arbeit

auf einem Opel gewonnen, vor dem Fahrer Vischer auf Mercedes und einem weiteren Opel unter Christian Kittsteiner. Auch einige Fahrer aus der k. und k. Monarchie hatten sich beteiligt, darunter ein Team von Austro Daimler, angeführt vom Chefkonstrukteur Ferdinand Porsche, der zwar eine Medaille erhielt, sich aber nicht in den vorderen Rängen placieren konnte. Es gibt eine Anekdote, eine vielleicht tatsächlich wahre Geschichte von dieser Fahrt: Ferdinand Porsche saß während der Siegerehrung im Nachbarzimmer. Als man ihn endlich fand und zur Siegerehrung bat, saß er versunken über einem Blatt Papier mit einem Rechenschieber und zeichnete eine neue Konstruktion. Nachdem er in dieser Fahrt nicht gewonnen hatte, wollte er sofort die Konstruktion eines neuen Wagens für die nächste Prinz-Heinrich-Fahrt in Angriff nehmen.
Ob dies nun der Wahrheit entspricht oder nicht, Tatsache bleibt, daß die dritte Prinz-Heinrich-Fahrt 1910 mit einem überlegenen Sieg der Marke Austro Daimler endete und daß Ferdinand Porsche selbst dabei den 1. Platz im Gesamtklassement belegen konnte. Auch in den Schnelligkeitsprüfungen lag der Austro Daimler vorn, der eine relativ gute aerodynamische Form hatte. Der Motor hatte 5,7 Liter mit obenliegender Nockenwelle, 86 PS und eine Spitzengeschwindigkeit von rund 140 km/h als viersitziger offener Tourenwagen. Wie bei all diesen Fahrten üblich, mußte auch diesmal der viersitzige Tourenwagen mit mindestens drei Personen besetzt sein, und ein Kontrolleur fuhr immer mit. Diese letzte echte Prinz-Heinrich-Fahrt (es wurde 1911 noch einmal eine veranstaltet, die aber ein rein touristischer Wettbewerb war) führte über eine Strecke von 1944 Kilometern. Die einzelnen Etappen gingen von Berlin über Braunschweig, Kassel, Nürnberg, Straßburg, Metz nach Bad Homburg vor der Höhe. Die Meldeliste hatte damals 127 Nennungen, 8 starteten nicht, 33 Wagen erreichten nicht das Ziel.
In der Geschichte des Motorsports nehmen die Herkomer-Konkurrenz und die Prinz-Heinrich-Fahrt zweifellos einen hervorragenden Rang ein, denn sie waren die ersten Wettbewerbe, die, wie es damals in einer Fachzeitschrift hieß, »die Züchtung eines erstklassigen Tourenwagens bezweckten und auch erreichten«.

Zum Balkan

Wir können uns kaum vorstellen, welche Begeisterung und Bewunderung die ersten tollkühnen Autofahrer hervorriefen, wenn sie ihre abenteuerlichen Fahrten durch entfernte Länder und auf miserablen Straßen unternahmen.
In jener Zeit hatten die Fernfahrten eine Doppelfunktion: ein harter Test für die Fahrzeuge und dazu die Aufgabe, einen breiteren Interessentenkreis für das Automobil zu gewinnen. Die Autoleidenschaft hatte selbst die Damen angesteckt, die von den herumziehenden Rittern auf mechanischen Kutschen fasziniert wurden.
1905 fuhr der Engländer R. L. Jefferson als erster Automobilist zum Balkan.
Nach glaubwürdigen Statistiken gab es 1905 nur zwei Autos in Serbien, in Bulgarien gar keins, und in der Türkei war die pferdelose Kutsche aus teilweise politischen, teilweise religiösen Gründen sogar ganz verboten.
Die Durchführung einer Balkan-Rallye war bis dahin nicht nur durch mechanische Probleme verhindert worden, sondern auch durch Schwierigkeiten diplomatischer Art. Der hartnäckige Jefferson aber wußte alle Hindernisse aus dem Weg zu räumen. Als erstes ließ er sich von der englischen Autofirma Rover ein verstärktes 8-PS-Modell konstruieren, dessen 1-Zylinder-Motor mit seinen Organen jene Widerstandsfähigkeit aufwies, die für eine solche Fahrt lebenswichtig war. Dann nahm Jefferson mit den betroffenen Ländern Kontakte auf konsularischer Ebene auf, um eine Transiterlaubnis zu bekommen. Serbien und Bulgarien gaben ziemlich schnell ihre Zusicherung, wenn auch von der Mitteilung begleitet, man würde keine Treibstoffquelle ausfindig machen können. Hartnäckiger dagegen war das Einfahrverbot des türkischen Reichs, das Jefferson nur mit der Hilfe des englischen Botschafters überwinden konnte.
Endlich stand dem Start in Coventry nichts mehr im Wege. Nachdem er das schon »automobil-zivilisierte« Westeuropa hinter sich gelassen hatte, kam Jefferson schnell an die Grenze Ungarns. Hier begegnete er nun der weiten, unendlichen Pußta. Die am Beginn gefürchteten Hindernisse wegen der fehlenden Straßen in Ungarn blieben aus. Im Gegenteil: Der grasbedeckte Pußtaboden zeigte sich für den Rover

Ein 6-PS-Rover von 1906. Jefferson ließ sich für seine große Balkan-Fahrt von dieser englischen Firma einen etwas stärkeren Wagen bauen.

wie geschaffen, und Jefferson zögerte nicht, ein hohes Tempo zu halten. Allerdings tauchten Probleme auf, wenn er Bäche oder überschwemmte Gebiete zu überfahren hatte. Dies stellte den Unternehmungsgeist des mutigen Engländers auf eine harte Probe. Trotzdem brachte ihn sein risikoreiches Fahren bis vor die Grenze der Türkei. Seine freche Ungezwungenheit beim Überqueren der verschiedenen Grenzposten, die er ohne anzuhalten und mit einem herausfordernden militärischen Handgruß hinter sich ließ, bereitete noch etliche diplomatische Zwischenfälle. An der türkischen Grenze jedoch schien das Ganze ein Ende zu haben. Da die türkischen Grenzbehörden noch keine Einfahrerlaubnis von der Regierung bekommen hatten, weigerten sie sich, Jefferson weiterfahren zu lassen. Als endlich auch dieses Problem aus dem Weg geräumt wurde, fand er die zweite Überraschung: Die zunächst unerwartet glatten und gut erhaltenen Straßen der Türkei existierten nur im Grenzbereich! Die restliche Fahrt in Richtung Istanbul wurde die abenteuerlichste der ganzen Reise. Die anfängliche Neugierde der Bevölkerung verwandelte sich, je näher Jefferson an Istanbul herankam, in unbeschreibliche Begeisterung für den Wagen und seinen Fahrer. Als die Hauptstadt in Sicht war, erlitt Jefferson allerdings die erste, ernsthafte Panne: Ein Ventil war kaputt. Die motorisierte Eroberung des Balkans aber konnte dennoch siegreich abgeschlossen werden.

Das legendäre Peking – Paris

Peking – Paris, das war gewiß die größte und abenteuerlichste Fernfahrt in jener Zeit. Die menschliche Zivilisation hatte kaum ihre Spur in den zu durchfahrenden fernöstlichen Gebieten hinterlassen, und trotzdem fand sich eine kleine Reihe mutiger Männer bereit, dem gewagten Vorschlag der Pariser Zeitung »Le Matin« zu folgen. Kurz nachdem die Ausschreibung veröffentlicht worden war, bekam die Zeitungsredaktion die Anmeldung von 25 Teilnehmern, die sich aber auf fünf reduzierten, als es sich erst einmal darum drehte, die 2000 Francs Anmeldegebühren zu bezahlen. Es waren vier Franzosen: Cormier und Collignon, die beide über 10-PS-2-Zylinder von De Dion-Bouton verfügten; dann Godard am Steuer eines 15-PS-4-Zylinder von Spyker holländischer Konstruktion; Pons auf einem dreirädrigen Contal und ein Italiener, Prinz Scipione Borghese, der mit seinem 45-PS-Itala die risikoreiche Fahrt unternehmen wollte. Die Fahrtleitung bestimmte auch die Journalisten, die als Berichterstatter dabei sein durften: Jean du Tallis mit Godard; Longoni mit Cormier; Barzini mit Prinz Borghese. Den großen Tageszeitungen war das enorme Interesse der Öffentlichkeit für diese Fernfahrt nicht entgangen.

Ununterbrochen kamen Berichte über die bevorstehende Fahrt, während die Veranstalter fieberhafte Kontakte mit den Regierungen in Frankreich, Italien und Holland auf der einen Seite, mit Peking auf der anderen anknüpften. Das chinesische Mißtrauen war sehr groß, denn man konnte sich dort nicht im geringsten erklären, was für einen Zweck diese Fahrt hätte haben sollen. Wie man später aus einem Bericht von Luigi Barzini entnehmen wird, hatte ein chinesischer Funktionär besondere Abneigungen gegen die Teilnehmer, denn der arme Mann fürchtete, die Fahrer würden ausprobieren, wie lange man für einen Überfall auf China mit einem Autoheer benötigen würde. Das war aber nicht das einzige Übel. Andere chinesische Beamte sahen in den Fahrern Saboteure, die beauftragt wurden, die chinesische Eisen-

Der Itala steckt in der Patsche, wird aber von den hilfsbereiten Bauern wieder flottgemacht.

Oben: Eine der ersten Stationen auf der Fahrt Peking – Paris. – Unten: Der Itala des Prinzen Borghese auf den Gleisen der transsibirischen Eisenbahn

bahngesellschaft in Kalgan zu torpedieren. Andere waren fest davon überzeugt, die Autofahrer wären westliche Agenten unter dem Kommando des Prinzen Scipione Borghese.
Die Einholung der verschiedenen notwendigen Transiterlaubnisse von den betreffenden Ländern war langwierig und setzte das Nervensystem der Organisatoren auf eine harte Probe. Eine kuriose Anekdote: Die Bitte um eine Übersetzung der Transiterlaubnis in mongolisch wurde von den Chinesen abgelehnt. Sie befürchteten schlimme Folgen, da der Ausdruck »Automobil« in mongolisch nur mit »chicho« (Feuerwagen) zu übersetzen war. Inzwischen zeigte sich eine Sicherheitsmaßnahme, die man vor dem Start unbedingt vornehmen wollte, als fast unüberwindbares Hindernis: der Transport der Treibstoffbehälter an die vorgesehenen Versorgungspunkte (auf die »westliche« Bequemlichkeit hatten die Teilnehmer von vornherein verzichtet). Er erfolgte schließlich mit Kamel- und Maultierkarawanen. Gleichzeitig wurden die Fahrzeuge nach Shanghai verladen – in Marseille die französischen, in Neapel der Itala. Anschließend erreichten sie Peking über die transsibirische Eisenbahn.
Am 10. Juni 1907 wurde der Start um 7 Uhr morgens gegeben, wobei die Fahrer von einer französischen Militärkapelle feierlich verabschiedet wurden. Paris war in diesem Moment 16 000 km entfernt. Gleich am Anfang setzte sich der Italiener an die Spitze und vergrößerte seinen Vorsprung immer mehr. Zunächst mußten die Fahrer die fürchterlichen Gebirge bei Kalgan hinter sich lassen: 1300 Kilometer miserable »Straßen«. »Wenn wir bergauf fahren mußten« – so schrieb später der Reporter Barzini – »war es öfters notwendig, den Wagen zu schieben. Manchmal versperrten große Felsbrocken den Weg, manchmal Laub oder riesengroße Baumwurzeln, die man wohl oder übel mit dem Beil mühsam abhacken mußte. Den steilen Talfahrten war keine damalige Bremse gewachsen, deshalb mußten die Fahrer mit Hilfe von gutwilligen Bauern und dicken Stricken den Wagen manchmal förmlich abseilen.« A propos chinesische Bauern und überhaupt Asiaten: Einer der Zwecke dieser langen Fahrt war die Verbreitung des Automobils in jenen wenig entwickelten Ländern, und dies endete mit einem kompletten

Mißerfolg. Es fehlte bei der Bevölkerung nicht an großzügiger Gastfreundschaft und sofortiger Hilfe bei auftretenden Pannen, aber das Interesse am Fahrzeug, wenigstens wie wir Europäer es kennen, fehlte überall.
Nach dem Kalgan-Gebirge stand den Fahrern nun die unendliche Ebene der Mongolei bevor. Hier wurde das Dreirad von Pons endgültig außer Gefecht gesetzt, und so mußte der erste der fünf Teilnehmer ausscheiden. Der Itala von Borghese baute seine Führung unangefochten aus; die De Dions fuhren ohne bemerkenswerte Panne hintereinander her, während der Spyker von Godard schon in Schwierigkeiten war.
Am 25. Juni, zwei Wochen nach dem Start, wurde endlich in Kyakhta die chinesisch-russische Grenze erreicht; drei Tage später konnten Cormier und Collignon zum ersten Mal nach dem Start wieder in einem zivilisierten Bett schlafen.

Auf der transsibirischen Bahn

Es gab nur einen Weg, um sich nicht in der weiten Steppe zu verirren: den Strang der transsibirischen Eisenbahn, abwechselnd mit kurzen Straßenstücken in der Steppe Sibiriens. Mitten in der Steppe fiel der Itala einem kleinen Unfall zum Opfer: Die Holzspeichen eines Rades rutschten aus dem Radband heraus, und die Fortsetzung der Fahrt war damit unmöglich geworden. Doch da fiel Borghese etwas ein, das seiner Meinung nach die Rettung hätte sein können. Er dachte an das Ausdehnungsvermögen des Holzes durch Wasser. Aber wie konnte man Wasser auftreiben? Der einzige Platz waren die Bäder einer nahen Stadt. Borghese mietete sich eine Kabine für eine ganze Nacht und hielt das Rad die ganze Zeit unter das Wasser. Der Einfall erwies sich am nächsten Tag als völlig sinnlos, denn das Rad brach nach wenigen Kilometern endgültig zusammen, so daß nur mit der Hilfe eines russischen Radmachers der Wagen des Italieners wieder fahrbereit gemacht werden konnte.
Endlich, als sich die Teilnehmer Kazan näherten, fanden sie Verbindungswege, die entfernt an Straßen erinnerten. Cormier erzählte später, daß er beinahe ohnmächtig wurde, als er am Straßenrand eine echte Straßenwalze sah. Weiter ging es nach Nischni Nowgorod, Moskau, Warschau. Der Itala von Borghese festigte seine Führungsposition immer mehr, während die anderen noch mit der russischen Ebene kämpften. Am 10. August traf Borghese in Paris ein, wo eine begeisterte Zuschauermenge auf ihn wartete. Er legte die

Der Sieger der Fernfahrt Peking – Paris 1907 – heute im Automobilmuseum Turin

16 000 Kilometer in genau zwei Monaten zurück. Die anderen drei Teilnehmer kamen gemeinsam 21 Tage später in Paris an.
Der Itala besaß einen 4-Zylinder-Motor mit 7433 ccm (derselbe Typ, den Königin Elena unter der Haube ihres »Palombella« hatte), 45 PS bei 1250 U/min, Viergangschaltung plus Rückwärtsgang, Kardan-Übertragung, 1370 kg Gewicht. Alle 3 Kilometer verbrauchte der Wagen einen Liter Treibstoff. Zwei vordere Sitzplätze und ein hinterer, der zwischen den beiden Zusatztanks (Fassungsvermögen 300 Liter) angebracht war. Hinter den Behältern befand sich eine riesengroße Kiste mit Werkzeugen, Ersatzteilen usw., die Borghese unterwegs wegwarf, um das Fahrzeug leichter und schneller zu machen. Versteckt installiert gab es auch noch zwei 50 Liter große Behälter für Öl und Benzin.
Heute wird der Itala wie ein Kunstgegenstand im Automobilmuseum von Turin aufbewahrt. Leider fehlen heute am Fahrzeug die vier legendären Kotflügel, die eine so wichtige Rolle beim Sieg Peking – Paris gespielt haben. Denn ihre flache Form aus robustem Blech diente – abmontiert und vor die Räder gelegt – zum Herausmanövrieren aus zahlreichen kritischen Situationen.
Bei diesem Bericht über Peking – Paris sollten wir den dritten Mann nicht vergessen, den Mechaniker Ettore Guizzardi. Luigi Barzini schrieb über ihn: »Wenn er nichts zu tun hat, so legt er sich unter das Fahrzeug und betrachtet ununterbrochen Schraube um Schraube, Teil um Teil, wobei er einsame Gespräche mit seinem mechanischen Adoptivkind führt.« Ein Extrakapitel würden die Berichterstattungen von Barzini verlangen, der stets mit sturen und verständnislosen Postbeamten kämpfen mußte, um die täglichen Reportagen an die europäischen Zeitungsredaktionen schicken zu können. Das wäre aber keine Automobilgeschichte mehr, sondern ein Abenteuer- und Reisebericht.

Um die ganze Welt

Ein Jahr später plant die »New York Times« eine Fahrt um die ganze Welt: von New York aus durch den ganzen amerikanischen Kontinent, dann über Alaska durch das asiatische und europäische Rußland und durch Deutschland nach Paris.
Der Start wird auf den 12. Februar 1908 um 10 Uhr festgelegt. Nach den üblichen Rückziehern in den letzten Momenten, die die Vertretung Amerikas auf ein Team reduzieren, sind sechs Mannschaften am Start: drei französische mit einem De Dion, einem Monobloc und einem Sizaire-Naudin; eine italienische mit einem Züst; eine deutsche Mannschaft mit Koeppen, Knappe und Maas auf einem Protos und eine amerikanische mit Schuster, Roberts und Williams auf dem Thomas-Flyer.
Die Zahl der mitfahrenden Berichterstatter ist diesmal größer, denn sie haben gespürt, daß das Dabeisein beim großen Autoabenteuer eine sagenhafte Resonanz beim Leser findet.

Mindestens 50 000 Zuschauer wohnen dem Start auf dem Times Square bei, und weitere 150 000 füllen die Trottoirs von der 42. bis zur 50. Straße, um die kühnen Autofahrer gleich nach dem Start zu feiern. (Ähnliche Abschiedsfeiern wurden für die Europäer vorbereitet, als sie in das Schiff einstiegen, das sie nach Amerika brachte: Kaiser Wilhelm II. wünschte persönlich dem deutschen Team alles Gute.)
Aber auch harte Kritiken sind im Spiel. Der größte Teil der Presse aus beiden Kontinenten wirft den Veranstaltern vor, sie hätten eine schlechte Jahreszeit für eine solche Fahrt gewählt. Mehrere sind sogar überzeugt, daß der Wettbewerb schon in der Nähe New Yorks oder spätestens in Illinois ein jähes Ende haben wird. In Wirklichkeit hat man die Abenteuerlust und den Einfallsreichtum der Teilnehmer unterschätzt. Unter allerdings größten Schwierigkeiten bewegen sich die Fahrer mühsam vorwärts; auf unendlicher, schneebedeckter Ebene (hier sieht man zum ersten Mal Schneeketten an den Rädern) oder am Strang der Eisenbahn, den sie, wenn notwendig, befahren durften. Die Bewohner der an der Strecke liegenden Ortschaften schauten verwundert und verblüfft der Vorbeifahrt dieser mutigen Männer zu. Sie brachten oft kostbare Hilfe, wie zum Beispiel in Cincinnati, wo ein furchtbarer Schneefall kam und keine Straßen mehr zu sehen waren. Um den Weg erkennbar zu machen, streuten die Anwohner kilometerlang Papierstreifen.
Trotzdem erreichen nur vier Fahrzeuge die westliche Pazifikküste bei San Franzisko: 42 Tage nach dem Start treffen die Amerikaner auf Thomas als erste ein, mit sechs Tagen Vorsprung vor dem Züst der Italiener und 14 Tage vor dem De Dion der Franzosen. Das deutsche Team mit dem Protos ist vorübergehend im Schlamm auf einer Straße in Wyoming steckengeblieben. Dagegen erreicht der Sizaire-Naudin nicht einmal die New Yorker Staatsgrenze, und der Monobloc scheidet durch eine Panne in Cedar Rapids im Staat Iowa endgültig aus. Mit diesem beruhigenden Vorsprung verladen die Amerikaner ihren Wagen auf das Schiff, das die Route nach Valdez in Alaska vorgesehen hatte.
Während sich die Mannschaft auf hoher See befindet, entscheiden sich die Verantwortlichen in der Fahrtleitung für eine Kursänderung, denn sie fürchten die katastrophalen Straßenverhältnisse, die die Amerikaner in Alaska vorfinden würden.
Die Veranstalter beschließen daher, das Schiff nach Seattle – an der Grenze zwischen USA und Kanada – umleiten zu lassen. Von dort sollte übers Meer nach Wladiwostok gefahren werden. Und so mußten also die Amerikaner den Rückweg antreten, um nach Seattle zu kommen. Dort befand sich jetzt auch das deutsche Team mit dem Protos. Der im Schlamm versunkene Wagen war per Bahn nach San Franzisko geschafft worden.

Koeppen hat Schwierigkeiten

Von Seattle nach Wladiwostok fuhren die einzelnen Teams nicht etwa mit einem gemeinsamen Schiff, sondern ließen ihre Fahrzeuge auf diejenigen Schiffe verladen, die gerade hier zur Verfügung standen. Einzelne fuhren über Japan, wobei sie ein Stück der japanischen Inseln per Wagen durchqueren mußten, einzelne wurden direkt nach Wladiwostok gefahren, so auch der deutsche Teilnehmer, der Oberleutnant Koeppen mit seinem Protos. Diese Überfahrt brachte neue Schwierigkeiten, weil die kleinen Frachtdampfer in der Behring-See bei tagelang anhaltenden heftigen Stürmen große Mühe hatten, überhaupt ihr Ziel zu erreichen. Das Schiff mit dem Oberleutnant Koeppen an Bord mußte mehrfach umkehren, weil an einzelnen Stellen zu stark massiertes Eis auf der See schwamm. Schließlich verlor es noch seine Anker-

12. Februar 1908, 10 Uhr: Start zur Fernfahrt New York – Paris

Ein Sizaire et Naudin von 1909 mit 1,5-Liter-1-Zylinder-Motor

kette, weil die Ankermaschine aus ihren Verstrebungen gerissen worden war, und kam erst nach 23 Tagen, am 13. Mai 1908, im Hafen von Wladiwostok an. Dort erhielt Oberleutnant Koeppen zwei neue Beifahrer, die Herren Fuchs und Neuberger aus Berlin.

In der Zwischenzeit war man bemüht, auf den sibirischen Straßen mit Hilfe von Schlitten an zahlreichen Punkten Benzinfässer zu postieren, um die Treibstoffversorgung für die Teilnehmer zu sichern. Man hatte natürlich von der Fahrt Peking – Paris einige Erfahrungen gesammelt und wußte nun auch, welche Wege befahrbar waren und welche nicht. Trotzdem war diese Durchfahrt durch Sibirien ein großes Abenteuer. Der Gouverneur von Wladiwostok erklärte dabei dem Oberleutnant Koeppen, daß er eine Autofahrt in diesem Gebiet ohnehin für ausgeschlossen halte, da das Land um diese Jahreszeit durch die Schneeschmelze und den andauernden Regen vollkommen grund- und wegelos geworden sei. Trotzdem versprach er weitgehende Untersützung und die Beiordnung eines Offiziers bis zum russischen Grenzort.

Diese Fahrt durch Sibirien gestaltete sich zu einem Rennen zwischen dem amerikanischen Thomas-Flyer-Wagen und dem deutschen Protos. Zunächst wurde der amerikanische Wagen von einer Pechsträhne heimgesucht: Das Getriebegehäuse brach auseinander und dann die Zahnräder im Schaltgetriebe. Der Fahrer Schuster mußte den Wagen verlassen und auf einem Pferd zu einer Ortschaft reiten, wo er sich notdürftig Zahnräder bei einem Schmied anfertigen ließ. Aber Koeppen mit seinem Protos blieb etwa zur gleichen Zeit in tiefem Schlamm stecken. Ähnliche Schwierigkeiten widerfuhren dem Züst und dem De Dion, wobei der De Dion diese Fahrt dann aufgeben mußte. Die transsibirische Eisenbahn hatte eine Prämie von 1000 Dollar für den Wagen gestiftet, der in Zytha, das mitten in Sibirien liegt, als erster ankam. Diesen Preis gewann der Oberleutnant Koeppen. Auf dem Weg zum Baikalsee, dem nächsten Etappenort, behaupteten die Deutschen und Amerikaner abwechselnd die Führungsposition, aber an den Baikalsee kam wiederum Koeppen mit seinem Protos als erster und gewann die hier vom Russischen Automobilclub gestifteten 1000 Dollar.

Bei der Fahrt durch Sibirien benutzte der Oberleutnant Koeppen weitgehend den Bahndamm der transsibirischen Eisenbahn. Das war deshalb etwas gefährlich, weil diese nur eingleisig war. Er hat über diese Fahrt ein Buch geschrieben, das 1909 bei Ullstein erschienen ist und den Titel trug »Im Auto um die Welt«. In diesem Buch beschreibt er eine solche Szene: »Es war dunkel geworden und obwohl wir keine Scheinwerfer am Wagen hatten – die alten waren auf der Bahnhopserei in den Rocky Mountains draufgegangen und die neuen in Wladiwostok nicht zeitig angekommen, solche da auch nicht zu kaufen gewesen –, wollten wir doch wenigstens noch bis zur nächsten Station, Şandawodi, gelangen. Es war nicht möglich, zu erfahren, ob und wie lang die Strecke frei sei. Eine Verbindung mit der Station bestand nicht. Da unser Eisenbahnoffizier aber versicherte, es käme kein Zug, so fuhren wir zuerst sorglos in die dunkle Nacht hinein. Es war eine meiner aufreibendsten Fahrten. Ich hegte Befürchtungen, daß am Ende doch ein Zug daherkäme, von vorwärts oder von rückwärts, der uns nicht hätte sehen können und dem wir auch kaum so schnell wie erforderlich durch Flucht den Bahndamm hinunter hätten ausweichen können. Eine Katastrophe wäre dann unvermeidlich gewesen. Von noch mehr Besorgnissen wurde aber unser guter Eisenbahner, der mitfuhr, gequält, denn er wußte, daß um 9.00 Uhr abends ein Zug von Sandawodi kommen mußte, hatte aber gehofft, wir würden die kurze Strecke bis dahin bewältigt haben und darum nichts gesagt. In Wirklichkeit langten wir erst um 11.00 Uhr nachts nach einer höchst aufregenden, anstrengenden Fahrt auf der Station an und hatten unser Glück nur einem Unglück zu verdanken, das dem fälligen Zug zugestoßen war. Kurz vor Sandawodi war dieser nämlich auf einer Reparaturstelle der Eisenbahn entgleist.«

Einmal brach eine Brücke über eine steile Schlucht unmittelbar nach dem Passieren des Protos-Wagens zusammen. Anschließend daran fuhren die Deutschen mit ihrem Protos immer mit Vollgas über die Brücken, weil sie befürchteten, jede Brücke könne einstürzen. Im Schlamm eines sibirischen Baches blieb einmal der Protos hoffnungslos stecken. Man war 15 Kilometer von der nächsten Bahnstation entfernt. Nun entschloß sich Koeppen, zu Fuß Hilfe herbeizuholen. Auf diesem Weg erlebte er nicht nur völlig erschöpft mehrfach eine Art Fata Morgana, sondern wurde auch einmal von dschungusischen Reitern angegriffen und konnte sich nur noch mit seiner Armeepistole wehren. Schließlich wurde ihm die Hilfe einer russischen Reiterschwadron zuteil, die den Wagen aus dem Sumpf zog. Man kann sich die Gefahren und Schwierigkeiten bei dieser Fahrt heute kaum vorstellen, abgesehen davon, daß es heute wohl nicht mehr möglich wäre, eine solche Weltfahrt zu organisieren. Technisch wäre es ein Kinderspiel, aber politisch ginge es wohl nicht mehr. Über Jekaterinburg (das heutige Swerdlowsk) ging es nach Nischni Nowgorod (dem heutigen Gorki) und von da nach Moskau. Nun wurden die Straßen besser, man hatte Sibirien hinter sich gebracht. Das nächste Ziel war Berlin. In Deutschland war man durch die verschiedenen Zeitungen und Nachrichtenagenturen auf das Herankommen des Protos-Wagens, der vor den Amerikanern lag, wohl vorbereitet und brachte ihm einen sehr, sehr herzlichen Empfang dar. Ganz Berlin war auf den Beinen. In seinem Buch schrieb Oberleutnant Koeppen: »In flotter Fahrt ging es nun unter dem Geleit aller der vielen Wagen, unter beinahe lebensgefährlichem Stau und Gedränge der Reichshauptstadt entgegen, wo wir schon in der Frankfurter Allee durch die zahlreich herbeigeströmten Menschen gezwungen wurden, unser Tempo auf ein Minimum herabzusetzen. Auf den Promenadenwegen, auf den Trottoirs, auf dem Straßendamm, an allen Fenstern bis hinauf in die vierte Etage, auf Wagen, auf Vorsprüngen und Bänken, kurz, überall wo sich ein Standort bot, harrten die Bewohner unseres Kommens und begrüßten uns auf das lebhafteste mit Blumen, Zurufen und Tücherschwenken. Immer dichter wurde das Gedränge, immer schwieriger das Vorwärtskommen, immer freudiger und volltöniger das Hurra, das uns von allen Seiten entgegenscholl und in dem die hellen Stimmen der lieben, schulfreien Schuljugend besonders kräftig herausklangen.«

Nicht nur der Kaiserliche Automobilclub war bei den Empfängen vertreten, sondern auch ein Major vom Großen Generalstab sprach hier über die Bedeutung der Fahrt vom militärischen Standpunkt aus. Ein Automobil, das um die Welt fahren konnte, war natürlich ein Ereignis, das war um diese Zeit eine echte Sensation. Die folgenden, kurzen Etappen bis Paris legte der Protos ohne Schwierigkeiten zurück, und als erster erschien er vor dem Haus der Zeitung »Matin«, am 26. Juli 1908. Nach genau fünfeinhalb Monaten war diese Fahrt beendet. Vier Tage danach, abends am 30. Juli, als die deutsche Mannschaft Paris schon wieder verlassen hatte, traf der amerikanische Thomas-Flyer am Ziel ein. Ein weiteres Fahrzeug, das unterwegs viel Pech gehabt hatte, kam zwar erst am 17. September in Paris an, beendete aber immerhin die Weltfahrt. Es war der italienische Züst. In der offiziellen Wertung allerdings gewann der amerikanische Wagen, weil dem Protos 15 Tage Strafzeit zudiktiert wurden, denn er hatte ja in Amerika die letzte Strecke nach San Franzisko per Bahn zurückgelegt. Außerdem hatte man dem Thomas-Flyer 10 Tage gutgeschrieben, weil diese Mannschaft nach Norden hinaufgefahren war, ehe man sich entschlossen hatte, direkt die Überfahrt von Seattle nach Wladiwostok zu wählen. Diese Fahrt hat nicht nur dem Automobilsport, sondern insgesamt dem Automobil sehr viele Sympathien eingetragen, was in dieser Zeit sehr notwendig war, um das Image des Autos aufzubessern. Übrigens hatte die Berliner Zeitung »BZ am Mittag« die Teilnahme und die Ausrüstung des Protos-Wagens für diese beschwerliche Reise um die Welt mitfinanziert. Das Fahrzeug, dessen Chassis heute noch im Deutschen Museum in München steht, hatte einen 4,6-Liter-Motor mit 35 PS und entwickelte eine Höchstgeschwindigkeit von 80–85 km/h.

Triumphaler Empfang für die deutsche Mannschaft auf Protos, die am 26. Juli 1908 nach fünfeinhalb Monaten als erste in Paris eintraf

Panhard-et-Levassor-Rennwagen kurz vor dem Start zum ersten Grand Prix 1906

Grand Prix

Die französische Bezeichnung Grand Prix für den Großen Preis eines Landes ist heute in der ganzen Welt üblich geworden und rührt daher, daß die ersten Großen Preise tatsächlich in Frankreich ausgefahren wurden. Die französischen Grand-Prix-Rennen, die schon 1906 begannen, sind untrennbar mit der Frühgeschichte des Automobilsports verbunden. Man hat in Italien erst 1921, in Spanien 1923, in Belgien 1925, in Deutschland 1926 und in Monaco 1929 angefangen, Große Preise zu veranstalten. Vor dem ersten Weltkrieg gab es nur den Grand Prix von Frankreich, der genau genommen Grand Prix de l'Automobile Club de France hieß.
Man darf sich die Großen Preise dieser Frühzeit nicht so vorstellen wie die heutigen. Zwar wurden sie nicht mehr auf Von-Stadt-zu-Stadt-Rennstrecken ausgetragen, sondern auf Rundkursen, aber diese Rundkurse hatten im Verhältnis zu den heutigen ungeheure Streckenlängen. Die Rennen waren auch über viel größere Distanzen ausgeschrieben als heute. Sie galten, von der Schnelligkeit abgesehen, auch als echte Dauerprüfung. Der erste französische Grand Prix wurde 1906 auf einem Rundkurs in der Nähe von Le Mans ausgetragen, und zwar am 26. und 27. Juni. Dieser Kurs ist mit dem heutigen 13,4 Kilometer langen Le-Mans-Kurs der berühmten 24 Stunden überhaupt nicht zu vergleichen. Eine Runde maß 103,2 Kilometer, und die Fahrer mußten 2 Tage lang unterwegs sein, um täglich jeweils 6 Runden zurückzulegen. Die Distanzen und Zeiten wurden addiert, so daß das Gesamtklassement dieses ersten Großen Preises von Frankreich über eine Länge von 1238 Kilometer ausgefahren wurde, mit Fahrzeiten zwischen 12 und 16 Stunden.

Ohne Staub

Der Große Preis von Frankreich 1906 ist nicht nur ein historisches Ereignis, weil damit die Geschichte der Großen Preise beginnt, sondern auch, weil hier zum ersten Mal in größerem Stil der Versuch gemacht wurde, den ewigen Feind der damaligen Autorennen, den Staub, ernsthaft zu bekämpfen. Die Veranstalter hatten sich das damals ganz neue Asphaltverfahren ausgesucht, das auf die Erfahrungen und Forschungen zweier schweizerischer Experten zurückzuführen ist. Ein Arzt namens Guglielminetti und ein Ingenieur namens Legavlian waren sozusagen die Erfinder der Asphaltstraße. Sie hatten einfach die Idee, die Staubkörnchen mit einer Schicht Teer zu bedecken, und hatten schon an einigen Stellen Versuche damit durchgeführt, die sich als recht zufriedenstellend erwiesen. Man überlegte sich, ob es nicht lohnend wäre, dieses System auf industrieller Basis fortzusetzen, und dieser Große Preis von Frankreich gab zum ersten Mal Gelegenheit, in größerem Stil das neue Mittel anzuwenden. Freilich war dieses Mittel gegen den Staub damals noch eine recht gefährliche Angelegenheit für den Rennfahrer, weil bei Hitze dieser Asphalt weich zu werden begann und dadurch die Wagen ins Schleudern kamen. Aber immerhin, der Anfang der Asphaltstraßen war gemacht, nachdem man vier Jahre vorher in kleinerem Rahmen im Fürstentum Monaco schon Straßen asphaltiert hatte.

Dieser erste Große Preis von Frankreich des Jahres 1906 war ein ungemein populäres Rennen, nicht nur, was die Zahl der Teilnehmer angeht, nämlich 34 Fahrzeuge aus ganz Europa, sondern auch, was die Zuschauer betrifft. Schon am frühesten Morgen zogen Zehntausende zur Strecke hinaus. Aus ganz Frankreich und den anliegenden Ländern kamen die Züge, zum Teil Sonderzüge, und brachten eine große Menge Autofans nach Le Mans. Natürlich kamen auch schon einige mit den Privatwagen der damaligen Zeit, aber das Gros der Zuschauer fuhr mit der Eisenbahn, auf dem Fahrrad oder kam zu Fuß. Der Start am ersten Tag begann pünktlich um 6.00 Uhr morgens. Im letzten Augenblick zogen noch zwei Konkurrenten zurück, so daß 32 Fahrzeuge am Start standen, die mit einem Abstand von jeweils 1½ Minuten auf die Strecke gelassen wurden. Das war natürlich für die Zuschauer eine ungemein schwierig zu überblickende Sache, denn es konnte der 30. Wagen, der viel später gestartet war als der erste, unter Umständen schon einen großen Vorsprung herausgefahren haben. Das war nur mit genauer Kenntnis der Startzeit und einer genau gehenden Uhr zu kontrollieren, aber den Zuschauern von damals war es eigentlich nur wichtig, überhaupt diese Rennungetüme erstmals fahren zu sehen. Von den 32 Wagen, die am Start standen, waren 23 französische, 6 italienische und 3 deutsche Konstruktionen. Die drei deutschen waren Mercedes-Rennwagen, die aber bei diesem ersten Großen Preis von Frankreich noch keine Rolle spielen konnten. Übrigens wurde eines dieser Fahrzeuge privat gemeldet, von jenem Grafen Florio, der im gleichen Jahr zum ersten Mal die Targa Florio, dieses inzwischen so legendäre Rennen, veranstaltete.

Die Rennformel für den Großen Preis des Jahres 1906 war ganz einfach: Die Automobile durften nicht schwerer sein als 1007 kg. An sich betrug das Maximalgewicht 1000 kg. Die 7 kg kamen von einem Zusatz, der für den Magneten gewährt wurde. Es gab keine Beschränkungen für den Hubraum. Selbstverständlich wurden alle Fahrzeuge zweisitzig an den Start gebracht und auch zweisitzig gefahren. Man brauchte unter allen Umständen einen Mechaniker, der einem unterwegs behilflich sein konnte. Die Reifen waren damals noch eines der ganz großen Probleme, und ein französischer Fahrer mußte bei diesem Rennen über die 1238-km-Distanz nicht weniger als vierzehnmal die Reifen wechseln. Da man damals im Motorenbau die hohen Drehzahlen noch nicht beherrschte, hat man riesige Motoren gebaut, um auf entsprechende Leistungen zu kommen. Der größte Wagen, der hier am Start stand, war der Panhard mit 18 279 ccm. Der Renault mit 12 986 ccm galt schon als ein ziemlich kleiner Wagen. Der Mercedes hatte einen Hubraum von 14,4 Liter. Eine technische Neuerung an einigen dieser Rennwagen, die bei dem Rennen eine wesentliche Rolle spielen sollte, waren die abnehmbaren Felgen, die jante amovible, wie man sie in Frankreich nannte. Hier wurden zum ersten Mal aufgepumpte Ersatzreifen auf ein fertiges Felgenband montiert und mitgeführt. Es war wohlgemerkt eine montierte Felge, noch kein komplett montiertes Rad. Die Felgen wurden mit den Reifen abgezogen und entsprechend wieder aufgesetzt. Das war aber schon ein großer Fortschritt, und während man bis dahin etwa 15 Minuten brauchte, um einen Reifen zu wechseln, hat man mit diesen neuen Felgen nur 2 bis 3 Minuten benötigt. An den Boxen durften keine fremden Mechaniker am Wagen arbeiten, sondern nur der Fahrer und sein Beifahrer, um zum Beispiel einen Reifenwechsel vorzunehmen oder zu tanken. Die Fahrer von damals mußten sicherlich über eine noch bessere Kondition verfügen als die heutigen, weil die damaligen Rennfahrzeuge ja noch viel schwerer zu fahren waren und viel höhere physische Kräfte erforderten.

In den ersten zwei Runden führte der Franzose Baras auf einem Brasier, dann ging der Ungar-Franzose Szisz mit einem Renault an die Spitze und ließ sich bis zum Ende dieses ersten Tages nicht davon verdrängen. Szisz gewann das Rennen des ersten Tages mit dem riesig großen Vorsprung von etwa 26 Minuten. Der letzte Wagen kam 2½ Stunden nach dem Sieger ins Ziel, wo man einen parc fermé eingerichtet hatte und die Wagen über Nacht unter Bewachung stellte, damit an ihnen nichts repariert werden

Der französische Fahrer Szisz beim Felgenwechsel im Grand Prix 1906, den er überlegen gewann – Unten: Der Franzose Goux auf Peugeot beim Coupe des Voiturettes, der am Tag vor dem Grand Prix 1908 ausgetragen wurde

Ein Itala-Grand-Prix von 1907 mit 120-PS-Motor

konnte. Übrigens gab es damals noch nicht die schwarz-weiß karierte Zielflagge, sondern die Fahrzeuge wurden mit einer gelben Flagge am Ziel abgewunken.
Am zweiten Tag wurden die Fahrzeuge in der Reihenfolge ihrer Placierung vom ersten Tag gestartet. Viele Fahrer fuhren auf das Startsignal hin nicht sofort los, sondern begannen erst, an den Boxen an ihrem Fahrzeug zu arbeiten, was ja im parc fermé die Nacht über nicht erlaubt worden war. Am zweiten Tag dieses großen Rennens war der Italiener Nazzaro mit dem Fiat zwar schneller als Szisz mit dem Renault, aber er konnte den Verlust vom ersten Tag bei weitem nicht mehr wettmachen und kam in der Gesamtwertung auf den 2. Platz. Szisz auf Renault gewann mit einer Gesamtfahrzeit von 12 Stunden, 14 Minuten, 7 Sekunden, was einem Durchschnitt von 101,19 km/h entsprach. Auf den 3. Platz kam der Franzose Clement auf einem Clement-Bayard. An 4. Stelle erscheint ein Brasier, an 5. Stelle Lancia auf einem Fiat. Jenatzy auf Mercedes, der seinen Wagen dann Burton übergeben hatte, wurde Zehnter. Nur 11 Wagen von den 32 gestarteten erreichten das Ziel.
Mit diesem Großen Preis von Frankreich des Jahres 1906 waren sozusagen die klassischen Autorennen gestartet worden, und schon 1907 veranstaltete man wieder einen solchen Grand Prix des Automobilclubs von Frankreich, und zwar am 2. Juli in der Nähe von Dieppe. Man hatte in Le Mans gesehen, daß zwei Tage für die Fahrer, die Fabrikate und vor allem auch für die Zuschauer zu strapaziös waren, und hatte deshalb bei Dieppe einen Rundkurs ausgesucht, der 77 Kilometer lang war und zehnmal durchfahren werden mußte. 38 Wagen nahmen das Rennen auf, und insgesamt kamen 17 ans Ziel. Nazzaro mit seinem Fiat gewann diesmal vor Szisz auf Renault und Baras auf Brasier. Der beste deutsche Wagen, ein Mercedes unter Hémery, kam wiederum auf den 10. Rang. Dieser Große Preis von Frankreich 1907 war ein Rennen nach der Verbrauchsformel, denn man durfte maximal 30 Liter auf 100 Kilometer verbrauchen.

Erster deutscher Sieg

Um diese Zeit gab es praktisch jedes Jahr eine neue Rennformel, und die Konstrukteure waren dauernd am Überarbeiten und Verändern ihrer Rennfahrzeuge. Für 1908, wo man ebenfalls auf dem Kurs von Dieppe und ebenfalls wieder über 10 Runden das Rennen austragen wollte, war nun vorgesehen, ein Minimalgewicht von 1100 Kilo (aus Sicherheitsgründen) und eine begrenzte Motorengröße einzuführen. Diese wurde dadurch erreicht, daß man die Zylinderbohrung auf maximal 155 mm für 4-Zylinder-Maschinen und 127 mm für 6-Zylinder-Motoren festlegte. Man nannte diese Formel auch die Ostender Formel, weil sie bei einer Konferenz in Ostende festgelegt worden war. Als Datum hatte man diesmal den 7. Juli gewählt. Ein Tag zuvor wurde der Coupe des Voiturettes ausgetragen, ein Wettbewerb für kleine Rennwagen. Es gab diesmal eine geradezu phantastische Beteiligung: 49 Wagen standen am Start, 24 französische, 9 deutsche, 6 italienische, 6 englische, 3 belgische und 1 amerikanische Konstruktion. Nur Austin und Porthos brachten 6-Zylinder-Motoren, alle übrigen Rennwagen hatten 4-Zylinder-Maschinen, wie das damals noch allgemein üblich war. Und es waren ungeheuere Maschinen; die kleinste, die dort startete, hatte einen Hubraum von 9,1 Liter, die größten Wagen waren mit 13,6-Liter-Motoren erschienen.
Da es das einzige wirklich große Rennen des Jahres war,

kamen einzelne Firmen schon im Mai, um auf dem Kurs zu trainieren, was die lokalen Polizeibehörden sofort bemerkten. Der Präfekt legte daraufhin eine Geschwindigkeitsbegrenzung von 15 km/h auf den entsprechenden Strecken fest, die natürlich dann nicht eingehalten wurde. Es gab bei diesem wilden Training eine ganze Reihe von Unfällen. Die Fahrer und Beifahrer wurden vom Automobilclub ausdrücklich gebeten, ihr Gesicht zu schützen, möglichst nicht nur Brillen zu tragen, sondern auch Gesichtsmasken oder Gesichtstücher, weil durch auffliegende Steine eine erhebliche Verletzungsgefahr bestand.
Auch bei diesem Grand Prix von 1908 gab es keinen Massenstart, sondern die Fahrzeuge wurden mit einer Minute Abstand auf die Strecke geschickt, mit der Folge, daß noch einzelne am Start standen, während die ersten Fahrzeuge schon die erste Runde zurückgelegt hatten.
Der Mercedes-Fahrer Salzer legte die 1. Runde in 36 Minuten und 31 Sekunden zurück. Das war die schnellste Runde des Rennens überhaupt, und er setzte sich damit zunächst an die Spitze. Doch in der 2. Runde hatte Salzer einen Schaden an einer Felge, und nun sah man Nazzaro mit dem Fiat an der Spitze, knapp dahinter Lautenschlager mit dem anderen Mercedes. In der 3. Runde gab es wieder eine Verschiebung der Positionen, denn ein Fiat unter Wagner ging an die Spitze. Lautenschlager fiel vorübergehend auf den 3. Platz zurück, aber dann hatte Wagner einen Schaden am Getriebe, und auch Szisz mit dem Renault war bereits ausgefallen. Nach der Hälfte der Distanz lag Christian Lautenschlager mit mehr als 2 Minuten Vorsprung vor dem Franzosen Héméry auf Benz in Führung, und auch in 3. Position sah man einen Benz mit dem Franzosen Hanriot. In dieser Reihenfolge ging auch das Rennen nach 770 Kilometer Distanz zu Ende. Die Durchschnittsgeschwindigkeit von Lautenschlager war 111,12 km/h. An den Mercedesboxen hatte man für die letzten beiden Runden keine Ersatzreifen mehr, weil der Reifenverbrauch sehr hoch gewesen war. Deshalb fuhr Lautenschlager seine beiden letzten Runden mit äußerster Vorsicht, aber er konnte sich das erlauben, nicht nur, weil er schon einen so großen Vorsprung hatte, sondern weil er auch genau wußte, wie er Reifen und Maschine schonen konnte. Der zweite, Héméry auf Benz, der etwa 8½ Minuten nach Lautenschlager durchs Ziel ging, kam über die Ziellinie mit einem geplatzten Hinterreifen und ganz geringer Geschwindigkeit. Obwohl man immer den Großen Preis von 1914 als den großen Mercedes-Triumph bezeichnet, so muß man doch sagen, daß dieses Rennen von 1908 wahrscheinlich der am nachhaltigsten wirkende deutsche Erfolg der Vorkriegszeit war, vor allen Dingen, weil nach dem siegreichen Mercedes noch zwei Benz über die Ziellinie kamen. Den Franzosen – damals war man ja in allen Ländern noch viel nationalistischer eingestellt als heute – war es natürlich nicht sehr recht, daß man dreimal hintereinander »Heil dir im Siegerkranz« spielen mußte. Deshalb spielte man ganz einfach anschließend für jeden französischen Wagen, der noch ins Ziel kam, die Marseillaise, und das versöhnte die Zuschauer etwas. Die schnellste Runde in diesem Rennen ging, wie erwähnt, auf das Konto von Salzer auf Mercedes mit einem Durchschnitt von 127,03 km/h. Paul Daimler,

Szisz wird mit verbundenem Kopf von seinem Wagen weggeführt, weil sein Gesicht durch heißen Teer verletzt ist.

Lautenschlager auf Mercedes beim Felgenwechsel vor dem Sieg im Grand Prix 1908

der Sohn von Gottlieb Daimler, sah selbst noch diesen Grand-Prix-Triumph im Jahre 1908 als Zuschauer in Frankreich. Eine große Enttäuschung brachte dieses Rennen für die sieggewohnten Wagen von Fiat, die schon in den ersten Runden mit Motorschäden ausscheiden mußten. Der deutsche Erfolg wurde komplettiert durch den 5. Platz von Pöge auf Mercedes, den 6. von Jörns auf Opel und den 7. von Erle auf Benz. Von 9 deutschen Wagen kamen 7 ans Ziel, während nur 10 von den 23 gestarteten Franzosen die Ziellinie überfuhren.

Lautenschlager

Ein Wort noch zu Christian Lautenschlager. Er wurde am 13. April 1877 in dem kleinen Städtchen Magstadt bei Stuttgart geboren, kam mit vierzehn Jahren nach Stuttgart und lernte dort erst einmal Schlosser. Als Geselle ging er, wie das in diesen Zeiten üblich war, auf die Wanderschaft und arbeitete unter anderem in Luzern und Zürich. Anschließend war er in einer Fahrradfabrik in Chemnitz tätig und kehrte im Oktober 1899, also mit zweiundzwanzig Jahren, nach Stuttgart zurück. Reich an Erfahrungen wurde er nun Monteur bei Gottlieb Daimler. Als die Fabrik nach Untertürkheim verlegt wurde, übernahm er dort als Meister die Fahrabteilung, die die fertigen neuen Wagen einzufahren hatte. Man ließ ihn 1906 zum ersten Mal in einem Rennwagen an die Öffentlichkeit treten, allerdings nur als Beifahrer von Otto Salzer in der Ardennenrundfahrt. Hier belegten die beiden den 9. Platz. 1908 kam Lautenschlager mit dem neuen Mercedesrennwagen zum Großen Preis von Frankreich. Das war das erste große Rennen, das er überhaupt bestritten hat, im Alter von einunddreißig Jahren. Lautenschlager, mit dem damals üblichen Schnurrbart, war ein guter, solider schwäbischer Handwerker. Er wollte nie mehr sein als das und blieb der Linie, die er als Monteur bei Daimler eingeschlagen hatte, sein Leben lang treu. Er hat dann noch einmal dieses damals bedeutendste Autorennen der Welt, den Großen Preis von Frankreich, 1914 gewonnen und hat nach dem ersten Weltkrieg noch ein paarmal Werkseinsätze mit Mercedesrennwagen gefahren. Bei der Targa Florio 1922 konnte er den 2. Platz seiner Klasse und den 10. Rang im Gesamtklassement erringen. 1923 war er mit dem Mercedesteam noch in Indianapolis, kam aber dort nicht ans Ziel. Sein letzter Einsatz war die Targa Florio von 1924, die damals Christian Werner gewann. Lautenschlager, inzwischen schon siebenundvierzig Jahre alt, wurde wiederum Zehnter. Dann zog er sich vom Rennen zurück, arbeitete weiter als Meister bei Daimler-Benz und wurde im Jahr 1936 in Ehren pensioniert. Er starb im Alter von siebenundsiebzig Jahren im Frühjahr 1954.

Im folgenden Jahr 1909 war eine gewisse Rennmüdigkeit unter den Werkstätten ausgebrochen, außerdem war der französische Automobilclub gar nicht glücklich über den Eins-zwei-drei-Sieg der Deutschen gewesen. Trotzdem wollte man wieder einen Grand Prix in Szene setzen, schrieb aber vor, daß mindestens 40 Wagen gemeldet sein müssen, wenn das Rennen über die Bühne gehen soll. Es hatten aber am Tag des Nennungsschlusses erst 9 Wagen gemeldet, und so wurde dieser Große Preis abgesagt. Auch 1910 fand kein

Legnano

1908 Legnano

2-Zylinder-Frontmotor, Bohrung und Hub 85 × 100 mm,
Hubraum 1135 ccm, 8 PS

Fiat-Grand-Prix-Wagen von 1912 mit 14-Liter-4-Zylinder-Motor
Unten: Opel-Rennwagen von 1913, Höchstgeschwindigkeit 170 km/h, wie ihn Karl Jörns beim Grand Prix 1913 fuhr

Georges Boillot auf Peugeot beim Großen Preis von Frankreich 1913, den er siegreich beendete
Unten: Der Italiener Felice Nazzaro auf einem Itala beim selben Rennen

Großer Preis von Frankreich statt. Dann hat man 1911 einen Pseudo-Grand-Prix veranstaltet, der vom Automobilclub De La Sarthe organisiert worden war, nach freier Formel. Dieses Rennen gewann damals Victor Héméry in einem 10-Liter-Fiat-Tourenwagen, ein Bugatti wurde Zweiter. Aber dies galt nicht als ein offizieller französischer Grand Prix, und erst 1912 wurde dieser wieder ausgefahren, wiederum auf der Rundstrecke von Dieppe. Man war wieder zu der alten Formel zurückgekehrt, nämlich zwei Tage lang diesen Großen Preis laufen zu lassen. An jedem Tag mußten 10 Runden gleich 770 Kilometer zurückgelegt werden, und die Summe der Zeiten zählte. Im übrigen war die Formel zu diesem Rennen ganz eigenartig: In der Grand-Prix-Klasse gab es überhaupt keine Vorschriften, außer daß die Maximalbreite des Wagens nicht mehr als 1,75 m betragen durfte. Zugleich gab es noch den sogenannten Coupe de l'Auto, der als neue Formel vorsah: Maximalhubraum 3 Liter, Minimalgewicht 800 kg. Die beiden Rennen wurden an den gleichen Tagen auf der gleichen Rundstrecke gefahren. Insgesamt starteten am 25. Juli 1912 47 Wagen, darunter befanden sich aber keine deutschen. Sowohl Daimler als auch Benz und Opel hatten sich entschlossen, diesem Rennen fernzubleiben. Dafür waren aber eine ganze Reihe von englischen Firmen zu diesem französischen Grand Prix gekommen, darunter Sunbeam, Arrol-Johnston, Vauxhall, Singer, Calthorpe, und es gelang in der Tat einem Sunbeam, mit dem Fahrer Rigal den Coupe de l'Auto zu gewinnen und Dritter in der Gesamtwertung zu werden. Nach dem Gesamtergebnis der zwei Tage war der Franzose Boillot auf einem Peugeot der Sieger gewesen – die Ehre Frankreichs war wiederhergestellt. Boillot erzielte einen Gesamtdurchschnitt

Ein Opel beim Grand Prix 1914. Die Straßenbautechnik entsprach noch keineswegs den bei diesen Rennen gefahrenen hohen Geschwindigkeiten.

Christian Lautenschlager geht mit seinem Mercedes beim Großen Preis 1914 in voller Fahrt an der dicht besetzten Tribüne vorbei.

Boillot auf Peugeot beim Grand Prix 1914, in dem er bis zur 17. Runde führte

von 110,35 km/h und hatte einen Vorsprung von mehr als 13 Minuten vor dem Fiat-Fahrer Wagner.
1913 gab es schon wieder ein neues Reglement. Diesmal waren nur 20 Liter Benzinverbrauch pro 100 Kilometer zugelassen, und die Wagen mußten zwischen 800 kg und 1100 kg wiegen. Die Rennstrecke befand sich im Osten von Amiens und war 31,6 Kilometer lang. 29 Runden mußten zurückgelegt werden. Besonders aufgrund der merkwürdigen Rennformel waren diesmal nur insgesamt 20 Fahrzeuge am Start. Daimler und Benz blieben dem Rennen wiederum fern, allerdings sandte Opel einen Wagen unter Karl Jörns, ein Fahrzeug, das 3970 ccm Hubraum hatte und 842 kg wog. Es blieb aber mit einem Maschinenschaden schon in der ersten Hälfte des Rennens liegen. Den Großen Preis von Frankreich des Jahres 1913 gewann einmal mehr Georges Boillot mit einem Peugeot. Er galt damals als der größte französische Fahrer. Hinter ihm kam ein weiterer Peugeot unter Goux auf den 2. Platz, vor dem Sunbeam von Chassagne. Der Gesamtdurchschnitt des Siegers lag bei 116,06 km/h. Bemerkenswert war, daß die Reifen inzwischen wesentlich verbessert waren, denn Boillot mußte nur einmal auf diesen 917 Kilometern zum Reifenwechsel anhalten.

4,5 Liter Hubraum

Am 4. Juli 1914 fand der letzte Vorkriegs-Grand-Prix von Frankreich statt, diesmal auf einer Strecke in der Nähe von Lyon. Die Renndistanz war auf 20 Runden angesetzt, was 752,6 Kilometer ergab. Die Formel, die für diesen Grand Prix galt, war zum ersten Mal eine moderne Formel. Es wurde zum einen das Maximalgewicht vorgeschrieben mit 1100 kg, zum anderen – und damit ist dieser Große Preis von Frankreich 1914 eine Art Vorläufer für die heutigen Großen Preise gewesen – der Hubraum, denn es war eine Begrenzung auf 4,5 Liter vorgesehen. Insgesamt starteten 37 Wagen. Technisch interessant war, daß eine Reihe von diesen Rennwagen mit den neuen Vierradbremsen ausgestattet waren, andere nur mit Zweirad-Hinterrad-Bremsen und der zusätzlichen Getriebebremse. Die Vierradbremse erwies sich aber damals noch nicht als so ausgereift, daß sie entscheidend werden konnte. Der siegreiche Mercedes-4,5-Liter-Rennwagen, der immerhin schon 115 PS entwickelte und den wiederum Christian Lautenschlager fuhr, war noch nicht mit Vorderradbremsen ausgerüstet. Dieses Rennen wurde ein Mercedes-Triumph, wie ihn bis dahin die Welt noch nicht gesehen hatte, denn hinter Lautenschlager, der mit einem Durchschnitt von 105,5 km/h gewann, wurden der Franzose Wagner Zweiter und der Deutsche Otto Salzer Dritter – beide auf Wagen aus Untertürkheim. Dann kam ein Peugeot und hinter diesem ein Sunbeam. Auch die schnellste Runde ging an einen Mercedes mit Max Sailer, der 112,33 km/h Durchschnitt erzielte, aber mit überforderter Maschine ausscheiden mußte. Von den 37 Fahrzeugen erreichten 11 das Ziel. Auch bei diesem Rennen, typisch für die Zeit vor dem ersten Weltkrieg, gab es noch den Einzelstart, diesmal aber so, daß jeweils zwei Fahrzeuge zusammen abfuhren. Dann war eine halbe Minute Pause, und es kamen die nächsten beiden. Das Rennen war sehr spannend. Bis zur 17. Runde führte noch Boillot auf Peugeot ganz knapp, dann lag in der 18. Runde Lautenschlager mit 33 Sekunden vorne, und noch in der letzten Runde fiel der Peugeot aus. Es war einer der bedeutendsten deutschen Rennerfolge in der Geschichte des Automobilsports.

Saurer-Doppelphaeton von 1898 mit 5-PS-Petroleummotor, karossiert von Koch in Paris

Die Autoindustrie in der Schweiz und in Belgien

Mit nichts kann man den heutigen Autointeressierten mehr verblüffen als mit der Tatsache, daß zwischen 1893 und 1923 in der Schweiz 36 verschiedene Firmen existiert haben, die Personenwagen mit Benzinmotoren hergestellt haben.
Von zwei Marken abgesehen, existieren diese 36 alle nicht mehr, und diese zwei stellen heute nur noch Lastwagen her, die allerdings in der ganzen Welt bekannt sind: Saurer und Berna. Ein Teil dieser Fabriken waren eigentlich nur Werkstätten und lebten schon aus diesem Grund nicht sehr lange, aber es ist trotzdem ein Phänomen für sich, daß in der Schweiz alle Personenwagenfirmen nur ein so kurzes Dasein hatten. Man könnte natürlich argumentieren, die Schweiz sei einfach zu klein, um auf die Dauer größere Automobilfirmen zu beherbergen. Aber dem steht beispielsweise das Argument entgegen, daß es ja in Österreich eine Firma gibt, die Personenwagen herstellt, in Schweden deren zwei, und auch in Holland findet man eine Fabrik, die sich mit der Herstellung von Personenwagen beschäftigt. Außerdem ist die Schweiz bekannt als ein Land, das hervorragende Präzisionsarbeit hervorbringt, und aus diesem Grund könnte man sich eine Personenwagenproduktion durchaus vorstellen, die dann freilich sehr stark auf den Export angewiesen wäre, um auf Stückzahlen zu kommen. Wir müssen die Frage, wieso diese Entwicklung so gelaufen ist, offen lassen, wir müssen sie als ein Phänomen eigener Art betrachten, sollten uns aber in einer Automobilgeschichte wenigstens mit einem Teil dieser 36 Marken beschäftigen. Wir wollen dabei nicht nur die wichtigsten Fabrikate, sondern auch besonders interessante Konstruktionen wieder ans Tageslicht ziehen.

Beginn 1893

Zunächst einmal ist festzustellen, daß die beiden ersten Männer, die in der Schweiz echte Motorwagen gebaut haben, die Gebrüder Henriod in Biel und Rudolf Egge in Zürich

waren. Fritz und sein später dazugekommener Bruder Karl-Eduard Henriod bauten zunächst einen Dampfwagen, ehe sie 1893 einen Benzinmotorwagen schufen mit einem 1-Zylinder-Motor, der hinten saß, und einem Zweiganggetriebe mit einer direkten Übertragung auf die Antriebswelle. Selbstverständlich hatte dieser Wagen noch eine senkrecht stehende Lenksäule mit einem kleinen Hebel. 1896 stellten die Gebrüder Henriod einen zweiten Wagen her, zunächst mit einem 1-Zylinder-, später mit einem gegenläufigen 2-Zylinder-Motor, der 4 PS bei 480 Umdrehungen entwickelte. Fritz Henriod ist 1899 immerhin mit einem seiner Wagen, der inzwischen einen luftgekühlten 8-PS-Motor besaß, die Fernfahrt Paris - Bordeaux - Paris mitgefahren. Die beiden Brüder trennten sich dann, der eine ging nach Frankreich, um dort Automobile zu konstruieren, der andere blieb in der Schweiz. Aber diese Konstruktionen waren bald nach der Jahrhundertwende wieder verschwunden.

Rudolf Egge aus Zürich schuf nachweislich 1893 einen Motorwagen, der aber nur für seinen persönlichen Gebrauch bestimmt war und über den wir nichts Näheres wissen. 1896 wurde dann die Firma Egg & Egli gegründet, die in den folgenden 3 Jahren ein Dreirad, ein sogenanntes Tricycle mit De-Dion-Bouton-Motor herstellte, einem 1-Zylinder-Motor mit zwei Gängen. Zwei Räder waren vorne, ein Rad hinten, und das ganze kostete damals 2000 Schweizer Franken. Rudolf Egge vergab in den folgenden Jahren einige Lizenzen, und ab 1899 gab es die Züricher Patentmotorwagenfabrik, die unter dem Namen Rapid kleine Autos herstellte, auf den Konstruktionen von Rudolf Egge basierend.

1897 entstand in der Schweiz der erste Lastwagen, der von Dufour hergestellt wurde, später von der Société des Camions Dufour. Diese frühe Lastwagenfirma sollte man des-

Links von oben nach unten: Egg Vis-à-vis von 1895 mit 2-Liter-1-Zylinder-Benz-Motor, 3 PS bei 470 U/min, 18 km/h. – Erster Berna-Personenwagen, Typ »Ideal« von 1902, ein Dreisitzer. – Saurer-Personenwagen von 1907 mit 50-PS-Motor. – Unten: Saurer-Postomnibus von 1926 mit Raupenantrieb und Allwetterverdeck für Winterbetrieb

halb erwähnen, weil sie 1903 einen Wagen hergestellt hatte, der einen gegenläufigen 2-Zylinder-Motor mit 16 PS besaß und mit 5 Tonnen Nutzlast noch 12prozentige Steigungen bewältigen konnte. Das Dreiganggetriebe war ausgelegt mit 5, 9 und 14 km/h als jeweilige Spitzengeschwindigkeit. Ein solcher Dufour-Lastwagen war das erste Fahrzeug überhaupt, das im Jahre 1903 den Großen St. Bernhard bezwingen konnte, wobei dieses Fahrzeug eine Art Vierradbremse besaß, die durch einen einzigen Hebel betätigt wurde. Diese Fahrt über den Großen St. Bernhard fand mit 8 Fahrgästen statt, und die Strecke von insgesamt 48 Kilometern von Martigny bis zur Paßhöhe bewältigte das Fahrzeug in 10 Stunden. Die Polizei verlangte, ehe sie die Genehmigung für diese Fahrt erteilte, daß zwei Pferde immer vorangehen mußten, nicht etwa um den Wagen in Notfällen ziehen zu können, sondern damit entgegenkommende Pferdefuhrwerke nicht erschreckt werden durch ein Fahrzeug, das plötzlich ohne Pferde daherkommt. Auch das ist ein Kuriosum aus der Frühgeschichte des Automobils, das verdient, festgehalten zu werden. Die Firma entwickelte anschließend noch einen ganz interessanten 3-Zylinder-Motor mit 18 PS, stellte aber keine Personenwagen in größerer Serie her. Herr Dufour hatte sich mit einem Herrn Ballabey liiert, und zum Teil wurden die Fahrzeuge unter diesem Namen hergestellt. Kurz vor dem ersten Weltkrieg ging die Produktion zu Ende, weil man sich in finanziellen Schwierigkeiten befand.

Saurer

In der historischen Reihenfolge kommen wir jetzt zu der Firma, von der die meisten noch wissen, daß sie eine der ältesten Schweizer Firmen ist: Saurer. Die Gründung dieser Firma fällt ins Jahr 1853, als Franz Saurer in St. Georgen bei St. Gallen (Schweiz) eine Eisengießerei eröffnete und sich mit der Herstellung von Stickmaschinen befaßte. Zehn Jahre später verlegte er seinen Betrieb nach Arbon am Bodensee, erweiterte ihn mit einer gut ausgebauten mechanischen Werkstätte und nahm die Fabrikation von Stickmaschinen in großem Stil auf. Später kamen auch Web- und Zwirnmaschinen dazu. Diese Textilmaschinen nehmen noch heute im Fabrikationsprogramm der Firma einen wesentlichen Platz ein.

1888 baute Saurer seine ersten Petrolmotoren (Einzylinder, Leistung 1,5 PS). Der erste Saurer-Personenwagen wurde im Jahre 1896 gebaut. Es war ein recht interessanter Personenwagen der Frühzeit mit einem 1-Zylinder-Motor, der mit zwei gegenläufigen Kolben und Glühzündung bei 5 PS Leistung angetrieben wurde. Er war viersitzig, und es gab ihn in drei Versionen: die ersten beiden Versionen mit einem Lenkhebel, die dritte dann mit einem richtigen Lenkrad. Der Hubraum betrug 3140 ccm, die Maximaldrehzahl war 600 Touren. Der Wagen wurde bereits 1898 auf der Pariser Automobilausstellung ausgestellt, und eines dieser Fahrzeuge ist heute noch im Saurer-Museum in Arbon zu sehen. Man errichtete dann in Neuilly in Frankreich ein kleines Zweigwerk und verkaufte etliche Exemplare dieses Fahrzeugs sowohl in Frankreich als auch in den französischen Kolonien. Diese berühmte Schweizer Lastwagenfirma hat also ursprünglich mit Personenwagen begonnen. 1902 begann man dann mit der Herstellung von Lastwagen und Alpenpostwagen, und besonders bemerkenswert war, daß man 1904 ein Patent auf eine Motorbremse (betätigt durch Nockenwellenverstellung) nehmen konnte, die in den folgenden Jahren für die Lastwagen und Omnibusse sehr wichtig wurde.

In den ersten Jahren des neuen Jahrhunderts stellte man Personenwagen und Lastwagen nebeneinander her. 1904 und 1905 kam ein ziemlich großer Personenwagen bei Saurer heraus, der mit einem 4-Zylinder-4,4-Liter-Motor und 24 PS ausgestattet war. 1906 folgte ein neues Modell mit 30 PS und 1907 ein solches mit 50 PS. Auch diese Fahrzeuge waren mit der Motorbremse und einem ebenfalls bei Saurer entwickelten Luftanlasser ausgerüstet. 1908 erschien dann ein ganz großer Pkw mit einem 60-PS-Motor, der eine Spitzengeschwindigkeit von fast 100 km/h entwickelte. Die Personenwagen von Saurer waren von Anfang an äußerst solide gebaut. Man merkte, daß sich Saurer mehr zu den schweren Fahrzeugen hingezogen fühlte, und man hat daher nach dem ersten Weltkrieg im Arboner Werk den Personenwagenbau nicht wieder aufgenommen.

An der Entwicklung von Dieselmotoren war Saurer maßgeblich beteiligt. Bereits im Jahre 1908 entwickelte man bei Safir, der Zürcher Niederlassung der Saurer-Werke, den ersten schnellaufenden Dieselmotor der Welt. Als Grundlage diente ein Saurer 4-Zylinder-Benzinmotor, der von Rudolf Diesel, seinem Assistenten und einem Ingenieur der Arboner Saurer-Werke auf den Betrieb mit Schweröl umgebaut wurde. Dieser Versuchsmotor steht heute im Deutschen Museum in München. Ab 1928 hat man dann bei Saurer Dieselmotoren serienmäßig in Lastwagen eingebaut. Die Lastwagen von Saurer sind durch ihre außergewöhnliche Zuverlässigkeit rasch auf der ganzen Welt bekannt geworden, und es entstanden in vielen Ländern Montagewerke und Vertriebsgesellschaften. Seit ungefähr 15 Jahren produziert das Werk am Bodensee nur noch Lastwagen und Autobusse für den Inlandsbedarf der Schweiz.

In diesem Zusammenhang sollten wir noch die Firma Berna in Olten erwähnen, die 1902 ihren ersten Personenwagen baute und dann ebenfalls dazu überging, Lastwagen zu produzieren. Ab 1929 begann Berna eine enge Zusammenarbeit mit Saurer zu pflegen, wobei der Firmenname beibehalten wurde.

Martini

Die Firma, die am längsten die Pkw-Produktion in der Schweiz aufrecht erhalten konnte, war Martini, benannt nach Friedrich von Martini, der 1833 geboren wurde und 1860 in Frauenfeld eine Maschinenfabrik eröffnete. Dort wurden zunächst Buchbindereimaschinen konstruiert und ab 1869 die berühmten Martini-Gewehre hergestellt. Sein Sohn Adolf Martini fertigte 1897 den ersten Personenwagen mit einem gegenläufigen 2-Zylinder-Motor, der hinten lag und eine Kettenübertragung besaß. Dieser erste Wagen hatte nicht nur vier Sitze, sondern auch ein Dreiganggetriebe, bei dem in schon recht moderner Weise die Zahnräder im Eingriff waren. Der nächste Wagen von 1898 war als Vis-à-vis konstruiert. 1899 wurde dann der Motor nach vorn verlegt. 1902 hatte man bereits zwei Modelle anzubieten, eins mit 10 und eins mit 16 PS, und bemerkenswerterweise war dies schon ein 4-Zylinder-Motor in V-Form mit einem

engen Zylinderwinkel, so wie es später Lancia praktizierte. Die Einlaßventile waren noch ungesteuert und arbeiteten durch den Sog des Kolbens.
Das nächste Modell von 1903 war eine Lizenz von Rochet-Schneider, und nun wurde eine neue Fabrik in Saint Blaise bei Neuchâtel gegründet. Die Motoren sind allerdings bis 1917 noch in Frauenfeld gefertigt worden. 1906 verzeichnet die Firmengeschichte, daß bereits 220 Fahrzeuge hergestellt wurden; übrigens kam damals vorübergehend englisches Kapital in die Firma.
Das Haus Martini war um diese Zeit außerordentlich sportfreudig. Man wußte, daß man nicht nur durch Erfolge, sondern bereits durch die Teilnahme am Sport ein gewisses Renommee erbringen konnte, und so hatte man für das Kaiserpreis-Rennen im Taunus im Jahre 1907 zwei spezielle Rennwagen gebaut. Die beiden Fahrer, Beutler und Beck (Beutler war damals Direktor von Martini), belegten in diesem hart umkämpften Rennen immerhin den 12. und den 15. Platz. Der 4-Zylinder-Motor dieses Rennwagens leistete 80 PS bei 1800 Touren und fuhr eine Spitze von mehr als 115 km/h. Amüsant ist es, daß von allen Ländern, die damals am Kaiserpreis-Rennen teilnahmen, die Schweiz relativ am besten ins Ziel kam, denn von zwei Schweizer Wagen, die gestartet waren, kamen auch zwei an; es war also ein hundertprozentiger Erfolg, was kein anderes Land aufweisen konnte.
Die Firma Martini beteiligte sich auch am Grand Prix Voiturettes Dieppe 1908, wo man drei Wagen starten ließ, die einen obengesteuerten 4-Zylinder-Motor und schon Kardanantrieb hatten. In der Serie entstand ein bemerkenswertes Sportmodell, auch mit 4-Zylinder-Motor (80 mm Bohrung, 130 mm Hub), das 30 PS entwickelte und nur 760 kg wog. Dieser Motor war insofern bemerkenswert, als er schon in einem Block gegossen war, 4 Ventile pro Zylinder besaß und eine obenliegende Nockenwelle. Martini blieb immer fortschrittlich. 1913 wurde dort ein Schieber-Motor konstruiert und die Leistung des kleinen Sportmodells auf 48 PS erhöht. Nach dem ersten Weltkrieg geriet Martini freilich in finanzielle Schwierigkeiten. Man brachte 1921 ein neues 4-Zylinder-Modell, das aber die Lage nicht wesentlich besserte.
Der Schweizer Konstrukteur Walter Steiger, der in Burgrieden bei Ulm inzwischen die Steiger-Wagen ins Leben gerufen hatte, erwarb 1924 die Aktienmehrheit der Martini-Werke. Nun kam 1926 ein neuer Martini auf den Markt mit einem großen 6-Zylinder-3-Liter-Motor und 70 PS bei 3000 Touren. Ein zweites, noch größeres Modell war ebenfalls in Arbeit. Aber die Verkaufserfolge blieben aus, weil man in dieser Zeit, in der in ganz Europa eine Wirtschaftskrise begann, nur sehr wenige große, teure Fahrzeuge absetzen konnte. Als nächster Schritt kam 1929 der Erwerb einer Lizenz von den Wanderer-Werken in Chemnitz für den Nachbau eines 2,5-Liter-6-Zylinder-Modells, und so gab es eine Zeitlang die Wanderer-Martini. 1931 unternahm man noch einmal den Versuch mit einem großen eigenen Wagen, der einen 4,4-Liter-6-Zylinder-Motor, eine Lockheed-Vierradbremse und Zentralschmierung hatte, aber es war ein müßiges Unterfangen. Am 12. Juni 1934 erging der Beschluß, den Fahrzeugbau einzustellen. Die Firma Martini unterhält jedoch heute noch in Felben bei Frauenfeld eine Buchbindereimaschinenfabrik, die weltweiten Ruf genießt. Dort ist heute noch eines der Martini-Autos von einst zu sehen, zwei weitere befinden sich im Schweizer Verkehrshaus in Luzern.
Von 1934 bis in unsere Zeit sind außer Kleinstwagenkonstruktionen in der Schweiz niemals wieder Personenwagen hergestellt worden, von einer einzigen Ausnahme abgesehen: Die kleine Firma von Peter Monteverdi in Basel trat in den 60er Jahren in die Fußstapfen der vielen bekannten, alten Schweizer Firmen. Monteverdi stellt ja, wie wir wissen, einen ausgesprochenen Luxuswagen kleinster Serie her und ist im Augenblick die einzige Schweizer Automobilfirma, die Personenwagen fabriziert.

Die Brüder Dufaux

Die interessantesten Konstruktionen, die es jemals in der Schweiz gegeben hat, kamen aber von den Brüdern Dufaux in Genf. Charles und Frederic Dufaux waren früher Radrennen gefahren und hatten nach der Jahrhundertwende

Martini Baujahr 1929

Dieser Martini aus der Zeit vor 1914 steht heute noch in Felben bei Frauenfeld.

die Idee, nun auch Automobile zu bauen, und wenn schon Automobile, dann richtige, mit denen man sich erfolgreich gleich an großen Rennen beteiligen kann. Es ist an sich phantastisch, wenn man bedenkt, daß diese beiden Leute als erstes die Idee hatten, für das Gordon-Bennett-Rennen des Jahres 1904 einen Spezialwagen zu bauen, mit dem sie sich Chancen für einen Sieg ausrechneten: einen Spezialwagen, der gleich einen 8-Zylinder-Motor haben sollte, einen Motor also, wie er damals überhaupt noch nirgendwo gebaut worden war. Sie hatten nicht einmal eine eigene Werkstatt, sondern gingen in Genf zu der Firma Piccard-Pictet, um sich dort sozusagen als Gäste zu betätigen, ehe sie ein Jahr später eine eigene Werkstatt am Rande von Genf gründen konnten.
Dieses ungewöhnliche Auto, das tatsächlich einen 8-Zylinder-Reihenmotor, in vier Blöcken gegossen, besaß, hatte den riesigen Hubraum von 12 761 ccm und leistete gute 80 PS bei 1200 Touren. Es besaß freistehende Schalensitze und hinter diesen einen riesigen runden Benzintank, quer auf dem Chassis, die Kraftübertragung erfolgte durch Kette. Dieser Wagen wurde auch wirklich zum Gordon-Bennett-Rennen am 7. Juni 1904 fertig, das damals auf der Rundstrecke im Taunus ausgetragen wurde, weil ja im Jahr vorher ein Mercedes das Gordon-Bennett-Rennen gewonnen hatte. Der Wagen von Dufaux startete als offizielle Schweizer Vertretung – oder sollte vielmehr starten. Im Training hatte Dufaux bemerkt, daß ein Schaden an der Vorderachse eingetreten war, den er bis zum Rennen nicht mehr reparieren konnte, und um jedes Risiko zu vermeiden, startete er dann nicht. Aber der Wagen fuhr und ist einer der ersten Achtzylinder, wenn nicht der erste Achtzylinder überhaupt, der voll im Einsatz war. Diesen ersten Dufaux-Rennwagen gibt es heute noch, er steht in einer französischen Privatsammlung, die leider nicht öffentlich zugänglich ist.
Der nächste Akt in diesem Dufaux-Schauspiel war, daß nun in der eigenen Werkstatt sofort ein Wagen in Angriff genommen wurde, mit dem die Brüder Dufaux beabsichtigten, den absoluten Automobilweltrekord anzugreifen. Dies war nun ein Vierzylinder von ganz riesigen Dimensionen. Die seitengesteuerte Maschine hatte eine Bohrung von 225 mm und einen Hub von 166 mm – eine phantastische Zahl. Phantastisch war aber auch, daß dies vermutlich der erste sogenannte unterquadratische Motor war, wie wir ihn heute bei allen Renn- und Sportwagen haben, mit wesentlich kür-

zerem Hub als Bohrung. Diese Zylindermaße ergaben insgesamt 26 401 ccm. Es ist vermutlich der größte Rennwagen, der jemals gebaut wurde. Zwei Ketten übertrugen die Kraft von 150 PS, die schon bei 1000 Touren erreicht wurden, auf die Hinterachse. Es war ein Dreiganggetriebe vorgesehen, eine Konuskupplung und Magnetzündung.
Kein geringerer als Charles Stuart Rolls fuhr diesen Wagen zum ersten Mal bei den Speed Trials in Brighton in England, wohin ihn Dufaux gebracht hatte. Sein Name war in Rennsportkreisen natürlich schon sehr bekannt, nachdem er diesen ungewöhnlichen Achtzylinder ein Jahr zuvor zum Gordon-Bennett-Rennen gebracht hatte. Die Kühlung des Motors war ganz eigenartig ausgebildet: Um den riesigen Zylinderkopf herumgeschlungen war eine ganze Reihe von großen Kupferrohren. Am 13. November 1905 startete Dufaux bei Salon in der Provence auf einer schnurgeraden Strecke zum Angriff auf den absoluten Automobilweltrekord. Er fuhr den Kilometer in 23 Sekunden, was 156,521 km/h entspricht und glaubte, damit den absoluten Weltrekord überboten zu haben, zumal ihm auch von der obersten französischen Automobilsportkommission dieser Rekord anerkannt wurde. Wenn man aber in den Annalen nachschlägt, findet man, daß schon weit vor dieser Fahrt die 160-km/h-Grenze überschritten wurde: Der Franzose Rigolly war einmal in Ostende mit einem Darracq auf 166,6 km/h gekommen, der Franzose Baras ebenfalls dort mit einem Darracq auf 168,2 km/h und der Engländer Mac Donald mit einem Napier am Strand von Florida sogar auf rund 169 km/h. Trotzdem ist diese Leistung eines Mannes, der eigentlich ein Eigenbaufahrzeug ohne den Hintergrund irgendeiner Firma privat herstellte, phantastisch zu nenen. Bei der Genfer Automobilausstellung von 1905 hatten die Brüder Dufaux einen Stand, und man konnte dort auch eine 35-PS-Limousine mit einem 4-Zylinder-Motor bewundern. Außerdem war natürlich der Rennwagen ausgestellt, was zweifellos eine Attraktion war. Dieses Fahrzeug wurde weiter verbessert, und bei einem Schweizer Bergrennen erschien ein Jahr später Dufaux mit einem 8-Zylinder-Rennwagen, der nunmehr 100 PS leistete und bei nur kurzzeitig einzusetzender Spitzendrehzahl sogar 120 PS. Bei diesem Rennen schlug Dufaux alle anderen Teilnehmer, wurde aber von der Rennleitung wieder disqualifiziert, weil im Reglement verzeichnet stand, daß alle Wagen einen Schalldämpfer haben müßten, und den hatte Dufaux nicht. Gottseidank überlebte dieser zweite 8-Zylinder-Rennwagen von Dufaux alle Fährnisse und konnte in den letzten Jahren wieder voll restauriert und im Verkehrshaus der Schweiz in Luzern ausgestellt werden. Die Gebrüder Dufaux begannen dann »nebenbei« noch eine Produktion von normalen Tourenwagen. Sie brachten mit einem 8-Zylinder-Motor eine sogenannte Berline de Voyage heraus, die 80 PS leistete. Mit einem kleineren 4-Zylinder-Motor kreierten sie ein großes Phaeton und sogar ein Lastwagenchassis. Es waren große Pläne, die sie hatten, und bis heute ist es den meisten nicht klar, woher sie überhaupt das Geld nahmen. Schließlich wollte Dufaux dann den Großen Preis von Frankreich 1907 mitfahren, wiederum mit einer eigenen Konstruktion. Dazu liierte er sich mit dem italienischen Ingenieur Marchand in Piacenza, und nun hießen die Automobile plötzlich Marchand-Dufaux. Frédéric Dufaux nahm selbst an diesem Grand-

Einer der Rennwagen der Brüder Dufaux mit abgenommener Motorhaube

Ein Pic-Pic von 1914 mit 4,5-Liter-Motor, 1920 neukarossiert

Prix-Rennen des Jahres 1907 teil, konnte allerdings die Rundenzeiten der Spitzenfahrer nicht erreichen und schied nach der achten von zehn Runden aus. Und mit diesem traurigen Ende des Großen Preises von Frankreich endete auch die Aktivität der Brüder Dufaux auf dem Automobilsektor.

Pic-Pic und E. Schmid

Einige dieser frühen Schweizer Firmen waren im Automobilsport sehr aktiv, so zum Beispiel auch Pic-Pic. Diese Gesellschaft zum Bau von Automobilen wurde im Dezember 1904 unter dem Namen SAG (Société d'Automobiles à Genève) gegründet. Zunächst liefen die Fahrzeuge unter dieser Markenbezeichnung, und man brachte zum Beispiel zum Pariser Salon des Jahres 1907 einen schönen großen Sechszylinder mit 5,5 Liter Hubraum heraus. Ab 1910 lautete der Name dann Pic-Pic, was seine Abkürzung für Piccard-Pictet war. Zwei Pic-Pic-Rennwagen fuhren sogar beim Großen Preis von Frankreich 1914 in Lyon mit, bei jenem Großen Preis, den Lautenschlager auf Mercedes gewann. Sie kamen zwar beide nicht bis ans Ziel, aber hatten dennoch eine beachtliche Leistung aufzuweisen. 1919 erschien der Pic-Pic-»Sans Soupapes«, der ventillose Wagen mit Schiebermotor - ein sehr repräsentatives, großes Fahrzeug, das freilich 20 000 Franken kostete. In den Nachkriegsjahren stellten sich erhebliche finanzielle Schwierigkeiten ein, und beim Genfer Salon von 1924 konnte man dann den letzten Pic-Pic bewundern.

Gerade in Zusammenhang mit dem Automobilsport sollte man einen Schweizer Namen noch erwähnen, den des Ingenieurs Ernest Schmid, der am 19. Dezember 1892 in Zürich geboren wurde und als Sohn eines Industriellen am Technikum von Winterthur studiert hat. Er konstruierte 1921/22 einen ventillosen Schiebermotor, der von 1922 bis 1927 von Peugeot eingebaut wurde. In einem Zweigwerk seiner Schweizer Firma in Annecy baute er dann für die Saison 1924 zwei Rennwagen mit einem neuen 6-Zylinder-Motor eigener Entwicklung und einem Hubraum von 2000 ccm. Auch dieser 6-Zylinder-Reihenmotor, den Ernest Schmid entworfen hatte, war genau wie der Serienmotor von Peugeot ein Motor ohne Ventile mit Schiebersteuerung, die er weitgehend verfeinert hatte, so daß man auch ziemlich hohe Drehzahlen erreichen konnte. Der Schmid-Rennwagen fuhr 1924 bei den Großen Preisen von Spanien, von Frankreich und von Italien. Beim Großen Preis von Italien in Monza fuhren keine geringeren als Jules Goux, der Indianapolis-Sieger von 1913, und der Italiener Foresti diesen Schmid-Rennwagen, der freilich nicht bis ans Ziel kam. Der Motor besaß Doppelzündung und einen Solex-Doppelvergaser. Weitere Schmid-Wagen wurden dann nicht mehr gebaut, doch ließ er in seiner Firma, die eigentlich Kugellager herstellte, immer wieder Versuche durchführen und brachte beispielsweise 1948 einen interessanten ventillosen 4-Zylinder-Motor mit 1017 ccm Hubraum und einer Verdichtung von 1:7,5 heraus, der bei der erstaunlich hohen Drehzahl von 5000 Touren 48 PS leistete. Ernest Schmid starb am 18. März 1964 in Zürich.

Ein Minerva der 20er Jahre als Doppelphaeton

Die belgische Automobilindustrie

Heute gibt es in Belgien bekanntlich keine eigenen Automobilfirmen mehr, sondern nur noch eine ganze Reihe von Montagebetrieben. Vor dem ersten Weltkrieg war die belgische Automobilindustrie jedoch hoch entwickelt, und es gab eine ganze Reihe von sehr bekannten Fabrikaten. Übrigens waren diese belgischen Autos im Durchschnitt alles keine kleinen und billigen Wagen, sondern eher Wagen der Mittelklasse, ja sogar der Luxuskathegorie. Beginnen wir alphabetisch mit der Aufzählung der belgischen Fahrzeuge vor 1914.

Excelsior

Excelsior hieß eine Marke, die ausgesprochen großvolumige Fahrzeuge herstellte. Der erste Typ »Adex« von 1907 war ein großer Sechszylinder mit 110 mm Bohrung und 160 mm Hub. Also ein extrem langhubiger Motor. Excelsior war eine Firma, die sich auf große Sechszylinderwagen spezialisiert hatte, obwohl sie dann 1911 auch einen recht populär gewordenen Vierzylinder herausbrachte mit etwa 3 Liter Hubraum. Er lief immerhin eine Spitzengeschwindigkeit von fast 100 km/h. Excelsior war eine der ersten Firmen, die schon vor dem ersten Weltkrieg einen großen Wagen mit zwei Vergasern ausrüstete.

F.N.

Die Firma F.N. ist durch Motorräder eher bekannt geworden als durch Automobile. Die Abkürzung bedeutet Fabrique Nationale d'Armes de Guerre, und diese Firma war damals der größte Konzern, der Automobile und Motorräder herstellte. F.N. begann bereits im Jahre 1900 mit der Produktion von Automobilen, zunächst mit einem kleinen wassergekühlten Zweizylinder von 3,5 PS mit Zweiganggetriebe, also einer sogenannten Voiturette, mit einem kombinierten Riemen- und Kettenantrieb. Bereits im Jahr 1900 wurden rund 100 solche Fahrzeuge verkauft, und schon 1902 baute man bei F.N. einen Vierzylinder. Die F.N.-Wagen waren damals sehr populär. Kurz vor dem ersten Weltkrieg baute man drei Modelle: einen kleinen 1,3 Liter mit 10 PS, der ein bißchen dem Baby-Peugeot ähnelte, und zwei solide Wagen der Mittelklasse.

Germain

Eine andere belgische Firma hieß Germain. Germain startete bereits 1898 die Automobilproduktion, und der erste Wagen wurde als Daimler-Belge angeboten, weil Daimler-Patente verwendet wurden. Einem 6-PS-2-Zylinder im Jahre 1899 folgte bereits 1900 ein Vierzylinder mit 12 PS. Zum Teil schloß man sich bei Germain den Konstruktionen von Pan-

hard an und gab das auch ganz offen zu, erklärte aber in den Prospekten, es handele sich um einen verbesserten Panhard-Wagen.
Interessant war einige Jahre später der Preßstahlrahmen der Germain-Wagen. Es gab drei Typen der Mittelklasse, und charakteristisch wurde ein völlig runder Kühler. Ende des Jahres 1906 brachte auch Germain einen 6-Zylinder-Wagen heraus. Germain-Rennwagen beteiligten sich an zahlreichen großen Rennen, um die belgischen Farben zu vertreten. Beim Großen Preis von Frankreich 1907 finden wir drei Germain-Rennwagen, die einen Hubraum von 5,1 Liter besitzen und damit die kleinsten teilnehmenden Wagen waren. Trotzdem hielten alle drei Germain durch und belegten in diesem großen Rennen den 14., 15. und 17. Platz. 1908 tritt Germain dann mit einem großen Rennwagen von 12 443 ccm beim Großen Preis von Frankreich an, jenem, den Lautenschlager auf Mercedes gewann. Der beste Germain-Fahrer wurde hier Zehnter. 1909 breitete man ein riesiges Typenprogramm aus. Insgesamt gab es acht verschiedene Modelle zu kaufen, der Größte war ein Vierzylinder mit 100 PS und den riesigen Dimensionen von 155 mm Bohrung und 165 mm Hub. 1911 machte Germain Experimente mit den Knight-Schiebermotoren und brachte einen 20-PS-Wagen nach diesem System heraus. 1912 gab es dann auch einen sehr sportlichen Wagen der Mittelklasse mit einer obenliegenden Nockenwelle, die durch Kette angetrieben war. Germain hat übrigens einen der ersten Versuche gemacht, ein Automobil mit elektrischen Lampen auszurüsten. Allerdings blieb man bei den Hauptscheinwerfern bei Acetylen, montierte aber elektrische, durch Dynamo getriebene Seitenlämpchen.

Imperia

Der erste Imperia wurde 1907 hergestellt, und ein Jahr später hatte man bereits zwei verschiedene 4-Zylinder-Wagen der Mittelklasse in Brüssel ausgestellt. Bald darauf kam noch ein sehr luxuriöser 60-PS-Wagen dazu. Technisch interessant war der Vierzylinder von 1909, der als einer der ersten Motoren in einem Block gegossen wurde. Man baute ihn unverändert bis zum Jahre 1914. 1913 regte der spanische Vertreter der Marke Imperia, Senior Abadal, die Firma an, einen Wagen zu bauen, der möglichst ähnlich dem Hispano-Suiza-Typ Alfonso sein sollte, was die Firma Imperia auch tat und nun einen Imperia-Abadal auf den Markt brachte. Er war tatsächlich diesem Hispano sehr ähnlich. Die Firma Imperia, obwohl nicht sehr bekannt geworden, hat sich am längsten auf dem Markt halten können: In den 30er Jahren wurde der so bekannt gewordene Adler-Trumpf in Belgien in Lizenz als Imperia nachgebaut.

Metallurgique

Eine damals sehr berühmte Firma war Metallurgique. Dieses Werk begann im Jahre 1900 Automobile zu bauen, und zwar zunächst eine kleine 2-Zylinder-Voiturette mit 4,5 PS und einem 4-Zylinder-Motor, was für das Jahr 1900 schon sehr erstaunlich war. Von 1905 an hatte die Firma Metallurgique einen ganzen Fächer von Typen anzubieten: vom Kleinwagen bis zur luxuriösen Reiselimousine. Eine Verbindung zu Deutschland wurde 1909 hergestellt, indem die Berliner Firma Bergmann mit Metallurgique eine Verbindung einging und bei uns Bergmann-Metallurgique-Wagen hergestellt wurden. Wie bei den meisten belgischen Firmen ging jedoch der größte Teil der exportierten Wagen nach England. Die belgische Industrie war natürlich deshalb gehandikapt, weil man im eigenen Land relativ wenig Fahrzeuge absetzen konnte – man war auf den Export angewiesen. Dies mag ein Grund dafür sein, daß nach dem ersten Weltkrieg viele dieser Firmen es nicht mehr wagten, in der schwierigen wirtschaftlichen Lage die Automobilproduktion erneut aufzunehmen beziehungsweise sie dann sehr bald einstellten. Metallurgique war eine technisch sehr fortschrittliche Firma, was allein daraus hervorgeht, das sie 1913 bereits den elektrischen Starter einführte. Damals gab es eine Reihe von acht verschiedenen Modellen zwischen 1,7 und 7,3 Liter Hubraum. Man hatte sich auch bei Metallurgique die Patente von Knight für den Schiebermotor beschafft und baute zeitweise auf drei verschiedene Fahrgestelle solche Schiebermotoren. Kurz vor dem ersten Weltkrieg betrachtete man den Metallurgique als den elegantesten belgischen Wagen; er hatte übrigens eine Garantie von zwei Jahren.

Miesse

Miesse war eine belgische Firma, die 1896 begann, Dampfwagen herzustellen. 1902 wurden Patente nach England gegeben; dort liefen die Fahrzeuge unter dem Namen Turner-Miesse. Etwa um das Jahr 1906 sah man, daß der Dampfwagen wahrscheinlich doch keine Zukunft haben würde, und ab 1907 baute man sowohl in der belgischen wie in der englischen Zweigfirma Automobile mit Ottomotoren. Auch bei Miesse wurden keine Kleinwagen angeboten, sondern Wagen der Mittelklasse und der oberen Mittelklasse. Die Firma geriet aber nach dem ersten Weltkrieg völlig in Vergessenheit.

Minerva

Dagegen ist Minerva heute noch recht bekannt, die Firma, die in Antwerpen mit Fahrrädern begann und im Jahr 1900 das erste Auto offerierte; einen Zweizylinder mit 6 PS und Kettenantrieb. Um das Jahr 1905 hatte man die Produktion so weit ausgedehnt, daß man auch in dieser Firma eine ganze Reihe von Modellen anbieten konnte, angefangen von einem kleinen Einzylinder mit 5 PS, der speziell für den britischen Markt entworfen worden war. Auch Minerva führte bereits im Jahr 1906 einen großen 6-Zylinder-Wagen ein, und dieser brachte der Firma wirklich internationalen Ruf. Für kurze Zeit beteiligte sich Minerva auch an großen Autorennen, zum Beispiel beim sogenannten Ardennenrennen, das in drei verschiedenen Läufen ausgetragen wurde. Es gelang Minerva ein Sieg im sogenannten Coupe de Liederkerke am 27. Juli 1907, ein Rennen, das über 514 Kilometer Distanz führte. Etwa gleichzeitig mit der englischen Firma Daimler führte Minerva in Europa den Knight-Schiebermotor ein, was auf dem Brüsseler Salon des Jahres 1908 fast eine Sensation zu nennen war. Von da an hat sich Minerva dem Schiebermotor verschrieben. Mit solchen

Wagen gewann Minerva die schwedischen Winterprüfungen der Jahre 1911, 1913 und 1914. Minerva hat nach dem Krieg weiterhin Luxuswagen mit Schiebermotoren gebaut – übrigens steht ein solches Exemplar heute noch im Deutschen Museum in München. Aber die kritische Zeit Ende der 20er Jahre brachte auch Minerva in finanzielle Schwierigkeiten. Schließlich liierte man sich in den 30er Jahren mit Imperia; man baute den repräsentativen Typ AL mit 6,6 Liter, den AP mit 4-Liter-Schiebermotor, der 1930 als reiner Tourenwagen von Ostende nach Marseille und zurück mit einem Durchschnitt von 70,8 km/h fuhr, und einen »kleinen« 2970-ccm-Sechszylinder mit 80 PS, schließlich noch einen 2-Liter, alle mit Schiebermotor, alle ohne wirkliche Verkaufserfolge. 1937 sah man diese Minerva zum letzten Mal auf den internationalen Automobilausstellungen. Zur gleichen Zeit propagierte man einen phantastischen Prototyp, der nie in Serie ging und das Ende der Firma einleitete: einen V-8-Zylinder-3,6-Liter, querliegend, mit Frontantrieb und Torsionsstabfederung vorn und hinten, der ein vollautomatisches Getriebe haben sollte – eine einst in der Luxusklasse berühmte Firma, die denselben Weg ging wie Hispano Suiza, Isotta Fraschini, Gräf und Stift, Delahaye, Talbot, Voisin, Duesenberg, Stutz, Marmon, Auburn. Die Massenproduktion der 30er Jahre ließ auf dem Luxussektor nur noch einzelnen wenigen Firmen einen Spielraum.

Nagant

Die Firma Nagant war in Lüttich beheimatet und brachte ebenfalls schon 1900 ein erstes Automobil auf den Markt. Nach der Lizenz Gobron-Brillié wurde es Gobron-Nagant genannt; 1911 bot man vier verschiedene Modelle an, von der unteren bis zur oberen Mittelklasse. Die Ingenieure waren bestrebt, Motoren zu entwickeln, die durch ein verbessertes Schmierungssystem höhere Drehzahlen, als sie bisher üblich waren, aushalten konnten. Im Jahre 1911 kündigte man voller Stolz an, daß man jetzt 3000 Touren erreichen könne, ja, es ging sogar so weit, daß man 1913 einen Serienwagen auf den Markt brachte, der bis zu 4000 Touren gedreht werden konnte, was damals eine unerhört hohe Drehzahl war. Es hieß, man könne ihn ständig mit 2500 Touren fahren. Nagant fing um diese Zeit auch an, sich an Rennen zu beteiligen, und beim französischen Grand Prix von 1914 belegte ein Nagant-Wagen einen sehr ehrenvollen 6. Platz.

Pipe

Noch aktiver im Automobilsport war die Firma Pipe, offiziell Compagnie Belge de Construction d'Automobiles. Der erste Pipe-Wagen wurde bereits im Jahr 1898 gebaut, es war allerdings nur ein Prototyp. Im Jahr 1900 gab es dann einen Zweizylinder mit 6 PS zu kaufen, der etwa wie ein Panhard aussah. Zwei Jahre später hatte man daraus einen 15-PS-4-Zylinder gemacht, und im Jahr 1904 wurden bereits vier 4-Zylinder-Modelle angeboten, alle mit Kettenantrieb. Die Pipe-Wagen hatten einen sehr guten Ruf, und im Jahr 1904 wurden von diesen Vierzylindern der Mittelklasse 100 Stück hergestellt. Auf dem Pariser Autosalon im Dezember 1905 erschien ein neuer Pipe mit obenliegenden Ventilen, die in einem Winkel von 45 Grad zueinander standen, was eine neue Anordnung war; dazu halbkugelförmige Verbrennungsräume. Man baute um diese Zeit schon große, luxuriöse und starke Wagen. Ende 1905 zum Beispiel auch einen mit 50 PS, und 1907 kam ein 80-PS-Modell heraus. Im Jahr 1907 wurden 300 Pipe-Wagen hergestellt. Im Sport galt Pipe sehr viel, und beim 5. Gordon-Bennett-Rennen, das am 17. Juni 1904 im Taunus stattfand, waren die drei belgischen Wagen, die dieses Land vertraten, alles Pipe-Rennwagen. Der belgische Fahrer Hautvast konnte sich mit einem 60-PS-Pipe auf dem 6. Rang placieren. Einen noch größeren Erfolg konnte Pipe am 14. Juni 1907 beim Kaiserpreis-Rennen feiern, wo eben dieser Hautvast mit seinem Pipe hinter dem siegreichen Nazzaro auf Fiat Zweiter werden konnte, vor den beiden Opel von Jörns und Michel. Man konnte aber in dieser belgischen Firma offenbar das gute Image nicht ausnutzen, vor allen Dingen, weil man sich bei den einzelnen Typen zu sehr verzettelt hat. Kurz vor dem ersten Weltkrieg hatte man die nicht sehr glückliche Idee, die großen 4-Zylinder-Wagen alle mit einem überlangen Hub auszurüsten; teilweise bis 180 mm, teilweise (für das große Modell) bis 200 mm, um einen ruhigen Lauf zu erzielen. Aber die Zeiten des langhubigen Motors waren längst vorbei.

Vivinus

Bleibt noch Vivinus zu erwähnen, auch eine Firma, die bereits im Jahre 1900 den ersten Prototyp einer Voiturette auf den Markt brachte, mit einem luftgekühlten, liegenden 2-Zylinder-Boxermotor, der 7 PS leistete. Er war vorne im Wagen angebracht und mit einem Zweiganggetriebe versehen. Um die gleiche Zeit wurde auch ein kleiner Einzylinder mit De-Dion-Maschine offeriert. Interessanterweise konnte man diese Automobile von Vivinus wahlweise mit Rechts- oder Linkslenkung erhalten. Vivinus vergab Lizenzen nach Frankreich, wo Georges Richard diesen Wagen unter seinem Namen baute. Ab 1902 machte Vivinus auch 4-Zylinder-Motoren, und 1907 kam ein Sechszylinder heraus. Vivinus hielt sich bis zum Beginn des ersten Weltkrieges.

Ein später Minerva von 1934 mit 2-Liter-Schiebermotor

Der erste Diesel-Lkw der Welt: der Benz 5 K 3 aus dem Jahre 1923. Die Dauerhaftigkeit der Diesel wurde sprichwörtlich.

Der Dieselmotor

Fast genau 10 Jahre nach dem Tode von Rudolf Diesel fand die erste Versuchsfahrt mit einem »marktfähigen« Lastwagen mit 4-Zylinder-Dieselmotor der Marke Benz statt: am 10. September 1923 im hügeligen Gelände bei Gaggenau in Baden. Es handelte sich dabei um einen 5-Tonnen-Lastwagen. Am 8. Februar 1924 erlebte der erste Diesel-Lastwagen, den man als den Urahn aller Dieselfahrzeuge bezeichnen kann, ein Benz-5-Tonner, auf dem Automobilsalon in Amsterdam - also nicht in Deutschland! - seine Weltpremiere. Er wurde von der Presse als der »technisch bedeutendste Wagen der Ausstellung« gefeiert. Im Dezember 1924 erst präsentierte sich dieser Benz-Diesel-Lastwagen auf der Berliner Automobil-Ausstellung, und von da an dauerte es noch einmal volle 12 Jahre, bis im Frühjahr 1936 bei der Berliner Automobil-Ausstellung die Daimler-Benz AG den ersten Diesel-Personenwagen der Welt vorstellte.

Rudolf Diesel wurde am 18. März 1858 in Paris geboren. Sein Vater, der aus Augsburg stammte, hatte sich in Paris als Produzent von Lederwaren niedergelassen, und deshalb verlebte Rudolf Diesel die ersten 12 Jahre seines Lebens in Paris. Anschließend wurde er von seinen Eltern, die nach London gingen, zu Verwandten in seine Heimat geschickt und besuchte in Augsburg die Industrieschule.

Technisch hochbegabt, inskribierte er sich - offenbar gegen den Willen seiner Eltern - am Polytechnikum in München, das ein Vorläufer der späteren Technischen Hochschule in München war. Und schon als 20jähriger Student schrieb er einen Satz nieder, der auf seine spätere Erfindung hindeutete: »Der Wunsch der Verwirklichung des Carnotschen Kreisprozesses beherrscht mein Dasein.« Er war in München Schüler von Carl von Linde, der die Fähigkeiten seines Schülers offenbar voll erkannte und ihn anschließend an sein Studium zu einer praktischen Ausbildung in die Maschinenfabrik der Gebrüder Sulzer in Winterthur schickte. Nach einem hervorragenden Examen wurde Diesel dann Assistent bei Linde, arbeitete also auf dem Gebiet der Kältemaschinen. Linde schickte ihn zu seiner Vertretung nach Paris und anschließend nach Berlin. Aber die Arbeit an den Kältemaschinen interessierte ihn nicht wirklich. Er war der Typ des Erfinders, der im Grunde nur seine Ideen und die Verwirklichung dieser hochgespannten Erwartungen im Sinne hatte. Er wollte »einen rationellen Wärmemotor zum Ersatz der Dampfmaschinen und der heute bekannten Verbrennungsmotoren« schaffen. Er experimentierte zuerst mit einem Ammoniakmotor und kommt dann auf die Idee, »Ammoniak durch ein wirkliches Gas, nämlich hochgespannte, hocherhitzte Luft zu ersetzen, in solche Luft allmählich feinverteilten Brennstoff einzuführen und sie gleichzeitig mit

Dieser Brief von Rudolf Diesel an die MAN zeigt die enge Zusammenarbeit zwischen dem Erfinder und der Firma.

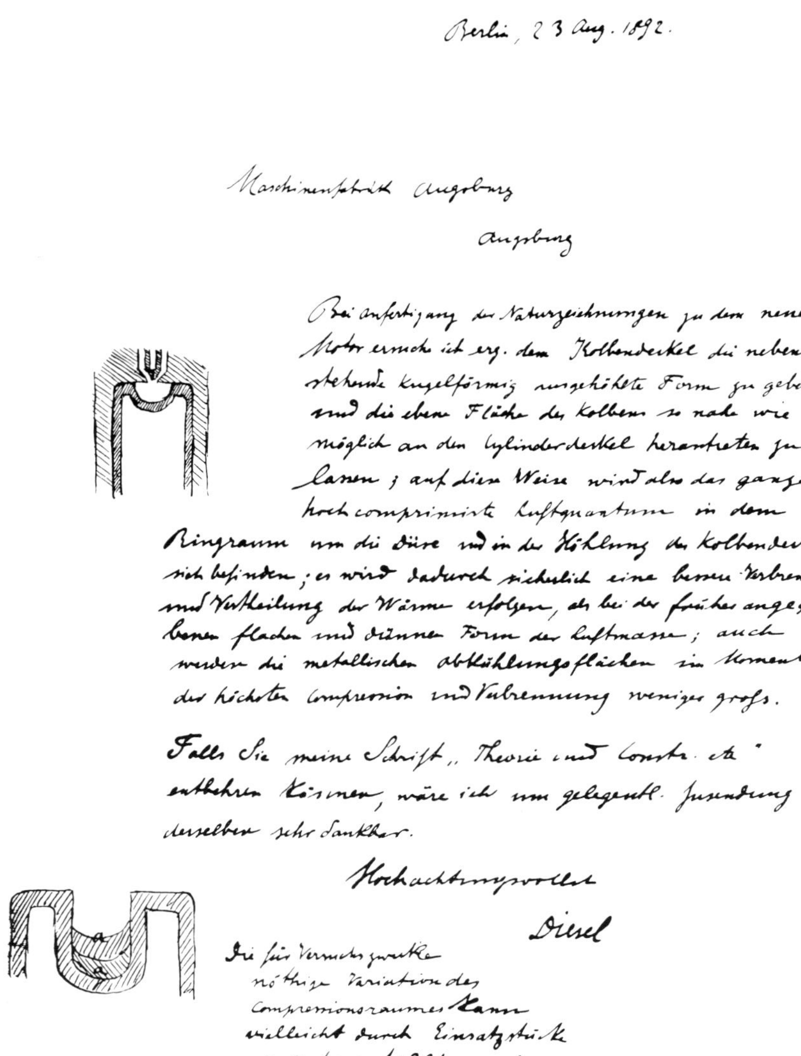

Berlin, 23 Aug. 1892.

Maschinenfabrik Augsburg

Augsburg

Bei Anfertigung der Naturzeichnungen zu dem neuen Motor ersuche ich erg. dem Kolbendeckel die nebenstehende kugelförmig ausgehöhlte Form zu geben, und die ebene Fläche des Kolbens so nahe wie möglich an den Cylinderdeckel herantreten zu lassen; auf diese Weise wird also das ganze hoch comprimirte Luftquantum in dem Ringraum um die Düse und in der Höhlung des Kolbendeckels sich befinden; es wird dadurch sicherlich eine bessere Verbrennung und Vertheilung der Wärme erfolgen, als bei der früher angegebenen flachen und dünnen Form der Luftmasse; auch werden die metallischen Abkühlungsflächen im Moment der höchsten Compression und Verbrennung weniger groß.

Falls Sie meine Schrift „Theorie und Constr. etc" entbehren können, wäre ich um gelegentl. Zusendung derselben sehr dankbar.

Hochachtungsvollst

Diesel

Die für Versuchszwecke nöthige Variation des Compressionsraumes kann vielleicht durch Einsatzstück a a hergestellt werden.

der Verbrennung der einzelnen Brennstoffpartikel zu expandieren, daß möglichst viel von der entstehenden Wärme in äußere Kraft übergeht«. Am 3. Dezember 1892 erhielt Diesel unter der Nummer 67 207 das erste grundlegende Patent für seine Maschine. 1893 veröffentlichte er eine »Theorie und Konstruktion eines rationellen Wärmemotors«, und er schreibt darin: »Die überaus hoch verdichtete reine Luft wird, wie wir bereits vom Kompressionsfeuerzeug wissen, sehr heiß. Spritzt oder bläst man in die glühende Luft den Brennstoff ein, so entzündet er sich ohne Zündvorrichtung. Man kann den Brennstoff so in den Motor einführen, daß keine wesentliche Drucksteigerung, also keine Explosion oder rasche Verpuffung wie beim Ottomotor eintritt, sondern eine viel ruhigere Verbrennung.« Zwei berühmte Firmen, die Maschinenfabrik Augsburg-Nürnberg (MAN) und Friedrich Krupp in Essen, erwarben die Lizenzen für den Bau von Dieselmotoren, obwohl es unter den Technikern viele Stimmen gab, die diesen Motor mit der Selbstzündung – zumindestens im damaligen Stadium der technischen Fertigung – noch für unmöglich hielten.

Anfänge in Augsburg

Bei MAN war man bereit, mit Diesel zusammen zu experimentieren, und am 10. August 1893 wurde an dem ersten Versuchsmotor die erste Zündung erzielt. Aber es dauerte noch bis zum 17. Februar 1894, bis dieser erste 1-Zylinder-Dieselmotor eine Minute lang lief. Zuerst versuchte man, diesen Dieselmotor mit Kohlenstaub zu füttern, dann verwendete man Rohöl. Der erste bei MAN laufende Dieselmotor hatte einen einzigen Zylinder mit 220 mm Bohrung und 400 mm Hub und erreichte maximal 190 Umdrehungen. Er wurde mehrfach umgestaltet, bis am 26. Juni 1895 die ersten exakten Messungen von Professor Schröter in Augsburg vorgenommen wurden, der dann schließlich auf der Tagung des Vereins Deutscher Ingenieure in Kassel am 16. Juni 1897 eine Rede hielt, bei der er die genauen Daten für den mechanischen Wirkungsgrad bekanntgab, die diesen Dieselmotor an die Spitze aller Wärmekraftmaschinen stellte. Der entscheidende Punkt beim Viertakt-Dieselmotor war der zweite Takt: die Aufwärtsbewegung des Kolbens. Hier wurde die Luft bei geschlossenen Ventilen auf 25 bis 40 atü verdichtet, und die durch diese Verdichtung erzielte Lufterhitzung betrug 500 bis 700 Grad. Kurz vor Erreichen des oberen Totpunktes begann die Einspritzpumpe eine genau bemessene Kraftstoffmenge mit einem sehr hohen Druck (bis zu 250 atü) einzuspritzen. Der Kraftstoff durfte nicht zu schnell vergasen, damit der Verbrennungsraum durch die Tröpfchen voll ausgespritzt wurde. Diese vermengten sich mit der heißen Luft, nahmen deren Temperatur an und verdampften. Erst jetzt war die Bildung des brennbaren Kraftstoff-Luft-Gemisches vollendet, das sich infolge seiner hohen Temperatur selbst entzündete.

Man konnte am Anfang dieser Entwicklung noch keine schnellaufenden Dieselmotoren herstellen. Dies gelang erst 1908 in Zusammenarbeit von Rudolf Diesel mit der schweizerischen Firma Saurer. 1903 baute die Nobelgesellschaft für den Verkehr auf dem Kaspischen Meer das erste Dieselmotorschiff der Welt, das »Vandal« genannt wurde, und 1911 kam das erste Dieselmotorschiff, das über den Ozean

Brasier
1908

1908 Brasier
2-Zylinder-Frontmotor, 10 PS

fahren konnte, die dänische »Selandia«. 1903 bis 1906 errichtete die Firma MAN in Kiew das erste Diesel-Kraftwerk mit sechs 4-Zylinder-Viertakt-Dieselmotoren zu je 400 PS, das zur Stromerzeugung für den Antrieb der städtischen Straßenbahnen diente. 1913 wurde die erste Diesellokomotive hergestellt. Die Dieselmotoren arbeiteten mit einem wesentlich niedrigeren spezifischen Verbrauch als die Ottomotoren, und speziell bei großen Maschinen war man schon vor dem ersten Weltkrieg im Begriff, zum Dieselmotor umzuschwenken. Beispielsweise gab es schon 1910 bei der Germania-Werft eine riesige Dieselmaschine, die 12000 PS abgab. Rudolf Diesel hatte zweifellos Millionen verdient und stand schon auf der Höhe seines Ruhmes, als er in der Nacht vom 29. zum 30. September 1913 auf einer Fahrt über den Kanal nach London auf geheimnisvolle Weise verschwand. Man vermutet, daß er, schwermütig geworden, sich von der Reling des Schiffes in das Meer fallen ließ, doch wollten lange Zeit die Gerüchte nicht verstummen, daß es sich um einen organisierten Anschlag auf das Leben von Rudolf Diesel gehandelt habe. Damals war Diesel 55 Jahre alt, und es waren bereits 300 Schiffe mit seinen Motoren ausgerüstet.
Erst 1922 wurde die Einspritzung so weit verbessert, daß man Klein-Dieselmotoren herstellen und diese mit höheren Drehzahlen betreiben konnte, so daß man den nächsten Schritt vom Schiffsdiesel zum Fahrzeugdiesel unternehmen konnte.

Der erste produktionsreife Dieselmotor der Welt, 1897 von MAN gebaut, hatte eine Bohrung von 240 mm, einen Hub von 400 mm und gab bei 172 U/min eine Leistung von 20 PS ab.

Diesel-Pkw

Der 1936 in Berlin vorgestellte Mercedes Typ 260 D als erster serienmäßiger Personen-Dieselkraftwagen der Welt verdient eine eigene Beschreibung. Er hatte einen luftgekühlten 4-Zylinder-Reihenmotor mit 90 mm Bohrung und 100 mm Hub, was einen Zylinderinhalt von 2545 ccm ergab. Damit konnte dieser 260 D 45 PS abgeben. Man darf nicht vergessen, daß ein Dieselmotor immer ein höheres Gewicht hat als ein Ottomotor gleichen Hubraums, und aus diesem Grund wog auch dieser erste Diesel-Personenwagen, der 260 D, komplett 1600 kg, was ihm bei 45 PS natürlich keine atemberaubende Beschleunigung verlieh. Aber immerhin erreichte dieses Fahrzeug eine Spitzengeschwindigkeit von 95 km/h und drehte dabei 3000 Touren: Für einen Dieselmotor der damaligen Zeit schon eine erstaunlich hohe Drehzahl.
Weil man von vornherein eine Verwendung als Taxi anvisierte, hat man diesen Wagen mit einem sehr großen Radstand (3,05 m) gebaut, so daß man auch eine siebensitzige Karosserie verwenden konnte. Es gab diesen ersten Diesel wahlweise als fünfsitzigen Innenlenker, als siebensitzige Pullmanlimousine, siebensitziges Landaulet und auch in zwei Cabriolet-Ausführungen. In der einfachen Ausführung kostete er damals 6800,– Mark, das Schiebedach wurde zu einem Mehrpreis von 235,– Mark geliefert. Das siebensitzige Landaulet mit Zwischenwand – viertürig, sechsfenstrig – stand mit 7900,– Mark zu Buch. Die Reifengröße war 5,50×17, die Gesamtlänge des Wagens betrug 4,80 m, die Öldruck-Vierradbremsen hatten eine automatische Nachstellung, und als Brennstoffverbrauch wurden 9 bis 11 Liter »Treiböl« angegeben.
In den USA war C. L. (»Clessie«) Cummins der Pionier der

Den ersten schnellaufenden Dieselmotor baute Rudolf Diesel 1908 mit seinen Assistenten und einem Ingenieur der Saurer-Werke. Die Basis war ein 4-Zylinder-Saurer-Benzinmotor.

Der erste Omnibus mit MAN-Dieselmotor aus dem Baujahr 1924/25

Drei Diesel-Generationen von Daimler-Benz: links der erste Diesel-Pkw der Welt, der 260 D von 1936 mit 45-PS-Motor, in der Mitte der 170 D, der von 1949 bis 1953 gebaut wurde, und rechts ein 200 D der derzeitigen Bauserie, dessen 55-PS-Motor im Vordergrund zu sehen ist

Diesel-Entwicklung. Er begann 1919 mit einem stationären Dieselmotor; 1935 baute er bereits einen seiner Motoren in einen Personenwagen ein, mit dem er von New York nach Los Angeles fuhr, der aber nicht in Serie ging. Seine Firma ist heute die größte Dieselmotorenfabrik der Welt.

Man sollte in diesem Zusammenhang erwähnen, daß vor dem zweiten Weltkrieg auch noch Hanomag mit einer Diesel-Konstruktion für Personenwagen auf den Markt kam und daß die internationale Sportkommission prompt reagierte und schon damals eine eigene Liste für Rekorde mit Dieselfahrzeugen aufstellte. Der Fahrer K. Häberle stellte 1939 mit einem solchen Hanomag-Diesel auf der Autobahn bei Dessau zwei Rekorde mit stehendem Start über einen Kilometer und eine Meile auf, und wir wollen nicht vergessen, daß sowohl in Frankreich wie in England 1936/37 Spezialwagen hergestellt wurden, um Dieselrekorde aufzustellen. Nach dem Krieg gab es noch einmal eine ganze Reihe von Versuchen, Dieselrekorde zu fahren, und am 11. September 1950 stellte der Amerikaner J. Jackson mit einem Cummins-Diesel-Spezial auf dem Salzsee von Bonneville geradezu sensationelle Dieselrekorde auf: Er durchfuhr einen Kilometer mit fliegendem Start mit einem Durchschnitt von 265,7 km/h. Auch in Indianapolis tauchten einzelne Diesel-Rennwagen auf, und ehe die Firma Opel 1972 einen Diesel-Personenwagen auf den Markt brachte, der für die Mercedes-Modelle 200 D und 220 D eine Konkurrenz sein sollte, ging das Rüsselsheimer Werk mit einem Spezialauto, das diesen Dieselmotor besaß, auf die Strecke von Hockenheim, um Rekorde zu fahren. Es hat in den 50er Jahren auch bei Fiat eine Dieselausführung gegeben, und ebenso hat sich die französische Firma Peugeot intensiv dem Diesel-Personenwagen zugewandt und immer wieder Dieselmodelle angeboten.

Der erste Panzerwagen von 1904 aus den österreichischen Daimler-Werken

Das Automobil beim Militär

In Frankreich gab es die erste Automobilausstellung, das erste Rennen und im Anfang die höchste Automobilproduktion. Deutschland schien demgegenüber im Rückstand zu sein, aber der deutsche Generalstab brachte die ersten Automobile im gleichen Jahr in die großen Manöver wie der französische. Bei den Herbstmanövern 1899 setzten die Franzosen erstmals motorisierte Patrouillen auf De-Dion-Bouton-Motorrädern ein. Damit war das geboren, was man später den Kradmelder nannte.
Im Herst 1899 hatte bei den deutschen Kaisermanövern die sogenannte Eisenbahnbrigade den Befehl erhalten, eine Radfahrerrelaispost zwischen Karlsruhe und Stuttgart einzurichten. Zur Überwachung dieser Radfahrer wurden Automobile eingesetzt. Man glaubte, daß das neue Verkehrsmittel besonders für die Nachrichtenübermittlung nützlich sein könnte. An diesem Kaisermanöver von 1899 nahmen vier Kraftwagen und zwei Motorräder teil.
Die Idee der Truppenmotorisierung geht indessen schon auf den Krieg von 1870/1871 zurück. Das deutsche Kriegsministerium kaufte damals nämlich zwei Straßenlokomotiven der englischen Firma Fowler, um sie bei Transporten als Zugmaschinen einzusetzen. Dabei stellte man fest, daß das hohe Gewicht diese Straßenlokomotiven, die natürlich mit Dampf betrieben wurden, für viele Wege, vor allem für die meisten Brücken, völlig ungeeignet machte. Die Dampflokomotive wog nämlich 20 Tonnen. Daraufhin entschloß man sich im Kriegsministerium, Versuche mit leichteren Maschinen anzustellen. Zwei englische Firmen stellten 1874 neue Lokomotiven für diese Versuche zur Verfügung. Ein Eisenbahnerregiment war beauftragt worden, ein Gutachten abzugeben. Dieses fiel zugunsten des Modells von Fowler aus. Man bestellte also 1877 diese neue, leichtere Straßenlokomotive.
Eine deutsche Firma, Wöhlert in Berlin, baute daraufhin eine Dampfkutsche, mit der im September 1880 in Gegenwart des Kriegsministers neue Versuche stattfanden. Aber nach langem Hin und Her entschloß man sich in Berlin doch, weder die englischen noch die deutschen Dampfwagen zu akzeptieren. Eine solche Straßenlokomotive, so erklärte der Minister, könne niemals eine Konkurrenz für den Schienenweg sein und müsse abgelehnt werden. Damit war das Thema Heeresmotorisierung für 17 Jahre ad acta gelegt worden.
1898 gab dann die Versuchsabteilung der Eisenbahnbrigade eine Denkschrift über die eventuelle Verwendung von Automobilen an den Kriegsminister, und dieser »erstattete Vortrag bei Seiner Majestät über den Stand des Automobilismus in Deutschland«, wie es offiziell hieß. Jetzt wurde sogleich eine Kommission ernannt »zur Förderung der Selbstfahrerfrage und Durchführung der Versuche bei der Konstruktion

von Selbstfahrern für Armeezwecke« – so das Militärdeutsch dieser Tage, wobei man sich ehrlich, aber nicht sehr geschickt bemühte, Fremdwörter zu vermeiden.
Die Beratungen begannen im November 1898. Es mußten ja bestimmte Bedingungen festgelegt werden, wie und wann ein »Selbstfahrer für Armeezwecke« als brauchbar angesehen werden konnte, vor allem, es mußten einzelne Offiziere die nötige Fachkenntnis haben, um Abteilungen mit Selbstfahrern kommandieren zu können. Die Versuchsabteilung der Eisenbahnbrigade wurde also der Inspektion der Verkehrstruppen unterstellt. Dort bildete man ein »Selbstfahrerkommando«. Dafür brauchte man Geld, und deshalb taucht im Etat des Jahres 1899 zum ersten Mal eine Summe von 100 000,– Mark »zur Anstellung und Durchführung solcher Versuche mit Selbstfahrern« auf. Von diesem Geld bestellte die Versuchsabteilung des Heeres im Herbst 1899 bei Daimler zwei Lastwagen, einen mit 6-PS-Motor für 2000 kg Nutzlast, einen mit 4-PS-Maschine für 450 kg Tragfähigkeit.
1908 war man bereits so weit, daß einzelne Lastwagentypen aufgrund größerer Transportübungen für vollkriegstauglich erklärt wurden, und deshalb bekam jeder, der einen solchen Lastwagen kaufte – es handelte sich zunächst um die Fabrikate Büssing, Daimler, Gaggenau, NAG, Scheibler und Stoewer –, eine Subvention in der Größenordnung von 25 Prozent des Kaufpreises. Ein Lastwagen um 16 000,– Mark kostete also den Kunden nur etwa 12 000,– Mark. Dafür wußte man: Dieser Lastwagen wird im Kriegsfall sofort eingezogen. Gleichzeitig wurde eine Kraftfahrabteilung ins Leben gerufen, die zunächst aus 5 aktiven Offizieren und 50 Offizieren des Beurlaubtenstandes, 20 Unteroffizieren und 150 Mann bestand.
Am 6. Januar 1905 war bereits das »Deutsche-Freiwilligen-Automobilcorps« gegründet worden in Verbindung mit dem Deutschen Automobilclub. Die Mitglieder dieses Corps waren Zivilisten, die ein Auto besaßen und die sich verpflichteten, bei Manövern zu militärischen Dienstleistungen mit dem Kraftwagen zur Verfügung zu stehen. Dafür bekamen sie eine eigene Uniform. Chef des DFAC war Prinz Heinrich von Preußen. Etwa zur gleichen Zeit wurden in Österreich, Ungarn und der Schweiz ähnliche freiwillige Automobilcorps ins Leben gerufen.

Der erste Panzerwagen

Die Militärs waren sehr wach, aber die höchsten Spitzen des Staates dachten zuweilen noch sehr konservativ. Im Jahre 1904 hatte man bei den österreichischen Daimler-Werken, wo Paul Daimler noch als Chefkonstrukteur fungierte, ein gepanzertes Fahrzeug entworfen, nicht einen Tank mit Raupenketten, sondern das, was man später einen Panzerspähwagen nannte: drehbare Kuppel mit zwei Maschinengewehren, Vierradantrieb, vollgepanzert, Vollgummireifen, Geländeübersetzung, um auch Steilhänge zu erklimmen. Das, dachten sich die Konstrukteure in den österreichischen Daimler-Werken, müsse das Kriegsfahrzeug der Zukunft sein. Niemand besaß ein solches Ungetüm, niemand hatte bis jetzt diese Idee gehabt. Man nahm einige Patente darauf und wartete auf die nächsten Manöver, um das Vehikel dem Generalstab vorzuführen.
Zunächst wurde es im Werk von einigen höheren Offizieren begutachtet, die von der Idee begeistert waren: Österreich würde als erste Nation einen Panzerwagen in seiner Armee haben. Man müßte ihn, sagte ein General, im Manöver unbedingt dem Kaiser persönlich vorführen, das sei ja eine umwälzende Erfindung. Wer sollte das Monstrum denn fahren? Die Wahl fiel auf einen Grafen Schönfeldt. Heinrich Graf Schönfeldt hatte schon 1902 als Kadett sein erstes De-Dion-Bouton-Dreirad gefahren, 1903 besaß er schon einen 16-PS-Décauville, ein bekanntes Fabrikat jener Zeit, später kaufte er sich einen 40-PS-Mercedes. Er gehörte zu den ersten 100 Leuten, die in Österreich einen Führerschein besaßen, der dort im Frühjahr 1906 eingeführt wurde. Die Prüfung – diese Geschichte sei hier noch eingefügt – bestand darin, daß der staatliche Prüfer und Sachverständige fragte: »Sind Sie schon einmal Motorwagen gefahren?« Schönfeldt: »Ja, ich fahre seit mehr als drei Jahren De Dion-Bouton, Décauville, Daimler und noch andere Marken.« Der Prüfer daraufhin: »Herr Graf, dann können Sie das sicher besser als ich selbst. Ich stelle Ihnen gleich den Führerschein aus.«

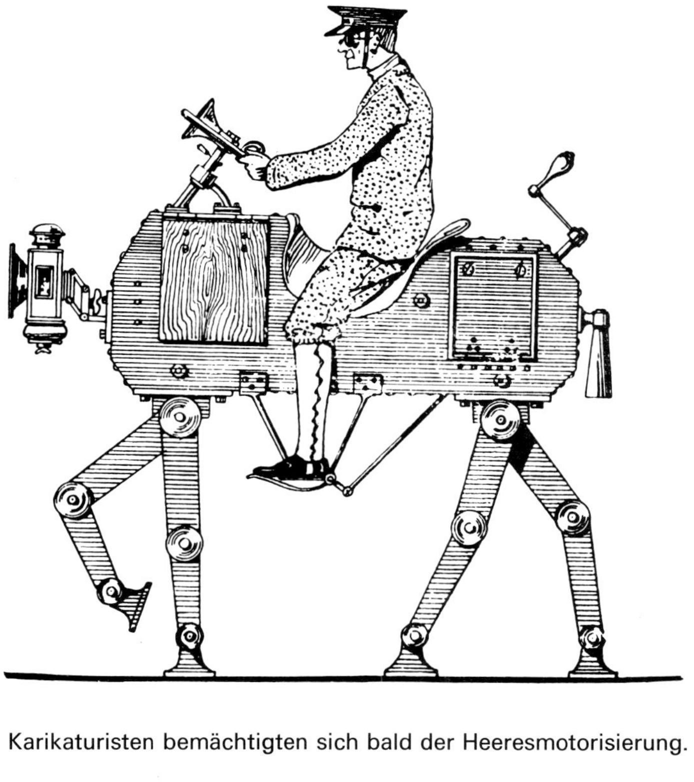

Karikaturisten bemächtigten sich bald der Heeresmotorisierung.

Der Graf Schönfeldt war zu der Zeit, als man die Panzervorführung erwog, Leutnant bei den Garde-Dragonern. Er schien der geeignete Mann: ein Offizier, der auch das Motorwagenhandwerk gut verstand. Seine Majestät, der Kaiser Franz Joseph, damals 75 Jahre alt, war von seiner ganzen Suite umgeben: Generale, Ordonnanzen, Adjutanten. Man stand auf einer Art Feldherrnhügel um das gepanzerte Fahrzeug herum. »Schönfeldt«, sagt ein k. u. k. Oberst, »Sie lassen den Motor an und fahren zunächst in einem Bogen auf den Weg dort unten, nehmen dann die Steigung über den Feldweg rechts und kehren zu Seiner Majestät zurück.«
Der gepanzerte Koloß sah, man muß es zugeben, etwas furchterregend aus. Als ihn Schönfeldt anließ und im ersten Gang losfuhr, war das Geräusch um ein Vielfaches stärker als

das der normalen Lastwagen. Ein Pferd, auf dem ein General saß, scheute plötzlich, der Panzerwagen fuhr, aber der General lag am Boden. Daraufhin wurde die Vorführung vom Kaiser Franz Joseph sofort abgebrochen. Panzerwagen, erklärte er vor seinen versammelten Offizieren, seien nicht geeignet, im Verband des Heeres eingesetzt zu werden.
Das scheuende Pferd, der fallende General und der in einer traditionellen Vorstellungswelt noch allzu stark verwurzelte alternde Monarch hatten ein Stück Militärgeschichte gemacht, oder wenn man es härter formulieren will, ein Stück Militärgeschichte verhindert. Der Panzerwagen der österreichischen Daimler-Werke wurde nie mehr vorgeführt und nicht mehr beachtet. Einen Teil der Patente, die darauf lagen, kauften im folgenden Jahr die Franzosen den Österreichern ab.
Graf Schönfeldt war mit den Herren Horch, Opel, Porsche, Maybach und Bugatti noch näher bekannt oder befreundet. Er absolvierte 1906 bis 1908 ein Ingenieurstudium, legte im April 1910 bereits sein Pilotenexamen ab, kam über Porsche mit den österreichischen Daimler-Werken in Kontakt und fuhr 1910 in jener Prinz-Heinrich-Fahrt mit, bei der die von Porsche konstruierten Austro-Daimler-Wagen den 1., 2. und 3. Platz in der Gesamtwertung erzielen konnten.
In Österreich-Ungarn baute man kurz vor dem ersten Weltkrieg eine Zugmaschine, die das Fehlurteil bei der Vorführung des Panzerwagens fast wieder wett machte. Sie wurde bei Skoda, das damals zum österreichischen Daimler-Konzern gehörte, unter der Regie von Ferdinand Porsche entworfen und diente dazu, den 30,5-cm-Mörser der k. u. k. Armee zu motorisieren: 1914 das schwerste motorisierte Geschütz, das es gab. Es hat zu Beginn des Krieges entscheidend dazu beigetragen, daß die belgischen Festungen fielen. Nur ein motorisiertes Geschütz konnte so schnell den Feldarmeen folgen. Der Mörser-Zugwagen hatte einen 80-PS-Motor, der später auf 100 PS verstärkt wurde, besaß Vierradantrieb, hatte Vollgummireifen für leichtes Gelände und 150 cm hohe Eisenräder für schweres. Der Fahrer thronte in einer Höhe von 2,60 m über dem Boden, die Zugkraft des Fahrzeugs lag bei 24 Tonnen.

Oben: Die 80-PS-Zugmaschine der Skoda-Werke von 1914 bei einer Geländefahrt. – Unten: Der sogenannte C-Zug von 1917, der als Zugwagen für den 42-cm-Mörser sowie als Mannschaftswagen auf der Straße und im Gelände, aber auch mit Eisenbahnrädern auf Schienen eingesetzt werden konnte. Beide Konstruktionen mit benzinelektrischem Radnabenantrieb stammen von Ferdinand Porsche.

Links: Panhard-et-Levassor-Lkw 1914 als Artillerie-Zugmaschine im Einsatz. – Rechts: Die Pariser Taxis auf dem Weg an die Marne-Front

Das Marne-Taxi

Von einem anderen Fahrzeug ist oft behauptet worden, es sei auch mehr oder weniger kriegsentscheidend gewesen in diesen ersten Tagen des Weltkriegs von 1914: das sogenannte Marne-Taxi. In Paris hatte sich seit dem Jahr 1908 ein bestimmter Wagentyp als Taxi eingebürgert, ein Renault mit offenem Fahrersitz und geschlossenem Aufbau für die Fahrgäste, die hinten saßen. Meist waren diese Taxis rot angestrichen, hatten aber ein schwarzes Dach. Ende August 1914 rückten die deutschen Truppen bis zur Marne vor, Paris war in Gefahr. Zum Militärbefehlshaber von Paris wurde ein General Gallieni ernannt, ein Mann, der in den französischen Kolonien im Sudan, in Senegal und auf Madagaskar schon eine militärisch-politische Rolle gespielt hatte und bereits mit 44 Jahren General geworden war.

Am 1. September schien den Franzosen die Lage ihrer Hauptstadt kritisch zu werden. Die französischen Armeen befanden sich auf dem Rückzug, fast auf der ganzen Linie. Besonders gefährdet war der linke Flügel der Franzosen, wo die Armee des Generals Maunoury stand, ihr gegenüber jener rechte Flügel der deutschen Streitkräfte, von dem schon Schlieffen gesagt hatte, man solle ihn stark machen, der aber, wie wir wissen, vom damaligen Generalstabschef Moltke nicht so stark gemacht worden war, wie es Schlieffen empfohlen hatte.

Gleichwohl hatte man im französischen Hauptquartier erkannt, daß der entscheidende Stoß gegen Paris auf der Nordflanke der deutschen Armeen geführt werden sollte. In dieser Situation entschloß sich General Gallieni am 1. September mittags um 13.30 Uhr in Paris, Taxis zu requirieren, und zwar insgesamt 700 Wagen. Nun wurden in den Morgenstunden des 2. September tatsächlich etwa 3000 Mann in diesen 700 Taxis zu der Armee Maunoury gefahren, ein Fahrer und vier Mann saßen in jedem Renault. Die Wagen liefen alle zufriedenstellend. Es ging dabei um jede Minute, so dachten die Franzosen, weil man am Abend des 2. September, spätestens am 3. September morgens, einen Angriff der Armee von Kluck gegen die Armee Maunoury erwartete, an jenem entscheidenden Flügel der deutschen Streitkräfte. Diese 3000 Mann hätten das Zünglein an der Waage sein können, um den deutschen Vormarsch für eine gewisse Zeit wenigstens aufzuhalten, und somit hätten die Pariser Taxis, die Gallieni requirierte, die Entscheidung gebracht. Aber am 3. September drehte die Armee von Kluck nach Süden ab, die Deutschen marschierten nicht unmittelbar auf Paris weiter. Es begann das, was man nachher als das Wunder an der Marne bezeichnet hat, dieses plötzliche Zögern auf deutscher Seite, weil zwischen zwei Armeen eine Art Hohlraum entstanden war und ein zur Klärung der Lage an die Nahtstelle entsandter Oberstleutnant den Stopp veranlaßte. So begann erst am 5. September die eigentliche Marne-Schlacht, die den deutschen Vorstoß auf Paris endgültig zum Stehen brachte. Gewiß, diese 3000 Mann, die im Taxi am 2. September nach vorne gebracht worden waren, schienen, weil ausgeruht, besonders kampftüchtig zu sein, aber sie wären natürlich bis zum 5. September auch mehr oder weniger bequem zu Fuß in ihre Ausgangsstellungen gekommen. Andrerseits konnte niemand ahnen, daß der schnelle Transport der 3000 Mann gar nicht notwendig war, weil plötzlich von Kluck zurückhielt und nach Süden abdrehte. Kriegsentscheidend waren also die Taxis nicht. Aber diese 700 Renault-Wagen verdienen trotzdem, in der Kriegsgeschichte vermerkt zu werden, weil hier an der Marne zum ersten Mal Personenwagen in großer Zahl an einem Brennpunkt des Geschehens eingesetzt wurden, und zu Recht hat man später einige dieser Renault-Taxis in Paris in ein Kriegsmuseum gestellt. Der Wagen heißt seitdem das Marne-Taxi. Es gibt ihn sogar als Spielzeugauto, und die Legende hat sich des kleinen 4-PS-Wagens mit dem schwarzen Dach bemächtigt.

Die Motorisierung der Armeen aber nahm von 1914 an unaufhaltsam ihren Lauf.

Der Mercedes-Tourenwagen von 1921 mit 48-PS-Knight-Schiebermotor

Die Technik schreitet fort

Wenden wir uns wieder der Entwicklung beim Bau von Serienwagen zu. 1907 entstand zum Beispiel der berühmte ventillose Motor des Amerikaners Knight. Die Erfindung war auf die andauernden Beschwerden der Kunden zurückzuführen, die sich über die laute Ventilsteuerung beklagten. Schuld daran waren die großen Toleranzen an den Nockenwellen, Kipphebeln und Ventilstößeln, die die Technik von damals wegen thermischer Ausdehnungen unbedingt verlangte. Ein junger Amerikaner aus Wisconsin, Charles Y. Knight, suchte nach einem System, das ohne den lästigen Lärm funktionierte. Die ersten Forschungen darüber datierten von 1901. Wenig später begann er, in Zusammenarbeit mit einem Freund, dem Mechaniker L. B. Kilbourne, mit praktischen Experimenten, die zum ersten Motor ohne Ventile führten. Bei diesem Motor lief noch der gesamte Zylinder auf und ab, was nicht befriedigend war. 1907 kam sein verbesserter Motor ohne Ventile auf den Markt, bekannt geworden als der »Knight-Schieber-Motor«. Dieser Motor wies zwischen Kolben und Zylinder auf- und abgleitende zylindrische Hülsen auf, die dann den Einlaß und den Auslaß wechselweise freigaben. Der erste Motor dieser Art wurde auf einem Panhard-Chassis montiert, das man in die USA importiert hatte, und man konnte damit ein zufriedenstellendes Resultat erzielen, vor allem, was den ruhigen Lauf betraf. Kurze Zeit danach wurde zwischen Knight und der englischen Daimler-Gesellschaft dann ein Abkommen getroffen, nach dem die teuren Modelle der britischen Daimler-Wagen mit dem System von Knight ausgerüstet werden sollten. Nicht nur die englischen Daimler, sondern auch zahlreiche europäische Marken bedienten sich eine Zeitlang des »ruhigen und sanften Motors« von Knight: Panhard, Mors, Voisin, Peugeot, Clément, die belgische Firma Minerva und Daimler in Stuttgart-Untertürkheim.

Mercedes-Knight

Die Daimler-Motorengesellschaft hatte 1909 von dem Amerikaner Charles Knight die Lizenz für den Knight-Schieber-Motor erworben und begann sofort in Untertürkheim mit der Fertigung eines solchen Motors. Zweifellos ermöglichte die Schiebersteuerung ein bis dahin nicht erreichtes geräuscharmes Arbeiten des Motors, ein Vorteil, der freilich durch einen verhältnismäßig großen Fertigungsaufwand erkauft werden mußte. Im unteren Drehzahlbereich zwischen 500 und 1500 Touren lagen bei diesem Knight-Schieber-Motor die spezifischen Leistungswerte um etwa 10 Prozent günstiger als bei den gleichstarken Ventilmotoren jener Zeit. Da besonderer Wert auf ausreichende Schmierung der Schieber gelegt werden mußte - ein heikler Punkt beim Knight-Motor -, war eine zusätzliche Schmierung der Zylinder und Schieberlaufflächen vorgesehen. Unerläßlich war eine gute Qualität der Schmiermittel selbst. Die Daimler-Motorengesellschaft stellte vor dem ersten Weltkrieg neben den zahlreichen anderen Modellen drei Typen mit solchen Schieber-Motoren her: einen kleineren Wagen mit 2,6 Liter Hubraum, einen mit rund 4 Liter und einen großen mit 7,3 Liter, und es sind auch Mercedes mit solchen Schieber-Motoren mehrfach bei Wettbewerben eingesetzt worden.

Das Standardmodell war der »Mercedes Knight« (1909 bis 1923 gebaut), der einen 4-Zylinder-Reihenmotor mit paarweise gegossenen Zylindern besaß: Bohrung 100 mm, Hub 130 mm, was einem Zylinderinhalt von 4084 ccm entsprach. Seine Leistung von 45 PS erreichte er bei 1800 U/min. Der Schieberantrieb wurde durch Stirnräder von der Kurbelwelle aus besorgt. Der Motor hatte einen Kolbenschiebervergaser mit einem Brennstofftank hinten und einer Förderung durch den Druck der Auspuffgase, was damals üblich war. Er erreichte eine Höchstgeschwindigkeit von 85 km/h und kostete als Doppelphaeton im Jahre 1913 immerhin 15 000 Goldmark. Einer dieser Mercedes-Knight-Wagen steht heute noch im Daimler-Museum in Stuttgart-Untertürkheim. Man hat bei Daimler Ende 1923 den Bau dieser Serie aufgegeben, weil man in der Nachkriegszeit zu wesentlich höheren Drehzahlen der Motoren kam und die Schieber-Motoren diese Drehzahlen nicht mehr verkraften konnten beziehungsweise die Schmierung bei hohen Drehzahlen sehr schwierig zu bewerkstelligen war.

Nur eine Firma hat auch nach dem ersten Weltkrieg noch fast zwei Jahrzehnte lang den Bau von Schiebermotoren fortgesetzt: Minerva in Belgien. Bei Minerva hatte man vor dem ersten Weltkrieg etwa zur gleichen Zeit wie Mercedes die Lizenz von Knight erworben und entsprechende Fahrzeuge gebaut. Minerva setzte zum Beispiel 1914 einen Rennwagen bei der englischen TT ein. Da der Ölverbrauch durch die zusätzliche Schmierung des Schiebers sehr groß war, mußte ein besonderer Ölbehälter eingebaut werden. Dadurch fuhren diese Minerva-Rennwagen mit einer riesigen Ölfahne über die Strecke und behinderten die anderen Konkurrenten sehr. Trotzdem konnten sie nicht auf die vorderen Plätze kommen. Minerva hat dann Anfang der 20er Jahre große 4- und 6-Zylinder-Wagen repräsentativer Natur mit solchen Schieber-Motoren ausgerüstet und 1930 einen sehr vornehmen 8-Zylinder mit 6,6 Liter Hubraum herausgebracht. Das war der letzte klassische Wagen mit diesem Knight-Schieber-Motor, der noch bis zum Beginn des zweiten Weltkrieges gebaut wurde, wenn auch nur in ganz geringen Stückzahlen. In Amerika selbst, woher der Knight-Motor ja kam, ist nur der Willys-(Overland-)Knight-Motor in größeren Serien gebaut und auch in Europa bekannt geworden. Es war dies ein technisch interessanter Abschnitt in der Motorenentwicklung, hat aber keinen ernsthaften Einfluß auf die Gesamttendenz genommen.

Links: Das »Piccadilly«-Phaeton von English Daimler 1909 mit Knight-Motor. Es war mit 22, 33 oder 48 PS lieferbar. – Unten: Einer der ersten Sechszylinder wurde 1903 von der holländischen Firma Spyker herausgebracht. Hier ein 30-PS-Spyker von 1907

Ein Stearns von 1908 mit 6-Zylinder-90-PS-Motor

Der Boom der Sechszylinder

Es ist gerade in der Frühzeit der Automobilgeschichte sehr schwierig, Prioritäten festzustellen, vor allen Dingen deshalb, weil es einzelne, sehr fortschrittliche Konstruktionen gab, die nachher gar nicht in Serie gekommen sind. Kurz nach der Jahrhundertwende machten sich die Konstrukteure natürlich Gedanken, wie sie die Motorleistung einerseits erhöhen und die Laufruhe der Motoren verbessern konnten. Dazu bot sich selbstverständlich die Möglichkeit an, statt 2- und 4-Zylinder-Motoren solche mit 6 Zylindern zu konstruieren. Eine der ersten, wenn nicht die erste überhaupt, die ein komplettes Automobil mit 6-Zylinder-Motor ausstellte, und zwar auf der Pariser Automobilausstellung des Jahres 1903, war die holländische Firma Spyker. Ein außerordentlich interessantes Modell, das Vierradantrieb besaß, von dem jedoch nur ganz wenige Exemplare gebaut worden sind. In England war es die Firma Napier, die Ende des Jahres 1903 ein 6-Zylinder-Modell brachte. Übrigens ein Fahrzeug, das später bei sportlichen Einsätzen sehr bekannt wurde. 1907 hat auf der neuerbauten Brooklands-Rennbahn in England der Fahrer Selwin F. Edge mit einem solchen Napier einen 24-Stunden-Weltrekord mit einem Durchschnitt von 105 km/h aufgestellt, der sehr beachtet wurde. In England kam die Firma Lanchester 1906 mit einem 6-Zylinder-Modell, und Ende 1906 erschien auch Rolls-Royce mit seinem berühmten Silver Ghost, der ebenfalls eine 6-Zylinder-Maschine hatte. In Frankreich kamen Panhard und Delaunay-Belleville mit 6-Zylinder-Maschinen auf den Markt. In Amerika erschien als einer der ersten Packard mit einem 6-Zylinder-Modell. In Deutschland war es die Stettiner Firma Stoewer, die zur Berliner Ausstellung des Jahres 1906 einen großen 6-Zylinder mit 8,8 Liter Hubraum zeigte. Es schien sich ein Boom der 6-Zylinder-Modelle in der oberen Mittelklasse und bei den Luxuswagen abzuzeichnen, dennoch machten viele der großen Firmen diesen Trend nicht oder nur widerwillig mit. Natürlich brachte ein 6-Zylinder-Motor eine bessere Laufruhe und mehr Geräuschlosigkeit, aber man hatte damals die Schwingungsprobleme für die Reihen-6-Zylinder noch nicht so weit studiert, daß die Kurbelwellen hundertprozentig haltbar waren. Auch die Schmierung des 6-Zylinders bot wesentlich mehr Schwierigkeiten als die der konventionellen 4-Zylinder. Deshalb haben zum Beispiel Benz und Opel die 6-Zylinder-Welle überhaupt nicht mitgemacht, und auch bei der Daimler-Motorengesellschaft hat man nur von 1907 bis 1911 zwei ganz große Modelle, die 9,5 Liter und 10,2 Liter Hubraum hatten – unvorstellbare Größen für die heutige Zeit! –, mit 6-Zylinder-Motoren ausgestattet. Das Gros der bewährten Daimler-Modelle fuhr mit 4 Zylindern. Ähnlich war es in Italien. Bei Fiat hat man nur einmal in der gesamten Vorkriegszeit einen 6-Zylinder gebaut, 1908 bis 1909, mit einem 7,4-Liter-Motor. Von diesem Wagen sind nur 107 Einheiten gefertigt worden. Diese wurden alle nach Amerika oder Australien exportiert.

Der 6-Zylinder war eine Zeitlang so etwas wie ein Prestigewagen. Wenn man sagen konnte, ich fahre einen 6-Zylinder, dann galt man vielleicht etwas mehr als jemand, der nur einen 4-Zylinder-Wagen fuhr. Außerdem war zwangsläufig die Motorhaube etwas länger, was zu einer gestreckteren Karosserielinie führte. Man hat aber, wie Benz bewies, in der dama-

»Palombella« – das Täubchen, ein Itala von 1908 aus dem Besitz der italienischen Königin

ligen Zeit auch riesige Motoren mit einem Hubraum von 8 bis 10 Liter ohne weiteres mit 4-Zylinder-Maschinen bauen können. Selbstverständlich wurden um diese Zeit auch die 6-Zylinder noch nicht in einem Block gebaut, sondern genau wie die 4-Zylinder in einzelnen Paaren zu je 2 Zylindern gegossen. Das war einfach deshalb so, weil man sich gießtechnisch nicht an eine solche Blockbauweise herantraute. Nur eine kleine deutsche Firma, deren Wagen den zierlichen Namen Loreley trug, wagte sich an eine solche Blockbauweise eines 6-Zylinders heran. Rudolf Ley, der Besitzer einer 1856 gegründeten Maschinenfabrik in Arnstadt in Thüringen, hatte bereits 1906 seinen ersten Wagen mit einem 4-Zylinder-Motor herausgebracht und kam schon Ende 1907 mit einem kleinen 6-Zylinder, der nur 2,6 Liter Hubraum und 25 PS hatte. Dieser erste Ley-6-Zylinder besaß noch paarweise zusammengegossene Zylinder, aber 1910 kam dieses Loreley-Modell mit einem 6-Zylinder-Reihenmotor in Blockbauweise heraus mit einer Bohrung von 70 mm und einem Hub von 113 mm. Es war ein typischer Langhuber, wie damals üblich. Dieser kleine 6-Zylinder war ein sehr interessanter Wagen, weil er als Zweisitzer nur 850 kg wog und in der Serienausführung 80 km/h schnell war. Er hat jedoch nie große Serienstückzahlen erreicht. Trotzdem hat Rudolf Ley in Arnstadt sicherlich auf diesem Gebiet Pionierarbeit geleistet. Es sollte noch bemerkt werden, daß die Firma Adler Ende 1911 an einem 4-Zylinder zur Blockbauweise überging, einem kleinen Motor mit 1,3 Liter Hubraum und 13 PS.

Bei der Erwähnung der ersten 6-Zylinder-Modelle entsteht natürlich die Frage, wann der 8-Zylinder in den Automobilbau kam. Er kam zunächst nur bei Renn- und Rekordfahrzeugen. Wir nennen hier den schweizerischen Dufaux-Rennwagen von 1904 mit einem 8-Zylinder-Reihenmotor und den sogenannten »Grande Voiture Darracq« von 1905, der für Rekordzwecke gebaut wurde und als erster einen V-8-Zylinder-Motor besaß mit 160 mm Bohrung und 140 mm Hub. Erstaunlicherweise also schon ein Wagen, den man als einen Kurzhuber bezeichnen kann. Gesamter Hubraum 22,5 Liter, Höchstleistung 200 PS bei 1200 Touren! 1907 erschienen beim Großen Preis von Frankreich drei Fahrzeuge mit 8-Zylinder-Reihenmotoren am Start: der Dufaux-Marchand, der Porthos und der Weigel. Ende des Jahres 1905 hatte Henry Frederick Royce – ein Jahr später hieß die Firma ja dann Rolls-Royce – einen Versuchswagen mit einem V-8-Zylinder entwickelt, der aber nicht in Serie ging. Er trug die witzige Bezeichnung »Legalimit«, weil er so ausgelegt war, daß er die legale, limitierte Spitzengeschwindigkeit in England von 20 Meilen = 32 km/h nicht überschritt. Verständlich, daß das kein Erfolg werden konnte. Auf der Berliner Automobilausstellung 1907 zeigte die böhmische Firma Laurin und Klement einen 8-Zylinder-Wagen mit 50 PS Leistung. Der 8-Zylinder war als Zweiblockmotor konstruiert. Dieses Modell ist auch in nur ganz wenigen Exemplaren gebaut worden, und man kann von einer Serienfertigung nicht sprechen. 1910 kam dann die französische Firma De Dion-Bouton mit einem V-8-Zylinder auf den Markt, der zwar auch keine große Serie erreichte, aber den man immerhin als den ersten serienmäßigen V-8-Zylinder bezeichnen kann (obwohl man oft hört, daß der Cadillac von 1915 mit seinem V-8 der erste in dieser Reihe gewesen sei).

Ende der Belle Epoque in Italien

Einer der luxuriösesten Itala-Wagen war im Besitz der Königin von Italien und wurde von ihr »Palombella« (Täubchen) getauft. Heute ist er im Turiner Automuseum ausgestellt. Sein Vierzylinder besaß einen Hubraum von 7433 ccm und entwickelte bei 1250 Umdrehungen 45 PS. Die Zündung erfolgte durch Magnet, die Ventile waren seitlich angebracht, über eine Mehrscheibenkupplung und ein Vierganggetriebe wurde die Kraft übertragen. Die Einstellung der italienischen Königsfamilie zum Automobil war sehr positiv. Den damaligen König Vittorio Emanuele III. konnte man fast als einen Autonarren bezeichnen. Zusammen mit seiner Gattin Elena wurde der König eines Tages in einen ungewöhnlichen Unfall verwickelt, der sich auf ihrem Grundbesitz ereignete. Die beiden waren im Begriff, ein neues, elektrisches Fahrzeug zu testen, als dieses sich plötzlich rückwärts bewegte. Vergeblich versuchten sie, das Bremspedal zu erreichen. Das Auto fuhr an einen großen Baum, wobei beide Insassen hinausgeworfen wurden. Das Abenteuer kostete die Königin eine schlimme Zerrung am Fußgelenk, was ihre Autoleidenschaft aber nicht verminderte.
Andere italienische Automobilhersteller dieser Zeit waren Brixia-Züst, Darracq Italiana, Aquilla und Legnano. Brixia-Züst brachte einen Wagen mit stehendem 3-Zylinder-Motor heraus. Der Dreizylinder konnte sich allerdings nie durchsetzen, er tauchte fünfzig Jahre später als Zweitakter bei der Auto Union wieder auf.

Oben: Ein in Italien nach französischer Lizenz gefertigter Darracq des Jahres 1906. – Unten: Nach dem Bruch mit Darracq baute die neue ALFA von 1910 bis 1915 diesen Vierzylinder mit 4084 ccm Hubraum.

Oben: Der Lancia »Trikappa« mit 8-Zylinder-Motor

Unten: Zwei Seiten aus einem der ersten Lancia-Kataloge

Die Darracq Italiana wurden zuerst in Neapel hergestellt. Um größere kommerzielle Erfolge zu erzielen, wurde die Produktion dieser französischen Modelle wenig später nach Mailand verlegt, aber auch hier kam der erhoffte Durchbruch nicht. Mit der Zeit ging die Gesellschaft immer größeren finanziellen Sorgen entgegen, bis 1909 eine außergewöhnliche Kapitalinvestition durch eine Mailänder Bank in Höhe von einer halben Million Lire (damals noch sehr viel Geld!) die ersehnte Rettung vor dem Ruin brachte. Dabei wurde als Bedingung gestellt: Auflösung der bestehenden Gesellschaft und Entwurf eines neuen Modells, das sportlicher sein sollte.

Am 1. Januar 1910 wurden daraufhin die französischen Techniker entlassen, die bis dahin die Arbeiten geleitet hatten. Man begann gleich danach mit der Konstruktion eines neuen Modells mit 24 PS. Und ab Juni 1910 wurde die Markenbezeichnung in ALFA (Anonima Lombarda Fabbrica Automobili) umgeändert. Aus diesem ALFA entstand später die Firma Alfa Romeo.

Lancias Alphabet

1906 entstand eines der berühmtesten und heute noch bestehenden italienischen Autowerke: Lancia. Vincenzo Lancia war ein ausgezeichneter Rennfahrer. Seine Firma startete am 27. November 1906 mit einem Kapital von 100 000 Lire. Das bittere Schicksal, das so oft die Autopioniere bei ihren industriellen Debüts begleitet hat, verschonte auch Vincenzo Lancia nicht: Gleich nach ihrer Entstehung fällt seine Fabrik einem Brand zum Opfer, bevor noch das erste Modell auf dem Markt ist. Lancia sieht sich gezwungen, neue Investitionen aufzubringen; wichtige Entwürfe, Prototypen und Maschinen sind verlorengegangen. Die Lancia-Produktionen erhalten fortan griechische Buchstaben als Typenbezeichnung. Diese Idee wird Lancia von seinem Bruder vorgeschlagen, der ein Gelehrter war. Zuerst kommt deshalb ein »Alpha-Modell« (4 Zylinder, bei 1450 Umdrehungen 24 PS). Ein Jahr später folgt der »Dialpha«, mit dem Lancia eine neue

6-Zylinder-Serie einführen möchte. Die Maschine kann 110 km/h erreichen.
Trotzdem bleibt der erhoffte kommerzielle Erfolg aus, und mit dem folgenden Typ, dem »Beta«, kehrt Lancia zum Vierzylinder zurück, dem er dann lange treu bleibt.
Der Beta verfügt über einen Motor von 3120 ccm. Gleich darauf erscheint der »Gamma« mit 3450 ccm. Mit den weiteren Modellen wächst auch der Erfolg der Turiner Marke, nicht nur in Italien, sondern auch im Ausland. Auch die Amerikaner zeigen sich an den technischen Qualitäten der Lancia sehr interessiert. Lancia vergrößert seine Betriebe und entwirft einen der erfolgreichsten Wagen, den »Theta«. Sein 5-Liter-Motor entwickelt bei 2200 Umdrehungen gute 70 PS. Seine Karosserie ist mit jener etwas strengen Eleganz versehen, der Lancia treu bleibt. Außerdem ist der »Theta« einer der ersten Wagen, bei dem man eine elektrische Anlage serienmäßig einbaut: einen elektrischen Anlasser und elektrische Beleuchtung.

Sperber und Colibri

Zurück nach Deutschland zur Markranstädter Automobilfabrik, die Fahrzeuge unter dem Markennamen MAF herstellte. Bei MAF war man besonders stolz darauf, daß unter anderem der deutsche Gouverneur einen solchen Wagen in Kamerun zu Jagdausflügen benutzte, und da der MAF einen luftgekühlten Motor besaß, stand oben über einer Anzeige: »Der luftgekühlte in der Tropenglut!«
Sperber war auch eine Automobilfirma, die damals einen gewissen Ruf hatte. Die Sperber-Wagen wurden von den Norddeutschen Automobilwerken GmbH in Hameln hergestellt, und obwohl dieser Sperber ein guter Wagen der unteren Mittelklasse war, nicht mehr und nicht weniger, wurde in der Anzeige gesagt: »Anerkannt der schnittigste, rassigste, formvollendetste, dabei preiswerteste Wagen der ersten Steuerklasse.« Außerdem wurde erwähnt, daß er außerordentlich geräuschlos laufe, daß man den Katalog

Ein 20-PS-Adler von 1911, der als erster Wagen an die Ostküste Sumatras geliefert und dort von einem deutschen Farmer gefahren wurde

Diese Wagen fuhren vor 1914 auf europäischen Straßen und fahren heute wieder bei Veteranen-Rallyes und -Shows. – Oben: Ein Dupressoir von 1907, links ein Delahaye von 1912, darunter ein Argyll von 1913 mit eigenem Schiebermotor

Oben La Ponette von 1912, links Rolland Pilain von 1909, unten ein Chenard et Walcker von 1912
Rechte Seite von oben nach unten: Mercedes von 1906, Vauxhall von 1904 und Lanchester von 1913

gratis und franco erhalte, und außerdem sei es »der einzige Wagen mit wirklich bahnbrechenden Neuerungen, unverwüstlich, zuverlässig und schnell«. Die Norddeutschen Automobilwerke hatten die Fahrzeuge nicht nur unter der Markenbezeichnung »Sperber«, sondern auch als »NAW« oder als »Colibri« herausgebracht. Sie waren 1907 gegründet worden, und das Werk hatte es sich zur Aufgabe gemacht, den leichten Wagentyp zu forcieren. Deshalb hieß das erste Auto auch »Colibri« und hatte nur einen 860 ccm wassergekühlten 2-Zylinder-Motor. Immerhin schon ein Blockmotor mit angeflanschtem Dreiganggetriebe. Der Colibri der Norddeutschen Automobilwerke wurde in beträchtlichen Mengen exportiert, besonders nach England. Eine Nummer größer gab es einen Vierzylinder-Colibri, der 1320 ccm hatte. Als dann ein 1592-ccm-Vierzylinder herauskam, bekam dieser die Modellbezeichnung »Sperber«. Diese Markenbezeichnung behielt man bei. Der Sperber war im Grunde ein konventioneller Wagen. Der 4-Zylinder-Motor, allerdings schon in Blockbauweise, hatte seitlich stehende Ventile in L-Anordnung, einen sehr langen Hub (120 mm Hub, 64 mm Bohrung) und damit 1592 ccm, die Leistung betrug 16 PS bei 2000 Touren. Die Kühlung war eine Thermosyphonkühlung, ein Ventilator befand sich im Schwungrad. Der Öltank befand sich am Spritzbrett, es war eine Frischölschmierung mit einer Tropfölkontrolle. Der Brennstofftank befand sich vorn, die Förderung erfolgte durch Gefälle. Über eine Lederkonuskupplung wurde die Kraft auf ein Dreiganggetriebe übertragen. Für den leichten Wagen hatte man mit 2,76 m einen bemerkenswert langen Radstand gewählt. Das Gewicht des Phaetons blieb mit 750 kg in Grenzen, das Fahrzeug leistete ungefähr 60 km/h als Spitzengeschwindigkeit. In diesem Zusammenhang ist es von Interesse, den »Motorfahrer« vom 1. März 1912 aufzuschlagen, wo eine Übersicht über die Bautendenzen dieser Zeit, speziell für die leichten Wagen, gegeben wird:

Vier Zylinder wassergekühlt . . .

»Der schnellaufende, langhubige, wassergekühlte Vierzylinder mit Zahnradgetriebe und Kardanübertragung hat sich überall durchgesetzt. Die Schmierung hat sich weitgehend vervollkommnet, einander gleichwertig stehen die automatische Zirkulationsschmierung mit ihren mannigfachen Regelungssystemen und die automatische Frischölschmierung gegenüber. Besondere Beachtung verdient auch die automatische Zirkulationsölung mit automatischem Frischölzusatz.
Viel ist auch auf dem Gebiet der Vergaser gearbeitet worden. Von Hand zu betätigende Zuglufthebel finden sich nur selten. Die Schaffung eines gleichartigen Gemisches bei allen Tourenzahlen und Belastungen wird entweder nach dem Mehrdüsensystem oder durch entsprechend der Höhe des Unterdruckes dosierte Zusatzluftmengen, vornehmlich nach dem System GA, oder endlich durch zwangsläufige Kupplung eines Zusatzluftventils mit dem Drosselhebel erreicht. Bei der Zündung verliert, dank der weitgehenden Vervollkommnung der Magnetapparate, die Doppelzündung in jeder Hinsicht an Bedeutung und Verbreitung; dagegen hat sich die automatische Zündverstellung sehr stark eingeführt.
Die Thermosyphonkühlung wird fast durchweg verwendet,

obwohl die Anhänger der Pumpenkühlung nicht lockerlassen. Zur Unterstützung der Kühlwirkung wird jetzt weitaus häufiger als früher von den Ventilatorschwungrädern Gebrauch gemacht; sind Ventilatoren noch zusätzlich vorgesehen, so werden sie durch Zahnräder oder Flachriemen angetrieben, und sind im letzteren Fall immer schnell und bequem nachstellbar. Großen Wert legt man auch auf die Zugänglichkeit der Nebenapparate.

Bezüglich des Aufbaus der Maschine ist die Meinungsverschiedenheit zwischen Blockzylinder und paarweise gegossenem Zylinder noch nicht endgültig entschieden. Daß der große Hub vorherrschend geworden ist, sagten wir bereits. Als Steuerungsorgane findet man fast noch durchweg die bewährten Ventile. Schieber und dergleichen müssen noch immer als Sonderkonstruktion gelten. Dagegen ist man bemüht, durch leichte Nachstellbarkeit der Stößel, sinngemäß angeordnete Federn zum Ausgleich des Gestängespiels, Wälzhebelsysteme für die Nockenbetätigung und so weiter, vor allem aber auch durch eine Kapselung, das Geräusch der Ventile zu dämpfen. Gleichzeitig erreicht man dadurch eine erhöhte Lebensdauer der Ventile.

Die Kugellagerung der Kurbelwelle macht weitere Fortschritte. Die Meinungen über die Frage, ob es vorteilhafter ist, die Kurbelwelle axial oder desaxial anzuordnen sind noch sehr geteilt. Die Pleuellager sind praktisch durchweg als Gleitlager ausgebildet. Ebenso weitgehend wird allerorten auf leichte Zugänglichkeit der Pleuellager, häufig durch Abnehmbarkeit des unteren Teils, Rücksicht genommen.

Als Ersatz, der nach einiger Abnutzung bekanntlich lärmenden Zahnräder zu Nockenwelle und Magnetapparat finden neuerdings die Zahnketten sehr weitgehende Verwendung.

Als Kupplung haben Lamellen und Lederkonuskupplung praktisch allein das Feld behauptet. Welcher von den beiden der Vorrang gebührt, läßt sich heute noch nicht sagen. Beim Getriebe ist das Zahnradschubgetriebe mit Kulissenschaltung weitaus vorherrschend. Es wird neuerdings für leichte Wagen vielfach auch mit 4 Gängen und stets mit direktem großen Gang gebaut. Die Getriebewellen sind meistens kugelgelagert. Neuerdings hat man versucht, statt der Zahnräder Zahnketten zu verwenden, was mannigfache Vorteile ergibt.

Oben: Opel von 1911 mit 16-PS-4-Zylinder-Motor, Magnetzündung. – Darunter: Der kleinere Opel mit 1128-ccm-8-PS-Vierzylinder-Blockmotor (1909–1913)

Große Sorgfalt hat man auch mehr und mehr der Konstruktion der Bremsen gewidmet, die fast durchweg als Innenbackenbremsen ausgebildet sind. Als Räder benutzt man neuerdings Drahtspeichenräder sowie stählerne Scheibenräder.«

Voituretten und Cycle Cars

Wenn wir die Jahre 1909 bis 1914 in der Automobilentwicklung betrachten, dann sollten wir noch auf ein Phänomen hinweisen: Zu Anfang der Automobilgeschichte war es ganz normal gewesen, daß man kleine Wagen mit Motoren baute, die nur einen Zylinder hatten. Aber nach der Jahrhundertwende kam man dann über den Zweizylinder zum Vierzylinder und begann immer größere und teurere Automobile herzustellen. Die Firmen bemühten sich mehr und mehr, in die obere Mittelklasse oder in die Luxusklasse vorzu-

LES AMATEURS D'AUTOMOBILES ANCIENNES
TOURS

1909 Rolland-Pilain
Frontmotor mit vier stehenden Zylindern, Bohrung und Hub 80×110 mm, Hubraum 2100 ccm, 8 PS

stoßen. Als das Automobil immer populärer wurde, kam wieder ein rückläufiger Trend. Man versuchte, breitere Schichten dem Automobil zuzuführen und billigere Wagen zu bauen, Kleinwagen und Kleinstwagen. Gerade in jenen fünf, sechs Jahren vor dem ersten Weltkrieg sind in fast allen Ländern (ausgenommen Amerika) solche Versuche unternommen worden. In Frankreich nannte man diese Kleinwagen Voituretten, in England waren es die Cycle Cars. In Deutschland hatte man eigentlich keinen besonderen Ausdruck dafür, obwohl auch einzelne solcher Typen auf den Markt kamen.

In England bauten die Herren Godfrey und Frazer-Nash solche Cycle Cars, die sehr einfach, um nicht zu sagen primitiv ausgerüstet waren und die den Übergang vom Motorrad zum Automobil bilden sollten, nachdem man das ungeschützte Dasein des Motorradfahrers allmählich durch den höheren Komfort des Automobilisten ersetzen wollte.

Die beiden Konstrukteure nannten ihre Wagen G.N. Es waren Kleinwagen mit Riemenantrieb, die vorn am Wagen einen luftgekühlten V-2-Zylinder-Motor hatten. Viele Elemente deuteten auf das Motorrad oder das Motorrad mit Beiwagen hin, aber insgesamt wollte man in der Optik schon ein ganz kleines Auto präsentieren. Auch kurz nach dem ersten Weltkrieg wurden diese G.N.-Wagen weitergebaut. Sie waren die Vorläufer der späteren Frazer-Nash-Produktion, und die Frazer-Nash-Sportwagen haben in England in den 20er und 30er Jahren manche Erfolge erringen können. Eine zweite englische Firma, die vor dem ersten Weltkrieg solche Cycle Cars herstellte, hieß A. C., und besonders bemerkenswert war das 1910 erschienene »Sociable« mit einem luftgekühlten Heckmotor, einem 1-Zylinder-Motor. Das »Sociable«, nur ein Dreirad – ein Rad hinten, zwei Räder vorn – hatte eine zweisitzige, offene Karosserie mit einem Klappverdeck. Die beiden Vorderräder wurden nicht etwa durch ein Lenkrad, sondern wie 10 Jahre vorher durch eine Lenksäule mit einem Hebelchen gesteuert. Immerhin lief dieses Sociable mehr als 60 km/h und verbrauchte nur 5,5 Liter Benzin auf 100 km. Es besaß ein Zweigangplanetengetriebe und konnte im direkten Gang immerhin noch 10 Prozent Steigung bewältigen, weil es so leicht war. Man konnte dieses A.C.-Sociable auch als kleinen Lieferwagen bekommen, und zwei von diesen »Tricars« haben bis zum Jahr 1950 noch in London Dienst getan. Einen anderen Weg ging in England Austin, der noch 1911 einen Kleinwagen

In Frankreich nannte man leichte Zweisitzer wie diesen Renault Typ D von 1901 eine Voiturette. 450-ccm-1-Zylinder-Motor

HPC 50

Linke Seite oben: Diesen Humber von 1909 könnte man als Vorläufer der Humberette von 1913 ansehen. V-2-Zylinder-Motor, 1525 ccm, 8 PS, Doppelzündung, drei Gänge und Rückwärtsgang. – Darunter: Eine französische Voiturette, die Bedelia von 1911 mit V-2-Zylinder-Motor, Bohrung und Hub 82 × 100 mm, 1056 ccm, 8 PS, zwei Gänge ohne Rückwärtsgang. – Oben: Ein OTAV, das war eine Turiner Firma, von 1906 mit 1100-ccm-1-Zylinder-Motor

herausbrachte, der nur einen 1-Zylinder-Motor mit 105 mm Bohrung und 127 mm Hub besaß. Man hatte gedacht, daß die Zeit der Einzylinder längst vorbei sei und daß es keine Nachfolger für die alten De Dion-Boutons mehr gäbe. Aber Austin hatte genau den Punkt getroffen, der damals entscheidend war: billige Automobile mit zwei Sitzen, die zwar keine großen Serien erreichten, aber die doch eine gewisse Gesellschaftsschicht zum Automobil brachten. Der kleine Austin von 1911 mit rund 750 ccm im Hubraum wurde für 150 Pfund verkauft, was für damals ein erstaunlich niedriger Preis war. Ein Teil der Wagen lief unter dem Namen Austin, ein Teil unter dem Namen Swift, weil Swift die Rechte von Austin übernommen hatte.

Um einen vierten solchen Wagen in England zu erwähnen: Er nannte sich Humberette. Humber, nach dem Gründer der gleichnamigen Fahrradfirma aus dem 19. Jahrhundert benannt, gehört zu den ältesten englischen Autofirmen, denn die ersten Humber erschienen schon 1899 auf dem Markt, zunächst mit französischen De-Dion-Bouton-Motoren ausgerüstet. 1902 kam Humber mit einem bemerkenswerten 4-Zylinder-Modell heraus, das viel Erfolg hatte. Nachdem in den folgenden Jahren Humber nur 4-Zylinder-Modelle auf den Markt brachte, tauchte 1913 der Name Humberette wieder auf. Dies war nun ein zweisitziger, offener Kleinwagen mit einem vornliegenden luftgekühlten V-2-Zylinder-Motor von 998 ccm. Humber wollte damit einen populären zweisitzigen, vierrädrigen Kleinwagen schaffen, der eine gute Fahrleistung hatte. Man hielt das Gewicht so niedrig wie möglich, und außer den Sitzen hatte der Wagen praktisch keine Karosserie aufzuweisen. Fahrfertig wog diese Humberette unter 360 kg, und deshalb galt sie als Cycle Car, was auch damals schon steuerliche Vorteile brachte. Die Humberette kostete 1913 nur 125 Pfund, entsprechend etwa 2600 Goldmark. Sie besaß ein Dreiganggetriebe und lief rund 60 km/h. 1914 erschien auch eine wassergekühlte Version dieses Kleinwagens. Es wurden damals immerhin etwa 2000 solche Humberetten gebaut, aber es sind nur sehr wenige davon übriggeblieben. Eine solche Humberette steht heute im Deutschen Auto Museum Schloß Langenburg.

Bei uns in Deutschland war ein klassisches Beispiel für eine solche Voiturette oder ein Cycle Car das Phänomobil. Der Begründer der Phänomenwerke in Zittau in Sachsen, wo dieses Phänomobil entstand, hieß Karl Gustav Hiller. Er begann 1891 Fahrräder zu bauen und brachte 1900 sein erstes Motorrad auf den Markt. 1907 erschien er mit einem dreirädrigen Motorwagen, zwei Räder hinten, das angetriebene Rad vorn, und nannte es Phänomobil. Er betrachtete es als einen Übergang vom Motorrad zum Automobil. Er eroberte

Oben: Das Phänomobil mit seinem charakteristischen, luftgekühlten 2-Zylinder-Motor. – Rechts: Das Reglement für das Voiturette-Rennen 1910 – höchstens 80 mm Bohrung – treibt Blüten: Peugeot-Rennwagen mit 280 mm Hub! – Darunter: Der Peugeot Bébé von 1913 mit 4-Zylinder-Motor von Bugatti

sich zwar nur einen beschränkten Markt, doch errang diese Konstruktion ziemlich große Popularität und wurde mit einigen Verbesserungen bis zum Jahr 1927 gebaut. Die erste Ausführung vor dem ersten Weltkrieg besaß einen über dem Vorderrad placierten luftgekühlten V-2-Zylinder-Motor mit seitlich stehenden Ventilen, für die damalige Zeit kurzhubig ausgelegt (Bohrung 82, Hub 84 mm). Damit leistete dieser 880-ccm-Motor etwa 6,5 PS. Ein Ventilator besorgte die zusätzliche Kühlung. Der Motor besaß Doppelzündung durch Boschmagnet und Batterie und ein Zweigangplanetengetriebe, wobei sich die Schaltung an der Lenkstange befand. Auch dieses Cycle Car hatte kein Lenkrad, sondern eine große Stange, mit der man das Vorderrad lenkte. Das Gesamtgewicht lag bei nur 220 kg, und man erreichte etwa 50 km/h als Spitzengeschwindigkeit. Damals kostete dieses zweisitzige, offene Automobil 3000 Goldmark. Von 1910 an wurde die Motorleistung auf 9 PS erhöht, später gab es dann über dem Vorderrad angeordnete 4-Zylinder-Motoren.

In Frankreich veranstaltete man in diesen Jahren zahlreiche Voiturette-Rennen. Bemerkenswert war eine Konstruktion von Louis Delage, der in den folgenden Jahren und vor allen Dingen nach dem ersten Weltkrieg durch seine Rennwagen berühmt werden sollte. Er hatte damals einen Einzylinder mit 100 mm Bohrung und 150 mm Hub und vier Zündkerzen pro Zylinder entworfen. 1910 baute Peugeot einen Rennwagen, der einen V-2-Zylinder-Motor mit den sagenhaften Dimensionen von 80 mm Bohrung und 280 mm Hub besaß: einfach deshalb, weil in dieser Voiturette-Rennformel der Hub nicht beschränkt worden war, jedoch die Bohrung. Bemerkenswert war noch ein Kleinwagen von Peugeot, der auch in dieser Reihe erwähnt werden muß: der sogenannte Peugeot Bébé, der eine 4-Zylinder-Monoblockmaschine besaß, die Ettore Bugatti entworfen hatte, Hubraum 856 ccm. Die ersten Baby-Peugeots hatten nur ein Zweiganggetriebe.

Im Gegensatz zu diesen Cycle-Car- und Voituretten-Konstruktionen in Europa war man in Amerika einen ganz anderen Weg gegangen. Bedingt zum Teil dadurch, daß drüben in den USA die zurückzulegenden Strecken viel größer und die Straßenverhältnisse um einiges schlechter waren. Man baute dort normale, kräftige Automobile, so wie zum Beispiel das Ford-Modell T mit seiner 2,8-Liter-4-Zylinder-Maschine, und versuchte möglichst große Serien herzustellen, damit der Preis erheblich gesenkt und dadurch eine breite Schicht von Käufern befriedigt werden konnte. Eine besondere Erwähnung sollte man den sogenannten Doktorwagen geben. Gerade in diesen fünf Jahren vor dem ersten Weltkrieg fingen die Ärzte, insbesondere die Landärzte an, sich zu »motorisieren«, und stiegen auf zweisitzige Autos mit Klappverdeck um. Sie wollten natürlich keine teuren und aufwendigen Automobile haben. So gab es einige europäische Automobilfabriken, die speziell für diese Zwecke

Der Opel »Doktorwagen« von 1908 mit 8-PS-2-Zylinder-Motor. – Rechts: Das Opel »Stadt-Coupé« von 1911 und ein Hillman-Coupé mit 9 PS von 1913. Wie man sieht, gingen damals die Karosseriebezeichnungen noch etwas durcheinander.

Wagen entwickelt hatten, und sowohl bei Opel als auch bei Renault nannte man leichte 2-Zylinder-Wagen mit zwei Sitzen, die sehr zuverlässig waren, »Doktorwagen«, wenngleich dies keine offizielle Bezeichnung war.

Karosseriebau

Was die Karosserieform angeht, so war das Wort Stromlinie noch nicht bekannt, wenngleich man schon versuchte, bei Wettbewerben diese aerodynamischen Formen zur Geltung zu bringen, insbesondere bei Rekordfahrten. Aber auch bei der Prinz-Heinrich-Fahrt 1910 erzielte beispielsweise der siegreiche Austro Daimler in den Geschwindigkeitsprüfungen ein erhebliches Plus dadurch, daß der Wagen eine aerodynamisch einigermaßen günstige Form besaß. Porsche nannte sie damals die Tulpenform, was nichts anderes war als ein Einziehen der Karosseriewände auf der unteren Seite, mithin ein geringerer Querschnitt für die anströmende Luft. Bei Alfa Romeo entstand 1913 ein Versuchswagen mit einer zeppelinartigen Karosserieform, die man am ehesten als Stromlinie hätte definieren können, ohne daß aber irgendwelche genaueren Berechnungen vorhanden waren. Auch in der Flugzeugindustrie war man ja vor dem ersten Weltkrieg noch nicht so weit, daß man genaue aerodynamische Forschungen anstellen konnte.

Im Karosseriebau des Serienwagens war diese Zeit zwischen 1909 und 1914 insofern entscheidend, als man begann, zu den heutigen Karosserieformen, wenn auch in sehr eckiger Weise, überzugehen. Man muß die Karosserieentwicklung

in vier Epochen ablaufen sehen: Zuerst waren es reine Kutschwagen, die motorisiert wurden. Dann kam das Automobil mit vorne und hinten gleichgroßen Rädern, aber noch so kurzem Radstand, daß man einen Viersitzer nur von hinten besteigen konnte. Die dritte Epoche waren Fahrzeuge mit etwas längerem Radstand, bei denen aber die Vordersitze noch keine Türen besaßen. Diese merkwürdige Erscheinungsform resultiert wahrscheinlich nur daraus, daß man noch den Chauffeur- und Kutschergedanken hatte, daß man also zwischen dem Fahrer und den Fahrgästen separieren wollte. Der Chauffeur hatte noch im Freien zu sitzen, während die Fahrgäste ein wohliges Heim haben sollten. In dieser dritten Epoche kamen dann die Limousine und das Landaulet auf, während man vorher praktisch nur mit offenen Tourenwagen gefahren war. Die Limousine war aber so gebaut, daß die beiden Vordersitze nicht in den eigentlichen Karosseriekörper einbezogen waren. Zwar hatten sie zum Teil noch das Dach, aber seitlich keine Abschirmung, von einzelnen Spezialkarosserien abgesehen. Erst die vierte Epoche, eben jene zwischen 1909 und 1914, brachte den geschlossenen Wagenkörper, bei dem kein Unterschied mehr zwischen den Vordersitzen und Hintersitzen gemacht wurde, so daß eine glatte, durchgehende Karrosserieform vorhanden war, mit Türen, die vorne und hinten in gleicher Weise geformt worden waren. Erst jetzt konnte man von einer Limousine oder auch von einem Tourenwagen mit vier Sitzen sprechen. Um diese Zeit beginnen nun in England, Frankreich, Italien und Deutschland einzelne Karosseriefabriken tätig zu werden, um Automobile, insbesondere der luxuriösen Klasse, maßzuschneidern. Es entstehen eine Reihe von Firmen, die dann besonders in den 20er Jahren weltberühmt

Oben ein besonders fortschrittliches Modell von Vauxhall aus dem Jahr 1906: Der Chauffeur führt das Volant unbelästigt von seiner Herrschaft in thronender Höhe. – Der Unic von 1908 (14 PS) bot dem Taxifahrer wenigstens ein Dach über dem Kopf. »Unic« deutet auf die Modellpolitik des Konstrukteurs Georges Richard hin, nur einen Typ herauszubringen. Die Firma wurde später von Simca übernommen.

Möglicherweise die älteste Anzeige für einen Scheibenwischer stammt aus dem »Motorfahrer« von 1912.

wurden, hervorgegangen zumeist aus früheren Kutschwagenfirmen. Dies ist mit ein Grund, warum einzelne Bezeichnungen, seien sie französisch, seien sie englisch, weiterhin aus dem Kutschwagenbau abgeleitet werden, obwohl es da natürlich gewisse Differenzen gibt. Eine Limousine wurde bei uns jeder geschlossene Wagen genannt, sofern er viersitzig war. Im angelsächsischen Sprachbereich ist jedoch eine »Limousine« ein besonders vornehmes Exemplar mit 6 Fenstern und 6 bis 7 Sitzen und vor allen Dingen mit einer Trennscheibe zum Chauffeur: genau das, was wir später als Pullmanlimousine bezeichnet haben. Für die angelsächsische Welt ist unsere normale Limousine ein Saloon, und die Amerikaner nennen die zweitürige, vierfenstrige Limousine zur Unterscheidung Coache – also auch in Amerika alte Kutschwagenbezeichnungen.

Man hat in Deutschland eine Zeitlang den Versuch unternommen, die fremden Ausdrücke zu verdeutschen, und das ist auch im Falle »Tourenwagen« zur Hälfte gelungen (denn »Tour« ist ja keineswegs ein wirklich deutsches Wort). Für die vier- oder sechssitzigen offenen Wagen sagte man nämlich früher noch Phaeton, wie in der Kutschwagenzeit. Aber während sich das Wort Tourenwagen sehr schnell einführte, blieb Limousine immer auf dem Plan. Längst vor Hitler versuchte man schon, das Wort Innenlenker dafür zu verwenden, das sich aber nicht durchgesetzt hat. Man sagte weiter Limousine. Es ist dabei erstaunlich, wie viele solche Ausdrücke aus dem Karosseriebereich aus der englischen Sprache übernommen wurden. Denken wir nur an die Bezeichnungen Roadster, Speedster und Spyder, die selbst in Italien viel Anklang fand. Spyder war ursprünglich der Ausdruck für Spinne, und Spinne bedeutete im Kutschwagenbau der 70er und 80er Jahre ein sehr leichtes, zweirädriges Gefährt, mit dem das Pferd schnell traben konnte. Man suchte natürlich bei den Karosserieschneidern und bei den Automobilfabriken nach Ausdrücken, die mit einem gewissen Image verbunden waren, und fand es viel schöner, das alte Wort Spyder zu gebrauchen als »zweisitziger offener Wagen«. Später ist das Wort Spyder für ausgesprochen schnelle zweisitzige Wagen, ja sogar für reinrassige Sportwagen verwendet worden. Auf eine Karosseriebezeichnung, die vor dem ersten Weltkrieg (1904) aufkam, sollte man noch hinweisen. Man nannte damals einen viersitzigen offenen Wagen zum Teil »Roi des Belges«, und zwar deshalb, weil der König von Belgien, Leopold II., der an Automobilen sehr interessiert war, sich eine Spezialkarosserie bestellt hatte, die für die hinteren Sitze eine eigene Seitentür besaß, was damals noch nicht üblich war. Weil der König von Belgien eine repräsentative Figur war, nannten viele Automobilfirmen die Karosserie zunächst einmal, ehe sie später zum Doppelphaeton umgetauft wurde, Roi des Belges.

Audi brachte kurz vor dem ersten Weltkrieg einen »Alpenwagen« heraus, der bei der international ausgeschriebenen Österreichischen Alpenfahrt dreimal siegte.

Obwohl die Rennstrecke von Indianapolis ihre eigenen Gesetze hat, zog sie immer wieder europäische Automobilfirmen in ihren Bann. Hier René Thomas auf einem Ballot beim Rennen 1920. Der Herr mit dem Strohhut ist der Firmenchef Edouard Ballot.

Vom Vanderbilt Cup nach Indianapolis

Unter den großen amerikanischen Autorennen der Frühzeit ragt der zweite Vanderbilt Cup im Jahre 1905 hervor. Wir befinden uns auf Long Island und sehen starke europäische Marken, die sich mit dem neuen Kontinent messen wollen: Darracq, De Dietrich und Panhard aus Frankreich; Mercedes aus Deutschland und Fiat aus Italien. Auch bei den Amerikanern große Neuigkeiten: Neben den normalen Locomobile, Matheson und Pope-Toledo kann man einige »Raketen« bestaunen, die bisher noch nie gesehen wurden. Zum Beispiel der Franklin, mit einem 8-Zylinder-Reihenmotor und Luftkühlung, von Wincester gefahren; den 6-Zylinder-Thomas mit Roberts am Steuer und den ersten Rennwagen mit Frontantrieb und querliegendem Motor, einen Christie. Von all diesen Rennwagen »made in USA« erreicht nur der Locomobile - mit Tracy am Steuer - eine ehrenwerte Placierung. Den Rest nehmen die Europäer ein: mit Héméry auf einem 80-PS-Darracq an 1. Stelle; hinter ihm Heath mit einem 120-PS-Panhard; dann der obengenannte Locomobile. Die nächsten Plätze werden von Lancia auf Fiat, Szisz auf Renault, Nazzaro und Sartori auf Fiat belegt. An 10. Stelle liegt ein zukünftig großer Name: Louis Chevrolet, hier noch auf Fiat. Der Durchschnitt des Siegers beträgt 99 km/h. Der Vanderbilt Cup wird nun für einige Jahre eine europäische Domäne. Der Lauf von 1906 wird trotz vieler Bemühungen der amerikanischen Konstrukteure, den technischen Rückstand ihrer »Monstren« aufzuholen, von dem Franzosen Wagner am Steuer eines 110-PS-Darracq gewonnen, knapp hinter ihm folgt Héméry. Die Chronik dieses Rennens enthält eine dramatische Episode. Als Wagner mit vollem Tempo einen Bahnübergang überquert, kommt ein Schnellzug. Nur der Bruchteil einer Sekunde liegt dazwischen! (Unbewachter Bahnübergang: ein organisatorischer Mangel, der auch in jener Pionierzeit unverzeihlich bleibt.)

Rekordfahrten

In dieser Epoche der amerikanischen Automobilgeschichte entsteht eine andere Art von Autowettbewerben, die typisch für die USA sind, an denen aber auch viele Europäer teil-

nehmen: Geschwindigkeitsrekorde, die immer auf Sandpisten von bekannten Badeorten – in erster Linie Daytona in Florida – stattfinden. An diesen Versuchen beteiligen sich unter anderem mehrere französische Marken und auch Fiat. Innerhalb weniger Jahre registriert man eine große Zahl solcher Wettbewerbe. Marriott versucht sich 1906 am Steuer eines Stanley-Dampfwagens und erreicht die phänomenale Geschwindigkeit von 205 km/h, bevor der Wagen buchstäblich explodiert.
Im Jahr 1908 erreichen die Amerikaner den lang ersehnten 1. Platz beim Vanderbilt Cup, und zwar durch Robertson am Steuer eines Locomobiles. Auf der erneuerten Rennstrecke von Long Island gewinnt Robertson mit einer Geschwindigkeit von 103 km/h.
Seit 1911 werden in Indianapolis auf der gleichen Bahn Rennen gefahren und auch auf der gleichen Distanz: 500 Meilen. Geändert haben sich die Rennformeln, die Wagen und die Fahrer, geändert hat sich auch der Belag. Aber der Begriff Indianapolis hat sich nie verändert und wird vorläufig auch weiterleben, denn es ist mit Abstand das populärste Rennen von Amerika und das am höchsten dotierte.

Private Initiative

Der Bau dieser Rennbahn ist auf eine Privatinitiative zurückzuführen. Ein Industrieller namens Carl G. Fisher gründete am 9. Februar 1909 mit einigen vermögenden Freunden zusammen das Unternehmen »Indianapolis Motor Speedway« mit einem Grundkapital von 250 000 Dollar. Die 2,5 Meilen (4 Kilometer) lange Rennbahn, die praktisch ein Rechteck mit abgerundeten Ecken war, sollte nicht nur zu Rennen dienen, sondern sollte auch eine Prüfstrecke sein, auf der die Automobilhersteller ihre Fahrzeuge erproben, einfahren und ausfahren konnten. Als dieser Indianapolis-Speedway noch nicht ganz fertig war, wurde am 5. Juni 1909 bereits das erste Rennen gestartet. Es war zunächst einmal ein Rennen für Freiballons. Im August 1909 konnte man die Bahn als fertig bezeichnen. Es gab zunächst ein ganz kleines Rennen über 5 Meilen und dann ein großes, welches 250 Meilen lang war. Bereits bei diesem ersten Rennen wurden bei einem Unfall ein Fahrer, zwei Monteure und zwei Zuschauer getötet. Man brach das Rennen ab und beschloß, anschließend den Belag der Bahn (der aus gepreßten Natursteinen bestand) durch einen neuen zu ersetzen. Damals glaubte man noch, daß nicht eine Asphaltdecke, sondern daß Ziegelsteine der richtige Belag für eine solche Rennstrecke seien. Man brauchte davon 3 Millionen, um diese 4 Kilometer auszupflastern. Irgendwie ist es phantastisch, daß man bis zum Jahr 1934 immer auf diesem Ziegelsteinbelag gefahren ist, ein Belag, der bei Regen lebensgefährlich wurde. Aber man beschloß, bei Regen überhaupt kein Rennen in Indianapolis mehr auszutragen. Auch das ist ein Phänomen für sich: In dem Augenblick, in dem es zu regnen begann, wurde das Rennen einfach abgebrochen und der zu diesem Zeitpunkt Führende zum Sieger erklärt.
Am 17. Dezember 1909 fand das erste Rennen auf dem neuen Ziegelsteinbelag statt. 1910 gab es eine ganze Reihe von Rennen auf der Indianapolisbahn, die bereits sehr populär war, ehe man den Plan entwickelte, jeweils am Memorialday ein großes 500-Meilen-Rennen zu veranstalten, das 1911 zum ersten Mal inszeniert wurde. Schon bei dem ersten Rennen dieser Art gab es 27 550 Dollar an Geldpreisen – eine hohe Summe für die damalige Zeit. 40 Rennwagen bewarben sich darum. Schon damals hat man den Indianapolisstart eingeführt, der erst heute Gemeingut bei fast allen großen Sportwagenrennen geworden ist: Vorn fuhr ein Schrittmacherwagen eine Runde, und erst nach dieser Einführungsrunde, wenn der Schrittmacherwagen die Strecke verließ, durften die Fahrer Vollgas geben und wirklich ins Rennen gehen. Die erste Formel 1911 in Indianapolis war insofern schon sehr fortschrittlich, als es eine Hubraumformel war. Da man damals andere Dimensionen gewohnt war, lautete der Maximalhubraum auf 9,8 Liter. Und damals pflegten auch Mechaniker noch auf dem zweiten Sitz der Wagen mitzufahren.

14 250 Dollar

Der erste Sieger in Indianapolis 1911 hieß Ray Harroun. Er fuhr einen Marmon-Wasp, einen amerikanischen Wagen. Unter den ersten fünf konnten sich immerhin zwei euro-

Victor Demogeot auf einem Darracq in Daytona Beach 1909

Start zum 100-Meilen-Rennen auf der neuen Ziegelsteinbahn in Indianapolis 1909, zwei Jahre, bevor das erste der heute so berühmten 500-Meilen-Rennen ausgetragen wurde. Das Fahrzeug Nr. 34, ein Buick, gewann das Rennen von 1909.

päische Fabrikate placieren: Ein Fiat wurde Dritter und ein Mercedes Vierter. Der Durchschnitt von Harroun für die 500 Meilen einschließlich drei Wechsel der Hinterradreifen und der Tankstopps betrug 119,34 km/h. Harroun war sehr klug gefahren und hatte erst nach 120 von 200 Runden die Führung übernommen. Der Sieg brachte ihm einen Preis von 14 250 Dollar ein. Anschließend zog sich Harroun vom aktiven Sport zurück - auch das ist eine Seltenheit! Er widmete sich nur noch der Konstruktion von Rennwagen.

In Indianapolis gibt es ein Rennwagenmuseum, in dem man nahezu alle bei diesen 500-Meilen-Rennen erfolgreichen Wagen der Vergangenheit bewundern kann. 1961 kam Ray Harroun, inzwischen 80 Jahre alt, in dieses Museum. Man holte seinen Marmon-Wasp von 1911 heraus, füllte Benzin und Öl ein, und der alte Mann drehte eine Ehrenrunde. Er ist im Alter von 89 Jahren gestorben.

Man war in Indianapolis von Anfang an bestrebt, für die Zuschauer maximale Sicherheit zu bieten, wußte man doch, daß in diesem Oval sich bei den harten Kämpfen sicherlich einige Unfälle ereignen könnten. Ein sehr dramatischer Unfall passierte 1912, während der zweiten 500 Meilen. Der Pilot Dave Evans war mit seinem Wagen ins Schleudern gekommen und gegen eine der Leitplanken vor der Zuschauertribüne geprallt. Daraufhin wurde der Wagen in die Luft geschleudert. Im gleichen Moment, als Wagen und Fahrer noch durch die Luft flogen, raste unter ihnen ein anderer Wagen durch. Dann fiel Evans mit seinem Wagen auf die Piste, stand aber sofort wieder auf und hielt die Arme hoch wie ein Boxer nach einem Sieg. Die Zuschauer jubelten, aber gleich darauf brach er zusammen und mußte ohnmächtig von der Piste getragen werden. Er lag dann lange Zeit mit schweren Verletzungen im Krankenhaus. Solche Zwischenfälle kamen immer wieder vor und schufen die typische Indianapolis-Atmosphäre. Bei diesem zweiten Rennen war der Gesamtdurchschnitt des Siegers bereits auf 125,9 km/h gestiegen. Übrigens war diesmal ein Fiat auf den 2. Platz gekommen.

Ein Jahr später, 1913, hatte man den Hubraum auf maximal 7,4 Liter begrenzt. Diesmal gab es den Sieg einer europäischen Marke und eines europäischen Fahrers: Jules Goux auf Peugeot. Er war sofort nach dem Start in Führung gegangen, war aber dann mit einer Reifenpanne zu einem längeren Aufenthalt an der Box gezwungen worden, wodurch er auf den 13. Platz zurückfiel. Anschließend inszenierte er eine hinreißende und dramatische Verfolgungsjagd und eroberte sich erneut die Spitze. Die Fahrt imponierte den Amerikanern sehr, und böse Zungen behaupteten dann, daß das nichts mit dem Fahrer und dem Wagen zu tun hätte, sondern ausschließlich mit dem französischen Champagner, der an der Peugeot-Box in reichlichem Maße vorhanden war und von dem angeblich Jules Goux bei jedem Boxenaufenthalt erheblich getrunken haben soll. Jules Goux kehrte nicht nur mit vielen schönen Dollars aus Amerika zurück, sondern auch mit einer jungen, hübschen Amerikanerin als Ehefrau.

Der Erfolg der europäischen Marken war 1914 noch größer. Auch in diesem Jahr galten 7,4 Liter als Hubraumgrenze, und diesmal gewann der Franzose René Thomas auf einem Delage. An 2. Stelle traf ein Peugeot ein, an 3. Stelle wieder ein

Sir John Briscoe auf einem Delage von 1911. Diese französische Firma gewann 1914 in Indianapolis durch René Thomas.

Delage und an 4. Stelle Julex Goux mit seinem Peugeot. Erst auf dem 5. Platz konnte sich ein Amerikaner, Barney Oldfield, auf einem Stutz placieren. Inzwischen war der Durchschnitt schon auf 131,9 km/h angestiegen. Da die Amerikaner 1914 noch nicht in den Krieg zogen, wurden auch weiterhin Indianapolis-Rennen abgehalten, nur 1917/18 fuhr man hier nicht. Inzwischen wurde die Formel wieder einmal verändert; für 1915 war der Hubraum auf maximal 4,9 Liter heruntergesetzt worden. Eine typische Entwicklung auch für die damalige Zeit: man wollte allzuhohe Geschwindigkeiten vermeiden und glaubte sie durch niedrigeren Hubraum drosseln zu können. Da die Techniker unermüdlich arbeiteten und man sich ja noch buchstäblich in der Pionierzeit des Automobils befand, wurden die Durchschnitte trotz des niedrigen Hubraums immer höher. 1915 war insofern ein historisches Jahr, als der in Amerika lebende Italiener Ralph De Palma auf einem Mercedes gewinnen konnte. Durchschnitt diesmal schon 143,7 km/h. Zweiter war Dario Resta auf einem Peugeot, dann kamen zwei amerikanische Stutz und ein Duesenberg-Rennwagen. 1916, als man das Rennen auf 300 Meilen verkürzt hatte, siegte Dario Resta auf Peugeot, und Zweiter war ein Amerikaner mit einem Duesenberg.

Chevrolet auf Monroe

1920, als man den Hubraum auf 3 Liter verkleinert hatte, gewann in Indianapolis Gaston Chevrolet, jener Mann, nach dem die Chevrolet-Wagen benannt wurden, mit einem Monroe. Zweiter wurde damals der Franzose René Thomas mit einem Ballot. 1923 ging man sogar dazu über, in Indianapolis den Hubraum auf 2 Liter zu begrenzen. Nun kam eine Entwicklung, die der europäischen weit vorauslief: Während bei uns in allen Rennen Fahrzeuge mit zwei Sitzen liefen und mit einem entsprechenden Beifahrer, hat man damals in Indianapolis bereits den Monoposto kreiert, den einsitzigen Rennwagen. 1924 und 1925 gewannen Duesenberg-Rennwagen diesen harten Kampf, und 1925 wurde die legendäre 100-Meilen-Grenze überboten: Der Sieger fuhr 161,8 km/h Schnitt. Es war eine ungeheure körperliche Strapaze, diese 500 Meilen mit höchstem Tempo zu fahren - eine Strapaze, die die Außenstehenden meist unterschätzen. 1926 ging man in der Hubraumbeschränkung noch einen Schritt weiter und erklärte, daß jetzt maximal nur mit 1,5 Liter gefahren werden dürfe. Dieses Rennen wurde übrigens wegen einsetzenden Regens nach 400 Meilen abgebrochen und von Frank Lockhart auf einem Miller gewonnen. Wir in Europa waren immer geneigt, das Indianapolis-Rennen als einen Nudeltopf abzutun und die amerikanischen Techniker, die sich für diese Spezialaufgabe vorbereiten, nicht so ganz ernst zu nehmen. Erst wenn einzelne europäische Fahrer mit europäischen Wagen herüberkamen und in Indianapolis konkurrieren wollten - auch ein Louis Chiron ist Ende der 20er Jahre einmal nach Indianapolis gekommen -, merkten wir, daß diese Spezialtechnik in einem erstaunlichen Maße fortgeschritten und nicht so leicht einzuholen war. 1929 gewann ein Rennwagen in Indianapolis, der Simplon Piston Ring hieß, was darauf hindeutet, daß man schon um diese Zeit in Amerika mit Reklameaufschriften arbeiten durfte und daß die Autos ganz einfach nach dem benannt wurden, der sie gesponsert hatte. Die Marke des Fahrgestells und des Motors wurde dann gar nicht mehr genannt.

1930 erhöhte man plötzlich den Hubraum wieder auf 6 Liter, eine Formel, die bis zum Jahr 1937 erhalten blieb, wobei man gelegentlich den Tankinhalt begrenzte. 1935 wurde der Belag verändert; die Kurven waren nun aus Asphalt, aber die Zielgerade war noch immer mit Ziegelsteinen belegt. Der Durchschnitt stieg fast von Jahr zu Jahr, und 1937 erreichte Wilbur Shaw mit seinem Shaw-Gilmore-Special zum ersten Mal in weniger als viereinhalb Stunden das Ziel, mit einem Durchschnitt von 181,7 km/h.

Da man die europäische Konkurrenz nicht fürchtete, sich aber erhoffte, daß noch mehr Zuschauer kommen, wenn europäische Wagen an den Start gehen, veränderte man wieder die Formel und ließ von 1938 an einen Maximalhubraum von 3 Liter mit oder 4,5 Liter ohne Kompressor gelten, was genau der damaligen europäischen Rennformel entsprach. Wilbur Shaw ließ sich aus Europa einen 3-Liter-Maserati-Kompressor-Rennwagen herüberbringen, veränderte diesen in Nuancen, vor allen Dingen in der Federung, weil ja in Indianapolis immer nur Linkskurven und niemals Rechtskurven gefahren werden, und siegte zweimal hintereinander mit diesem Wagen, der Boyle-Maserati genannt wurde: 1939 mit 184 km/h Durchschnitt, 1940 mit 182,7. Auch 1941 gab es noch einmal ein Indianapolis-Rennen; dann war Pause bis 1946, wo man wieder mit der Vorkriegsformel begann. Übrigens waren auch die Geldpreise immer weiter gestiegen, und im letzten Rennen vor dem zweiten Weltkrieg, 1941, wurden insgesamt 90 000 Dollar ausbezahlt. Die Bahn kam nach dem Krieg in die Hände eines neuen Unternehmers, und dieser stockte die Preisgelder bereits im Jahre 1946 auf 115 000 Dollar auf. Das System war sehr einfach: Man zahlte in Indianapolis keine Startgelder, aber jeder, der auch nur eine Runde zurückgelegt hatte, bekam einen gewissen Prozentsatz ausbezahlt. Keiner von den 33 Wagen (inzwischen hatte man die Zahl begrenzt) ging leer aus. Bei diesem ersten Nachkriegsrennen 1946 beteiligte sich Luigi Villoresi, einer der besten europäischen Fahrer, mit einem Maserati an diesem großen Rennen und kam auf einen recht erstaunlichen 7. Platz. 1946 geschah noch etwas anderes: Rudolf Caracciola war eingeladen worden (er lebte ja damals schon in der Schweiz), nach Indianapolis zu kommen, und man bot ihm dort einen der amerikanischen Rennwagen an, mit dem er ins Training ging. Er hatte einen bis heute etwas rätselhaft gebliebenen Unfall - irgend etwas muß ihm an den Kopf geflogen sein, ein Vogel, ein Stein, man wird es wahrscheinlich nie erfahren können. Rudolf Caracciola war schwer verletzt und lag fast 10 Tage ohne Bewußtsein. Dies war sicherlich einer der Gründe, warum er nach dem zweiten Weltkrieg kein wirkliches Comeback im Grand-Prix-Sport mehr feiern konnte. Weiterhin gewannen die Amerikaner mit ihren Spezialwagen, die im allgemeinen nur ein Zweiganggetriebe hatten, weil man ja außer beim Start auf der übrigen Rennstrecke fast nie zu schalten brauchte, denn die Kurven waren mit sehr hohen Geschwindigkeiten zu fahren. Heute, mit den modernen Rennwagen, werden die vier Indianapolis-Kurven mit Geschwindigkeiten gefahren, die zwischen 230 und 260 km/h liegen.

Im Bestreben, sich dem technischen Fortschritt anzupassen, wurde 1949 als Zusatz zur Indianapolis-Formel die Möglichkeit gegeben, Rennwagen mit Dieselmotoren von maximal

6,7 Liter Hubraum auszurüsten. Es sind auch in Indianapolis einzelne solcher Diesel-Rennwagen gefahren. 1951 kam dann das große Ereignis: zum ersten Mal 500 Meilen unter vier Stunden. Der Gesamtdurchschnitt des Siegers, Lee Wallard auf einem »Belanger Special« - worunter sich kein Europäer etwas vorstellen kann -, war 201,98 km/h. Man fuhr um diese Zeit nicht mit 3-Liter-Kompressor-Motoren, sondern immer mit den 4,5 Litern ohne Kompressor, und es gab eine Firma, die praktisch alle siegreichen Motoren baute: Offenhauser.

Die Europäer kommen

Auf die Dauer waren die Verlockungen des US-Dollars in Indianapolis zu groß, als daß nicht auch europäische Rennställe einen Versuch machen wollten: Ferrari schickte 1952 Alberto Ascari nach Indianapolis mit dem damals voll ausgereiften, kompressorlosen 4,5-Liter-12-Zylinder mit 430 PS. Dieser Wagen besaß ein Fünfganggetriebe, aber trotzdem konnte er gegen die speziellen Bahnrennwagen mit ihren zwei Gängen kaum etwas ausrichten, und Ascari qualifizierte sich nur für den 19. Startplatz unter den 33 Fahrzeugen. Zudem brach ihm im Rennen nach der 41. Runde eine Radnabe ab. Ascari entging wie durch ein Wunder schweren Verletzungen. 1957 wurde die Indianapolis-Formel etwas modifiziert: Der Hubraum war jetzt auf 2,8 Liter mit und 4,2 Liter ohne Kompressor begrenzt. Außer den Dieselmotoren (maximal jetzt 5,5 Liter Hubraum) durften auch Turbinen in das Rennen eingreifen. Das hatten die Amerikaner schon im Jahr 1953 vorgesehen, als es ja noch keine rennfähigen Turbinenwagen gab. Aber man sieht daraus, daß die Amerikaner technisch immer am Ball geblieben sind.

Übrigens gab es 1957 und 1958 in Monza jeweils ein Rennen nach der Indianapolis-Formel. Man hatte, um Zuschauer anzuziehen und um außer dem Großen Preis von Italien noch ein weiteres attraktives Rennen zu haben, eine Reihe von Indianapolis-Spitzenfahrern mit ihren Wagen verpflichtet, dort gegen die europäische Elite zu fahren. Die Amerikaner gewannen diese Rennen jeweils, aber der Zuschauerstrom war nicht so stark, daß sich das auf die Dauer rentiert hätte. In Monza wurde bei diesen beiden Rennen natürlich nicht der normale Straßenkurs, sondern die inzwischen neu errichtete Steilwandbahn gefahren. 1961, man feierte in Indianapolis gerade das 50jährige Bestehen dieses legendären Rennens, wagte es wieder ein Europäer, ein »Zwerg-Daniel«, in die Löwengrube zu gehen. Cooper schickte seinen Spitzenfahrer, Jack Brabham, nach Indianapolis. Man hatte den Vierzylinder, einen 2,5-Liter-Coventry-Climax-Motor, auf 2750 ccm aufgebohrt, der jetzt eine Leistung von etwa 250 PS entwickelte. Damit trat er gegen die amerikanischen 4,2-Liter-Maschinen an, deren von Meyer Drake hergestellten Offenhauser-Motoren alle 400 PS besaßen - aber diese amerikanischen Wagen hatten ein Chassis mit starrer Vorder- und Hinterachse und waren wesentlich höher gebaut als dieser gedrungene, niedrige Cooper. Er war gegenüber den amerikanischen Wagen mehr als 15 cm kürzer, 10 cm niedriger und 8 cm schmaler, und das Gewicht des Coopers lag um 250 kg unter dem der amerikanischen Ungeheuer. Er

Billy Knipper auf einem Keeton in Indianapolis 1914. Der Wagen konnte sich nicht im Vorderfeld placieren.

Der Duesenberg-Rennwagen von Bill Spence beim 500–Meilen-Rennen in Indianapolis 1929. Die Gebrüder Duesenberg waren von Deutschland nach Amerika ausgewandert und wurden mit ihren Konstruktionen in den 20er Jahren sehr berühmt. Sie bauten damals Amerikas schnellste Tourenwagen und gewannen mit ihren Rennwagen dreimal das Indianapolis-Rennen. Der Duesenberg SJ von 1932 zum Beispiel hatte eine 8-Zylinder-Maschine mit 6,9 Liter Hubraum und leistete mit Kompressor sage und schreibe 320 PS!

besaß Scheibenbremsen für alle vier Räder, und das hatten die Amerikaner noch nicht aufzuweisen. Unter den 33 amerikanischen Fahrzeugen qualifizierte er sich im Training an 16. Stelle und kam schließlich mit einem ehrenvollen 9. Platz nach Hause. Dieser Einsatz des Heckmotor-(Mittelmotor-) Cooper von 1961 gab den ersten Anstoß, auch in Amerika für die Indianapolis-Wagen allmählich zur Mittelmotorbauweise überzugehen, während man bis dahin noch mit der konventionellen Bauweise gearbeitet hatte: Motor vorn, Antrieb auf die Hinterräder. Der Durchschnitt des Siegers hatte im Jahr 1961 222,6 km/h betragen, drei Jahre später war er bereits auf 235,7 geklettert. 1965 war es Jim Clark, der zum ersten Male seit dem Jahre 1916 wieder als Europäer mit einem europäischen Wagen in Indianapolis gewinnen konnte. Erstaunlicherweise gab es 1966 nochmals einen solchen europäischen Erfolg, als Graham Hill gewann und Jim Clark als Zweiter nur knapp dahinter lag. Nun begann für kurze Zeit die Turbinen-Ära in Indianapolis. Aber als man sah, daß die Turbinenwagen den herkömmlichen Kolbenmotorkonstruktionen klar davonfuhren, beschränkte man den Einlaßquerschnitt der Turbine, woraufhin man die Turbinen-Entwicklung wieder abbrach, weil es nun nicht mehr möglich war, gleiche Leistungen zu erzielen, und wandte sich nun ganz dem Abgas-Turbolader-Motor mit 2,8 Liter Hubraum zu. Inzwischen kann man auf diesem phantastischen 4-Kilometer-Oval Rundendurchschnitte fahren, die über 300 km/h liegen, und die Preisgelder, die den Sieger erwarten, kommen nahe an die 200 000-Dollar-Grenze heran. Bei diesen immer höher werdenden Geschwindigkeiten liegen natürlich auch die Anforderungen, die an den Fahrer gestellt werden, immer höher, und die Spitzenfahrer von Indianapolis sind ganz ohne Zweifel in der Lage, auf europäischen Grand-Prix-Rennstrecken in der Spitzengruppe mitzufahren. Mario Andretti hat das bewiesen, der gelegentlich für Ferrari Formel-1-Rennen in Europa fuhr, und auch an Mark Donohue kann man das erkennen, der 1972 der Sieger von Indianapolis war und der in den folgenden Monaten mit dem Turbo-Porsche auf den Rundstrecken der CanAm-Serie so erfolgreich fuhr. Indianapolis, der Nudeltopf, ist natürlich auf eine gewisse Weise monoton, aber es ist und bleibt die Kunst des Spiels auf einer einzigen Saite, wie es ein Amerikaner einmal formuliert hat.

Henry Ford auf einem seiner ersten Wagen und sein Sohn Edsel im fünfundzwanzigmillionsten

Große Namen

Henry Ford

Henry Ford, zweifellos eine der bedeutendsten Persönlichkeiten in der gesamten Geschichte des Automobils, hätte, wenn es nach den Eltern gegangen wäre, Landwirt werden sollen. Er wurde 1863 in Greenfield, Michigan, geboren, nachdem Vater William und Mutter Mary (sie war holländischer Abstammung) von Irland nach Amerika gezogen waren. Henry legte schon in seiner Jugend nicht viel Wert auf die Ratschläge seiner Eltern. Er war interessiert an allem, was mit Mechanik zu tun hatte. Uhren zum Beispiel ließen ihn schlaflose Nächte verbringen. Er baute sie tausendmal auseinander und wieder zusammen. Er träumte davon und programmierte in seiner Phantasie Uhren in Serienproduktion. Man könnte fast sagen, Ford habe schon in seiner Jugend den Hang zur Industrialisierung gehabt.

Im kleinen Greenfield hielt er es eines Tages nicht mehr aus und ging nach Detroit, wo es für seinen aufgeweckten Geist bessere Möglichkeiten und Voraussetzungen gab. Dort arbeitete Ford erst in der Werkzeugfabrik der Gebrüder Flower, dann bei der Dry Dock Engine Company, einer Schiffsmotorengesellschaft, und anschließend in einem kleinen Unternehmen, das Dampfmaschinen von Westinghouse installierte. Überall sammelte er kostbare Erfahrungen. Der Tod seines Vaters, der ihm ein Grundstück von 40 Ar hinterließ, konnte Henry nicht dazu bewegen, in seine Heimatstadt zurückzukehren. 1888, mit 25 Jahren also, heiratete er die hübsche Clara Bryant.

Das Paar mietete sich ein kleines, einsames Häuschen, in dem Ford sofort seine private Werkstatt einrichtete und wo er jede Minute seiner Freizeit verbrachte. Hier entstanden seine ersten Autos. Inzwischen bekam Ford eine gut bezahlte Stelle bei der Detroit Edison Company (135 Dollar im Monat); zuerst als Verantwortlicher im Feuerwehrdienst und dann als Techniker. Aber Henry ließ nicht eher locker, bis ein lärmender Vierrädriger seine geheimnisvolle Bastelwerkstatt verließ. Trotz mancher Proteste verängstigter Nachbarn, die sich bei den örtlichen Behörden beschwerten, bekam Ford vom Stadtrat die Genehmigung, auf den Straßen zu fahren. Sogar sein oberster Chef, der große Edison, riet ihm, sich seinem Hobby weiterhin zuzuwenden. Ford gab nun seine Stelle auf, um sich voll auf das Thema

Ford-Modelle vor dem Erscheinen der berühmten »Tin Lizzie«. Links oben: Modell B von 1904, daneben Modell C von 1905, darunter Modell R von 1907. Am Modell C, einem 2- bis 4-Sitzer, ist der hintere Karosserieteil abnehmbar.
Unten: Ein Ford Baujahr 1906 im modernen Straßenverkehr

Automobil konzentrieren zu können. Es begann für ihn eine harte Zeit mit vielen Enttäuschungen, und seine Ersparnisse schmolzen zusammen. Die Begeisterung aber ließ nie nach. In Zusammenarbeit mit seinem Partner Tom Cooper, einem Ex-Radrennfahrer, baute Ford ein paar »Rennwagen«.

Ford war kein Rennfahrer, aber er merkte, daß Wettbewerbe eine gewaltige Werbewirkung haben. Deshalb wollte er sich ihrer bedienen, um seinen Namen in der breiten Öffentlichkeit bekannt zu machen. Er schickte daher eine reguläre Herausforderung an den bekannten Autokonstrukteur Alexander Winton, indem er ihn zu einem Rennlauf auf einem 10 Meilen langen Parcours einlud.

Diese Herausforderung, die von der Presse und der Werbung mit zahlreichen schönen Worten gepriesen wird, ist für das Publikum ein großer Anziehungspunkt, und die Zuschauer strömen in Scharen zu dem Wettbewerb.

Ein symbolischer Blechpokal wird als Erster Preis ausgesetzt. Das Prestige zählt. Im letzten Moment kommt die Anmeldung eines dritten Teilnehmers, William N. Murray, Millionär aus Pittsburgh, der über einen der schnellsten Wagen der Gegend verfügt, aber gleich nach dem Start wegen Defekts an der Ölpumpe aufgeben muß. Am Anfang übernimmt Winton die Führung, und es gelingt ihm, Ford über eine halbe Meile hinter sich zu lassen. Nach der siebenten Meile ist Wintons Motor nur noch eine Rauchwolke, und seine Geschwindigkeit läßt beträchtlich nach; gleich darauf bleibt der Wagen endgültig auf der Strecke stehen. Auf diese Weise kann Henry Ford die Wettfahrt siegreich zu Ende bringen, ohne aus seinem Motor alles herauszuholen. Seine Zeit ist aber trotzdem beachtlich: Er hat für die zehn Meilen 13 Minuten und 23 Sekunden benötigt, was einer Geschwindigkeit von ungefähr 72 km/h entspricht.

Wenig später, nachdem er sein ganzes Geld zusammengerafft hatte, gründete Ford die Detroit Automobiles Company mit 5000 Dollar Kapital. Die Anfangszeit war schwer und die Lage der Firma prekär, obwohl sich Ford selbst nur mit einem Monatsgehalt von 100 Dollar begnügte. Er mußte die Gesellschaft wieder auflösen und sie 1901 an Leland and Faulkner verkaufen, woraus später Cadillac entstand.

Schließlich wurde der tiefste Punkt der Krise überwunden. Es zeigten sich die ersten positiven Auswirkungen von Grosse Pointe, dem Ort, wo Ford das Duell gegen Winton gewann, in Form von zahlreichen Autobestellungen. Und unter weiteren finanziellen Opfern gelang es ihm, eine

Ford führte als erster die Serienproduktion ein, Voraussetzung für die Motorisierung breitester Kreise. Oben: Eine frühe Fließbandanlage im Dearboner Werk von 1914

Mit den hochbeinigen Wagen kam man im allgemeinen durch dick und dünn, aber dem tiefsten Morast waren auch sie nicht gewachsen.

Gesellschaft, die Ford Motor Company, auf die Beine zu stellen. Das Anfangskapital bestand aus 28 000 Dollar, von 12 Finanziers einbezahlt. Diese wußten damals noch nicht, daß sie Glückspilze waren, denn beim späteren Ausscheiden konnten sie Riesensummen kassieren, wie zum Beispiel Senator Couzens, aus dessen anfänglichen 2500 Dollar 30 Millionen geworden waren. Die Gründe für den ersten Erfolg waren die Siege mit einem von Ford entworfenen Rennwagen, dem »999«, und die technischen Vorzüge der ersten Modelle. Aber das wirklich große Geschäft kam erst, als er das »Auto für alle« konzipierte, die Serienproduktion entwickelte und zu niedrigen Preisen verkaufte. Das Fließband im heutigen Sinn hat Ford eingeführt.
Sehr berühmt sind noch heute die Theorien, die Ford über das ökonomische Prinzip der modernen Konsumgesellschaft herausbrachte. Die größte Verblüffung aber entstand in der amerikanischen Industriewelt, als er Anfang 1927 seine Betriebe für sieben Monate wegen der Einstellung des »T«-Modells und in Vorbereitung auf die neue Produktion stilllegte. Bemerkenswert auch seine Überfahrt 1915 von Amerika nach Europa an Bord des »Friedensschiffes«, um als Fürsprecher bei den am Weltkonflikt beteiligten Regierungen für einen baldigen Waffenstillstand einzutreten. Erfolglos blieben allerdings seine Versuche um eine politische Karriere, zuerst 1918 als Kandidat der Demokraten für den Senat, dann 1924 für die Präsidentschaft der USA. Sein einziger Sohn Edsel, dem der alte Henry einen großen Anteil seines grenzenlosen Industrie-Imperiums anvertraut hatte, starb sehr früh. Aber bevor er sich endgültig zurückzog, konnte er seinen Neffen, Henry Ford II, auf seinen Thron setzen. Henry Ford starb 1947 im Alter von 84 Jahren.
Er schrieb eine Anzahl von Büchern, von denen zuerst »Mein Leben und mein Werk« im November 1922 veröffentlicht wurde (deutsche Ausgabe 1923). Drei Jahre später formulierte er seine Gedanken zur heutigen Industriegesellschaft in einem zweiten Buch: »Das große Heute, das größere Morgen«. Hier einige Zitate daraus:
»Wenn man von der steigenden Ausdehnung der Maschinen- und Industriewelt spricht, entsteht das Bild einer kalten, metallischen Welt, in der die großen Fabriken an die Plätze der Bäume getreten sind und in der keine Blumen, keine Vögel und keine grünen Felder mehr existieren. Einer Welt, in der es überhaupt nur noch Maschinen und zu Maschinen gewordene Menschen gibt. Mit all diesen Anschauungen stimme ich nicht überein. Nur wenn wir nicht über die Maschinen und ihren richtigen Gebrauch genau Bescheid wissen, wenn wir nicht die mechanisierte Seite des Lebens ganz verstehen können, werden wir keine Zeit haben, um uns an Bäumen und Vögeln, Blumen und grünen Feldern zu erfreuen.«
»Wir halten es für ein gesundes Geschäftsprinzip, lediglich nach der Fähigkeit zu bezahlen. Und wo zwei Arbeiter die gleiche Tätigkeit verrichten, der eine aber mehr erhält als der andere, soll man die Leute wissen lassen, warum dem so ist. Dank dieser Methode tritt kaum jemand mit dem Ersuchen um Lohnerhöhung an uns heran. Die Leute wissen genau, sie werden mehr erhalten, sobald sie eine höhere Bezahlung wert sind.«
»Armut hat die Welt verwirrt. Die einzige Möglichkeit, der Armut zu entfliehen, bot früher die Religion mit ihrer Verheißung des Himmels als das Ende aller Mühe, boten später verschiedene schlecht oder nur halb durchdachte kommunistische Theorien, die, wenn sie auch nicht Reichtum versprachen, doch eine Gleichheit im Elend verkündeten. Alles was mit der Schaffung von Gütern zu tun hatte, wurde ja mit dem Vorwurf belastet, es röche nach Kapitalismus und Profit. Über die Milderung der Armut zu schwatzen galt als edel, für unvornehm im höchsten Grade hielt man es dagegen, etwas Konkretes gegen die Armut zu tun.«
»Die Industrie ist dazu da, Gegenstände herzustellen, die das Volk braucht. Wird aber eine Industrie von Leuten verwaltet, die von der Fabrikation nichts verstehen und deren oberstes Interesse der Bilanz gilt, dann werden Dividenden zum wichtigsten Erzeugnis. Ein Geschäft irrt nie, nur die Menschen irren. Der Weg ins Unternehmertum führt durch das Tor der Arbeit.«

33-72

1910 Renault

Frontmotor mit zwei einzeln gegossenen, stehenden Zylindern, Bohrung und Hub 80×120 mm, Hubraum 1206 ccm, 7 PS bei 1800 Umdrehungen

Welten scheinen zwischen diesen beiden Wagen zu liegen: dem Modell T, das fast unverändert bis 1927 produziert wurde (unten ein Baujahr 1917 als Coupé), und dem Modell A, das dann nach siebenmonatiger Pause vom Band lief (oben ein Roadster von 1929).

Ferdinand Porsche

Vierzehn Jahre, nachdem Benz und Daimler ihre ersten Fahrzeuge gebaut hatten, trat Ferdinand Porsche mit seiner ersten eigenen Konstruktion ins Rampenlicht. Mit dem »Lohner-Porsche«, den Österreich auf der Pariser Weltausstellung des Jahres 1900 präsentierte.
Ferdinand Porsche wurde am 3. September 1875 in Maffersdorf bei Reichenberg (Sudetenland) geboren. Sein Vater war Spenglermeister. Der Sohn fühlte sich schon sehr früh zur Welt der Technik hingezogen. Als er siebzehn war, installierte er heimlich im väterlichen Haus elektrisches Licht. Mit neunzehn ging er nach Wien, verschaffte sich als Gasthörer an der Technischen Hochschule die notwendigsten theoretischen Kenntnisse und wurde bei einer Firma angestellt, die Elektromotoren fabrizierte. Mit zweiundzwanzig war er bereits Leiter des Prüfraums.
Als er knapp vierundzwanzig war, engagierte ihn die Hofkutschenfabrik Jakob Lohner. Sie wollte ein Porsche-Patent auswerten, nach welchem man in den Radnaben Elektromotoren einbauen und damit Motorwagen antreiben konnte. Dieser Lohner-Porsche machte ihn schon berühmt.
1902 sehen wir Ferdinand Porsche beim Militär: als Chauffeur des Erzherzogs Franz Ferdinand, den er in einer eigenen Konstruktion ins Manöver fährt. Inzwischen hatte Porsche aus dem Radnaben-Motor den gemischten Antrieb entwickelt: Ein Benzinmotor erzeugte die Kraft, die aber über die Elektromotoren auf die Räder übertragen wurde. Auf diese Weise brauchte man kein Getriebe und hatte eine weichere Fahrt. Diesen »gemischten Antrieb« finden wir noch bei Panzerkonstruktionen des zweiten Weltkrieges und selbst bei modernen Straßenbaumaschinen in Amerika.
1905 wurde der 30jährige Porsche als technischer Direktor dann zu Austro Daimler nach Wiener Neustadt berufen, als Nachfolger von Paul Daimler. Er konnte selbst sehr gut Auto fahren, und als er 1910 für die damals längste und populärste Zuverlässigkeitskonkurrenz, die Prinz-Heinrich-Fahrt, einen neuen Wagen entworfen hatte, lenkte er ihn selbst und gewann die Gesamtwertung. Der »Prinz-Heinrich-Typ« von Austro Daimler brachte Porsche viel Bewunderung ein.
Er entwarf vor dem ersten Weltkrieg auch Flugmotoren und Zugmaschinen. Die vor Lüttich eingesetzten, bei Skoda hergestellten 80-PS-Mörserzugwagen von 1914 waren eine Porsche-Konstruktion mit Radnabenantrieb. Auch der an der Isonzofront eingesetzte »C-Zug«, der das 42-cm-Geschütz transportabel machte, entstand in Porsches Konstruktionsbüro.
Nachdem er nach dem Krieg bei Austro Daimler noch die Typen AD 617 und ADM geschaffen hatte, ging er 1923 nach Untertürkheim, um bei Daimler Chefkonstrukteur und technischer Vorstand zu werden. Der Ehrendoktor an der Technischen Hochschule Stuttgart wurde ihm »in Anerkennung seiner hervorragenden Leistungen, im besonderen als Konstrukteur des siegreichen Targa-Florio-Wagens 1924« verliehen, womit der Mercedes 2-Liter-Kompressorwagen gemeint war. In Wien hatte Porsche schon 1917 seinen Ehrendoktor erhalten.
1928 verließ Porsche das deutsche Werk, um bei Steyr die technische Leitung zu übernehmen, wo er den Typ »Austria«, einen 4-Liter-Wagen mit 8 Zylindern, entwarf. Doch hörte Steyrs Selbstständigkeit schon anderthalb Jahre später auf, als es zum Zusammenbruch einer Großbank und zur Fusion mit Austro Daimler kam, was auch das Ende von Porsches Engagement bedeutete. Nun gründete er in Stuttgart ein eigenes Konstruktionsbüro, das am 1. Dezember 1930 zu arbeiten begann.
In diesem Büro Porsche sind in den folgenden Jahren drei weltberühmt gewordene Konstruktionen entstanden: die Drehstabfederung – eine der letzten grundsätzlichen Erfindungen im Automobilbau –, der Auto-Union-Grand-Prix-Wagen und der Volkswagen, der auf Vorläufer zurückblicken kann, die schon zwischen 1931 und 1933 bei Porsche entstanden sind.
Die erste Konstruktion, mit der Porsche in Stuttgart seine Arbeit begann, war der Mittelklassewagen von Wanderer mit 1,7- und 2-Liter-Motor. Von Anfang an erhielten die Konstruktionen bei Porsche Nummern, in der Reihenfolge der Aufträge.
1932 besuchte eine russische Delegation Porsches Büro in Stuttgart. Man lud ihn zu einem Besuch nach Rußland ein, wo man ihn durch das ganze Land fuhr und die industriellen Möglichkeiten zeigte. Danach machte man ihm das Angebot, eine Art russischer »Reichskonstrukteur« zu werden. Es ging Porsche um diese Zeit finanziell nicht besonders gut, und er war tief beeindruckt von dem, was er in Rußland, wo die Industrialisierung mit großer Macht begann, gesehen hatte. Porsche überlegte lange, sagte aber dann ab. Er hätte alle Brücken nach dem Westen abbrechen müssen, und das wog bei ihm schwer. Er fühlte sich seiner Heimat, dem Wien, wo er Karriere gemacht hatte, Stuttgart, wo er jetzt Fuß

Oben: Der Lohner-Porsche mit benzinelektrischem Radnabenantrieb, wie er auch am Mörserzugwagen und am C-Zug zu finden ist. – Unten: Der von Porsche entworfene Austro Daimler-Typ ADM von 1923

Professor Porsche und sein Sohn Ferry im Juni 1948 in Gmünd in Kärnten neben dem Prototyp (offen, mit Mittelmotor) des Porsche 356. Der historische Wagen mit der Nummer 356/001 befindet sich heute wieder im Besitz des Hauses Porsche.

Porsches Privatauto 1932 bis 1938, ein »Porsche«, den es nur in einem Exemplar gegeben hat, mit 3,25-Liter-8-Zylinder-Motor, ursprünglich für Wanderer entworfen

gefaßt und wo 1923 Professor Bonatz seine »Porsche-Villa« gebaut hatte, er fühlte sich auch seiner ganzen Familie (er war ein Mann mit viel Familiensinn) so verbunden, daß er eine solche Trennung nicht auf sich nehmen wollte. Er konstruierte weiter in Stuttgart; die endgültige Ausführung des VW, für dessen Bau die Regierung dann das Volkswagenwerk errichtete, trug bei ihm die Konstruktions-Nummer 60.
Im Krieg baute Porsche neben den zahlreichen Geländeausführungen des Volkswagens eine Reihe von Panzern. Das Stuttgarter Werk wurde 1944 nach Gmünd in Kärnten verlagert, um den Luftangriffen zu entgehen. Dort hat die Firma Porsche nach dem Krieg wieder angefangen, zu produzieren: zunächst noch keine Automobile, sondern einzelne Geräte für die Landwirtschaft. Professor Porsche wurde von den Franzosen ohne Verfahren inhaftiert und erst nach anderthalb Jahren als unschuldig wieder aus dem Gefängnis von Dijon entlassen. Sein Sohn hatte in der Zwischenzeit mit dem Chefkonstrukteur Rabe zusammen für die italienische Firma Cisitalia einen Grand-Prix-Rennwagen entwickelt. Dann, im Juni 1948, kam der erste Wagen, der den Namen Porsche trug, mit der Typenbezeichnung 356-1 an die Öffentlichkeit. 1948 und 1949 wurden von diesem Typ unter widrigen Verhältnissen in einigen Baracken in Kärnten etwa 50 Exemplare gebaut, noch mit handgearbeiteter Leichtmetall-Karosserie.
Ende April 1950 begann in Stuttgart-Zuffenhausen die Produktion des Typs 356 in Stahlausführung, der äußerlich fast unverändert mit verschiedenen Motorvarianten bis 1963 gebaut wurde, ehe ihn der Typ 911 ablöste. Professor Porsche starb am 30. Januar 1951 im Alter von fünfundsiebzig Jahren. Sein Sohn führte zusammen mit seiner Schwester, der Frau Kommerzialrat Piëch in Salzburg, die Betriebe weiter, die heute eine Familien-AG sind.

Ettore Bugatti im Alter von 50 Jahren (1931) an den Boxen

Ettore Bugatti

Ettore Bugatti wurde am 15. September 1881 in Mailand geboren. Er kam aus einer Künstlerfamilie. Sein Vater, Carlo Bugatti, war Kunstschnitzer und hatte auch in Paris ein Atelier. Die Kinder wurden teils in Italien, teils in Frankreich erzogen. Der Bruder Ettore Bugattis, Rembrandt mit Vornamen, wurde ein sehr angesehener Bildhauer. Der 17jährige Ettore trat bei der italienischen Firma Prinetti & Stucchi als Praktikant ein, und man erlaubte ihm, nach eigenen Ideen Maschinen zu konstruieren und zu bauen. Er entwarf ein Motordreirad mit zwei Motoren, mit dem er sich 1899 an zahlreichen Rennen in Italien beteiligte, die er in seiner Klasse meistens gewann. Bugatti war am Anfang ein schneller und erfolgreicher Fahrer. Im Jahr 1901 - erst 20 Jahre alt - stellte er bei der Internationalen Motorschau in Mailand seinen ersten selbstgebauten, vierrädrigen Wagen aus. Er wollte ihn in einer Fabrik in Mailand serienmäßig fertigen, das Projekt scheiterte jedoch, aber die Firma De Dietrich in Niederbronn im Elsaß kaufte die Lizenz für die Herstellung dieses Wagens. Da Ettore Bugatti um diese Zeit noch minderjährig war, mußte der Vertrag zwischen der Firma De Dietrich und Bugattis Vater geschlossen werden. Ursprünglich sollten die nach Bugatti-Lizenz dort gebauten Wagen den Namen De-Dietrich-Bugatti tragen, und aus diesem Grund zog Ettore Bugatti nach Niederbronn im Elsaß, das ungefähr 50 Kilometer von Straßburg entfernt liegt.

Ettore Bugatti entwarf in den Jahren 1902 bis 1904 eine ganze Reihe von neuen und auch erfolgreichen Typen für De Dietrich, unter anderem baute er für das Rennen Paris - Madrid 1903 einen recht rassigen Rennwagen mit 50-PS-4-Zylinder-Maschine und Kettenantrieb. 1904 bis 1905 war er dann für die in Straßburg beheimatete Firma Mathis tätig, wo er sich dadurch einen Namen machte, daß er den Typ Hermes entwarf, einen damals sehr erfolgreichen, schnellen Personenwagen. Ettore Bugatti war ein unruhiger Geist, und bereits 1906 entwickelte er in einer eigenen Werkstatt, ebenfalls im Elsaß, einen neuen Wagen, den er 1907 der Gasmotorenfabrik Deutz AG anbot. Dort wurde Bugatti dann für kurze Zeit Leiter der Produktionsabteilung. Er zog in eine Villa im Werksgelände der Firma in Köln ein. Für Deutz fuhr Ettore Bugatti bei der Prinz-Heinrich-Fahrt 1909 mit dem von ihm konstruierten Wagen, ausgerüstet mit einem 3,2-Liter-4-Zylinder-Motor mit Königswellenantrieb. Aber bereits 1909, als er einen leichten, kleinen und relativ schnellen Zweisitzer entwickelt hatte, trug er sich mit dem Gedanken, nun eine eigene Automobilfirma zu gründen. Er fand ganz in der Nähe von Molsheim im Elsaß einen, wie man heute sagen müßte, kleinen Schuppen, in dem er zu Anfang des Jahres 1910 mit einigen wenigen Mitarbeitern eine eigene Produktion begann. 1910 wurden also die ersten Bugatti gebaut, in diesem Jahr insgesamt 5 Stück. Mit dem kleinen, leichten Wagen, den Bugatti Typ 13 nannte und der eine 1,3-Liter-Maschine hatte, konnten 1911 eine ganze Reihe von Rennerfolgen errungen werden, die sehr dazu beitrugen, daß der Wagen populär wurde. Die Zahl der Beschäftigten bei Bugatti war im Jahr 1911 auf insgesamt 65 angewachsen, und am Ende des Jahres hatte man 75 dieser kleinen Wagen hergestellt. Insgesamt wurden vom Typ 13, von dem es auch heute noch einige Exemplare gibt, 205 Wagen hergestellt. Für die damalige Zeit und für den kleinen Motor lief der Wagen unheimlich schnell, 90 km/h Spitzengeschwindigkeit. Das Chassisgewicht betrug nur 335 kg. Der Motor besaß eine obenliegende Nockenwelle, die durch Königswelle angetrieben wurde. 1912 wurde dieser Typ 13 weiterentwickelt. Nunmehr hatte der Motor 1368 ccm und leistete bei 2500 Touren 18 PS. Von diesem verbesserten Typ 13 wurden bis zum Jahr 1914 insgesamt schon fast 300 Wagen hergestellt. Parallel zu dem Typ 13 wurden zwei weitere Typen (15 und 17) mit etwas längerem Radstand angeboten. Neben diesen kleinen, leichten, spritzigen Touren-Sportwagen, die überall Erfolge errangen, entwickelte Ettore Bugatti, der schon damals nach

Bugattis erster Wagen von 1901

Höherem und Größerem strebte, einen sehr interessanten 5-Liter-4-Zylinder-Rennsportwagen, der 100 PS bei 2800 Touren abgab und mit zwei Einlaß- und einem Auslaßventil pro Zylinder ausgerüstet war. Die obenliegende Nockenwelle wurde wiederum durch Königswelle angetrieben. Dieser Wagen, von dem nur sieben Stück hergestellt wurden und von denen es heute noch einen gibt, erreichten bereits eine Höchstgeschwindigkeit von 150 km/h. Den ersten dieser 5-Liter-Bugatti-Rennwagen kaufte der Herzog Ludwig von Bayern. Ettore Bugatti fuhr um diese Zeit noch selbst Rennen und beteiligte sich mit diesem Wagen zum Beispiel am Mont-Ventoux-Bergrennen. Dieser 5-Liter-Bugatti startete für Deutschland sogar 1914 beim 500-Meilen-Rennen von Indianapolis.

Ettore Bugatti selbst war ja noch Italiener. Zu Beginn des Krieges begab er sich zunächst in seine Heimat und ging 1914 mit seiner Familie nach Paris, wo er bis Kriegsende blieb. Er wurde zur luftfahrttechnischen Abteilung des französischen Heeres eingezogen, wo er dann begann, Flugmotoren zu entwickeln, die in Frankreich zu großen Erfolgen kamen: unter anderem einen 16-Zylinder-Doppelreihen-Motor. Einer seiner Flugmotoren wurde sogar von den Amerikanern in Lizenz gebaut (1917). Nach dem Krieg ging er mit seinen engsten Mitarbeitern wieder zurück nach Molsheim. Mit neun Arbeitskräften nahm er dort die Produktion wieder auf, und zur Finanzierung verkaufte er die Rechte an seinen Motoren an ausländische Firmen, an Diatto in Italien, Crossley in England und an die Rabag in Deutschland. Deshalb gab es Anfang der 20er Jahre in Deutschland den sogenannten Rabag-Bugatti. Es sind ungefähr 100 solche Fahrzeuge hergestellt worden. Die Rabag befand sich in Düsseldorf und Mannheim.

Ettore Bugatti, Le Patron, wie er genannt wurde, starb schon 1947. Man hat in den Bugatti-Werken in Molsheim dann noch versucht, 1951 mit den Typen 101 und 102, die auf dem Typ 57 mit der 3,3-Liter-8-Zylinder-Maschine basierten, eine Bugatti-Renaissance ins Leben zu rufen, was aber mißlungen ist. Von diesen damals gezeigten Typen sind nur ganz wenige verkauft worden, und der letzte Versuch, die Marke Bugatti wieder populär zu machen, war der 2,5-Liter-Grand-Prix-Wagen der Formel 1, der 1955 gebaut wurde und 1956 beim Großen Preis von Frankreich debütierte. Aber dieses Debüt war so enttäuschend, daß man, obwohl dieser Wagen technisch außerordentlich interessant zu sein schien und bereits einen Mittelmotor hatte, die Bemühungen wieder aufgab. Seitdem gibt es keine neuen Bugatti-Wagen mehr, aber dafür in fast allen Ländern Bugatti-Clubs, die mit den alten Bugatti-Wagen immer wieder Treffen und Rallyes veranstalten und die das alte Wort pflegen, das damals in der glanzvollen Bugatti-Zeit entstanden ist: Vive la marque!

Links von oben nach unten: Bugatti 1907 am Lenkrad des von ihm für Mathis konstruierten »Hermes« mit 60-PS-Motor. – De Dietrich von 1903 mit 24-PS-4-Zylinder-Motor, 5428 ccm, gleichfalls von Bugatti entworfen. – Louis Chiron fuhr 1924/25 den 1,5-Liter-Bugatti erfolgreich in verschiedenen Rennen.
Rechte Seite oben: Der Bugatti-Rennwagen von 1929, darunter der 8-Zylinder-Motor mit 16 Kerzen und 24 Ventilen des Typs 46.

Enzo Ferrari

Die Autowelt feierte am 20. Februar 1973 den 75. Geburtstag des Commendatore Enzo Ferrari. Aber wenn man es genau nimmt, müßte man diesen Geburtstag schon am 18. Februar feiern, aus folgendem Grund: Der Vorort von Modena, wo Ferrari zur Welt kam, besaß damals keine eigene Pfarrei, und weil an diesem 18. Februar 1898, dem Geburtstag des kleinen Enzo, so viel Schnee lag, ging Vater Ferrari erst 2 Tage später zur Kirche von Modena, um den Sprößling offiziell anzumelden, und so wurde er erst am 20. Februar ins kirchenamtliche Register eingetragen.
Die Eltern wohnten in einem einfachen Haus, an welches der kleine Stahlbaubetrieb seines Vaters angebaut war. Enzo Ferrari schrieb in seinen Memoiren einmal: »Mein Bruder Alfredo war zwei Jahre älter als ich, wir bewohnten zusammen das Zimmer über der Werkstätte. Das Hämmern der Arbeiter am Morgen war unser Wecker. Mein Vater baute Laufstege und Schirmdächer für die Staatsbahn. In seinem kleinen Betrieb, der je nach Arbeitslage zwischen 15 und 30 Mitarbeiter zählte, war er Direktor, Verwalter, Planer, Buchhalter und Sekretär in einem. An einem frühen Morgen des Jahres 1916 starb er an einer Lungenentzündung.«
Der Sinn für Mechanik und das Autofahrtalent waren Enzo Ferrari in die Wiege mitgegeben worden und noch etwas anderes dazu: eine ungewöhnliche Begabung, die Dinge um sich herum zu organisieren und so zu lenken, daß sie für ihn von Nutzen sein können. Als er 22 Jahre alt war, hatte er bereits die Firma Alfa Romeo davon überzeugt, daß sie ihm für die damals schon berühmte Targa Florio auf Sizilien einen Wagen geben müßte. Er enttäuschte die Mailänder Firma nicht. Mit einem 4,3-Liter-Alfa erreichte er am 24. Oktober 1920 auf Anhieb den 2. Platz - und figurierte fortan als Mitglied der Werksmannschaft zusammen mit dem Vater Ascari und mit Giuseppe Campari.

Zu Anfang der 20er Jahre war Ferrari ein recht bekannter Rennfahrer, und wenn er es auf diesem Gebiet auch nie zum Ruhm eines Ascari oder Nuvolari brachte, so konnte er doch in Italien einige bemerkenswerte Erfolge erringen. Als er im Juni 1923 ein Rennen in Ravenna gewonnen hatte, wiederum mit einem Alfa Romeo, und begeistert gefeiert wurde, kamen die Eltern von Francesco Baracca zu ihm. Baracca war im ersten Weltkrieg der Richthofen Italiens gewesen - der erfolgreichste Jagdflieger und eine Art Nationalheld. Die Eltern Baraccas übergaben damals in Ravenna dem jungen Ferrari das Zeichen, das der Flieger bei allen seinen Luftkämpfen als Talisman mit sich geführt hatte: ein springendes Pferd auf gelbem Grund. Baraccas Flugzeug war immer mit diesem springenden Pferd bemalt gewesen. Ihm, dem jungen Ferrari, sollte das nun Glück bringen. So entstand das Ferrari-Zeichen, das später um die ganze Welt ging.
Enzo Ferrari war aber klug genug, die Grenzen seiner Leistungsfähigkeit als Fahrer rechtzeitig einzusehen. Mehr und mehr wurde er bei Alfa Romeo der technische und organisatorische Leiter der Renneinsätze, und am 1. Dezember 1929 wurde dann in Modena die »Scuderia Ferrari« gegründet. Alfa Romeo wollte sich nicht mehr direkt an Rennen beteiligen; Ferrari erhielt fertig entwickelte Wagen für die Renneinsätze zur Verfügung gestellt, um sie unter seinem Namen einzusetzen. Es war eine ähnliche Abmachung, wie sie zwischen Porsche und Roger Penske 1972 für die CanAm-Rennen getroffen wurden.
Enzo Ferrari baute diese Scuderia in den 30er Jahren immer mehr aus. Für ihn fuhren und gewannen viele weltberühmte Fahrer: Nuvolari und Varzi, Louis Chiron, Brivio, Borzacchini, Trossi, Campari und der junge »Nino« Farina, der nach dem Krieg der erste Weltmeister war. Nach zehn Jahren hatte Ferrari so viele Erfahrungen gesammelt, daß er selbständig Renn- und Sportwagen entwickeln wollte. Bei der Mille Miglia, im April 1940 ausgetragen, als Italien sich noch nicht im Krieg befand, stand der erste Ferrari-Prototyp am Start - mit einem 8-Zylinder-Motor von 1500 ccm, gefahren vom jungen Alberto Ascari, den man damals noch nicht kannte.
Unmittelbar nach dem Krieg nahm Ferrari seine Pläne wieder auf, hatte hervorragende Mitarbeiter um sich geschart - auch das war eine Gabe dieses Mannes, der herrisch, abweisend, aber auch einfühlsam und überzeugend sein konnte wie kaum ein zweiter - und begann zu produzieren. Er sicherte sich dabei die Mitarbeit von Gioacchino Colombo als Chefingenieur und Planer, und ein englischer Journalist schrieb einmal: »Colombo dürfte der größte und erfolgreichste italienische Rennwagenkonstrukteur aller Zeiten gewesen sein.«
Ende 1946 wurden die ersten drei Ferrari-Modelle der italienischen Presse vorgestellt; der Tipo 125 Sport, der 125 Competizione und der 125 Gran Premio, was ein Formel-1-Wagen mit einem aufgeladenen Motor war, der aber doch viel später fertig wurde und erst 1948 in Turin zu seinem ersten Renneinsatz erschien. Wirklich fertig war im Frühjahr 1947 als erstes Modell dieser Typ 125 Sport, von dem es eine Version mit abstehenden Rädern und schmalen, um die Räder gelegten Kotflügeln gab und eine Version mit einer Ponton-Stromlinienkarosserie. Am 11. Mai 1947 gaben diese Ferrari-Sportwagen auf der Rundstrecke von Piacenza ihr

Der von Alberto Ascari auf der Mille Miglia 1940 gefahrene erste Ferrari-Prototyp mit 1,5-Liter-8-Zylinder-Motor

Renndebüt, das aber gar nicht sehr erfolgreich ausfiel, weil den einen Wagen Giuseppe Farina - der spätere Weltmeister - schon im Training »herausschmiß«, so daß er für den Start ausfiel. Der andere Wagen, den Franco Cortese fuhr, mußte mit festgefressener Kraftstoffpumpe ausscheiden. 14 Tage später, am 25. Mai 1947, gab es den ersten Ferrari-Sieg im Großen Sportwagenpreis von Rom, wo Franco Cortese mit diesem Tipo 125 Sport den 1. Platz herausfahren konnte, und im Laufe der Saison 1947 gab es für Ferrari bei italienischen Rundstreckenrennen noch insgesamt 7 Siege. Auch Tazio Nuvolari, der weltberühmte Altmeister, wurde von Ferrari verpflichtet, diesen Wagen zu fahren, und errang am 6. Juli auf der Rundstrecke von Forli den 1. Platz in der Sportwagenklasse. Übrigens fuhr auch der damals berühmte Franzose Raymond Sommer im Oktober 1947 schon einen Ferrari und errang damit bei einem Rennen in Turin den 1. Platz.

Der von Colombo konstruierte Tipo 125 Ferrari, der Ahnherr aller späteren Ferrari-Wagen, hatte ein typisches Merkmal: Er besaß bereits einen 12-Zylinder-V-Motor mit 60 Grad Neigung und hatte pro Zylinderreihe eine obenliegende Nockenwelle, über Rollenkette angetrieben. Die Kurbelwelle war siebenfach gelagert, und die Kraft wurde über ein Fünfganggetriebe auf eine Hinterachse übertragen, die zunächst noch eine Starrachse mit Halbelliptikfedern war, während man vorne eine Querblattfeder verwendete mit oben- und untenliegenden Dreieckslenkern. Die technischen Daten dieses ersten Ferrari, der im Jahr 1947 in der 1,5-Liter-Sportwagenklasse schon ein unschlagbares Fahrzeug war, muten uns heute fast lächerlich an. Wenn wir zum Beispiel an die Reifendimensionen denken: Vorne hatte dieser Wagen die Größe 5.00/15 und hinten 5.50/16. Typisch übrigens, daß man schon damals hinten größere Reifen verwendete als vorne.

Die Leistung dieses Motors, der 55 mm Bohrung und 52,5 mm Hub besaß, also schon unterquadratisch ausgelegt war, betrug bei 1497 ccm nur 72 PS bei 5600 Touren. Das ist also die Leistung eines guten Gebrauchswagenmotors von heute. Die Literleistung betrug, wenn wir das ausrechnen, knapp über 48 PS - eine Literleistung, wie sie heute fast jeder Tourenwagen aufweist. Man könnte fragen, wozu brauchte man dazu 3 Vergaser und 12 Zylinder? Aber für die damalige Zeit war es ein unerhört fortschrittlicher Wagen, vor allen Dingen war er in der Beschleunigung sehr gut, weil er weniger als 650 kg wog. Schon im Jahr 1947 wurde aus diesem Typ 125 der Tipo 159 Sport entwickelt, nunmehr mit 1902 ccm und 125 PS bei 7000 Touren, was schon eine echte Rennwagenleistung der damaligen Zeit darstellte.

Fast unschlagbar war dann im Jahr 1948 der auf 2 Liter Hubraum vergrößerte Typ 166 Sport und 166 Mille Miglia. Dieser Sportwagen, mit dem Biondetti 1948 sowohl die Targa Florio als auch die Mille Miglia gewann, war in der Saison 1948 zweifellos der schnellste Sportwagen und begründete den Ruhm der Marke - auch dies ein Zwölfzylinder, der mit einer leichten zweisitzigen Karosserie von Superleggera ausgerüstet war und nur 650 kg wog. Diesmal hatte man die Leistung auf 140 PS bei 6600 Touren gebracht, die Höchstgeschwindigkeit lag bei 220 km/h. 1949 führte dann in Monza Ascari zum ersten Mal einen Ferrari zum Sieg in einem Großen Preis, und seitdem ist eigentlich der Name Ferrari ein Synonym für »schnell« geworden. Für Ferrari zu fahren, das wurde eine hohe Auszeichnung, das trug zum Image eines Fahrers ganz erheblich bei, und der unvergessene Graf Trips stand 1957, als ihn Ferrari engagierte und ihn fast wie einen Sohn behandelte (Ferraris einziger Sohn Dino war einige Jahre vorher gestorben), an der Schwelle seines sportlichen Ruhmes.

Serafini auf dem Ferrari 166 »Mille Miglia« mit der »Barquetta«-Karosserie von Superleggera beim Seriensportwagen-Rennen 1950 in Silverstone. – Unten: Der Ferrari Formel 1 Grand Prix von 1951

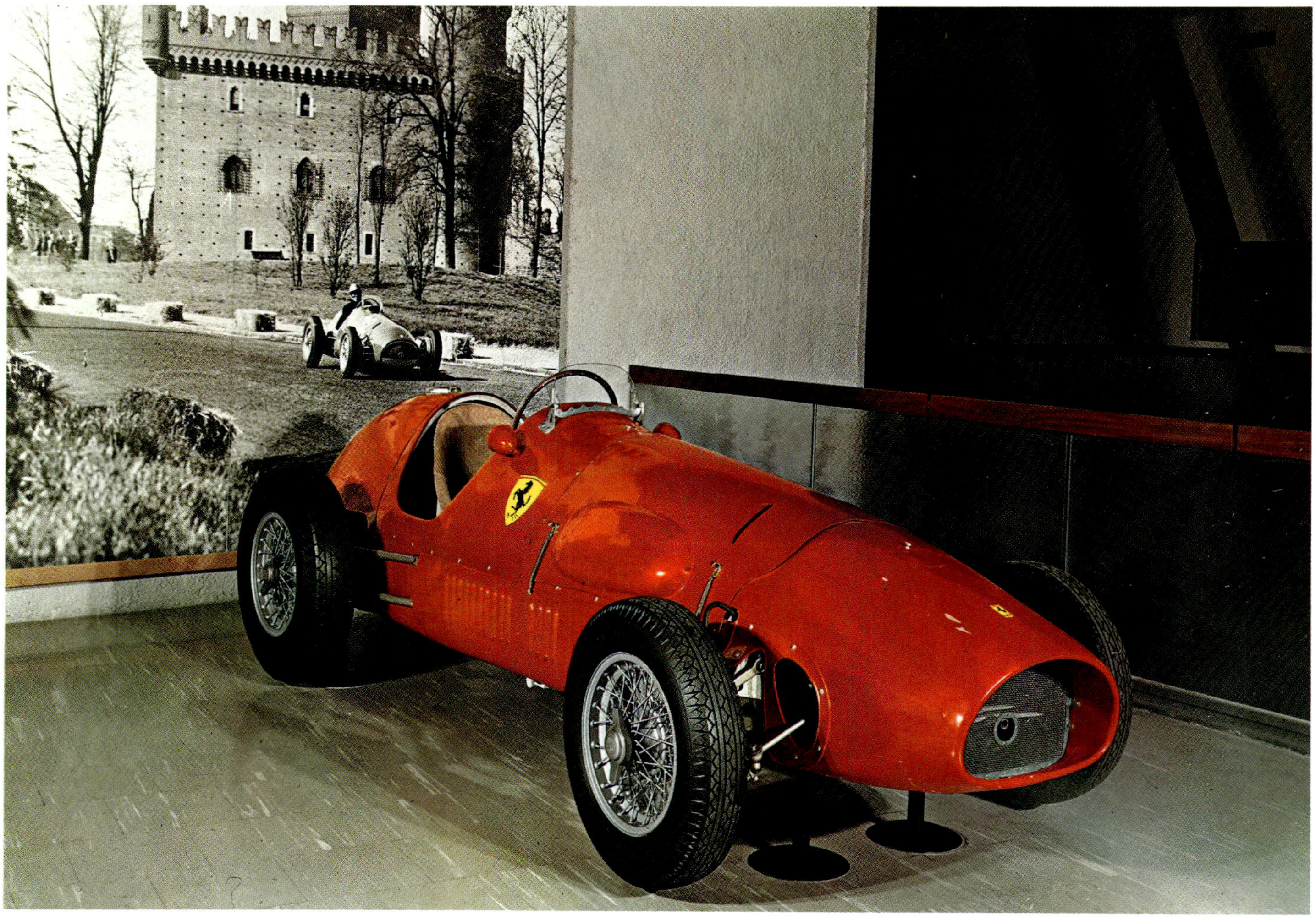

Mercedes-Sportwagen »S« von 1927, ohne Kompressor 120 PS, mit Kompressor 180 PS

Die zwanziger Jahre

Die Autos in Deutschland und Österreich

In den 20er Jahren gab es auf der ganzen Welt eine ungeheuer große Zahl von kleinen und kleinsten Automobilfabriken, die zu einem Teil nur eine sehr kurze Lebensdauer hatten. Kurz nach dem ersten Weltkrieg kam ja eine neue Autowelle, und im Zuge dieser neuen Welle versuchten viele Konstrukteure und Fabrikanten, die bis dahin mit dem Thema Automobil gar nichts zu tun hatten, in dieses Geschäft einzusteigen, was ihnen meistens schlecht bekam. Aber auch die alten Automobilfirmen, die sich vor dem ersten Weltkrieg schon etabliert hatten, taten sich dann in der zweiten Hälfte der 20er Jahre schwer, als die Wirtschaftskrise kam, zunächst der große Börsenkrach in New York und dann, ein Jahr später, in Deutschland der Zusammenbruch der Danat-Bank. Unter diesen Aspekten muß man die Automobilkonstruktionen der 20er Jahre sehen. Es herrschte vor allen Dingen in den europäischen Ländern die Idee vor, daß man das Automobil in den Bereich des Luxus ansiedeln müsse, und daher haben viele Automobilwerke fälschlicherweise sehr große und luxuriöse Automobile gebaut und Wagen der oberen Mittelklasse, die zum Teil mit 8-Zylinder-Motoren ausgestattet waren. Man hat, von einigen ganz wenigen Firmen abgesehen, nicht begriffen, daß man sich allmählich dem Thema Volkswagen nähern mußte, um erfolgreich zu bleiben. Hier eine kurze Übersicht über die verschiedenen Marken, die es in den 20er Jahren gegeben hat. Beginnen wir mit den deutschen und österreichischen und gehen wir alphabetisch vor:

Adler

Die Adler-Werke wurden von Heinrich Kleyer 1888 als Fahrradfabrik gegründet. Sieben Jahre später wurde die Firma in eine Aktiengesellschaft umgewandelt und nahm 1898 den Automobilbau auf. Die ersten Adler-Motor-Wagen wurden nach einer De-Dion-Bouton-Lizenz hergestellt. Zu Anfang des Jahrhunderts entstanden die ersten eigenen Konstruktionen. Zu Beginn der 20er Jahre gab es einige konventionelle Fahrzeuge der unteren Mittelklasse und der Mittelklasse mit 4-Zylinder-Reihenmotoren, die zum Teil noch paarweise zusammengegossene Zylinder hatten, wie es vor

Adler Achtzylinder von 1931, 4 Liter, 80 PS. Die Karosserie wurde von Professor Walter Gropius entworfen.

dem ersten Weltkrieg üblich gewesen war. Die beiden größeren 6-Zylinder-Modelle, die 1925 erschienen, brachten keinen nennenswerten Erfolg. Am Ende der 20er Jahre kam Adler mit einer Serie ins Geschäft, die mit dem Adler-Favorit begann, einem 4-Zylinder-Motor mit 2 Liter Hubraum und 36 PS, sich über den Standard 6 (2,9 Liter 50 PS) zum Standard 8 hin fortsetzte, der einen 3,9-Liter-Motor mit 70 PS besaß. Diese Wagen, obwohl in durchaus konventioneller Bauweise hergestellt, wurden sehr populär und waren auch sehr preisgünstig. Die Familie Kleyer war mit Walter Gropius, dem berühmten Bauhaus-Architekten, befreundet, und 1931 baute Gropius für Adler eine Limousine und ein Cabriolet mit einer Karosserie, die man damals für zeitlos hielt, was sie aber natürlich im Zuge der technischen Entwicklung niemals sein konnte. 1932 kam Adler – damals war der Chefkonstrukteur H. G. Röhr, der früher die Röhr-Werke geleitet hatte – mit einer Serie von Frontantriebswagen auf den Markt, die unter dem Namen Adler-Trumpf respektive Adler-Trumpf Junior für den kleineren Typ sehr bekannt wurde.

AGA

AGA war die Abkürzung für Aktiengesellschaft für Automobilbau. Diese Firma war in Berlin-Lichtenberg beheimatet und wurde 1919 gegründet. Das konstruktive Vorbild des ersten AGA-Kleinwagens war der belgische FN-Wagen. Es handelte sich um einen gebrauchstüchtigen 1,4-Liter-Wagen mit 22 PS Leistung. Außerdem entstand ein kleiner Sport-Zweisitzer, der den etwas hochtrabenden Namen Targa Florio bekam. AGA wurde bereits Anfang der 20er Jahre durch den Stinnes-Konzern übernommen, der aber offenbar nach dem Tod von Hugo Stinnes an dieser Autofirma kein ernsthaftes Interesse mehr hatte; jedenfalls mußte 1926 die Firma AGA ihren Konkurs anmelden.

Alfi

Ein ähnliches Schicksal hatte der Alfi-Kleinwagen der Firma Aktiengesellschaft für Akkumulatoren- und Automobilbau Berlin. Auch dies war eine Nachkriegsgründung. Der erste Alfi war ein Kleinwagen mit 940-ccm-15-PS-Motor, der von der Firma Steudel in Camenz in Sachsen hergestellt wurde. Bei Alfi hat man neben dem Kleinwagen auch noch elektrische Personen- und Lastwagen hergestellt, hatte aber auch damit keinen Erfolg. Die Alfi-Produktion hörte 1926 auf. Immerhin war man auch im Sport recht aktiv gewesen und hatte einen kleinen Rennwagen gebaut, der beim Avus-Rennen eingesetzt wurde. (Ein Alfi-Motor ist heute in der Motorensammlung des Deutschen Auto Museums Schloß Langenburg zu sehen.)

Apollo

Die Apollo-Werke AG in Apolda in Thüringen wurden 1910 gegründet, und es schien Anfang der 20er Jahre, als ob sich hier ein bedeutendes Automobilwerk entwickelt. 1920 hatte Apollo die Firma MAF (Markranstädter Automobilfabrik) übernommen, und der kleine Apollo 4/20 PS hatte in zahlreichen Sportveranstaltungen Erfolge. Er wog als offener Zweisitzer nur 510 kg. Auch das größere Modell mit einem 2,6-Liter-40-PS-4-Zylinder-Motor war eine solide Konstruktion. Übrigens gab es 1921 bei Apollo sogar einen Prototyp mit einem 3-Liter-V-8-Zylinder-Motor. Dies wäre der erste deutsche Achtzylinder gewesen, wenn er in Serie gegangen wäre. Ende 1926 aber wurde die Automobilproduktion bei Apollo eingestellt. Zuvor noch hatte man einen 1,2-Liter-25-PS-Kleinwagen auf den Markt gebracht, der einen bemerkenswerten Motor mit obenliegenden Ventilen und halbkugeligen Verbrennungsräumen hatte.

Audi

Die Audi-Werke AG in Zwickau in Sachsen wurden von Dr. August Horch 1909 gegründet. Während kurz vor dem ersten Weltkrieg die Audi-Wagen besonders durch den »Alpen-Sieger-Typ« weite Verbreitung fanden, tat sich die Firma zu Beginn der 20er Jahre schwer. Man produzierte einen 2,1-Liter-4-Zylinder mit 28 PS, dann einen größeren Wagen mit 3,5-Liter-4-Zylinder-Motor und schließlich einen sogenannten 18/70 PS mit 6-Zylinder-Reihenmotor und obenliegender Nockenwelle, der 4,6 Liter Hubraum und 70 PS hatte, der aber eindeutig zu teuer war. Ganz typisch für die damalige Zeit: Auch Audi kam 1928 mit einem recht luxuriösen 4,9-Liter-8-Zylinder-Wagen mit 100 PS heraus, aber dazu war in der beginnenden Wirtschaftskrise der Käuferkreis natürlich viel zu klein. Man versuchte es dann zwischen 1930 und 1932 mit Wagen der oberen Mittelklasse, die einen relativ billig herzustellenden 8-Zylinder-Reihenmotor, Lizenz Rickenbacker, also nach amerikanischer Lizenz, hatten. Ebenso war ein 3,8-Liter-6-Zylinder mit amerikanischer Motorlizenz hergestellt worden. 1932 schloß sich dann Audi mit Wanderer, DKW und Horch zur Auto Union zusammen.

Austro Daimler

Die Firma Austro Daimler ging hervor aus der Maschinenfabrik Bierentz, Fischer & Co. und hieß zunächst Österreichische Daimler-Motoren-Gesellschaft. 1899 übernahm diese Firma die Lizenz zur Herstellung der Cannstatter Daimler-Wagen und -Motoren. 1902 bis 1905 war Paul Daimler Chefkonstrukteur, der 1906 von Ferdinand Porsche abgelöst wurde. Die ersten Nachkriegsmodelle von Austro Daimler waren noch Porsche-Konstruktionen. An der Spitze der Typ AD 617 mit einem 4,4-Liter-6-Zylinder-Reihenmotor mit obenliegender Nockenwelle und einer Leistung von 60 PS, ein ausgesprochen luxuriöses Fahrzeug, das fast nur exportiert wurde. 1923 kam der Typ ADM 1 mit einem 6-Zylinder-Reihenmotor, ebenfalls mit obenliegender Nockenwelle, Hubraum 2,6 Liter, Leistung 50 PS bei 2800 Touren auf den Markt: ein sehr repräsentativer Wagen der oberen Mittelklasse, der ziemlich teuer war (Limousine 25 000 Reichsmark), der aber doch eine gute Resonanz hatte und von dem es später noch die Modelle ADM II und ADM III gab. 1923 hatte Ferdinand Porsche Austro Daimler verlassen, um zu Daimler nach Untertürkheim zu gehen. Einer seiner engsten Mitarbeiter, Karl Rabe, übernahm das Konstruktionsbüro, und unter seiner Regie wurden die fol-

Audi-Sportcabriolet von 1935 mit 6-Zylinder-Motor, 50 PS, Frontantrieb

Austro Daimler AD 617 Coupé, karossiert bei Reutter in Stuttgart
Links: Das Interieur des Wagens

genden Austro-Daimler-Modelle entwickelt: der ADM Sport, der mit einer 3-Liter-Maschine bereits auf 110 PS kam und von dem der Wagen abgeleitet wurde, mit dem Hans Stuck damals fast alle Bergrennen gewann und zum »Bergkönig« avancierte. Dann der Typ ADR in seinen verschiedenen Ausführungen, endlich der ADR 8, der 1930 auf den Markt kam mit einem 8-Zylinder-Reihenmotor von 4,6 Liter und 100 PS. Etwa zur gleichen Zeit war der ADR 6, genannt »Bergmeister« auf den Markt gekommen (3,6 Liter 120 PS bei 3600 Umdrehungen). Alle diese Austro-Daimler-Wagen gegen Ende der 20er Jahre sahen recht rassig aus, hatten aber natürlich als luxuriöse Fahrzeuge keinen sehr großen Markt. 1934, als sich Steyr mit Puch vereinigte, hörte dann die Automobilproduktion bei Austro Daimler auf.

Austro Fiat

Diese Firma, offiziell Österreichische Automobilfabriks-AG, vormals Austro Fiat geheißen, wurde 1907 zur Lizenzherstellung von Fiat-Wagen in Österreich gegründet. Nach dem ersten Weltkrieg wurde die Verbindung zu Fiat in Turin gelöst, und es wurde ein eigener Tourenwagen hergestellt. 1925 gab es dann eine Interessengemeinschaft mit Austro Daimler und Puch, und anschließend stellte Austro Fiat nur noch Lastwagen her.

Benz

Die Firma Benz hieß offiziell Benz & Cie, Rheinische Automobil- und Motorenfabrik AG Mannheim. Benz baute unter diesem Namen nur bis zum Jahre 1926 eigene Automobile. Die Interessengemeinschaft mit der Daimler-Motoren-Gesellschaft war schon 1924 eingeleitet worden. Ab Juni 1926 gab es dann nur noch Daimler-Benz-Autos. Vielleicht war es ein zu großes Programm gewesen, das die Benz-Werke unmittelbar nach dem ersten Weltkrieg anboten. Es begann bei einem kleinen Sportwagen mit 4-Zylinder-Motor, der 1,6 Liter und die erstaunliche Leistung von 45 PS hatte. Es gab daneben den braven Benz-Typ W mit 2,1 Liter und 20 PS bei 1800 Touren, eine Nummer größer war der Benz Typ GR, der eine 2,6-Liter-Maschine mit 34 PS besaß, alles konventionelle Automobile der Mittelklasse. Dann gab es Anfang der 20er Jahre noch drei große 6-Zylinder-Modelle, eines mit 2,9 Liter und 40 PS, eines mit 4,2 Liter und 50 PS und recht repräsentativen Karosserien und dann noch einen großen Wagen, der einen 7-Liter-Motor mit 72 PS besaß, mit einer Maximaldrehzahl von genau 1550 Umdrehungen. Man hatte, um nach dem ersten Weltkrieg wieder schnell auf dem Markt zu sein, auch auf einige Vorkriegsentwürfe zurückgegriffen. Übrigens besaß dieser große Benz, genannt der 27/70 PS, bereits außenliegende Auspuffrohre (auf der linken Seite), von denen man oft sagt, sie seien das typische Zeichen für die Kompressorwagen von Mercedes gewesen. Die außenliegenden Auspuffrohre haben aber mit dem Kompressor überhaupt nichts zu tun, sie wurden nicht nur als Stilelement verwendet, sondern auch deshalb, weil man bei sehr großen Motoren im Motorraum keinen rechten Platz mehr für den Auspuff fand und außerdem die Auspuffgase rechtzeitig kühlen wollte.

Bergmann

Die Bergmann Elektrizitätswerke AG in Berlin begannen 1909 Autos zu bauen, und zwar nach Lizenz der belgischen Firma Metallurgique. Der sogenannte Bergmann-Metallurgique war vor dem Krieg ein recht beliebtes Fahrzeug geworden. Im Grunde hat die Firma Bergmann, die sich dann von Metallurgique trennte, nach dem Krieg nichts anderes getan, als einen etwas verfeinerten Vorkriegstyp herzustellen, dessen 2,6-Liter-Motor nur 32 PS hergab und in der Leistung den Anforderungen nicht mehr ganz genügte, obwohl der Wagen recht vornehm aussah. Neben diesem Standardmodell mit 4-Zylinder-Reihenmotor und seitlich gesteuerten Ventilen gab es noch einen weiteren Vierzylinder sowie einen Sechszylinder, aber Erfolg hatte Bergmann damit nicht, und 1922 wurde die Automobilherstellung wieder eingestellt.

BMW

Zu Beginn des Jahres 1929 hatten die Bayerischen Motorenwerke AG in München die in Eisenach beheimateten Dixi-Werke übernommen und bauten in den ersten drei Jahren das 3/15 PS Dixi-Modell unter dem Namen BMW weiter.

Brennabor

Brennabor ist der alte wendische Name für Brandenburg, und so nannten die Gebr. Reichstein ihre Fahrzeuge, die in Brandenburg an der Havel hergestellt wurden. Man begann dort aber nicht mit Automobilen, sondern schon 1879 mit der Herstellung von Kinderwagen. Anschließend wurden unter dem Namen Brennabor Fahrräder gebaut. Man nahm den Automobilbau 1908 auf und hatte vor dem ersten Weltkrieg schon beträchtliche Erfolge erzielt. Brennabor war in den 20er Jahren zusammen mit Hansa, Hansa-Lloyd und NAG zur GDA (Gemeinschaft Deutscher Automobilfabriken) vereinigt worden, die ihr Typenprogramm und ihren Vertrieb untereinander abstimmen wollten. Die Brennabor-Wagen, die Anfang der 20er Jahre erschienen, waren brave Automobile der Mittelklasse. Es gab zunächst einen 1,6-Liter-Wagen mit 20 PS, der technisch nicht besonders interessant war und erst 1925 eine Vierradbremse erhielt. In verbesserter Form besaß er dann eine 25-PS-Maschine und ein angeblocktes Dreiganggetriebe. Der offene Tourenwagen wog 1050 kg, die Spitzengeschwindigkeit lag bei 65 bis 70 km/h. Das größere Modell hatte 2,1 Liter Hubraum und zunächst 32 PS bei 2600 Touren. 1928 kam ein ebenso braver Sechszylinder mit 3,1 Liter und 45 PS bei 2400 Touren mit seitlich gesteuerten Ventilen heraus, der 95 km/h leistete und recht preiswert war. Die Limousine kostete 6250 Mark. 1929 erschien Brennabor mit zwei Typen, die sehr populär wurden. Der kleinere davon hieß Ideal und besaß eine 1640-ccm-Maschine mit 30 PS, der größere hieß Juwel 6 und hatte einen 2460-ccm-45-PS-Reihenmotor, ebenfalls mit seitlich gesteuerten Ventilen. Es waren solide, nicht sehr schnelle, aber recht preisgünstige Automobile, und Brennabor hätte auf dieser Linie wohl noch manchen Erfolg erzielt, wenn die Firma nicht 1930 begonnnen hätte, jene Experimente mit 8-Zylinder-Maschinen durchzuführen, die so manche Automobilfirma in Europa damals zum Ruin gebracht haben. Es erschien 1930 der Typ Juwel 8 mit einem 8-Zylinder-Reihenmotor von 3,4 Liter und 65 PS. Er war für einen solchen Achtzylinder erstaunlich billig und kostete nur 6950 Mark als Limousine und sah auch gar nicht schlecht aus. Aber das Image von Brennabor war abgestimmt auf den soliden Gebrauchswagen und nicht auf den luxuriösen Achtzylinder, und man war mißtrauisch ob des niedrigen Preises. Der Wagen hatte keinen Erfolg, und dann tat Brennabor etwas ganz Falsches: Man fing 1932 auch noch an, mit einem großen Frontantriebswagen zu experimentieren, den man Juwel 6 Front nannte. Er hatte den 2460-ccm-45-PS-6-Zylinder-Motor mit Dreiganggetriebe. Durch spiralverzahnte Kegelräder wurden die Vorderräder angetrieben. Die Zugübertragung erfolgte dabei über Querfeder und Schublenker; es war zweifellos eine interessante Konstruktion, und

Der erste BMW, gebaut im Jahre 1929

Brennabor »Juwel« von 1930

der Juwel 6 Front sah auch imposant aus, aber es wurden nur einzelne Exemplare davon verkauft. Parallel dazu hatte man 1931 einen Kleinwagen entwickelt, den Typ D, mit einem 1-Liter-4-Zylinder-Motor, seitengesteuert und 22 PS Leistung. Dieses kleine Auto, das 75 km/h Spitzengeschwindigkeit hatte und als offener Zweisitzer nur 1985 RM kostete, war eher ein Erfolg. Aber als man dann auch noch zwei neue 6-Zylinder-Modelle auf den Markt bringen wollte, war es einfach zu spät. 1934 wurde die Produktion eingestellt.

BZ

BZ ist die Abkürzung für Bootswerft Zeppelinhafen GmbH, die sich in Potsdam-Wildpark befand. Die Firma BZ baute Anfang der 20er Jahre für ganz kurze Zeit einen Kleinwagen, offen mit zwei Sitzen, den die Engländer als Cycle Car bezeichnet hätten. Er ist kaum erwähnenswert, aber für jene Zeit typisch, in der viele kleine Firmen sich plötzlich dem Automobilbau zuwandten. Bemerkenswert an diesem BZ-Kleinwagen ist, daß er den ersten BMW-2-Zylinder-Boxermotor besaß, also den BMW-Motorradmotor, und zwar den mit seitengesteuerten Ventilen und 490 ccm Zylinderinhalt. Bemerkenswert war auch, daß die ganze Karosserie dieses BZ-Wagens aus Duraluminium bestand. Er überlebte kaum das erste Jahr seiner Produktion.

Cyclon

Die Cyclon-Automobilwerke GmbH befanden sich in Berlin-Charlottenburg und in Mylau im Vogtland. Sie stellten ein ganz eigenartiges Gefährt her, den Cyclonette-Dreiradwagen. Er wurde schon 1907 auf den Markt gebracht und fast unverändert bis 1923 gebaut. In den 20er Jahren schlossen sich die Cyclon-Werke dem Schapiro-Konzern an, zu dem eine Zeitlang auch Dixi, NSU und Schebera gehörten. Deshalb baute Cyclon Anfang der 20er Jahre den 5/20-PS-Schebera-Kleinwagen und einen 9/40-PS-6-Zylinder gemeinsam mit Dixi. Die Nachkriegs-Cyclonette hatte drei Räder, eines vorne, auf dem sich der Motor befand, und zwei hinten. Dieser Motor war ein luftgekühlter, seitengesteuerter Parallelzweizylinder mit 1290 ccm und 10 PS bei 1700 Umdrehungen. Die Zylinderköpfe waren nicht abnehmbar, das Schwungrad lag frei außen. Man mußte den Motor mechanisch mit der Hand anlassen. Die Übertragung auf das Vorderrad erfolgte über ein angeblocktes Zweigang-Planetengetriebe mit Lenkerschaltung. Die Cyclonette hatte kein Lenkrad, sondern einen Lenker, so ähnlich wie ein Motorrad. Sie wog 535 kg und ging 60 km/h. Ende der 20er Jahre wurde bei Cyclon die Produktion eingestellt.

Daimler

Die Daimler-Motorengesellschaft in Stuttgart-Untertürkheim konnte unmittelbar nach dem Krieg auf erfolgreiche Wagen der Vorkriegszeit zurückgreifen und diese relativ schnell wieder in Produktion bringen. Da war zunächst der 16/50-PS-Knight mit seinem 4-Zylinder-Schiebermotor, der 4055 ccm und 50 PS bei 2000 Touren hatte. Der Mercedes-Knight, der noch keine Vierradbremse, sondern eine wassergekühlte Innenbackenbremse auf der Getriebehauptwelle und eine Innenbackenbremse an den Hinterrädern besaß,

1912 Panhard et Levassor
Frontmotor, vier Zylinder in zwei Blocks gegossen, Bohrung und Hub 80×130 mm, Hubraum 2614 ccm, 15 PS bei 1200 Umdrehungen

Oben: Mercedes »SSK« von 1928 mit Kompressor

Unten: Mercedes Typ »Mannheim Sport« mit 3,7 Liter Hubraum und 75 PS aus dem Jahre 1932

wurde noch bis 1924 gebaut. Er hatte eine Spitzengeschwindigkeit von 80 bis 85 km/h. Der Brennstofftank befand sich hinten, und die Förderung erfolgte, wie es damals vielfach üblich war, unter dem Druck der Auspuffgase.
Ein Prachtstück war der Mercedes Typ 28/95 PS, der auch schon 1914 konstruiert worden war: eines der ersten Fahrzeuge, die zwei Vergaser besaßen (zwei Pallas-Vergaser, ab 1922 zwei Mercedes-Spezialvergaser). Mit diesem Typ führte Paul Daimler seine ersten Versuche mit dem Kompressor durch. Der Zylinderinhalt des riesigen Wagens betrug 7250 ccm. Die 95 PS erreichte er bereits bei 1800 Umdrehungen. Der Motor hatte noch paarweise zusammengegossene Zylinder mit aufgeschweißten Kühlmänteln und eine obenliegende Nockenwelle mit Königswellenantrieb. Es war schon eine recht moderne Konstruktion. Der Wagen besaß bereits mechanische Vierradbremsen und ging in der Normalausführung immerhin 125 km/h. Der 28/95-Mercedes hatte auf der linken Seite der Motorhaube drei freiliegende Auspuffrohre, wie später die Kompressor-Modelle.
Die Serie der Kompressor-Wagen begann 1921 mit dem sogenannten 10/40/65 PS; 10 war die Zahl der Steuer-PS, 40 die Leistung ohne und 65 die Leistung mit Kompressor. Die späteren Kompressorwagen von Daimler und nachher Daimler-Benz haben immer diese drei PS-Zahlen gehabt. Der 10/40/65 hatte einen Motor von 2600 ccm und eine obenliegende Nockenwelle mit Antrieb durch Königswelle. Er lief mit Kompressor 120 km/h. Parallel dazu gab es einen kleinen Kompressor-Tourenwagen mit 6/25/40 PS (1570 ccm), aber ein großer Verkaufserfolg wurden diese ersten kleineren Kompressor-Modelle nicht. 1924 erschien dann der erste »klassische« Mercedes-Kompressorwagen, der Ahnherr einer ganzen Reihe von berühmten Modellen. Es war der 24/100/140 PS mit einem 6-Zylinder-Reihenmotor von 6240 ccm, der mit Kompressor bei 3000 Umdrehungen 140 PS leistete, aber nur 1:4,7 verdichtet war. Mit diesem Fahrzeug sprach die Firma Daimler die Experten in der ganzen Welt an, und der Wagen hatte, obwohl er nicht besonders lebendig war, einen beachtlichen Verkaufserfolg. Das Eigengewicht der Limousine betrug 2500 kg, der Radstand war mit 3,75 m sehr lang. Der Wagen kostete damals 26 000 Goldmark, und die Standardausführung war die sechs- bis siebensitzige Limousine. Ganz kurze Zeit nach diesem großen Kompressor kam eine etwas kleinere Ausführung heraus, der sogenannte 15/70/100 mit 3920 ccm und einer Leistung von 100 PS mit Kompressor. Diese Mercedes-Kompressorwagen in der zweiten Hälfte der 20er Jahre kauften sich nicht nur die führenden Industriellen, sondern auch die bekannten Schauspieler, Filmschauspieler und Sänger. Zum Beispiel bestellte sich Richard Tauber einen dieser 15/70/100 als offenen Tourenwagen, und Emil Jannings ließ sich einen solchen Mercedes-Kompressor als Cabriolet spezialkarossieren. Reichspräsident von Hindenburg bestellte sich nicht den großen, sondern »nur« den 15/70/100 als offenen Tourenwagen. Aus diesem Basismodell wurde 1926 der Typ K mit einer Leistung von 160 PS entwickelt (K hieß nicht Kompressor, sondern kurzes Chassis), und auf dieser Basis entstanden dann auch die Sportwagen vom Typ S, und SS und SSK, die eine Zeitlang für große Rennsiege gut waren. Inzwischen hatten sich im Juni 1926 die Firma Daimler und Benz zur Daimler-Benz AG zusammengetan. Die Automobile behielten wie bei Daimler weiterhin den Namen Mercedes, und es entstanden dann in der zweiten Hälfte der 20er Jahre eine Serie von tüchtigen Gebrauchswagen, die eigentlich keine bemerkenswerten Eigenschaften hatten, außer daß sie solide waren und den Mercedesstern trugen. Diese Reihe begann mit dem Typ Stuttgart (2-Liter-Motor, 38 PS, daher auch der 8/38-er genannt). Von dem Stuttgart gab es dann eine 2,6-Liter-Ausführung. Als nächstes kam der Typ Mannheim (12/55 PS), von dem es auch eine Sportausführung gab, und schließlich der Typ Nürburg, zunächst mit 4,6-Liter-80-PS-Motor und dann mit 5-Liter-100-PS-Maschine. Den Typ Nürburg bestellte sich der Papst als sein erstes Staatsauto.
Eine neue Welle kam bei Daimler-Benz erst 1931, als in der Serie die Schwingachse eingeführt wurde.

Dinos

Die Dinos-Automobilwerke AG gingen aus der Firma Loeb & Cie. hervor, und diese wiederum hatten vor dem ersten Weltkrieg ein Fahrzeug hergestellt, das LUC hieß und mit Knight-Motoren ausgerüstet war. Die Dinos-Wagen begannen 1921 auf den Markt zu kommen; Dinos gehörte zum Stinnes-Konzern. Das Programm in den Jahren 1922–24 sah sehr bemerkenswerte Automobile: einen kleinen Vierzylinder mit obenliegender Nockenwelle, mit 2100 ccm, 42 PS, der eine für damals erstaunliche Literleistung erbrachte. Die Sportausführung hatte sogar einen eigenen Ölkühler und der Pallas-Vergaser eine Vorwärmung. Das mit Rudge-Drahtspeichenrädern ausgerüstete Modell ging 100 km/h. Der größere Dinos hatte einen 4,1-Liter-Motor mit 75 PS, auch mit obenliegender Nockenwelle. Der Siluminzylinderblock besaß eingezogene Graugußlaufbuchsen und einen Doppelvergaser von Pallas. Von diesem nach technischen Daten hervorragenden Wagen sind aber nur einzelne Exemplare hergestellt worden, und 1924 hörte die Produktion der Dinos-Wagen bereits auf.

Dixi

Die Dixi-Automobilwerke AG in Eisenach waren eine sehr bekannte Firma.
Schon 1899 wurden hier nach französischer Lizenz und unter dem Namen Wartburg Automobile hergestellt, und auch die Nachkriegs-Dixiwagen erfreuten sich zum Teil großer Beliebtheit. Es waren Fahrzeuge der Mittelklasse, aber man hatte sich wohl mit drei verschiedenen Modellen etwas verzettelt, als man zu Beginn des Jahres 1928 die Produktion des Kleinwagens mit 750 ccm und 15 PS nach Lizenz Austin

Von 1934 bis 1936 wurde der Mercedes Typ 500 K gebaut, mit 5018-ccm-8-Zylinder-Reihenmotor, der mit Kompressor 160 PS leistete. Dieses viersitzige, zweitürig-vierfenstrige Cabriolet (»Cabriolet B«) ist noch mit einer IIIA-Nummer ausgerüstet, vor dem Krieg das Kennzeichen von Stuttgart.

III A-37

Der große Dixi 9/40 aus dem Jahre 1927

aus England übernahm. Dieser Wagen wurde als Dixi (mit einem kleinen Zentaur als Kühlerfigur) aber nur dieses eine Jahr hergestellt und dann die Firma an BMW verkauft.

DKW

DKW war ursprünglich die Abkürzung für Dampfkraftwagen, aber der Konstrukteur J. S. Rasmussen, ein Däne, der die Zschopauer Motorenwerke begründete, wollte zwar einen Dampfwagen konstruieren, hat ihn aber niemals gebaut. Im ersten Weltkrieg stellte die Firma von Rasmussen Granatzünder her, schließlich 1918 einen 25-ccm-Kleinmotor und einen Fahrradhilfsmotor. Dann wurde eine Motorradproduktion ins Leben gerufen, die großen Widerhall fand, und auf dieser Basis begann man 1928 mit dem Autobau. Aufgrund der Zweitakt-Erfahrungen wählte man auch für die Automobilmotoren das Zweitaktverfahren, dem man fast 40 Jahre lang treu blieb. Der erste DKW von 1928 hieß Modell P und hatte einen 2-Zylinder-Reihenmotor, 584 ccm mit 16,5 PS, und eine rahmenlose selbsttragende Sperrholzkarosserie, vorn und hinten mit Querblattfedern. Der erste DKW hatte aber noch keinen Frontantrieb, sondern eine konventionelle Bauart, auch die Sportausführung, die 1929 herauskam. Die DKW-Frontantriebsmodelle sind erst von 1931 an gebaut worden.

Dürkopp

Die Dürkopp-Werke AG in Bielefeld gehören zu den ältesten deutschen Automobilfabriken, die schon Mitte der 90er Jahre die Produktion aufnahmen. Bemerkenswert ist, daß Dürkopp schon 1899 einen ersten Vierzylinder herausbrachte und 1902 einen Sechszylinder, was damals fast sensationell war. In der Mitte der 20er Jahre baute Dürkopp drei Modelle: einen Vierzylinder mit 2 Liter Hubraum und 32 PS bei 2500 Umdrehungen, der 85 km/h lief und ein braver, konventioneller Wagen war. Ganz im Gegensatz dazu stand der 2-Liter-Dürkopp-Kompressor-Sportwagen, der 1925 herauskam und nur in einer ganz kleinen Serie gebaut wurde. Er leistete ohne Kompressor 40 und mit Kompressor bei 3000 Umdrehungen 60 PS. Das Gebläse war ein ständig mitlaufendes Zoller-Gebläse. Der Motor hatte seitlich gesteuerte Ventile. Dieser Dürkopp-Sportwagen mit 2,60 m Radstand und Rudge-Drahtspeichenrädern sah außerordentlich rassig aus; die Auspuffrohre lagen außen.
Hans Stuck hat mit diesem Dürkopp-Sportwagen seine ersten Erfolge in Bergrennen erzielt. Außerdem gab es bei Dürkopp noch einen 6-Zylinder-Wagen mit 3 Liter Hubraum und 50 PS, der 1923 auf den Markt kam, aber erst 1925 Vierradbremsen erhielt. Es war kein besonders auffallendes Auto und auch kein billiges. Die Produktion von Personenwagen wurde 1927 bei Dürkopp eingestellt.

Dux

Die Dux-Automobilwerke AG befanden sich in Leipzig-Waren. Der erste dort hergestellte Wagen trug 1905 die Be-

Der erste DKW aus dem Jahre 1928 mit 600-ccm-Motor und Hinterradantrieb

Dürkopp 2-Liter-Sportwagen 1924, am Lenkrad Hans Stuck

zeichnung Polymobil. Es war eine Lizenzherstellung des kleinen amerikanischen Oldsmobile »Curved Dash«. Nach dem ersten Weltkrieg versuchte sich Dux in der gehobenen Mittelklasse. Zuerst kam ein 4-Zylinder-Wagen mit 4,7 Liter Hubraum und 50 PS auf den Markt (bei nur 1800 Umdrehungen), der als Tourenwagen um 13 200 Goldmark angeboten wurde. Dieser Dux 17/50 PS hatte einen Spitzkühler und Holzspeichenräder. Kurz danach brachte man einen Sechszylinder auf den Markt, der 4,5 Liter Hubraum und nunmehr 60 PS hatte, mit einem bei Dux entwickelten Doppelvergaser. Der offene Tourenwagen wog 1850 kg und lief 110 km/h. Er hatte zwei Bremspedale, denn außer den mechanischen Vierradbremsen gab es noch eine zusätzliche Getriebebremse. Aber auch diesem Typ war kein Erfolg beschieden, und 1926 wurden die Dux-Werke von Presto aufgekauft. Die Presto-Werke wiederum gingen ein Jahr später in den Besitz von NAG über.

Ego

Die Ego-Kleinwagen aus den Jahren 1921–27 wären vielleicht nicht erwähnenswert, hätte nicht Rudolf Caracciola am Beginn seiner Laufbahn mit einem Ego-Wagen in einem kleinen Autorennen bei Berlin gesiegt. Der kleine Ego hatte einen Motor mit 1016 ccm, der 15 PS bei 3000 Touren leistete. Die Normalausführung der Karosserie war dreisitzig, der Wagen wog nur 700 kg und hatte noch keine Vierradbremse. Davon gab es eine Sportausführung mit 24 PS, die angeblich bei 5000 Umdrehungen erreicht wurden, mit zwei Vergasern, Leichtmetallkolben und Duralpleuel. Der größere Ego, ebenfalls ein Vierzylinder mit obenliegenden Ventilen, hatte 1320 ccm und leistete 25 PS. Hergestellt wurden die Ego-Wagen im Merkurflugzeugbau in Berlin SO 36. Die Produktion wurde nach 1925 von den Hiller-Automobilwerken übernommen, aber nur bis 1927 weitergeführt.

ELITEWERKE AKTIENGESELLSCHAFT · BRAND-ERBISDORF

Elite

Auch dies war eine Firma, die die 20er Jahre nicht überlebte. Die Elite-Werke befanden sich in Brand-Erbisdorf in Sachsen und wurden 1914 gegründet. In den 20er Jahren war man bestrebt, Modelle der Mittelklasse und der oberen Mittelklasse anzubieten, hatte aber keinen großen Absatz. Der Vierzylinder mit 3,1 Liter Hubraum und 45 PS war kein besonderes Automobil, der Motor hatte einen extrem langen Hub von 140 mm. Interessanter war schon der 1924 heraus-

Anzeige aus »Motor« 1925

gekommene Sechszylinder mit 4,6 Liter und 70 PS, mit zwei Solex-Horizontalvergasern bestückt. Auch dieser 1900 kg schwere Wagen hatte im ersten Jahr noch keine Vierradbremse, die erst 1925 eingeführt wurde. Dieses Modell wurde auch als Sportwagen mit 98 PS Leistung geliefert. 1926/27 kamen noch einmal drei 6-Zylinder-Modelle auf den Markt, aber bereits 1928 mußte der Personenwagenbau eingestellt werden. Einen leichten Lastwagen produzierte man noch einige Jahre weiter. Außerdem hatte man um diese Zeit begonnen, Fahrräder zu produzieren, und infolge einer finanziellen Einflußnahme durch Opel gab es dann noch bei Elite die Fabrikation der Opel- und der Elite-Opel-Motorräder, aber auch das nur kurze Zeit.

Fafnir

Die Fafnir-Werke AG befanden sich in Aachen und stellten von 1908 bis 1926 Automobile her, nachdem man schon vorher Einbaumotoren und Getriebe produziert hatte. Der Fafnir 9/30 PS von 1924 besaß einen seitengesteuerten 2,3-Liter-Motor mit 32 PS bei 2000 Touren, mit Innenbackenbremsen auf die Hinterräder und Außenbackenbremsen auf das Getriebe. Als offener Viersitzer mit seinem leichten Spitzkühler sah er recht rassig aus, aber es kam keine größere Serie zustande. Wie manche Firma in dieser Zeit, so ver-

Faun 1924, 4-Zylinder-Motor mit 1,4 Liter Hubraum

Ein Gräf & Stift Typ SP 8 aus dem Jahre 1933 mit 8-Zylinder-Reihenmotor, 85 mm Bohrung, 132 mm Hub, 5923 ccm Zylinderinhalt, Leistung 125 PS bei 3000 U/min. Die Spitzenmodelle der Firma Gräf & Stift bezeichnete man wegen ihrer luxuriösen Ausstattung und aufwendigen Technik als die österreichischen Rolls-Royces.

suchte auch Fafnir einen Sportwagen mit Kompressor herauszubringen. Er hatte einen Hubraum von 1950 ccm und leistete ohne Kompressor 50 und mit Kompressor etwa 80 PS, was sehr beachtlich war. Der Leichtmetallzylinderblock hatte eingezogene Graugußlaufbuchsen. Der Kompressor kam von Zoller, die Maschine hatte obenliegende Ventile. Dieser Wagen, der 1925 erschien, hatte mechanische Vierradbremsen und Rudge-Drahtspeichenräder. Kurze Zeit war Rudolf Caracciola Werksfahrer bei Fafnir gewesen.

Falcon

Die Falcon-Werke wurden unmittelbar nach dem ersten Weltkrieg in Sontheim bei Heilbronn gegründet, siedelten aber dann, nachdem man sich mit einer Munitionsfabrik zusammengetan hatte, nach Oberramstadt bei Darmstadt über. Dort wurden bis 1926 Automobile und Schreibmaschinen hergestellt. Falcon gehörte zu den zahlreichen Firmen, in denen technisch ganz bemerkenswerte Automobile entstanden, denen aber kein finanzieller Erfolg beschieden war. Der 1,5-Liter-Falcon von 1925 hatte mit seitlich gesteuerten Ventilen bereits eine Leistung von 36 PS bei 3600 Umdrehungen und mechanische Vierradbremsen mit verrippten Leichtmetallbremstrommeln. Er fuhr 100 km/h, und es gab auch eine Sportausführung, die auf 45 PS bei 4600 Umdrehungen kam. Der Falcon war aber zu teuer. Aus den Falcon-Werken gingen in Oberramstadt dann die Röhr-Werke hervor.

Faun

Faun ist nicht nur der Name für den altrömischen Fruchtbarkeitsgott, sondern auch die Abkürzung für »Fahrzeugfabrik Ansbach und Nürnberg«. Die Faun-Werke gingen aus einer Feuerlösch- und Maschinenfabrik in Nürnberg hervor, die 1845 von Karl Schmidt übernommen und ausgebaut wurde und die schon vor dem ersten Weltkrieg Automobile, vor allen Dingen Lastwagen herstellte. Der Faun-Personenwagen wurde von 1924 bis 1926 in insgesamt etwa 1400 Exemplaren hergestellt. Er besaß einen 4-Zylinder-Reihenmotor mit obenliegenden Ventilen und einem Zylinderinhalt von 1410 ccm, Leistung 24 PS bei 2000 Umdrehungen. Damals war auch bei kleinen Wagen der Radstand noch ziemlich lang, hier 2,85 m. Das Eigengewicht des Tourenwagens betrug 940 kg, das Fahrzeug ging 80 km/h und verbrauchte 8 Liter auf 100 Kilometer. Übrigens war der Ölverbrauch der damaligen Automobile viel größer als der der heutigen. Bei diesem Faun wurde im Prospekt 0,25 kg auf 100 Kilometer angegeben, also etwa 2,5 Liter auf 1000 Kilometer, obwohl die Maschine maximal 2400 Touren drehte.

Grade

Die Grade-Automobilwerke AG befanden sich in Bork bei Brück in der Mark Brandenburg und wurden von Hans Grade geführt, der vor dem ersten Weltkrieg schon als Flieger und Flugzeugbauer hervorgetreten war. Die Automobilfabrikation begann 1921. Es wurde ein Kleinwagen hergestellt, von dem Hans Heinrich von Fersen treffend bemerkt: Betont primitive Konstruktion, bei der jedoch viele neuartige Ideen verwirklicht waren. Der Grade Typ F 1 besaß einen 2-Zylinder-Zweitaktmotor mit 808 ccm Hubraum, der 16 PS bei 1800 Touren leistete. Er hatte eine Gebläsekühlung, einen Grade-Spezialvergaser und einen vorne liegenden Brennstofftank mit Förderung durch Gefälle. Grade benutzte ein Reibradgetriebe ohne Kupplung, bei dem der

Der Hanomag 2/10 PS, der von 1924 bis 1928 gebaut wurde und den die Berliner »Kommißbrot« tauften, war der erste Serienwagen mit Heckmotor und Pontonkarosserie. Der 1-Zylinder-Motor hat 499 ccm. Ursprünglich mit nur einem Zentralscheinwerfer ausgerüstet, mußte man später laut Polizeivorschrift zwei Lampen anbringen. Dieses Fahrzeug, das der Kolbenfabrik Mahle gehört, steht im Deutschen Auto Museum Schloß Langenburg.

Antrieb auf ein einzelnes Hinterrad erfolgte, von der Vorgelegewelle aus durch eine ungekapselte Rollenkette. Der Wagen hatte kein Differential, aber man kann sagen, daß er bereits eine selbsttragende Karosserie besaß, weil der Stahlblechrahmen wannenförmig ausgebildet und mit dem Karosseriekörper verschraubt war. Die Innenbackenbremsen wirkten auf die Hinterräder. Erstaunlich der enorm lange Radstand von 2,90 m und die sehr schmale Spur von genau 1 m. Dieser Grade-Kleinwagen, ein Zweisitzer, wog nur 400 kg und lief an die 80 km/h. Er kostete damals 3000 Goldmark. Grade hat diesen Typ dann noch mehrfach verbessert und zuletzt auch einen viersitzigen Versuchswagen mit 1-Liter-Motor hergestellt, konnte aber niemals ausreichende Stückzahlen erzielen, so daß 1926 die Produktion wieder aufgegeben werden mußte. Ein solcher Grade-Kleinwagen, der dem Deutschen Museum gehört, befindet sich heute im Auto- und Motorradmuseum Bad Oeynhausen.

Gräf & Stift

Wenn wir die österreichischen Automobilfirmen in diesen Kreis der deutschen Produzenten mit einbeziehen, dann muß Gräf & Stift, die Automobilfabrik AG in Wien, besonders lobend erwähnt werden. Die Gebr. Gräf bauten nämlich schon zwischen 1895 und 1897 einen leichten Wagen mit De-Dion-Motor, der Frontantrieb besaß und sicherlich der erste Frontantrieb der Welt war. 1902 wurde die Firma Gräf & Stift gegründet, wobei man zuerst Automobile unter dem Namen Spitz herstellte, weil der Wiener Automobilhändler Arnold Spitz der Auftraggeber war. Ab 1907 wurden die Wagen Gräf & Stift genannt. Man stellte dort immer sehr zuverlässige, qualitativ hochwertige Wagen der oberen Mittelklasse und der Luxusklasse her, und es war ein Gräf & Stift, in dem am 28. Juni 1914 der Erzherzog Franz Ferdinand in Sarajewo ermordet wurde.
Man übertreibt nur wenig, wenn man den Gräf & Stift als den österreichischen Rolls-Royce bezeichnet. 1921/22 kamen zwei Gräf-&-Stift-Modelle auf den Markt: ein Sechszylinder mit obenliegenden Ventilen, der 7,8 Liter Hubraum besaß und 110 PS bei 2400 Touren leistete. Er war mit zwei Zenith-Vergasern ausgerüstet (für die damalige Zeit waren sie noch ganz ungewöhnlich, die zwei Vergaser). Er hatte auch schon von Anfang an Vierradbremsen, vorn Halbelliptikfeder, hinten Cantilever-Auslegerfeder. Es war ein riesiges Automobil mit 3,80 m Radstand, wobei der offene Tourenwagen knapp über 2000 kg wog und um 24 000 Reichsmark angeboten wurde. Auf dem Kühlerverschluß thronte als mächtiges Gräf-&-Stift-Zeichen ein Löwe. Der große Gräf & Stift hatte einen Spitzkühler und Holzspeichenräder. Er war einer der größten Wagen, die damals überhaupt gebaut wurden. Daneben gab es den Typ VK, einen kleineren Vierzylinder mit seitlich gesteuerten Ventilen und 2 Liter Hubraum (25 PS bei 2000 Touren), dessen Motor später 30 PS erhielt. 1930 erschien Gräf & Stift mit einem neuen Programm: einem Sechszylinder mit obenliegender Nockenwelle und Antrieb durch Kette, der 3,9 Liter Hubraum und 75 PS besaß. Dazu für die damalige Zeit bemerkenswerterweise schon hydraulische Vierradbremsen. Mit einer Reifengröße von 7.00×20, einem Radstand von 3,60 m, einem Fahrgestellgewicht von 1400 kg sah er schon sehr repräsentativ aus. Er wurde aber noch übertroffen durch den Gräf-&-Stift-Typ SP 8, einen Achtzylinder, ebenfalls mit obenliegender Nockenwelle, der 6 Liter Hubraum hatte und 125 PS bei 3000 Touren leistete. Der Siluminmotorblock hatte Graugußlaufbuchsen, und die Kurbelwelle lief in neun Gleitlagern. Die Wasserpumpenkühlung war bereits mit einem Thermostat ausgestattet, die Vergaser waren Zenith-Vertikal-Doppel-Vergaser mit Luftfilter und Geräuschdämpfer. Die Förderung des Kraftstoffs vom hinten liegenden Tank erfolgte bereits durch eine elektrische Benzinpumpe. Die Bremsen waren Saugluft-Vierradbremsen, die Reifengröße betrug 7.50×18 bei einem Radstand von 3,76 m. Die Limousine wog genau 2½ Tonnen. 1938 mußte die Produktion auf dem Personenwagensektor bei Gräf & Stift eingestellt werwerden, Lastwagen wurden jedoch weiterhin hergestellt.

HAG

HAG war die Abkürzung für die Hessische Automobilgesellschaft AG in Darmstadt. Unter dem Namen HAG wurden Automobile zwischen 1922 und 1924 hergestellt, dann liierte man sich mit der Mainzer Waggonfabrik, der Firma Gebr. Gastell in Mainz, und brachte diese Autos unter dem Namen HAG-Gastell auf den Markt, wenn auch nicht mehr sehr lange. Immerhin haben HAG-Gastell mit 1,5-Liter-Sportwagen in der kleinen Klasse eine Reihe von Rennerfolgen in der Mitte der 20er Jahre erzielen können. Schon der erste HAG, der sogenannte »25 PS«, hatte einen bemerkenswerten 4-Zylinder-Motor mit einer obenliegenden Nockenwelle, die über Königswelle angetrieben wurde. 1305 ccm Hubraum, Leistung 28 PS bei 3000 Touren, Dreiganggetriebe und mechanische Vierradbremsen. Eigengewicht des offenen Tourenwagens 850 kg, Spitze bei 90 km/h.

Hanomag

Hanomag, die Hannoversche Maschinenbau AG vormals Georg Egestorff in Hannover-Linden, wie der offizielle Name heißt, ist schon sehr alt. Die Hanomag wurde bereits 1825 als Maschinenfabrik gegründet. Man nahm den Automobilbau erst 1924 auf, mit einer ganz ungewöhnlichen Konstruktion, dem Automobil, das die Berliner dann schnell das Kommißbrot nannten. Dieser Wagen war als erstes Serienfahrzeug mit einer Vollpontonkarosserie ausgerüstet. Der kleine Hanomag wurde von 1924 bis 1928 gebaut. Er hatte nur einen 1-Zylinder-Viertaktmotor, der im Wagenheck angeordnet war und mit 499 ccm 10 PS leistete, was dem Fahrzeug eine Spitzengeschwindigkeit von rund 60 km/h verlieh. Das Kommißbrot besaß noch keinen elektrischen Anlasser, sondern man mußte den Motor mit der Hand anreißen, so ähnlich wie ein Motorrad angetreten wurde. Der kleine Wagen hatte natürlich nur ein Dreiganggetriebe, und die Hinterachse besaß kein Differential. Die Spurweite betrug nur 1,04 m, der Radstand 1,92 m, die Reifen waren noch Motorradreifen, und der offene kleine Hanomag wog zuerst nur 370 kg. Die Federung war schon sehr modern: vorne übereinanderliegende Querblattfedern, hinten Spiralfedern. Der Preis lag bei 2300,- Mark. Dieser Wagen wurde dann auch mit einem Limousinenaufsatz geliefert, war nur zweisitzig und wurde in Berlin sogar als Kleintaxi eingesetzt. Die ersten Hanomag hatten nur einen Zentralscheinwerfer vorne in der stromlinienförmigen Karosserie. Später mußte man die Hanomag mit zwei Scheinwerfern ausrüsten, weil die Polizei diesen einen Zentralscheinwerfer nicht mehr zuließ. Bei den deutschen Veteranenfreunden findet man noch einige gutgehende solche alten Hanomags. Durch den Erfolg ermuntert, brachten die Hanomag-Werke 1928 einen vollwertigen Kleinwagen heraus mit einem 745-ccm-16-PS-Motor, der 2,30 m Radstand, aber nur eine Spur von 1 m hatte und 75 km/h fuhr. Es war der sogenannte Hanomag Typ 3/16. Später wurde der Motor auf 800 ccm vergrößert, und schließlich brachte man diesen Kleinwagen zu vollen 4 Sitzen und mit einem Hubraum von 1100 ccm heraus. In den 30er Jahren ging dann Hanomag zur Produktion von Mittelklassewagen über.

Hansa

Die Geschichte der Hansa-Werke ist etwas kompliziert. Die Hansa-Automobilwerke wurden 1905 gegründet. 1914 schloß sich Hansa mit der Norddeutschen Automobil- und Motoren-AG in Bremen zusammen. Diese waren die Hersteller der Lloyd-Wagen. Von da an hieß es Hansa-Lloyd AG. Es wurde jedoch die Hansa-Produktion im ursprünglichen Werk in Varel weitergeführt, während die Hansa-Lloyd-Wagen in Bremen erzeugt wurden. 1919 schloß sich Hansa-Lloyd mit Brennabor und NAG zur Gemeinschaft Deutscher Automobilfabriken zusammen, der GDA, stellten aber unabhängig voneinander und unter eigenem Namen ihre Typen her. 1929 wurden die Hansa-Lloyd-Werke von den Goliath-Werken in Bremen aufgekauft, die damals Borgward und Tecklenborg hießen, und von 1939 an trugen dann sämtliche Erzeugnisse den Namen Borgward. Doch zurück zu Hansa in den 20er Jahren: Nachdem man mit einem normalen Vierzylinder mit 2,1 Liter Hubraum und 36 PS keinen besonderen Erfolg gehabt hatte, ging man 1928 dazu über, amerikanische Einbaumotoren von der Firma Continental zu verwenden, und zwar einen 6-Zylinder-Motor, seitengesteuert, mit 3,3 Liter Hubraum und 60 PS und einen 8-Zylinder-Motor mit 4 Liter und 70 PS. Diese Motoren wurden ein Jahr später schon auf 3,5 Liter und 65 PS beziehungsweise 4,4 Liter und 80 PS vergrößert. Von einem echten Verkaufserfolg konnte man nicht sprechen, wenngleich die Hansa-Wagen mit zu den ersten in Deutschland gehörten, die mit hydraulischen Vierradbremsen ausgerüstet

Hansa 1928, 6 Zylinder, 50 PS, Damals nannte man diese Form Ideal-Cabriolet, heute würden wir Cabrio-Limousine sagen.

Horch Modell 670 mit 12 Zylindern und 6 Liter Hubraum. Der Versuch, einen Zwölfzylinder auf den Markt zu bringen, war nicht von Erfolg gekrönt, so daß Horch wieder zu den bewährten 8-Zylinder-Modellen zurückkehrte.

waren. So ging man am Anfang der 30er Jahre dazu über, nur noch Wagen der unteren Mittelklasse und Kleinwagen zu produzieren.

Hansa-Lloyd

Hansa-Lloyd, wo man außer Personenwagen auch Lastwagen und Ackerschlepper herstellte, war wahrscheinlich die erste deutsche Firma, die serienmäßig einen Achtzylinder auf den Markt brachte, der im Dezember 1925 zum ersten Mal als Chassis auf der Automobilausstellung zu sehen war und sich Hansa-Lloyd »Trumpf Ass« nannte. Dieser 8-Zylinder-Reihenmotor hatte eine obenliegende Nockenwelle mit Königswellenantrieb, einen Hubraum von 5220 ccm und leistete 100 PS bei 3000 Umdrehungen. Er besaß einen eigenen Ölkühler und einen Thermostat für die Wasserpumpenkühlung, dazu zwei Zenith-Vertikalvergaser. Zu dem angeblockten Dreiganggetriebe gab es auf Wunsch ein Maybach-Schnellgang-Getriebe zusätzlich. Auch bei diesem Hansa-Lloyd hatte man sehr frühzeitig hydraulische Vierradbremsen in die Produktion genommen. Der Wagen hatte sehr hohe Räder (Reifen 7.00×21, bei einem Radstand von 3,75 m). Er kostete einst 25 500 Reichsmark. Nach 1929 wurden keine Hansa-Lloyd-Wagen mehr produziert.

Heim

Die Heim & Cie. Badische Automobilfabrik AG in Mannheim ist kaum bekannt geworden. Der Schöpfer der Heim-Wagen, Franz Heim, war einst Fahrer bei Benz gewesen und hatte 1921 ein eigenes Werk zur Produktion von Automobilen gegründet, das aber nur bis 1926 bestand. Auch diese Heim-Wagen sind typisch für diesen Beginn der 20er Jahre: technisch ganz bemerkenswerte Konstruktionen, aber es fehlte am finanziellen Hintergrund und an der Planung für einen geschickten Serienbau. Der Heim-6-Zylinder von 1924 hatte eine obenliegende Nockenwelle mit Antrieb über Königswelle und einen Motor mit 2385 ccm, der 60 PS bei 2800 Touren leistete, für die damalige Zeit eine enorme Literleistung. Der Motor besaß zwei Zenith-Vergaser. Eine Lederkonuskupplung leitete zum separaten Vierganggetriebe über. Rudge-Drahtspeichenräder waren serienmäßig vorgesehen. Der Radstand betrug 2,71 m, der Brennstofftank lag hinten, die Förderung erfolgte durch ein Pallas-Autovac. Man konnte diesen Heim auch als Sportwagen erhalten, was aber nichts daran änderte, daß diese Firma heute längst vergessen ist.

Horch

Die Horch-Werke in Zwickau in Sachsen dagegen sind auch heute noch ein Begriff, obwohl es Horch-Wagen nur bis zum Jahr 1939 gegeben hat. August Horch, dem später der Doktortitel ehrenhalber verliehen wurde, baute sein erstes Versuchsmodell im Jahr 1900 in Köln-Ehrenfeld. Er siedelte dann nach Reichenbach im Vogtland über, wo er aber auch nur einzelne Wagen baute, ehe er in Zwickau in Sachsen die Produktion aufnahm. 1909 jedoch – die Horch-Wagen waren bis dahin sehr erfolgreich in tourensportlichen Veranstaltungen gewesen und genossen einen sehr guten Ruf – schied August Horch wegen Differenzen mit seiner Geschäftsleitung aus seinem eigenen Unternehmen aus und gründete die Audi-Werke. Die Horch-Werke, zu denen 1923 Paul Daimler, der Sohn Gottlieb Daimlers, als Chefkonstrukteur kam, gingen in den 20er Jahren einen geraden Weg zum luxuriösen, aber doch nicht zu teuren 8-Zylinder-Wagen. 1926 kam der erste 8-Zylinder-Horch auf den Markt, und in der Folgezeit haben die Horch-Werke, von einem Seitensprung zu einem Zwölfzylinder abgesehen, der nicht reüssierte, immer nur 8-Zylinder-Motoren hergestellt. Zunächst hatte der 8-Zylinder-Horch einen Hubraum von 3375 ccm und 65 PS-Leistung. Er wog immerhin schon 1850 kg. Interessant war, daß dieser 8-Zylinder-Reihenmotor zwei obenliegende Nockenwellen besaß – eine ziemlich aufwendige Konstruktion, die vom Sport- und Rennwagenbau her übernommen wurde. Auch der folgende Typ mit 4 Liter Hubraum und 80 PS besaß zwei solche obenliegenden Nockenwellen, die durch Königswelle angetrieben wurden. Die Fahrgestelle von Horch waren immer konventionell gebaut. Das Gewicht dieser großen Wagen, deren Standardform die Pullman-Limousine war, lag sehr hoch, so daß man nicht von einem lebhaften Automobil sprechen konnte. Es war aber repräsentativ zu einem vernünftigen Preis. Daneben jedoch gab es bei Horch auch einige sehr elegante Cabriolets.

Komnick

Die Automobilwerke F. Komnick AG befanden sich in Elbingen, Westpreußen. Schon 1907 wurde diese Firma gegründet, die sich zunächst nur mit der Herstellung von Lastwagen beschäftigte. 1923 nahm man die Produktion von Personenwagen auf und schuf einen 4-Zylinder-Wagen, der 2,1 Liter Hubraum und 32 PS bei 3200 Touren hatte, interessanterweise mit einer obenliegenden Nockenwelle und Königswellenantrieb versehen. Der Wagen besaß zunächst keine Vierradbremsen, sondern Innenbackenbremsen auf die Hinterräder wirkend und eine Getriebe-Außenbacken-Bremse. Optisch war er gekennzeichnet durch einen Spitzkühler. Auch in den 20er Jahren wurden bei Komnick neben den Personenwagen Schlepper und Lastwagen hergestellt. Man mußte aber Ende der 20er Jahre die Automobilherstellung ganz aufgeben.

Laurin & Klement

Laurin & Klement begann 1895 mit Fahrrädern, 1898 mit Motorrädern und 1907 mit dem Bau von Automobilen. Das waren die Marksteine dieser Firma in Jungbunzlau in Böhmen, die sich 1913 mit der Reichenberger Automobilfabrik (RAF) zusammenschloß. Bemerkenswert ist, daß bei Laurin & Klement unmittelbar nach dem Krieg Automobile mit Schiebersteuerung nach dem Knight-Patent hergestellt wurden. Unter anderem ein Wagen mit 3,1-Liter-4-Zylinder-Reihenmotor und 38 PS bei nur 1900 Umdrehungen. Die Zylinder dieses Motors waren noch wie in der Vorkriegszeit paarweise zusammengegossen. Parallel dazu wurde noch ein großer Vierzylinder mit seitlich gesteuerten Ventilen entwickelt, der 4,7 Liter Hubraum, aber nur 45 PS besaß. Man konnte diese Laurin-&-Klement-Wagen technisch nicht mehr als fortschrittlich bezeichnen, und Ende der 20er Jahre erfolgte dann die Fusion mit Skoda.

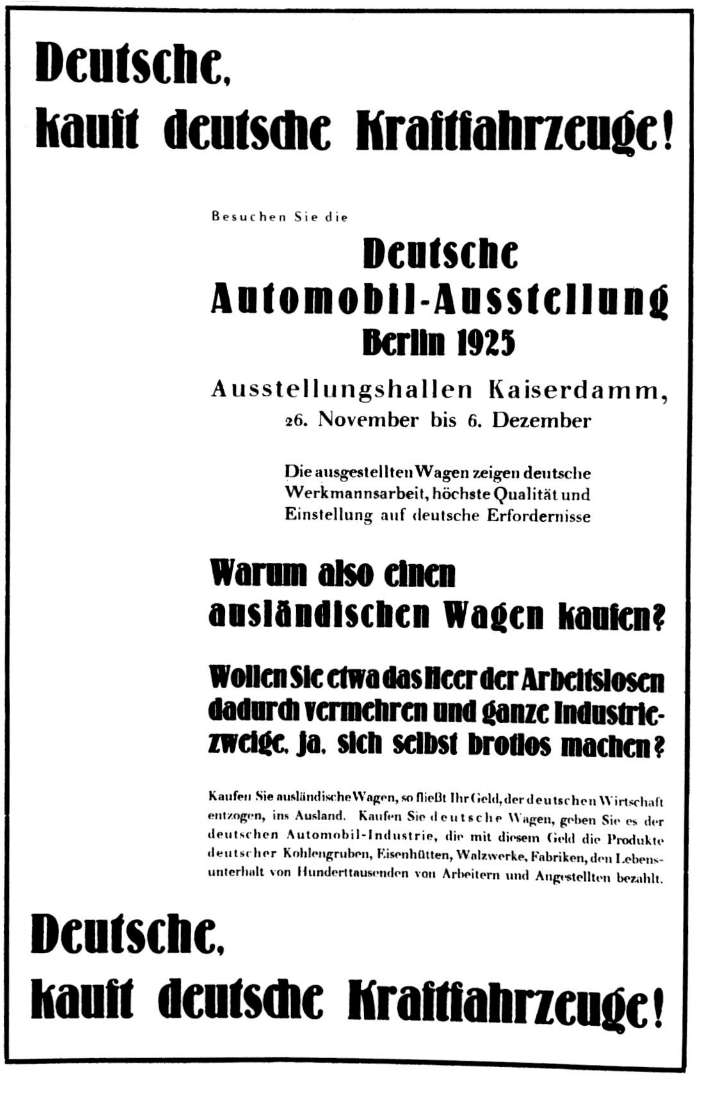

Ley

Die Maschinenfabrik Ley wurde in Arnstadt in Thüringen bereits 1856 gegründet, und die ersten Automobile wurden dort 1905 gebaut. Bemerkenswert war, daß man schon 1909 die ersten Versuche mit Blockmotoren machte, während damals allgemein die Zylinder noch einzeln oder paarweise gegossen wurden. Auch die Ley-Wagen, die vor dem Krieg unter dem Namen Loreley bekannt geworden waren, überlebten die schwierigen wirtschaftlichen Verhältnisse der 20er Jahre nicht. 1927 wurde die Personenwagenproduktion, 1929 die Lastwagenproduktion eingestellt. Weder der Vierzylinder mit 1,5 Liter und 20 PS noch der etwas größere Typ mit 2 Liter Hubraum und 38 PS noch auch der 3,1 Liter mit 48 PS hatten wirkliche technische Besonderheiten, außer daß der große Ley einer der ersten Wagen in Deutschland war, die mit einer Öldruck-Vierradbremse ausgerüstet wurden. 1924/25 gab es auch einmal einen recht munteren Ley-Sportwagen mit 1,5-Liter-40-PS-Motor und obenliegender Nockenwelle. Weshalb man die Firma Ley automobilgeschichtlich noch erwähnen sollte: 1923 hat Paul Jaray, einer der Vorkämpfer des Stromlinien-Gedankens, seinen ersten Vollstromlinien-Wagen nach den Jaray-Patenten auf einem Fahrgestell von Ley gebaut. Später hat Jaray noch einen Dixi-Wagen in ähnlicher Weise karossiert.

Erster Maybach »W 3« als siebensitziges Doppelphaeton mit zusätzlicher Scheibe ausgebildet (1921)

Mannesmann

Mannesmann, in Remscheid im Bergischen Land ansässig, begann 1923 mit der Herstellung von Personenwagen, parallel dazu liefen die Mannesmann-Mulag-Lastwagen. Zuerst stellte man einen Kleinwagen her, dann glaubte man, Ende der 20er Jahre den großen Sprung in die Luxusklasse wagen zu können, was den meisten Firmen finanziell nicht gelang. Vor allen Dingen schien es so, als sei bei vielen Firmen keine rechte Marktanalyse angestellt worden. Der 1927 zum ersten Mal vorgestellte 8-Zylinder-Mannesmann hatte einen 2,4-Liter-Motor (für einen Achtzylinder also eigentlich sehr klein) mit 55 PS bei 3400 Touren, die obenliegenden Ventile waren durch Stoßstangen und Kipphebel gesteuert. Von diesem Mannesmann gab es auch eine Sportausführung. Die große Limousine dieses Achtzylinders hatte bemerkenswerte Bremstrommeln aus Leichtmetall, die verrippt waren. 1929 mußte die Produktion bereits wieder eingestellt werden.

Mauser

Die Mauser-Werke AG in Oberndorf am Neckar waren berühmt durch ihre Munitions- und Gewehrherstellung. Da man damit in den 20er Jahren keine so großen finanziellen Erfolg erzielen konnte wie vor dem ersten Weltkrieg, versuchten viele solcher Firmen, im Zuge einer Diversifikation auch Automobile herzustellen. Mauser produzierte einen ziemlich normalen, kleinen Wagen mit 1,6 Liter Hubraum und 28 PS, der mit 9550 Mark sicherlich etwas zu teuer war, und machte außerdem ein Experiment mit dem fast legendär zu nennenden Mauser-Einspurauto. Mit diesen Versuchen begann man 1923. Das Mauser-Einspurauto hatte einen wassergekühlten 500-ccm-1-Zylinder-Motor mit 10 PS. Es war im Grunde ein karossiertes Motorrad, das Vorderrad wurde nicht mit einem Lenkrad, sondern mit einem Motorradlenker geführt. Die zwei Sitze befanden sich hintereinander, man konnte auch ein Verdeck aufschlagen. Rechts und links von dieser schmalen Karosserie befanden sich Stützräder, die mit Hilfe eines Hebels eingezogen werden konnten, so daß man auf vier Rädern anfuhr und beim Fahren, nun diese Stützräder einziehend, sich auf den zwei Rädern wie ein Motorrad in die Kurve legen konnte. Der Radstand betrug 1,90 m. Das Einspurauto fuhr 60 bis 65 km/h. Es wurde übrigens auch in Frankreich in Lizenz gebaut und erhielt dort den Namen Monotrace. Als man bei Mauser 1927 wegen totalen Mißerfolgs die gesamte Autoproduktion wieder aufgab, übernahm eine kleine Werkstatt, die Firma Winkler in Oberndorf, die noch vorhandenen Teile für die Produktion dieses Einspurautos. 1928 und 1929 gab es darum noch die Mauser-Konstruktion leicht abgewandelt als Winkler-Einspurauto.

Maybach

Als Wilhelm Maybach mit seinem Sohn, Dr. Karl Maybach, sich von der Firma Daimler getrennt hatte und 1909 in Friedrichshafen eine eigene Firma gründete, wurden dort zunächst nur Motoren hergestellt, und zwar hauptsächlich für die Zeppelinluftschiffe. Nach dem Ende des Krieges glaubte man bei Maybach, Motoren entwickeln zu können, die den Automobilfirmen zur Verfügung stehen sollten, und wollte zunächst gar keine eigenen Automobile bauen. Erst als man sah, daß nur ganz wenige Firmen Interesse an solchen

Maybach brachte 1935 einen »kleinen« Wagen auf den Markt, der zuerst 3,5 Liter, dann 3,8 Liter Hubraum und 140 PS hatte. Maybach konstruierte ausschließlich Automobile, die durch enorme Motordimensionen und durch technische Finessen auffielen.

fremden Motoren hatten, beschloß man, eine eigene Produktion in die Wege zu leiten. Zunächst war der erste große Maybach-Motor in den holländischen Spyker-Wagen eingebaut worden. Ende 1921 kündigte Maybach seinen ersten eigenen Wagen an, den Typ W 3, der einen 6-Zylinder-Reihenmotor mit seitlich gesteuerten Ventilen und 5,8 Liter Hubraum mit 72 PS besaß. Dies war der kleinste Maybach, der in den 20er Jahren gebaut wurde. Maybach hat immer nur Luxuswagen produziert, und stets hat Maybach in Verbindung mit der Zahnradfabrik in Friedrichshafen interessante Getriebe-Konstruktionen angeboten. Dieser erste Maybach vom Typ W 3, der bis 1926 gebaut wurde, besaß ein Zweigang-Planetengetriebe, mit einem Berggang und einem Normalgang, den man mit einem Fußpedal schaltete. Das Chassis dieses W 3 kostete bereits 24000,– Mark. 1926 kam dann als Nachfolger der W 5. Der 6-Zylinder-Reihenmotor war auf 7 Liter Hubraum vergrößert worden (mit dem enorm langen Hub von 168 mm, Bohrung 94 mm) und leistete 120 PS bei 2800 Touren. Die Ventile lagen sich im Zylinderkopf waagerecht gegenüber. Auch hier hatte das Maybach-Planetengetriebe nur zwei Gänge – was bei dieser Motorendimension auch völlig genügte. Außerdem gab es wahlweise einen zusätzlichen Maybach-Schnellgang, beim sogenannten Maybach W 5 SG. Das Fahrgestell dieses W 5 wog bereits 1750 kg, und vielfach bestellte man bei Maybach in Friedrichshafen nur das Fahrgestell und ließ die große Karosserie in einem Spezialkarosseriewerk anfertigen. Maybach selbst besaß keine eigene Karosseriefabrik. Die meisten Maybach-Wagen wurden bei der Firma Spohn in dem benachbarten Ravensburg hergestellt. Übrigens waren alle Maybach W 3 und W 5 rechtsgelenkt. Die Motoren des W 3 und W 5 fanden auch vielfach als Bootsmotoren in Schnellbooten und Hochsee-Yachten Verwendung. Ende 1929 kündigte Maybach einen Wagen an, der in etwas verbesserter Form in den 30er Jahren dann der größte deutsche Personenwagen werden sollte und der später den Namen Zeppelin trug: den Maybach 12 mit einem damals noch 7-Liter-12-Zylinder-Motor, der dann auf 8 Liter vergrößert wurde.

Im Dezember 1929 verstarb der Oberbaurat Dr. h. c. Wilhelm Maybach im Alter von 84 Jahren. Sein Sohn Karl führte das Unternehmen weiter.

Mölkamp

Die Möllenkamp-Werke AG in Düsseldorf und Köln stellten nach dem Krieg in den Jahren 1923 bis 1926 einen bemerkenswerten 6-Zylinder-Wagen her. Er hatte einen 2,5-Liter-Motor mit 50 PS und obenliegender Nockenwelle, Antrieb durch Königswelle. 1924 kam ein 4-Zylinder-Modell dazu, das von der italienischen Firma Ceirano übernommen wurde. Der Wagen hieß Mölkamp-Ceirano und hatte einen 1,4-Liter-Motor mit 30 PS. Die Möllenkamp-Werke, ursprünglich eine reine Karosseriefabrik, mußten aber ihre Produktion 1926 wieder einstellen: eine der vielen Firmen, die das typische Schicksal in den 20er Jahren erlitten.

NAG

NAG hieß ursprünglich Neue Automobilgesellschaft mit Sitz Berlin. Sie wurde 1901 gegründet und 1915 in Nationale Automobilgesellschaft umbenannt. Im Krieg wurden hier Flugmotoren gebaut. Die Produktion in den 20er Jahren stand unter keinem sehr guten Stern, obwohl man einige bemerkenswerte Automobile herausbrachte. Dazu gehörte vor allen Dingen der NAG-Sportwagen Typ C 4 b, der unter dem Namen Monza sehr bekannt wurde und in Sportwagenrennen recht erfolgreich war. Man baute ihn von 1922 bis 1926. In seiner Normalausführung hatte er einen 2,5-Liter-Motor mit 45 PS und eine sehr rassige viersitzige, offene Karosserie mit einem Spitzkühler und seitlich aus der Motorhaube heraustretendem Auspuff. Unmittelbar nach dem Krieg hatte man mit einem braven Vierzylinder von 2,5 Liter Hubraum und 33 PS begonnen. 1926 war ein 6-Zylinder-Modell dazugekommen mit einem 3,1-Liter-63-PS-Motor, der später auf 3,6 Liter und 73 PS vergrößert wurde. 1926 schloß sich NAG mit Protos zusammen, das zum Siemens-Konzern gehörte, und deshalb hießen die Automobile eine Zeitlang NAG-Protos. Es waren Ende der 20er Jahre alles Fahrzeuge der gehobenen Mittelklasse. Zu Beginn der 30er Jahre versuchte man dann sogar mit einem Achtzylinder in die Luxusklasse vorzudringen, was völlig mißlang. 1934 mußte die Produktion eingestellt werden, obwohl der neue sehr interessante kleine NAG-Typ, ein 1,5 Liter mit Frontantrieb, hoffnungsvoll zu sein schien.

NAG 16/80 von 1931

NSU

Die Neckarsulmer Fahrzeugwerke AG begannen bereits 1905, nachdem sie auf dem Motorradsektor schon recht erfolgreich gewesen waren, mit der Herstellung von Automobilen, zunächst nach Lizenz der belgischen Firma Pipe. In den 20er Jahren waren besonders die kleineren, sportlichen Modelle sehr bemerkenswert. Die NSU-Renn- und Sportwagen taten sich besonders bei den Avus-Rennen hervor. Schon 1923 gewann Klöble auf einem NSU auf der Avus die Klasse der 5/25-PS-Wagen, wie es damals hieß, mit einem 1,3-Liter-Vierzylinder, der zu einem Rennwagen umgebaut wurde, mit einem Durchschnitt von 119,4 km/h. Ein Jahr später gab es in dieser Klasse wiederum einen NSU-Erfolg, und für den Großen Preis von Deutschland des Jahres 1926 baute NSU für die kleine Rennwagenklasse, die bis 1500 ccm begrenzt war, einen Spezialwagen, der einen 6-Zylinder-Reihenmotor mit Kompressor besaß und bei 4000 Umdrehungen 60 PS leistete. Er hatte einen extrem langen Radstand von 2,85 m, wog 830 kg und war mehr als 160 km/h schnell. Ergebnis: Die NSU-Rennwagen belegten in der kleinen Klasse die ersten vier Plätze. Ein noch erhaltenes Exemplar dieses Modells steht heute im Deutschen Auto Museum Schloß Langenburg. Unmittelbar nach dem ersten Weltkrieg hatte NSU drei Modelle auf den Markt gebracht: einen kleinen Vierzylinder mit 1230 ccm, ein etwas größeres Modell mit 2,1 Liter Hubraum und 30 PS und dann noch einen sogenannten Typ 14/40 PS, 3,6 Liter Hubraum, 54 PS bei 2000 Umdrehungen, mit noch paarweise zusammengegossenen Zylindern und nicht abnehmbaren Zylinderköpfen. Eigentlich ganz konventionelle Fahrzeuge, die aber gut verarbeitet waren. In der zweiten Hälfte der 20er Jahre kam NSU mit einem recht beliebten Typ, dem sogenannten

Start zum Avus-Rennen 1923. In der ersten Reihe rechts NSU, links Brennabor

8/40 PS, der eine 2,1-Liter-Maschine und 40 PS bei 2800 Touren besaß: ein Auto, das für einen Wagen von 2,1 Liter Hubraum schon recht repräsentativ aussah. Aufgrund der 6-Zylinder-Erfahrungen beim Avus-Rennen kam dann 1928 ein kleiner NSU-Sechszylinder, der zunächst 1567 ccm, später 1781 ccm hatte und 30 respektive 34 PS leistete. Die Ventile waren übrigens seitengesteuert, wie auch bei dem Rennmodell von NSU. Die Serienfertigung von Automobilen hatte man 1927 in das neuerrichtete Zweigwerk in Heilbronn verlegt, während die Motorräder, durch die NSU seinen Ruf erhalten hatte, weiterhin in Neckarsulm produziert wurden. Zu Beginn der 30er Jahre gab es dann ein Arrangement mit Fiat, und von nun an wurden in Heilbronn die NSU-Fiat-Wagen hergestellt.

Opel

Die Firma Adam Opel in Rüsselsheim stellte zunächst von 1862 an Nähmaschinen her, anschließend Fahrräder, ehe man 1898 sich den Lutzmann-Motorwagen vornahm und ihn als Opel-Lutzmann auf den Markt brachte. Schon vor dem ersten Weltkrieg war die Firma Opel eine Zeitlang der größte Automobilproduzent Deutschlands. Die ersten Nachkriegsmodelle waren keine sonderlich bemerkenswerten Wagen, ein Vierzylinder mit 2,2 Liter Hubraum, der 25 PS bei 1900 Touren entwickelte und ein größeres Modell mit 3,4 Liter Hubraum und 38 PS bei 1700 Touren. Man hatte unmittelbar nach dem Krieg noch vielfach Modelle, die schon 1914 in der Planung waren, übernommen. Von 1921 bis 1924 baute man sogar einen großen Sechszylinder mit 5,6 Liter Hubraum und 60 PS, der aber kein Erfolg wurde. Diese ersten Opel hatten noch einen Spitzkühler.

Ein wirklicher Verkaufserfolg wurde erst der Wagen, den man Laubfrosch nannte, weil er am Anfang nur grün lackiert war. Dieser kleine Vierzylinder mit seitlich gesteuerten Ventilen, 951 ccm Hubraum und 12 PS bei 2200 U/min wurde in Deutschland zunächst für 4000 Mark verkauft. Man erkannte sehr bald, daß man mit einem Zweisitzer nicht das ganz große Geschäft machen kann, und funktionierte diesen Laubfrosch dann zu einem viersitzigen Fahrzeug um, dem sogenannten Opel Typ 4/14 PS, der nun 1016 ccm Hubraum und 14 PS bei 2500 Touren besaß. Die ersten 4/14 PS Opel der Jahre 1926 und 1927 hatten noch eine ziemlich eckige Karosserie, wobei zunächst die drei Standardformen – der offene Zweisitzer, der offene viersitzige Tourenwagen und die zweitürige, viersitzige Limousine – vorherrschten. Opel brachte es fertig, das viersitzige Modell zu einem Preis von unter 3000 Mark auf den Markt zu bringen und hatte damit großen Erfolg. Dieser 1-Liter-Opel wurde mit einigen kleinen Verbesserungen am Motor dann zum 4/16 PS und schließlich zum 4/20 PS

AUTOMOBILES
DIEDERICHS
Diederichs

1913 Diederichs
Frontmotor mit vier stehenden Zylindern, Bohrung und Hub 70×140 mm

erhoben. Parallel zu diesen Kleinwagen brachte Opel eine ganze Reihe von weiteren Typen auf den Markt. Es war vielleicht ein zu breiter Fächer, den Opel da anbieten wollte, und es waren vielleicht zu viele Ambitionen dabei, bis in die Mittelklasse, ja sogar zum Luxuswagen vorzustoßen. Zunächst kam der 7/34 PS, mit 1735 ccm und 35 PS Bremsleistung. Es wurde daraus der 8/40 PS entwickelt mit 2-Liter-Motor, dann als nächste Stufe der sogenannte 10/50 PS, der 2612 ccm hatte, zuerst mit 45, dann mit 50 PS Leistung. Opel wollte es aber nicht bei dieser kleinen Mittelklasse bewenden lassen, es kam dann, immer noch recht preiswert für diese Größenordnung, ein 3,6-Liter-Sechszylinder dazu, der 50 PS Leistung hatte und der als 14/50 deklariert wurde, dann der noch größere Sechszylinder mit 4170 ccm und 60 PS. Offiziell hatten diese Automobile alle ganz andere Typenbezeichnungen, der 10/50 PS hieß bei Opel zum Beispiel Typ 80, der große Sechszylinder hieß Typ 100, aber man hat damals häufig die Neigung gehabt, die Steuer- und die Brems-PS als Typenbezeichnung für das Auto zu verwenden, so auch bei Daimler-Benz, wenn man vom 8/38 PS gesprochen hat. Alle diese Opel-Wagen wurden mit einer ganzen Reihe von Karosserien angeboten, was bei einem offenen Zweisitzer anfing. Es gab dann auch noch zweisitzige Coupés und hörte auf bei siebensitzigen offenen Tourenwagen und siebensitzigen Pullmanlimousinen. Die größeren Opel-Modelle hatten keinen solchen Erfolg, weil man sich da ja schon in die Konkurrenz von Mercedes und von Horch begeben hatte, und so war Opel sicher nicht sehr gut beraten, als man 1929 mit einem Achtzylinder herauskommen wollte, der Opel Regent genannt wurde und von dem nur einige Versuchsexemplare gebaut wurden – ein Fahrzeug mit einem 6-Liter-Motor, Leistung 100 PS bei 2400 Umdrehungen, seitlich gesteuerte Ventile. In der Zwischenzeit war die Firma Adam Opel nicht nur in eine Aktiengesellschaft umgewandelt worden, sondern General Motors hatte auch die Aktienmehrheit erworben, und von 1929 an regierte die strikte Rationalisierung und eine kluge Typenprogrammaufschlüsselung, die von den amerikanischen Führungskräften in Rüsselsheim in die Wege geleitet wurde. Der 1,2- und der 1,8-Liter, nachher ab 1934 die neue Serie mit der sogenannten Opel-Synchronfederung vorn – das war die neue Opel-Epoche, die wieder zu großen Stückzahlen führte.

Phänomen

Die Phänomen-Werke Gustav Hiller AG Zittau, Sachsen, wurden schon 1898 gegründet. Zunächst stellte man Fahrräder und Kugellager her, dann Motorräder, und 1907 kam jenes Phänomobil-Dreirad heraus, über das wir schon berichtet haben.

Phänomen hat dann 1920 begonnen, ein »richtiges« Auto zu bauen mit 2,6-Liter-Motor und 30 PS. Aber auch hier ging man in der Tourenzahl nicht sehr hoch und ließ es bei 1300 Umdrehungen pro Minute bewenden. Typisch für die 20er Jahre war wiederum, daß man dann einen sportlichen, größeren Tourenwagen bauen wollte mit einem 4-Zylinder-Reihenmotor und obenliegender Nockenwelle, der 3,1 Liter Hubraum hatte und 55 PS leistete. Er lief 110 km/h, und es gab ihn auch mit einem kurzen Fahrgestell und 65 PS Leistung in einer Sportausführung. Das Ergebnis solcher Ambitionen war 1927 die Einstellung des Personenwagenbaus, während die Phänomen-Nutzfahrzeuge, insbesondere der Granit genannte Kleinlastwagen, weitergeführt werden konnten.

Pluto

Unter dem Namen des griechischen Gottes der Unterwelt bauten die Ehrhardt-Automobilwerke AG in Zella-Mehlis von 1924 bis 1927 – also eine sehr kurze Zeit nur – zwei recht

Opel Sechszylinder von 1931

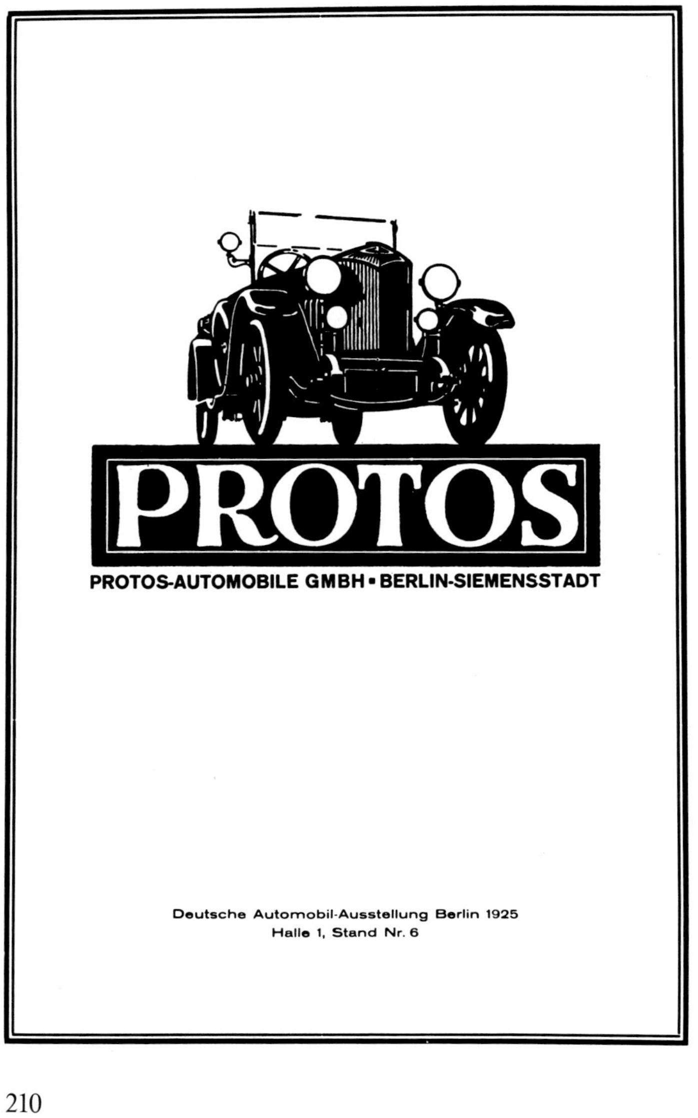

bemerkenswerte Kleinwagenmodelle. Man hatte sich in Frankreich die Lizenz des kleinen sportlichen Amilcar-Wagens besorgt. Der erste Pluto hieß Typ 4/20 Sport, hatte einen 4-Zylinder-Reihenmotor mit seitlich gesteuerten Ventilen, einen Hubraum von 1004 ccm und eine Leistung von 20 PS bei 3200 Touren, von Anfang an Vierradbremsen, eine sehr schmale Spur von 1,07 m, respektive 1,09 m und ein geringes Gewicht als Zweisitzer von nur 610 kg. Darauf basierte der nächste Pluto, der 5/30 PS, der 1054 ccm hatte und den es auch als reinen Sportwagen gab, sogar mit einem Kompressor, einem Rootsgebläse, das diesem Motor dann 65 PS verliehen hat. Pluto-Wagen sind damals in zahlreichen deutschen Rennen gestartet und waren nicht ohne Erfolg.

Presto

Die Presto-Werke befanden sich in Chemnitz. Man hat dort schon 1909 begonnen, Automobile herzustellen, und man kann die Prestowagen der 20er Jahre als solide, seriöse Mittelklasseautos bezeichnen – nicht mehr und nicht weniger. 1921 kam ein Vierzylinder mit 2350 ccm heraus, der 30 PS bei 2200 Touren leistete. Er hatte wie üblich vorn und hinten Halbelliptikfedern, aber schon Vierradbremsen und nach Wahl Stahlspeichen- oder Rudge-Drahtspeichenräder. Er wog als offener Tourenwagen – damals immer noch die Standardform der Automobile – 1250 kg, lief 80 km/h und wurde für 9500 Mark angeboten. Ein verbesserter Vierzylinder hatte dann 40 PS, und 1926 erschien der ganz respektable Sechszylinder-Presto mit obenliegenden Ventilen und 2,6 Liter Hubraum bei 55 PS. Die Kurbelwelle lief in acht Gleitlagern, das Getriebe besaß aber nur 3 Gänge. Einen wirklichen Erfolg auf dem Markt konnten die Presto-Werke aber nicht erzielen, obwohl sie 1926 in Leipzig das frühere Dux-Automobilwerk erworben hatten. 1927 wurden beide Werke von der NAG übernommen. Ganz kurzfristig gab es dann auch NAG-Presto-Wagen. Schon Ende der 20er Jahre gab es aber keine Presto-Automobile mehr; die Fabrikationsstätte der Presto-Werke wurde 1934 von der Auto Union übernommen.

Protos

Die Protos-Automobile GmbH befand sich in Berlin-Siemensstadt. Zum ersten Mal machte die Firma Protos von sich reden, als 1908 der Oberleutnant Koeppen mit einem Protos-Wagen die berühmte Wettfahrt um die ganze Welt antrat. 1907 hatten die Siemens-Schuckert-Werke die Protos-Motorenfabrik erworben und eine Protos-Automobilgesellschaft gegründet. Nach dem Krieg versuchte man es mit einem Vierzylinder mit 2,6 Liter Hubraum und 30 PS, der konventionell gebaut war und noch ein bißchen altmodisch aussah. Dann kam 1924 ein verbessertes 4-Zylinder-Modell mit obenliegenden Ventilen, ebenfalls 2,6 Liter Hubraum, aber schon 45 PS, allerdings zunächst noch ohne Vierradbremse heraus. Der Wagen sah ziemlich massiv aus und war

Oben links: Opel 1,3-Liter von 1934
Darunter: Röhr Achtzylinder, 2,25 Liter, von 1928

auch recht schwer gebaut. Als offener Tourenwagen wog er 1520 kg. Bereits 1926 erwarb die NAG das Protos-Werk. Es gab wenige Firmen, die die schwere Zeit der zweiten Hälfte der 20er Jahre überlebten.

Puch

Wenn wir in diesem Zusammenhang auch von österreichischen Automobilen sprechen, so muß Puch erwähnt werden. Johann Puch gründete in Graz 1898 ein Fahrradwerk und nahm 1903 die Herstellung von Motorrädern auf. Puch-Automobile wurden schon vor dem ersten Weltkrieg hergestellt, sie beteiligten sich damals an zahlreichen tourensportlichen Veranstaltungen. Nach dem ersten Weltkrieg glaubte man mit dem sogenannten 14/38 PS, den man den Alpenwagen nannte, einen größeren Erfolg zu erzielen, vor allen Dingen, da man sich auf diesen einen Typ konzentrierte. Er hatte einen 3,6-Liter-Motor mit 40 PS bei 2500 Touren, seitlich gesteuerte Ventile und einen hintenliegenden Tank mit Förderung des Kraftstoffes unter dem Druck der Auspuffgase, so wie das vor dem ersten Weltkrieg noch üblich gewesen war. Die Innenbackenbremsen wirkten auf die Hinterräder, auf die Getriebehauptwelle wirkte die zweite Bremse, vorn hatte der Wagen keine Bremsen. Dieser Puch-Alpenwagen besaß einen Spitzkühler, die Standardform war der viersitzige, offene Tourenwagen. Aber 1925 stellte man die Produktion des Alpenwagens ein und fertigte von da an nur noch Motorräder. Es kam zu einer Interessengemeinschaft mit Austro Daimler und Anfang der 30er Jahre zur Fusion. 1934 erfolgte dann der Zusammenschluß zur Steyr-Daimler-Puch AG. Puch-Motorräder waren um diese Zeit schon sehr bekannt.

Röhr

Als H. G. Röhr noch in Krefeld in der Oberprima war, baute er bereits seine ersten Flugzeuge. Er wollte nach dem ersten Weltkrieg schon sehr frühzeitig in den Automobilbau einsteigen, tat es aber dann erst 1927, als er in Oberramstadt in Hessen geeignete Produktionsmöglichkeiten fand. Nach einigen Prototypen entstand 1928 der Röhr-8-Zylinder, einer der bemerkenswertesten Wagen, die es in den 20er Jahren gegeben hat. Dieses Automobil besaß einen 8-Zylinder-Reihenmotor mit obenliegenden Ventilen, Bohrung 60 mm, Hub 100 mm, was einen Zylinderinhalt von 2250 ccm ergab. Die Leistung lag um die 50 PS bei 2800 Touren. Die Kurbelwelle war in 9 Gleitlagern gelagert. Der Brennstofftank befand sich vorn, Förderung also durch Gefälle. Das Getriebe hatte nur 3 Gänge. Das bemerkenswerteste an diesem Röhr-8-Zylinder war, daß die Hinterachsen als schwingende Halbachsen (Pendelachsen) ausgebildet waren. Es war eines der ersten Automobile mit unabhängiger Radaufhängung, die in Serie gebaut wurden. Diese Röhr-Pendelachse hatte 2 Halbelliptikauslegerfedern, vorn waren zwei Querblattfedern übereinander angeordnet. Röhr verstand es, diesen 8-Zylinder-Wagen extrem leicht zu bauen. Das Eigengewicht der Limousine in der ersten Ausführung betrug nur 990 kg. Er wurde auch recht preiswert angeboten – die viersitzige Limousine stand mit 8850 Mark im Prospekt. Es gab diesen Röhr-8-Zylinder auch als zweisitzigen Roadster und als zweisitziges Cabriolet, als solches gewann er bei zahlreichen Konkurrenzen Preise. 1930 wurde der Hubraum auf 2,5 Liter vergrößert. Außerdem hatte dieser Röhr-8-Zylinder einen bemerkenswerten Plattformrahmen. Obwohl der Röhr ein Wagen mit einer für damalige Zeit sehr guten Straßenlage war und auch recht preiswert angeboten wurde, geriet die Firma 1930 in finanzielle Schwierigkeiten. Röhr verließ sie und ging zunächst als Konstrukteur zu Adler nach Frankfurt, wo er den Typ Trumpf entwarf, diesen erfolgreichen Wagen mit Frontantrieb. Die Firma Röhr existierte noch bis zum März 1935. Man stellte zu Beginn der 30er Jahre einen noch größeren Achtzylinder her, mit 3,3-Liter-Motor, den dann Ferdinand Porsche überarbeitete, und schließlich noch einen Kleinwagen, den Röhr Junior (Lizenz Tatra) mit einem 4-Zylinder-Boxermotor, aber auch dieser konnte die Firma Röhr, in der sich inzwischen Schweizer Kapital befand, nicht mehr retten.

Rumpler

Die Rumpler-Taube war vor dem ersten Weltkrieg eines der bekanntesten deutschen Flugzeuge. Der Konstrukteur Dr. Edmund Rumpler hatte aber bereits, ehe er seine Flugzeuge baute, 1903 für die Adler-Werke eine Schwingachskonstruktion entworfen, die patentiert worden war. Nach dem ersten Weltkrieg stellte er sich auf Kraftfahrzeugfertigung um, und 1921 kam ein revolutionäres Automobil auf die Berliner Ausstellung: Von der Rumpler-Motorengesellschaft präsentiert wurde ein sogenannter Tropfenwagen, benannt nach seiner Tropfenform, mit der Rumpler glaubte, aerodynamisch einen wesentlichen Schritt nach vorn tun zu können. Dieser Rumpler-Tropfenwagen hatte das, was man heute einen Mittelmotor nennt – einen Heckmotor, der vor der Hinterachse angeordnet war, und zwar einen sogenannten Fächermotor mit 6 Zylindern (2×3 Zylinder) in Form eines halben Sterns. Diesen Motor stellte Siemens her. Er hatte 74 mm Bohrung und 100 mm Hub, Inhalt also 2,6 Liter und leistete 36 PS bei 2000 Touren. Auch der Stahlblechrahmen hatte eine Tropfenform mit hohem Profil. Vorn befand sich eine Starrachse mit 2 innerhalb des Rahmens gelagerten Halbelliptikauslegerfedern, hinten eine Pendelachse. Allerdings hatte dieser erste Rumpler-Tropfenwagen noch keine Vierradbremse, sondern wie früher üblich nur Innenbackenbremsen an den Hinterrädern und dazu eine Getriebebremse. Der Rumpler-Tropfenwagen war ziemlich lang (Radstand 2,90 m) und auch nicht leicht – die Limousine wog 1350 kg. Trotz der relativ geringen Motorleistung war er angeblich 110 km/h schnell. Zwei Jahre danach kam Rumpler mit einem verbesserten Tropfenwagen auf den Markt, der nunmehr einen Rumpler-4-Zylinder-Reihenmotor mit obenliegenden Ventilen hatte. Zylinderinhalt 2,6 Liter, Leistung 50 PS bei 2400 Touren. Auch dieser Motor war im Heck als Mittelmotor angebracht. Die Karosserieform hatte man nur ganz unwesentlich geändert. Das interessante an dieser Tropfenform war nicht nur, daß vorn die

Rundung mit einem Zentralscheinwerfer versehen war und zwei kleinen Zusatzscheinwerfern, die aus den Kotflügeln herauswuchsen, sondern daß auch die Frontscheibe gerundet war und der Fahrer genau in der Mitte saß, während die Insassen dann rechts und links von ihm gestaffelt waren. Eine der eigenwilligsten Konstruktionen, die es in den 20er Jahren gegeben hat. Der Radstand des zweiten Rumpler war auf 3,36 m angewachsen. Durch die günstige aerodynamische Form wurde eine Höchstgeschwindigkeit von 125 bis 130 km/h erzielt. Der Wagen kam aber sehr teuer: Man mußte 17 000 Goldmark dafür bezahlen. Ein solcher Rumpler-Tropfenwagen steht heute noch im Deutschen Museum in München. Rumpler hatte im Grunde keinen Verkaufserfolg mit diesen Modellen – er hat dann 1926 noch einmal versucht, finanziell Fuß zu fassen, indem er einen ziemlich normalen Wagen mit einem vorn liegenden Motor mit 4 Zylindern, 2,6 Liter und 50 PS herausbrachte, der einen Leichtmetallrahmen mit Z-Profil besaß. Aber auch das war kein Erfolg. Es gab Rumpler-Autos also nur knappe 5 Jahre.

Selve

Die Selve-Automobilwerke AG befand sich in Hameln an der Weser und wurde von Dr. Walter von Selve gegründet. Er erwarb 1919 die Sperber-Werke in Hameln, die schon vor

SHW-Wagen von 1926 von Wunibald Kamm (am Lenkrad)

dem ersten Weltkrieg Kleinwagen produziert hatten. Bei Selve wurde zunächst ein kleinerer Vierzylinder mit 1500 ccm und ein Parallelmodell mit 2000 ccm hergestellt. Dann ein Typ 8/40 PS mit 2,1 Liter und 42 PS bei 2500 Touren. Das Fahrgestell hatte vorn Halbelliptikfedern, hinten schräggestellte Cantilever-Auslegerfedern, aber 1924 noch keine Vierradbremsen. 1925 baute Selve dann einen Sechszylinder mit 2850 ccm und 50 PS, den man auch nicht als aufregend bezeichnen konnte. Und schließlich 1927 den Typ Selecta mit einem 6-Zylinder-Motor von 3,1 Liter, der 50 PS leistete. Technisch ist bemerkenswert, daß der Wagen mit einer hydraulischen Vierradbremse ausgerüstet war. Mit einem Radstand von 3,45 m sah er schon recht repräsentativ aus, das Eigengewicht des offenen Tourenwagens betrug 1500 kg. Dieser Typ Selecta war indessen der Schwanengesang von Selves Versuchen, im Automobilbau Fuß zu fassen. 1929 wurde die Produktion eingestellt.

SHW

Der SHW, eine Abkürzung für Schwäbische Hüttenwerke AG (damals Böblingen), kam nur in einem einzigen Versuchsexemplar heraus, aber dieses war technisch so interessant, daß wir es erwähnen sollten. Es war die Versuchskonstruktion eines Kleinwagens mit Vorderradantrieb, und der Mann, der dafür als Konstrukteur verantwortlich zeichnete, war Wunibald Kamm, der spätere Professor an der TH in Stuttgart, von dem die K-Form stammt: jene Stromlinienform also, die im Prinzip heute noch bei den Renn- und Sportwagen Anwendung findet. Dieser SHW, Konstruktion Kamm von 1926, hatte einen 2-Zylinder-Boxermotor (wassergekühlt) mit seitlich stehenden Ventilen. Er war ziemlich langhubig (Bohrung 74, Hub 120 mm), hatte einen Zylinderinhalt von 1030 ccm und leistete 20 PS bei 2500 Touren. Die Karosserie aus Leichtmetall war bereits selbsttragend. Vorn und hinten waren ölgedämpfte Spiralfedern eingebaut, also ein Vollschwingachs-Fahrzeug, das trotz seinem Radstand von 2,75 m extrem leicht war: 600 kg nur wog dieser offene Tourenwagen, der 85 km/h schnell war.

Simson Supra

Simson & Co. in Suhl in Thüringen war eine Waffenfabrik, die 1911 mit der Automobilherstellung begann, ohne daß man vor dem ersten Weltkrieg sehr viel von diesen Wagen gesprochen hätte. Nach dem ersten Weltkrieg nahm man, wie das oft üblich war, die Produktion von Vorkriegstypen in leicht modifizierter Form wieder auf. Die ersten beiden Simson-Typen wurden nicht sehr bekannt, aber als man dann 1924 ein sehr sportliches Fahrzeug Simson Supra nannte, da horchten viele auf, zumal dieser Simson Supra bei Sportveranstaltungen sehr gute Ergebnisse erzielte. Der erste Simson Supra hatte einen 4-Zylinder-Reihenmotor mit 2 obenliegenden Nockenwellen und Königswellenantrieb über spiralverzahnte Kegelräder. Er besaß je 4 Ventile im Zylinderkopf und war ein extremer Langhuber (70/128 mm). Der Zylinderinhalt von 1950 ccm brachte die enorme Leistung von 60 PS, und dieser Simson Supra von 1924 drehte bereits dank der zwei obenliegenden Nockenwellen und einer sehr ausgefeilten Konstruktion 4000 Touren. Der Motor hatte eine geteilte Kurbelwelle in drei Rollenlagern und eine Trockensumpfschmierung mit 2 Zahnradpumpen. Man verwendete Drahtspreichenräder. Die Höchstgeschwindigkeit dieses ersten Simson Supra lag bei 120 km/h. Es gab auch eine Sportausführung mit kürzerem Radstand, außenliegenden Auspuffrohren und zwei Solexvergasern. Aus dem Vierzylinder entstand 1926 ein Sechszylinder Simson Supra, der aber keine obenliegende Nockenwelle hatte, sondern obenliegende Ventile durch Kipphebel und Stoßstange gesteuert. Der Hubraum lag bei 3,1 Liter, bald darauf wurde er auf 3,4 Liter gebracht, und schließlich ging man zu Beginn der 30er Jahre daran, auch noch einen Achtzylinder zu bauen. Dies war dann das Ende der Firma Simson.

Steiger

Die Automobilwerke Steiger befanden sich in Burgrieden bei Laupheim. Zunächst war es eine Maschinenfabrik, nach dem Krieg wurde 1920 die Fabrikation von Personenwagen aufgenommen. Der Konstrukteur des ersten Steiger Typ 10/50 PS war Paul Henze, der später auch durch seine Schöpfungen bei NAG bekannt wurde. Der Steiger war ein ausgesprochen sportliches Automobil. Der 4-Zylinder-Motor besaß eine obenliegende Nockenwelle mit Antrieb über Spiralverzahnung der Kegelräder. Er hatte 2,6 Liter Hubraum mit einem extrem langen Hub 72/160 mm und leistete 50 PS bei 2500 Touren. Ab 1924 besaßen die Steiger-Wagen Vierradbremsen. Es gab von diesem Steiger noch einen Sportwagen mit 3-Liter-Motor und kürzerem Fahrgestell, der außenliegende Auspuffrohre besaß. Die Steiger sind damals sogar bei der Targa Florio eingesetzt gewesen. Sie hatten einen charakteristischen Spitzkühler und hinten Cantilever-Auslegerfedern, die man neben der Karosserie heraustreten sah. Die Firma Steiger kam aber nicht auf Stückzahlen, und 1926 wurde die Fabrikation wieder eingestellt. Walter Steiger ging nun zu der Schweizer Automobilfirma Martini, die eine Zeitlang die Steiger-Konstruktionen weiterbaute.

Steyr

Die Steyrwerke heißen eigentlich Österreichische Waffenfabriksgesellschaft, was schon darauf hindeutet, was in der Hauptsache dort produziert wurde. Unmittelbar nach dem ersten Weltkrieg beschloß diese Gesellschaft, nun auch Automobile zu fabrizieren, und engagierte den hervorragenden Konstrukteur Hans Ledwinka, der später durch seine Konstruktionen bei Tatra noch viel berühmter wurde. Die ersten beiden Steyr-Typen waren Wagen der Mittelklasse. Der eine besaß einen 1,8-Liter-Motor mit 23 PS, einen Vierzylinder mit seitlich gesteuerten Ventilen, der andere, der sogenannte Typ II, einen 6-Zylinder-Reihenmotor mit einer

Oben ein Steyr Typ XX, unten ein Steiger-Tourenwagen aus dem Jahr 1925

obenliegenden Nockenwelle, Antrieb durch Königswelle, 3,3 Liter Hubraum und 40 PS – was noch keine sehr hohe Literleistung war. Auch hatten diese ersten Steyr-Modelle noch keine Vierradbremsen, dafür einen sehr imposanten Spitzkühler. Wesentlich interessanter als diese beiden ersten Modelle war der Steyr Typ VI »Sport«, der 1922 erschien. Er hatte einen 6-Zylinder-Reihenmotor mit obenliegender Nockenwelle, durch Königswelle angetrieben. Bei einem Hubraum von 4014 ccm ergab sich die für damals erstaunlich hohe Leistung von 100 PS bei 3500 Touren. Dieser Steyr hatte auch Vierradbremsen, eine rassige Form und war sehr erfolgreich im Sport. Einen wichtigen Baustein in der Automobilgeschichte stellte der Steyr Typ XII dar.
Dieser Typ XII hatte einen sehr kleinen 6-Zylinder-Reihenmotor mit obenliegender Nockenwelle und Antrieb durch eine geräuschlose Kette, mit 1556 ccm und 36 PS bei 3500 Touren. Der wesentliche Vorzug dieses Wagens, der von 1926 bis 1929 gebaut wurde, war die hintere Schwingachse, die als Pendelachse ausgebildet war, mit Halbelliptikquerfeder durch zwei Schwingarme abgestützt. Es war dieser Steyr einer der ersten Schwingachswagen, die es überhaupt in Serie gegeben hatte. Der offene Tourenwagen wog 1085 kg, der Radstand betrug genau 3 m, die Spurweite 1,28 m. Der Steyr Typ XII erreichte 85 km/h Spitzengeschwindigkeit und kostete in Deutschland 7700 Reichsmark. Zu Anfang des Jahres 1928 erschien auch ein interessanter größerer Sechszylinder mit obenliegender Nockenwelle, der 4014 ccm und eine Leistung von 70 PS hatte. Dieses Fahrzeug, noch mit Starrachsen (vorne Halbelliptikfedern, hinten Cantilever-Auslegerfedern), wurde freilich nur in einer kleinen Serie produziert. Aus diesem Wagen wurde der Steyr Typ SS, der sogenannte Klausen Sport hergestellt, der von 1928 an mit einer Steyr-Schwingachse versehen wurde. Der Klausen Sport hatte 4890 ccm und leistete 145 PS bei 4000 Umdrehungen. Als Nachfolger des Steyr Typ XII kam der Typ XX, der ebenfalls einen 6-Zylinder-Reihenmotor mit obenliegender Nockenwelle hatte, diesmal aber 2070 ccm und 40 PS. Auch dieser Wagen besaß hinten eine Pendelachse mit Halbelliptikquerfeder. Wie man weiß, kam 1929 Ferdinand Porsche zu Steyr als Chefkonstrukteur, und in seinem Büro und mit seinen Ideen entstand der Steyr Typ XXX, der dann von 1930 bis 1933 gebaut, aber schon 1929 entworfen wurde. Er hatte einen 6-Zylinder-Reihenmotor, diesmal nicht mit obenliegender Nockenwelle, sondern nur mit obenliegenden Ventilen, durch Stoßstange und Kipphebel gesteuert: ein sehr solider Gebrauchswagen der Mittelklasse, dessen 2078-ccm-Motor 40 PS bei 3600 Umdrehungen leistete. Die Kurbelwelle ruhte in acht Gleitlagern. Der Kraftstofftank befand sich vorn unter der Motorhaube, Förderung durch das Gefälle. Auch dieser Steyr besaß hinten eine Pendelachse mit Querblattfeder, dazu hydraulische Stoßdämpfer. Parallel zu diesem Typ XXX entstand unter der Regie von Porsche 1929 der Steyr Austria, der im Oktober 1929 auf dem Pariser Autosalon präsentiert wurde. Es gab ihn nur als Prototyp, als Limousine und als Cabriolet. Dieser Steyr

Szawe-Tourenwagen mit 2,5-Liter-4-Zylinder-Motor, 38 PS, mit der typischen Karosserie in Bootsform, gebaut von 1921 bis 1923

Austria sollte das Luxusgefährt der österreichischen Firma werden, mit einem 4-Liter-8-Zylinder-Motor versehen. Er wurde aber nie in Serie gebaut, weil genau um diese Zeit, als Porsche den Wagen auf dem Pariser Salon 1929 präsentierte, die österreichischen Banken, die hinter Steyr und hinter Austro Daimler standen, fusionierten, so daß von da an die Produktion der großen Wagen auf Austro Daimler übertragen wurde, während Steyr sich mehr der Mittelklasse zuwenden sollte. Steyr hat dann noch bis 1939 Automobile unter diesem Namen gebaut; nach dem zweiten Weltkrieg unter dem Namen Steyr-Puch.

Stoewer

Den ersten Stoewer-Wagen stellten die Gebrüder Bernhard und Emil Stoewer schon 1898 vor. Die Firma war vor dem ersten Weltkrieg sehr angesehen und exportierte auch relativ viele Fahrzeuge nach Rußland. Unmittelbar nach dem ersten Weltkrieg, im Jahre 1919, erschienen die beiden ersten Stoewer-Konstruktionen, ein Vierzylinder mit 2120 ccm Hubraum und 24 PS und dazu ein Sechszylinder mit seitlich gesteuerten Ventilen, der 3,1 Liter Hubraum und 36 PS hatte. Beide Fahrzeuge wurden in den folgenden Jahren im Detail weiterentwickelt, und zwar unter den Typenbezeichnungen D 9, D 12 und D 12 V. 1927 erschien ein kleinerer Stoewer mit einem 4-Zylinder-Motor von 1570 ccm, der 30 PS bei 3000 Touren leistete. 1928 kam die Stettiner Firma mit dem, was viele Firmen in dieser Zeit versuchten, ohne zu reüssieren: Sie brachte einen Achtzylinder, zunächst S 10 Superior genannt, mit einem Motor von 2,5 Liter und 55 PS, von dem es auch eine kleine Ausführung mit 2 Liter und 45 PS gab, und den Stoewer G 15, den sogenannten Gigant, der einen 8-Zylinder-Reihenmotor mit seitlich gesteuerten Ventilen und 4 Liter Hubraum mit 80 PS besaß. Er hatte hydraulische Vierradbremsen, einen Radstand von 3,40 m, eine Spurweite von 1,42 m und wog als Fahrgestell 1250 kg. Dieser Stoewer Gigant war ein sehr elegantes Fahrzeug und nicht besonders teuer. Als Limousine kostete er 12 500,– Mark, als Cabriolet 14 000,– Mark. Es ist eigentlich erstaunlich, daß Stoewer diese Achtzylinder-Welle überlebte, die so viele deutsche Autofirmen in eine echte Krise brachte, zumal 1930 noch einmal ein größerer Achtzylinder bei Stoewer herauskam, der Typ Repräsentant mit 4,9-Liter-Motor. In den 30er Jahren baute dann Stoewer kleinere Wagen und Wagen der Mittelklasse, die bis 1939 zwar nur einen begrenzten Markt hatten, aber recht beliebt waren.

Stolle

Die Firma Vorster und Stolle Motoren AG befand sich in München und wurde nach ihrem Konstrukteur, dem Oberingenieur Martin Stolle, benannt. Diese Firma stand dem Stinnes-Konzern nahe. Sie hat nur eine ganz kurze Zeit Automobile hergestellt, und bekannt geworden ist eigentlich nur der Stolle-Sportwagen Typ 6/40 PS. Es war eine recht erstaunliche Konstruktion, die Anfang 1925 auf den Markt kam, allerdings nur für etwa ein Jahr. Der 4-Zylinder-Reihenmotor mit einer obenliegenden Nockenwelle (Antrieb durch Königswelle) besaß bei einem Zylinderinhalt von 1500 ccm die für damals erstaunliche Leistung von 40 PS bei 3500 Touren. Der Brennstofftank befand sich hinten, die Förderung wurde durch Druckluft bewerkstelligt, und zwar durch einen Luftkompressor, den die Nockenwelle antrieb. Das angeblockte Vierganggetriebe hatte Kulissenschaltung. Das Fahrgestell war konventionell, aber es gab eine Achsabstützung durch Viertelelliptikausleger-Federn unterhalb des Rahmens. Das Fahrzeug, zweisitzig mit ausgeschnittenen Seiten, hatte Rudge-Drahtspeichenräder mit Schnellverschluß. Es gab diesen Stolle auch mit einem Schiebermotor von gleicher Leistung. Es ist sicherlich sehr schade, daß es 1925 nach dem Tod von Hugo Stinnes zum Konkurs dieser Firma kam.

Szawe

Ursprünglich war die Firma Szabo und Wechselmann in Berlin-Reinickendorf eine reine Karosseriefabrik. 1920 beschloß man jedoch, eigene Automobile zu bauen, wobei die Karosserieentwürfe für diese Szawe-Wagen von Ernst Neumann-Neander stammten. Die Karosserien hatten fast alle eine Bootsform mit einem interessanten Spitzkühler, die Handbremse lag noch außen. Neben einem Vierzylinder (seitengesteuert) mit 2,5 Liter und 38 PS kam 1922 ein interessanter Sechszylinder Szawe auf den Markt, mit obenliegender Nockenwelle, angetrieben durch Königswelle. Der Ventiltrieb war zwar gekapselt, doch lagen die Federn frei. Dieser 2,6-Liter-Motor leistete 50 PS, hatte einen Siluminzylinderblock und eingezogene Stahllaufbuchsen, dazu zwei Zenith-Vergaser. Das angeblockte Vierganggetriebe war ein sogenanntes Sodengetriebe mit einem Vorwahlhebel am Lenkrad. Hinten verwendete man schräggestellte Cantilever-Auslegerfedern. Von Anfang an hatte der Wagen Vierradbremsen. Er sah sehr luxuriös aus, der Kühler war aus gehämmertem Neusilber, alle Gestänge und Rohrleitungen waren vernickelt. 1924 mußte bei Szawe die Produktion wieder eingestellt werden.

Tatra

Die Nesselsdorfer Wagenbaufabrik (Nesselsdorf in Mähren) begann schon 1897 die ersten Automobile zu bauen, die damals mit einem 7-PS-Benz-Kontra-Motor ausgerüstet waren. Sie hießen damals noch Nesselsdorfer, und diese Nesselsdorfer Automobile wurden bereits 1914 mit Vierradbremsen ausgerüstet, was für Modelle vor dem ersten Weltkrieg ganz ungewöhnlich war. Erst nach 1918 wurde die Nesselsdorfer Firma in Tatra-Werke umbenannt. Zunächst produzierte man einen schon 1914 entworfenen Wagen weiter; es war ein großer Sechszylinder mit obenliegender Nockenwelle, Hubraum 6,5 Liter, Leistung 75 PS bei 2000 Touren. Dann kam eine Konstruktion von Hans Ledwinka (der inzwischen von Steyr nach Nesselsdorf zurückgekehrt war), die Tatra weltberühmt machte: der Typ 11, der erstmals 1923 auf den Markt kam. Es war jener Wagen mit 2-Zylinder-Boxermotor (obenliegende Ventile), dessen Zylinderinhalt 1050 ccm und dessen Leistung 14 PS betrug. Dieser 2-Zylinder-Boxermotor war luftgekühlt durch ein Gebläse mit Leitblech. Der Wagen hatte einen Zentralrohrrahmen, der mit dem Motor und den Triebwerksteilen verschraubt war. Der Motorgetriebeblock war mit dem Zentralrohrrahmen und dem Achsantrieb verblockt. Auch das Fahrgestell war schon sehr modern, vorn und hinten hatte es Halbelliptikquerfedern, hinten eine Pendelachse. Vierradbremsen kamen für den kleinen Wagen, der als Zweisitzer nur 680 kg wog, freilich erst im Jahr 1926. Der Tatra Typ 11, diese Ledwinka-Konstruktion, war zweifellos ein Markstein in der Automobilgeschichte: Der Zentralrohrrahmen, die Pendelachse und der unverwüstliche, luftgekühlte Motor stempelten ihn zu einem Fahrzeug, das man als seiner Zeit weit voraus bezeichnen muß. Tatra baute 1926 noch einen interessanten Sechszylinder mit obenliegender Nockenwelle (Antrieb durch Königswelle) mit 1950 ccm und 40 PS. Der Motor besaß zwei Zenith-Vergaser. Auch hier ein Zentralrohrrahmen, der mit Motor und Triebwerksteilen verschraubt war, eine Vorderradfederung durch Halbelliptikquerblattfedern (achslos), hinten eine Pendelachse mit darüberliegender Halbelliptikquerblattfeder. Sehr langer Radstand mit 3,54 m. Der Typ 11 mit dem 2-Zylinder-Motor lief bis 1929, dann wurde daraus ein Vierzylinder, ebenfalls mit Boxermotor, der nun 1680 ccm und 24 PS hatte sowie eine Gebläseluftkühlung. In den 30er Jahren wurde Tatra noch einmal berühmt durch seinen 8-Zylinder-Heckmotor Stromlinienwagen (Typ 77) und dessen Nachfolger, außerdem hatte man 1931 einen Zwölfzylinder gebaut, der bei 6 Liter Hubraum 100 PS abgab, aber nur in einzelnen Exemplaren hergestellt wurde.

Wanderer

Wie so viele Automobilfabriken auf der ganzen Welt begannen die Wanderer-Werke, die sich in Siegmar und Schönau bei Chemnitz befanden, mit der Herstellung von Fahrrädern und später von Motorrädern. Der erste Wanderer-Kleinwagen mit einer zweisitzigen Tandem-Karosserie, den man das Wanderer-Puppchen nannte, kam 1911 heraus. Nach dem Krieg produzierte man zunächst auch nur kleine Wagen und ging erst allmählich in die Mittelklasse. Der Wanderer Typ W 8, der 1920 in Produktion kam, besaß einen 4-Zylinder-Reihenmotor mit obenliegenden Ventilen und 1300 ccm, Leistung 20 PS bei 2000 Touren. Er hatte, weil er so schmal war, nur 3 Sitze, die entsprechend gegeneinander versetzt standen. 1924 kam dann ein Fahrzeug mit einem 4-Zylinder-Motor von 1550 ccm auf den Markt, 1926 ein Wagen mit 2-Liter-Maschine. Einen Schritt weiter ging man mit dem Wanderer W 11, der 1928 auf den Markt kam und einen 6-Zylinder-Reihenmotor mit obenliegenden Ventilen von 2,5 Liter und 50 PS besaß. Dieser Wagen wurde von 1930 an von der Schweizer Firma Martini in Lizenz hergestellt. Er besaß ein angeblocktes Dreiganggetriebe, und auf Wunsch konnte man ein Maybach-Schnellganggetriebe für diesen Wagen beziehen. Er hatte hydraulische Stoßdämpfer und auch schon hydraulische Vierradbremsen. Als Limousine kostete er nur 7550,– Mark. Wanderer hat auch in den 30er Jahren in der Mittelklasse sehr gute und auf dem Markt recht erfolgreiche Automobile hergestellt, darunter von 1932 an eine Serie, die von Ferdinand Porsche in seinem Stuttgarter Büro konstruiert worden war. Die Firma Wanderer schloß sich 1932 mit Horch, Audi und DKW zur Auto Union zusammen und produzierte Personenwagen bis 1939.

Wanderer 6/30 aus den 20er Jahren

Die Flut der 20er Jahre

Diese Zusammenstellung der deutschen Fabrikate in den 20er Jahren gibt nur einen kleinen Ausschnitt wieder; wir haben hier nur die bekanntesten Firmen erwähnt. Es gab eine große Anzahl weiterer Firmen, die nur sehr kurzen Bestand hatten oder nur sehr wenige Automobile produzierten, zum Teil Kleinwagen und Kleinstwagen. Es war geradezu eine Flut, eine Schwemme von Automobilfirmen, die in den 20er Jahren ebenso schnell wieder verschwanden, wie sie auftauchten. Es sollen die Firmen, die wir hier nicht ausführlicher behandelten, doch wenigstens mit dem Namen erwähnt werden. Voller Staunen stehen wir vor folgenden weiteren 49 Fabrikaten: Alan, Amor, Baja, Baer, Beckmann, Benz & Söhne (Ladenburg), Bob, Club, Diabolo, D-Wagen, Ehrhardt, Ehrhardt-Szawe, Eos, Exor, Fadag, Fafag, Freia, Fuchs, Fulmina, Garbaty, Hagea, Hataz, Helios, Joswien, Kenter, Körting, Komet, Lindcar, Luwo, MAF, Minimus, NUG, Omikron, Omega, Onnasch, Perl, Peter und Moritz, Pilot, Priamus, Rex, Rhemag, Spinell, Sphinx, Staiger, Teco, Turbo, Utilitas, Voran, WAF und Wittekind.

Die Fülle dieser Firmen, die in den 20er Jahren bestanden, zeigt klar, daß dies eine Übergangszeit war – eine Übergangszeit von den Gründerjahren zu jener Zeit, in der man in Großserie zu denken und deshalb echt zu rationalisieren begann, was nur für Firmen möglich war, die eine gute Planung und eine gute Marktanalyse durchführen konnten und die bereit waren, mit beträchtlichen Investitionen auf den Großserienbau hinzuarbeiten. Diese Erscheinung, die wir hier in Deutschland charakterisiert haben, gilt im Grunde

für die ganze Welt, sie gilt genauso für Frankreich und England, für Italien und auch für Amerika. Auch in allen diesen automobilbauenden Ländern gab es um jene Zeit eine riesige Zahl von kleinen und kleinsten Firmen, und nur einige wenige haben dann die 20er und den Beginn der 30er Jahre überlebt.

Stückzahlen und Steuern 1923

Nach dem ersten Weltkrieg vermehrte sich der Kraftfahrzeugbestand ziemlich stark und erreichte im Jahr 1923, wie die Presse schrieb, schon sehr beachtliche Werte. Insgesamt existierten am 1. Juli 1923 im Deutschen Reich knapp über 100 000 Personenkraftwagen, 51 729 Lastwagen und dazu die erstaunlich hohe Zahl von 59 409 Motorrädern. Wenn man das alles zusammenrechnete und auf den Kopf der Bevölkerung umsetzte, dann kam auf 590 Einwohner ein Personenwagen und auf 280 Einwohner ein Kraftfahrzeug.
Die Zahl der Nutzfahrzeuge lag damals noch ungewöhnlich hoch. An diesen Zahlen kann man ermessen, was die Entwicklung auf dem Sektor Kraftfahrzeuge gebracht hat und wie sehr wir heute mit dem Kraftfahrzeug verbunden sind: im Jahr 1923 auf 280 Einwohner ein Kraftfahrzeug, im Jahr 1973 auf vier Einwohner ein Kraftfahrzeug in Deutschland!
Es muß indessen gesagt werden, daß im Jahr 1923 die Motorisierung bei uns im Vergleich zu anderen Ländern noch keineswegs sehr weit fortgeschritten war. Damals hatte man bereits in den USA ein Verhältnis von einem Kraftfahrzeug auf 9 Einwohner, ein Verhältnis, das es bei uns vor dem ersten Weltkrieg nie im entferntesten gegeben hat. In Europa lag beispielsweise Großbritannien weit an der Spitze, an zweiter Stelle in der Kraftfahrzeugdichte folgte dann Dänemark, an dritter Stelle kam Frankreich, an vierter Stelle die Schweiz, dann Belgien und nach einem größeren Abstand erst an sechster Stelle Deutschland. Und innerhalb Deutschlands? Sachsen, Rheinland, Bayern, Baden – das war die Reihenfolge in den einzelnen Ländern. Diese vier Länder, respektive Provinzen, lagen 1923 weit über dem Durchschnitt im Deutschen Reich.
Im Herbst des Jahres 1923 kam die zweite Steuernotverordnung des Reichswirtschaftsministeriums heraus, die auch die Kraftfahrzeugsteuer neu festlegte. Hier wurde zum ersten Mal der Versuch gemacht, eine sozial gerechte Progression einzuführen und die Besitzer der kleineren Wagen mit verhältnismäßig weniger Steuern zu belasten als die Besitzer der großen. Man hatte daher folgende Skala festgelegt:
Bis zu 6 Steuer-PS (etwa 1,5 Liter Hubraum) kostete damals die Steuer 20 Goldmark pro angefangene Steuer-PS. Es wurde also ein Fahrzeug mit 1,5 Liter Hubraum mit 120 Goldmark angesetzt.
Bei den nächsten 4 Steuer-PS (7 bis 10 Steuer-PS) kamen zusätzlich 40 Goldmark pro Steuer-PS hinzu. Es kostete also ein 10-PS-Wagen (etwa 2,5 Liter Hubraum) nicht 200 Mark Steuer im Jahr, sondern 280 Mark. Die nächste Kategorie waren Automobile bis zu 14 Steuer-PS (etwa 3,5 Liter Hubraum). Für diesen Bereich von 11 bis 14 Steuer-PS wurden pro Steuer-PS zusätzlich 60 Goldmark bezahlt, und wer einen Wagen mit mehr als 14 Steuer-PS sein eigen nannte, mußte für jedes weitere Steuer-PS 80 Goldmark pro PS bezahlen. Das bedeutete, daß zum Beispiel ein Fahrzeug mit etwa 4 Liter Hubraum (16-Steuer-PS) im Jahr 680 Goldmark kostete. Wie stark diese Progression war, ersieht man daraus, daß bei dem niedrigsten Satz für Fahrzeuge bis 6 Steuer-PS ein Wagen mit 4 Liter Hubraum (16 PS) nur auf 320 Mark gekommen wäre, so aber ergaben sich 680 Mark. Diese Beträge sind mit den heutigen nur bedingt vergleichbar, weil damals eine Goldmark natürlich sehr viel mehr Kaufkraft besaß als eine heutige Mark. So betrachtet, handelte es sich um außergewöhnlich hohe Autosteuern. Diese zweite Steuernotverordnung, mit der ihr innewohnenden Progression, führt noch mehr als früher dazu, daß man sich in Deutschland auf Wagen der kleinen Hubraumklassen konzentrierte und im Laufe des nächsten Jahrzehnts versuchte, aus kleinem Hubraum große PS-Leistung herauszubringen. Eine Erscheinung, die die Hubraumsteuer automatisch mit sich bringt und die zweifellos auch eine gute Seite hat; denn in der Motorenentwicklung kam man im Personenwagenbau sehr schnell zu relativ hohen Literleistungen bei hohen Drehzahlen, wenn auch die Lebensdauer dieser Motoren nicht im entferntesten an die der großvolumigen Amerikaner von damals herankam. Daß das Kraftfahrzeug noch nicht wirklich populär und ein »Gegenstand des täglichen Bedarfs« war, zeigt eine offizielle Stellungnahme des Reichswirtschaftsministeriums vom Herbst 1923, die unter dem Aktenzeichen II/2, Nr. 6736 folgendermaßen aussah: »Wenn auch nicht zu verkennen ist, daß eine Anzahl berufstätiger Personen Bedarf für Personenautomobile und Krafträder haben, so ist der Kreis dieser Personen doch nicht so groß, daß man hier von einem Bedürfnis weiter Bevölkerungsschichten sprechen kann. Diese Beförderungsmittel werden vielmehr unter den heutigen Verhältnissen, wo große Teile des Volkes kaum die zum Lebensunterhalt unbedingt nötigen Güter erwerben können, nicht mehr zu den Gegenständen des täglichen Bedarfs zu rechnen sein. Lastautomobile gehören dagegen auch heute noch zum täglichen Bedarf, da sie zur Beförderung wichtiger Lebensgüter gebraucht werden und eine Verteuerung der Transportmittel regelmäßig auch die Ware verteuern wird.«

Automobilausstellung 1924

Vom 10. bis 18. Dezember 1924 fand die Deutsche Automobilausstellung statt, und ein Kommentar in der Allgemeinen Automobilzeitung brachte einige kritische Anmerkungen:
»Nur noch wenige Tage und die diesjährige, große Berliner Automobilausstellung, veranstaltet vom Automobilclub von Deutschland, dem Reichsverband der Automobilindustrie und dem Deutschen Automobilhändlerverband, wird eröffnet sein. Groß kann sie mit Fug und Recht genannt werden. Sie ist erheblich größer, als die des vergangenen Jahres. Die neue gewaltige Ausstellungshalle gegenüber der alten ist fertiggestellt, die beiden Hallen werden zusammen über 1000 Aussteller aufnehmen. 25 Jahre sind vergangen seit der Eröffnung der ersten Berliner Automobilausstellung. Diese erste internationale Motorwagenausstellung, veranstaltet vom Mitteleuropäischen Motorwagenverein, fand vom 3. bis 28. September 1899 im Exerzierhaus des zweiten Garderegiments in der Karlsstraße statt. Die Zahl der Aus-

steller betrug damals 120, darunter 13 aus Frankreich, 4 aus Belgien, 3 aus der Schweiz, 2 aus Österreich/Ungarn auf einer Fläche von 2300 Quadratmetern. Die diesjährige Ausstellung ist eine nationale auf 20000 Quadratmeter Ausstellungsfläche. Wer hätte vor 25 Jahren dem Automobilismus eine solche Entwicklung vorausgesagt. Heute wissen wir, daß wir in Deutschland noch eine weit gewaltigere Entwicklung des Automobilismus vor uns haben. Die Entwicklung zum Gebrauchsfahrzeug ist bei uns noch nicht so weit fortgeschritten wie in anderen Ländern. Die Berliner Automobilausstellung 1924 hat wohl die schwerste Aufgabe zu lösen, welche bisher einer deutschen Automobilausstellung zu lösen bevorstand. Das Inland ist kläglich verarmt, die Fabriken selbst leiden noch technisch und wirtschaftlich unter den Wunden der Kriegs- und Nachkriegszeit. Das deutsche Kraftfahrwesen ist verkümmert. Der Deutschen Automobilausstellung 1924 obliegt es nun, vor In- und Ausland zu zeigen, was die Deutsche Automobilindustrie in dieser anscheinend verzweifelten Lage zu tun gewillt ist und zu leisten vermag.«
Diese Ausstellung zeigte Personenwagen, Nutzfahrzeuge und Motorräder gleichermaßen und war täglich von 10.00 Uhr vormittags bis 9.00 Uhr abends geöffnet. Die Eintrittspreise waren nach der Tageszeit gestaffelt, von 10,00 Uhr bis 1.00 Uhr kostete ein Billett 5,- Mark, von mittags 1.00 Uhr an 2,- Mark. Am Sonntag, dem 14. Dezember, gab es einen volkstümlichen Einheitspreis von 1,- Mark.
Der technisch vielleicht interessanteste Wagen dieser Automobilausstellung war das Rumpler-Tropfenauto mit schwingender Hinterachse, das wirklich großes Aufsehen erregte. Zu dieser Automobilausstellung in Berlin 1924 gab es eine erste Ankündigung von Daimler-Benz unter der Überschrift »Mercedes-Benz«, und mit einem Lorbeerkranz versehen hieß es: »Die beiden ältesten und größten Automobilwerke Deutschlands haben sich zusammengeschlossen, damit sie, gestützt auf ihre mehr als 40jährigen Erfahrungen im Automobilbau, ihren gemeinsamen Einkauf der Rohstoffe und des Fabrikationsmaterials, ihren über die ganze Welt verbreiteten Abnehmern eine großzügige Außenorganisation für ihre Personen- und Nutzfahrzeuge in unübertrefflicher Güte preiswert darbieten können.« Als Unterschrift stand »Daimler-Motorengesellschaft, Untertürkheim, Marienfelde und Sindelfingen« und auf der anderen Seite »Benz & Cie, Rheinische Automobil- und Motorenfabrik AG, Mannheim - Benz-Werke Gaggenau«. Dies war die erste Ankündigung für eine Fusion, die offiziell dann erst im Juni 1926, also 1½ Jahre später, vollzogen wurde.

Maybach und Mops

Die Firma Maybach Motorenbau GmbH in Friedrichshafen wies in einer Anzeige daraufhin, daß sie nicht nur den ersten großen Maybach-Wagen, den W 3 (6 Zylinder, 22/70 PS), herausgebracht habe, sondern sich auch Maybach-Motoren im Luftschiff LZ 126 befänden, 12-Zylinder-Motoren mit 420 PS; daß es Maybach-Bootsmotoren gäbe, 6 Zylinder mit 60 PS und einen Maybach-Rohölmotor mit 150 PS, »der erste deutsche, schnellaufende Rohölmotor«. Kleine Firmen, die zum Teil nur wenige Monate lebten, versuchten, kleinste Autos populär zu machen, was angesichts der Kraftfahrzeugsteuer und der wirtschaftlichen Notlage verständlich ist. Es gab den Mops, »der Kleinkraftwagen für jedermann« von der Firma Schmidt und Bensdorf in Mannheim, einen offenen Zweisitzer, vorne mit zwei, hinten mit einem Rad. Es gab von der Firma Hans Thiele in Berlin-Friedenau den HT-Wagen C 25, »das kleine zuverlässige, elegante Fahrzeug« mit vier Rädern, zwei Sitzen hintereinander und

Rumpler Tropfenwagen

Zwei Anzeigen aus »Motor« von 1925

500-ccm-Motor – Fabrikate, die längst in völlige Vergessenheit geraten sind, ebenso wie die Luxuskarosseriefabrik von Theo Bochmann in Merane in Sachsen, welche die TEBE-Karosserien propagierte.

Die größten Automobile stellten im Dezember 1924 aber nicht Mercedes oder Maybach aus, sondern Opel, das einige Konstruktionen, die schon kurz vor dem ersten Weltkrieg fertiggestellt worden waren, in leicht modifizierter Form in die Nachkriegsjahre übernommen hatte. Opel, der sich damals rühmen konnte, die größte Produktion Deutschlands zu besitzen, hatte nicht nur den kleinen »Laubfrosch«, den es im Dezember 1924 dann auch als 4/14 PS Limousine gab, anzubieten, sondern auch zwei riesige Automobile: den sogenannten 21/60 PS, den es als offenen Sechs- bis Siebensitzer und als Limousine gab, mit einem Spitzkühler versehen, und dessen 6-Zylinder-Reihenmotor (seitengesteuert) bei 5,6 Liter Hubraum 2000 Touren und 60 PS entwickelte. Er lief 105 km/h und hat 1924 eine Vierradbremse erhalten. Noch eine Nummer größer war der »31/80 PS«, den es ebenfalls als offenen Sechs- bis Siebensitzer, als Limousine und als sogenannte Sporttype gab: ein enormer Vierzylinder mit 7,5 Liter Hubraum, der 72 PS bei 1400 Touren und 80 PS bei 1700 Touren leistete.

In der Automobilistischen Wochenschau der Allgemeinen Automobilzeitung stand aber auch: »Achtung! Autofalle in Grimmlinghausen bei Neuß. Zwei Beamte in Zivil und ein Schutzmann, letzterer versteckt hinter einer Mauer, stoppen ab. An einem Tage hat es über 20 Strafmandate gegeben. Niemand kann die Stelle als geschlossene Ortschaft ansehen. Es liegen nur einzelne Häuser und Gehöfte an der Straße. Die Warnungstafeln mit 30 km/h sind schlecht sichtbar angebracht, 50 Meter vor den Kontrollbeamten ...« Eine Meldung, die man ohne Kommentar weitergeben möchte.

»Stopp«

Was es bei den Automobilen am Ende des Jahres 1924 noch nicht gab, das waren Winker und Blinker und Bremslichter. Deshalb erschien es fast als eine Sensation, daß eine Zubehörfirma, die Autosig-Signallampen AG in Berlin, in einer Anzeige den »Signalapparat, der Fahrer und Wagen vor Unfall bewahrt« propagierte. Auf einer Lampe, die hinten montiert wurde, erschien das Wort »Stopp« in roten Buchstaben, wenn man bremste. »Das Stoppsignal zeigt sich automatisch durch Fußbremse und macht folgende Wagen blitzschnell aufmerksam zum Stoppen und verhindert somit Kollisionsgefahren.« Das war damals noch etwas völlig Neues. Außerdem hatte die Firma zwei Vorderlampen eingeführt, die man neben den Scheinwerfern oder auch neben der Windschutzscheibe anbringen konnte. Auf der einen war ein roter Pfeil nach links, auf der anderen ein roter Pfeil nach rechts zu sehen – für den Fall, daß man die Fahrtrichtung ändern wollte. Kurz danach kamen Fahrtrichtungsanzeiger auf, die mit einem Pfeil versehen waren, der zunächst senkrecht nach oben stand. Wollte man nach links einbiegen, konnte man diesen Pfeil verstellen, so daß er nach links zeigte oder entsprechend zum Rechtseinbiegen nach rechts. Erst die nächste Stufe war dann der rechts und links von der Windschutzscheibe angebrachte Winker.

Mitgelieferte Zubehörteile

In den 20er Jahren waren die Automobile - insbesondere die Wagen der niedrigeren Preisklassen - noch keineswegs so zuverlässig wie heute. Man muß dabei auch bedenken, daß der Zustand der Straßen im Durchschnitt sehr schlecht war: Staub und Steine gehörten noch ebenso zum Alltag wie Querrinnen und Löcher. Es gab auch - im Vergleich zu heute - nur wenige Vertretungen mit dem, was man Kundendienst nennt. Der Autofahrer reparierte darum vieles selbst, und wenn er den Führerschein machte, mußte er ein erhebliches Maß an technischer Detailkenntnis vorweisen. Hier die Liste jener Zubehörteile, die beim Kauf eines Mittelklassewagens - in diesem Fall eines Faun 6/24 PS im Jahr 1924 - mitgeliefert wurden:

1 Luftpumpe
1 Handlampe
1 Wagenheber
1 Zündkerze
1 komplettes Ventil mit Teller und Keil
1 Meter Zündkabel
1 Trichter mit Sieb für Benzin
1 Spritzkanne für Benzin
1 Handölkanne
1 Andrehkurbel
3 Hauptdüsen für Vergaser
1 Kompensatordüse
1 Meßspritze für Akkumulator
2 Staufferbüchsen für Federbolzen
1 Satz Sicherungen
1 kompletter Ersatzteilkasten für Beleuchtung
1 Behandlungsvorschrift für Beleuchtung, Vergaser und Wagen
1 Zerstäuber
1 Werkzeugtasche, enthaltend:
1 Hammer
1 Flachfeile mit Heft
1 Rundfeile mit Heft
1 Brennerzange
1 Kombinationszange
1 Flachmeißel
1 Schraubenzieher
1 Körner
1 Durchschlag
1 großer Schraubenschlüssel
1 kleiner Schraubenschlüssel
2 Mutternschlüssel 15 und 18 mm
1 Schaltkastenschlüssel
2 Montierhebel
1 Hakenschlüssel 5198
1 Radkapselschlüssel
1 Abziehvorrichtung für Schraubenrad
7 Spezialschlüssel
1 Sechskantschlüssel für Zylinder
2 Spezialschlüssel für Schwinghebel
1 Steckschlüssel für Vorgelegewelle
1 Steckschlüssel für Conusmutter
1 Steckschlüssel für Vorderachse
1 Steckschlüssel für Zündkerze

...jetzt noch billiger!
Der beliebteste Wagen
DEUTSCHLANDS

der VERBESSERTE 4 PS OPEL
für RM. 1990...

Noch nie zuvor haben die deutschen Käufer Gelegenheit gehabt, ein wirkliches Automobil für weniger als RM 2000.– zu kaufen... Neue Arbeitsmethoden machen es weiteren Tausenden, die bisher nie in der Lage waren, sich ein Auto zu leisten, jetzt möglich .. Trotz niedrigerer Preise bietet. Ihnen der verbesserte Opel bessere Qualität, gesichert durch Verwendung besten Materials, durch Präzisionsarbeit, sorgfältige Inspektion und ständige Überwachung seitens der Versuchsabteilung.

Die neuen billigeren OPEL-PREISE

4 PS ZWEISITZER RM 1990.–

4 PS VIERSITZER	RM	2350
4 PS CABRIOLET	„	2500
4 PS LIMOUSINE	„	2700
8 PS LIMOUSINE	„	4300
8 PS LUX.-LIMOUS.	„	4600
4 PS LIEFERWAGEN	„	2400
1½ To. CHASSIS	„	3700
1½ To. PRITSCHENWAGEN MIT PLANE	„	4550

Alle Preise ab Werk 4fach bereift.

Verbesserter Motor, verbesserte Kühlung, verbesserter Vergaser, verbesserte Bremsen, verbesserte Steuerung und außerdem noch schönere Karosserien bieten Ihnen Schönheit, Bequemlichkeit, Sicherheit, Dauerhaftigkeit, Kraft, Geschwindigkeit, Sparsamkeit und Preiswürdigkeit. Sie müssen unbedingt diesen Wagen sehen. Gehen Sie heute noch zum nächsten Opelhändler. Er wird Ihnen auch Auskunft über die erleichterten Zahlungsbedingungen geben.

4 PS LIMOUSINE
Der Volkswagen Deutschlands von bisher unerreichtem Wert u. seltener Schönheit. PREIS: RM 2700.–

OPEL

4 PS CABRIOLET
Ein geschlossener und offener Wagen in einem Modell, schön u. zugleich praktisch. PREIS: RM 2500.–

Elegante Welt

Werbeanzeigen der damaligen Zeit

Die Opel-Anzeige Seite 222 erschien in der März-Ausgabe der »Eleganten Welt« von 1930. Ein Jahr vorher hatte General Motors die Firma Opel übernommen und zunächst eine radikale Typenvereinfachung durchgesetzt. Die großen Modelle mit einem Hubraum von 2,6 bis 4 Liter wurden nicht mehr gebaut. Es gab nur noch den 4-PS-1-Liter-Wagen und das 8-PS-Modell (8 Steuer-PS = etwa 2 Liter Hubraum). Durch starke Rationalisierungsmaßnahmen und die Konzentration auf diese beiden Typen war es gelungen, die Preise erheblich zu senken, und man bekam zum ersten Mal in Deutschland ein vollwertiges Automobil für weniger als 2000,– Mark, allerdings nur als offenen Zweisitzer, während die viersitzige, offene Ausführung als Tourenwagen 2350,– Mark kostete. Diese für die damalige Zeit sensationell niedrigen Preise hatten einen kleinen Haken; unterhalb der Preisliste stand ganz klein: alle Preise ab Werk, vierfach bereift. Das heißt, man mußte das Ersatzrad und den Ersatzreifen extra bezahlen. Gleichzeitig mit den Personenwagen wurde das kleine 4-PS-Modell auch als Lieferwagen (Kastenwagen) angeboten, auch zu einem sehr mäßigen Preis, und dazu gab es noch den 1½-Tonner mit dem größeren Motor. Aus dem Angebot und den Preisen geht noch deutlich hervor, daß der offene Viersitzer die Standardform war, die Limousine wurde mit 350,– Mark mehr angeboten. Daß das zweisitzige Cabriolet sehr niedrig im Preis lag, deutet darauf hin, daß man eine relativ große Serie aufgelegt hatte. Ein zweisitziges Cabriolet wäre heute ein Luxusauto, das nur in kleiner Serie hergestellt und damit relativ teuer würde. Eine Formulierung ist besonders bemerkenswert, denn unter der 4-PS-Limousine steht »der Volkswagen Deutschlands«. Man zielte also bereits auf diesen Begriff »Volkswagen« hin, und das im Frühjahr 1930. Daß man in der Anzeige dazusetzte »von seltener Schönheit«, ist die übliche Übertreibung, denn man konnte diesen Opel zwar für einen soliden, zweckmäßigen, ordentlichen Wagen halten, aber nicht für ein Auto von seltener Schönheit. Bemerkenswert ist auch, daß in dieser Anzeige keinerlei wirklich technische Daten vermittelt wurden, sondern es war immer nur von Schönheit, Bequemlichkeit, Sicherheit, Dauerhaftigkeit und Geschwindigkeit die Rede, und daß man zum nächsten Opel-Händler gehen soll. Die technischen Daten dieses Wagens waren folgende: 4-Zylinder-Reihenmotor, mit seitlich gesteuerten Ventilen, Bohrung 60 mm, Hub 90 mm, Zylinderinhalt 1016 ccm, Leistung 20 PS bei 3500 Touren, Verdichtung 1 : 5,2, Graugußkolben (noch keine Leichtmetallkolben!), Kurbelwelle in zwei Gleitlagern, Druckumlaufschmierung durch Zahnradpumpe, Thermosyphonkühlung, Batteriezündung, Licht- und Anlasseranlage 6 Volt, Solex-Horizontal-Vergaser, Brennstofftank vorn, Förderung durch Gefälle, Einscheibentrockenkupplung, angeblocktes Dreiganggetriebe mit Kugelschaltung, Stahlblechrahmen, vorn Halbelliptikfeder, hinten Viertelelliptik-Auslegerfedern, mechanische Vierradbremsen, Schneckenlenkung, Stahlscheibenräder, damalige Reifengröße 7.15 × 115, Radstand 2,51 m, Spurweite 1,16/1,17 m, Eigengewicht des offenen Tourenwagens 720 kg, Höchstgeschwindigkeit 80 km/h. Als dieser Wagen 1929 erschienen war, kostete er noch als Limousine 3100 Mark. Man sieht daraus, welche enormen Preisermäßigungen sich für das Jahr 1930 ergeben haben, um diesen Wagen in Großserie anbieten zu können – in einer Zeit, die man als die Zeit der Wirtschaftskrise bezeichnen kann.

Auch die Firma Daimler-Benz war mit einer ganzen Seite in der »Eleganten Welt« vom März 1930 vertreten. Es wurde dabei die Firma nicht als Daimler-Benz, sondern als Mercedes-Benz apostrophiert. Der offizielle Firmenname hieß ja immer Daimler-Benz, nur die Automobile wurden Mercedes, respektive Mercedes-Benz genannt. Auch in dieser Anzeige finden sich keinerlei technische Details. Es wird nicht einmal gesagt, um welches Fahrzeug es sich auf dem Bild handelt. Es geht hier also offensichtlich um eine reine Image-Werbung. Der gezeigte Wagen ist die viertürige Limousine des Typs Stuttgart, den es mit zwei verschiedenen Motoren gab. Man nannte dieses Fahrzeug im Volksmund den 8/38er, respektive den 10/50er, weil das die entsprechenden Steuer- und Brems-PS waren. Die beiden Ausführungen des Typs Stuttgart unterschieden sich nur durch den Motor, die Karosserie war die gleiche. Der Radstand betrug 2,81 m, die Spur 1,43, als Bereifung war die Größe 5.25 × 25 vorgesehen (früherer Reifentyp 30 × 5.70). Beide Wagen hatten eine Einscheibentrockenkupplung und ein angeblocktes Dreiganggetriebe mit Kugelschaltung. Allerdings war die Achsuntersetzung beim Stuttgart 260 etwas länger. Der 6-Zylinder-Reihenmotor des Typ Stuttgart 200 hatte seitlich gesteuerte Ventile, 65 mm Bohrung, 100 mm Hub, einen Zylinderinhalt von 1988 ccm und gab 38 PS bei 3200 Touren ab. Die Verdichtung lag bei 1 : 5. Das größere Modell war auf 74 mm aufgebohrt worden, das ergab 2560 ccm, und die Leistung lag dann bei 50 PS (3200 Touren). Auch hier war die Verdichtung 1 : 5. Die Preise für die normale viertürige Limousine lagen knapp unter oder knapp über 8000,– Reichsmark. Dadurch, daß man die Limousine ziemlich hoch baute, war natürlich ein recht großer Luftwiderstand vorhanden, so daß der Stuttgart 200 nur auf eine Spitze von 80 km/h kam, der Stuttgart 260 dagegen 90 km/h Spitzengeschwindigkeit erreichte. Das größere Modell wurde von 1931 an wahlweise mit einem Schnellganggetriebe ausgestattet, wobei der vierte Gang durch ein Vakuum umgeschaltet wurde. Für diese größeren, seriösen Wagen der Mittelklasse war die Standardausführung nicht der offene Tourenwagen, den es natürlich auch gab, sondern die viertürige sechsfenstrige Limousine.

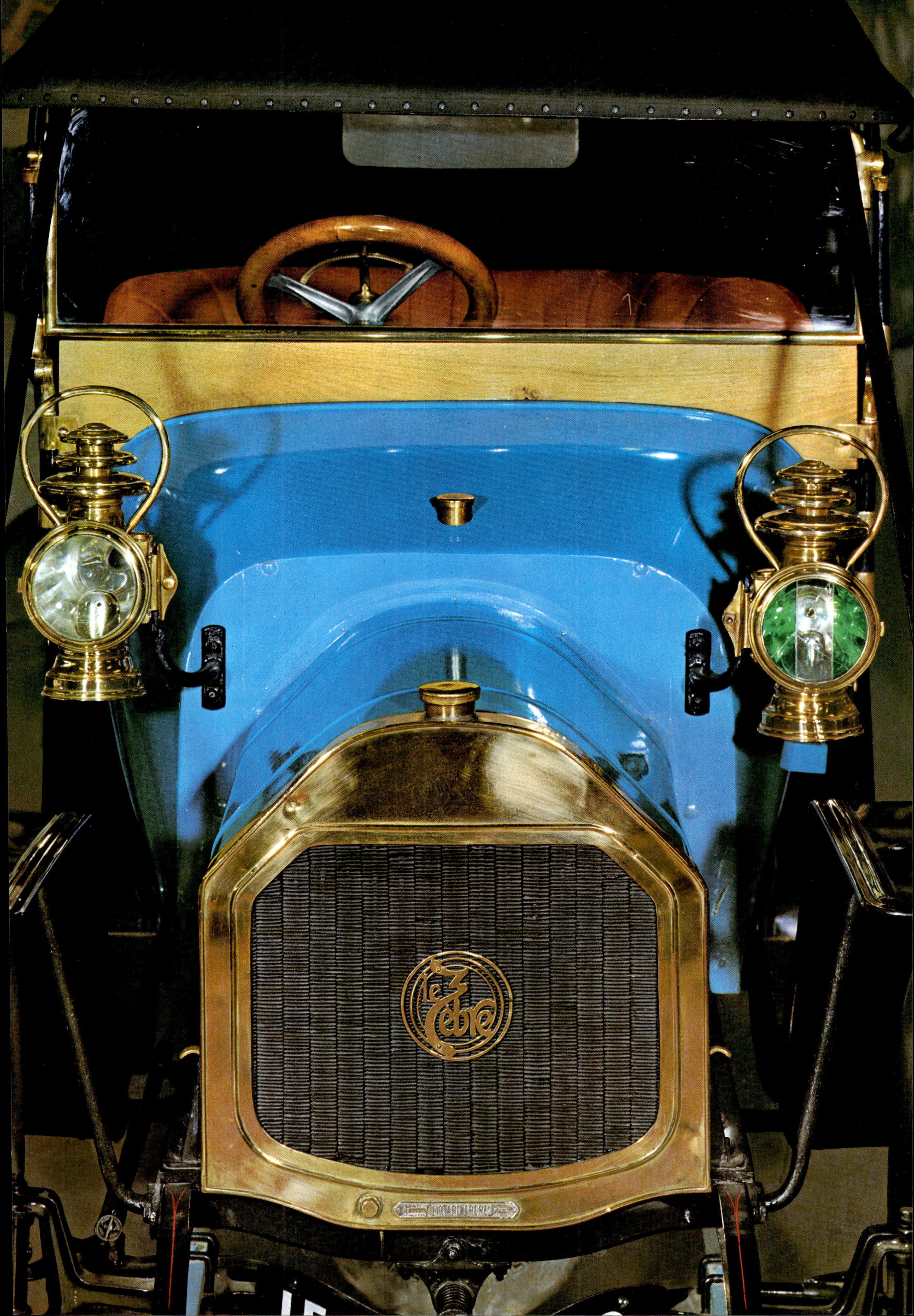
Le Zebre

1913 Le Zèbre
1-Zylinder-Frontmotor, Geschwindigkeit 35 km/h

DER ZEIT VORAUS GEEILT
RÖHR
DER SICHERSTE WAGEN DER WELT.
TIEF_BAURAHMEN
EINZELABFEDERUNG JEDES RADES.
UNERREICHTE STRASSENLAGE.
DER 8 CYLINDER 9/50 2^{25}L
RÖHR AUTO A.G. OBER_RAMSTADT HESSEN

Vorn der Mercedes-2-Liter-Kompressor-Rennwagen von 1926, dahinter das Modell von 1924, mit dem Christian Werner die Targa Florio 1924 gewann (Daimler-Museum Untertürkheim)

Die Kompressorzeit

Die Firma Daimler war - längst ehe sie sich im Juni 1926 mit der Firma Benz zusammenschloß - zweifelsohne die erste auf der Welt, die serienmäßige Fahrzeuge mit Kompressoren ausrüstete und die auch als erste Renn- und Sportwagen mit Kompressoren in große Wettbewerbe schickte, obwohl der Kompressor an sich längst bekannt und auch nicht von Daimler erfunden worden war.

Bei allem Verdienst, das der 1923 zu Daimler gekommene Dr. Ing. h. c. Ferdinand Porsche um die Weiterentwicklung der Kompressormotoren bei Daimler und später bei Daimler-Benz hatte, muß doch gesagt werden, daß die Kompressor-Idee von seinem Vorgänger Paul Daimler (dem Sohn von Gottlieb Daimler) aufgenommen und in die Tat umgesetzt wurde. Seine ersten Versuche mit dem Kompressor machte Paul Daimler unmittelbar nach dem ersten Weltkrieg an dem sogenannten 28/95er. Das war ein Fahrzeug, das noch viele charakteristische Merkmale aus der Vorkriegszeit besaß und das auch schon 1914 auf den Markt gekommen war.

Es war Paul Daimler von vornherein klar, daß dieser im Grunde veraltete Wagen nur als Versuchskaninchen dienen konnte. Im Laufe des Jahres 1921 wurde aufgrund der gesammelten Erfahrungen dann ein ganz neuer Daimler entwickelt, der im Spätherbst auf der Berliner Automobilausstellung zu sehen war und von dem man sagen kann, daß er der erste serienmäßige Kompressorwagen der Welt war: der Typ 6/25/40 als offener, viersitziger Tourenwagen.

Er hatte 68 mm Bohrung, 108 mm Hub und damit 1570 ccm, war also - wie damals allgemein üblich - ein extremer Langhuber; er drehte 2800 Touren. Die Steuerung der Ventile erfolgte durch eine obenliegende Nockenwelle.

Es gibt ja zwei Möglichkeiten, einen Kompressor laufen zu lassen: Entweder läßt man ihn von Anfang an - also bei jeder Drehzahl der Maschine - starr mitlaufen, oder man bringt ihn erst auf Wunsch zum Einsatz. Diese zweite Methode hatte Daimler gewählt, und man ist beim Mercedes immer diesem Prinzip treu geblieben. Wenn man das Gaspedal nur leicht bis mittelstark durchtrat, dann lief der Motor ohne Kompressor. Erst wenn man Vollgas gab, schaltete sich der Kompressor über eine Spezialkupplung ein und brachte die zusätzlichen PS. Das hatte den Vorteil, daß man bei verhaltener Fahrt nicht den erheblichen Mehrverbrauch, den der Kompressor mit sich brachte, in Kauf zu nehmen hatte.

Bei Daimler und später bei Daimler-Benz hat man auch immer dem Roots-Gebläse den Vorzug gegeben. Es gibt ja auch zwei Prinzipien, nach denen ein Kompressor gebaut werden kann: das eine ist das Drehflügelprinzip, das man nach seinem Erfinder das Roots-Gebläse nennt, das andere wird Zentrifugal- oder Schleudergebläse genannt. Der Nachteil der Schleudergebläse (mit turbinenähnlichen Schaufelrädern) bestand immer darin, daß sie erst bei einer sehr hohen Drehzahl ein deutliches Leistungsplus brachten, bei Drehzahlen, die zwischen 15 000 und 40 000 Umdrehungen des Kompressors lagen, und daß sie ihre volle Wirkung nur in einem ziemlich schmalen Bereich entfalteten.

Die ersten Gebläse waren solche Schleudergebläse. Es ist – wie so oft – sehr schwierig zu sagen, wer nun wirklich der erste war, bei dem ein solcher Kompressor effektiv lief und Leistung gab, denn ein Gebläse, in einer Patentschrift aufgeführt, besagt noch nicht sehr viel. Aber es scheint, daß die Amerikaner Nicholls und Chadwick im Jahre 1907 als erste einen Rennwagen mit einem solchen Schleudergebläse ausrüsteten.
Schleudergebläse fanden auch in den Flugmotoren des ersten Weltkriegs Verwendung, hauptsächlich, um den Verlust auszugleichen, der beim Höhenflug durch die dünner werdende Ansaugluft entstand. Da Flugmotoren fast stets mit der gleichen Drehzahl laufen, war hier das Schleudergebläse vorteilhaft.
Das Roots-Gebläse besteht gewöhnlich aus zwei Drehflügelläufern, die wie eine Acht aussehen und bei jeder Umdrehung die eingeführte Luft zusammenpressen, sie dadurch »aufladen« oder, wenn der Druck über 1 atü steigt, »überladen«. In jedem Fall kommt nicht mehr die normal angesaugte, sondern eine vorverdichtete Luft in den Vergaser.
Paul Daimler setzte seine ersten Kompressoren senkrecht stehend vor den Motor, von hier führte eine Druckleitung zum Vergaser.
Es gibt auch Kompressoren, in denen nicht die Luft vorverdichtet wird, sondern die hinter dem Vergaser sitzen, so daß sie das dort erzeugte Gas-Luft-Gemisch unter Druck setzen und direkt in die Ansaugkanäle schießen.

Die englische Zeitschrift *The Autocar* erklärte zu diesen neuen Daimler-Motoren damals: »Der erste Kompressormotor in einem Automobil bedeutet einen neuen Zeitabschnitt in der Geschichte des Kraftfahrzeugs.«
Vom heutigen Standpunkt aus betrachtet, müßte man freilich dazu sagen: Ja und Nein. Es begann wohl damals ein neuer Zeitabschnitt, es begann die Kompressorzeit, die die *Roaring Twenties* ebenso umfaßte wie den Beginn der 30er Jahre – wobei der Kompressor im luxuriösen, leistungsfähigen Tourenwagen parallel lief mit dem Kompressor im Rennwagen, denn die Rennformeln waren entsprechend ausgelegt worden.
Dieser »neue Zeitabschnitt in der Geschichte des Kraftfahrzeugs«, den der 6/25/40 Daimler einleitete, war im Personenwagenbau mit dem zweiten Weltkrieg absolut zu Ende, während er im Sport noch bis zum Jahre 1951 fortdauerte, denn erst damals endete die Kompressor-Ära bei den Rennwagen. Sie ruhte jedenfalls bis zum Ende der 60er Jahre, als man in Amerika auf den Kompressor in Form des Abgasturboladers wieder zurückkam.
Der 2. April 1922 war insofern ein historischer Tag, als an diesem Sonntag bei der Targa Florio in Sizilien zwei Kompressormodelle erstmals in einem Rennen eingesetzt wurden. Ein deutscher Fahrer namens Paul Scheef fuhr in der Klasse der Serienwagen bis 1,5 Liter mit einem solchen Mercedes 6/25/40 PS Sport-Zweisitzer mit und erreichte in dieser Klasse den 3. Platz. Im gleichen Rennen startete der Mercedes-Werksfahrer Max Sailer mit einem solchen

Salamano mit einem Fiat 805 beim Grand Prix in Monza 1923

28/95 PS Mercedes, wie ihn Paul Daimler zu Anfang versuchsweise mit einem Kompressor versehen hatte. Dieser Wagen lief in der Klasse der Serienwagen über 4,5 Liter. Es war das Modell mit einer offenen Tourenwagen-Karosserie. Max Sailer gewann diese Kategorie und belegte in der Gesamtwertung einen vorzüglichen 6. Platz. Sieger in dieser Targa Florio 1922 wurde bekanntlich der Graf Giulio Masetti auf einem Mercedes; dies war noch der Grand-Prix-Typ von 1914 mit der 4,5-Liter-Maschine.

Der nächste große Einsatz dieser Mercedes-Kompressortypen kam erst ein Jahr später, am 30. Mai 1923 in Indianapolis. Dieses Rennen beschickte die Firma Daimler mit den neu entwickelten 4-Zylinder-2-Liter-Kompressorrennwagen, und hier belegten Max Sailer den 8. und Christian Werner den 11. Platz. Zwar war Max Sailer der beste europäische Fahrer auf dem besten deutschen Wagen, aber das änderte nichts an der Tatsache, daß man mit den Motoren und auch mit der Kraftübertragung erhebliche Schwierigkeiten hatte, und man konnte diesen Indianapolis-Einsatz noch nicht als einen vollen Erfolg bezeichnen.

Als zweite Firma hatte für das Jahr 1923 Fiat einen Rennwagen mit Kompressor vorbereitet. Er wurde im Herbst zum Großen Preis von Italien, der in Monza ausgetragen wurde, gemeldet. Dieser Fiat trug die Typenbezeichnung 805 Corsa, und mit ihm gewann der Werksfahrer Carlo Salamano diesen Großen Preis mit einem Durchschnitt von 146,5 km/h. Den 2. Platz belegte Nazzaro ebenfalls auf diesem neuen Fiat – eine erstaunliche Leistung, wenn man bedenkt, daß Fiat hier zum ersten Mal eine solche Neukonstruktion einsetzte. Dieser Fiat hatte einen 8-Zylinder-Reihenmotor mit 1979 ccm Hubraum, der mit einem Roots-Kompressor 150 PS bei 5500 Touren abgab. Es gab ihn auch mit einem Witting-Kompressor, mit diesem leistete er aber nur 130 PS. Der Motor hatte zwei obenliegende Nockenwellen, der Kompressor saß vor dem Vergaser. Fiat hat dann noch 1926 einzelne Exemplare des 1-Liter-Sportwagens von Typ 509 mit Kompressor ausgerüstet und ist 1927 noch einmal in den Grand-Prix-Sport eingestiegen, indem damals für den Großen Preis von Mailand ein 1,5-Liter-12-Zylinder-Rennwagen (zwei nebeneinanderliegende Gruppen von je sechs Zylindern in Reihe) mit Kompressor gebaut wurde, der 187 PS bei der für damalige Zeit phantastisch hohen Drehzahl von 8500 Touren entwickelte. Dieses Modell, das 806 Corsa hieß, führte Pietro Bordini im Großen Preis von Mailand am 4. September 1927 zum Sieg.

Bei Fiat sind aber keine Serienwagen mit Kompressor gebaut worden, während schon das Jahr 1924 in hohem Maße bei der Firma Daimler und nachher bei Daimler-Benz den Serienbau des Kompressorwagens brachte. Inzwischen war nämlich das Wort Kompressor durch den Targa-Florio-Sieg Christian Werners mit dem Mercedes 4-Zylinder-2-Liter-Kompressorrennwagen in Deutschland schon sehr populär geworden. Porsche hatte für die Weiterentwicklung die technische Regie übernommen. Mit der Präsentation dieser großen Kompressormodelle, angefangen beim 24/100/140, entstand eigentlich jener Nimbus, der den Kompressor in all den folgenden Jahren umgab, denn nun war er in die Sphäre der Traumwagen gerückt, der teuersten und besten Automobile, die es bei uns gab.

Außer Daimler haben in der Mitte der 20er Jahre noch vier weitere deutsche Firmen ebenfalls Kompressorwagen gebaut, die inzwischen teilweise fast vergessen sind: Dürkopp, Fafnir, NSU und Pluto.

Ende der 20er Jahre hatte der Kompressor im Rennsport eine beherrschende Stellung gewonnen. Keine berühmte Marke, die nicht mit Kompressormotoren zu den Großen Preisen kam, zumal der Kompressor in allen Reglements geduldet wurde: die 1500 ccm, 1750 ccm und später 2336 ccm von Alfa Romeo hatten Kompressoren, die Maserati, die 1,5 Liter, 2 Liter und 2,3 Liter von Bugatti, ebenso wie die Delage.

Ettore Bugatti hatte dem Kompressor zunächst mit großer Skepsis gegenübergestanden. Als er 1924 seinen so erfolgreichen 2-Liter-Grand-Prix-Wagen herausbrachte, den ersten Typ 35, da erklärte er noch, daß sein Bugatti keinen Kompressor brauche, um Rennen zu gewinnen, was für das Jahr 1924 auch noch in etwa zutraf. Aber das offensichtliche Leistungsplus, das die Gebläse brachten, mußte natürlich auch Bugatti sehr bald akzeptieren. Er verwendete Roots-Gebläse, die meist nur mit einem Ladedruck von 0,5 bis 0,7 atü arbeiteten.

Und da es bei Bugatti keine sichtbare Grenze zwischen dem Rennwagen und dem sportlichen Wagen für die Straße gab, weil die Rennmodelle mit wenigen Änderungen Serienwagen wurden, kam auch hier der Kompressor in den »zivilen Bereich«. Genau auf der richtigen Ebene, um der Legende zu dienen, denn jeder Bugatti war ja ein Spitzenprodukt.

Ettore Bugatti präsentierte 1926 den Typ 38 A mit 1990-ccm-8-Zylinder-Motor und Kompressor, 1927 den Typ 43 mit einer 2260-ccm-115-PS-Maschine, die schon – für den Straßengebrauch – 5000 Touren drehte. Weiter war mit Kompressor der Typ 50 im Jahr 1930 ausgerüstet (4,9 Liter, zwei obenliegende Nockenwellen, 200 PS bei 4000 Touren). Der von der Karosserie her vielleicht schönste Bugatti, den es je gab, war der Typ 55 von 1931 mit einer 2,3-Liter-135-PS-Kompressormaschine und schließlich ist der 3,3 Liter mit Kompressor als Typ 57 SC zu erwähnen, dessen zweisitzige Coupé-Ausführung heute zu den höchstbezahlten Raritäten gehört.

Außer den Bugatti gab es in Frankreich noch die kleinen Amilcar- und Salmson-Sportwägelchen, die wahlweise mit einem Kompressor ausgerüstet wurden.

Der Kompressor wurde auch in England sehr schnell heimisch, und es gab zwischen 1925 und 1935 auf der Insel nicht weniger als sieben Firmen, bei denen man sich Wagen mit einem Kompressor bestellen konnte. Zum Teil waren das Marken, von denen wir heute noch kaum mehr etwas Näheres wissen, wie Marendaz, HE und Squire (der 1,5-Liter-Squire mit zwei obenliegenden Nockenwellen und 160 km/h Spitze sah bestechend schön aus), zum Teil aber auch sehr bekannte Werke.

Sunbeam brachte 1928 von seinem 3-Liter-Modell eine 135-PS-Kompressorversion. Im gleichen Jahr konnte man auch bei Alvis ein Fahrzeug mit Kompressor kaufen. An der Spitze aller Wagen, die das magische Wort *Supercharged* trugen, stand zu Anfang der 30er Jahre aber der MG.

Der Midget C-Typ mit 847-ccm-Motor wurde mit Kompressor geliefert. Ein Jahr später kam der kleine 746-ccm unter der Typenbezeichnung J 3 und J 4 mit Kompressor auf den Markt. Die Krönung war der K 3 Magnette von 1933, bei dem man aus 1087 ccm 120 PS herausholte, bei 6500 Touren.

Mit den Kompressor-Modellen hat MG damals seinen Ruf

Oben: Ein MG Midget von 1932 Unten: Ein 8-Zylinder-Auburn mit Kompressor, 4585 ccm Hubraum, hydraulische Bremsen

als führende Firma im Bau kleiner Hochleistungswagen begründet, vor allem, nachdem Tazio Nuvolari mit einem solchen Kompressor-MG die Tourist Trophy gewonnen hatte.
Bleibt noch Bentley zu erwähnen, jene Firma, die wiederum auf der Ebene von Bugatti und der Mercedes-Kompressorwagen liegt. Es haben ja auch in Le Mans die großen Bentley damals gegen die Bugatti und Mercedes SSK gekämpft.
Vergessen wir bei alledem Amerika nicht. Vier Marken, die allesamt sich nur mit der Produktion von ganz großen, ganz schnellen und ganz teuren Wagen beschäftigten, huldigten zwischen 1930 und 1936 dem Kompressorgedanken. Die berühmteste war sicherlich Duesenberg; sehr bekannt auch Auburn - den Auburn-8-Zylinder gab es von 1935 an mit einem Kompressor - dann Cord und Stutz Black Hawk, ein 8-Zylinder-Modell mit 5,3 Liter Hubraum.
Übrigens trug der Auburn Speedster seinen Teil zur Illusion bei: Er hatte vier Auspuffrohre, links aus der Motorhaube heraustretend. Viele Leute glauben ja noch heute, daß die außenliegenden Auspuffrohre ein Zeichen für den Kompressor sind. In Wirklichkeit wurden diese Rohre deshalb nach außen geführt, weil die Motorhaube sehr wenig Platz für den riesigen Motor bot, zum Teil wollte man auch den Auspuff besser kühlen und zum dritten war dann dieser außenliegende Auspuff noch ein Stilelement.
In Italien gab es nur bei Alfa Romeo »zivile« Kompressormodelle zu kaufen, sofern man den 8 C mit der 2336-ccm-Maschine und vor allem den Traumwagen der Berliner in den 30er Jahren, den 2,9 Liter Roadster mit Kompressor, der von 1935 bis 1939 gebaut wurde und eine gestoppte Spitze von 185 km/h besaß, als ziviles Fahrzeug bezeichnen konnte.
Im Mittelpunkt aller Kompressorwagen der 30er Jahre standen aber zweifellos die Typen von Daimler-Benz. Zunächst der Typ 380, dann der 500 K und sein Nachfolger, der 540 K mit einem 5,4-Liter-Motor, der mit Kompressor 180 PS entwickelte bei nur 3300 Touren, der aber als Limousine 2300 kg wog. Er kam auf ehrliche 170 km/h und kostete damals zwischen 22 000 und 25 000 Reichsmark. Noch stärker und entsprechend auch viel teurer war der 1931 zum ersten Mal ausgestellte 7,7-Liter-Mercedes, der mit Kompressor 200 PS leistete und der »Großer Mercedes« genannt wurde.
Parallel dazu sah man auf den Rennpisten in den 30er Jahren nur noch Kompressorwagen fahren. Die großen Duelle zwischen Mercedes-Benz, der Auto Union und Alfa Romeo sind immer mit Kompressorwagen ausgefochten worden.
Was den zivilen Bereich nach dem Krieg angeht, als man nüchterner dachte und schärfer kalkulierte, so wollte sich niemand mehr einem leistungssteigernden Aggregat zuwenden, das hohen Bauaufwand bei beträchtlicher Unwirtschaftlichkeit brachte. Vor allem hatte man gelernt, die normalen Motoren, die »Saugmotoren«, so weit zu kultivieren, daß man auch hohe Literleistungen und hohe Drehzahlen bei weichem Lauf und größerer Haltbarkeit erzielen konnte. Der Kompressor war überflüssig geworden.
Nur ein Werk rief ihn noch einmal ganz kurz ins Leben zurück, wenn auch nur mit ganz geringen Stückzahlen: Pegaso, die spanische Firma; denn diese von 1951 bis 1958 auf

Oben: Ein 4,5-Liter-Bentley von 1928 mit Kompressor
Mitte: Delage Grand-Prix-Wagen von 1927
Unten: Louis Chiron auf dem 5-Liter-Bugatti-Rennwagen mit Kompressor 1931 beim Training auf der Avus

Bestellung gebauten Wagen konnte man in allen drei Versionen auch mit Kompressor erhalten.
Eine neue Kompressor-Ära entstand im Rennsport in Amerika Ende der 60er Jahre. Diese Kompressoren laufen unter dem Stichwort Abgasturbolader.
Seit bei den amerikanischen Rennen in Indianapolis und bei der CanAm-Serie, die ja teils in den USA und teils in Kanada ausgetragen wird, der Kompressor freigestellt wurde, hat sich ein neuer Aspekt ergeben: der Abgasturbolader. Im Prinzip ist auch er ein Gebläse, wir wollen jedoch diese Begriffe etwas definieren. Kompressor und Lader sind Bezeichnungen, die nebeneinander für die gleiche Sache laufen. Kompressor deutet auf komprimieren der Luft, Lader auf die Aufladung beziehungsweise Überladung der vorhandenen Luftmenge. Im angelsächsischen Raum spricht man von *Supercharger* (Überlader), im Französischen sagt man Compresseur. Man kann einen Kompressor oder Lader so vor dem Motor anschließen, daß der Luftstrom vor dem Vergaser oder vor dem Einlaßkanal zum Zylinder verdichtet wird. Aber es gibt natürlich auch die Möglichkeit, das Gebläse durch die Abgase vom Auspuff aus antreiben zu lassen. Diese Anordnung eines Kompressors nennt man heute den Abgasturbolader. Beim Abgasturbolader werden fast immer Radialgebläse in Turbinenform verwendet. Es ist oft sehr schwierig, bei solchen technischen Erfindungen die Priorität festzustellen. Tatsache ist, daß ein Schweizer Erfinder, Dr. A. Büchi, kurz vor dem ersten Weltkrieg den ersten durch die Abgase angetriebenen Kompressor entwickelte, der aber damals nur für stationäre Dieselmotoren eingesetzt wurde. Abgasturbolader wurden in der Folgezeit nur bei Flugmotoren, nicht bei Automobilen angewandt. Erst 1955 versuchte ein amerikanischer Konstrukteur in einen Dragster, der nur für Beschleunigungsrennen gedacht war, einen solchen Abgasturbolader einzubauen, hatte jedoch keinen Erfolg damit. Erst Ende der 60er Jahre brachten Ford und die Motorenfabrik Offenhauser (die die meisten Motoren für die Indianapolis-Rennwagen baut) für diese Indianapolis-Rennen Motoren mit Abgasturbolader heraus, die sich dank der hohen Leistung schnell durchsetzten. In den letzten Jahren waren alle Wagen, die in Indianapolis um den Sieg fuhren, mit solchen Abgasturboladern ausgerüstet.

Bei Straßenrennen sah man aber, trotz einiger bemerkenswerter Versuche von Michel May, der für schnelle Tourenwagen Turbolader baute, keine Motoren mit Abgaskompressoren. Der Grund lag darin, daß ein Turbolader auf Lastwechsel mit einem gewissen Trägheitsmoment reagiert. In Indianapolis gibt es ja nur zwei Doppelkurven, man fährt den ganzen Kurs im gleichen Gang und kommt nie unter 230 bis 235 km/h. Im Straßenrennen dagegen muß der Motor blitzschnell auf Drehzahlveränderungen reagieren. Dieses Problem hatte zum Beispiel auch Porsche zu überwinden, als man im Herbst 1961 daran ging, einen Motor für die CanAm-Rennen zu entwickeln, wo ja Kompressoren zugelassen sind. Wenn man an eine Kurve herankam, mußte der Fahrer schon zu Beginn der Kurve Vollgas geben, damit der Motor etwa im Scheitelpunkt - an der richtigen Stelle also - das Gas annahm. Dieses vorherige Gasgeben ist natürlich bei einer kurvenreichen Strecke ungemein schwierig, und es kostete Monate an Entwicklungsarbeit, bis man dieses Trägheitsmoment des Laders beseitigen konnte. Der CanAm-Motor von Porsche besitzt heute einen radialen Abgasturbolader, der aus einem Verdichter und dem eigentlichen Abgaslader besteht. Verdichtergehäuse und Verdichterschaufeln bestehen aus Aluminium. Das Abgasladergehäuse besteht dagegen aus Guß, die Schaufeln dort sind aus hitzebeständigem Stahl gefertigt. Die Temperatur beträgt hier etwa 850 bis 900 Grad.
Der Abgaslader dreht mit etwa 80 000 Umdrehungen und hat einen Außendurchmesser von 170 mm. Die Probleme des Werkstoffs und die thermischen Probleme standen im Vordergrund der Entwicklung. In dem kleinen, turbinenartigen Lader wird komprimierte Luft mit etwa 0,9 bis 1 atü erzeugt (man kann auch höhere Drücke erzeugen) und dann durch ein Druckrohr dem Zylinder zugeleitet. Die Premiere des Porsche 917 CanAm mit einem 4,5-Liter-Turbolader-Motor fand am 11. Juni 1972 beim ersten CanAm-Lauf in Mosport (Kanada) statt. Der amerikanische Fahrer George Follmer konnte mit diesem Turbolader-Porsche 1972 das Gesamtklassement dieser CanAm-Serie gegen die McLaren gewinnen. Ein solcher Wagen hat auf jeder Seite des 12-Zylinder-Motors einen Turbolader. Inzwischen wurden die Turbo-Porsche auch bei der Inter-Serie in Europa eingesetzt.

Porsche 917 Turbo des privaten Rennteams von Vasek Polak. Die Startnummer 0 gibt es nur in Amerika bei CanAm-Rennen.

Die Chitty-Bang-Bangs

Manche Konstruktionen sind nur deshalb interessant, weil sie absonderlich sind. Von Individualisten erdacht, in keine Formel passend und eigentlich nutzlos – aber wer interessiert sich nicht für diese interessanten Außenseiter. Solche sind diese Chitty-Bang-Bangs gewesen. Die Idee, die zugrunde lag, ist ganz einfach: In England gab es nach dem Kriege aus abgeschossenen Flugzeugen und Zeppelinluftschiffen noch einzelne intakte deutsche Flugmotoren. Und wenn man einen solchen riesigen Flugmotor in ein ebenso riesiges Rennauto setzen würde, müßte man doch eine ungeheure Leistung erzielen. Auf dieser Idee basierend, kamen diese Fahrzeuge zustande. Der erste solche Wagen hieß Chitti-Chitti-Bang-Bang, später hat man das Chitti mit y geschrieben und Chitty-Bang-Bang daraus gemacht. Der Name ist so lustig, daß in England ein Kinderbuch mit diesem Titel daraus entstand und daß er in einem Film übernommen wurde. Der Vater der Chitty-Bang-Bangs ist der Graf Louis Vorow Zborowski. Schon dessen Vater, der Graf Eliot Zborowski war ein großer Sportsmann gewesen und reich dazu, ein hervorragender Reiter, der nach der Jahrhundertwende anfing, Rennautos zu fahren und sich bei einem französischen Bergrennen (La Turbie) 1903 mit einem Mercedes überschlug. Seine Frau war Amerikanerin gewesen und schickte den jungen Zborowski nach Eton, damit er eine wirklich gute englische Erziehung genieße. Der Sohn fand aber, er solle, bevor eine diplomatische Karriere anfing, das Leben genießen, und das Leben genießen hieß bei ihm, mit den besten Rennautos zu Großen Preisen zu gehen. Er hatte unzweifelhaft ein großes Fahrtalent, besaß nach dem Krieg den Grand-Prix-Wagen von Mercedes, der 1914 in Frankreich gewonnen hatte, dazu einen 8-Zylinder-Ballot, einen Bugatti Typ 30, einen Salmson und ähnliche normale Rennwagen, war außerdem bereit, die Firma Aston Martin zu finanzieren, und ist schließlich 1924 beim italienischen Grand Prix in Monza mit einem Mercedes-Rennwagen tödlich verunglückt. Von 1921 bis 1924 aber ließ er sich die Chitty-Bang-Bangs bauen, weil ihm die normalen Grand-Prix-Wagen offenbar zu langweilig waren. Chitty-Bang-Bang Nr. 1 wurde im März 1921 fertiggestellt. Als Chassis diente ein alter großer Mercedes-Tourenwagen von 1913, das Fahrgestell wurde natürlich verlängert, um die ungeheuren Motordimensionen aufzunehmen, und an einigen Stellen auch verstärkt. Die Maschine war ein Maybach-Flugmotor, wie sie in den Gotha-Bombern von 1918 eingesetzt worden waren, mit einem 6-Zylinder-Reihenmotor, der die enormen Dimensionen von 165 mm Bohrung und 180 mm Hub hatte, was zusammen 23 093 ccm ergab: vermutlich das größte Automobil dem Hubraum nach, das es bis dahin auf der Welt gegeben hatte. Dieser Maybach-Motor hatte vier Ventile pro Zylinder, sie lagen oben im Zylinderkopf und wurden wie üblich durch Stoßstangen angetrieben, die aber völlig frei neben den Zylindern lagen. Dieser 23-Liter-Maybach-Motor entwickelte bei der wirklich sehr bescheidenen Drehzahl von 1500 Touren ziemlich genau 300 PS. Natürlich hatte der Wagen Starrachsen, und die Übertragung auf die Hinterräder erfolgte durch eine riesige Kette. Schaltung und Handbremse lagen außen. Zunächst war Chitty-Bang-Bang Nr. 1 mit einer viersitzigen Karosserie versehen, wurde aber dann umkarossiert zu einem Zweisitzer. Das riesige Auspuffrohr führte außen frei an der Karosserie entlang. Ein Problem für sich war das Anlassen dieses 23-Liter-Motors. Dazu konnte man keine normale Handkurbel verwenden, sondern steckte in diesen Kurbelzapfen einen riesigen Stab, der höher war als der immens große Kühler, und mit Hilfe dieses Stabes und eines sehr kräftigen Mannes drehte man die Kurbelwelle etwa eine viertel Umdrehung herum, dann

Graf Louis Zborowski in einem Aston-Martin beim Grand Prix von Frankreich 1922

Stromlinienformen

Der berühmte Rumpler-Tropfenwagen K 22, die erste deutsche Stromlinienentwicklung

Ein Entwurf von Alfa Romeo 1913

Parallel zu Rumpler entwickelte Jaray auf einem Ley 8/38 von 1922 ein Stromlinien-Modell

Tankförmig verkleidete Bugatti-2-Liter-Rennwagen beim Grand Prix von Straßburg 1923

Sechsmal Mercedes, karossiert von Farina . . .

. . . von Christian Auer

. . . von Saoutchik

. . . von Castagna

. . . von Neuss

. . . von Daimler-Benz

Der Chitty-Bang-Bang Nr. 1 des Grafen Zborowski von 1921 mit einem Maybach-Flugmotor von 1918: 6-Zylinder-Reihenmotor mit 24 Ventilen, Bohrung 165 mm, Hub 180 mm, Hubraum 23 093 ccm, 300 PS bei 1500 U/min, etwa 190 km/h Spitzengeschwindigkeit

sprang der Motor meistens an. Der Graf Zborowski fuhr sein erstes Rennen am Ostermontag, dem 28. März 1921, auf der Bahn von Brooklands, ein sogenanntes kurzes Handicaprennen, bei dem er einen Rundendurchschnitt von 175,9 km/h erreichte. Für seine 300 PS lag die Spitzengeschwindigkeit nicht sehr hoch, sie dürfte etwa 190 km/h betragen haben. Aber die ungeheuren Dimensionen des Fahrzeugs ergaben natürlich einen sehr hohen Luftwiderstand, und außerdem konnte man nur relativ kurze Rennen damit fahren, weil die Reifen eine längere Distanz niemals ausgehalten hätten. Mit diesem Ungeheuer fuhr der Graf Zborowski aber nicht nur Rennen in Brooklands, sondern raste gelegentlich auch auf den damals noch wenig belebten Landstraßen in Südengland herum, wobei natürlich die Bremsen nicht im entferntesten mit der Geschwindigkeit Schritt halten konnten.

Nur 18 832 ccm

Im Spätsommer 1921 wollte Zborowski aber diesen Wagen in einer verbesserten, etwas leichteren Form herausbringen, und er begann deshalb mit dem Bau von Chitty-Bang-Bang Nr. 2. Dazu verwendete er einen 6-Zylinder-Benz-Flugmotor, der wesentlich geringere Dimensionen hatte, nämlich 145 mm Bohrung und 190 mm Hub, was »nur« 18 882 ccm ergab, und der etwa 230 PS leistete. Wiederum nahm man einen alten Mercedes-Tourenwagen als Chassis, vermutlich ist es ein Mercedes gewesen, der 1907 oder 1908 gebaut wurde. Auch dieses Chassis wurde etwas verstärkt und verlängert, und auf diesen Chitty-Bang-Bang Nr. 2 kam eine richtige viersitzige Karosserie mit einem Klappverdeck. Auch dieser Wagen besaß einen Kettenantrieb, links ein immens großes Auspuffrohr und diesmal an den Rädern kleine Kotflügel. Genau wie Chitty-Bang-Bang Nr. 1 wurde er schwarz angestrichen, und im Herbst 1921 erschienen beide Chitty-Bang-Bangs zum gleichen Wettbewerb in Brooklands. Übrigens hatte dieser 6-Zylinder-Benz-Flugmotor einzeln gegossene Zylinder und auch wie der Maybach vier Ventile pro Zylinder, die durch Stößelstangen betätigt wurden. Er war mit zwei Zenith-Vergasern ausgerüstet und hatte ein Vierganggetriebe. In Brooklands lief er maximal etwa 185 km/h, die schnellste Runde legte er mit einem Durchschnitt von 174 km/h zurück. Er war also nur unwesentlich langsamer als Chitty-Bang-Bang Nr. 1, war aber als normaler Tourenwagen karossiert, und der Graf Zborowski beschloß, im Januar 1922 mit ihm durch Frankreich nach Algerien zu fahren. Das Gepäck folgte hinter ihm in einem Mercedes 28/95 PS, den seine Freunde fuhren. Kann man sich vorstellen, wie diese beiden Fahrzeuge und diese ebenso wohlhabenden wie das Abenteuer suchenden Leute in Nizza im Hotel Negrésco ankamen? Sie ließen die Wagen dann nach Afrika übersetzen und fuhren ungefähr 400 Kilometer in die Sahara hinein, anschließend wieder durch Frankreich zurück nach England. Chitty-Bang-Bang Nr. 2 gibt es heute noch, er ist voll restauriert worden und gehört einem Enthusiasten in der Grafschaft Kent. Nun war es an der Zeit, Chitty-Bang-Bang Nr. 3 zu bauen. Man nahm dazu den Mercedes 28/95 PS und baute seine 7,2-Liter-Maschine aus, die dann in einem Boot Verwendung fand. Das Chassis wurde wie üblich verlängert und verstärkt. Man baute in diesen Wagen einen 6-Zylinder-Mercedes-Flugmotor ein, Dimension 140 × 160 mm, was 14 778 ccm ergab und damit 160 PS. Das war genau der Motor, der im ersten Weltkrieg in den Albatros- und

Oben: Chitty-Bang-Bang Nr. 3 mit 6-Zylinder-Mercedes-Flugmotor: 14 778 ccm Hubraum, 180 PS bei 1600 U/min
Darunter: Higham Special mit V-12-Zylinder-Liberty-Flugmotor von 27 Litern Hubraum

Fokker-Jagdflugzeugen Verwendung gefunden hatte. Wenn er noch neuwertig war, konnte man ihn damals in England für 60 Pfund kaufen.
Auch dieser Mercedes-Motor, der in Chitty-Bang-Bang Nr. 3 eingebaut war, erreichte seine Höchstleistung, 180 PS, bei einer sehr niedrigen Drehzahl von maximal 1600 Umdrehungen. Die Flugmotoren des ersten Weltkriegs waren so ausgelegt, daß sie aus Gründen der Sicherheit nicht höher drehten. Dieser Chitty-Bang-Bang Nr. 3 erhielt eine richtige Rennkarosserie, die relativ niedrig war und zwei schmale Sitze hatte. Und mit diesem dritten Fahrzeug ist dann der Graf Zborowski in Brooklands schnellere Rundenzeiten gefahren als mit den stärkeren Wagen vorher. Er erreichte als Maximum einen Schnitt von 182 km/h. Der 6-Zylinder-Mercedes-Motor hatte übrigens eine obenliegende Nockenwelle. Auch er wurde diverse Male bei Rennen in Brooklands eingesetzt, immer nur auf ganz kurzen Strecken. Brooklands selbst war ein Kurs mit steil überhöhten Kurven so wie später die Nordkurve der Avus oder die Bahn von Montlhéry oder die von Monza. Eine Runde war knapp 4,5 Kilometer lang, und oft gingen die Rennen, an denen diese Monster teilnahmen, nur über drei solcher Brooklands-Runden. Der Graf Zborowski startete auch gelegentlich noch mit seinem Chitty-Bang-Bang Nr. 1 und hatte einmal, was ja unvermeidlich schien, einen Reifenplatzer in dieser Steilwandkurve, drehte sich mehrmals und zerschlug ein Zeitnehmerhaus. Sein Mechaniker wurde aus dem Wagen geschleudert und ziemlich schwer verletzt, und einer der Zeitnehmer verlor drei Finger, er selber aber blieb wunderbarerweise bei diesem Unfall unverletzt. Das war das letzte Mal, daß er den Chitty-Bang-Bang Nr. 1 fuhr.
Der Graf Zborowski baute dann einen weiteren Wagen von ungeheuren Dimensionen, der aber nicht Chitty-Bang-Bang hieß, sondern den er nach seinem Wohnsitz Higham-Special nannte. Dieses Automobil war mit einem amerikanischen Liberty-V-12-Zylinder-Flugmotor mit dem ungeheuren Hubraum von 27 Litern versehen. Das Getriebe stammte von einem großen 200-PS-Blitzenbenz, Teile der Achsen und des Antriebs von einem 1908-Grand-Prix-Mercedes. Er war auch mit einer zweisitzigen Karosserie versehen und nahm ebenfalls an solchen kurzen Brooklands-Rennen teil, bevor er an den Rennfahrer und Konstrukteur Parry Thomas verkauft wurde, der ihn Babs nannte und für Weltrekordversuche in Pendine Sands einsetzte. Parry Thomas verunglückte mit diesem Wagen tödlich. Anschließend wurde Babs dort im Sand vergraben. Enthusiasten haben ihn 1972 wieder gefunden, ausgegraben und einigermaßen restauriert. Als der Graf Zborowski beim italienischen Grand Prix 1924 in der Lesmo-Kurve mit seinem 2-Liter-8-Zylinder-Mercedes tödlich verunglückte, war bereits Chitty-Bang-Bang Nr. 4 als Projekt da, und man hatte an ihm zu bauen angefangen, aber er wurde dann nicht fertiggestellt.
Man sollte noch hinzufügen, daß es einen ähnlichen Giganten wie diesen Chitty-Bang-Bang mit dem Namen »Rabbit the First« in England gegeben hat, ebenfalls 1921 gebaut. Dieser besaß genau denselben Motor wie Chitty-Bang-Bang Nr. 2, nämlich den 6-Zylinder-Benz-Motor mit 18,8 Liter Hubraum und einzelnstehenden Zylindern. Auch dieses Auto wurde in ein verlängertes, altes Mercedes-Chassis aus der Zeit um 1910 eingebaut. Das Auto wog 3600 kg und war wiederum ausschließlich für solche Wettbewerbe in Brooklands gebaut worden. Der Besitzer hieß Scarisbrick. Der Wagen hatte links aus der Motorhaube heraustretend sechs einzelne, riesiggroße, geschwungene Auspuffrohre, die sich dann unten in einem Sammelauspuff vereinigten. Er besaß wie die ersten Chitty-Bang-Bangs Kettenantrieb. Der Besitzer ging mit ihm 1923 noch zu den Rennen in Fanö in Dänemark, wo er einmal die Geschwindigkeitsprüfung gewann. 1930 wurde dieses Monsterauto nach Amerika verkauft und dort existiert es heute noch, voll restauriert. Bei dem Stichwort Rennen in Fanö sollte man noch hinzufügen, daß die Stoewer-Werke in Stettin 1919 zwar keinen Chitty-Bang-Bang bauten, aber doch einen riesigen Flugmotor aus dem ersten Weltkrieg nahmen, der 6 Zylinder (paarweise gegossen) mit obenliegenden Ventilen, durch Stoßstange und Kipphebel gesteuert, besaß, mit Bohrung 130 mm und Hub 140 mm, was einen Zylinderinhalt von 11 160 ccm ergab. Bei immerhin 2200 Touren leistete dieser Motor 120 PS. Der Wagen hatte ein separates Viergang-Schubvorgelege-Getriebe mit Innenschaltung und einen normalen Kardanantrieb. Stoewer karossierte ihn als einen großen viersitzigen offenen Tourenwagen, der Radstand betrug 3,48 m, die Spurweite 1,45 m, und das Fahrzeug erreichte 160 km/h. Dieser D 7 genannte Stoewer, der zwei Jahre lang gebaut wurde, nahm in einer Sportausführung auch an diesen Rennen in Fanö teil und war dort sehr erfolgreich. Es war dies der größte deutsche Serienwagen, der jemals gebaut wurde.
Die Geschichten von den Chitty-Bang-Bangs aber erscheinen uns heute wie Geschichten aus einem Märchenbuch. Die Zeiten, in denen solche Monsterwagen von spleenigen, reichen Enthusiasten gebaut und gefahren wurden, werden wohl niemals wiederkommen.

Oben: Der 4,5-Liter-12-Zylinder-Delahaye wurde 1938/39 von einigen französischen Karosseriefirmen »maßgeschneidert«. Hier das Saoutchik-Cabriolet. Unten: Cisitalia von 1947, karossiert von Pininfarina

Panhard et Levassor »Skiff« von 1911, entworfen von Henri Labourdette für René de Knyff

Maßgeschneidert . . .

Bekannte Karosseriefabriken aus den 20er (und 30er) Jahren, die in den einzelnen Ländern Spezialkarosserien »maßschneiderten«:

Deutschland
Ambi-Budd, Berlin
Auer, Stuttgart
Autenrieth, Darmstadt
Baur, Stuttgart
Dörr & Schreck, Frankfurt
Drauz, Heilbronn
Erdmann & Rossi, Berlin
Friedrichs, Frankfurt
Gärtner, Bremen
Gläser, Dresden
Hebmüller, Wuppertal-Barmen
Karmann, Osnabrück
Alexis Kellner, Berlin
Ludewig, Essen
Neuss, Berlin
Rembrandt, Delmenhorst
Reutter, Stuttgart
Seegers & Sohn, Leipzig
Spohn, Ravensburg
Szawe, Berlin
Vetter, Stuttgart
Voll & Ruhrbeck, Berlin
Weinberger, München
Wendler, Reutlingen

England
Barker
Freestone & Webb
Hooper
Mulliner
Park Ward
Thrupp & Maberly
James Young

Frankreich
Binder
Chapron
Franay
Gangloff
Kellner
Letourneur et Marchand
Saoutchik
Weymann (als Lizenzgeber für die von zahlreichen Firmen in der ganzen Welt gebauten Weymann-Karosserien)

Italien
Bertone
Boneschi
Castagna
Ghia
Pininfarina
Sala
Stabilimenti Farina
Touring
Zagato

Österreich
Armbruster
Keibl
Köllensberger

Schweiz
Beutler
Graber
Höhner
Reinbolt & Christé
Worblaufen

Ein Rolls-Royce Silver Ghost 40/50 von 1925 vor dem Clipper »Cutty Sark«

Typisch für England . . .

Wie in kaum einem anderen Land hat es in England im Automobilbau speziell in den 20er und 30er Jahren extreme Gegensätze gegeben: auf der einen Seite ausgesprochene Luxusfahrzeuge, die den höchsten Qualitätsstandard anstrebten, den es überhaupt auf der Welt gab, auf der anderen Seite nicht nur Kleinwagen wie den Austin 7, die das Schlagwort von *Motoring for the Million* vor sich hertrugen, sondern auch Konstruktionen, die auf dem Kleinwagensektor eigene Wege gingen und typisch englisch genannt werden müssen. Wer in England von Luxuswagen spricht, denkt immer nur an Rolls-Royce, denkt an den Begründer dieser Rolls-Royce-Tradition in Gestalt des Silver Ghost, der von 1907 bis 1925 gebaut wurde, denkt an den Nachfolger, den Phantom One und den Phantom Two oder an die letzte Version dieses Wagens, den von 1936 bis 1939 gebauten Zwölfzylinder Phantom Three. In den 20er Jahren existierten aber neben Rolls-Royce eine ganze Reihe von Marken, die luxuriöse und starkmotorige Wagen bauten und die für Rolls-Royce eine ernste Konkurrenz zu werden schienen. Da war zum Beispiel die Firma Bentley, die in der Mitte und gegen Ende der 20er Jahre mit sportlichen Tourenwagen, besonders durch ihre Le-Mans-Siege, zu Weltruhm gekommen war.

Bentley contra Rolls

Bentley brachte zur Londoner Automobilausstellung im Oktober 1930 als neuen Typ einen 8-Liter-Wagen heraus, mit einem 6-Zylinder-Motor, der 110 mm Bohrung und 140 mm Hub besaß, was 7982 ccm entspricht. Dieser riesige 8-Liter-Motor hatte entsprechend der sportlichen Tradition von Bentley eine obenliegende Nockenwelle und war sicherlich das absolute Spitzenprodukt dieser heute noch berühmten englischen Firma. Dieser 8-Liter-Bentley, der keine andere Typenbezeichnung trug als »8 Liter«, wurde in Form einer achtsitzigen Limousine hergestellt, und als Achtsitzer konnte er garantiert 100 Meilen schnell sein, also 161 km/h. Vor allem aber sagte man ihm nach, daß man im großen Gang

Oben: Der erste Bentley, ein 3-Liter-Modell von 1925 – Unten: Ein English Daimler von 1926

Bentley 4,5-Liter von 1930 mit Gurney-Nutting-Karosserie

ohne Rucken von 3 km/h bis 130 km/h fahren konnte - so weich lief die Maschine, so gut war das Drehmoment. Diesen großen 8-Liter-Bentley gab es mit einem normalen und mit einem längeren Radstand; der normale Radstand betrug bereits 3,66 m, mit dem langen Radstand waren es 3,96 m, und damit war er sicherlich einer der längsten Wagen, die es je in der Automobilgeschichte gegeben hat. Entsprechend der Tradition von Bentley wurde sofort auch von diesem 8-Liter ein Rennsportwagen hergestellt, der in Brooklands einen Rundendurchschnitt von 230,2 km/h erreichte, und noch 1959 hat ein Bentley-Enthusiast in Belgien einen fliegenden Kilometer mit einem solchen 8-Liter-Bentley-Rennsportwagen mit 227 km/h zurückgelegt. Von diesem 8-Liter-Bentley sind insgesamt genau 100 Stück hergestellt worden, und es sind heute in England noch 60 davon erhalten, wobei eine ganze Reihe der bekannten englischen Karosseriefirmen jeweils die Spezialkarosserien für diesen 8-Liter-Bentley lieferten. Mit diesem Fahrzeug sah Rolls-Royce eine ernsthafte Konkurrenz für ihre Produkte heranwachsen, und möglicherweise war dieser 8-Liter-Bentley der entscheidende Impuls für Rolls-Royce, daß diese größere englische Firma Ende des Jahres 1931 Bentley aufkaufte. Seitdem gibt es zwar noch die Marke Bentley, aber es werden praktisch dieselben Typen unter verschiedenen Namen hergestellt. Heute unterscheidet sich ein Bentley von einem Rolls-Royce nur dadurch, daß der Rolls-Royce einen eckigen und der Bentley einen runden Kühler besitzt.

Außer diesem großen Bentley war auch der große Lanchester für Rolls-Royce in den 20er Jahren eine ernsthafte Konkurrenz. F. W. Lanchester hatte sein erstes Auto bereits im Jahr 1900 gebaut, und 1919 kam er mit dem Typ Forty heraus, der einen 6-Zylinder-6-Liter-Motor mit obenliegender Nokkenwelle besaß, der aber nur 80 PS leistete. Immerhin mehr, als der damalige Rolls-Royce Silver Ghost. Dieser große Lanchester blieb zehn Jahre lang in Produktion. Er wurde übrigens erst 1925 mit Vierradbremsen ausgerüstet. Als König Georg VI. noch Duke of York war, war er ein enthusiastischer Lanchester-Liebhaber und hatte in seinem privaten Stall 2 solche Lanchester Forty. Außerdem baute Lanchester in den 20er Jahren noch einen »kleinen« Wagen mit 3,8 Liter Hubraum, und 1928 kam ein 4,5-Liter-Reihen-8-Zylinder heraus. In einem englischen Buch heißt es darüber: 1931 konnten die hohen Ideale der Ingenieure von Lanchester der Weltdepression nicht widerstehen, und deshalb wurde die Gesellschaft von BSA übernommen, einer Waffenfabrik, die durch ihre Motorräder berühmt geworden war.

Napier und Daimler

Nicht minder interessant war der Versuch von Napier in den 20er Jahren, ein dem Rolls-Royce mindestens ebenbürtiges Luxusgefährt herzustellen. Montague Napier hatte seinen ersten Motorwagen schon im Jahr 1900 hergestellt und wurde dadurch berühmt, daß ein Napier 1902 das Gordon-Bennett-Rennen gewann. 1904 kam bereits ein Sechszylinder von Napier auf den Markt, sicherlich der erste Sechszylinder, der in England produziert wurde. Unmittelbar nach dem ersten Weltkrieg kam Napier 1919 mit einem Luxuswagen auf den Markt, der eine 6,1-Liter-Maschine mit einer obenliegenden Nockenwelle besaß, bei der man aber auf höchste Leistung verzichtete, sondern statt dessen mehr Wert auf einen weichen, geräuschlosen Lauf legte. Der Motor leistete 80 PS. Der Zylinderblock bestand aus Aluminium mit eingezogenen Stahllaufbüchsen. Der große Napier wurde von 1919 bis 1925 produziert, nur die letzte Ausführung besaß Vorderradbremsen. Anschließend stellte Napier nur noch Flugzeugmotoren her, aber 1931, als es Bentley so schlecht ging, versuchte Napier mit Bentley Arrangements für die Produktion eines Luxuswagens zu treffen. Napier wollte dadurch Bentley vor der Pleite retten, aber da hatte Rolls-Royce bereits zugegriffen.

Die einzige Firma, die den Konkurrenzkampf mit Rolls-Royce nicht zu scheuen brauchte und auch in dieser Zeit um 1930 ihre Luxuswagen neben Rolls-Royce auf den Markt brachte, war die englische Firma Daimler, die den Vorzug hatte, daß von Anfang an das Königshaus auf Daimler eingeschworen war. Insbesondere war König Georg V. nicht

davon abzubringen, sich immer wieder Daimler-Wagen anzuschaffen, die mit ihrem Schiebermotor zwar nicht mit hohen Drehzahlen und auch nicht gerade schnell, aber doch sehr leise und weich liefen. Zu Ende des Jahres 1926 kam nun Daimler mit einem ganz besonderen Wagen auf den Markt: einem Zwölfzylinder, genannt der Double Six, der allein als Chassis 2 Tonnen wog. Auch dieser Zwölfzylinder in V-Form, der aus zwei schon vorhandenen 6-Zylinder-Blöcken zusammengesetzt war, hatte keine normalen Ventile, sondern war schiebergesteuert. Der Hubraum betrug 7136 ccm. Der Preis für die siebensitzige Limousine – serienmäßig mit Ebenholz ausgekleidet – betrug 2800 Pfund, was nach dem damaligen Kurs fast 60 000 Reichsmark waren. Dieser große Daimler war also noch ein Stück teurer als der beste Rolls-Royce und auch noch ein Stück länger, denn in der Ausführung mit dem langen Radstand maß man von Vorder- zu Hinterrad 4,14 Meter. Übrigens waren die beiden 6-Zylinder-Reihen, die da in V-Form zueinander standen, noch im alten Stil wie vor dem ersten Weltkrieg gegossen, nicht in einem Block, sondern in Blöcken von je 3 Zylindern. Nicht nur das englische Königshaus wurde mit diesem Double Six von Daimler beliefert, sondern auch die Königin von Spanien erhielt ein solches Vehikel, das von der Karosseriefabrik Hooper karossiert worden war, natürlich als Landaulet. Es gab damals ein Foto, auf dem zu sehen war, daß König Georg V. und Queen Mary bei den Hooper-Werken einen Besuch machten, um sich das Entstehen der neuen Daimler-Karosserie anzusehen. Diesen Daimler gab es Ende der 20er Jahre auch als einen sehr rassigen und sehr niedrigen drei- bis viersitzigen Sportwagen, und zuletzt hatte er 150 PS.
Um an den anderen Pol der Automobilgeschichte Englands in den 20er Jahren zu kommen, müssen wir den Trojan-Wagen beschreiben.

Der Trojan

Ein englischer Autor hat einmal den Satz geprägt: Die wirklich interessanten Konstruktionen in der Automobilgeschichte waren immer kompromißlos ausgelegte Automobile. Das gilt zweifellos auch für diesen Trojan, dessen Konstrukteur nichts anderes im Auge hatte, als eine billige und komfortable Fortbewegung zu ermöglichen. Wie das Automobil dabei aussah, war ihm völlig gleichgültig. Die ersten Prototypen des Trojan-Wagens wurden bereits 1913 hergestellt, insgesamt drei (von denen es einen noch gibt). Dann wurden 1921 sechs weitere Trojan-Wagen hergestellt, und schließlich kamen sie 1923 in Produktion. Der Trojan hatte eine Zweitakt-Maschine mit Doppelzylindern, die horizontal unter den Frontsitzen angeordnet war, wobei jedes Zylinderpaar einen gemeinsamen Zylinderkopf besaß. Es war also eine Doppelkolbenmaschine mit gemeinsamem Verbrennungsraum. Die Zylinder lagen jeweils übereinander, der Einlaß befand sich am oberen, der Auslaß am unteren Zylinder. Das Planetengetriebe hatte nur zwei Gänge mit den

Oben: Ein Morris Oxford von 1925 – Mitte: Ein Lagonda »Rapier« von 1935 – Unten: Ein Morgan Aero Sport von 1927

1912 Adler

4-Zylinder-Reihenmotor, Bohrung und Hub 75×103 mm,
Hubraum 1816 ccm, 17 PS bei 1400 Umdrehungen

Oben: Ein Vauxhall 30/98 aus dem Jahre 1926 mit 3-Liter-Maschine. – Unten: Im Jahre 1913 baute Leslie Hounsfield seinen ersten Trojan, der in die Reihe der »Volksautomobile« gehört. Das abgebildete Modell hat einen 4-Zylinder-Motor mit 1523 ccm Hubraum und 10 PS Leistung.

Gebrauchtwagenschau beim Kristall-Palast in London 1921

Übersetzungen 1:4 und 1:12. Die Kraft wurde mit einer Duplexkette auf die hintere, starre Achse übertragen. Als Federn hatte man ungemein große und weiche Cantileverfedern vorn und hinten vorgesehen. So groß und so weich, daß man sich bei Trojan entschloß, keine Luftreifen zu verwenden. Das wäre für einen volkstümlichen Wagen einfach zu teuer gewesen, und so verwendete man Vollgummireifen wie 30 Jahre früher. Die Kunden schienen nicht voll damit einverstanden zu sein, denn man konnte 1925 wahlweise diesen Trojan auch mit Luftreifen erhalten. Indessen hieß es damals im Prospekt: »Die Kombination der Vollgummireifen mit unseren Wunderfedern macht den Trojan so komfortabel wie jeden anderen Wagen mit Luftreifen, wenn er dagegen zusätzlich noch mit Luftreifen ausgerüstet wird, dann ist das Fahren im Trojan schierer Luxus.« Der Motor war übrigens ein Langhuber mit 1,5 Liter Inhalt, und der Wagen hatte einen Radstand von 2,42 m und war wahrscheinlich das häßlichtste Automobil, das je in den 20er Jahren gebaut wurde. Hochbeinig, ohne fließende Linie und ohne jeden Chic. Aber man hat diesen Trojan bis zum Jahr 1933 gebaut, dann konzentrierte sich diese Firma nur noch darauf, einen kleinen Lieferwagen herzustellen. Einzelne Modelle sind noch bis 1937 hergestellt worden, dann versuchte man es mit einem neuen Wagen, den man Mastra nannte und der einen 2,2-Liter-Zweitakt-6-Zylinder-Motor besaß – aber mit diesem Projekt war dann endgültig das Ende der Trojan-Produktion gekommen.

In diesem Zusammenhang sollte man an dem unteren Ende dieser großen englischen Skala auch noch den Morgan erwähnen. Bei Morgan wurden von 1910 bis 1936 (als man den Morgan 4/4 einführte) nur Dreiradfahrzeuge hergestellt. Die Firma Morgan als Herstellerin von leichten und recht interessanten Sportwagen gibt es ja heute noch. Die Morgan Dreiradwagen konnten sich 26 Jahre auf dem Markt halten, aber das war eben nur in England möglich, wo man ein Faible für Automobile haben konnte, die eigentlich gar keine Automobile waren. Der Morgan bestand aus einem Rohrrahmenchassis, an dem vorn luftgekühlte V-2-Zylinder-Motorradmotoren angebracht waren, mit Kettenantrieb und zunächst nur zwei Gängen. Vorn befanden sich zwei Räder, hinten ein Rad, und bis 1926 gab es überhaupt nur an diesem rückwärtigen Rad eine Bremse. Aber bereits 1910 hatte man für die beiden Vorderräder eine unabhängige Aufhängung mit vertikalen Schraubenfedern vorgesehen. Selbst die Morgans vor dem ersten Weltkrieg erreichten bereits eine Spitze von rund 100 km/h, sie wogen dabei kaum mehr als 200 kg. Man verwendete meistens Motoren von Jap oder von MAG mit etwa 1000 ccm Inhalt. 1924 kam der Morgan Aero mit wahlweise Jap-, Anzani- oder Blackburne-Maschinen heraus, 1927 folgte der niedrige, auch nur zweisitzige Super Aero, der nahezu 160 km/h schnell war. In Rennausführung hat ein solcher Morgan damals 186 km/h erreicht. Noch einige technische Daten vom Modell Aero von 1924: 2 Zylinder, Bohrung 85 mm, Hub 96,8 mm, Blackburne-Maschine, Hubraum 1,1 Liter, obengesteuerte Ventile, Radstand 1,83 m, Zweiganggetriebe, Übersetzung 4,5:1, Reifen 27×4.

Oben: Ein Riley von 1932 bei einem Veteranen-Rennen – Unten: Die berühmten »Romulus« und »Remus« der E.R.A. (English Racing Automobiles) von 1935. Romulus wurde gekauft von Prinz Chula von Siam für seinen Vetter, Prinz Bira, einem kühnen Automobilisten.

Lancia Lambda als offener Viersitzer, wie er von 1923 bis 1931 gebaut wurde

Italienische Elite

Wenn es in den 20er Jahren in Italien zwei Wagen gibt, die man besonders hervorheben sollte, so sind es der Lancia-Lambda und der Isotta Fraschini Tipo 8. Der Lancia-Lambda ist »one of the greatest vintage cars«, ein Wagen, der keineswegs durch seine Dimensionen, sondern durch seine technisch so fortschrittliche Konzeption besticht: Eine halb selbsttragende Karosserie in Schalenbauweise, eine unabhängige Aufhängung der Vorderräder und eine V-4-Zylinder-Hochleistungsmaschine, das alles im Jahre 1922, war wirklich eine Sensation. Vincenzo Lancia hatte sich schon gegen Ende des Krieges dem Entwurf von V-Motoren zugewandt und hatte 1919 bereits einen V-12-Zylinder mit einem Zylinderwinkel von 22 Grad und 6,1 Liter Hubraum konstruiert, der 100 PS gab. Es blieb aber ein einzelner Prototyp, und Lancia kam zunächst mit dem Typ Trikappa auf den Markt, ein V-8-Zylinder mit 4,6 Liter Hubraum. So war es eigentlich ganz logisch, daß er die Idee der V-Motoren auch bei dem kleineren Modell, das er Lambda nannte, fortzusetzen bereit war. Der erste Prototyp dazu war im Herbst 1921 fertiggestellt. Lancia unternahm mit ihm einzelne Versuchsfahrten, dann kam im Herbst 1922 dieser Lambda zum ersten Mal in serienmäßiger Ausführung auf die Automobilausstellungen und wurde ab 1923 gebaut. Statt eines normalen Fahrgestells besaß er ein Preßstahlgerippe, das seitlich hochgezogen war, etwa bis zur Höhe des Lenkrades, und für die Türen an der Seite offen gelassen wurde. Dieses Preßstahlgehäuse erwies sich als sehr verwindungsfrei und garantierte zudem einen Leichtbau. Die Dicke des tragenden Stahlgerippes betrug 2 mm. Durch diese Konstruktion war der Lancia auch viel niedriger als fast alle seine Mitstreiter zu Anfang der 20er Jahre, und er wirkte darum auch karossiert viel gestreckter und rassiger. Der Radstand betrug 3,10 m, die Spurweite 1,32 m. Völlig neu war die für Lancia patentierte Vorderradauf-

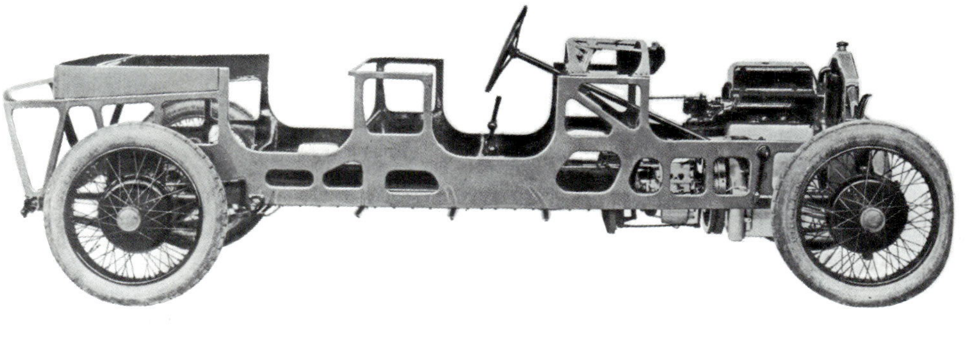

Das Preßstahl-Fahrgestell des Lancia Lambda, das seinerzeit revolutionäre Ideen verwirklichte

hängung. Rechts und links befand sich je eine Schraubenfeder, die in einer Art teleskopischen Säule geführt wurde und die genau senkrecht stand. Die Hinterachse war als Starrachse mit Halbelliptikfedern konzipiert worden. Die Lenkung war sehr direkt übersetzt, zwei volle Umdrehungen von Anschlag zu Anschlag. Die Vierradbremsen waren natürlich noch mechanisch, die Bremstrommeln sehr groß ausgelegt und verrippt, und da der komplette Wagen nur etwa 1100 kg wog, hatte man eine ungewöhnliche Bremswirkung. Die Bremsen eines Lancia-Lambda entsprechen noch heute einer guten Personenwagenbremse.

Der V-Motor

Der Motor war ein 4-Zylinder-Langhuber mit 75 mm Bohrung und 120 mm Hub, was 2120 ccm ergab. Die Vierzylinder waren in sehr enger V-Form, in einem Winkel von 13 Grad angelegt. Block- und Kurbelgehäuse waren aus einem Aluminiumstück gegossen. Die Kolben wurden in Graugußlaufbüchsen geführt. Die Ventile wurden durch eine obenliegende Nockenwelle betätigt, die einen Antrieb über Königswelle besaß. Die Kurbelwelle lief in drei Hauptlagern. Bei 3250 Touren - für das Jahr 1922 schon eine erstaunlich hohe Tourenwagen-Drehzahl - leistete dieser Motor 49 PS. Das waren 32 PS pro Liter, für einen Tourenwagen-Motor jener Zeit ein ganz ungewöhnlicher Wert, denn man rechnete im allgemeinen noch mit Liter-Leistungen zwischen 12 und maximal 18 PS. Durch das günstige Verhältnis von Gewicht zu Leistung hatte der Wagen eine sehr gute Beschleunigung, obwohl man ihn zunächst nur mit einem Dreiganggetriebe versehen hatte. Der Lancia-Lambda, dessen Standard-Karosserieform der viersitzige, viertürige Tourenwagen mit langgeschwungenen Vorderkotflügeln war, mit einem ganz flachen Verdeck und zwei Ersatzrädern hinten am Heck, das eine kapriziöse Ausbuchtung besaß, fand in der ganzen Welt Anklang. Der Wagen wurde neun Jahre in der Produktion belassen, von Anfang 1923 bis Ende 1931, und in dieser Zeit sind 12 530 Lancia-Lambda verkauft worden. Es gab ihn auch als viertürige, sechsfenstrige Limousine, und einzelne Cabriolets wurden ebenfalls angefertigt. Es blieb aber bis zuletzt der offene Viersitzer die klassische Form, es blieben die Drahtspeichenräder und es blieb die Form des Lancia-Kühlers und der Motorhaube. Die Frontscheibe vor dem Fahrer- und Beifahrersitz konnte man hochklappen, als ob nicht schon genug Luft in den offenen Wagen gekommen wäre. Dies war aber am Anfang ein Mittel, um die Scheibe vom Regen frei zu halten, da das Thema Scheibenwischer ja noch im Anfangsstadium steckte. Äußerlich sind die ersten Lancia-Lambda von den letzten kaum zu unterscheiden. An der Motorkonstruktion sind im Verlauf der Jahre einige Verbesserungen vorgenommen worden. Die Firma teilte die einzelnen Entwicklungsphasen in »Serien« auf, und es gibt vom Lancia-Lambda insgesamt neun Serien. Von der 1. bis zur 6. Serie (die 6. Serie wurde 1926 ausgeliefert) betrug der Hubraum immer 2120 ccm. Die 7. Serie besaß dann einen Motor mit 2370 ccm (er war aufgebohrt worden). Nun betrug der Zylinderwinkel statt 13 Grad 14 Grad und die Leistung 59 PS. Bei der 8. und 9. Serie von 1929–31 hatte man weiter aufgebohrt und kam nun auf 2570 ccm und 69 PS bei 3500 Touren. Wieder hatte man den Zylinderwinkel um eine Nuance verändert; diesmal waren es 13 Grad und 40 Minuten, aber an der Motorgrundkonstruktion änderte sich nichts, und auch das Fahrgestell blieb gleich.

Die ersten Lancia-Lambda gingen 115 km/h Spitze, die beiden letzten Serien wurden mit 130 km/h angegeben. Durch etwas luxuriösere Ausstattung waren die letzten Serien etwas schwerer geworden. Von der 6. Serie an gab es außerdem den Lancia-Lambda mit einem 30 cm längeren Chassis, und was die wichtigste Veränderung war: Von der 4. Serie an (ab 1925) wurde der Lancia-Lambda mit einem Vierganggetriebe geliefert. Trotz der hohen Leistungen gaben sich viele sehr sportlich denkende Kunden mit den Fahrleistungen des Lancia-Lambda nicht zufrieden, und es gab schon damals »Frisierwerkstätten«, die diesen Wagen noch etwas höher züchteten. Einzelne haben es so weit gebracht, daß die Maschine bis 5000 Touren drehen konnte.

Isotta und Fraschini

Cesare Isotta und Vincenzo Fraschini hatten sich schon 1899 zusammengetan, um in Mailand zunächst als Vertreter von Renault und Mors zu fungieren, also von französischen Firmen. Zwei Jahre später bauten sie zunächst diese französischen Wagen selbst zusammen, und 1902 begannen sie allmählich eine eigene Produktion, die sich durch eine geschickte Typenpolitik schnell vergrößerte. 1907 wurde bereits in New York eine Verkaufsstelle für Isotta-Fraschini-Wagen eingerichtet, und 1908 gewann ein Isotta-Fraschini die Targa Florio. Um diese Zeit fing man in dieser italienischen Fabrik bereits an, sich mit dem Thema Flugmotoren zu beschäftigen, und während des ersten Weltkrieges war man mit Militärfahrzeugen und Motoren für Marine und Flugzeuge voll ausgelastet. Unmittelbar nach dem Krieg, der ja vielen Leuten das gebracht hatte, was man Kriegsgewinne nennt, sah man einen Markt für große, luxuriöse Automobile, und Isotta-Fraschini, erfahren im Bau von großen Motoren, stieg sofort nach dem Waffenstillstand ein. Ende August 1919 wurde dem Publikum bereits der erste große Isotta-Fraschini Tipo 8 vorgestellt, mit einem 8-Zylinder-Reihenmotor. Wahrscheinlich ist dieser Isotta-Fraschini der erste Reihen-8-Zylinder, der jemals auf der Welt in Serienproduktion gegangen ist. Durch die Flugmotorenerfahrungen ermutigt, baute man bei Isotta-Fraschini diesen Reihen-8-Zylinder als einen in einem Stück gegossenen Aluminium-Block, obwohl man die Zylinderköpfe in zwei Gruppen zu je vier aufgeteilt hatte. Die Kolben waren ebenfalls aus Aluminium, das Verdichtungsverhältnis betrug 5:1. Die obenliegenden Ventile, zwei pro Zylinder, wurden durch Stoßstangen gesteuert. Die Zylinderdimensionen waren 85 mm Bohrung und 130 mm Hub, was einen Gesamthubraum von 5902 ccm ergab. Die Kolben liefen in Graugußlaufbüchsen, der Motor hatte zwei Zenith-Vergaser. Es war sehr ungewöhnlich für die damalige Zeit, daß man einen Motor mit zwei Vergasern versah. Die Zündung war eine Magnetzündung, die Kurbelwelle war neunmal gelagert und hatte einen Vibrationsdämpfer. Als Leistung wurden 75 bis 80 PS bei 2200 Touren angegeben. Eine Mehrscheibenkupplung übertrug die Kraft über ein Dreiganggetriebe und Kardanwelle auf die Hinterachse.

Ein Isotta-Fraschini Modell B 28/35 von 1911, 7964 ccm Hubraum, vier Vorwärtsgänge, ein Rückwärtsgang

Vierradbremsen

Da Isotta-Fraschini als eine der ersten Firmen der Welt schon vor dem ersten Weltkrieg ihre Serienwagen mit Vierradbremsen ausrüstete, war es selbstverständlich, daß man 1919 bei diesem großen Achtzylinder auch Vierradbremsen verwendete. Dabei wirkte sowohl die Fußbremse wie die Handbremse auf alle vier Räder. Das Fahrwerk war konventionell, vorne und hinten mit Halbelliptikfedern und Starrachsen sowie Reibungsstoßdämpfern versehen. Der Radstand des riesigen Wagens betrug 3,70 m, und wenn er als Pullmanlimousine oder Landaulet karossiert war, erreichte er eine Spitzengeschwindigkeit von rund 115 km/h. Der Luftwiderstand war einfach zu groß, als daß man mit 80 PS schneller fahren konnte. 1921 kam Isotta-Fraschini unter ein neues Management – die früheren Besitzer und Namensträger waren entweder gestorben oder ausgeschieden, aber die Typenpolitik änderte sich kaum, und der große Achtzylinder wurde unverändert weitergebaut. Es blieb natürlich auch der eingeführte Firmenname. Unter den reichen Leuten der 20er Jahre wurde dieser Isotta-Fraschini eines der Statussymbole. Die Firma hatte Vertretungen und Kundendienste in New York, London, Brüssel, Madrid, Basel, Buenos Aires, São Paulo und Santiago de Chile eingerichtet; selbstverständlich auch in Paris, wo die meisten Isotta-Fraschini liefen. Der Markt in den USA florierte, und der Leiter der New Yorker Agentur war ein gewisser Herr d'Annunzio, der Sohn des berühmten italienischen Dichters Gabriele d'Annunzio. Alle berühmten Karossiers der damaligen Zeit pflegten Isotta-Fraschini-Wagen nach ihrem Gusto zu karossieren. Ein solches Fahrzeug mit einer amerikanischen Fleetwood-Karosserie, ein sogenanntes Coupé de Ville, wurde für Rudolfo Valentino gebaut, den Ende der 20er Jahre am meisten umschwärmten Liebhaber des Films. Ende 1924 wurde der Tipo 8 verbessert, er hieß nun 8 A. Man hatte die Bohrung auf 95 mm gebracht und damit den Hubraum auf 7300 ccm. Als Leistung wurden 110 bis 120 PS bei 2400 Touren angegeben. Das Chassisgewicht allein lag bei 1500 kg. Man hatte größere Bremstrommeln vorgesehen und eine Vakuumbremshilfe. Bei dem riesigen Motor mit dem enormen Drehmoment genügten natürlich drei Gänge. Bis zum Jahr 1928 konnte man bei der Firma diesen Tipo 8 nicht mit Karosserie beziehen, sondern nur als Fahrgestell, und man fragte an, welche Sonderwünsche der Kunde hätte und bei welcher Karosseriefabrik man ihn maßschneidern lassen sollte. Von Ende 1928 an wurden dann Isotta-Fraschini auch komplett karossiert geliefert. Der Chassis-Preis betrug damals 25 000,– Mark. 1926 hatte man plötzlich die Idee, nicht nur einen der luxuriösesten Wagen der Welt bauen zu wollen, sondern auch einen der schnellsten, und deshalb gab es dann als neue Version den Tipo 8 ASS mit erhöhter Kompression, größeren Ventilen, stärkeren Ventilfedern, zwei Vergasern und einer Leistung von nunmehr 135 bis 150 PS (bei Isotta-Fraschini wurde nie eine genaue PS-Zahl angegeben, sondern immer nur ein PS-Bereich). Man konnte ihn auch mit einem etwas kürzeren Chassis haben. Immerhin wog er noch als viersitziger Tourenwagen 2400 kg, erreichte aber dann eine Spitzengeschwindigkeit von 160 km/h. Man konnte ihn aber auch ebenso mit 8 km/h im großen Gang fahren, ohne daß er ruckelte.

Drei Tonnen: der Schwanengesang

Die in Amerika ausbrechende Wirtschaftskrise Ende der 20er Jahre traf Isotta-Fraschini natürlich sehr hart. Um diese Zeit wurde das Landaulet der Firma in New York für 22 500 Dollar verkauft. Der drastische Rückgang des Amerika-Exportes hinderte Isotta-Fraschini aber nicht daran, im April 1931 ein neues, verbessertes Modell zu bringen, den Tipo 8 B, der die gleiche Motorgröße wie der 8 A hatte, also 7,4 Liter Hubraum, der aber jetzt 3000 Touren drehte und 160 PS abgab. Am Starrachsfahrgestell hatte man einige Verbesserungen vorgenommen und hydraulische Stoßdämpfer vorgesehen. Vor allem aber hatte man das Getriebe modifiziert. Nachdem im Herbst 1929 bei Cadillac das erste Synchrongetriebe erschienen war, nahm man auch bei Isotta-Fraschini den Ruf nach einem leichter schaltbaren Getriebe wahr. Man konnte den Isotta-Fraschini Tipo 8 B auf Wunsch auch mit einem Viergang-Wilson-Getriebe mit elektromagnetischer Vorwahlschaltung haben, später wurden alle Isotta-Fraschini mit diesem Wilson-Getriebe ausgerüstet. Der Tipo 8 B war schwerer geworden als sein Vorgänger, man rechnete mit einem Gesamtgewicht von 3 Tonnen, aber doch noch mit einer Spitze von 145 km/h. Der Chassispreis lag bei 30 000,– Mark. Die Karosserien waren etwas niedriger und damit eleganter geworden, auch der Felgendurchmesser war kleiner als beim 8 A. Dieser herrliche Wagen war der Schwanengesang der Firma, die bereits Ende 1932 in finanzielle Schwierigkeiten geriet. 1933 gab es noch einmal einen Wechsel im Management, und es sind dann noch einzelne solcher 8-B-Typen bis 1935 gebaut worden. Um zu existieren, hatte sich aber die Firma längst umgestellt und produzierte dann nur noch stationäre Motoren und Diesel-Lastwagen. Die Kriegsproduktion zunächst für den italienisch-abessinischen Krieg und dann für den Weltkrieg hielt die Firma am Leben.
Isotta-Fraschini hat dann nach dem zweiten Weltkrieg noch einmal einen Versuch unternommen, in den Markt der Luxusautomobile zurückzukehren. 1947 am Pariser Salon und 1948 in Genf stand der Typ 8 C Monterosa, so genannt nach der Straße, wo er hergestellt wurde. Technisch war dieser letzte Isotta-Fraschini eine ungemein interessante Konstruktion: ein Heckmotorwagen in einer freilich etwas plump wirkenden Stromlinienform mit dem Getriebe vor und dem Motor hinter der Hinterachse. Er hatte eine 8-Zylinder-Maschine in V-Form (90 Grad Zylinderwinkel) mit einer obenliegenden Nockenwelle. Zuerst sprach man von 2,5 Liter Hubraum, dann wurde ein 3,4-Liter-Motor mit 125 PS bei 4200 Touren eingebaut. Das Synchrongetriebe hatte fünf Gänge. Man gab eine Spitzengeschwindigkeit von über 160 km/h an. Das Gewicht dieses Wagens, der einen Radstand von 3,13 m besaß, lag mit 1400 kg nicht zu hoch. Die Vorderräder hatten eine unabhängige Radaufhängung mit Gummielementen, aber es wurden von diesem Automobil nur drei oder vier hergestellt und, so viel man weiß, keines verkauft. Isotta-Fraschini mußte bereits im Februar 1948 die Pforten schließen, weil man sich mit der Entwicklung dieses neuen Modells finanziell übernommen hatte. Im September 1949 wurde der Schlußstrich gezogen – Zwangsversteigerung! Die Nachfolgefirma, die ein früherer Isotta-Techniker dann führte und die Marine-Motoren herstellte, hieß Costruzione Revisione Motori.

Ein Isotta-Fraschini Modell 8 A von 1929

Bugatti Typ 57

Französische Impressionen

In Frankreich spielte sich in den 20er und in den frühen 30er Jahren im Grunde die gleiche Entwicklung ab wie in den übrigen europäischen Ländern: Zunächst entstanden nach dem ersten Weltkrieg eine ganze Reihe von Firmen, die nicht nur recht bekannt wurden, sondern die auch immer wieder versuchten, in die obere Mittelklasse und in die Klasse der Luxuswagen vorzustoßen und einfach keine gesunde und auf weite Sicht abgestellte Typenpolitik betrieben. Drei Firmen hingegen arbeiteten mit einer gesunden Basis, und diese gesunde Basis hieß immer: populäre kleine Wagen, Wagen der unteren Mittelklasse, Wagen in Massenproduktion. Diese drei Firmen, die überlebten, waren Citroën, Peugeot und Renault, wenn man auch gerechterweise dazusagen müßte, daß Citroën nur dadurch überleben konnte, daß 1934 die Firma Michelin praktisch die Firma Citroën übernommen hat. Citroën hat nie eine Rennaktivität entfaltet, es lief lediglich 1932 und 1933 ein modifizierter Citroën-Tourenwagen in Montlhéry, wo er sich darum bemühte, Langstreckenrekorde aufzustellen. Vom 15. März bis 27. Juli 1933 kam ein solcher Citroën mit 1,4-Liter-Maschine, dem man den Spitznamen La Petite Rosalie gab, in 133 Tagen auf eine Gesamtdistanz von 298 298,9 Kilometer und erreichte, alle Stops für Tanken, Ölwechsel und Fahrerablösung einbezogen, einen Durchschnitt von 93,45 km/h – eine wirklich erstaunliche Dauerleistung, insbesondere für die frühen 30er Jahre.

Peugeots Rennaktivität, die vor dem ersten Weltkrieg begonnen hatte – vergessen wir nicht, daß ein Peugeot 1912 und 1913 den Großen Preis von Frankreich gewonnen hatte und 1913 auch das 500-Meilen-Rennen von Indianapolis –, setzte sich noch am Ende des ersten Weltkriegs und zu Beginn der 20er Jahre fort. Es sollte bemerkt werden, daß 1919 der französische Fahrer Boillot auf einem Peugeot die Targa Florio gewann. 1916 und 1919 gab es auch noch einmal Indianapolis-Siege für Peugeot, und 1925 kam das Peugeot-Team bei der Targa Florio, dem letzten großen Einsatz der französischen Firma, immerhin auf einen sehr achtbaren 2. und 3. Rang der Gesamtwertung. Renault dagegen, nach den glorreichen Siegen bei Paris–Wien 1902, beim Großen Preis von Frankreich 1906 und dem 2. Platz im französischen Grand Prix 1907, hatte sich schon vor Beginn des ersten Weltkriegs vom aktiven Sport zurückgezogen und kehrte in den 20er und 30er Jahren nicht mehr zurück. Man beschränkte sich ganz auf die Herstellung von soliden Gebrauchswagen.
In den 20er und 30er Jahren gab es mindestens 12 Firmen in Frankreich, die luxuriöse und sehr leistungsfähige große Automobile bauten, die in der ganzen Welt Achtung genossen. Firmen aber, von denen sich die meisten auf die Dauer doch nicht halten konnten. Um sie alphabetisch aufzuzählen: Bucciali, Bugatti, Delage, Delahaye, Farman, Hispano-Suiza, Hotchkiss, Lorraine-De Dietrich, Panhard et Levassor, Renault (die auch einmal einen Vorstoß in die Luxusklasse machten), Talbot und Voisin, wozu man am Rande auch noch die Firmen Amilcar (mit einem 2-Liter- und 2,3-

Liter-8-Zylinder) und Ballot (mit einem 2,6-Liter- und einem 2,9-Liter-8-Zylinder) rechnen kann. Ballot war übrigens eine Firma, die zu Beginn der 20er Jahre im Sport außerordentlich aktiv und erfolgreich war, gewann doch der Franzose Jules Goux mit einem Ballot Grand-Prix-Wagen 1921 den ersten Großen Preis von Italien, wurde mit Ballot im Großen Preis von Frankreich Zweiter und Dritter und 1922 bei der Targa Florio ebenfalls Zweiter und Dritter.

Bucciali

Die Gebrüder Paul-Albert und Angelo Bucciali begannen Anfang der 20er Jahre sportliche, kleine Fahrzeuge in geringen Stückzahlen herzustellen. Zuerst probierten sie es mit einem Zweitaktmotor, dann gingen sie zu Motoren über, die im Viertaktverfahren arbeiteten, weil man damals zweifellos mit dem Zweitakter noch nicht zurechtkam. Sie bauten in ihre Fahrzeuge aber nie eigene Motoren ein, sondern immer fremde Fabrikate und nannten zunächst ihre Fahrzeuge BUC. Die kleinen BUC-Sportwagen hatten auch im Wettbewerb einige Erfolge, aber doch nicht so, daß man ernsthaft von ihnen sprach, so wie etwa von Salmson und Amilcar um diese Zeit, die mit ihren kleinen Renn- und Sportwagen in der 1100er Klasse international dominierten. 1926 stellte die kleine Firma zum Auto-Salon in Paris zwei Prototypen mit Frontantrieb aus, die TAV genannt wurden, die Abkürzung für Traction Avant. Es blieb aber bei einzelnen Prototypen. 1928 wurde der Firmenname in Bucciali geändert, und nun wollte man höher hinaus. Man schuf einen großen Wagen, in den man 1929 zunächst einen 4-Liter-6-Zylinder-Motor von Continental mit 75 PS einbaute, anschließend einen 5,3-Liter-8-Zylinder der gleichen Firma, der schon 130 PS abgab. Der nächste Schritt ging schon ins Phantastische: Man baute zwei Continental-8-Zylinder nebeneinander auf ein Bucciali-Kurbelgehäuse. Das gab dann einen Wagen mit 7,8 Liter Hubraum. Man plante außerdem einen V-16-Zylinder mit Kompressor und wollte für einen anderen Typ den Voisin-V-12-Zylinder-Motor einbauen. Für diese riesigen Wagen verwendete Bucciali ebenfalls den Frontantrieb, wie bei seinen kleineren Prototypen 1926. Vermutlich ist der 7,8-Liter-16-Zylinder Bucciali der größte Frontantriebswagen, der jemals gebaut wurde. Und wie stand es mit den Stückzahlen? Wahrscheinlich sind insgesamt 1½ solche Bucciali hergestellt worden; einer als Fahrgestell und einer karossiert. Bucciali hatte die Idee, den reichen französischen Adeligen ein Nonplusultra-Fahrzeug zu liefern, aber leider waren um diese Zeit die französischen Adeligen auch nicht mehr so reich, oder sie fuhren Bugatti oder Rolls-Royce. Die Firma hörte 1930 auf, Automobile zu bauen, mußte sich umstellen und war dann an der Konstruktion von Panzern beteiligt.

Bugatti

Wer heute von Bugatti spricht, denkt eigentlich immer nur an Renn- und Sportwagen, und doch hat der »Zauberer von Molsheim«, wie man Ettore Bugatti genannt hat, auch auf dem Gebiet des sportlichen Tourenwagens Großes geleistet. Der erste solche Wagen kam 1922 als Typ 30 heraus, von dem immerhin 800 Exemplare gebaut worden sind. Dies war gleichzeitig der erste Serien-8-Zylinder, den Bugatti herausbrachte (kein V-Motor, sondern ein Reihen-8-Zylinder), mit 60 mm Bohrung und 88 mm Hub. Er hatte erstmals serienmäßig drei Ventile pro Zylinder, nämlich ein Auslaß- und zwei Einlaßventile, und diese Ventile waren durch eine obenliegende Nockenwelle, angetrieben durch Königswelle, gesteuert. Die Bremse war ein Unikum für sich: Die Fußbremse wirkte auf die Vorderräder hydraulisch, auf die Hinterräder mechanisch. In der Serienausführung gab der Motor die für die damalige Zeit phantastische Leistung von 75 PS bei 4000 Umdrehungen ab – und das bei einem Hubraum von knapp zwei Litern. In seiner Rennausführung gewann der Typ 30 zahlreiche berühmte Wettbewerbe, zum Beispiel 1922 das Rennen von Straßburg. Diese Wagen liefen auch 1922 beim Großen Preis von Italien und 1923 in Indianapolis. Für den Großen Preis von Frankreich in Tours baute Bugatti 1923 einige ungewöhnlich aussehende Exemplare vom Typ 30 mit einer »Tank-Karosserie«. Mit einem solchen schon einigermaßen aerodynamisch verkleideten Wagen wurde 1924 in der 2-Liter-Klasse ein Rekord mit einer Spitzengeschwindigkeit von 187 km/h aufgestellt. Diese Rennwagen – noch ohne Kompressor! – drehten bis 5000 Touren und leisteten dann 104 PS. Der Typ 30 wurde von 1922 bis 1926 gebaut. Von da an gab es als Tourenwagen den Typ 40 mit einem 1,5-Liter-4-Zylinder-Reihenmotor, der ebenfalls eine obenliegende Nockenwelle und ein Auslaß- und zwei Einlaßventile pro Zylinder besaß. Die Bohrung betrug 69 mm, der Hub 100 mm, die Leistung 45 PS. Dieser 1½-Liter-Wagen, der von 1926 bis 1930 gebaut wurde in insgesamt etwa 900 Exemplaren, erreichte eine Höchstgeschwindigkeit von 120 km/h. Er wurde in zwei Ausführungen geliefert, mit einem Radstand von 2,56 m und einem von 2,71 m. Einer der großartigsten Bugatti-Tourenwagen war der Typ 46, der von 1929 bis 1936 in Produktion war (Stückzahl etwa 350 Wagen). Er besaß einen Reihen-8-Zylinder-Motor, der 5349 ccm hatte und 140 PS bei 3500 Touren leistete. In klassischer Weise war auch hier jeder Zylinder mit einem Auslaß- und zwei Einlaßventilen versehen, und die Ventilsteuerung erfolgte wiederum über eine königswellengetriebene, obenliegende Nockenwelle. Er besaß wie alle Bugattis damals die typische Starrachse, vorne mit halbelliptischer, hinten mit viertelelliptischer Federung, und entweder Drahtspeichen- oder die charakteristischen Bugatti-Aluminium-Turbinen-Räder. Der Radstand betrug 3,40 m, die Höchstgeschwindigkeit dieses Typ 46 war 140 km/h, der Wagen wurde 1931 auch als 46 S mit Kompressor gebaut. Damit leistete er 160 PS und fuhr 160 km/h schnell.

Schließlich muß man den Typ 57 erwähnen, gebaut 1934–40, den letzten »klassischen« Bugatti-Tourenwagen mit einem 3,3-Liter-8-Zylinder-Reihenmotor, der 135 PS bei 5000 Umdrehungen leistete und dessen Ventile von zwei obenliegenden Nockenwellen gesteuert wurden. Der Nockenwellenantrieb erfolgte durch Zahnräder. Diesmal hatte Bugatti nur je ein Einlaß- und Auslaßventil pro Zylinder verwendet. Die Bremsen waren zunächst mechanisch, ab 1938 dann hydraulisch. Der Radstand betrug 3,30 m, die Spitzengeschwindigkeit lag bei 150 km/h. Im Anschluß daran gab es von 1935 an noch den Typ 57 S, der 175 PS bei 5500 Touren leistete, und ab 1937 dann auch noch den 57 SC mit Kompres-

sor und 210 PS bei einer Spitzengeschwindigkeit von 215 km/h. Faszinierend waren vom Typ 57 vor allen Dingen die beiden zweisitzigen Coupé-Ausführungen, die Atlantic und Atalanta genannt wurden.
Das absolute Spitzenprodukt von Bugatti war jedoch der Typ 41, der unter dem Namen Royale weltbekannt geworden ist. Von dem Royale sind insgesamt nur sieben Wagen gebaut worden – in den Jahren 1928–33. Nachdem man einen Prototyp mit einer 14-Liter-Maschine versehen hatte, wurde die »Serien-Fabrikation« dann mit einem 12 763-ccm-8-Zylinder-Reihenmotor versehen, das größte Automobil, das es in der Nachkriegszeit gegeben hat. Die Bohrung betrug 125 mm, der Hub 130 mm, die Leistung wurde mit 300 PS bei 2000 Umdrehungen angegeben. Der Motor besaß eine obenliegende Nockenwelle und wurde nicht nur für dieses Superfahrzeug verwendet, sondern auch für die französischen Staatsbahnen als Triebwagenmotor gefertigt. Der Radstand des Royale betrug 4,30 m, die Spurweite 1,60 m, die Reifendimension war 6,75 × 36. Das Gewicht betrug 3,2 t, als Kraftstoffverbrauch wurden 50 Liter pro 100 Kilometer angegeben. Für einen solchen riesigen Motor genügte natürlich ein Dreiganggetriebe. Es gibt dazu eine berühmte Anekdote: Ein Kunde fragte Ettore Bugatti, wie schnell der Wagen ginge. Er erwiderte ihm, im zweiten Gang 145. Der Kunde fragte dann, und im dritten? Bugatti antwortete: So schnell Sie wollen. Wobei damals die Reifen einerseits und der Straßenzustand andrerseits dem Ausfahren dieses Royale strikte Grenzen setzten. Die Bezeichnung Royale ist eigentlich Hochstapelei. Bugattis Traum war es, daß nur Könige und Staatsoberhäupter dieses Auto fahren sollten. Man hatte eine Serie von 25 Wagen geplant. Aber obwohl im ersten Prospekt der spanische König Alfonso als Käufer dieses Royale genannt wurde, hat sich niemals eine Königliche Hoheit den Royale angeschafft, und verkauft wurden insgesamt nur sechs.
Der erste Royale, den Bugatti baute, war mit einer fünfsitzigen Tourenwagen-Karosserie versehen und wurde dann zu einer Limousine umkarossiert. Er hatte einen Unfall, brannte zum Teil aus, wurde wiederhergestellt und dann schließlich mit einer sehr bemerkenswerten Karosserie versehen: einem sogenannten Coupé de Ville, bei welchem der Fahrer- und Beifahrersitz vorne offen lag, während sich hinten für die weiteren Passagiere eine Coupé-Karosserie anschloß. Oft wurde diese Form Coupé Napoleon genannt, und der Sohn von Ettore Bugatti, Jean Bugatti, der auf tragische Weise bei einer Versuchsfahrt 1939 ums Leben kam, zeichnete verantwortlich für diese Karosserie. Der Wagen blieb dann im Besitz der Familie Bugatti und wurde von der Tochter Ettore Bugattis, die mit einem französischen Grafen verheiratet war, im Schloß Ermenomville gehalten und gefahren. Heute ist dieses herrliche Fahrzeug, das es auch als Spielzeugauto gibt, in den Besitz des französischen Privatsammlers Schlumpf übergegangen.
Ein Royale wurde bei Weinberger in München karossiert. Ihn hatte sich Dr. Joseph Fuchs gekauft, ein Nürnberger Chirurg, der auch einige Rennen mit kleineren Bugatti-Rennwagen gefahren war. Als Dr. Fuchs in den 30er Jahren nach Shanghai emigrierte, nahm er diesen Bugatti mit und brachte ihn dann, als er weiter nach Amerika ging, nach New York. Nach dem Krieg, als der Wagen in einer New Yorker Garage zu verkommen begann, weil Dr. Fuchs inzwischen gestorben war, erwarb ihn der damalige Vorstandsvorsitzende von General Motors und ließ ihn wieder voll herrichten. Er hat diesen Wagen dann dem Ford-Museum in Dearborn übergeben, wo er heute noch zu sehen ist.
Um die Dimensionen dieses Royale zu veranschaulichen, zum Schluß noch drei Werte: Der Tankinhalt betrug 190 Liter, im Kühler befanden sich 68 Liter Kühlwasser, und das Schmiersystem des Motors faßte 23 Liter Öl.

Delage

Louis Delage machte sich schon in der Zeit vor dem ersten Weltkrieg einen guten Namen. Er kam zunächst mit einem kleinen Einzylinder heraus, der bereits in Rennen eingesetzt wurde, dann folgte ein konventionelles 4-Zylinder-Modell und ein kleiner 6-Zylinder-Motor. Unmittelbar nach dem Krieg kündigte er einen 3-Liter-4-Zylinder und einen 4,5-Liter-6-Zylinder an und hatte damals die Absicht, in die Luxusklasse vorzustoßen, was er dann 1922 mit einem großen 6-Zylinder-Modell tat, dessen 6-Liter-Maschine mit einer obenliegenden Nockenwelle (Antrieb durch Königswelle) versehen war. Ein kommerzieller Erfolg war diesem Wagen allerdings nicht beschieden. Es wurden dann wieder kleinere Modelle gebaut, bis man 1929 einen sehr schönen 4,1-Liter-8-Zylinder-Reihenmotor ankündigte. Ende der 30er Jahre fusionierte Delage mit Delahaye, wobei die beiden Firmennamen erhalten blieben, und in dieser Zeit kam noch einmal ein sehr rassiger Delage, der Typ D 8/100 mit einer 4-Liter-Maschine heraus, dessen sportliche Version der D 8/120 war. Die Delage-Karosserien aus dieser Zeit muß man alle als sehr rassig bezeichnen. Im Sport hat Delage in den 20er Jahren große Erfolge errungen. Mitte der 20er Jahre baute Delage einen 12-Zylinder-Motor (51,4 mm Bohrung, 80 mm Hub) mit 1992 ccm und vier obenliegenden Nockenwellen, eine ungeheuer komplizierte Maschine, die sich aber in vielen Rennen hervorragend schlug und 195 PS bei 7000 Touren abgab. Für die 1½-Liter-Formel baute Delage einen Reihen-8-Zylinder von 1488 ccm, der erstaunliche 170 PS bei 8000 Touren abgab, mit Kompressor natürlich. Wir finden Delage 1924 auf dem 2. und 3. Platz im Großen Preis von Frankreich, und 1925 gelang es Robert Benoist auf einem Delage, sogar den Großen Preis von Frankreich, damals über eine Distanz von 1000 Kilometer führend, zu gewinnen. 1927 konnte derselbe Benoist diesen Erfolg in Montlhéry wiederholen, und hier kamen Delage-Rennwagen gleich auf die ersten zwei Plätze. 1927 gewann Benoist mit einem Delage auch den Großen Preis von Italien in Monza, es war in diesem Jahr der erfolgreichste Rennwagen überhaupt. Und mit einem solchen renovierten und an einigen Stellen modernisierten Delage-Rennwagen von 1,5 Liter Hubraum – dem Achtzylinder mit Kompressor – hat der später bei Daimler-Benz engagierte englische Grand-Prix-Fahrer Dick Seaman 1936 noch die kleine Rennwagenklasse beim Großen Preis der Schweiz in Bern gewonnen.

Delahaye

Die Firma Delahaye begann bereits 1896 Automobile zu bauen. Die Delahaye-Konstruktionen waren nicht aufregend, man baute gute und solide Autos der Mittelklasse; auch in

Bugatti Typ 57 Atlantic von 1937

Bugatti Typ Royale als Coupé de Ville, das lange im Besitz von Ettore Bugattis Tochter war

Bugatti Typ Royale des Arztes Dr. Fuchs

Ein Delage D 8 Torpedo Grand Sport von 1929 mit 8-Zylinder-Maschine und 130 km/h Spitze

den 20er Jahren setzte sich dieser Trend fort. Erst 1935 kam mit einem 3,6 Liter, den es auch gleich in Wettbewerbsform gab, ein Modell auf den Markt, das höheren Ansprüchen gerecht wurde. Ein Delahaye wurde in Le Mans 1935 bereits Fünfter, und dann engagierte man sich immer mehr im Sport. 1938 belegten 3,6-Liter-Delahaye-Sportwagen den 1. und den 2. Platz in Le Mans, und der serienmäßige 3,6 Liter, den es in verschiedenen Ausführungen gab, hatte ansprechende Karosserien. Die Limousinen karossierte meistens Letourneur et Marchand, während die gutaussehenden, zweitürigen, viersitzigen Cabriolets dieses Typs 135 meistens von Chapron gebaut wurden. 1937 und 1939 gewann ein Delahaye die Rallye Monte Carlo. 1938 erschien Delahaye mit einem Renn- und Sportwagen, der einen 4,5-Liter-V-12-Zylinder-Motor besaß. Aus diesem wurde der exotische 4,5-Liter-12-Zylinder-Serienwagen (Typ 165 genannt) entwickelt – der Wagen für die Elite, wie man es bei Delahaye nannte. Praktisch hatte dieser Typ, der mit den interessantesten Karosserien versehen wurde, die Grand-Prix-Maschine, die etwas »gezähmt« worden war – übrigens nicht mit obenliegenden Nockenwellen, sondern mit Stoßstangen. Der 3,6-Liter-Delahaye wurde auch nach dem Kriege noch weitergebaut. Anfang 1954 mußte bei Delahaye die Produktion jedoch wegen finanzieller Schwierigkeiten eingestellt werden.

Farman

Die Gebrüder Farman hatten sich schon vor dem ersten Weltkrieg auf dem Gebiet des Flugzeugbaus großen Ruhm erworben. Zu Anfang der 20er Jahre wollten sie das auch auf dem Automobilsektor tun und brachten einen großen Sechszylinder mit 6,6 Liter Hubraum auf den Markt. Er hatte einen Radstand von 3,63 m, und der Motor wurde später auf 7 Liter vergrößert. Der Aluminiumzylinderblock war mit Stahllaufbüchsen versehen. Das Fahrzeug wurde die ganzen 20er Jahre über angeboten, kam aber nie auf größere Stückzahlen.

Hispano-Suiza

Dieser Firmenname kam dadurch zustande, daß ein Schweizer Konstrukteur, Marc Birkigt, im Jahr 1904 in Barcelona einen Wagen konstruierte – übrigens als erstes einen Wagen der Luxusklasse. Bekannt wurde vor dem Krieg auch der Typ »Alfonso«, nach dem spanischen König benannt, der diesen Wagen auch fuhr; ein leichter, eleganter und sportlicher Wagen der Mittelklasse. 1911 eröffnete Hispano-Suiza eine Fabrik in Frankreich, und der Schwerpunkt der Produktion in den 20er Jahren lag dann bei der französischen Fabrik. Vor allem wurden im ersten Weltkrieg in der Fabrik in Bois-Colombes bei Paris die damals sehr berühmten Hispano-Suiza-V-8-Zylinder-Flugmotoren gebaut, und der erste Nachkriegs-Hispano von 1919 hatte einen 6-Zylinder-Reihenmotor mit obenliegender Nockenwelle, der aus der letzten Flugmotorkonstruktion abgeleitet worden war. Der Hubraum dieses großen Sechszylinders war zunächst 6,6 Liter, später sogar 8 Liter. Radstand 3,70 m, und das allein kennzeichnet die Dimension dieses Wagens, der in den 20er Jahren zu den Luxus-Automobilen schlechthin gehörte und

Oben: Hispano-Suiza von 1912 mit 3615 ccm Hubraum – Unten: Hispano-Suiza Coupé de Ville von 1934 mit V-12-Zylinder-Motor

sich auf gleicher Ebene wie Rolls-Royce und Maybach befand. 1930 konstruierte Birkigt dann den 9,4-Liter-V-12-Zylinder, von dem ein englischer Autohistoriker sagte, daß es vielleicht der brillanteste Produktionswagen aller Zeiten gewesen sei. Bemerkenswerterweise war die Maschine quadratisch ausgelegt mit 100 mm Hub und 100 mm Bohrung. Die hängenden Ventile waren durch Stoßstangen gesteuert.

Hotchkiss

Die Firma Hotchkiss, die sich in Saint Denis an der Seine befand, baute schon kurz vor dem ersten Weltkrieg Automobile, ohne dadurch besonderen Ruhm zu ernten. Nach dem Krieg kam der Vorstoß in die Luxusklasse mit einem Sechszylinder mit obenliegender Nockenwelle, der 6,6 Liter Hubraum besaß. Ein wirklich interessantes Fahrzeug kam aber erst 1933, das war der Typ AM 80 S, mit einem 3,5-Liter-6-Zylinder-Motor, den es auch in einer Sportversion gab. Es war eigentlich eher ein Wagen der oberen Mittelklasse als ein Luxuswagen. Hotchkiss unterstützte zahlreiche Rallye-Fahrer, mit dem Ergebnis, daß vor dem Krieg Hotchkiss viermal Sieger der Rallye Monte Carlo war und noch nach dem Krieg zweimal ein Hotchkiss das Gesamtklassement der Rallye Monte Carlo gewinnen konnte. Die erste Hotchkiss-Voiturette war 1903 hergestellt worden, der letzte Hotchkiss lief 1953 vom Band.

Lorraine

Vor dem ersten Weltkrieg wurden die Automobile der Société Lorraine des Anciennes Etablissements De Dietrich et Compagnie teils De Dietrich, teils Lorraine-Dietrich genannt. Der Grand-Prix-Wagen von Lorraine-Dietrich mit einer 15-Liter-Maschine und Kettenantrieb wurde in England noch bis 1930 bei Veteranenmeetings in Brooklands benutzt und wurde Vieux Charles trois genannt. Man kann ihn heute noch im Montagu Motor Museum in Beaulieu bewundern. 1924 baute Lorraine einen sportlichen Tourenwagen mit 3,4-Liter-Motor, der in Le Mans auf den 2. und 3. Platz kam. 1925 brachte es die französische Firma fertig, mit diesem Wagen das Gesamtklassement in Le Mans zu gewinnen: ein hochbeinig anmutender, aber doch langgestreckter, viersitziger Tourenwagen, der ein wenig dem Bentley ähnelte. 1926 gab es in Le Mans eine kleine Sensation, weil diese Lorraine-Wagen den 1., 2. und 3. Platz belegten. Die obengesteuerten Ventile dieses Motors waren durch Stoßstangen von außergewöhnlicher Länge gesteuert, die so dünn waren, daß man annahm, sie würden abbrechen, aber sie taten es nie. Der Wagen besaß im übrigen nur ein Dreiganggetriebe, erst 1930 kam der 4. Gang dazu. Dieser Wagen war mit zwei horizontalen Zenith-Vergasern ausgerüstet und einem eigenen Ölkühler auf jeder Seite des Wasserkühlers.

Nachdem die Firma Lorraine schon Anfang der 20er Jahre

Ein Lorraine aus den 20er Jahren

einen großen Sechszylinder, einen enormen Langhuber (Bohrung 90 mm, Hub 160 mm) mit 6,1 Liter angeboten hatte, ging man um das Jahr 1930 dazu über, einen Sechszylinder - ebenfalls einen relativ langhubigen Motor - mit 4,1 Liter zu offerieren, der hydraulische Bremsen besaß. Zur Zeit einer Wirtschaftskrise mit solchen Neukonstruktionen zu kommen, zeugt nicht von kluger Typenpolitik. Dies war dann auch der letzte Lorraine.

Panhard et Levassor

Es gibt keinen Zweifel: Panhard et Levassor und Peugeot waren die ersten Firmen, die in Frankreich Automobile herstellten, und zwar von 1891 an. Doch war die Typenpolitik in den 20er Jahren nicht mehr sehr glücklich. 1922 versuchte man einen 1,2-Liter-Kleinwagen zu einer größeren Serienfertigung zu bringen, was aber nur unzureichend gelang. Auch als man den Motor dann auf 1,5 Liter vergrößerte, hatte man keinen rechten Erfolg. Daneben baute man zu Beginn der 20er Jahre eine Reihe von größeren Modellen: einen Vierzylinder mit 2,3 Liter Hubraum, einen größeren mit 3,2 Liter, der bemerkenswerterweise keine Ventile, sondern eine Schiebersteuerung besaß, dann einen großen 4,9-Liter, der auch nur vier Zylinder hatte, ebenfalls mit Schiebersteuerung versehen.

Der Gipfelpunkt in dieser Reihe war der 6,4-Liter-Reihen-8-Zylinder (Bohrung 85 mm, Hub 140 mm), der genauso mit schiebergesteuertem Motor ausgerüstet war: ein riesiges Automobil, das, zu einem Rennwagen umgebaut, auch einmal den Stunden-Weltrekord erreichte - übrigens einer der längsten Wagen, die je gebaut wurden, mit einem Radstand von 3,78 m. Gleichwohl sah dieser große Panhard mehr plump als rassig aus, und die Firma verlor in den 30er Jahren vollends an Ruhm und Ansehen. In den 50er Jahren sprach man noch einmal von Panhard, als dort kleine Sportwagen für Le Mans hergestellt wurden, mit luftgekühltem 2-Zylinder-Motor, die in ihren Klassen sehr erfolgreich waren. Schließlich kaufte Citroën die Firma Panhard auf.

Renault

Renault sollte hier schon deshalb erwähnt werden, weil nach dem ersten Weltkrieg die französische Firma einen Vorstoß in die Luxusklasse unternahm und bereits 1919 einen großen Sechszylinder herausbrachte, der 7,5 Liter Hubraum und seitengesteuerte Ventile besaß. Dieser riesige Renault hatte in seiner Langchassis-Ausführung, die man für die siebensitzige Pullmanlimousine brauchte, einen Radstand von genau vier Meter - auch das ist ein Rekord. Man vergrößerte dann die Bohrung dieses riesigen Autos von 100 auf 110 mm, was ihm einen Hubraum von 9,1 Liter gab, womit der Renault einer der größten Serienwagen aller Zeiten gewesen ist. 1926 baute man eine einsitzige Rennausführung von diesem Wagen und eroberte in Montlhéry den absoluten 24-Stunden-Weltrekord mit einem Durchschnitt von 174 km/h. Der Renault wurde noch bis 1929 gebaut, mehr zur Repräsentation, als um Geschäfte damit zu machen. Denn die machte Renault längst mit den kleineren Modellen.

Der große 8-Liter-Renault Ende der 20er Jahre –
Unten: Ein Talbot Darracq aus dem Jahre 1927

Talbot

Die wirklich interessanten Wagen der französischen Marke Talbot darf man nicht verwechseln mit denen der englischen Firma Talbot; beide Firmen gehen auf die französische Firma Darracq zurück.

Mitte der 30er Jahre entstanden Sportwagen mit einem Hubraum von 4 Liter, und als der Große Preis von Frankreich 1936 nicht mehr für Rennwagen, sondern für Sportwagen ausgetragen wurde, standen vier solche Talbot am Start, die am Anfang in Führung lagen, später aber alle ausfielen. 1937 gab es dagegen in diesem Grand Prix von Frankreich für Sportwagen einen überlegenen Talbot-Sieg: Louis Chiron gewann, hinter ihm belegten zwei weitere Talbot die nächsten Plätze. Aus diesem Sportwagen wurde für die Grand-Prix-Formel von 1938 auch ein Rennwagen entwickelt mit nunmehr 4,5 Liter Hubraum ohne Kompressor, der aber zweifellos zu schwer war und viel zu wenig Leistung hatte, um gegen die Auto-Union- und Mercedes-Rennwagen bestehen zu können. Ein Talbot wurde damals beim Großen Preis von Frankreich 1938 zwar Vierter, einfach deshalb, weil nur vier Wagen ankamen - der Talbot lag zehn Runden zurück. 1939 brachten es immerhin diese Talbot, obwohl in der Leistung noch nicht konkurrenzfähig, fertig, unter Le Begue und Etancelin, den 3. und 4. Platz beim Grand Prix in Reims zu belegen (hinter H. P. Müller und

Meier auf Auto Union). Die große Talbot-Zeit kam eigentlich erst 1947, als Louis Chiron mit einer verbesserten Version dieses 4,5-Liter-Rennwagens den damals in Lyon ausgetragenen Großen Preis von Frankreich gewinnen konnte. 1949 brachte es Altmeister Chiron noch einmal fertig, den Großen Preis von Frankreich zu seinen Gunsten zu entscheiden. Er gewann in Reims das 64-Runden-Rennen mit einem Durchschnitt von 160,8 km/h, vor einem Maserati und einem Ferrari, nachdem die Spitzenfahrer Villoresi und Fangio ausgefallen waren. Inzwischen hatten 1950/51 die 1,5-Liter-Alfa-Romeo-Kompressorwagen und die 4,5-Liter-Ferrari die Oberhand gewonnen, und die Talbot hatten eigentlich überhaupt keine Chance mehr, aber sie fuhren trotzdem mit und hatten zuweilen durch ihr Stehvermögen erstaunliche Erfolge. Louis Rosier gelang es 1950 und 1951, mit einem solchen 4,5-Liter-Talbot noch den Großen Preis von Holland zu gewinnen, 1951 wurde er beim Großen Preis von Pau Zweiter. Das Getriebe dieser Talbot-Sport- und Rennwagen war ein elektromagnetisch geschaltetes Wilson-Vorwählgetriebe (man wählte den jeweiligen Gang durch ein kleines Hebelchen am Lenkrad vor, der dann durch Gaswegnehmen und Gasgeben automatisch eingeschaltet wurde). In den Jahren nach dem zweiten Weltkrieg hat Talbot einen sehr rassigen Personenwagen herausgebracht, der mit der gezähmten Grand-Prix-Maschine versehen wurde und unter der Typen-Bezeichnung Talbot-Lago-Rekord und Talbot-Lago-Grand-Sport verkauft wurde. Lago war der Name des Konstrukteurs. Es gab auch eine kleinere Ausführung, die Talbot-Lago-Baby genannt wurde, mit einem 2,7-Liter-4-Zylinder-Motor und 120 PS. Der Talbot-Lago-Rekord hatte einen 6-Zylinder-Reihenmotor mit 4482 ccm, wobei dieser aus dem Rennsport abgeleitete Motor keine obenliegende Nockenwelle, sondern schräg hängende Ventile mit Stoßstangen und Kipphebeln besaß. In der Zwei-Vergaser-Ausführung hatte der Talbot-Lago-Rekord 170 PS bei 4000 Touren, in der Drei-Vergaser-Ausführung sogar 195 PS bei 4200 Touren. Der Wagen war verhältnismäßig lang: Der Radstand allein betrug 3,12 m, und das Gewicht lag bei 1750 kg. Als Spitzengeschwindigkeit erreichte er 160 beziehungsweise 170 km/h – für einen Tourenwagen zu Ende der 40er Jahre eine hervorragende Leistung. Die Reifengröße war 6,00×18. Als Lago-Grand-Sport war er wesentlich kürzer (Radstand 2,65 m) und aus diesem Grund auch wesentlich leichter und mehr als 180 km/h schnell. Viele berühmte Karossiers nahmen sich damals des 4,5-Liter-Talbot an; besonders bemerkenswert war das viersitzige Cabriolet des Schweizer Karossiers Graber. 1952 hörte die Firma Talbot vorübergehend auf, Automobile zu produzieren, weil sie sich in finanziellen Schwierigkeiten befand, machte aber dann noch einmal 1957/58 einen Versuch mit einem rassigen Sport-Coupé, das zuerst einen Talbot-Motor, dann einen V-8-Zylinder von BMW mit 2,6 Liter Hubraum erhielt, ehe die Firma 1958 von Simca übernommen wurde und keine eigenen Wagen mehr herstellen konnte.

Talbot 4,5-Liter-Grand-Prix-Rennwagen ohne Kompressor

ITALA
63 2137

1914 Itala
Frontmotor mit vier stehenden Zylindern, 7433 ccm

Voisin Berline von 1930 mit 12 Zylindern

Voisin

Gabriel Voisin war in der Zeit des ersten Weltkriegs ein weltbekannter Flugzeugkonstrukteur. In seiner Firma wurden mehr als 10 000 Jagdflugzeuge hergestellt. Unmittelbar nach dem ersten Weltkrieg begann er mit der Herstellung von Automobilen. Als Perfektionist wollte er als erstes Modell einen großen Zwölfzylinder herausbringen, entschied sich dann aber doch zu einem 4-Zylinder-Schiebermotor mit 4 Liter Hubraum, der damals zum Beginn der 20er Jahre im Sport recht erfolgreich war. 1923 baute er für die 2-Liter-Formel einen Grand-Prix-Wagen, der einen 6-Zylinder-Schiebermotor besaß und mit dem besten Willen nicht mehr als 75 PS bei 4000 Touren abgab, was auch damals schon viel zu wenig war. Die Karosserie war aber schon ein echter Vorläufer späterer Stromlinienkarosserien. Chassis und Karosserie hatte er aus Aluminium konstruiert, was ein extrem niedriges Gewicht ergab. Aber all das konnte über die kümmerlichen 75 PS nicht hinwegtäuschen. Mitte der 20er Jahre freundete sich Gabriel Voisin mit Le Corbusier an, und einzelne Karosserien auf Voisin-Fahrgestellen sind auf den Einfluß Le Corbusiers zurückzuführen. Motor und Karosserien der Voisin-Wagen in den späten 20er Jahren kann man am besten mit dem Wort exzentrisch umreißen. Der frühere Flugzeugkonstrukteur baute 6-Zylinder-Maschinen mit 4,5 Liter, 4,9 Liter und schließlich 5,8 Liter Hubraum, die Wagen besaßen einen charakteristischen Spitzkühler mit einer ungeheuren Kühlerfigur, die aus zwei großen Flügeln bestand. Die Kotflügel der Voisin waren nicht, wie es damals üblich war, lang gestreckt, sondern nur knapp um das Vorderrad herumgeschlungen. Es war geradezu logisch, daß Ende der 20er Jahre Voisin dann wirklich ein 12-Zylinder-Modell auf den Markt brachte, wobei es zwei verschieden große Motoren gab - einen mit 64×100 mm Hub und Bohrung, also 3,9 Liter, einen anderen mit 72×100 mm, was 4886 ccm ergab. Auch dieser V-12-Zylinder-Motor hatte keine Ventile, sondern war ein Schiebermotor. Diese Voisin waren einerseits großartige Autos, andererseits mußte man mit dem Schiebermotor äußerst vorsichtig umgehen, ihn ganz sorgfältig anwärmen, durfte nur das beste Öl verwenden und hatte die Drehzahlgrenze peinlich genau einzuhalten. 1934 produzierte Voisin dann die Krönung seiner exzentrischen Entwürfe, einen Zwölfzylinder in Reihe, in Blocks zu je sechs Zylindern hintereinander angeordnet, mit einem elektromagnetischen Cotal-Vorwählgetriebe. Der Motor war so lang, daß er bis in den Fahrgastraum hineinreichte und zwischen dem Fahrer- und dem Beifahrersitz noch einen eigenen Platz beanspruchte. Vergessen wir nicht, daß der Exzentriker Gabriel Voisin von 1927 bis 1929 auch einzelne Rekordwagen baute, ausschließlich um zu beweisen, daß seine Fabrikate absolute Weltrekorde zu erringen in der Lage sind. Am 27. Mai 1927 gelang es dem französischen Rennfahrer Marchand mit einem 8-Liter-Voisin-Rennwagen, den Stundenweltrekord auf 206,55 km/h zu schrauben, was für die damalige Zeit ein phantastischer Wert war. Erinnern wir uns bei dieser Gelegenheit daran, daß Hans Stuck zu Beginn des Jahres 1934 mit dem neuen Auto-Union-Grand-Prix-Wagen den Stundenrekord mit 217,4 km/h fuhr. Mitte der 30er Jahre mußte Gabriel Voisin seine Produktion einstellen, weil er in finanzielle Schwierigkeiten geraten war.

Als Gabriel Voisin 82 Jahre alt geworden war, kam 1962 noch ein Buch von ihm heraus, das den Titel trug »Mes Mille et une Voitures« - ein Buch, in dem er nicht nur rückblickend sein Leben und seine Konstruktionen beschrieb, sondern auch erklärte, daß das ganze Problem der durch Automobile überfüllten Städte nur dadurch zu lösen sei, daß man einen Stadtwagen herstelle für jedermann, mit einem Radstand von 1,50 m und einer Gesamtlänge von 2,15 m (er hatte bereits Zeichnungen dafür angefertigt). Dieses Fahrzeug sollte nur von einem 50-ccm-Motor getrieben werden, Rollerräder besitzen, insgesamt nur 70 kg schwer sein und um 700 Franken verkauft werden.

Motoring for the Million

In der französischen Produktion ragte in den 20er Jahren ein neues Unternehmen heraus, das nicht nur die französische, sondern schon sehr bald die ganze europäische Automobilwelt beeinflußte: Citroën. Aus einer von Holland stammenden Familie kommend, baute der junge Ingenieur André Citroën, der an der École Polytechnique in Paris sein Studium absolviert hatte, schon vor dem Krieg eine kleine Werkstatt auf, in der er einen besonderen Zahnradtyp herstellte. Diese Zahnräder erlaubten eine ziemlich ruhige Übertragung von relativ großen Kräften. Sein Betrieb wurde durch Kriegsaufträge zwischen 1914 und 1918 groß, und das spätere Markenzeichen für die Citroën-Automobile ist nichts anderes als eine symbolische Darstellung von zwei ineinandergreifenden Zahnrädern.

André Citroën war von Anfang an dazu entschlossen, die Prinzipien von Ford für eine große Serienproduktion auch in Europa anzuwenden. Er entschied sich dafür, seine ganzen Kräfte für die Konstruktion eines einzigen Modells oder höchstens zweier Modelle einzusetzen. Er baute übrigens als erstes einen Prototyp, der nie in Produktion kam, einen Luxuswagen mit einem Schiebermotor von 3,5 Liter Hubraum. Diesen Entwurf gab André Citroën nachher seinem Freund Gabriel Voisin. Citroën baute als erstes einen robusten, einfachen Viersitzer mit einer Stahlkarosserie, der 1400 ccm hatte und 65 km/h ging – das war 1919.

Dieser erste Citroën war ein braves Auto der unteren Mittelklasse, und gerade deswegen wurde er sehr gut verkauft. In der ersten Ausführung hatten die Vierzylinder einen Hub von 100 und eine Bohrung von 65 mm, was 1323 ccm ergab. Diese Maße wurden später etwas vergrößert, man hatte dann 1450 ccm. Die Bremsleistung des Motors betrug 20 PS bei 2200 Touren. Das Auto hatte eine viersitzige, offene Standardkarosserie mit einem soliden Klappverdeck. Der Radstand war mit 2,90 m erstaunlich lang, das Reserverad stand auf der linken Seite beim Fahrersitz auf dem Trittbrett, man konnte also als Fahrer nur von rechts einsteigen!

Während man diesen Wagen mit einigen Verbesserungen

Oben: Der berühmte Citroën Trêfle – Links: Sein deutscher Zwillingsbruder, der Opel Laubfrosch, dessen Name daher kommt, daß die erste Serie 1924 nur in Grün geliefert wurde.

in der Produktion ließ, kam 1922 dann das eigentliche Erfolgsmodell von Citroën, das diese Firma international viel bekannter machte als das erste Modell. Es war ein Wagen, den der Volksmund sehr schnell »Trêfle« nannte, also das Kleeblatt, weil er ein spitzes Heck besaß und ein bißchen wie ein kleines Kleeblatt wirkte. Er wurde im Anfang nur in gelber Farbe geliefert, war ein Zweisitzer mit einem verhältnismäßig kleinen Motor, dessen vier Zylinder 55 mm Bohrung und 90 mm Hub besaßen, was 855 ccm ergibt. Der Verkaufserfolg des Trêfle war sehr groß, wenngleich es auch kein wirklicher Volkswagen wurde, dazu fehlten ihm einfach zwei weitere Sitze. Aber es war der beliebteste Zweisitzer seiner Zeit in Europa und mit einer Spitzengeschwindigkeit von 60 km/h für die damaligen Verhältnisse ausreichend motorisiert. Von der seitengesteuerten 4-Zylinder-Maschine, die zwischen 10 und 11 PS hatte, wurde die Kraft über ein normales Dreiganggetriebe auf die Hinterachse übertragen. In dem spitzen Heck befand sich eine kleine Klappe für Gepäck, aber sehr viel mehr als eine kleine Aktentasche und eine Zahnbürste durfte man da nicht mitnehmen. Vom Citroën-Trêfle, der offiziell 5 CV hieß (nach den französischen Steuerpferden), gibt es heute unter Veteranenfreunden noch zahlreiche Exemplare. Dieser Citroën hat insofern Deutschland sehr stark beeinflußt, als 1924 Opel mit seinem »Laubfrosch« auch zweisitzig herauskam, der fast eine Kopie dieses Citroën 5 CV zu sein schien. In der Tat hatte man an der Karosserie gegenüber dem Citroën nur ganz wenig geändert, und auch der Motor, obwohl ein wenig stärker, entsprach in etwa den Bauprinzipien dieses Wagens, nur – der Laubfrosch wurde nicht in Gelb, sondern zunächst nur in Grün geliefert, und daher kommt die bekannte Redensart »dasselbe in Grün«! Aus diesem Laubfrosch mit seinem knapp 1-Liter-Motor und 12 PS machte Opel dann sehr bald einen Viersitzer, den sogenannten Typ 4/14, weil die Menge, die man zweisitzig verkaufen konnte, einfach begrenzt war. Es zeichnete sich schon damals ganz deutlich der Trend zu einem Viersitzer ab, wenn man sozusagen Volksmotorisierung betreiben wollte.
Diese Linie hatte Herbert Austin in England sehr klar erkannt, als er seine Nachkriegs-Kleinwagenkonstruktion schuf, die eigentlich in der ganzen Welt ihren Widerhall gefunden hat. Der Austin Seven kam Ende des Jahres 1922 auf den Markt – *seven* war wiederum die Bezeichnung für die Steuer-PS, die es auch in England gab, wobei die französischen und die englischen Steuer-PS voneinander differierten. Auch die

Oben: Der erste Citroën, das Modell »A« – Unten: Austin Seven von 1922 mit vier Zylindern und 747 ccm Hubraum – Links: Dixi Roadster 3/15 von 1928

deutsche Steuer-PS-Rechnung lief nach einer anderen Formel. Der Austin 7 war insofern ein Phänomen für sich, als er mit zahlreichen kleinen Verbesserungen bis Juli 1938 gebaut wurde, also rund 16 Jahre lang. Der letzte Wagen trug die Chassis-Nummer 290 135. Ein Phänomen war dieser Austin auch insofern, als er unter dem Namen Rosengart in Frankreich in Lizenz gebaut wurde, in Deutschland unter dem Namen Dixi, in Japan unter dem Namen Datsun, und selbst in Amerika gab es eine Version dieses Austin 7, der zunächst als American-Austin erschien und später als »Bantam«, wenngleich drüben nur 6700 Exemplare davon verkauft wurden. Herbert Austin war sich 1922 vollkommen im klaren darüber, daß er mit dieser Idee *Motoring for the Million* bringen wollte. Das Auto sollte klein und billig sein, sollte aber trotzdem vier Sitze haben. Die vier Sitze des Austin 7 waren so knapp, daß man ernsthaft vier Erwachsene nicht unterbringen konnte, aber es war immerhin mehr als ein Zweisitzer.
Der erste Austin 7 hatte einen wassergekühlten 4-Zylinder-Reihenmotor mit abnehmbarem Zylinderkopf, 56 mm Bohrung und 76,2 mm Hub, was 747 ccm entsprach. Er leistete 10,5 PS bei der bescheidenen Drehzahl von 2400 Touren, hatte eine Magnetzündung, Thermosyphonkühlung und konnte auf Wunsch (für den Export) auch mit einem Ventilator ausgerüstet werden. Das Getriebe hatte drei Gänge; natürlich hatte der Wagen Starrachsen, vorne mit querliegenden Halbelliptikfedern, hinten mit längsliegenden

Oben ein Peugeot 172 BC 5 CV von 1925; vier Zylinder, 720 ccm – Links ein Austin Seven special von 1930

Viertelelliptikfedern. Immerhin besaß er schon von Anfang an eine Vierradbremse, was in den Jahren 1922/23 bei kleineren Wagen noch keineswegs eine Selbstverständlichkeit war. Aber es war nicht etwa eine Vierradbremse, wie man sie sich gewünscht hätte, nämlich mit Druck auf ein Fußpedal, nein, die Handbremse wirkte auf die Vorderräder und die Fußbremse auf die Hinterräder! Man mußte also mit beiden Bremsen operieren, wenn man eine echte Vierradbremse haben wollte. Die Räder waren Drahtspeichenräder, und der Tank faßte nur 4 Gallonen = 18 Liter, aber man kam mit einem Verbrauch von 6 Liter auf 100 Kilometer doch recht weit. An den Maßen erkennt man, daß dieser Austin 7 wirklich ein winziges Auto war. Der Radstand betrug nur 1,90 m, die Spurweite 1,02 m. Das ganze Auto wog etwa 360 kg. Für den Fahrer und Beifahrer gab es vorne zwei schmale Schalensitze, die man verstellen konnte. Im Prospekt stand, daß die Hintersitze 2 oder 3 Kinder aufnehmen können. Es konnte dort auch ein Erwachsener sitzen, wenn er seine Füße etwas quer stellte. Die Karosserie war ein offener Viersitzer mit einem Klappverdeck, dazu gab es seitliche Fenster aus Plexiglas; eine elektrische Hupe war serienmäßig. Austin hatte sich mit den Behörden geeinigt, daß es eine Spezialversicherung für dieses Auto gab, die 8 Pfund und 10 Schilling pro Jahr betrug.

Der erste Austin 7 hatte aber noch keinen elektrischen Anlasser, der kam erst 1924 in die Serie. 1925 wurden die Reifen etwas vergrößert, aber erst 1931 wurde erstaunlicherweise die echte Vierradbremse eingeführt, so daß man mit einem Druck auf das Fußbremspedal alle vier Räder abbremsen konnte. Und bis 1933 blieb der Austin 7, also 10 Jahre lang, in diesen kleinen Dimensionen, dann wurde der Radstand um 15 cm ein wenig vergrößert. Nun erhielt der Wagen Reifen in der Größe 4.00/17 oder wahlweise 3.50/19. Das Getriebe blieb bis zum Jahr 1934 unsynchronisiert, und auch dann wurde nur der große Gang in die Synchronisierung einbezogen. Das kleine Auto, das man auch Baby-Austin nannte und das nur eine Gesamtlänge von 2,70 m besaß, wurde im Laufe der 20er Jahre nicht nur von zahlreichen englischen Karosseriefirmen ein wenig umkarossiert, so daß es eine Reihe von Spezialversionen gab, sondern wurde natürlich auch von einigen Tuningfirmen frisiert, so daß man mit dem Austin 7 Rennen fahren konnte. Zu den Firmen, die Spezialkarosserien für den Austin 7 lieferten, gehörte 1929 die Firma Swallow in Blackpool, die bis dahin nur Seitenwagen hergestellt hatte. Aus dieser Firma Swallow ist später Jaguar entstanden.

Als der kleine Austin 7 im Juli 1922 angekündigt wurde, nannte man seinen Preis mit 225 Pfund (man sollte beim Umrechen auf einen deutschen Kurs 21,- DM für das Pfund setzen), aber im Dezember 1922 hatte man diesen Preis bereits auf 165 Pfund heruntergesetzt. 1924 ging man noch einmal um 10 Pfund im Preis herunter, unter anderem auch deshalb, weil Citroën versuchte, seinen Trêfle für 145 Pfund in England anzubieten. Er konnte aber im Mutterland den Austin 7 nie gefährden. Vor allen Dingen hatte der Austin zwar nicht vier, aber immerhin zwei plus zwei Sitze.

1932 hat eine englische Motorzeitung einmal einen Test des inzwischen weiter verbesserten Austin 7 gemacht, dessen Gewicht jetzt auf fast 550 kg angewachsen war, weswegen man die Übersetzung etwas verändert hatte. Vom Stand auf 40 Meilen (64 km/h) brauchte das Fahrzeug 37 Sekunden. Die Spitzengeschwindigkeit lag bei 65 km/h. Die Bremsen waren eigentlich völlig unzureichend: Von 30 Meilen (48 km/h) Geschwindigkeit brauchte der Wagen 20,1 m bis zum Stand.

Dieser Austin 7 war, wenn man es so sagen will, der Vater aller BMW-Automobile, denn die Dixi-Werke in Eisenach hatten sich für das Jahr 1928 die Lizenz von Austin gesichert. Die ersten Dixi, die in Eisenach produziert wurden, waren original Austins, die aus England herüberkamen und nur mit dem Dixi-Schild am Kühler versehen wurden. Dixi hat aber nur im Jahr 1928 den Dixi in der original Austinform gebaut. Ende 1928 übernahm die Firma BMW in München, die bis dahin, wie man weiß, nur Motorräder und Flugmotoren hergestellt hatte, die gesamte Dixi-Produktion in Eisenach, weil sie sich auf dem Automobilsektor etablieren wollte und es Dixi nicht besonders gut ging. Nicht etwa, weil dieser Kleinwagen so schlecht verkauft wurde, sondern weil die Firma Dixi auch noch einen Wagen der Mittelklasse herstellte, der aber kein Erfolg war. Vom 1. Januar 1929 an hießen die Wagen in Eisenach nicht mehr Dixi, sondern es waren aus ihnen BMW-Dixi geworden, und sie trugen zusätzlich das BMW-Zeichen. Der alte Dixi aus dem Jahre 1928 trug noch auf dem Kühler einen kleinen Zentaur. BMW hat dann an diesem Dixi in den folgenden Jahren eine Reihe von Verbesserungen vorgenommen, aber der Motor blieb unverändert mit 747 ccm. Er leistete aber inzwischen 15 PS, was dem Wagen zu einer Spitzengeschwindigkeit von gut 70 km/h verhalf. Auf dieser Dixi-Basis wurde 1930/31 bei BMW sogar ein sehr schnittiger kleiner Sportwagen entwickelt, den man Wartburg nannte und der ein Spitzheck hatte, so ähnlich wie die Bugatti-Rennwagen. 1931 kam dann BMW mit einem völlig eigenen Modell, dem sogenannten AM 4, dem Typ 3/20 PS heraus, der einen 800-ccm-4-Zylinder-Reihenmotor mit obenliegenden Ventilen besaß.

Der original Dixi von 1928 wurde als zweisitziger Roadster und als knapper viersitziger Tourenwagen herausgebracht, für den es dann auch einen Limousinenaufsatz gab. Das Gewicht des offenen Tourenwagens betrug anfänglich nur 375 kg.

Man muß dieser Konstruktion von Herbert Austin großen Respeckt zollen; es war der erste ernsthafte Versuch, Volksmotorisierung von England aus zu betreiben.

Oben: Peugeot »Quadrilette« aus dem Jahre 1920 – Unten: Ein A.V. Monocar aus dem Jahre 1921. Ein typisches Beispiel für ein kleines »Cycle Car«, wie sie kurz nach dem ersten Weltkrieg in England gebaut wurden

Ein Cadillac Modell »A« von 1903

Amerikanische Elite von einst

Von den amerikanischen Automobilfabriken erwartet man heute keine umwälzenden technischen Neuerungen mehr. Man weiß, daß die amerikanischen Konstrukteure ihre Fahrzeuge auf die Bedürfnisse ihres Landes abgestimmt haben, zum Beispiel darauf, daß in praktisch allen Staaten ein Geschwindigkeitslimit von 65 bis 70 Meilen existiert, daß also nie schneller als 115 km/h gefahren werden darf. Infolgedessen haben die amerikanischen Wagen viel später als die unsrigen vernünftige Bremsen bekommen, die Scheibenbremse wurde wesentlich später eingeführt als in Europa bei den Kleinwagen. Man soll sich dadurch nicht täuschen lassen; man hat oft gesagt, daß die amerikanischen Konstrukteure in den letzten zwanzig Jahren nicht fortschrittlich gewesen seien, daß sie sich dem modernen Trend verschlossen hätten. Aber das ist lediglich eine Frage, die mit der Massenproduktion und den Preisen zusammenhängt. Wozu soll man Bremsen bauen für Automobile, die 200 km/h gehen, wenn man nur 115 km/h fahren darf? Bremsen also, die den Wagen aus dem Tempo 200 auch tatsächlich in angemessener Distanz zum Halten bringen und kein Fading aufweisen. Auch im Fahrgestellbau waren die Amerikaner, was die Straßenlage angeht, weit hinter dem europäischen Standard geblieben, insbesondere in den 50er und in den 60er Jahren. Auch das beruht darauf, daß man die Fahrzeuge einfach auf die amerikanischen Verhältnisse eingestellt hat: Dort gab es viel bessere Straßen als bei uns, dort fuhr man wesentlich langsamer als bei uns, dort war in den Städten der Verkehr viel dichter, das Thema Straßenlage stand niemals ernsthaft zur Diskussion. Ebenso konnte man Motorleistung, wenn man sie überhaupt haben wollte, dadurch erzielen, daß man den Hubraum der Wagen vergrößerte. Man hatte in Europa wesentlich höhere Literleistungen als in den USA, einfach deshalb, weil man sich in den USA um die Hubraumgröße überhaupt nicht zu kümmern brauchte, denn es gab ja keine Hubraumsteuer. Und die Benzinpreise lagen oder liegen noch immer so niedrig, daß der Benzinverbrauch eine relativ untergeordnete Rolle spielt. Erst wenn man die amerikanischen Rennen betrachtet, erkennt man, daß dort Konstrukteure am Werk sind, die es mit den europäischen jederzeit aufnehmen können, denn der heutige Standard der Indianapolis-Rennwagen oder der CanAm-Fahrzeuge entspricht durchaus dem europäischen Standard. Und als die amerikanische Ford die nötigen Mittel einsetzte, kam sie natürlich auch dahin, wohin sie kommen wollte: zu einem Gesamtsieg in Le Mans. Objektiv betrachtet haben die Amerikaner in der Pionierzeit des Automobils eine ganze Reihe von sehr interessanten technischen Neuerungen und Verbesserungen gebracht, die zum Teil früher als in Europa auf dem Markt erschienen. Einige dieser Firmen und deren Fahrzeuge wollen wir hier erwähnen.

Adams-Farwell

Diese amerikanische Automobilfabrik, die von 1904 bis 1913 Fahrzeuge herstellte und sich in Dubuque im Staate Iowa befand, kam nach einer Reihe von Experimenten 1904 zunächst mit einem 3-Zylinder-Rotations-Sternmotor auf den

Markt, der 20 PS leistete. Anschließend kam zwei Jahre später ein 45-PS-Modell, das einen 5-Zylinder-Sternmotor (Rotationsmotor) besaß. Eine ganz ungewöhnliche Konstruktion, da man ja auch in der Anfangszeit des Automobils genau wie heute nur gerade Zylinderzahlen benutzte, 2, 4, 6 und 8 Zylinder, und der Sternmotor sich eigentlich nur im Flugzeugbau durchgesetzt hat. Von einem Vierganggetriebe aus wurde die Hinterachse dann durch eine Kette angetrieben. Diese Rotationsmotoren von Adams-Farwell waren unter den Hintersitzen vor der Hinterachse montiert, es waren also sozusagen »Mittelmotorwagen«. Die rotierende Masse des Motors diente zugleich als Schwungrad und erzeugte eine Kühlwirkung.

American

Vor und während des ersten Weltkrieges gab es nicht weniger als fünf amerikanische Firmen, die sich America oder American bezeichneten. Die erste davon war die American Motor Cars Company in Cleveland, Ohio, die ein kleines *Runabout,* einen leichten Zweisitzer mit einem 5-PS-1-Zylinder-Motor auf den Markt brachte, noch mit einer Hebellenkung (nicht mit einem Lenkrad) versehen. Der Preis von 1000 Dollar lag aber für so ein einfaches Fahrzeug zu hoch, und nach etwas mehr als einem Jahr mußte die Produktion eingestellt werden. Es gab von 1930 bis 1941 einen American-Austin, der später (von 1934 an) American Bantam genannt wurde: ein typisches Kind der Depression Ende der 20er Jahre. Es lag die Idee zugrunde, daß man den Kleinwagen aus Europa auch in Amerika einführen könnte, und man nahm die Lizenz des Austin 7 und brachte ihn zunächst zu einem Listenpreis von 425 Dollar in Amerika heraus - billiger als in England. Man betrachtete diese Wagen als eine Kuriosität, aber konnte sich nicht entschließen, sie in Amerika in größeren Stückzahlen zu kaufen, obwohl man mit diesem Kleinwagen die Parkprobleme viel besser hätte lösen können. Die Firma American Motors, die wir alle kennen, in Detroit beheimatet, wurde 1954 gegründet. Es war das Resultat der Vereinigung der Autofirmen Nash und Hudson, doch wurden zunächst die Automobile weiterhin unter diesen Namen verkauft, ehe sie 1958 dann den Namen Rambler annahmen. 1968 wurden diese Rambler erneut umgetauft und nannten sich fortan American Motors.

Auburn

Die Firma Auburn Automobile Company in Auburn in Diana hat von 1900 bis 1937 existiert. Und man kann G. N. Georgano in seiner Enzyklopädie der amerikanischen Automobile zustimmen, wenn er sagt, daß es sich bei Auburn um eine der berühmtesten amerikanischen Firmen gehandelt hat. Der Name entstand einfach nach dem Produktionsort Auburn in Diana. Der erste Wagen war 1903 ein Einzylinder-*Runabout* mit einer unter der Karosserie liegenden Maschine. Zunächst baute man nur ganz kleine Wagen, bis man 1910 einen etwas größeren Vierzylinder einführte. 1912 kam dann ein Sechszylinder in die Produktion, und dieser Auburn war als einer der ersten Wagen der Welt schon mit elektrischem Licht serienmäßig ausgerüstet. 1924 kaufte E. L. Cord (nach dessen Namen die Cord-Wagen benannt waren) die Auburn Company auf, und von da an war die Firma Auburn eine jener Firmen, die wirklich nur exklusive Wagen herstellten. 1932 kam bei Auburn ein V-12-Zylinder-Wagen heraus, der als Limousine zu dem sensationellen Preis von knapp unter 1000 Dollar verkauft werden konnte. Es gab den Auburn auch mit Kompressor. Der 150-PS-Auburn-Speedster mit dem spitzen Heck, der über 160 km/h ging, war einer der schnittigsten Wagen Amerikas. Aber 1937 geriet die Gesellschaft in finanzielle Schwierigkeiten.

Briscoe

Diese Firma, die Briscoe Motor Corporation in Jackson in Michigan, war nach ihrem Gründer, Benjamin Briscoe, benannt, der vorher Leiter der Autofirma Maxwell war. Er begann 1914 mit einer eigenen Produktion. Zunächst wurde ein 4-Zylinder-Wagen mit 2,6-Liter-Motor hergestellt, der eine recht ansprechende Form besaß, besonders als Roadster. Charakteristikum dieses Wagens war, daß er ein sogenanntes Zyklopenauge hatte - wie der zentrale Scheinwerfer genannt wurde, der am oberen Rand der Kühlerverkleidung organisch in den Kühler eingebaut war. Briscoe stellte 1916, also ein Jahr nach Cadillac, den zweiten V-8-Zylinder-Motor her, den es auf der Welt gab, und baute ihn in eines seiner Fahrzeuge ein. Er hatte aber keinen kommerziellen Erfolg damit, und 1921 wurde die Produktion von Briscoe-Wagen wieder eingestellt.

Buffum

Die Firma H. H. Buffum & Co. in Abington in Massachusetts existierte zwar nur sechs Jahre, fabrizierte aber die erstaunlichsten Wagen, die man sich vorstellen kann. 1902 kam Buffum mit einem 16-PS-4-Zylinder-Wagen, wobei die Zylinder in Boxerform angeordnet waren. 1904 erschien Buffum mit einem Rennwagen, der einen 8-Zylinder-Motor besaß, als gegenläufiger Boxer ausgebildet, mit Kettenantrieb auf die Hinterräder und mit Schraubenfedern an allen 4 Rädern. Es war eine Konstruktion, die ihrer Zeit um Jahre, fast möchte man sagen, um Jahrzehnte voraus war. Im Gegensatz zu den damaligen Rennwagen war dieser auch sehr viel niedriger, weil natürlich der flache Boxermotor eine niedrigere Bauweise erlaubte. Es ist aber offenbar nur ein Prototyp dieses Rennwagens gebaut worden, der nie zu ernsthaften Rennerfolgen kam. Trotzdem verdient er seinen Platz in der Automobilgeschichte. Von 1905 bis 1907 fertigte Buffum dann einen V-8-Zylinder-Motor, längst bevor man bei Cadillac an die Herstellung eines V-8-Zylinders dachte. Aber auch dieser Motor war ein Prototyp, von dem keine größere Serie angefertigt wurde, und die Firma ging dann 1906/07 über in die Hewitt Motor Company in New York. Dort wurde dieser V-8-Zylinder weitergebaut, und hier entstand auch ein solcher Wagen in einer winzigen Serie. Die Maschine hatte 7,5 Liter Hubraum, eine Art Vorwählgetriebe und Kardanantrieb. Der Chassispreis wurde mit 4000 Dollar angegeben. Aber auch hier stellte sich mit diesem neuartigen Automobil kein wirklicher Geschäftserfolg ein, und von 1907 an wurden in dieser Firma nur noch schwere Lastwagen gebaut.

Der erste Chevrolet, gebaut im Jahre 1912. Louis Chevrolet war ein bekannter Rennfahrer nach der Jahrhundertwende. Er bekam von W. C. Durant den Auftrag zur Konstruktion eines neuen Motors, und daraus entstand dann die Firma Chevrolet.

Cadillac

Der erste Cadillac war noch keineswegs ein Luxusauto, sondern ein ganz braver Einzylinder, der für 750 Dollar verkauft wurde. Sein Schöpfer Henry M. Leland arbeitete vorher mit Henry Ford zusammen. Der erste Cadillac sah den frühen Ford-Modellen ziemlich ähnlich. Der Motor lag horizontal unter der etwas spartanischen Karosserie, und man verwendete ein Zweigang-Planetengetriebe. Erst der große Vierzylinder mit vier separaten Zylindern, der 30 PS abgab und 1906 auf den Markt kam, brachte für Cadillac ein gewisses Renommee. Dieser Wagen blieb bis 1914 in Produktion, und 75 000 davon wurden verkauft. 1909 wurde Cadillac in die General-Motors-Gruppe aufgenommen. Cadillac sollte die Spitzenfirma werden, und 1910, als man einen 4-Zylinder-Tourenwagen für 1600 Dollar herausbrachte, wurde angekündigt, daß die Toleranzen der insgesamt 112 Teile des Wagens nicht größer als ein Tausendstel eines Inches seien. 1912 gehörte Cadillac zu den ersten Firmen der Welt, die elektrisches Licht und elektrischen Starter serienmäßig einbauten. Und 1915 brachte Cadillac seinen V-8-Zylinder, der zweifellos der erste V-8-Zylinder-Wagen war, der in großer Serie auf den Markt kam.

Chevrolet

Louis Chevrolet war ein Schweizer, der zunächst in der französischen Automobilindustrie beschäftigt war und dann mit der De Dion-Bouton Motor Company in Brooklands in Verbindung kam. Er galt als ein hervorragender Rennfahrer und hatte auf einem Buick zahlreiche Erfolge zu verzeichnen, ehe er 1911 Mitgründer einer Autofirma wurde, die seinen Namen trug. So ähnlich aber wie David Dunbar Buick nicht lange bei Buick blieb, ist auch Louis Chevrolet nicht sehr lange bei seiner eigenen Firma geblieben, die 1917 von General Motors aufgekauft wurde. 1920 lag Chevrolet bereits hinter Ford und Dodge an dritter Stelle der Produktion in Amerika. 1927, als Ford den Übergang vom Modell T zu Modell A zu bewerkstelligen hatte, lag Chevrolet sogar zum ersten Mal an der Spitze der amerikanischen Produktion, und von 1931 bis 1933 konnte Chevrolet mit seinen populären

1923 entwickelte Chevrolet einen luftgekühlten Motor, aber erst 1960 wurden solche Motoren serienmäßig gebaut.

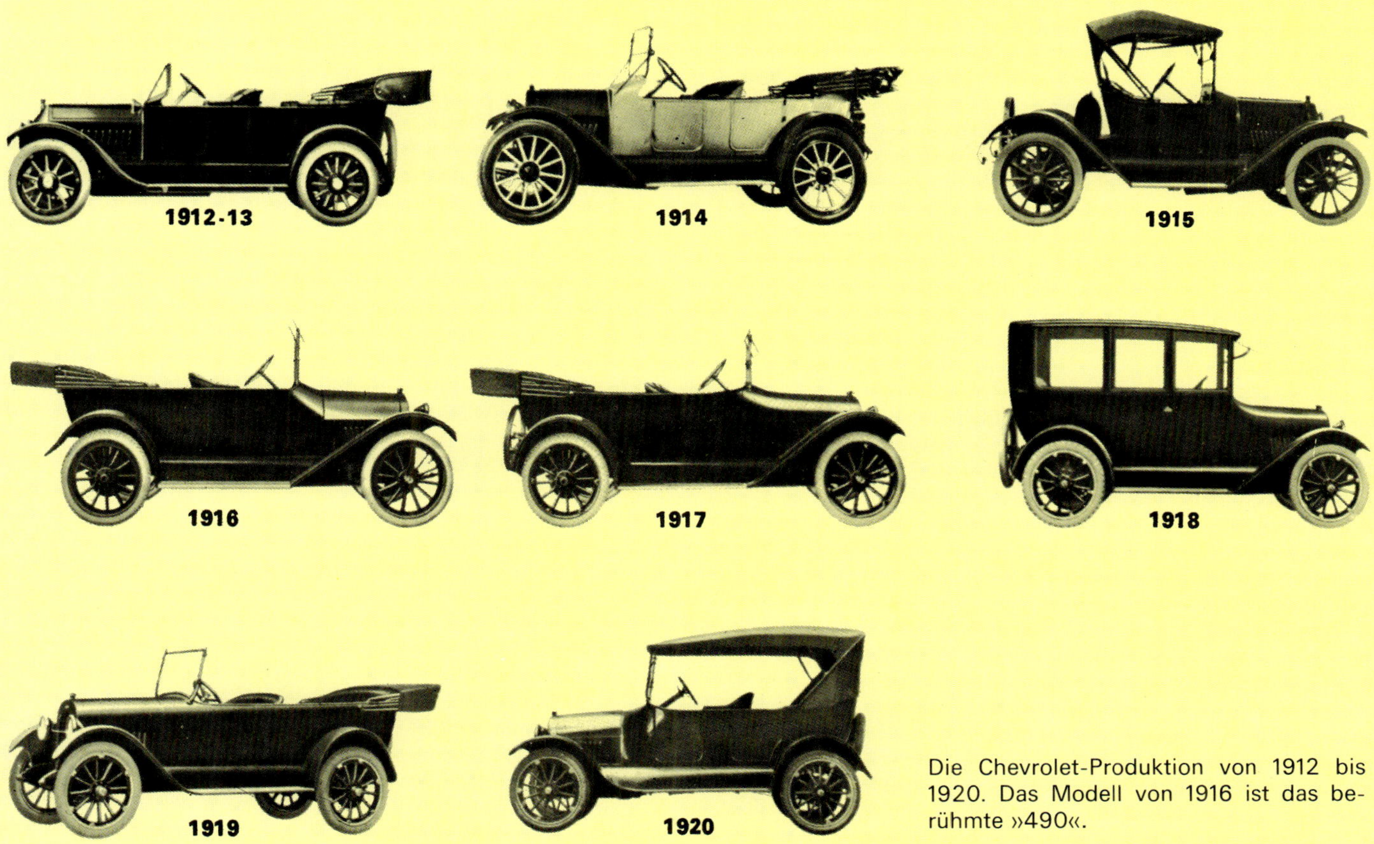

Die Chevrolet-Produktion von 1912 bis 1920. Das Modell von 1916 ist das berühmte »490«.

und sehr preiswerten Wagen noch einmal die Spitze vor Ford erringen. 1923 hatte man in dieser Firma, die auch in Detroit beheimatet war, Versuche mit einem luftgekühlten Motor gemacht, die aber wieder aufgegeben wurden. Bis zum Jahre 1928 hatte kein Chevrolet Vorderradbremsen, weil man mit dem amerikanischen Publikum zusammen der Ansicht war, daß man dies für einen leichten Gebrauchswagen einfach nicht benötige. Es ging jetzt nicht mehr um irgendwelchen technischen Fortschritt, sondern es ging um die Massenherstellung preiswerter Automobile in einem Land, in dem nicht mehr schnell gefahren wurde, weil der Verkehr dazu schon zu dicht war. Übrigens - 1940 errang Juan Manuel Fangio mit einem von ihm umgebauten und frisierten Chevrolet bei einem Langstreckenrennen in Argentinien einen großen Sieg.

Chrysler

Walter P. Chrysler, der von 1875 bis 1940 lebte, fing als Lokomotivwäscher an und stieg zunächst in der Eisenbahnhierarchie auf, ehe er mit Buick und Willys begann, eine Autokarriere zu machen. In beiden Firmen nahm er entscheidenden Einfluß auf die Geschäftsleitung. Er kaufte dann 1923 die Firma Maxwell-Chalmers und brachte Anfang 1924 unter seinem Namen zum ersten Mal Chrysler-Automobile auf den Markt - mit einer kleinen Sensation, denn er verwendete hierbei als erster hydraulische Vierradbremsen in Serie. Der Wagen ging 70 Meilen (112 km/h) und wurde deshalb der Chrysler 70 genannt und sehr gut verkauft. 1928 kam Chrysler mit einem sportlichen Tourenwagen sogar nach Le Mans und belegte dort den 3. und 4. Platz im Gesamtklassement. 1928 baute Chrysler ein regelrechtes Imperium auf, indem er die Firma Dodge übernahm und zwei neue Marken lancierte - Plymouth und De Soto.

Cunningham

Die Firma James Cunningham Son and Company in Rochester, im Staate New York, die von 1907 bis 1936 Autos baute, darf nicht verwechselt werden mit Briggs Cunningham, der in Florida nach 1950 Sportwagen fertigte. Die Firma James Cunningham war eine alte Kutschwagenfirma, und als sie vor dem ersten Weltkrieg anfing, Automobile zu fabrizieren, wurden auch nebenher noch Kutschwagen alten Stils hergestellt. 1916 produzierte man - also auch in einem sehr frühen Stadium - einen der ersten V-8-Zylinder-Motoren. Dieser frühe 8-Zylinder-Cunningham hatte eine 7,4-Liter-Maschine, die 100 PS bei 2400 Umdrehungen abgab. Von diesem Luxuswagen wurden nur sehr wenige Exemplare gebaut; er war als offener Tourenwagen 9000 Dollar wert und wurde fast unverändert bis 1933 hergestellt. Der amerikanische Pressezar William Randolph Hearst fuhr ebenso einen Cunningham wie die damals so berühmte Filmschauspielerin Mary Pickford und Harold Lloyd.
Briggs Cunningham versuchte 1951 zum ersten Mal mit seinen eigenen Konstruktionen in Le Mans zu starten und sich mit den europäischen Sportwagen zu messen. Dieser erste Cunningham hatte eine 180-PS-Chrysler-Maschine. Er kam mit drei Fahrzeugen, zwei davon fielen aus, eines belegte den 18. Platz. Das beflügelte ihn, 1952 wieder in Le Mans zu erscheinen. Briggs Cunningham fuhr immer einen der Wagen selbst. Diesmal führte ein Cunningham in den ersten Runden

das Feld an. Immerhin wurde in diesem Jahr, als die beiden Mercedes 300 SL in Le Mans gewannen, ein Cunningham Vierter. Briggs Cunningham hatte für die Konstruktion seines Renncoupés Professor Kamm, der inzwischen in Amerika lebte, verpflichtet, um eine echte Stromlinienform, eine K-Form zu konstruieren. Das heimliche Ziel von Briggs Cunningham war es immer, in Le Mans zu gewinnen. 1953 belegten seine Fahrer Fitch und Walters den 3. Platz, er selbst kam auf den 7. Platz und ein weiterer Cunningham auf den 10. Platz – immerhin, alle drei kamen ins Ziel. 1954 erreichte ein 5,4-Liter-Cunningham ebenfalls den 3. Platz, ein weiterer Cunningham kam auf Platz fünf. Es waren sehr ehrenwerte Erfolge. Briggs Cunningham besitzt heute eines der interessantesten Automobil-Museen in den USA.

Doble

Die Doble Steam Motors Corporation in Emeryville in Kalifornien baute noch in den 20er Jahren sehr luxuriöse Dampfwagen, die äußerlich aussahen wie große moderne Tourenwagen jener Zeit. Doble hatte den Dampfantrieb so weit entwickelt, daß man mit etwa 100 Liter Wasser 2400 Kilometer weit fahren konnte und die Leistung dieser Dampfmaschine etwa 76 PS betrug. Der Doble war ein großes, repräsentatives, elegantes, ja sogar luxuriöses Auto, das mit einer Garantie von drei Jahren um 8000 Dollar verkauft wurde. 1914 hatte die Produktion der Doble Dampfwagen angefangen, 1931 wurde sie endgültig aufgegeben: letztes Aufbäumen einer Sonderklasse von Automobilen, deren Untergang längst vorauszusehen war. Aber es gab in den 20er Jahren immer noch einige Enthusiasten und Individualisten, die mit einem Doble-Dampfwagen vorfahren wollten.

Duesenberg

Die Brüder Duesenberg, Frederick Samuel (Fred) und August, waren als Kinder mit ihren Eltern aus Deutschland eingewandert. Fred, der sich alle seine Fähigkeiten im Selbststudium beigebracht hatte, begann 1904 Fahrräder zu produzieren und ging 1906 als verantwortlicher Ingenieur zu der nur kurzlebigen Autofirma Mason. Auch der jüngere Bruder August begann zu dieser Zeit im Automobilbau zu arbeiten, bis sie dann 1913 eine eigene Firma gründeten, die Duesenberg Motor Company in St. Paul im Staate Minnesota. Die Grundlage für ihre Existenz waren Marinemotoren, die sich gut verkauften, daneben fingen sie schon damals an, Rennwagen zu konstruieren. 1917, als Amerika in den Krieg eintrat, besaßen die Brüder Duesenberg ein neues Werk in Elizabeth im Staate New Jersey und begannen Flugmotoren herzustellen, gipfelnd in einem 300-PS-V-12-Zylinder und in einem für die damalige Zeit unerhörten V-16-Zylinder mit 800 PS. Nach dem Kriegsende bezogen die Gebrüder Duesenberg ein neues Werk in Indianapolis und bauten dort Rennwagen – die erfolgreichsten amerikanischen Rennwagen jener Zeit. Neben zahlreichen Indianapolis-Erfolgen (wobei man schon 1924 den Kompressor einführte, als dritte Firma nach Daimler und Fiat) konnte Duesenberg ja auch einen Sieg im Großen Preis von Frankreich 1921 auf sein Konto schreiben. Ende 1920 erschien der erste Duesenberg-Personenwagen, ein Reihen-Achtzylinder mit 4,4 Liter Hubraum, obenliegender Nockenwelle und 100 PS. Als vermutlich erster Wagen überhaupt besaß er hydraulische Vierradbremsen: ein hervorragendes Fahrzeug, das aber kein Erfolg wurde, weil die Karosserie als „langweilig" galt. 1926 waren die Gebrüder Duesenberg finanziell am Ende, Eric Lobban Cord, der Präsident von

Chrysler »70« Ende der 20er Jahre. Zweisitziger Roadster mit Notsitz und Holzspeichenrädern

Duesenberg Roadster SJ mit Kompressor Anfang der 30er Jahre. Leistung 320 PS

Auburn, übernahm den Betrieb, ließ aber klugerweise die Gebrüder Duesenberg in leitenden Positionen und ließ auch der Firma den Namen. Am Ende des Jahres 1928 erschien dann das Modell J, größer, schneller, repräsentativer als jeder andere amerikanische Wagen - auch teurer natürlich. Dieser Duesenberg besaß eine 6,7-Liter-Reihen-8-Zylinder-Maschine mit 265 PS bei 4250 Touren - für jene Zeit geradezu phantastische Werte. Er ging im 2. Gang 145, im 3. Gang 186 km/h und wurde nur von einem Wagen übertroffen: 1932 vom Duesenberg SJ, dem gleichen Modell mit Kompressor. Dieses hatte dann 320 PS, ging von 0 auf 160 in 17 Sekunden und war 192 km/h schnell. Es sind bis Ende der Produktion (1937) etwa 470 S und SJ gebaut worden.

Du Pont

Die Firma von Paul Du Pont baute insgesamt von 1920 bis 1932 nur 537 Automobile, aber alles waren eigentlich rassige Luxuswagen, die man zum Teil wahlweise mit Kompressor haben konnte. Am berühmtesten wurde das Modell G, ein zweisitziger Speedster, der 1928 herauskam. Er hatte einen 5.2-Liter-8-Zylinder-Reihenmotor mit 114 PS, langgezogene Kotflügel mit ganz merkwürdig geformten Scheinwerfern, die aussahen wie die zusammengekniffenen Augen eines Uhu. Man bekam als Garantie mit, daß der Wagen 100 Meilen schnell war, also 161 km/h lief. Ein solcher Du Pont fuhr auch 1929 beim 24-Stunden-Rennen in Le Mans mit. Heute zählen die Du Pont zu den Raritäten bei den Veteranensammlern.

Fageol

Die Fageol Motors Company in Oakland in Kalifornien baute nur knapp zwei Jahre lang ein Auto, aber dies war ein ungeheures Vehikel: vermutlich der größte Serienwagen, der jemals in Amerika gebaut wurde, und sicherlich einer der teuersten. Der enorme 6-Zylinder-Reihenmotor hatte einen Hubraum von 13,6 Liter und gab 125 PS bei 1300 Touren ab. Er wurde 1916 vorgestellt; die teuerste Ausführung kostete 17 000 Dollar. Der Radstand dieses Wagens betrug 3,65 m.

Franklin

Die Firma Franklin in Syracuse im Staate New York baute Automobile von 1901 bis 1934. Wohl zu Recht nennt sie G. N. Georgano die erfolgreichsten luftgekühlten Wagen, bevor es den VW gab. Franklin baute immer nur luftgekühlte Wagen, es war wie eine Weltanschauung. 1905 versuchte man sogar einen Reihen-8-Zylinder-Rennwagen für den Vanderbilt Cup herzustellen, nachdem ein luftgekühlter Franklin 1904 den Rekord auf der Strecke San Franzisko - New York aufgestellt hatte. Die Strecke quer durch Amerika war damals nur unter den größten Schwierigkeiten zu bewältigen, weil es noch keine vernünftigen Straßen und Wege gab. 1932 versuchte man sogar einen V-12-Zylinder-Kompressorwagen herzustellen, hatte aber damit keinen Erfolg. In Amerika gibt es heute nicht nur einen Franklin-Club, sondern auch eine eigene Clubzeitung, die sich nur mit den früheren Franklin-Modellen und ihren heutigen Inhabern beschäftigt. Charles Lindbergh fuhr, nachdem er den Ozean überquert hatte und wohlhabend zu werden begann, einen Franklin.

Hupmobile

Die Hupmobile-Wagen wurden von der Hupp Motorcar Corporation in Detroit und Cleveland hergestellt. Die Begründer waren Robert und Louis Hupp. Sie fingen 1908 mit

Der Schwanengesang der Firma Marmon: ein V-16-Zylinder von 1931 mit 8 Liter Hubraum und 200 PS Leistung

einem leichten 4-Zylinder-Wagen an und brachten bereits 1914 serienmäßig elektrisches Licht und elektrische Startvorrichtung an ihren Fahrzeugen an. Als unabhängige Firma tat sich Hupmobile gegen die großen Konzerne sehr schwer, obwohl der 1925 herausgekommene Reihen-8-Zylinder ein sicherlich sehr gutes Auto war und man 1934 mit der »aerodynamischen Serie«, die eingebaute Scheinwerfer und eine dreiteilige Windschutzscheibe besaß, neue Wege zu gehen bereit war. Ein Hupmobile-Coupé aus dem Jahr 1933 steht heute im Automobilmuseum in Le Mans.

Kissel

Die Firma Kissel Motor Company in Hartford in Wisconsin stellte Automobile von 1906 bis 1931 her, nachdem sie bis dahin stationäre Gasmotoren produziert hatte. Kissel gehörte auch zu den Firmen, die mit als erste einen elektrischen Starter einbauten, und zwar 1913. Ebenso gehörte sie zu den ersten Firmen, die 12-Zylinder-Maschinen in ihre Fahrzeuge einbauten, und zwar zwischen 1917 und 1918, auch wenn dieser erste Kissel-12-Zylinder kein Erfolg war. 1919 sah man einen zweisitzigen Speedster von Kissel, der Gold Bug genannt wurde und der heute im Kreis der Veteranenfreunde einen hohen Wert besitzt.

La Salle

Die Firma La Salle war von 1927 bis 1940 auf dem Markt, gehörte zu General Motors und wollte ein kleinerer Bruder von Cadillac sein. 1929 führte man bei La Salle bereits Sicherheitsglas und ein Synchrongetriebe ein; es war auf diesem Sektor einer der ersten Wagen, der diese Neuerungen aufweisen konnte. Die La Salle waren alles 8-Zylinder-Wagen mit sehr eleganten Linien – es ist eine Marke, die man nicht ganz vergessen sollte.

Lincoln

Nachdem der Konstrukteur Henry M. Leland sich von Cadillac zurückgezogen hatte, entwickelte er unter dem Namen Lincoln für die Saison 1921 ein neues Fahrzeug mit einem V-8-Zylinder-Motor, das 81 PS hatte und 115 km/h schnell war. Bereits nach zwei Jahren war diese Firma in finanziellen Schwierigkeiten, und daraufhin erwarb sie Henry Ford. Seitdem gehört Lincoln zum Ford-Konzern und ist dort sozusagen das Aushängeschild. Bei Lincoln sind immer große und luxuriöse Wagen gebaut worden, wobei die amerikanische Polizei und die Gangster sich gleichermaßen des großen und starken Lincoln-Wagens bedienten. 1924 kaufte sich der amerikanische Präsident Coolidge einen solchen Lincoln und brachte ihn ins Weiße Haus. Seit der Zeit ist der Lincoln sozusagen der Standard-Wagen im Weißen Haus geworden, vor allen Dingen, als 1932 ein herrlicher Zwölfzylinder mit 7,4 Liter Hubraum erschien, der Vacuum-Bremsen hatte. Franklin D. Roosevelt fuhr einen solchen 12-Zylinder-Lincoln, und nach dem Krieg hat sich Harry S. Truman selbstverständlich wieder einen solchen Lincoln als Staatswagen zugelegt. John F. Kennedy wurde in einem Lincoln erschossen.

Ein Mercer »Raceabout« von 1913

Marmon

Die Firma Marmon war in Indianapolis beheimatet und baute von 1902 bis 1933 Automobile. Man fing an mit einem luftgekühlten V-4-Zylinder, was für die ersten Jahre nach der Jahrhundertwende ganz ungewöhnlich war. Dieses Fahrzeug wurde bis 1908 gebaut. Dann kam für kurze Zeit ein 60-PS-V-8-Zylinder-Marmon auf den Markt, der aber nicht in große Serie gehen konnte, so daß man eben doch dem Cadillac von 1914/15 das Prädikat, der erste wirklich serienmäßige V-8-Zylinder gewesen zu sein, verleihen muß. 1908 hatte man bei Marmon als Käufer die Wahl zwischen Luft- und Wasserkühlung. Die späteren Modelle waren aber dann alle wassergekühlt. Die 8-Zylinder-Marmon nach dem ersten Weltkrieg waren sehr teuer. 1928 versuchte sich Marmon in Indianapolis mit einem frontgetriebenen Wagen. Dann baute man einen relativ preiswerten 8-Zylinder-Reihenmotor und verkaufte 1929 2300 solcher Fahrzeuge. 1931 kam der Schwanengesang dieser Firma, die heute in Veteranenkreisen einen guten Ruf genießt: Marmon baute einen 16-Zylinder mit 200 PS, einem Motor, der etwas mehr als 8 Liter Hubraum besaß und mit 4925 Dollar gar nicht so teuer war. Als man zur gleichen Zeit auch noch probierte, einen V-12-Zylinder mit unabhängiger Vorderradaufhängung und De-Dion-Hinterachse zu bauen, war das Ende der Firma gekommen.

Mercer

Von der Firma Mercer, die unter diesem Namen von 1910 bis 1925 Automobile baute, ist ein Modell fast weltberühmt geworden: der Mercer »Raceabout« mit einer Windschutzscheibe, die ausschließlich für den Fahrer vorgesehen und kreisrund geschnitten war. Man nannte es das Monocle Windshield. Außerdem besaß dieser Mercer nur einen Zentralscheinwerfer. Der befand sich nicht etwa vorn am Auto, sondern oberhalb vom Armaturenbrett. Dieser Wagen kam bereits 1911 auf den Markt, er hatte einen normalen 4-Zylinder-Motor mit 5 Liter Hubraum, leistete 50 PS bei 1700 Touren. Es waren nur zwei Schalensitze vorhanden, das gesamte Heck bestand aus einem riesigen runden Tank und zwei Ersatzreifen. Man garantierte dem Mercer eine Spitzengeschwindigkeit von 70 Meilen, also knapp 115 km/h.

Miller

Die Firma Harry A. Miller in Los Angeles baute von 1915 bis 1929 Automobile und ist durch die Rennwagen, die in Indianapolis fuhren, weltberühmt geworden. 1924 erschienen bei Miller die ersten Rennwagen mit Frontantrieb, übrigens mit einer De-Dion-Vorderachse. Dieser Wagen wurde Zweiter beim Indianapolisrennen von 1925, und zahlreiche Miller fuhren in den nächsten Jahren nicht nur Rennsiege, sondern auch Klassenrekorde und Weltrekorde heraus. Als 1928 der amerikanische Fahrer Leon Duray zwei solche Miller-Frontantriebswagen nach Europa brachte, wo sie auf der Montlhéry-Bahn Rekorde aufstellten, kaufte anschließend Ettore Bugatti beide Wagen, um sie zu studieren. Harry A. Miller mußte 1932 den Bankrott seiner Firma anmelden, konstruierte aber für andere Auftraggeber dann noch weiter, und eines seiner bemerkenswertesten Produkte war 1938 der

Miller Gulf Oil Special, ein Rennwagen mit Vierradantrieb und einem 3-Liter-6-Zylinder-Mittelmotor mit 300 PS, mit zwei obenliegenden Nockenwellen, der alle 4 Räder unabhängig gefedert hatte - ein ganz ungewöhnliches Fahrzeug, das heute im Indianapolis Speedway Museum zu bewundern ist.

National

Die Firma National war in Indianapolis beheimatet und baute von 1900 bis 1924 Automobile. Die ersten waren leichte Elektrowagen; 1903 begann man Benzinmotoren zu bauen. 1906 brachte man bei National ein 6-Zylinder-Modell heraus, wahrscheinlich der erste oder einer der ersten Sechszylinder in Amerika. 1912 gewann der Rennfahrer Joe Dawson auf einem 9,8-Liter-National das zweite Indianapolis-500-Meilen-Rennen mit einem Durchschnitt von 125,9 km/h. 1915 brachte National zusammen mit Packard den ersten amerikanischen 12-Zylinder-Wagen heraus - den ersten Zwölfzylinder auf der ganzen Welt. Man bot damals bei National im selben Chassis wahlweise eine 6- oder eine 12-Zylinder-Maschine an. Der 12-Zylinder-National wurde bis 1920 gebaut. Finanziell ging es um diese Zeit bei National bereits steil bergab.

Oldsmobile

Oldsmobile oder, genauer gesagt, die Olds Motor Works in Lansing im Staate Michigan sind eine der ältesten Automobilfabriken überhaupt. Ransom Eli Olds baute bereits 1891 einen dreirädrigen Dampfwagen und kam 1896 mit einem Einzylinder mit Benzinmotor heraus: ein ganz einfacher Zweisitzer mit einem 1-Zylinder-Motor von 1,6 Liter Hubraum und einem Zweigang-Planetengetriebe mit Kettenantrieb. Die Maschine besaß einen ungeheuer großen Auspuff und lief gewöhnlich nur mit 500 Touren. Der Wagen war aber sehr leicht und hatte eine für die damalige Zeit erstaunliche Leistung. Die ersten Fahrzeuge wurden am Ende des Jahres 1901 ausgeliefert. 1902 verkaufte Olds bereits 2100 Exemplare von diesem Gefährt, und 1904 war man bei einer Produktion von 5000 im Jahr angelangt, für damals eine phantastische Zahl. 1903 gelang es einem solchen *Runabout*, die Strecke von San Franzisko nach New York zurückzulegen. Übrigens wurde in Deutschland dieser erste Oldsmobile unter den Namen Polymobil und Ultramobil in Lizenz gebaut. Anschließend kam Oldsmobile mit größeren Fahrzeugen ins Geschäft, und bereits 1916 gab es in dieser Firma einen V-8-Zylinder-Typ, der für 1500 Dollar verkauft wurde. Von 1909 an gehörte Oldsmobile zu General Motors. 1938 war der 6-Zylinder-Oldsmobile der erste Wagen auf der Welt, den man wahlweise auch mit einem automatischen Getriebe haben konnte. Der Oldsmobile Toronado ist der größte Wagen der Gegenwart mit Frontantrieb.

Der berühmte Curved Dash

Packard

Packard gehört sicherlich zu den berühmtesten Automobilmarken, die es in Amerika - ja sogar auf der ganzen Welt - gegeben hat. Die Brüder J. W. und W. D. Packard kauften 1898 einen Winton, eines dieser ersten amerikanischen Fahrzeuge, und beschlossen ihn zu verbessern, weil er den Brüdern Packard noch sehr unvollkommen vorkam. Das Resultat war 1899 der erste 12-PS-Packard-Wagen. Von da an begannen sie zu produzieren. Zunächst in Warren im Staate Ohio, später in Detroit. Dieser erste Packard war noch ein kleiner 1-Zylinder-Wagen mit einem zentralen Kettenantrieb, Aber schon in den ersten Jahren der Produktion beschlossen die Gebrüder Packard, mittlere und größere Wagen zu bauen. 1903 erschienen sie bereits mit einem sensationellen, großen Vierzylinder auf dem Markt, der 12 Liter Hubraum hatte und für 7500 Dollar verkauft wurde: eigentlich der erste Luxuswagen, den es gab, und 1904 schloß sich das Modell L an, deshalb bemerkenswert, weil es zum ersten Mal den klassischen Packard-Kühler besaß, den diese Fahrzeuge praktisch in ihrer ganzen Entwicklungsgeschichte behielten: rechts und links von der Kühlerspitze aus s-förmig geschwungen zu einer außenliegenden Kante. Packard wurde vor allen Dingen dadurch berühmt, daß es den ersten, regelrecht in Serie produzierten Zwölfzylinder schuf, der im Herbst 1915 angekündigt wurde; den sogenannten Twin Six, was schon vom Wort her bedeutet, daß es sich um zwei 6-Zylinder-Reihenmotoren nebeneinander gehandelt hat und nicht um eine V-12-Zylinder-Konstruktion. Dieser Wagen war zugleich der erste amerikanische Tourenwagen mit Aluminiumkolben, und er wurde zu dem verhältnismäßig niedrigen Preis von 2600 Dollar angeboten. Die ersten Wagen hatten komischerweise Linkslenkung und auch auf der linken Seite die Schaltung. Später kam die Schaltung dann normal in die Mitte. Von 1916 bis 1920 baute Packard überhaupt nur diesen großen Twin Six, der bis 1923 in der Produktion blieb. In den 20er Jahren war Packard durch seine 8-Zylinder-Modelle bekannt, aber auch durch seinen Werbeslogan *Ask the man who owns one,* fragen Sie den Mann, der einen besitzt. Die 8-Zylinder-

Oben: Ein Packard von 1918 – Unten: Ein Pierce-Arrow von 1930. Man beachte die in die Kotflügel eingebauten Scheinwerfer, was von dieser Firma als Stilelement erstmals eingeführt wurde.

Oben: 1912 Oakland »Colonial Coupé« – Unten: Ein Nash Modell 46 von 1922

Packard der 20er und der 30er Jahre besitzen heute in Sammlerkreisen einen hohen Wert. Übrigens wurden während des zweiten Weltkriegs wesentliche Bestandteile des 8-Zylinder-Packard in Lizenz an die UdSSR verkauft, daraus resultierte der erste sowjetische Luxuswagen, der ZIS. Nach dem Krieg ging es Packard nicht mehr so gut, denn es war sehr schwer, sich gegen die Konkurrenz von Lincoln aus dem Ford-Konzern und Cadillac aus dem General-Motors-Konzern zu behaupten. 1954 ging Packard eine Ehe mit Studebaker ein, aber auch das nützte nicht sehr viel, die Verkaufsziffern gingen zurück, und der letzte Packard wurde 1958 unter diesem Namen angeboten.

Pierce-Arrow

Die Firma Pierce-Arrow war in Buffalo im Staate New York beheimatet und baute von 1901 bis 1938 Automobile, oder besser gesagt Prestige-Wagen, wenn auch die erste Pierce-Motorette 1901 noch ein Kleinauto war. 1908 war man jedoch schon bei einem großen 60-PS-Wagen angelangt, der sehr repräsentativ aussah, und 1913 war Pierce-Arrow der erste Wagen auf der Welt, der in die Kotflügel eingebaute Scheinwerfer hatte, damals sicherlich noch nicht, um strömungsgünstig zu sein, sondern nur als Stilelement gedacht. Der 6-Zylinder-Pierce-Arrow von 1914 hatte eine riesige Maschine mit 13,6 Liter Hubraum. Dies war wahrscheinlich der größte Serienwagen, den es jemals in Amerika gegeben hat. Obwohl Pierce-Arrow nur in der Luxusklasse angesiedelt war, verkaufte sich die Marke gut, zumindest bis zum Jahre 1922. Dann gingen die Verkaufsziffern etwas zurück, und man brachte ein etwas kleineres Modell heraus mit Preisen, die zum Teil knapp unter 3000 Dollar lagen. 1928 ging Pierce-Arrow eine finanzielle Ehe mit Studebaker ein. Unter diesen Fittichen versuchte man 1932 noch einmal einen Vorstoß auf dem Luxusmarkt zu unternehmen; es kamen zwei Modelle mit einem 12-Zylinder-Motor auf den Markt, einer mit 140 und einer mit 150 PS. 1933 ließ man einen »Show Car« bauen, den Silver-Arrow, von dem nur fünf Exemplare hergestellt wurden, der aber mit 10 000 Dollar angeboten war. Auch er hatte eine 12-Zylinder-Maschine, diesmal mit 175 PS. Dieser Wagen war eine Attraktion bei der Weltausstellung in Chicago im Jahre 1933. Aber alle diese Bemühungen nützten für diese tapfere alleinstehende Firma nichts mehr, und 1938 hieß es lakonisch: *The Company went out of business.*

Reeves

Die Firma Reeves baute Autos nur von 1905 bis 1912, zuerst mit luftgekühlten 4-Zylinder-Maschinen, dann gab es auch wassergekühlte Vier- und Sechszylinder und einen luftgekühlten großen Sechszylinder von 1906. Es waren interessante, aber nicht besonders erwähnenswerte Konstruktionen. Erst 1911, als die Firma Reeves schon in finanziellen Schwierigkeiten war, kam ein Wagen, der völlig einmalig zu nennen ist: das Sexto-Auto und das Okto-Auto. Das Okto-Auto hatte vorn und hinten je 2 Achsen, es war also ein echter Achtrad-Wagen. Was sich die Firma erhoffte, bleibt unklar. Tatsache ist jedoch, daß es das erste achträdrige Personenautomobil der Welt gewesen ist – und auch das einzige,

1935 Hispano Suiza
Frontmotor mit sechs Zylindern, Bohrung und Hub
100×100 mm, Hubraum 5184 ccm

Ein Essex Roadster von 1924

wenn man von den späteren Geländefahrzeugen absieht, die nicht mehr zu dieser Kategorie zählen.

Rickenbacker

Die Firma Rickenbacker Motor Company in Detroit (wo so viele amerikanische Autofirmen angesiedelt waren) produzierte nur von 1922 bis 1927. Der Name führt zurück auf Captain Eddie Rickenbacker, den berühmtesten amerikanischen Kriegsflieger aus dem ersten Weltkrieg. Er baute zunächst einen kleineren, preiswerten Sechszylinder mit 58 PS. 1923 war der Rickenbacker der erste Wagen der unteren Preisklasse, der mit einer serienmäßigen Vierradbremse ausgerüstet war. Die letzten Rickenbackers waren Reihen-8-Zylinder mit 4,5 und 5 Liter Hubraum. Interessant ist, daß J. S. Rasmussen in Deutschland die Lizenz für diese Rickenbacker-Motoren erwarb und sie Ende der 20er Jahre in zwei Modelle bei Audi einbaute.
PS. Captain Eddie Rickenbacker ist im Juli 1973 im Alter von 82 Jahren gestorben.

Rolls-Royce

Die Firma Rolls-Royce ist, wie jedermann weiß, eine englische Firma. Aber von 1921 bis 1931 gab es die Rolls-Royce of America in Springfield in Massachusetts. Sie wurde vor allem deshalb gegründet, um die hohen Einfuhrzölle umgehen zu können. 1921 wurde der berühmte Silver Ghost von Rolls-Royce komplett auch in Amerika hergestellt. Im Gegensatz zu den Praktiken der englischen Firma damals bot die Rolls-Royce of America immer auch gleich die Karosserien an und verkaufte komplette Wagen und nicht nur ein Chassis, auf das man sich dann die individuelle Karosserie setzen lassen konnte. Die meisten Karosserien des amerikanischen Rolls-Royce wurden bei der Firma Brewster angefertigt, und 1926 kam diese Firma in den Besitz von Rolls-Royce. 1926 brachte die amerikanische Rolls-Royce auch den Phantom One auf den Markt. Aber die beginnende Depression in Amerika machte den Verkauf der Rolls-Royce-Wagen immer schwieriger, so daß man 1931 die Produktion in den USA einstellte. Insgesamt sind 2944 amerikanische Rolls-Royce produziert worden, davon 1703 Silver Ghost und 1241 Phantom One.

Ruxton

Die Firma Ruxton baute nur von 1929 bis 1931 Automobile, die insofern bemerkenswert waren, als es sich hier, ähnlich wie beim Cord, um einen Frontantriebswagen mit riesigen Dimensionen handelte. Die Maschine war ein 4,5 Liter großer Reihen-8-Zylinder von Continental, der 100 PS bei 3400 Umdrehungen entwickelte. Insgesamt sind von Ruxton nur zwischen 300 und 500 Fahrzeuge gebaut worden. Der Ruxton Roadster von 1929/30 war eines der rassigsten Fahrzeuge in den USA.

Scarab

Die Stout Engineering Company in Detroit, wie die Firma offiziell hieß, baute von 1934 bis 1939 eine Reihe von Experimentalfahrzeugen, die deshalb von Interesse sind, weil sie eine Stromlinienkarosserie mit einem im Heck montierten V-8-Zylinder-Fordmotor besaßen. Der Wagen war ein Mittellenker. Außer dem Fahrersitz konnte man die übrigen Sitze im Wageninneren in jede beliebige Position bringen, die die Passagiere wünschten. Man bot den Scarab oder auch Stout-Scarab um 5500 Dollar an, aber es sind in diesen Jahren nur einzelne Exemplare hergestellt worden. Dennoch - ein amerikanischer Heckmotorwagen in den 30er Jahren, das ist etwas so Ungewöhnliches, daß man es erwähnen sollte, auch wenn die Produktion keine größeren Stückzahlen erreichte.

Stutz

Die ersten Stutz-Wagen wurden von der Firma Ideal Motor Car in Indianapolis zwischen 1911 und 1913 gebaut. Ab 1913 hieß die Firma Stutz und produzierte Automobile bis 1935. Harry D. Stutz brachte 1914 einen zweisitzigen Sportwagen heraus, der ohne Zweifel eines der berühmtesten Automobile aus der Frühzeit der amerikanischen Entwicklung war, den sogenannten Bearcat Speedster. Er besaß eine große 4-Zylinder-Maschine, die 60 PS bei 1500 Touren abgab, wobei man diesen Stutz Bearcat auch später mit einer 6-Zylinder-Maschine haben konnte. Er hatte eigentlich gar keine Karosserie, sondern nur eine langgezogene Motorhaube mit Kotflügeln, eine sehr niedrige, schräggestellte Lenksäule, zwei Schalensitze und einen großen runden Benzintank hinter den Sitzen. Das Dreiganggetriebe war mit dem Differential an der Hinterachse verblockt - ungewöhnlich für die damalige Zeit. Dieser Stutz war damals der größte Rivale des Mercer Raceabout. Ende 1926 kam bei Stutz ein interessanter Reihen-8-Zylinder mit einer obenliegenden Nockenwelle und Doppelzündung heraus (2 Kerzen pro Zylinder), der mit 4,7 Liter Hubraum 92 PS bei 3200 Umdrehungen erzeugte. Der Wagen besaß bereits hydraulische Bremsen, eine zentrale Chassisschmierung und Sicherheitsglas. Die Firma nannte ihn den Sicherheits-Stutz, und man bekam beim Kauf eine kostenlose Insassenversicherung für 1 Jahr mit. 1927 erschien noch einmal ein rassiger Stutz Speedster mit einer vergrößerten Maschine mit 8 Zylindern, den man den Black Hawk nannte. Ein nur leicht modifizierter Black Hawk mit einer 4,9 -Liter-Maschine brachte es fertig, in Le Mans 1928 hinter dem siegreichen 4,4-Liter-Bentley auf den 2. Platz zu kommen. Diese Le-Mans-Wagen waren mit einem Kompressor und mit Vacuum-Servo-Bremsen ausgerüstet. 1931 gab es noch einmal einen Höhepunkt in der Stutz-Produktion - aber leider nicht im Stutz-Verkauf - mit dem Typ DV, was die Abkürzung für Dual Valve bedeutete. Es war ein Achtzylinder, der 4 Ventile pro Zylinder besaß, insgesamt also 32 und 2 obenliegende Nockenwellen: ein Wagen, für den 100 Meilen (161 km/h) garantiert wurden. Sicherlich war es ein Fehler, einen solchen Luxuswagen mitten in der Zeit der Depression zu konzipieren, und das führte dann auch zum Ende dieser damals so bekannten Firma.

Wasp

Unter dem Firmennamen Wasp baute die Martin Wasp Corporation in Bennington in Vermount von 1919 bis 1925 insgesamt nur 18 Automobile in der Preisklasse zwischen 5000 und 10 000 Dollar, was für die damalige Zeit natürlich enorm hoch erschien. Der Konstrukteur Karl H. Martin war vorher ein bekannter Karosseriedesigner gewesen. So ging er im Karosseriebau bei dem Wasp eigene Wege. Die berühmteste Karosserieform war ein sogenannter Rikscha, ein langgestreckter Vier- bis Fünfsitzer, der vorn völlig offen war und hinten ein halbaufklappbares Dach besaß, so wie eine Rikscha in Ostasien. Er besaß zunächst einen 4-Zylinder-, später einen Continental-6-Zylinder-Motor. Dieser Wasp war der einzige Wagen auf der Welt, der am Armaturenbrett eine wertvolle Medaille vom Heiligen Christophorus als Standardausrüstung besaß - selbst in den USA war damals der Christophorus der Schutzpatron der Kraftfahrer geworden.

Winton

Die Winton Motor Car Company in Cleveland Ohio baute Fahrzeuge von 1897 bis 1924 und gehört zu den ältesten Auto-Firmen in den USA. Alexander Winton fertigte zunächst Fahrräder, bis er 1897 einen 12-PS-2-Zylinder-Wagen im Versuch laufen ließ. Im folgenden Jahr begann eine Serienproduktion mit einem kleinen Einzylinder, den Winton um 1000 Dollar verkaufte. Als für das Jahr 1900 das erste Gordon-Bennett-Rennen ausgeschrieben wurde, machte sich Winton dafür stark, als amerikanischer Vertreter nach Europa zu kommen. Das Rennen fand am 14. Juni 1900 auf der Strecke Paris - Lyon über die Distanz von 556 Kilometern statt. Er hatte dafür einen riesigen 1-Zylinder-Motor mit 3,9 Liter Hubraum für einen Rennwagen gebaut, der aber bei diesem Wettbewerb keinerlei Eindruck machte, während der Franzose Charron mit einem Panhard et Levassor überlegen gewann. Alexander Winton, der selbst Rennen fuhr, hatte immer ganz eigene Ideen. Zum Gordon-Bennett-Rennen 1903, das in Irland stattfand, meldete er über den amerikanischen Automobilclub zwei Rennwagen, wovon der eine, den er selbst fuhr, 15,5 Liter Hubraum besaß und 8 Zylinder in Reihe. Möglicherweise war dieser Winton noch vor Dufaux der erste 8-Zylinder-Rennwagen, den es gegeben hatte. Da er über ein ungeheuer gutes Drehmoment verfügte, glaubte Winton mit einem Eingangetriebe auskommen zu können. Die amerikanischen Winton waren damals noch rot angestrichen, weil um diese Zeit noch nicht Italien, sondern Amerika die rote Rennfarbe zugestanden wurde. Winton nannte sein Fahrzeug Bullet. Es sah wirklich wie ein Geschoß aus, weil dieser 8-Zylinder-Motor in Reihe im Fahrzeug horizontal eingebaut war, so daß der Wagen sehr niedrig wirkte. Freilich hatte Winton mit seinem phänomenalen Auto keinerlei Erfolg. Er erschien zunächst, weil der Wagen nicht ansprang, zu spät zum Start, blieb dort stehen und konnte erst nach 40 Minuten in Gang gesetzt werden, als die anderen Fahrer schon ungefähr eine Runde zurückgelegt hatten. Und auch anschließend hatte er keinerlei Chance, mit den europäischen Fahrzeugen mithalten zu können. Als Winton 1909 einen großen Sechszylinder herausbrachte, der 4500 Dollar kostete und einen Hubraum von 9,7 Liter besaß, wurde dieser Wagen mit einer Druckluft-Startanlage offeriert; das erste Mal, daß ein Automobil nicht von Hand mit der Andrehkurbel angelassen werden mußte. 1911 benutzte man bei diesem großen Winton diese Druckluftflasche auch zum Aufpumpen der Reifen. 1924 beendete Winton seine Karriere als Automobilhersteller, weil ihm die Produktion von Schiffsmotoren, insbesondere von Schiffsdieseln, wesentlich lukrativer erschien.

Ford Eifel von 1937 als offener Zweisitzer

Ford in Deutschland

Am 2. Oktober 1930 wurde in Köln der Grundstein zu den Deutschen Ford-Werken gelegt. Henry Ford war dazu selbst nach Deutschland gekommen. In einer Meldung der Vossischen Zeitung aus Köln hieß es: »Bei dem Empfang im Rathaus, den die Stadt Köln dem amerikanischen Großindustriellen Ford bot, begrüßte Oberbürgermeister Konrad Adenauer den amerikanischen Gast mit einer Ansprache, in der er der festen Erwartung Ausdruck gab, daß der Optimismus Fords, den er durch den Bau der neuen Fabrik begründete, trotz der ernsten wirtschaftlichen und politischen Lage Deutschlands nicht getäuscht werde.«
Adenauer sprach dann in den folgenden Passagen noch im einzelnen über die wirtschaftliche Lage und die Schwierigkeiten, mit denen sich Deutschland damals auseinanderzusetzen hatte. Anstelle Fords, der die deutsche Sprache nicht beherrschte, antwortete Reichsminister a. D. Dr. Albert, Mitglied des Aufsichtsrats der deutschen Ford-Niederlassung. »Internationale Zusammenarbeit auf nationaler Grundlage sei die wichtigste und beste Grundlage für die internationale Verständigung und den internationalen Frieden. Für Ford als Geschäftsmann sei es ein feststehender Grundsatz, daß, je schneller und energischer gehandelt werde, um so schneller auch alle Schwierigkeiten überwunden würden. Ford denke über die Zukunft Deutschlands sehr optimistisch und sehe die augenblicklichen Schwierigkeiten in Deutschland als vorübergehend an, deshalb sei er auch an die Gründung des neuen großen Unternehmens in Köln herangegangen.« Soweit die Vossische Zeitung vom 2. Oktober 1930.
Anläßlich der Eröffnung des Werkes am 14. Juni 1931 veranstaltete Ford eine Europa-Zielfahrt nach Köln, wo der Teilnehmer mit der weitesten Anfahrtsstrecke (er war in Finnland gestartet) den Ehrenpreis der Stadt Köln erhielt. Insgesamt hatten 11 000 Kraftfahrzeuge aus allen Ländern Europas an dieser Sternfahrt teilgenommen, ein Rekord eigener Art. Die Kölner Bevölkerung stand zu Tausenden auf den Straßen. Um diese Zeit verließen die ersten Ford-Wagen diese deutschen Ford-Werke in Köln-Niehl. Es waren die original amerikanischen A-Modelle, zunächst in der Version mit 3,2 Liter Hubraum und 40 PS, ein seitengesteuerter Vierzylinder mit Dreiganggetriebe und Drahtspeichenrädern. 40 PS waren eine geringe Leistung für einen Motor mit 3285 ccm, aber er drehte auch nur 2200 Touren und war 1:4,3 verdichtet. Es war das amerikanische Prinzip: großvolumige Motoren mit einem sehr guten Drehmoment, ohne eine besonders hohe PS-Leistung. Die Reifengröße war 4.75×19, der Radstand betrug 2,63 m, die Spur 1,22 m, das Eigengewicht der Limousine, die es zweitürig vierfenstrig und viertürig sechsfenstrig gab, betrug 1075 kg, der Ford war also für seinen Hubraum relativ leicht. Er erreichte eine Spitze von 100 km/h und kostete damals 3750 Mark, ein außerordentlich günstiger Preis. Parallel dazu wurde ein kleineres Modell mit 2023 ccm entwickelt, das 28 PS bei 2200 Touren abgab. Dieses Modell wurde speziell für die europäischen Verhältnisse konzipiert, damit man in eine geringere Steuerklasse hineinkam.
Die Fordwerke in Köln waren aber um diese Zeit keineswegs ausgelastet, und 1932 kam die Produktion fast zum Stillstand, weil im Rahmen der Wirtschaftskrise speziell in Deutschland größere Fahrzeuge kaum noch abgesetzt werden konnten. Die Montagebänder wurden auf das B-Modell umgestellt, wobei dann der 3,3 Liter 50 PS und der 2 Liter 40 PS hatte. Man sah, daß es ohne die Entwicklung eines auf die europäischen Verhältnisse abgestimmten Kleinwagens nicht gehen konnte, und zusammen mit der englischen Ford Company wurde ein kleinerer Ford entwickelt, der 1932 debütierte. Er war mit einem 4-Zylinder-Reihenmotor aus-

Oben: Ford V8 Typ 18 von 1932/33 – Mitte: Ford Modell »A« von 1931 – Unten: Ford Taunus Standard 1939/40 und ab 1948

gestattet, mit seitlich gesteuerten Ventilen und 933 ccm leistete er 21 PS bei 3400 Touren. Dieser Wagen wurde Typ »Köln« genannt, was natürlich zu seiner Popularität beitrug. Das Dreiganggetriebe mit Kugelschaltung war angeblockt, der 2. und 3. Gang schon synchronisiert. Das Fahrgestell war noch mit Starrachsen und Halbelliptik-Querblattfedern ausgerüstet, hatte aber hydraulische Stoßdämpfer. Die Reifengröße betrug 4.50×17, der Radstand 2,29 m. Die Limousine wurde um 2250 Reichsmark verkauft, die Spitzengeschwindigkeit dieses kleinen Wagens betrug fast 90 km/h. Zu Anfang des Jahres 1933 kam dann zur Abrundung der Modellreihe nach oben der Ford V 8, der einen 8-Zylinder-Motor besaß, Zylinderwinkel 90 Grad, seitengesteuert, 3618 ccm, und zunächst eine Leistung von 65 PS, später von 75 und ab 1935 von 90 PS hatte. Im Jahr 1933 erschien der Ford Typ »Rheinland« mit dem 3,3-Liter-50-PS-Motor, 1935 kam der Typ »Eifel« hinzu mit 1,2 Liter und 34 PS bei 4250 Umdrehungen – ein Wagen, der in Deutschland sehr populär wurde, ehe er 1939, kurz vor Ausbruch des Krieges, von jenem Typ abgelöst wurde, der nach dem Krieg zu großen Verkaufserfolgen kam, dem Typ »Taunus«, der ebenfalls am Anfang den 1,2-Liter-Motor mit 34 PS hatte, aber eine Halbpontonform mit eingebauten Scheinwerfern in den Vorderkotflügeln.

Nach der Krise des Jahres 1932 stieg im folgenden Jahr die Produktion bei Ford in Köln auf rund 5000 Fahrzeuge, ein Jahr später waren es bereits 10 000, und 1935 war man sozusagen über dem Berg, als man 13 000 Autos baute.

Unmittelbar nach dem Krieg beschäftigte man sich zunächst mit der Überholung von Motoren und stellte einige Lastwagen her. Am 1. Oktober 1948, 3½ Monate nach der Währungsreform, rollte in Köln wieder ein Personenwagen vom Fließband, der sogenannte »Buckeltaunus«, wie man ihn wegen seiner Heckpartie nannte. In einigen Punkten war er modifiziert gegenüber der Vorkriegsausführung und wurde zum Preis von 6965,– DM angeboten.

Le Mans 1929. Vorn ein Chenard et Walcker, an dessen Karosserie man schon Ansätze zur Pontonform erkennt

Die 24 Stunden von Le Mans

Daß die berühmten 24 Stunden von Le Mans am Rande dieser französischen Provinzstadt stattfinden, ist kein Zufall. 1906 wurde der Automobilclub de la Sarthe in Le Mans gegründet, und in diesem Jahr fand der erste Große Preis von Frankreich in der Nähe von Le Mans statt. Zwei Jahre später kamen die Gebrüder Wright mit ihren »Aeroplanen« nach Le Mans und führten dort die ersten Flüge in Europa vor.

1921 war Le Mans wiederum der Schauplatz des französischen Grand Prix. Diese frühen Rennen freilich hatten mit dem Rundkurs, auf dem heute sich die 24 Stunden abspielen, noch nichts zu tun. Der Initiator dieses Rennens war der französische Fachjournalist Charles Faroux, der dann auch viele Jahre lang der Rennleiter dieser 24 Stunden wurde. Der Automobilclub von Le Mans erhielt das Geld für dieses erste 24-Stunden-Rennen von einem Herrn Coquille, der die Rudge-Räder nach Frankreich eingeführt hatte und dabei viel Geld verdienen konnte. Er offerierte dem Automobilclub 100 000 Francs, womit vom 26. bis 27. Mai 1923 das erste 24-Stunden-Rennen gestartet wurde. Es waren diese 24 Stunden für die damalige Zeit etwas völlig Neues: Es waren nur Tourenwagen zugelassen, die aus der Serienproduktion kamen, wobei alle Fahrzeuge über 1100 ccm Hubraum noch

Ein 3-Liter-Bentley von 1925 bei einer Veteranenfahrt

vier volle Sitze haben mußten, nur die kleinen durften sich mit zwei Sitzen begnügen. Es waren also damals keine Sportwagen oder Prototypen erlaubt. Außerdem waren 24 Stunden für die damalige Zeit etwas Überraschendes, weil man auf diese Weise auch die Beleuchtung der Tourenwagen prüfen konnte und weil sich das alles nicht auf einer Rennbahn abspielte, sondern auf normalen Landstraßen außerhalb von Le Mans. Der erste Kurs, auf dem diese 24 Stunden gefahren wurden, hatte zwar insofern eine gewisse Ähnlichkeit mit dem heutigen, als die schnelle 5,5 Kilometer lange Mulsanne-Gerade benutzt wurde, dann die scharfe Rechtskurve und die gesamte Strecke bis zum heutigen Start und Ziel. Anschließend aber führte der damalige Kurs bis mitten in die Stadt Le Mans hinein, wo es von einer Spitzkehre aus wieder durch einen Vorort hindurch auf die heutige Strecke zurückging. Die Gesamtlänge einer Runde betrug damals 17,492 Kilometer. Die Straße war viel schmäler als heute, hatte einen Macadam-Belag, der bei trockenem Wetter ziemlich staubig war, und rechts und links standen noch überall Bäume. Über das Thema Sicherheit wurde noch nicht gesprochen. Bei diesem ersten Rennen gab es auch noch keinen sogenannten Le-Mans-Start, sondern die Fahrzeuge waren in Zweierreihen auf der Straße aufgereiht. Zu diesen ersten 24 Stunden erschienen 33 Fahrzeuge am Start, die von 17 Herstellern oder Vertretern gemeldet worden waren: von 15 französischen, einem belgischen und einem britischen. Die belgische Firma, die sich beteiligte, war Excelsior, die englische Bentley. Weil man schon damals die Befürchtung hatte, daß die Zuschauer nicht 24 Stunden lang einem doch relativ eintönigen Rennen zuschauen können, arrangierte man in einem kleinen »Village« innerhalb des Kurses Feuerwerke, ein Kino, es spielte eine Jazzkapelle, und viele Stände waren aufgestellt, wo man essen und trinken konnte. Man hat also eigentlich schon 1923 bei diesem ersten 24-Stunden-Rennen den Grundstein für das gelegt, was heute Le Mans auf der Innenseite des Kurses bietet und was man meistens vergißt, wenn man die Rennberichte liest. Es ist ein Volksfest mit einem großen Raum für Vergnügungen, wo es Karussells und Schießbuden gibt, Nachtclubs und Musik, wo aber auch in den frühen Morgenstunden Pfarrer Gottesdienste abhalten. Die 24 Stunden von Le Mans sind schon immer das größte Spektakulum in der Renngeschichte gewesen.

Das erstaunlichste an diesen ersten 24 Stunden von Le Mans war, daß von 33 gestarteten Wagen 30 ans Ziel kamen, was nie wieder nachher passieren sollte, vor allen Dingen deshalb, weil die Wagen immer höher gezüchtet wurden, während man bei diesem ersten Rennen noch ziemlich normale Tourenwagen am Start sah. Um so respektabler der Durchschnitt, der damals für die 24 Stunden gefahren wurde, nämlich 92,06 km/h. Der Sieger war ein französischer 3-Liter-Chenard et Walcker, und auch den 2. Platz belegte ein französischer Wagen dieser Marke. Der letzte, 30., der nach den 24 Stunden durchs Ziel fuhr – ein französischer 1,1-Liter-Sara –, erreichte einen Gesamtdurchschnitt von 41 km/h. Immerhin erreichte der Bentley in seiner schnellsten Runde einen Durchschnitt von 107,8 km/h. Die Engländer fanden viel eher als die Italiener und die Deutschen Gefallen an diesem 24-Stunden-Rennen, und die großen Bentley waren ja auch als viersitzige sportliche Tourenwagen für eine solche Prüfung prädestiniert. Es gewannen 1924 und dann 1927 bis 1930 ununterbrochen Bentley dieses große Rennen.

1924 gab es noch im Reglement eine Bestimmung, die typisch für die Idee war, daß hier Tourenwagen fahren sollten: Die ersten zwei Runden mußten jeweils mit geschlossenem Dach gefahren werden, dann mußten alle Wettbewerber stoppen und das Dach herunterklappen, zum Zeichen, daß es auch funktionierte. Brennstoff, Öl und Wasser durften nur im Abstand von 20 Runden aufgenommen werden, und alle Arbeiten am Auto sollte nur der Fahrer selbst durchführen. Der sogenannte Le-Mans-Start, der später so berühmt und für viele Langstreckenrennen übernommen wurde, den hat man erst 1925 erfunden. Er war damals sehr sinnvoll, die Wagen wurden vor den Boxen geparkt, gegenüber auf der Straße standen die Fahrer, auf das Startsignal hin mußten sie zu ihrem Wagen hinüberlaufen und diesen anlassen. Außerdem war 1925 noch vorgeschrieben, daß die Fahrer das Verdeck erst aufrichten mußten und dann losfahren durften. Sinnvoll war das deshalb, weil man das Anspringen der Tourenwagen im Jahre 1925 als ein echtes Kriterium ansehen durfte. 1925 und 1926 gab es französische Siege durch die Marke Lorraine. Die erste Rundstrecke, die ja mitten nach Le Mans hineinführte, wurde bis 1928 beibehalten, dann verkürzte man sie auf 16,34 Kilometer einfach dadurch, daß man etwas früher in Le Mans rechts abbog, nur noch die Vororte benutzte und dann wieder auf die eigentliche Rennstrecke zurückkam.

Das Jahr 1926 brachte insofern eine Neuigkeit im Reglement, als der sogenannte »indice de performance« eingeführt wurde, den es ja heute noch in Le Mans gibt und der im Prinzip nicht verändert wurde: Eine Indexwertung wurde eingeführt, damit auch die kleinen Wagen eine Chance haben, nicht nur in ihrer Klasse zu gewinnen (was meistens viel zu wenig gewürdigt wird), sondern auch im Gesamtklassement einen beachteten Platz belegen können. Für jede Klasse und jeden Hubraum wird eine Mindestkilometerleistung festgelegt, die ein Auto in diesen 24 Stunden zurücklegen muß. Der Prozentsatz, den es mehr zurücklegt als diese vorgeschriebene Mindestdistanz, ergibt die Wertung im Index. Es kann also sein, daß ein kleiner 1,1-Liter-Wagen seine Index-Grundzahl mehr überschreitet, als ein großer Wagen mit 3 oder 4 Liter Hubraum. Die Indexbasis wird von Jahr zu Jahr vom Veranstalter für die einzelnen Fahrzeuge respektive Zylinderinhalte festgelegt. Diesen Index zu gewinnen, wurde eine sehr begehrenswerte Sache, weil man ihn genauso hoch dotierte wie den Gewinn des Gesamtklassements nach der Distanz. Die 24 Stunden von Le Mans blieben lange ein Rennen für Tourenwagen. 1930 erhöhte man den Hubraum für die Zweisitzer auf 1,5 Liter, die größeren Fahrzeuge mußten immer noch mit vier Sitzen ausgestattet sein. Erst 1937 verlangte man nicht mehr als »ein Minimum von zwei komfortablen Sitzen, Türen sind nicht vorgeschrieben«. Aber man mußte noch lange Zeit einen Ballast, der dem Gewicht eines Beifahrers entsprach, mitführen. Erst 1949 durften auch Prototypen starten, bei denen keine Serienproduktion nachgewiesen werden mußte. 1932, als das Rennen zum zehnten Mal lief, verkürzte man die Rundstrecke auf 13,492 Kilometer, und damit nahm sie die Form an, die, von kleinen Änderungen abgesehen, bis heute beibehalten wurde.

Die 24 Stunden von Le Mans sind von 1923 bis 1973 ständig gefahren worden, ausgenommen das Jahr 1936, wo der Große Preis von Frankreich für Sportwagen stattfand und man eine

Oben: Start in Le Mans 1952, vorn die siegreichen Mercedes 300 SL. – Unten: Nach dem Start 1951, ganz vorn ein 2-Liter-Ferrari, dann ein Renault 4 CV, als 5. Wagen der Porsche-1100-ccm bei seinem ersten Einsatz in Le Mans

zu große Konkurrenz für die 24 Stunden von Le Mans sah, und ausgenommen die Kriegs- und Nachkriegsjahre von 1940 bis 1948. So ist im Jahre 1973 das 24-Stunden-Rennen von Le Mans zum 41. Mal ausgetragen worden. Bei diesen 41 Rennen haben sich nur zweimal deutsche Fahrer in die Siegerliste eintragen können: 1952 waren es Hermann Lang und Fritz Riess, die mit einem Mercedes 300 SL das Gesamtklassement gewinnen konnten, 1970 war es Hans Herrmann, der mit seinem englischen Partner Dick Attwood auf einem Porsche 917 in Le Mans die 24 Stunden gewonnen hat. Man müßte eigentlich noch dazusetzen, 1965 war es Jochen Rindt, der zusammen mit dem Amerikaner Gregory auf Ferrari die 24 Stunden gewinnen konnte. Rindt war deutscher Staatsbürger, aber das zählt bei den Rennen nicht, wenn ein Fahrer mit einer ausländischen Lizenz fährt, und Rindt fuhr stets mit österreichischer Lizenz, weil er in Österreich aufgewachsen war und in Österreich lebte. Deutsche Fahrzeuge haben dreimal in Le Mans gewinnen können : 1952, wie schon gesagt, der Mercedes 300 SL, und dann haben 1970 und 1971 die Porsche Sportwagen vom Typ 917 das Gesamtklassement für sich entschieden. Man muß dazu allerdings sagen, daß sich in den ersten Jahren dieser 24 Stunden noch keine deutsche Firma in Le Mans beteiligt hat. Erst 1930 kam zum ersten Mal ein Mercedes SSK unter Caracciola und Christian Werner zu diesen 24 Stunden, wo sie einen harten Kampf gegen die Bentley lieferten, bis in der Nacht ein Schaden an der Lichtmaschine eintrat.

Porsche hat in Le Mans mehr als 20 Jahre lang eine ganz besondere Rolle gespielt: 1951 war der erste Werkseinsatz, den es für diese junge Zuffenhausener Firma gab, die 24 Stunden von Le Mans. Daß Porsche als erste deutsche Firma nach dem Krieg wieder eingeladen wurde, in Le Mans zu fahren, hat einen tieferen Grund: Der französische Journalist Charles Faroux, der Leiter dieses Rennens, war mit dem alten Professor Porsche gut bekannt gewesen; durch seine Vermittlung war es gelungen, daß die Ende der 40er Jahre noch in Gmünd in Kärnten ansässige Firma Porsche die Kaution in Frankreich hinterlegen konnte, die notwendig war, um den unschuldig in Dijon inhaftierten Professor Porsche wieder zurück in seine Heimat bringen zu können. Porsche selbst hat noch die Einladung und die Vorbereitung für dieses 24-Stunden-Rennen von Le Mans im Jahr 1951 erlebt, aber ist ja dann selbst nicht mehr Zeuge dieses Einsatzes gewesen, denn er starb am 30. Januar 1951. Eigentlich sollten 1951 zwei Porsche in Le Mans fahren, aber einer verunglückte schon im Training, so daß nur ein einziger Wagen an den Start kam, von zwei französischen Piloten gefahren. Es war eines der Leichtmetall-Coupés aus der Gmünder Serie vom Typ 356, ausgerüstet mit einem im Grunde frisierten VW-Motor von 1098 ccm und nur 44 PS. Dank einer aerodynamischen Korrektur war dieses Coupé über 160 km/h schnell, und es gelang ihm, die 1100er Klasse zu gewinnen. Von da an hat sich Porsche an allen 24-Stunden-Rennen beteiligt. Am Anfang hatten natürlich die kleinen Wagen aus Zuffenhausen, die nur 1,1- und 1,5-Liter-Motoren besaßen, keine Chancen, in den Wettbewerb ums Gesamtklassement einzugreifen, aber es gab fast bei jedem Rennen einen oder sogar zwei hervorragende Plätze, und 1955 wurde die Mannschaft von Frankenberg/Polensky mit dem 1,5-Liter-Porsche-Spyder sogar Sieger der Index-Wertung.

Erst am Ende der 60er Jahre baute Porsche in seine Rennsportwagen Motoren ein, die es erlaubten, gegen die Ferrari, die Ford und die Alfa auch im Gesamtklassement den Kampf aufzunehmen, und 1969, als Porsche sowohl mit dem neuen Typ 917 mit 4,5-Liter-Motor als auch mit dem 908, der einen 3-Liter-8-Zylinder besaß, in Le Mans auftauchte, waren zum ersten Mal die Chancen für Porsche sehr günstig. Bis zur 22. von den 24 Stunden lag auch ein solcher 917 Porsche, gefahren von Vic Elford und Dick Attwood, an der Spitze, wobei Vic Elford die schnellste Runde in 3:27.2 Minuten fuhr, was dem phantastischen Durchschnitt von 234,01 km/h entsprach. Aber dann machte zwei Stunden vor Schluß die Kupplung dieses Wagens nicht mehr mit, und es gab in den letzten beiden Stunden einen Zweikampf zwischen dem Ford GT 40 (4,7 Liter), gefahren von Jacky Ickx und Jackie Oliver, und dem Porsche 908, den Hans Herrmann und der Franzose Gerard Larrousse pilotierten. Was man in Le Mans bei diesem 24-Stunden-Rennen, bei dem es in den letzten Stunden im allgemeinen nicht mehr sehr spannend zugeht, noch nie erlebt hatte: in diesen letzten zwei Stunden war es ein Kampf wie bei einem Grand Prix, ein Kampf, bei dem mehrfach in jeder Runde die Führung wechselte. Hans Herrmann hat bei einem Tankstopp das Pech gehabt, daß die zentrale Befüllungsanlage, aus der alle Fahrzeuge in Le Mans ihren Kraftstoff tanken müssen, nicht funktionierte, und es dauerte viele Minuten, bis man den Brennstoff in richtiger Dosierung in den Tank gebracht hatte. Dadurch war der Wagen zurückgefallen. In der Aufholjagd hatte er wohl seinen Motor etwas zu sehr strapaziert, so daß er auf der Geraden jetzt 300 Touren weniger als am Anfang drehte. Er hätte diesem Ford GT 40 eigentlich wegfahren müssen, konnte dies aber dann wegen der schwächer gewordenen Motorleistung nicht mehr. Er riskierte es auch, die Bremsbeläge nicht mehr zu wechseln, was er eigentlich in der letzten Phase des Rennens hätte tun müssen. Jacky Ickx mit dem Ford GT 40 gewann diese 24 Stunden von Le Mans 1969 dann mit dem knappsten Ergebnis, das es je bei solchen 24 Stunden gegeben hat: Er legte 4.998,00 Kilometer zurück, der Porsche 4.997,88 – die Differenz betrug am Ziel knapp 120 Meter. Der Gesamtdurchschnitt des Siegers lag bei 208,25 km/h. Daß in Le Mans wie bei keinem anderen Rennen der alte Spruch gilt, daß erst am Ziel zusammengezählt wird, zeigten die 24 Stunden des Jahres 1970, wo Herrmann und Attwood mit dem Porsche 4,5-Liter gewannen. Sie lagen nach der ersten Stunde auf dem 9. Platz, nach der zweiten Stunde in der 7. Position, nach der dritten in der 6., in der siebten Stunde waren sie auf Platz 5 vorgerückt. In der achten und neunten Stunde nahmen sie dann den 3. Platz ein, in der zehnten Stunde waren sie an 2. Stelle, und erst von der elften Stunde dieses 24-Stunden-Rennens an hielten sie die Spitze. Das Rennen von Le Mans findet seit 1924 immer Mitte Juni statt, also zur Zeit der längsten Tage und der kürzesten Nächte. Es gibt indessen kaum ein Rennen, bei dem es nicht irgendwann einmal regnet, und gelegentlich sind auch Nebelbänke die ärgsten Feinde der Fahrer. Weil relativ viele Fahrzeuge starten (die Starterzahl ist auf 55 begrenzt) und die einzelnen Fahrzeuge so unterschiedliche Leistungen haben (Unterschiede in der Spitzengeschwindigkeit von 100 bis 120 km/h sind üblich, weil sich ja auch die kleineren Gran-Turismo-Wagen beteiligen dürfen), fahren die Grand-Prix-Piloten, die in der Formel 1 manches riskieren, hier sehr ungern. Besonders das nächtliche Fahren in einem

Le Mans 24 Stunden heißt: Auch in der Dämmerung und in der Nacht und bei Regen voll fahren (Porsche 917, der Sieger von 1970 mit Herrmann/Attwood in der Schikane vor Start und Ziel).

so dichten und von unterschiedlichen Motorleistungen bestimmten Feld bringt doch gewisse Gefahren mit sich. Trotzdem hat sich die Zahl der Unfälle in der Relation zu den anderen Rennstrecken durchaus in Grenzen gehalten – abgesehen von dem tragischen Ereignis des Jahres 1955, das durch eine Verkettung unglücklichster Umstände entstand: Der Mercedes 300 SLR des Franzosen Levegh berührte, als er einem querstehenden Wagen ausweichen wollte, so unglücklich den seitlichen Faschinenwall, der die Rennstrecke von den Zuschauern trennt, daß beim Aufbäumen des Wagens der komplette Motor herausgerissen wurde und nun wie eine Sense über die dicht gedrängten Zuschauer dahinraste. So gab es 81 Tote. Im allgemeinen gilt aber gerade die Sicherung der Zuschauer in Le Mans als vorbildlich, und es hat sich nach 1955 auch nie wieder ein ähnliches Ereignis abgespielt.

Die Durchschnitte wuchsen natürlich immer weiter an, und 1967 kam der große 7-Liter-Ford-Sportwagen mit den Amerikanern Gurney und Foyt auf einen Gesamtdurchschitt von 218,03 km/h. Dann bekam die Strecke vor der eigentlichen Zielgeraden vor den Boxen eine Schikane, wo die Fahrzeuge auf 80 bis 90 km/h herunterbremsen mußten, damit sie nicht mit »full speed« an den Boxen vorbeifahren konnten. Dies vergrößerte natürlich die Rundenzeiten. Trotzdem gelang es 1971 dem österreichischen Doktor Marko und dem Holländer Gijs van Lennep, mit einem 4,9-Liter-Porsche vom Typ 917 den Rekord für die Distanz auf 5335 Kilometer zu schrauben, was 222,3 Durchschnitt entspricht. Nun aber wurde die Strecke auf den letzten Kilometern vor Start und Ziel noch einmal gründlich verändert und eine Reihe von langsamen Kurven eingefügt, die die Geschwindigkeit noch einmal wesentlich herabsetzten. Deshalb sind die heutigen Geschwindigkeiten in Le Mans, die seit 1972 gefahren werden, nicht mehr ganz mit den früheren zu vergleichen. Auf diesem neuen Kurs, der nunmehr 13,640 Kilometer mißt, gewann 1972 der Matra-3-Liter-Sportwagen mit dem Franzosen Henri Pescarolo und dem Engländer Graham Hill. Es war dies nach 22 Jahren erstmals wieder ein französischer Sieg – 1950 hatten Rosier, Vater und Sohn, mit einem 4,5-Liter-Talbot zum letzten Mal Blau-Weiß-Rot am Fahnenmast aufsteigen lassen, und 1973 konnte Matra diesen Sieg noch einmal gegen die Ferrari wiederholen. Vom Le-Mans-Start im überlieferten Stil, bei dem die Fahrer noch über die Strecke laufen müssen, um dann zu versuchen, ihre Motoren möglichst schnell anspringen zu lassen, ist man inzwischen abgekommen: Man beginnt nach einer Einführungsrunde mit einem Indianapolis-Start. Auch die 24 Stunden von Le Mans können nur existieren, wenn sie sich den modernen Forderungen der Techniker, der Sicherheitsingenieure und der Fahrer anpassen.

Der Sieger beim ersten Großen Preis von Deutschland 1926 auf der Avus: Rudolf Caracciola auf Mercedes

Der Große Preis von Deutschland

Das erste Rennen, das offiziell den Namen »Großer Preis von Deutschland« trug, fand am 11. Juli 1926 auf der Avus statt. Doch hat unser Grand Prix eine Vorgeschichte, die bis ins Jahr 1906 zurückreicht.

Bekanntlich hatte der Automobilclub von Frankreich 1906 zum ersten Mal ein Rennen ausgeschrieben, das die Bezeichnung »Grand Prix« führte. Angesichts des starken Einflusses der Rennen auf den Verkauf von Automobilen wollten Industrie und Kaiserlicher Automobilclub, daß man auch in Deutschland große internationale Rennen veranstaltet, und im Januar 1906 war man sich einig geworden, ein solches Rennen für das Jahr 1907 auszuschreiben und die Industrie zu animieren, dort mit konkurrenzfähigen Wagen zu starten.

Dazu brauchte man eine gewisse Protektion des Kaiserhauses, und schon am 1. Februar 1906 überbrachte Prinz Heinrich von Preußen bei einem Festessen, das aus Anlaß der Berliner Automobilausstellung stattfand, die Nachricht, der Kaiser habe das Protektorat über dieses Rennen übernommen und einen wertvollen Ehrenpreis gestiftet.

Es bedurfte langer Vorbereitungen dafür, und der Termin wurde auf den 14. Juni 1907 festgelegt. Als Strecke wählte man eine Rundstrecke im Taunus, weil hier drei Jahre vorher schon einmal ein großes Rennen ausgetragen worden war, das »Gordon-Bennett-Rennen«.

Man hätte nun ohne weiteres dieses Rennen des Jahres 1907 »Großer Preis von Deutschland« nennen können, parallel zum »Grand Prix de l'Automobile Club de France«, aber man tat es nicht, um dem Kaiser eine besondere Reverenz zu erweisen und um sich dafür zu bedanken, daß er das Protektorat übernommen und sein Erscheinen zugesichert hatte (was natürlich für die Popularität sehr wichtig war). Deshalb nannte man dieses Rennen den »Kaiserpreis«.

Gewonnen hat ihn an jenem 14. Juni 1907 der Italiener Nazzaro auf einem Fiat vor dem Belgier Hautvast auf einem (belgischen) Pipe. Damals war man viel nationalistischer eingestellt als heute (vaterländischer sagte man um diese Zeit), und der Kaiser war fortan nicht mehr bereit, Kaiserpreise möglicherweise einem Ausländer übergeben zu müssen. So gab es vor dem ersten Weltkrieg kein ähnliches Rennen mehr in Deutschland.

Und die Firmen Daimler und Benz, die im Sport besonders aktiv waren, mußten sich das Feld für ihre Erfolge im Ausland suchen; – wie man weiß, gewann Christian Lautenschlager auf einem Mercedes 1908 und 1914 den damals im Mittelpunkt des Interesses stehenden Grand Prix de l'Automobile Club de France.

Nach dem Krieg lebte in Deutschland die automobilsportliche Aktivität sehr schnell wieder auf. Die schon vor 1914 geplante und begonnene Avus, die »Automobil-Verkehrs- und Übungsstraße«, war 1921 mit einem nationalen Rennen eröffnet worden, und nun beschloß der Automobilclub von Deutschland für 1923 auf der Avus ein Rennen auszuschreiben, das den Titel »Großer Preis von Deutschland« tragen sollte. Für das gleiche Jahr hatte Spanien seinen ersten Grand Prix angemeldet, in Italien war schon 1921 der erste »Große Preis von Italien« in Brescia gelaufen, noch nicht in Monza.

Für diesen ersten Großen Preis von Deutschland hatten schon zahlreiche Firmen gemeldet, nicht nur Daimler, Benz, Opel und NAG, sondern auch Fiat, und man wollte den immer noch aktiven Felice Nazzaro und dazu Pietro Bordino nach Berlin schicken. Aber die wirtschaftlichen und politischen Gegebenheiten ließen es nicht zu, dieses Rennen durchzuführen. Wir dürfen nicht vergessen, daß im Januar 1923 die Franzosen die Ruhr besetzten, daß es zu vielen Ausschreitungen kam, daß Hitler zum ersten Mal seine SA marschieren ließ und daß vor allem die Inflation ihren Höhepunkt erreichte.

1925 organisierte dann der AvD unter etwas günstigeren wirtschaftlichen Umständen das erste größere internationale Rennen in Deutschland, das man gelegentlich zwar als Großer Preis bezeichnet hat, das aber nicht offiziell diesen Titel trug: Diesmal nicht auf der Avus, sondern im Taunus, genau dort, wo einst das Gordon-Bennett-Rennen und der Kaiserpreis stattgefunden hatten. Die internationale Resonanz war noch nicht sehr groß, im Rennen selbst fielen die meisten großen und schnellen Wagen aus, und es gab einen Überraschungssieg von August Momberger auf einem NSU-Rennwagen, der einen Kompressormotor von nur 1,3 Liter Inhalt besaß.

Dann endlich war es 1926 soweit, daß man auf der Avus einen vom internationalen Verband anerkannten »Großen Preis von Deutschland« starten konnte. Das Rennen war über 20 Runden ausgeschrieben, was einer Gesamtdistanz von 392,2 Kilometer entsprach: Die damalige Avus wurde ja noch in ihrer ganzen ursprünglichen Länge gefahren: Eine Runde war 19,8 Kilometer lang.

Um einen Anreiz für zahlreiche Beteiligung zu geben, schrieb man drei Klassen aus, die miteinander gestartet werden sollten: bis 1500 ccm, bis 2000 ccm und bis 3000 ccm. Und prompt kamen auf diese Weise 46 Meldungen, obwohl es mit dem Wort »international« noch nicht soweit her war. Unter den 46 Nennungen kamen zwei aus Italien: Minoia mit seinem 1,5-Liter-OM-Grand-Prix-Wagen (OM war damals eine sehr bekannte Firma: Die erste Mille Miglia im Jahr 1927 wurde von drei OM-Wagen gewonnen) und Platé mit einem Chiribiri, dazu zwei aus Frankreich: Chassagne auf Talbot und Clause auf Bignan, außerdem fuhr Urban-Emmerich aus der Tschechoslowakei noch einen Talbot. Alle übrigen Teilnehmer kämpften unter deutscher Flagge.

Dieser erste Große Preis von Deutschland verlief sehr dramatisch. Beim Start und in den ersten Runden war die Strecke noch trocken, dann fing es an zu regnen, und es gab deshalb eine Reihe von Unfällen.

Adolf Rosenberger aus Pforzheim, einer unserer besten Privatfahrer, der mit dem gleichen 2-Liter-8-Zylinder-Kompressor von Mercedes erschienen war wie Rudolf Caracciola, geriet bei einem Überholvorgang kurz vor der Nordkurve ins Schleudern, der außer Kontrolle geratene Wagen durchbohrte ein kleines Zeitnehmer-Häuschen am Rande der Strecke und tötete alle drei Funktionäre, zwei davon junge Studenten, die sich freiwillig zur Verfügung gestellt hatten. Rosenbergers Beifahrer war schwer, Rosenberger selbst nur leicht verletzt. Auch Urban-Emmerich hatte mit seinem Talbot einen Unfall, wobei er über den Grünstreifen auf die andere Fahrbahn kam, aber Gottseidank um Haaresbreite zwei Wagen dort verfehlte; er konnte anschließend das Rennen fortsetzen.

Um diese Zeit war es noch Vorschrift, daß man auch in einem Rennwagen mit einem Beifahrer starten mußte – Relikt aus einer Zeit, in der man ohne einen Mechaniker niemals über die Runden gekommen wäre, weil es an den Fahrzeugen so viele mechanische Defekte gab. Folglich waren die Rennwagen auch alle noch zweisitzig.

Caracciola gewann das Rennen nach 2:54:17,8 mit einem Durchschnitt von 135,1 km/h – was niedrig erscheint, wenn man sich an die beiden fast 9 Kilometer langen Geraden der alten Avus erinnert und bedenkt, daß die schnellste Runde dieses Rennens im Anfang von Minoia auf OM mit 161,2 km/h Durchschnitt gefahren wurde – aber bei dem strömenden Regen war die Avus spiegelglatt geworden, und es war, wie die Unfälle zeigen, äußerste Vorsicht geboten.

Nach diesem Sieg Caracciolas sprach man zum ersten Mal vom »Regenmeister«. Caracciola verstand es mit großem Feingefühl, die PS seines Kompressorwagens auf die Straße zu bringen. Zweiter in der Gesamtwertung, mit mehr als drei Minuten Abstand, wurde der Sieger der 3-Liter-Klasse, Riecken auf NAG, auf dem 5. Platz finden wir bereits den Sieger der 1,5-Liter-Klasse, den NSU-Fahrer Klöble mit dem Kompressor-NSU. In der kleinen Klasse war der NSU-Triumph perfekt: Vier Wagen erschienen auf den vier ersten Rängen.

Der Kompressor war damals bei Renn- und Sportwagen noch ohne jede Einschränkung zugelassen, und wir werden in den folgenden Jahren ständig Kompressorwagen als Sieger des Großen Preises von Deutschland sehen. Es waren die zweite Hälfte der 20er und die ganzen 30er Jahre die Ära der Kompressor-Rennwagen, deren singendes, infernalisch laut tönendes Geräusch und deren hohe Fahrleistung die Zuschauer vielleicht mehr als alles andere faszinierten und dem Rennsport viel Popularität verschaffte.

Insofern ist der Sieg des Mercedes-Kompressorwagens 1926 unter Caracciola ein guter und auch auf der Seite der Technik wegweisender Auftakt gewesen. Mercedes hatte ja schon 1924 mit einem 2-Liter-Kompressorwagen die Targa Florio gewonnen, doch war dies noch der Vierzylinder gewesen. Der Siegerwagen von der Avus war der unter der technischen Leitung von Ferdinand Porsche neu entwickelte Achtzylinder mit 160 PS – eine Literleistung von 80 PS war damals nur mit Kompressor möglich.

Warum man 1927 den Großen Preis von Deutschland nicht mehr auf der Avus, austrug, obwohl so viele Besucher gekommen waren, ist im wesentlichen durch zwei Dinge zu erklären: Erstens, in der Eifel war 1925 bis 1927 eine völlig neue Rennstrecke gebaut worden, mit Absicht in einem Not-

standsgebiet, um den Menschen dort Arbeit zu geben. Diese neue Strecke sollte benutzt werden, man wollte dieser Landschaft neue wirtschaftliche Impulse bringen. Zweitens: Diese ungemein kurvenreiche Strecke war für die Fahrer natürlich viel interessanter als die zwei langen Avus-Geraden, und man hatte ja gesehen, wie gefährlich die Avus bei Regen werden konnte. Am Nürburgring konnte man nicht so schnell fahren.
So war es eigentlich ganz logisch, daß man den Großen Preis von 1927 auf den Nürburgring legte, der am 18. Juni eingeweiht worden war. Daß man dabei an einen deutschen Erfolg dachte, war ebenfalls logisch, und so schrieb man dieses Rennen nicht für Rennwagen aus, sondern für Sportwagen und wiederum in drei Klassen.
Lassen Sie uns, ehe wir in der Geschichte dieses Großen Preises von Deutschland weitergehen, ein paar statistische Angaben machen, mit denen wir fast fünfzig Jahre europäischer Renngeschichte überblicken.
Der Große Preis von Deutschland wurde 1940 bis 1949 nicht ausgefahren, auch 1930 und 1933 nicht – zu jener Zeit wegen der wirtschaftlichen Notlage. 1955 fand er ebenfalls nicht statt: Der Grund hierfür war das Unglück von Le Mans gewesen, das viele Veranstalter in die Furcht versetzte, es könnte am Ende auch auf der eigenen Strecke so etwas passieren, was einige begrüßenswerte Sicherheitsmaßnahmen auslöste.
Bis 1973 gab es 35 Große Preise von Deutschland. Von diesen 35 Rennen fanden 32 auf dem Nürburgring statt, zwei wurden auf der Avus gefahren (der erste, 1926, und der von 1959), einer auf dem Hockenheimring (1970, als die Fahrer sich weigerten, auf dem Nürburgring zu starten, ehe nicht gewisse zusätzliche Streckensicherungen durchgeführt waren).
Bei dem Wort Nürburgring muß man freilich differenzieren. Wir alle wissen, daß der Nürburgring aus einer 22,8 Kilometer langen Nordschleife und einer Südschleife besteht, die allein gefahren werden (Streckenlänge dann 7,74 Kilometer) oder die man mit der Nordschleife kombinieren kann, was eine Gesamtlänge von 28,27 Kilometer ergibt. 1927 bis 1929 ist stets die Gesamtstrecke gefahren worden, dann fand man, daß es doch zu lange dauert, bis die Zuschauer die Wagen wieder zu Gesicht bekommen, und fuhr ab 1931 die Großen Preise nur auf der Nordschleife, auf der »klassischen« Strecke. Eine Ausnahme bildete das Jahr 1960, weil man damals den Großen Preis nicht für die Formel 1, sondern für die Formel 2 ausschrieb und nur auf der Südschleife abrollen ließ.
Rudolf Caracciola hat es fertiggebracht, den Großen Preis von Deutschland insgesamt sechsmal zu gewinnen, wobei er einmal (1928) sich bei seiner Siegesfahrt mit einem anderen Fahrer (Christian Werner) ablöste, ein wirklich unvergleichlicher Rekord.
Allerdings hat Caracciola eines nie geschafft: Das, was man in England den »hat trick« nennt, das dreimalige Gewinnen in ununterbrochener Reihenfolge. Es gibt indessen zwei weltberühmte Piloten, denen das gelungen ist: Zunächst gewann der italienische Meisterfahrer Alberto Ascari dreimal hintereinander unseren Grand Prix: 1950, 1951 und 1952, jedesmal auf Ferrari, dann war es der Argentinier Juan Manuel Fangio, der sich dreimal in die Siegerliste eintragen konnte: 1954 auf Mercedes, 1956 auf Ferrari, 1957 auf Maserati – das waren drei Siege hintereinander, weil 1955 der Große Preis ja nicht ausgetragen wurde.
Tony Brooks, John Surtees, Jackie Stewart und Jacky Ickx konnten bisher zweimal dieses Rennen gewinnen.
Wenn man nach den erfolgreichsten Marken fragt, so steht Ferrari an der Spitze: Mit neun Siegen. Daimler-Benz hat sich achtmal in die Siegerliste eintragen können, Brabham und Lotus stehen mit drei Siegen im Großen Preis von Deutschland zu Buch, Alfa Romeo und Tyrell brachten es auf zwei Siege, ebenso die Auto Union, wobei man bedenken muß, daß sich die Auto Union ja nur von 1934 bis 1939 an Rennen beteiligt hat. Fabrikate mit je einem Sieg im Großen Preis von Deutschland sind Bugatti, Maserati, Vanwall, Porsche, BRM und Matra.
Bis 1932 gab es immer noch zusätzliche Klassen, die mitfuhren, hubraumkleinere Renn- oder Sportwagen, die entweder mit den Großen zusammen starteten oder kurz danach abfuhren. Erst mit Beginn der 750-kg-Formel im Jahr 1934 verzichtete man auf das »schmückende Beiwerk« und ließ nur noch Grand-Prix-Wagen auf die Piste. In jüngster Zeit hat man ein paarmal Formel-2-Rennwagen neben der Formel 1 laufen lassen, damit ein etwas stärkeres Feld unterwegs ist und die Zuschauer mehr zu sehen haben: Die Schwäche – vielleicht die einzige Schwäche – des Nürburgrings ist ja, daß man speziell in den ersten Runden, wenn das Feld noch zusammenliegt, ziemlich lange warten muß, bis die Wagen wieder erscheinen.
Man soll Schwächen ruhig zugeben. Wer die Renngeschichte studiert, stellt mit einer gewissen Beschämung fest, daß beim Großen Preis von Deutschland erst 1937 die Startaufstellung nach den Trainingszeiten erfolgte. Bis 1936 einschließlich war das nicht so: Das Los entschied, wer in die erste, zweite, dritte Reihe kam. Das war in den 20er Jahren überall üblich gewesen, erst in Monte Carlo wurde 1933 mit dieser Tradition gebrochen, weil es doch viel sicherer ist, daß man die Schnellen vorne aufstellt: Damit erspart man den Spitzenfahrern schwierige, zeitraubende und unter Umständen gefährliche Überholmanöver in den ersten Runden.
Sehr aufschlußreich ist es, die Nationalität der im Großen Preis von Deutschland siegreichen Fahrer zu beleuchten. Von 1926 bis 1939 finden wir neunmal deutsche Fahrer, einmal einen Franzosen, einmal einen Italiener, einmal einen Engländer: Man sieht, daß wir in diesen Jahren eine ganze Anzahl von Weltklassefahrern gehabt haben. In den Jahren 1950–60 gewannen viermal Italiener, dreimal Argentinier (wobei Fangio ja nicht der einzige Argentiner war, der einen Grand Prix gewinnen konnte, Gonzalez gehörte auch dazu), zweimal Engländer, ein Schwede.
Man sieht daraus, daß in den 50er Jahren die »Südländer« die Mehrzahl der Spitzenfahrer stellten; von 1961 dagegen finden wir bestätigt, daß die Briten (im weitesten Sinne dieses Wortes, die Dominions eingeschlossen) die Vorherrschaft ausübten und neunmal den Sieger stellten, zweimal finden wir einen Belgier in der Siegerliste, einmal einen mit österreichischer Lizenz fahrenden Deutschen: Jochen Rindt.
Man kann in dem hier gegebenen Rahmen nicht jeden Großen Preis von Deutschland ausführlich beschreiben. Lassen Sie mich deshalb die Höhepunkte herausstellen – und solche Höhepunkte, dramatische Kämpfe, Überraschungen, Rekorde, aufregende Ereignisse, das hat es fast immer gegeben.
1927 gewann, nachdem Caracciola mit einem Maschinen-

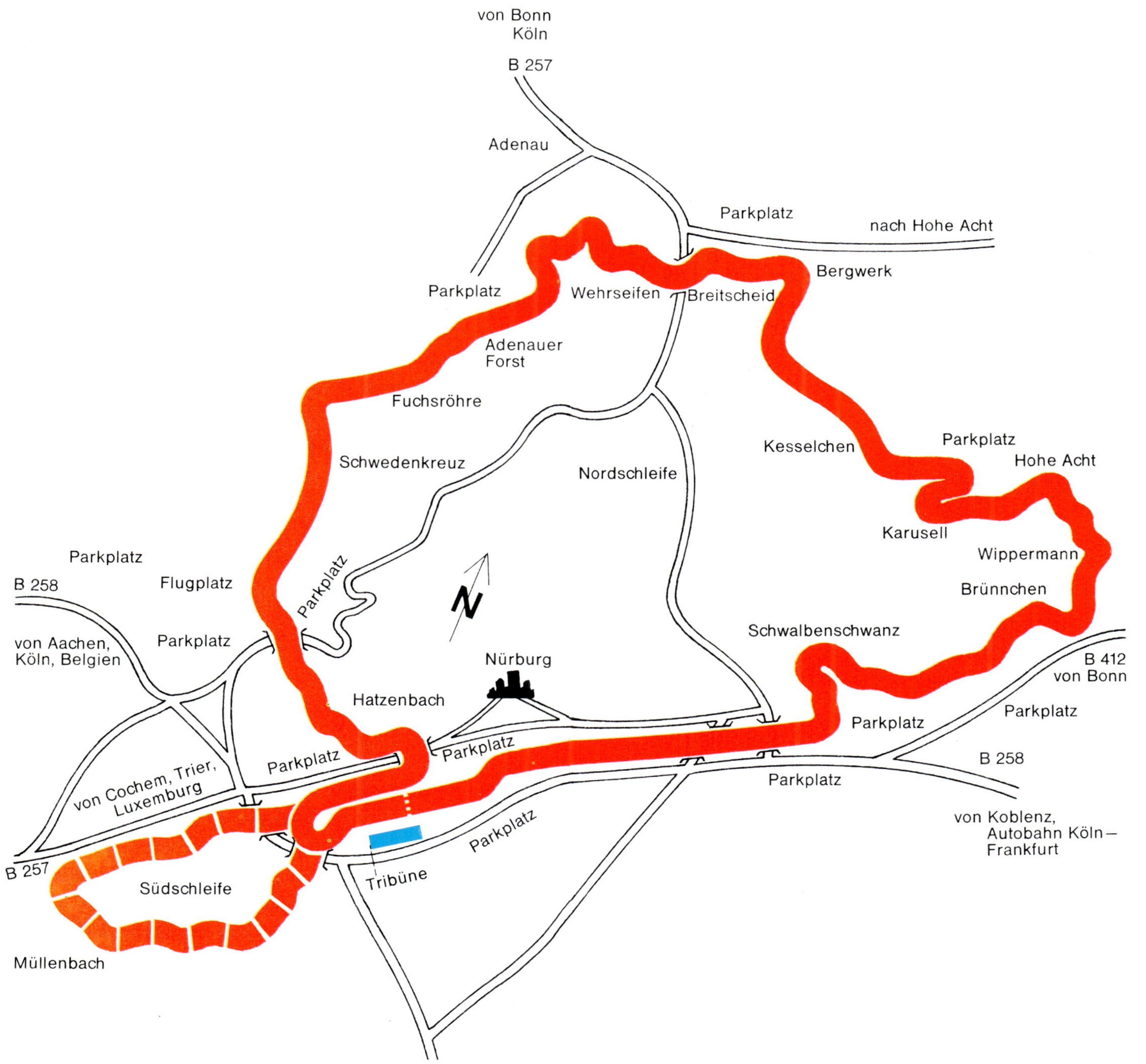

schaden ausgefallen war, Otto Merz, ein Hüne von Gestalt, von dem man sagte, er könne den 1800 kg schweren Wagen mit den Händen auf den Wagenheber stellen. Auch wenn das nicht ganz zutrifft: Einen Stuhl, auf dem ein Mann saß, konnte er an einem Stuhlbein hochheben. Er verunglückte 1933 beim Training auf der Avus tödlich. Bei diesem Rennen brachte die ganz große Überraschung eine Frau: Elisabeth Junek aus Prag.

Sie startete mit einem 2-Liter-Bugatti in der Klasse bis 3000 ccm, gewann diese und wurde in der Gesamtwertung hinter drei Mercedes Vierte. Ein Jahr später verunglückte ihr Mann beim Großen Preis tödlich in der Rechtskurve nach Breidscheid, die deshalb noch heute Junek-Kurve heißt, und Madame Junek zog sich daraufhin vom Rennsport ganz zurück – sie lebt heute noch in Prag.

1928 war es am Nürburgring so heiß, daß selbst ein Caracciola die 18 Runden des großen Kurses (Distanz: 509 Kilometer, Renndauer fast fünf Stunden) nicht durchstehen konnte und sich von Christian Werner ablösen ließ. Wieder gewannen drei Mercedes (diesmal vom Typ SSK) vor einem Bugatti.

Das änderte sich 1929. Bugatti kam mit seiner stärksten Streitmacht zum Nürburgring, an der Spitze der Monegasse Louis Chiron. Der 2,3-Liter-Bugatti hatte zwar nicht so viele PS wie der Mercedes SSK, war aber viel leichter und hand-

BRM von 1950 mit 1,5-Liter-16-Zylinder-Kompressor-Maschine – einer der technisch aufwendigsten Wagen, die je gebaut wurden, der aber nie in einem Großen Preis erfolgreich war.

Neben dem Mercedes SSK wurde 1931/32 der leichtere SSKL eingesetzt mit 7,1-Liter-6-Zylinder-Kompressor-Motor.

licher. Caracciola fiel aus, und nun waren die Bugatti nicht mehr zu halten. Chiron gewann, Zweiter war ein Herr namens Philippe - das Pseudonym für einen Baron Rothschild, der sehr schnell Auto fahren konnte!

1931 hatte Caracciola mehr Glück. Erstens: Es regnete, und obwohl der schwere Mercedes im Regen schwieriger zu fahren war als der Bugatti, konnte Caracciola hier seine Fahrkunst noch stärker einsetzen und kam zum Sieg vor den Bugatti-Fahrern Chiron und Varzi und dem Alfa Romeo von Tazio Nuvolari. Zweitens: Als Caracciolas Chefmechaniker Sebastian den SSK nach dem Sieg übernahm, um ihn nach Hause zu fahren (damals hatte man noch keine Spezialtransporter für die Rennwagen, man bewegte sie auf der Straße!), brach nach wenigen Kilometern der Achsantrieb auseinander.

1932 beteiligte sich Daimler-Benz werksseitig nicht mehr an den großen Rennen: Der schwere SSK war gegen die jetzt aufkommenden Alfa-Romeo-Grand-Prix-Wagen mit 2,4- und 2,7-Liter-Kompressormotor nicht mehr konkurrenzfähig. Deshalb fuhr Caracciola in diesem Jahr einen Alfa Romeo, den das italienische Werk in der deutschen Rennfarbe - in Weiß - dem deutschen Meisterfahrer zur Verfügung gestellt hatte. Diesmal ging der Große Preis über 25 Runden der Nordschleife, was 570,2 Kilometer Distanz entspricht. Nur 1932 und 1934 wurde diese enorme Distanz gefahren: Die längsten Rennen, die es je als Großer Preis von Deutschland gegeben hat.

Caracciola gewann vor den beiden anderen Alfa-Romeo-Wagen unter Nuvolari und Borzacchini, aber Nuvolari konnte die schnellste Runde auf sein Konto buchen: 10 Minuten 49,4 Sekunden (126,6 km/h) - er war der erste, der auf diesem 22,8-Kilometer-Kurs auf eine Zeit von weniger als 11 Minuten kam.

Daß 1934 mehr Zuschauer als je zuvor zum Nürburgring kamen, ist verständlich: Nicht nur die Motorisierung war inzwischen weiter fortgeschritten, auch eine ganze Anzahl deutscher Rennwagen und deutscher Grand-Prix-Fahrer standen nun am Start: Mit den Rennen von 1934 begann die Ära der »Silberpfeile« von Mercedes und der Auto Union. Die ausländische Konkurrenz war aber in diesem ersten Jahr noch recht stark: Guy Moll hatte mit einem Alfa das Avusrennen gewonnen, Chiron auf Alfa Romeo den Großen Preis von Frankreich. Am Nürburgring aber erwiesen sich die deutschen Konstruktionen als klar überlegen. 19 Wagen standen am Start. Mercedes-Werksfahrer Manfred von Brauchitsch hatte einen Trainingsunfall gehabt, der Nachwuchsfahrer Geier startete an seiner Stelle.

Es gab einen herrlichen, rundenlangen Zweikampf zwischen den Spitzenfahrern der beiden deutschen Marken, Stuck auf Auto Union und Caracciola auf Mercedes, schließlich fiel »Carratsch«, wie man ihn nannte, in der 14. Runde mit Maschinenschaden aus, Stuck gewann vor Fagioli (Mercedes) und Chiron (Alfa Romeo). Der Rundenrekord (Stuck) wurde nun auf 10:43,8 verbessert.

Das folgende Jahr brachte eines der dramatischsten Rennen, die der Nürburgring je gesehen hat. Nuvolari erwies sich mit dem Alfa Romeo als nahezu genauso schnell wie die deutschen Wagen und Fahrer, von denen eine ganze Reihe mit Motorschäden ausfielen, aber sieben Runden vor Schluß lag Manfred von Brauchitsch mit 1:27 Minuten Vorsprung vor Nuvolari an der Spitze, er hatte auch in 10:32 die schnellste Runde gefahren, doch dabei zuviel Reifen verbraucht. Man signalisierte ihm: langsamer! Er befolgte das nur zum Teil, hatte am Beginn der letzten Runde noch 35 Sekunden Vorsprung - und sieben Kilometer vor dem Ziel, am Karussell, platzte ihm ein Reifen. Auf der Felge schleppte er den Wagen bis zum Ziel - und Nuvolari hatte gewonnen, mit Hans Stuck (Auto Union) als Zweitem.

1936 war insofern ein historisches Jahr, als zum ersten Mal ein Fahrer die 10-Minuten-Grenze unterbieten konnte, die dann fast zwei Jahrzehnte lang die »Traumgrenze« am Nürburgring blieb: Bernd Rosemeyer, der Sieger dieses Großen Preises, fuhr bereits in der 3. Runde (von den 22 der Gesamtdistanz = 501,8 Kilometer) mit 9:56,6 (Durchschnitt 137,6

Fagioli 1934 in Montlhéry auf einem der neuen Mercedes-Silberpfeile, gefolgt von Varzi auf einem Alfa Romeo P 3

km/h) eine Zeit, die für damals wirklich sensationell war; er gewann dieses Rennen auch überlegen vor Hans Stuck und dem italienischen Grafen Brivio auf Alfa Romeo.

Eine Episode aus diesem Grand Prix von 1936 soll noch erzählt werden: Fast so schnell wie Rosemeyer war im Anfang Hermann Lang, dessen Stern als Nachwuchsfahrer von Daimler-Benz in diesem Jahr leuchtend aufging. Beim Schalten hatte er sich seinen kleinen Finger gebrochen und war trotzdem unter Schmerzen noch vier Runden weitergefahren. Der Rennarzt legte ihm einen Gipsverband an - und mit diesem übernahm er im letzten Drittel des Rennens noch Brauchitschs Wagen und kam auf den 7. Platz.

1937 fuhr Bernd Rosemeyer im Training die phantastische Zeit von 9:46,2. Caracciola war mit 10:04,0 nur der Viertschnellste gewesen - aber der beständige, maschinenschonende Caracciola, der nur dann schnell war, wenn er wirklich mußte, so wie später Juan Manuel Fangio, gewann dieses Rennen. Bei einem Überholvorgang an der Antoniusbuche berührten sich die Wagen von Dick Seaman (Mercedes) und Ernst von Delius (Auto Union) bei sehr hoher Geschwindigkeit. Ernst von Delius, einer der sympathischsten Newcomer, starb kurz danach an seinen Verletzungen.

Das Jahr 1938 brachte eine neue Rennformel: 3 Liter mit Kompressor oder 4,5 Liter ohne. Wieder waren die deutschen

Start zum Internationalen Eifelrennen auf dem Nürburgring am 16. 6. 1935, das Caracciola auf Mercedes gewann

10 Sekunden vor dem Start zum Großen Preis von Deutschland 1962. Der Starter mit der Nationalflagge (der damalige AvD-Sportpräsident Freiherr von Diergardt) geht auf seinen Platz. Vorn links Dan Gurney (Porsche), der die schnellste Trainingszeit gefahren hatte.

Rennwagen klar überlegen. Der Mercedes Brauchitschs geriet beim Tankstopp in Brand, wurde aber durch blitzschnelles Eingreifen gelöscht, der Engländer Dick Seaman, den Daimler-Benz sich 1937 als Nachwuchs geholt hatte, gewann vor Caracciola/Lang (die sich ablösten), Stuck und H. P. Müller auf Auto Union. Schnellste Runde: 10:09,1.
1939 waren die 3-Liter-Rennwagen schneller geworden als die Boliden der 750-kg-Formel, die zuletzt 5,6 und 6,3 Liter Hubraum gehabt hatten, vor allem, weil Straßenlage und Bremsen verbessert worden waren, und im Training kam Hermann Lang auf 9:43,1 - eine Zeit, die im Rennen keiner mehr erreichen konnte, weil es zum größten Teil naß war. Daß unter diesen Umständen einmal mehr Caracciola gewann, setzte niemanden in Erstaunen, große Verblüffung herrschte nur, als für einige Runden der Neustädter Paul Pietsch, der einen Werkswagen von Maserati fuhr, an der Spitze des Feldes eine Glanzvorstellung gab, ehe er an den Boxen Zeit verlor; immerhin kam er noch auf Platz 3.
Paul Pietsch, inzwischen wohlbestallter Verleger geworden, sorgte auch 1951, beim zweiten Nachkriegs-Grand-Prix auf dem Nürburgring, für eine kleine Sensation. Nachdem man den Großen Preis 1950 nur für die Formel 2 ausgeschrieben hatte (Sieger Alberto Ascari auf Ferrari vor dem Simca-Gordini von Manzon, bester Deutscher Toni Ulmen mit einem 2-Liter-Veritas auf dem 4. Platz), kehrte 1951 die Formel 1 auf dem Nürburgring ein, und es kam zu einem mit Spannung erwarteten Zweikampf zwischen Alfa Romeo mit dem 1,5-Liter-Kompressorwagen und Ferrari mit dem 4,5-Liter ohne Kompressor.
Auch die Simca-Gordini fuhren mit, dazu einige Talbot 4,5-Liter und einzelne Maserati, die jedoch keine Chance besaßen. Ferrari hatte vier Werkswagen mitgebracht, für Ascari, Gonzalez, Villoresi und Taruffi, Alfa Romeo ebenfalls vier, aber nur drei Fahrer: Fangio, Farina, Bonetto. Den vierten Wagen wollte man am Nürburgring selbst vergeben, wo man einzelne Privatfahrer ausprobierte. Als letzter wurde, nachdem keiner der Privaten wirklich schnell gewesen war, Paul Pietsch aufgefordert, der sich mit hervorragenden 10:15,7 nach zwei Runden für die zweite Startreihe placieren konnte.
Im Rennen drehte er sich zunächst am Karussell, wollte dann aufholen und versuchte Villoresi am Ende der Gegengeraden auszubremsen, war aber zu schnell und schoß vor den Augen vieler Tausender über den Graswall hinüber: Der Wagen fiel, sich überschlagend in die Tiefe - und Pietsch, wie durch ein Wunder unverletzt, erschien zu Fuß vor den Tribünen. Ascari gewann vor Fangio und sagte: Es war eines der härtesten Rennen meines Lebens.
1952 und 1953 wurden die Großen Preise überall für die ehemalige Formel 2 gefahren (2 Liter ohne Kompressor), wo es vor allem Zweikämpfe zwischen Ferrari und Maserati gab, mit Gordini als honorigem Statisten. Ascari gewann 1952 zum dritten Mal den Großen Preis von Deutschland, und 1953 sah es in den ersten Runden nach einem vierten Ascari-Sieg aus, als der Italiener plötzlich mit abgebrochenem Vorderrad, auf der rechten Bremstrommel fahrend, bei Start und Ziel erschien, den Wagen soeben noch ausbalancierend. So gewann Altmeister Nino Farina, damals 47 Jahre!
Die größten Zuschauerzahlen, die der Nürburgring nach dem Kriege sah, kamen 1954, als Daimler-Benz wieder in der Formel 1 erschienen war. Fangio als Trainingsschnellster galt als Favorit; eine Zeitlang wurde er von Karl Kling hart bedrängt, der aber dann an die Boxen mußte. Fangio war kein strahlender Sieger, weil sein Landsmann Onofre Marimon, den er sehr gefördert hatte und der hier auf Maserati fuhr, im Training tödlich verunglückt war.
Nachdem man 1955 den Großen Preis nicht ausgetragen und Mercedes sich am Ende des Jahres 1955 vom großen Sport

ROLLS-ROYCE
OWNERS CLUB
GHOST
CLUB
A 54

1921 Rolls-Royce
Frontmotor mit sechs Zylindern, Bohrung und Hub
114×121 mm, Hubraum 7428 ccm, 48,6 PS

Reifenwechsel und Auftanken an den Boxen, vor dem Krieg ein besonderes Spannungsmoment, gibt es bei den modernen Rennmaschinen nicht mehr, da die walzenförmigen Reifen und der Tankinhalt für ein ganzes Rennen ausreichen. Oben: Denis Hulme auf McLaren-Ford mit 8-Zylinder-Motor beim Großen Preis von Deutschland 1970, der in diesem Jahr auf dem Hockenheimring ausgetragen wurde.

zurückgezogen hatte, sah man Fangio nun bei Ferrari, auch da wieder mit der schnellsten Trainingszeit. Er gewann vor Stirling Moss auf Maserati, und nun erst wurden die Vorkriegs-Rundenrekorde gebrochen: Fangio erreichte 9:41,6.
Das größte Rennen des Weltmeisters erlebten wir aber erst 1957. Es war dies das letzte Rennen, das noch über 22 Runden (501 Kilometer) führte. Fangio ging nach 12 Runden zum Tanken und Reifenwechsel an die Boxen und lag nach 14 Runden scheinbar hoffnungslos zurück: 48 Sekunden hinter den führenden Ferrari von Hawthorn und Collins. Aber in einer unerhört schnellen Fahrt, mit immer neuen Rekordrunden, kam er den beiden Ferrari näher und näher, zwei Runden vor Schluß ging er erst an Collins, dann an Hawthorn vorbei und siegte nach dreieinhalb Stunden Renndauer mit drei Sekunden Vorsprung: Ein unvergeßliches Rennen.
Mit der Formel 1 waren auch Formel-2-Rennwagen gestartet (1500 ccm), und gegen die englische Konkurrenz gewann hier Porsche mit Edgar Barth: Beginn einer neuen Renn-Aktivität des Zuffenhausener Werkes.
Moss auf Vanwall brachte den Rundenrekord Fangios, den man für fast unschlagbar gehalten hatte, im folgenden Jahr von 9:17 auf 9:09, schied aber im Rennen aus, sein Teamgefährte Tony Brooks gewann, dann beschloß man, als Geste gegenüber Berlin, den Großen Preis 1959 auf der Avus auszutragen, was nicht die einhellige Billigung der Fahrer fand: Nur 15 Rennwagen erschienen, Tony Brooks fuhr diesmal für Ferrari und gewann knapp vor Gurney. Hans Hermann hatte einen BRM erhalten und schoß bremsenlos in die Strohballen der Südkehre, sich dort überschlagend. Mit Brandwunden und Schürfungen kam er davon.
1960 kehrte man auf den Nürburgring zurück. Diesmal wurde der Große Preis allerdings nur für die Formel 2 und auf der Südschleife ausgetragen: Die 1,5-Liter-Porsche feierten mit Bonnier und Graf Trips einen Doppelsieg.
Graf Trips fuhr 1961 auf Ferrari ein blendendes Rennen und konnte wieder Zweiter werden, noch virtuoser aber brachte Stirling Moss seinen Lotus, der den Ferrari in der PS-Zahl deutlich unterlegen war, auf den 1. Platz. Phil Hill hatte mit dem 1,5-Liter-Ferrari im Training als erster Fahrer die 9-Minuten-Grenze unterschritten und stellte im Rennen den neuen Rundenrekord auf 8:57,8 (152,7 km/h).
Trotz strömendem Regen verlief der Große Preis von 1962 äußerst spannend und dramatisch. Dan Gurney mit dem neuen 8-Zylinder-Porsche hatte die schnellste Trainingszeit gefahren und zu Anfang auch geführt. Als sich die Halterung der Batterie gelockert hatte, wurde Gurney für Sekunden unsicher, und schon waren Graham Hill (BRM) und Surtees (Lola) vorbei – und in dieser Reihenfolge kamen sie ins Ziel, zwischen Erstem und Drittem lagen nur vier Sekunden!
1963 brachte wieder einen Ferrari-Sieg durch Surtees, wobei der unvergessene Gerhard Mitter auf einem privaten, zwei Jahre alten 4-Zylinder-Porsche einen brillanten 4. Platz erreichen konnte; auch 1964 war es Surtees, der auf Ferrari gewann, während 1965 kein Zweifel am Sieg Jim Clarks auf Lotus bestand, der den Rundenrekord auf 8:24,1 brachte.
1961 bis 1965 hatte ja für die Formel 1 ein Hubraum-Limit von 1500 ccm gegolten, ohne Kompressor, ab 1966 kam die 3-Liter-Formel. Wer nun neue Rekorde erwartete, sah sich insofern getäuscht, als der Große Preis des Jahres 1966 bei regennasser Piste ausgefahren wurde. Der Gesamtdurchschnitt von 139,6 km/h gibt daher kein getreues Bild der Leistungen. Jack Brabham, der 1966 Weltmeister wurde, gewann vor Surtees und Jochen Rindt.
Erst 1967 konnte man sehen, was die modernen 3-Liter-Wagen leisten, und als Jim Clark im Training 8:04,1 fuhr, waren auch die Skeptiker, die sich sagten: Irgendwo muß es doch eine Grenze geben, überzeugt, daß selbst die 8 Minuten am Nürburgring keine Barriere mehr sind. Clark führte freilich nur drei von 15 Runden, fiel dann aus, Gurney nahm die Spitze (einen Eagle Weslake fahrend), schied aber zwei Runden vor Schluß aus, und Denis Hulme auf Brabham siegte. Würde man 1968 unter die 8 Minuten kommen? Alle Hoffnungen schwanden, als es im Training und im Rennen regnete. Erstmals gewann Jackie Stewart auf einem Matra-Ford.
1969 blieben dann im Training gleich die neun schnellsten Fahrer unter der neuen Traumgrenze. Das Rennen sah sieben Runden lang einen überaus spannenden Zweikampf zwischen dem zunächst schlecht weggekommenen Jacky Ickx auf Brabham und Jackie Stewart auf Matra, bis Ickx schließlich davonzog und mit 7:43,8 einen neuen Rundenrekord etablierte.
Um diese Zeit war die GPDA, die internationale Vereinigung der Formel-1-Fahrer, immer mehr aktiv geworden, um Sicherheitsforderungen zu stellen, und eine Kommission fand den Nürburgring nicht mehr gut genug für die Formel 1. Die Ausweichposition hieß Hockenheim, wo man einen mitreißenden Spitzenkampf erlebte, mit dreizehnmaligem Wechsel in der Führung. Mit Meterabstand konnte schließlich Jochen Rindt (Lotus-Ford) den Ferrari von Ickx schlagen; ein neuer Mann wurde hier überraschend Vierter, der Brasilianer Emerson Fittipaldi, Weltmeister von 1972.
1971 kehrte man auf den rechts und links abgeholzten, von Sprunghügeln befreiten und mit Leitplanken versehenen Nürburgring zurück, wo man dann schon davon sprach, ob nicht eines Tages die 7 Minuten erreichbar sein würden. Jackie Stewart fuhr mit dem Tyrell-Ford einen Start-Ziel-Sieg heraus, eine Überraschung war, daß der junge François Cevert (ebenfalls Tyrell) Zweiter wurde und die schnellste Runde in 7:20,1 fuhr, eine Marke, die natürlich im folgenden Jahr wieder unterboten wurde: Jacky Ickx (Ferrari) kam jetzt auf 7:13,6 was 189,6 km/h bedeutet und was man sich am Nürburgring kaum noch vorstellen kann – im Training (es zählen ja als offizielle Rundenrekorde nur Rennzeiten, keine Trainingsergebnisse) war er sogar auf 7:07 gekommen.
Dieser 34. Große Preis von Deutschland hatte seinen dramatischen Akzent, als Jackie Stewart rundenlang versuchte, an dem an zweiter Stelle liegenden Clay Regazzoni auf Ferrari vorbeizukommen: Zu Beginn der letzten Runde führte das nach einem etwas brüsken Manöver Regazzonis zu einer Berührung der Wagen, die Stewart von der Bahn rutschen ließ, während Regazzoni vor Peterson seinen 2. Platz behielt.
Langweilig ist eigentlich noch kein Großer Preis von Deutschland gewesen, auch der von 1973 nicht, obwohl hier die beiden Spitzenreiter Stewart und Cevert auf Tyrell-Ford ähnlich wie 1971 von Anfang an führten und einen Start-Ziel-Sieg herausfuhren. Dafür gab es ein ganz hartes Ringen um die folgenden fünf Plätze, ein brillantes Formel-1-Debüt von Jochen Mass, eine Extra-Vorstellung von Jacky Ickx auf dem für ihn ungewohnten McLaren und eine schnellste Runde des Brasilianers Carlos Pace (Surtees) in 7:11,4, dies die neue Rekordmarke.

Der letzte Baustein zum Thema Stromlinie: der K-Wagen von 1938/39, benannt nach Prof. Wunibald Kamm, Stuttgart. Von den fünf Exemplaren (Motor 1,7-Liter-Mercedes und 3,5-Liter-BMW) steht das einzige noch erhaltene im Deutschen Auto Museum Schloß Langenburg.

Die dreißiger Jahre: weltweite Veränderungen

Die 30er Jahre brachten auf der industriellen Seite bereits eine deutliche Tendenz zur Konzentration. Von wenigen Ausnahmen abgesehen, konnten nur größere Firmen mit einem ausgewogenen Typenprogramm, einer guten Kapitaldecke und einer richtig eingesetzten Marktanalyse bestehen, eine Tendenz, die den Trend der 50er und 60er Jahre schon vorwegnimmt.
Die Produktionsstatistik zeigte, daß in Deutschland von 1933 an der Automobilbau wieder zu steigenden Stückzahlen kam, aber trotzdem sind noch 1934 und 1935 drei alte, renommierte Firmen am Ende ihrer Kraft gewesen: Brennabor, NAG und Röhr, und auch Stoewer hätte ohne die Hilfe der Stadt Stettin in diesem Wettbewerb wohl nicht weiterbestehen können. Die Firmen Audi, DKW, Horch und Wanderer hatten sich schon 1932 zur Auto Union zusammengeschlossen.
In allen automobilbauenden Ländern sah man den gleichen Entwicklungstrend. In Italien produzierten Ansaldo, Aurea, Ceirano, Chiribiri, Diatto, Itala und OM, die in den 20er Jahren noch zu den bekannten Marken gehört und zum Teil durch Rennsiege sich hervorgetan hatten, keine Personenwagen mehr.
In Frankreich gab es ein großes Sterben der kleineren Betriebe, die in den 20er Jahren noch Automobile aller Schattierungen auf den Markt gebracht hatten; die alte Firma Sizaire et Naudin hörte 1931 endgültig auf, Amilcar lag in seinen letzten Zügen, Delahaye und Delage vereinigten sich, Ballot, einst durch Rennerfolge weltberühmt, produzierte nicht mehr, und selbst das weltbekannte Unternehmen von André Citroën war in die Hände der Reifenfirma Michelin übergegangen.
In den USA zeichneten sich die »drei Großen« ab: General Motors (mit den Marken Chevrolet, Buick, Oldsmobile, Pontiac, La Salle und Cadillac), Ford (mit Lincoln und ab 1938 mit Mercury), drittens die Chrysler-Gruppe (wozu damals noch De Soto, Dodge und Plymouth gehörten) hatten die Oberhand gewonnen; Packard und Studebaker existierten zwar noch, gaben aber, was die Stückzahlen anging, nicht mehr den Ton an, und eine ganze Reihe sehr exklusiver Firmen sind zu Beginn der 30er Jahre am Ende gewesen: Durant zum Beispiel, Du Pont, Franklin, Stutz, Duesenberg, um nur die bekanntesten zu nennen; auch Auburn und Cord verschwanden 1937 endgültig von der Bildfläche.

Die Kotflügel-Schürze

Die 30er Jahre waren im Karosseriebau auf der ganzen Welt gekennzeichnet von einigen spezifischen Eigenarten; auch auf diesem Sektor zeigt es sich, daß sehr oft ohne Absprachen technische Trends genau zur gleichen Zeit in ganz verschiedenen Ländern anlaufen, wenn die Zeit dafür reif ist - und »Zeit« heißt in diesem Fall Publikumsgeschmack.
Das Jahr 1934 brachte ein Stilelement, das so zeitbedingt ist, daß man fast bei allen Firmen der Welt aufgrund dieses Indizes das Baujahr des einzelnen Wagens bestimmen kann, was den heutigen Veteranen-Liebhabern, Rallye-Veranstaltern und Museumsbesitzern sehr zugute kommt. 1934, im Frühjahr, begannen nämlich überall die Kotflügel seitliche Schürzen zu bekommen, während die 1933er Modelle nahezu geschlossen ohne solche Schürzen geliefert worden waren, noch mit langgestreckten Kotflügeln.

Jaguar S.S. 100 von 1936 mit »Kotflügel-Schürze«. Der Wagen war mit 2,5- oder 3,5-Liter-Motor erhältlich. Mit der größeren Maschine leistete er 125 PS.

Die seitliche Schürze brachte auch einen verbesserten Schmutz-Schutz, kein Zweifel, aber man hätte natürlich genauso die Kotflügel scharf ums Rad herumziehen können, wie man es schon viele Jahre vorher gelegentlich praktizierte: Kotflügel, die sich eng ums Rad schmiegen. Primär war die Schürze ein Stilelement. Und es schien gleichgültig zu sein, zu welcher Preisklasse der Wagen gehörte: Nicht nur die Großen, auch die billigen Automobile erschienen fast alle 1934 mit diesen seitlichen Kotflügelschürzen.
Etwa um diese Zeit begannen auch die Windschutzscheiben allmählich schräger und die Form der Limousinen gerundeter zu werden: Die Rundungen fand man gefälliger, und es ist zweifellos auch ein allgemeiner modischer Trend festzustellen, der dem zugrunde lag: In der zweiten Hälfte der 20er und ganz zu Anfang der 30er Jahre galt es ja noch in der Frauenmode als schick, busen-, taillen- und popolos Kleider und überhaupt sich selbst zu präsentieren, möglichst ohne jede Rundung. Das wandelte sich in den 30er Jahren unmerklich, man ging wieder zu einer abgerundeten Optik über.

Beginn der »Stromlinie«

Man versuchte im Automobilbau auch eine technische Motivation zu finden, indem man davon sprach, daß die neuen, abgerundeten Formen strömungsgünstiger seien und daß die »Stromlinie« sich im Anmarsch befinde. Das war zu einem Teil richtig, nur wurde die Stromlinie noch falsch verstanden. Es gab eine ganze Reihe von Firmen, die »Stromlinien-Limousinen« propagierten: Darunter verstand man zunächst nichts anderes als das, was wir heute ein Fließheck nennen. Die Kühlerpartie blieb unverändert, der Wagen besaß auch weiterhin Trittbretter, Kotflügel und einzeln im Wind stehende Scheinwerfer, aber das Heck war nicht mehr stufenförmig ausgebildet, sondern floß in einer geschwungenen Linie sanft nach unten.

Dies brachte im cw-Wert so gut wie nichts, denn der Luftstrom reißt beim normalen Fließheck schon so früh ab (wegen der ziemlich starken Neigung dieses Hecks), daß bereits kurz vor der Wagenmitte die ersten Wirbel entstehen. Genaue Messungen haben ergeben, daß beispielsweise ein Kombiwagen einen etwas günstigeren cw-Wert besitzt als eine Limousine mit Fließheck, weil die Strömung an der Kombi-Karosserie länger anliegt.
Erst wenn man auch den Kühler aerodynamisch ausbildete, dazu die Scheinwerfer und die Kotflügel in die Karosse einbezog, konnte man mit aerodynamisch besseren Werten rechnen, ganz zu schweigen von der notwendigen Detailarbeit an Winkern, Türgriffen und Scharnieren. Dies wurde in den 30er Jahren aber im Serienbau noch nicht realisiert. Obwohl auch das keine wirkliche Stromlinie war, soll doch der Versuch der zur Chrysler-Gruppe gehörenden amerikanischen Firma De Soto erwähnt werden, die 1933/34 ein Serienfahrzeug vorstellte, das »Airflow« genannt wurde und im Vergleich zu den damaligen Modellen einen einigermaßen kompakten Kühler mit eingebauten Scheinwerfern besaß – ein Verkaufserfolg wurde der »Airflow« indessen nicht.
In Deutschland hatten ein Fließheck der 1937–1939 gebaute Adler 2,5 Liter (der mit einem 58-PS-Motor 125 km/h Spitze lief, ein Ergebnis, das zeigt, wie wenig Stromlinie im Spiel war!); der als NSU-Fiat gebaute Fiat 1100 und 1500 (45 PS, 115 km/h – auch das noch kein diskutables Verhältnis); der Ford Taunus (der sogenannte Buckel-Taunus, der ja schon 1939 erschien, 34 PS, 105 km/h); der Hanomag 1,3 Liter von 1938/39 (32 PS, 115 km/h); bei Steyr die Typen 100 (32 PS, 90 km/h, was eine äußerst magere Ausbeute war), 220 (von 1937–39 mit 55 PS und 120 km/h) und 50/55 (der Kleinwagen mit 22 resp. 25 PS und 90 km/h).
Gerade in den 30er Jahren waren aber einzelne Forscher am Werk, um die echte Stromlinienform zu berechnen, zu bauen und im Windkanal der Hochschulen zu unter-

Oben der 1,5-Liter-Adler-Trumpf-Rekordwagen von 1936 mit 188 km/h Spitzengeschwindigkeit, unten der Maybach SW 35 von 1935 mit 3,5-Liter-140-PS-Motor und etwas über 170 km/h Spitze, karossiert bei Spohn in Ravensburg – beide Wagen nach dem System Jaray

suchen. Paul Jaray, der ja schon zwischen 1922 und 1924 die ersten, noch sehr häßlichen Versuchswagen hatte bauen lassen, jener frühere Mitarbeiter im Luftschiffbau des Grafen Zeppelin, der inzwischen ein Ingenieurbüro in der Schweiz eröffnet hatte, ließ 1933/34 zwei Wagen nach seinen Prinzipien anfertigen, auf 2-Liter-Mercedes- und 2-Liter-Audi-Fahrgestell. Sie erreichten statt der 100 km/h mit der Serienkarosserie mehr als 130 km/h Spitzengeschwindigkeit. Sein System war, zwei Stromlinienkörper aufeinander zu setzen, weil Jaray einen Gesamt-Stromlinienkörper beim Automobil für unzweckmäßig hielt.

Nach der Jaray-Methode wurde 1935 ein Maybach 3,5 Liter hergestellt (man ließ die Karossereie bei Spohn in Ravensburg anfertigen) und auf der Berliner Auto-Ausstellung gezeigt; 140 PS brachten bei sehr großer Stirnfläche etwas mehr als 170 km/h. Die Adler-Rennsport- und Rekordwagen waren auch nach dem System Jaray hergestellt worden.

Der junge Aerodynamiker Reinhard Freiherr von Koenig-

Steyr 55 (1936–1939). Das steile Fließheck und die nicht ganz eingezogenen Kotflügel entsprechen noch nicht der echten Stromlinie.

Fachsenfeld hatte nicht nur einen eigenen kleinen Rekordwagen mit DKW-Motor vorbereitet, sondern auch den Mercedes SSKL von Manfred von Brauchitsch für das Avusrennen 1932 entworfen (karossiert bei Vetter in Stuttgart) – und der Sieg dieses Stromlinienwagens über den Alfa Romeo P 3 unter Rudolf Caracciola war ein lebendiger Beweis für die Überlegenheit der Stromlinie auf schnellen, die Höchstgeschwindigkeit erfordernden Strecken.

Bei Tatra war 1934 ein 3-Liter-8-Zylinder-Modell herausgekommen; der Motor lag im Heck, die Karosserie hatte bereits eine perfekte Pontonform, wenn auch keine ganz echte Stromlinie. Immerhin erreichte dieser Tatra mit 70 PS 150 km/h, für damals ein verblüffendes Resultat.

In den Jahren 1937–1939 wurden dann an drei deutschen Hochschulen drei sehr bemerkenswerte Versuchswagen geschaffen. In Göttingen entstand die sogenannte Göttinger Form, ein Wagen, bei dem man keinen je eigenen, getrennten Motor- und Fahrgastraum mehr sah, sondern der wie ein halbiertes Ei auf der Straße fuhr; in Berlin machte Prof. Everling Versuche mit einer Vollpontonform, und in Stuttgart erfand Prof. Wunibald Kamm jene »K-Form«, die bis heute Gültigkeit behalten hat. Er baute fünf Versuchswagen, die teils bei Vetter, teils bei Reutter, teils bei Wendler karossiert wurden und zunächst einen 1,7-Liter-Mercedes-dann einen 3,5-Liter-BMW-Motor besaßen und zum Teil mit zusätzlichen Heckflossen ausgerüstet waren.

Kamm ging von der Idee des kleinsten Abreißquerschnittes aus: Da man einen Wagen nicht so lang bauen kann, wie es eine echte Stromlinie erfordert (Verhältnis von Höhe zu Länge eines Körpers etwa 1:6), soll man die Dachlinie eines Automobils so lange in jener flachen, idealen Form nach hinten führen, die keine Wirbel erzeugt, bis man die Maximallänge des Wagens erreicht hat, alsdann kann man die Hecklinie einfach abbrechen und senkrecht nach unten führen, weil hier ohnehin Wirbel entstehen. Nach den Grundsätzen von Kamm werden auch heute noch fast alle Sport- und Rennwagen gebaut.

Kamm erreichte mit dem 3,5-Liter-BMW-Motor statt der 145 km/h Spitze, die das normale, für die damalige Zeit schon recht günstig karossierte BMW-Modell brachte, bei sogar etwas größerer Frontfläche dank des hervorragenden cw-Wertes 183 km/h.

In diesem Zusammenhang sollen die schon 1936 begonnenen Versuche des Franzosen André Dubonnet erwähnt werden, der auch Pionierarbeit leistete und einen Heckmotorwagen konstruierte und fuhr, der ähnlich wie die Göttinger Form gebaut war, jedoch standen die hinteren Räder in eigenen Verkleidungen von der Karosserie ab; im Heck war eine große senkrechte Flosse montiert.

In den 30er Jahren finden wir auch den Übergang vom Tourenwagen als Standard-Karosserieform der 20er Jahre zur Limousine. Man wollte sich nicht mehr der Unbill des Wetters aussetzen, weil man täglich fahren wollte und das Automobil schon als eine Art Gebrauchsgegenstand anzusehen bereit war. Beliebt wurde damals auch die »Cabrio-Limousine«: Bei feststehenden Fensterrahmen konnte man das gesamte Dach wie bei einem Cabriolet zurückklappen.

Steigende Literleistung

Die PS-Leistung der Motoren stieg, begleitet von entsprechend höheren Drehzahlen, von 18 bis 20 PS pro Liter auf etwa 23 bis 25 PS. Es hielt sich diese Steigerung also noch sehr in Grenzen! Selbst Automobile, die als reine Sportzweisitzer mit entsprechend »frisierten« Motoren verkauft wurden, hatten noch relativ niedrige Literleistungen, nach heutigen Maßstäben beurteilt. In der ersten Hälfte der 30er Jahre lag der Fiat »Balilla Sport« mit seinem 1-Liter-36-PS-Motor unter den rein serienmäßigen Sportwagen am höchsten; der

1934 erschienene BMW 315 besaß in der Sportversion 40 PS, also nur knapp 27 PS pro Liter, und selbst der durch seine Sporterfolge zwischen 1936 und 1940 so bekannt gewordene BMW Typ 328 hatte serienmäßig eine 2-Liter-Maschine mit 80 PS – also 40 PS pro Liter, ein Wert, der heute an der unteren Grenze der Serienwagen liegt.

Einer der wesentlichen Gründe für diese immer noch »zahme« Literleistung der Motoren in den 30er Jahren war die mindere Qualität des Kraftstoffs, der meist unter 80 Oktan blieb. Infolgedessen lagen die Verdichtungsverhältnisse beim Serienwagen im Durchschnitt immer zwischen 1 : 5,6 und 1 : 6,6; der 80-PS-BMW wagte sich bis 1 : 7,5 hinauf – dieselbe Verdichtung, die 1973 der normale VW-1300-Motor besitzt.

Außerdem beherrschte man sowohl vom Material wie von der Schmierung her im Serienwagenbau noch nicht die Drehzahlen über 4000 U/min. Nur in Italien fand man »sportlichere« Motoren im Serienbau: Die kleinen Lancia Ardea und Aprilia gaben ihre Nennleistung bei 4300 U/min ab, die Alfa Romeo 6 C 2300 drehten schon 1934 mit 4400 U/min, und 1939 wurde der 6 C 2500 S mit 95 PS bei 4600 Touren, der SS (den es auch als Limousine gab) mit 105 PS bei 4800 Touren angegeben. Fiat kletterte von 3600 auf 4400 U/min.

In Amerika blieb man – von Ausnahmen wie dem Duesenberg abgesehen – in den Drehzahlen und Literleistungen eher knapp unter dem europäischen Standard. Man wartete mit Literleistungen zwischen 20 und 25 PS und mit Drehzahlen zwischen 3200 und 3600 U/min auf, wobei der »normale« amerikanische Wagen in den 30er Jahren schon einen Hubraum zwischen 3 und 3,8 Liter besaß und man Leistungserhöhungen nicht dadurch vornahm, daß man höher drehte, sondern daß man einfach den Hubraum des Motors vergrößerte: Das Benzin war billig, die Steuern lagen relativ niedrig, so daß einer Hubraum-Vergrößerung von dieser Seite aus kein Veto des Käufers entgegengesetzt wurde.

Um Zahlen von deutschen Klein- und Mittelklassewagen aus dieser Zeit zu nennen: Der Adler »Trumpf« mit 1,7 Liter (1645 ccm) gab 38 PS bei 3800 Touren und einer Verdichtung von 1 : 5,8 ab. Der Mercedes 170 V hatte 1697 ccm mit 38 PS bei 3400 Touren und einer Verdichtung von 1 : 6,2; der BMW Typ 326, der von 1936 bis 1939 gebaut wurde, wartete mit 1971 ccm, 50 PS, 3750 Touren und 1 : 6 Verdichtung auf, bei der kleinen DKW-Meisterklasse holte man aus dem 2-Zylinder-Zweitaktmotor von 684 ccm bei 3500 Touren 20 PS heraus mit 1 : 5,9 Verdichtung, Literleistung also rund 30 PS, was schon eher ungewöhnlich war. Auch der Ford Eifel (1935 bis 1939) hatte einen recht leistungsfähigen Motor: Bei 1157 ccm holte man 34 PS heraus, also auch schon fast 30 PS pro Liter, was man durch eine Verdichtung von 1 : 6,6 und die bemerkenswerte Drehzahl von 4250 Touren erreichte. Hanomags »Rekord« mit 1,5-Liter-Motor begnügte sich dagegen mit 35 PS bei 3200 Touren (knapp 24 PS pro Liter). Der Hansa 1700 hatte 1640 ccm, 40 PS (24 PS pro Liter) bei 3600 Touren mit einer Verdichtung von 1 : 5,8 . . .

Die großen Horch-Wagen legte man in der Leistung eher konservativ aus, obwohl der Typ 850 (der Achtzylinder mit 5 Liter Hubraum) mit einer obenliegenden Nockenwelle versehen war. Der Motor gab nur 105 PS bei 3200 Touren ab (21 PS pro Liter), Verdichtung 1 : 6; kurz vor dem Krieg ging man dann beim Typ 951 auf 120 PS bei 3500 Touren, was aber auch erst 24 PS/Liter waren.

BMW 315 (1934/35) 1,5 Liter, als Cabriolet mit 34 PS

Oben BMW 326 (1936–1939), unten BMW 328 (1936–1940)

Maybach »Zeppelin« mit 8-Liter-12-Zylinder-Motor und 200 PS – auch hier nur 25 PS je Liter Hubraum

In bezug auf die Literleistung von Serienmotoren findet man in der Mitte der 30er Jahre zwei weltberühmte Ausnahmen: Die eine war der Bugatti Typ 57 mit seinem 3257-ccm-8-Zylinder-Reihenmotor und zwei obenliegenden Nockenwellen. Dieser Bugatti, der von 1934 bis 1940 gebaut wurde (inklusive aller Varianten wurden etwa 750 Stück davon hergestellt), war nicht als Sportwagen ausgelegt, sondern wurde mit normalen Limousinen- und Cabriolet-Karosserien geliefert. Bei einer Drehzahl von 5000 U/min (was für den Hub von 100 mm schon erhebliche Kolbengeschwindigkeiten ergab) kam er auf 135 PS, dies entspricht also einer Literleistung von 41,5 PS. Für den Sport gab es sogar noch eine »frisierte« Ausführung, die bei 5500 Touren auf 175 PS kam, und mit Kompressor leistete dieser Bugatti dann 210 PS.
Die zweite Ausnahme finden wir bei Maybach. 1935 stand auf der Berliner Automobil-Ausstellung der neue »kleine« Maybach mit einem 3,5-Liter-Motor, der bei 4000 Touren und einer Verdichtung von 1 : 7 genau 140 PS (40 PS/Liter) leistete. Ein Maybach war weit davon entfernt, ein Sportwagen sein zu wollen, deshalb ist diese Motorkonstruktion um so bemerkenswerter gewesen, ganz abgesehen davon, daß auch das Fahrgestell (vorn Querblattfeder gegen Schraubenfedern abgestützt, Schublenker, hinten hochliegende Querfeder, auch gegen Schraubenfedern abgestützt; eine einmalige Kombination) sehr fortschrittlich war.
Da aber das Benzin in Deutschland im Dritten Reich infolge der Rohstoff-Knappheit und der von der Regierung befohlenen Eigenproduktion zum Krieg hin eher schlechter als besser wurde, erhielt dieser Maybach bereits ein Jahr später einen auf 3,8 Liter vergrößerten Motor mit der gleichen Bremsleistung und schließlich 1939 eine 4,2-Liter-Maschine, die niedriger verdichtet war und darum auch nur auf 140 PS kam, nun mit 33 PS pro Liter.
Der Trend zum Motor mit obenliegenden Ventilen, dem sogenannten OHV-Motor, begann zwar in den 30er Jahren sichtbar zu werden, doch herrschte noch der SV-Motor, der seitengesteuerte, in vielen Bereichen vor. Der Adler Trumpf und der Mercedes 170 V, sehr renommierte Vertreter ihrer Klasse, waren noch seitengesteuert, der Ford Eifel und der Ford V 8 waren es ebenso, und trotz dieser »sportlichen« Auslegung des großen Horch-Motors mit obenliegender Nockenwelle (OHC), die für die damalige Zeit ganz ungewöhnlich war, erschien dann im Zwickauer Werk der kleine Achtzylinder mit seitlich gesteuerten Ventilen und brachte bei 3517 ccm 75 PS bei 3200 Touren, also nur 21,5 PS pro Liter.
Auch der erste Opel Olympia, der viel gekauft und von 1935 bis 1937 produziert wurde, besaß noch die seitlichen Ventile und mit 1279 ccm 26 PS, also kaum über 20 PS pro Liter (Tourenzahl 3200, Verdichtung nur 1 : 5,6), erst der Nachfolgetyp mit der 1,5-Liter-Maschine erhielt einen OHV-Motor, dessen Leistung mit 37 PS bei 3400 Touren (25 PS pro Liter) aber noch in dem damals üblichen Rahmen blieb.
Nicht im üblichen Rahmen in des Wortes doppelter Bedeutung blieb der Opel Olympia von 1935 dadurch, daß er als einer der ersten Großserienwagen überhaupt eine rahmenlose Bauart aufwies: Die Ganzstahlkarosserie war selbsttragend. Ein Jahr später kam auch der kleine Steyr Typ 50 mit einer solchen rahmenlosen selbsttragenden Karosserie auf den Markt: zukunftweisende Konstruktionen insofern, als damals die Trennung von Rahmen und Karosse die Norm darstellte, während man heute gar nicht mehr darüber diskutiert, daß bei fast allen Automobilen Rahmen und Karosse eine Einheit bilden.

Die ersten »Schwingachsen«

Was sich in den 30er Jahren im Fahrgestellbau viel deutlicher schon abzeichnete und auf die Nachkriegszeit hinwies, war der Trend zu einer unabhängigen Aufhängung der Räder, die

Der Wanderer-2-Liter mit Pendelachse, hier als Cabriolet aus der Modellreihe 1934

man damals generell als »Schwingachse« bezeichnete, was sachlich nicht ganz zutraf. Die klassische Form der Schwingachse war nur jene Radaufhängung, bei der zwei Achswellen um einen mittleren Drehpunkt (Differential) unter Spurveränderung frei schwingen konnten, wobei meist Schraubenfedern außen an diesen Achswellen die Kräfte aufnahmen.

Pionierarbeit hierfür ist vor allem in Italien, in der ČSR und in Österreich geleistet worden, weil dort die ersten echten Serienmodelle mit unabhängigen Radaufhängungen erschienen. Der Lancia-Lambda, über den wir schon berichtet haben, muß dabei im gleichen Atemzug mit dem Tatra Typ 11 genannt werden. Dieser Wagen der Nesseldorfer Automobilfabrik, der von 1923 bis 1929 auf dem Markt war (also ähnlich lange und um fast die gleiche Zeit wie der Lancia-Lambda) und einen luftgekühlten 2-Zylinder-Boxermotor mit 1050 ccm Hubraum besaß, dazu einen sehr modern zu nennenden Zentral-Rohrrahmen, hatte vorn und hinten Halbelliptik-Querblattfedern und hinten eine Pendelachse. Auch die nächsten Tatra-Modelle, der Typ 17 von 1926 (2-Liter-Motor) und der Typ 30 von 1929 (1,7-Liter-Maschine), besaßen vorn eine achslose Aufhängung mit Querblattfedern und hinten eine Pendelachse. Selbstverständlich war auch der Stromlinienwagen des Jahres 1934 mit einer solchen Pendelachse ausgerüstet.

Bei Austro Daimler begann man 1927, Serienmodelle mit unabhängiger Radaufhängung zu versehen. Das erste Modell war der Typ ADR 11/70, es folgten der ADR 12/100 und die zu Beginn der 30er Jahre von den Experten (und der wohlhabenden Kundschaft) hoch geschätzten Modelle ADR 8 und »Bergmeister«. Diese Wagen besaßen vorn eine Starrachse mit Halbelliptikfedern, hinten eine Pendelachse mit drei Querblattfedern (Konstruktion: Karl Rabe).

In Deutschland leistete Röhr Pionierarbeit. Der 1928 auf den

Fahrgestell des Austro Daimler ADR 8 (1930–1934) mit Zentralrohrrahmen und hinterer Pendelachse

Markt gekommene (und bis 1931 gebaute) »Röhr Acht« (zunächst 2250 ccm, dann 2500 ccm) besaß vorn zwei Querblattfedern, hinten eine Röhr-Pendelachse mit zwei Halbelliptik-Auslegerfedern; man nannte diesen Röhr in Deutschland den »ersten Vollschwingachser«, und seine Straßenlage war wirklich bemerkenswert.
Eine Pioniertat muß man sicherlich auch den Entschluß der damals als recht konservativ geltenden Firma Daimler-Benz bezeichnen, zu Ende des Jahres 1931 einen Mittelklassewagen mit »Schwingachse« auf den Markt zu bringen: den ersten Typ 170, der, bis Anfang 1935 gebaut, noch einen Sechszylindermotor mit 1692 ccm, 32 PS bei 3200 Touren besaß. Die hintere Pendelachse war durch zwei große Schraubenfedern gestützt, die Federung vorn bestand aus zwei übereinander angeordneten Querblattfedern. Obwohl dieser Mercedes nicht sehr temperamentvoll war (Gewicht der Limousine 1025 kg bei 32 PS Leistung), hat er doch außer der unabhängigen Radaufhängung noch einige andere bemerkenswerte technische Details aufzuweisen, die damals noch nicht selbstverständlich waren und sich erst langsam in den 30er Jahren durchsetzten: einen Thermostat für die Wasserkühlung, hydraulische Stoßdämpfer vorn und hinten, eine hydraulische (Ate-)Vierradbremse, eine Zentralschmierung, dazu einen sogenannten Schnellgang, einen vierten Gang, der mit 1 : 0,73 übersetzt war und die Drehzahlen bei schneller Fahrt niedrig halten sollte.
Eine Pendelachse, hinten mit Querblattfeder, besaßen ab 1932 die 1,7- und 2-Liter-Wanderer-Modelle, die aus einem Entwurf des Konstruktionsbüros Porsche hervorgegangen waren und bis weit in die 30er Jahre hinein die Stütze der Wanderer-Werke bildeten.
Während die amerikanischen Automobilfirmen in der Serienproduktion lange Zeit konventionell blieben, gab es in den USA eine Ausnahme, was den Fahrgestellbau angeht; schon 1921 kam nämlich von der neu gegründeten Firma Parenti Motors Corporation in Buffalo, N. Y., ein Fahrzeug auf den Markt, das einige revolutionär-neue Züge besaß: einen luftgekühlten V-8-Zylinder-Motor und vorn und hinten unabhängig aufgehängte Räder mit zwei Querfedern vorn und einer hinten. Von diesem Automobil sind freilich nur einige wenige Exemplare hergestellt worden, die man als Prototypen bezeichnen muß. Nach anderthalb Jahren hörte die Firma schon wieder auf zu existieren.
Interessant waren die Experimente von Cord. Schon der erste Cord »L 29«, der im Herbst 1929 vorgestellt wurde, besaß eine technisch sehr aufwendige De-Dion-Führung der angetriebenen Vorderachse mit je zwei übereinanderliegenden Viertelelliptik-Auslegerfedern hinter der Achse. Das nächste Modell von Cord, der »810«, der im Spätherbst 1935 erschien (mit einem 4,7-Liter-V-8-Zylinder-Motor und Frontantrieb), besaß vorn eine doppelte Querfeder mit Führungsarmen, aber auch dieser Cord blieb ein kurzlebiges Luxusauto.
Dagegen kamen im General-Motors-Konzern 1934 sowohl Chevrolet als auch Buick und Oldsmobile mit Modellen auf den Markt, die eine unabhängige Vorderradaufhängung nach Dubonnet-Patenten besaßen. – Parallel dazu erschienen in Deutschland bei Opel die ersten Modelle mit einer ganz ähnlichen Vorderachse, für die der Ausdruck »Synchronfederung« geprägt wurde, mit Schraubenfedern rechts und links. Im Chrysler-Konzern tauchte die unabhängige Vorderradfederung erst 1937 auf.

Grand-Prix-Sport 1934 bis 1939

Der Automobilsport der 30er Jahre ist gekennzeichnet durch die zu Beginn des Jahres 1934 in Kraft tretende 750-kg-Formel, die freieste Formel, die es in den letzten fünfzig Jahren gegeben hat, weil man mit diesem Maximalgewicht alle anderen Restriktionen beseitigte: Man konnte nicht nur nach Belieben den Kompressor verwenden, sondern auch beliebig große Motoren einbauen, wenn man nur das Gewicht einhielt, das den Wagen ohne Reifen betraf. Heute, wo man im Gegenteil Mindestgewichte vorschreibt, damit die Rennwagen nicht zu leicht gebaut werden, erscheint uns diese Formel eher gefährlich, weil sie zu extremem Leichtbau verführen kann; aber die drei Firmen, die damals um die Siege in den Großen Preisen kämpften, Mercedes-Benz, die Auto Union und Alfa Romeo, haben niemals einen Wagen auf die Piste gebracht, dem man nachsagen konnte, daß die Sicherheit nicht das oberste Gebot darstellte, und es hat damals in keinem Rennen einen Unfall gegeben, wie er heute leider zur Regel geworden ist: daß ein Teil des Fahrgestells bricht, so daß der Wagen dann wegen eines solchen Materialschadens von der Bahn gerät.
Die beiden deutschen Firmen sind vom Staat unterstützt worden, doch lagen diese von der Regierung bereitgestellten Summen sehr viel niedriger, als die meisten glaubten, sie deckten weniger als ein Viertel des notwendigen finanziellen Einsatzes.
Die italienische Firma Alfa Romeo ließ ihre Fahrzeuge von der Scuderia Ferrari bei den Rennen einsetzen. Generell kann man sagen, daß die Alfa Romeo damals den beiden deutschen Marken unterlegen waren, vor allem auch, weil beide deutschen Marken oft mit je vier bis manchmal fünf wohlvorbereiteten Wagen erschienen, während man bei Alfa selten über mehr als zwei bis drei voll einsatzfähige Wagen verfügte. Gleichwohl schlugen sich die Alfa oft heldenmütig, und es müssen drei Rennen erwähnt werden, in denen die Alfa-Romeo-Streitmacht dennoch siegen konnte, zunächst beim Avusrennen 1934.
Dieses erste große Rennen der Saison sah zwar den Start des neuen, von Porsche konstruierten Auto-Union-Rennwagens, jedoch war Daimler-Benz mit seinem neuen Fahrzeug noch nicht soweit, um ihm eine solche Prüfung zuzutrauen. Nachdem im Rennen dann Stuck mit dem schnellsten Auto-Union-Wagen ausgefallen war, gelang es dem zweiten Mann im Team, Momberger, nur auf einen dritten Platz zu kommen, während der junge Guy Moll mit einem stromlinienverkleideten Alfa vor seinem Teamgefährten Varzi gewann.
Dann brachte 1934 der Große Preis von Frankreich in Montlhéry noch einmal eine Enttäuschung für die deutschen Rennställe: Hier fielen buchstäblich alle Mercedes und Auto Union aus, und Alfa landete so einen 1-2-3-Sieg. Ganz unerwartet kam Alfa auch 1935 noch einmal zu einem großen Erfolg, als auf dem Nürburgring Tazio Nuvolari nach einem äußerst dramatischen Rennen gewann: In der vorletzten Runde hatte noch Manfred von Brauchitsch auf Mercedes klar geführt, aber durch allzu kühnes Fahren mit Rekordrunden hatte er zu viel Gummi verbraucht, und 8 Kilometer vor dem Ziel platzte ihm ein Reifen. Da die übrigen deutschen Wagen durch Boxenstopps zurückgefallen oder ganz aus dem Rennen waren, kam Nuvolari nach einer brillanten Fahrt an die Spitze.

1934 traten erstmals die »Silberpfeile« von Auto Union und Mercedes auf. Start zur Coppa Acerbo 1934: in der ersten Reihe links Hans Stuck auf Auto Union (mit Mittelmotor), daneben Achille Varzi auf Alfa Romeo und Rudolf Caracciola auf Mercedes. Man erkennt die vom Regen trocken gebliebenen Stellen, an denen die Wagen noch eine Sekunde vorher standen.

In dieser Zeit war es üblich, daß man wenigstens einmal, meist sogar zweimal bei einem Grand Prix die Reifen wechseln mußte, ebenso war es notwendig, daß unterwegs an den Boxen aufgetankt wurde, denn der Brennstoffverbrauch der Kompressormaschinen lag in der Größenordnung von 100 Liter pro 100 Kilometer. Die Monteure vollbrachten hier wahre Glanzleistungen, und für die Zuschauer bei Start und Ziel bot sich ein prächtiges Schauspiel.
Das erste Jahr dieser 750-kg-Formel brachte eine leichte Überlegenheit der Auto Union mit Stuck als Spitzenfahrer, 1935 war dagegen mehr ein »Mercedes-Jahr« mit Rudolf Caracciola als dem Erfolgreichsten, 1936 war wiederum die Auto Union etwas erfolgreicher, hauptsächlich durch den kometenhaft aufgestiegenen Bernd Rosemeyer, 1937 neigte sich die Erfolgswaage wieder dem Hause Daimler-Benz zu.
Die beiden Firmen traten mit Wagen an, die auf der Rennpiste etwa die gleichen Leistungen und Erfolge brachten und doch nach ganz verschiedenen Prinzipien gebaut worden waren. Daimler-Benz hatte die konventionelle Bauart mit Frontmotor gewählt, selbstverständlich mit einem modernen Fahrgestell mit unabhängiger Radaufhängung. Verantwortlicher Konstrukteur war Nibel. Bei den Auto-Union-Wagen hatte Porsche das Experiment mit einem Mittelmotor gewagt, zudem baute er keine der üblichen 8-Zylinder-Maschinen, sondern einen V-16-Zylinder-Motor. Die Mercedes besaßen stets einen geringeren Hubraum, aber dank höherer Drehzahlen eine der Auto Union gleiche, ja zuweilen überlegene PS-Leistung. Im Anfang hatte der Mercedes nur eine 3,3-Liter-Kompressor-Maschine, zum Schluß war sie auf 5,6 Liter und 646 PS gekommen. Auto Union begann mit 4,3 Liter und endete 1937 mit einem 6,33-Liter-Motor und 545 PS – man war hier mehr auf die Wirkung des besseren Drehmomentes bedacht.
1938 und 1939 liefen die großen Rennen nach einer Hubraumformel – wahlweise 3 Liter mit oder 4,5 Liter ohne Kompressor –, und da sich Alfa Romeo nicht mehr ernsthaft beteiligte, Maserati auch nur einzelne Versuche unternahm und die kompressorlosen 4,5-Liter-Delahaye außer einem Anfangserfolg durch René Dreyfus in Pau zu keinerlei guten Plätzen mehr kamen, war die deutsche Überlegenheit noch drückender. Mit den 3-Liter-Kompressormaschinen kam man auf 450 bis 480 PS, also genau auf die Leistungen, die man heute mit 3 Liter Hubraum ohne Kompressor bei Formel-1-Motoren erreicht.

Benz Tropfenwagen von 1922/23 – erster Mittelmotorrennwagen der Welt

Frontantrieb und Heckmotor

Bis etwa zum Jahr 1900 waren fast alle Automobile mit einem Heckmotor ausgerüstet, ohne daß man das Wort Heckmotor in den Mund genommen hat, weil es ganz selbstverständlich war, daß man an einem Kutschwagen den Motor am besten hinten anbringen könnte. Eine Frage der Gewichtsverteilung oder der Straßenlage stand damals überhaupt noch nicht zur Diskussion. Um die Jahrhundertwende hatten die Autos mehr und mehr den Motor vorn, wobei man den Antrieb stets auf die Hinterräder leitete, am Anfang mit Hilfe von Ketten, später mit Kardanwelle und Differential. Es wäre natürlich schon damals die Idee naheliegend gewesen, bei einem vorn liegenden Motor auch gleich die Vorderräder anzutreiben, jedoch war das in Verbindung mit den Problemen, die einem die Lenkung damals aufgab, technisch noch zu schwierig.

Der erste Frontantriebswagen der Welt ist in Wien von den Gebrüdern (Karl, Franz und Heinrich) Gräf gebaut worden, in den Jahren 1896/97. Vorher hatten die Gebrüder Gräf Fahrräder hergestellt. Der Wagen war eine leichte »Voiturette« (Radstand 1,60 m, Spur 1,16 m) mit einem De-Dion-Bouton-Einzylindermotor von 402 ccm und 3,5 PS. Dieser Motor lag direkt hinter der Vorderachse und war nicht durch eine Motorhaube abgedeckt, der Antrieb der Vorderräder erfolgte über ein Differential und zwei Halbwellen. Der erste Gräf (Vorläufer der späteren, konventionell gebauten Gräf-&-Stift-Wagen) blieb ein Einzelexemplar, das heute noch im Technischen Museum in Wien zu sehen ist. Die französische Firma Latil (Sitz in Marseille) unternahm dann 1901 den Versuch, ein Fahrzeug mit Frontantrieb zu bauen.

Serienmäßige Frontantriebswagen gab es damals noch nicht, aber es gab auch in diesen Jahren vor dem ersten Weltkrieg keinen serienmäßigen Heckmotorwagen. Nach dem ersten Weltkrieg wandelte sich das Bild auf der Seite des Antriebs und der Lage des Motors kaum. Zwar gab es einen Mittelmotorwagen (wie wir heute sagen würden) in Gestalt des Rumpler-Tropfenfahrzeugs, doch wurden von diesem Wagen nur ganz wenige Exemplare hergestellt, und man kann ihn eigentlich nicht als ein Serienfahrzeug bezeichnen. Die Rumpler-Patente wurden damals von Benz übernommen, und so kam 1922/23 der Benz-Tropfenrennwagen (den es auch als Sportwagen gab) heraus. Dies war der erste Rennwagen mit der heutigen Anordnung des Motors vor der Hinterachse, also einem sogenannten Mittelmotor. Dieser Benz-Tropfenwagen erregte beträchtliches Aufsehen und ist auch einmal in Monza 1923 bei einem großen internationalen Rennen gestartet, aber er konnte sich nicht wirklich durchsetzen. Wir finden auch in den 20er Jahren in Europa nirgendwo einen Wagen mit Frontantrieb oder einen Wagen mit Heckmotor, der in größerer Serie gebaut wurde, von Klein- und Kleinstwagen abgesehen, die hier nicht zur Diskussion stehen. Die einzige Ausnahmeerscheinung war ein Automobil, das Voran hieß und von der Voran-Automobilbau AG in Berlin gebaut wurde, die später zu NAG gehörte. 1926 bis 1928 wurde hier ein Kleinwagen mit Vorderantrieb hergestellt, eine Konstruktion von Richard Bussien, der diese Firma gegründet hat. Aber auch dieser Kleinwagen erreichte nie eine wirkliche Serie. Er besaß einen Motor von Pluto, einen 4-Zylinder-Reihenmotor mit 1,1 Liter und 20 PS und seitlich gesteuerten Ventilen. Vorn hatte der Wagen schwingende Halbachsen mit Doppelgelenken nach dem System Voran. Die Federung erfolgte durch beidseitig übereinanderliegende Viertelelliptikfedern. Hinten hatte das Fahrzeug eine Querblattfeder.

Der Cord

In den USA dagegen hat man 1929 einen Frontantriebswagen, der tatsächlich eine größere Stückzahl erreichte, einführen können. Dies war der Cord, der von der Auburn Automobile Company in Auburn, Indiana hergestellt wurde. Der Cord genoß großes Ansehen und war schon in der Luxusklasse angesiedelt. Er trug den Namen seines Schöpfers, Erret Lobban Cord, in dessen Konzern sich auch Auburn und später Duesenberg befand. Dieser erste Cord, das Modell L 29, hatte einen 8-Zylinder-Reihenmotor, den Lycoming herstellte, ein anderes Zweigwerk des Cord-Empires. Die Maschine hatte einen Hubraum von rund 5 Litern, und es ist ganz erstaunlich, daß in Amerika als erster serienmäßiger Frontantriebswagen ein so riesiges Automobil herauskam, weil man in Europa allgemein der Ansicht war, daß der Frontantrieb sich allenfalls für kleine Wagen eignete. Von 1929 bis 1932, als die Produktion dieses Typs auslief, wurden insgesamt 4400 solcher Cord-Frontantriebswagen hergestellt, eine für Amerika nicht sehr große, aber doch bemerkenswerte Zahl, vor allen Dingen, da sie ja in die Jahre der Depression fiel. Die Marke Cord erschien dann 1935 wieder auf dem Markt mit einer modernisierten Ausführung dieses Frontantriebswagens unter den Modellbezeichnungen 810 und 812. Auch diesmal lieferte Lycoming den Motor, es war ein etwas kleinerer V-8-Zylinder von 4,6 Liter Hubraum. Dieser Cord sah vor allen Dingen deshalb faszinierend aus, weil er einen völlig anderen Kühlergrill hatte, als jedes andere Auto ihn damals besaß, deshalb nannte man ihn im Volksmund in Amerika den fahrenden Frigidaire. Er hatte eine außerordentlich rassige Form. Diesen Cord gab es später sogar mit Kompressor, und von Anfang an hatte er das, was wir heute mit Schlafaugen bezeichnen: Die Scheinwerfer befanden sich in Klappen, die in den Kotflügel eingelassen waren. Obwohl die Preise für den Cord nicht sehr hoch lagen, je nach Modell und Jahrgang zwischen 2000 und 3500 Dollar, wurden insgesamt nur 2320 Stück von den beiden Typen 810 und 812 hergestellt.

Miller und Alvis als Pioniere

Amerika hatte in der Mitte der 20er Jahre bereits durch Miller einen Rennwagen mit Frontantrieb gebaut, der viel von sich reden machte, auch durch Rekordfahrten und durch Erfolge in Indianapolis. Doch wurden von dieser Firma keine Serienwagen mit größerer Stückzahl hergestellt.

Der Miller-Frontantriebs-Rennwagen hatte sein Debüt in Indianapolis im Mai 1925. Aber es war nicht der erste amerikanische Frontantriebs-Rennwagen und überhaupt nicht der erste frontgetriebene Rennwagen, den es gegeben hatte. Diese Priorität gebührt einem Amerikaner namens James Walter Christie, der für den Grand Prix 1907 einen riesigen Rennwagen baute, mit einer Maschine von 19,9 Liter Hubraum, die quer im Fahrzeug eingebaut war und von jedem

Rechts: Der erste Frontantriebswagen der Welt, der Gräf von 1896/97 bei einem historischen Korso

Unten: Der Cord 810 und 812 V-8-Zylinder mit 4,6 Liter von 1935, wegen seines Kühlergrills auch »Frigidaire« genannt

Miller Frontantrieb in Indianapolis Mitte der 20er Jahre. Der Fahrer ist Ralph Hepburn.

Ende der Kurbelwelle einen direkten Antrieb zu jedem einzelnen Vorderrad besaß – eine geradezu absurde Konstruktion, mit einem Zweiganggetriebe versehen. Der Motor war ein Vierzylinder in V-Form, man kann sich also ungefähr vorstellen, wie groß die Zylinder waren: Jeder einzelne hatte nämlich 5 Liter Hubraum. Die Kraft wurde über Konuskupplungen und ohne Differential auf die Vorderräder übertragen, die erstaunlicherweise eine unabhängige Radaufhängung besaßen mit einer Federung durch Schraubenfedern, die in Rohren geführt waren – eine Konstruktion, die einerseits großes Aufsehen erregte, weil man so etwas noch nicht gesehen hatte, andererseits mit Kopfschütteln von den Konkurrenten aus Europa betrachtet wurde. Dieses gewaltige Automobil mit Vorderradantrieb kam dann trotz dieser riesigen Maschine nicht im entferntesten an die Rundenzeiten der besten Europäer heran. Christie, der den Wagen selbst fuhr, mußte in der 4. von 10 Runden aufgeben. Indessen hat er dieses Automobil dann mit einem etwas kleineren Motor versehen und ist im Vanderbilt Cup Race in Long Island gestartet, wo er dann Dreizehnter wurde. Er verfolgte sein Projekt nicht weiter, vermutlich auch aus Geldmangel, und lange Zeit sah man dann keinen Frontantriebswagen mehr bei Rennen auftauchen, bis – wie gesagt – in Amerika dieser Miller nach Indianapolis kam. Aber zwei Monate vorher hatte die englische Firma Alvis einen Frontantriebs-Rennwagen zu englischen Bergrennen gebracht.

Alvis beteiligte sich in den 20er Jahren sehr häufig an Sportveranstaltungen; ihr erster Frontantriebs-Rennwagen hatte einen 4-Zylinder-Motor mit 1,5 Liter und Kompressor, der rund 100 PS entwickelte. Dieser Frontantriebs-Rennwagen war sehr schnell, er wog in der Form, in der er für Bergrennen eingesetzt wurde, auch nur 475 kg und konnte Brooklands mit einem Durchschnitt von fast 169 km/h umrunden – für 1925 und einen 1,5-Liter-Rennwagen ein erstaunliches Resultat. Dieser Alvis-Frontantriebs-Rennwagen sah sehr langgestreckt aus, was vor allem dadurch zustande kam, daß sich das Getriebe vor dem Motor befand (ein Vierganggetriebe) und dann erst das Differential an der Vorderachse kam. Diese war eine starre Achse, aber mit einer ganz interessanten Abfederung durch zwei Paare von Viertelelliptikfedern versehen, die parallel zum Chassisträger lagen. Interessanterweise waren die Bremsen innen am Differential angebracht. Alvis entwickelte dann ein Jahr später für die damalige Grand-Prix-Formel einen Reihen-8-Zylinder, der ebenfalls 1,5 Liter und Kompressor hatte, der aber eine sehr merkwürdige Ventilkonstruktion aufwies: horizontal liegende Ventile, die durch zwei sehr hoch liegende (aber nicht obenliegende) Nockenwellen angetrieben wurden. Als Kompressor wurde ein Roots-Gebläse verwendet, der Motor besaß Trockensumpfschmierung. Man schätzte die Leistung auf 110 PS, was gegen die damals führenden Marken Bugatti und Delage kaum ausreichte. Die Federung war die gleiche wie beim Modell von 1925, ebenso der ganze Frontantrieb. Dieser Alvis wurde aber erst sehr spät fertig, er erschien zwar im August 1926 beim großen Rennen in Brooklands, mußte aber nach einigen Schäden im Training wieder zurückgezogen werden. Schließlich kamen zwei Autos zum 200-Meilen-Rennen in Brooklands im September an den Start. Bei diesem 200-Meilen-Rennen starteten allerdings keine Delage und keine Bugatti, aber auch gegen die Talbot-Darracq konnte sich der Alvis nicht durchsetzen. Immerhin lag der Spitzenfahrer der englischen Firma zunächst an 4. Stelle, hinter diesen 3 Talbot-Darracq, als er durch einen Unfall aus dem Rennen geworfen wurde. Der zweite Wagen mußte wegen Ölverlust aufgeben. Bei Alvis ließ man sich durch diese Mißerfolge aber nicht von dem vorgefaßten Plan abbringen, und die Version von 1927 dieses Grand-Prix-Wagens war wesentlich verbessert. Vor allen Dingen hatte man das Getriebe vor das Differential gelegt, um der Vorderachse mehr Gewicht zu geben. Der Fahrersitz war in der Mitte angeordnet, zum ersten Mal überhaupt bei einem Rennwagen, und vorn hatte man eine unabhängige Radaufhängung gewählt, durch insgesamt acht querliegende Viertelelliptikfedern. Auch den Motor hatte man verändert und ihn jetzt mit zwei obenliegenden Nockenwellen versehen; die Leistung betrug 125 PS, die Spitzengeschwindigkeit dürfte bei 200 km/h gelegen haben. Es war zweifellos eine der interessantesten und fortschrittlichsten Konstruktionen, die es in den 20er Jahren gegeben hat. Von diesem neuen Modell wurden wiederum zwei Wagen gebaut, aber auch hier war man in der Zeit sehr spät, und erst im Oktober konnten die beiden Wagen in Brooklands starten. Sie erwiesen sich den Bugatti mindestens als ebenbürtig, was die Schnelligkeit, und überlegen, was die Straßenlage anging, nur waren sie eben nicht zuverlässig und mußten schon im ersten Viertel des Rennens aufgeben. Nach diesem zweiten Mißerfolg, der aber nichts mit dem Frontantrieb zu tun hatte, beschloß die Firma Alvis, keine Grand-Prix-Wagen mehr zu bauen, und verlegte sich auf Sportwagen und auf sportliche Tourenwagen. 1928 auf 1929 gab es einen 1482-ccm-Alvis mit einem 4-Zylinder-Motor und einer obenliegenden Nockenwelle, der 50 PS ohne und 75 PS mit Kompressor leistete und mit einem Solex-Vergaser versehen war. Er hatte die gleiche unabhängige Vorderradaufhängung wie das Grand-Prix-Modell ein Jahr zuvor und hatte sogar auch eine unabhängige Aufhängung der Hinterräder mit längsliegenden Führungsarmen. Es gab diesen Alvis-Frontantrieb als Zweisitzer und als viersitzigen

Tourenwagen, und man konnte ihn wahlweise ohne oder auch mit Kompressor kaufen. Er war keineswegs billig; die Limousine kostete umgerechnet etwa 14 000 Mark, und das noch ohne Kompressor. Alvis stellte diesen Wagen auch nur in einer kleinen Serie her und hat dann 1929 noch einmal den Versuch gemacht, einen Sportwagen (den man auch viersitzig haben konnte) mit dem 1,5-Liter-Reihen-8-Zylinder-Motor zu versehen, ebenfalls mit Kompressor. Aber dann war man mit all diesen Plänen am Ende, weil es der Firma finanziell nicht mehr gut ging, und man gab den gesamten Sektor Frontantrieb auf. Es sollte noch dazu gesagt werden, daß 1928 sogar zwei solche 1,5-Liter-Alvis als sportliche Tourenwagen in Le Mans erschienen und dort immerhin den 6. und 9. Platz in der Gesamtwertung belegten und die 1500er Klasse gewannen. Es war dies übrigens das gleiche Rennen, in dem zwei frontgetriebene 1,1-Liter-Tracta in Le Mans mitfuhren.

Unten: DKW F 1 aus der ersten DKW-Serie mit Frontantrieb 1931 bis 1933. – Ganz unten: DKW-Front C von 1937 mit 700-ccm-Zweizylinder-Zweitaktmotor

DKW ab 1931

Erst zu Beginn der 30er Jahre begann der Frontantrieb sich auf einer etwas breiteren Ebene durchzusetzen, und zwar diesmal in Europa. Die beiden Firmen, die auf dem Sektor des Frontantriebs Pionierarbeit leisteten, waren DKW in Deutschland und etwas später Citroën in Frankreich.
Die meisten glauben heute, daß DKW von Anfang an Fahrzeuge mit Frontantrieb gebaut hat, was aber nicht richtig ist. Man hat bei DKW zwar von Beginn der Autoproduktion (1928) an immer Fahrzeuge mit Zweitaktmotoren hergestellt, aber die ersten Modelle einschließlich des im Jahr 1930 erscheinenden Wagens mit 4-Zylinder-V-Motor waren mit normalem Hinterradantrieb ausgestattet. Erst 1931 erschien der DKW-Front unter der Bezeichnung F 1 mit 500 ccm und F 2 mit 600 ccm Hubraum. Dieser erste DKW mit Frontantrieb wurde zunächst nur als zweisitziger Roadster geliefert. Es war in vielerlei Hinsicht eine interessante Konstruktion, weil der Motor quadratisch ausgelegt war (Bohrung und Hub 68 mm). Bei einem Hubraum von 490 ccm leistete diese Maschine 15 PS, was einer Liter-Leistung von 30 PS entspricht, für das Jahr 1931 und einen Gebrauchswagen ein erstaunlich hoher Wert. Die Kraftübertragung vom Motor zum Getriebe erfolgte durch Zahnräder, ab 1932 durch Kette. Das Dreiganggetriebe war angeblockt, und wie üblich bei vielen Frontantriebswagen befand sich der Schalthebel am Armaturenbrett, das heißt, es stand aus dem Armaturenbrett ein Griff heraus, den man teils zog, teils nach rechts und links bewegte. Der Zweisitzer hatte nur einen Radstand von 2,10 m und eine Spurweite von 1,10 m und wog mit einer Stahlkarosserie nur 450 kg. Der Viersitzer, der dann einen 600-ccm-Motor erhielt, wog 515 kg, auch das war ein sehr leichtes Gewicht. Dieser erste DKW-Front war zwar ein Kleinwagen, aber irgendwie schon ein richtiges Auto. Diese erste Serie wurde von 1931 bis 1933 gebaut und ging 1933 in die später sehr bekannt gewordenen Typen Reichsklasse mit 600 ccm und Meisterklasse mit 700 ccm über. Der erste kleine DKW-Front-

Roadster von 1931 entwickelte eine Spitzengeschwindigkeit von 75 km/h. Entsprechend den schwierigen wirtschaftlichen Verhältnissen wollte DKW diesen Wagen zu einem sehr günstigen Einführungspreis auf den Markt bringen und setzte ihn deshalb nur mit 1685 Reichsmark an, damals der billigste deutsche Wagen.

Parallel zu diesen Frontantriebsmodellen gab es bei DKW am Anfang immer noch Wagen mit normalem Hinterradantrieb. 1932 erschien der DKW Sonderklasse 1001 mit einem 1054-ccm-Motor und 26 PS, auch ein Zweitakter (4-Zylinder-V-Motor unter 90 Grad), der aber Hinterradantrieb besaß. Das Nachfolgemodell war die DKW-Schwebeklasse mit ebenfalls 1054-ccm-Motor, der von 1934 bis 1937 gebaut wurde und Hinterradantrieb hatte. Daraus wurde dann noch eine zweite DKW-Sonderklasse entwickelt (1938/39). Es haben also bei DKW immer nur die kleinen Wagen mit 600 und 700 ccm Frontantrieb gehabt.

Adler-Trumpf

Bei den Adler-Werken dagegen baute man schon wesentlich größere Fahrzeuge mit Frontantrieb. Der erste Adler mit Frontantrieb erschien ein Jahr nach dem DKW. Es war der nachher weltweit bekannt gewordene Typ Trumpf, der zunächst mit einem Reihenmotor von 1,5 Liter Hubraum und 30 PS bei 3400 Touren erschien. Bei Adler ging es indessen ähnlich wie bei DKW: Man wagte sich nicht ausschließlich auf diese Neulandwagen und wollte aus diesem Grund für einen Kundenkreis, der dem Frontantrieb noch nicht gewogen zu sein schien, parallel dazu einen Wagen mit normalem Hinterradantrieb schaffen, was Adler in Gestalt des Typs Primus tat. Der Trumpf ist zurückzuführen auf die Entwürfe des in seiner eigenen Firma ausgeschiedenen H. G. Röhr, während der Primus eine Konstruktion von Göckeritz war. Der Primus war ein ganz konventionelles Fahrzeug mit Starrachsen und Hinterradantrieb, hatte aber nahezu die gleiche Karosserie wie der Trumpf und auch den gleichen Motor. Der Adler-Trumpf war für seine Zeit ein sehr fortschrittliches Automobil. Er besaß nicht nur Frontantrieb, sondern auch Schwingachsen und hydraulische Vierradbremsen – ungewöhnlich für einen so kleinen Wagen jener Zeit. Der 4-Zylinder-Reihenmotor des Adler-Trumpf besaß seitlich gesteuerte Ventile und war ziemlich langhubig (Hub 95 mm, Bohrung 71 mm). Die Kurbelwelle lief in drei Gleitlagern. Die Kühlung war eine reine Thermosyphonkühlung, die Licht- und Anlasseranlage hatte 6 Volt, interessant war der Vergaser von Bosch. Der Brennstofftank lag vorn, und die Förderung erfolgte dann durch Gefälle. Der Motor, das Vierganggetriebe mit zwei synchronisierten Gängen und der Vorderantrieb waren verblockt. Die Federung vorn erfolgte durch zwei Querblattfedern übereinander, hinten waren Auslegerfedern in Gummi gelagert. Die erste Adler-Trumpf-Limousine wog 1050 kg, war 90 km/h schnell und kostete 3550 Reichsmark.

Bei Adler wurde dieser Grundtyp nach oben und unten weiterentwickelt. Es entstand 1934 der Adler-Trumpf Junior, ein sehr beliebter Kleinwagen mit 995-ccm-Motor, der 25 PS bei 4000 Touren leistete und ein Vierganggetriebe besaß. Aus dem 1,5-Liter-Adler-Trumpf entstand dann der 1,7-Liter-Adler-Trumpf, der schließlich 1938 zum Adler-2-Liter weiterentwickelt wurde, dessen 4-Zylinder-Motor bei 1910 ccm 45 PS entwickelte. Sowohl vom Adler-Trumpf Junior als auch vom Adler-Trumpf entstanden dann Sportversionen, die es in der Serie gab: zweisitzige, sehr elegant aussehende, gestreckte Sportwagen mit einer nicht besonders hohen Leistung, die aber verhältnismäßig gut verkauft wurden. Der Trumpf Junior Sport war charakterisiert durch die mit den

Adler-Trumpf Junior mit Frontantrieb, 995 ccm Hubraum, 25 PS, der von 1934 bis 1939 gebaut wurde

Amilcar wurde in den 20er Jahren durch seine 1100-ccm-Renn- und Sportwagen berühmt. 1929 brachte die französische Firma auch einen Achtzylinder auf den Markt, wahlweise mit 2-Liter- und 2,3-Liter-Maschine. Dieses Phaeton gehörte ursprünglich dem Fürsten Windischgrätz in Wien und befindet sich heute in der Sammlung Wirth in Basel.

Vorderrädern mitschwenkenden Kotflügel und die voll verkleideten Hinterräder. Er hatte statt 25 PS einen 28-PS-Motor und kostete damals 3750 Reichsmark, mit dem Sportmotor 4100 Reichsmark. Diesen kleinen Trumpf Junior Sport versah das Werk mit einer einsitzigen Stromlinien-Coupé-Karosserie, womit der Wagen rein aerodynamisch sehr schnell gemacht wurde und auf der Avus eine ganze Reihe von Langstreckenrekorden für die 1100er Klasse aufstellte. Kurz danach versah man auch den Adler-Trumpf mit der 1,5-Liter-Maschine mit einer zweisitzigen Vollstromlinienkarosserie nach Jaray-Patenten. Und auch mit diesem Fahrzeug wurden auf der Autobahn Frankfurt - Darmstadt eine Reihe von Klassenrekorden aufgestellt, die das Fabrikat Adler damals sehr populär machten. Mit dem 1,7-Liter-Adler-Trumpf, versehen mit dieser Stromlinienkarosserie, stellte man nicht nur neue Rekorde auf, sondern startete auch in Le Mans beim 24-Stunden-Rennen. Es haben dort die Adler-Stromlinien-Sport-Coupés in ihrer Klasse hervorragend abgeschnitten: 1937 konnten Graf Orssich und Sauerwein mit einem solchen 1,7-Liter-Adler Sechste im Gesamtklassement werden, der zweite Adler unter Löhr und von Guilleaume wurde Neunter. Übrigens fuhren mit einem Adler von 1,5 Liter Inhalt in der 1500er-Klasse die Französin Madame Itier zusammen mit Huschke von Hanstein, dieser Wagen fiel aber leider aus. 1938 wiederholte Adler mit seinem Frontantriebswagen diesen Erfolg in Le Mans, wo Orssich und Sauerwein wiederum Sechste werden konnten, während Löhr und von Guilleaume mit einem 1,5 Liter Adler den 7. Platz belegten. Im sogenannten Indice de performance, der in Le Mans immer sehr hoch dotiert war, belegten Orssich/Sauerwein sogar den 2. Platz in der Gesamtwertung und gewannen außerdem den Zwei-Jahres-Cup.

Die Adler-Trumpf-Junior- und Adler-Trumpf-Modelle, die als Limousinen und als gut aussehende Cabriolets geliefert wurden (der Trumpf Junior auch als sogenannte Cabrio-Limousine), waren aber in den 30er Jahren nicht die einzigen Produkte von Adler. Ein wenig Ähnlichkeit hatte diese Entwicklung mit der von DKW in den kleineren Hubraumbereichen: Die großen Wagen von Adler blieben dem Hinterradantrieb treu. Der sogenannte Adler-Diplomat, der von 1934 bis 1938 gebaut wurde und einen 2,9-Liter-Motor mit 65 PS besaß, wurde mit konventionellem Hinterradantrieb versehen, ebenso der interessant aussehende und mit ersten Ansätzen zu einer Ponton-Form gezeichnete Adler 2,5 Liter, der von 1937 bis 1939 auf dem Markt war. Er hatte einen 2,5-Liter-58-PS-Motor, achslose Radaufhängung hinten und vorn, jedoch einen normalen Hinterradantrieb mit Kardanwelle. Dieser 2,5-Liter-Adler hatte aerodynamisch sicherlich die beste Form, die Scheinwerfer waren vorn in Kotflügel und Kühlerverkleidung nahezu ganz eingebaut, das Fließheck war allerdings viel zu steil, als daß es stromlinienförmig hätte wirken können.

Auch Stoewer

Bei der Nennung von DKW und Adler als Protagonisten des Frontantriebs in Deutschland vergißt man immer wieder, daß die Firma Stoewer auch schon 1931 mit ihrem ersten Frontantriebs-Serienwagen herausgekommen war. Die Firma Stoewer betrat damit nicht nur im Frontantrieb Neuland, sie brachte auch zum ersten Mal einen kleinen Wagen auf den Markt, der einen 4-Zylinder-V-Motor mit seitlich gesteuerten Ventilen, 1188 ccm und 25 PS bei 3000 Umdrehungen hatte. Er hieß offiziell Typ V 5, sah relativ gestreckt aus, hatte knappe, kurze Kotflügel und war besonders als Sport-Cabriolet ein Wagen, der vielfach bei Schönheitskonkurrenzen ausgezeichnet wurde. Dieser Stoewer, der von 1931 bis 1933 gebaut wurde, besaß eine Einscheiben-Trocken-Kupplung, ein angeblocktes Dreiganggetriebe mit Mittelschaltung und einen Antrieb auf die Vorderräder über schwingende Halbachsen mit je zwei Gelenken. Die Federung erfolgte vorn durch Querblattfedern mit Schublenkern (hinten ebenfalls Querblattfedern mit Schublenkern, Federn oben angeordnet). Auch dieser kleine Stoewer besaß schon hydraulische Vierradbremsen. Er hatte einen Radstand von 2,50 m und eine Spurweite von 1,25 m. Seine Spitze lag bei 80 km/h. Die Limousine kostete 3600 Reichsmark. Er wurde auch als Cabrio-Limousine geliefert und, wie gesagt, als besonders schickes zweisitziges Sport-Cabriolet.

Dieses Fahrzeug mauserte sich 1933 zu einem 1,4-Liter mit 30 PS, das war der sogenannte Stoewer Typ R 140. Sein Hubraum wurde in dem folgenden Jahr auf 1,5 Liter und dann auf 1,8 Liter vergrößert. Außer diesem kleinen Wagen baute Stoewer aber noch ab 1935 den größten deutschen Serienwagen mit Frontantrieb aus jener Zeit. Das war der Typ Greif, mit einem 8-Zylinder-V-Motor, seitlich gesteuerten Ventilen, 2,5 Liter Hubraum und 57 PS bei 3400 Umdrehungen. Der Motor war mit einem Solex-Doppelfallstromvergaser ausgerüstet, der Leichtmetallzylinderblock hatte Graugußlaufbuchsen, das angeblockte Stoewer-Vierganggetriebe war mit Mittelschaltung ausgerüstet, der dritte und vierte Gang synchronisiert. Der Antrieb auf die Vorderräder erfolgte durch Stirnraddifferential und schwingende Halbachsen mit je zwei Gelenken. Vorn lagen zwei Querblattfedern mit hydraulischen Stoßdämpfern. Hinten war die Abfederung dieses großen Frontantriebswagens ganz interessant, mit horizontal angeordneten Schraubenfedern und Schwingarmen. Der Stoewer-Greif, der 1300 kg wog und 110 km/h schnell war, wurde zu einem sehr günstigen Preis angeboten: Die Limousine kostete nur 5500 Reichsmark. Er war trotzdem kein Verkaufserfolg, wurde aber immerhin bis 1938 gebaut. In diesem Jahr ging Stoewer wieder zu konventionellen Fahrzeugen über. Die Typen Sedina mit 2,4 Liter und 54 PS und Arkona, ein Sechszylinder mit 3,6 Liter und 82 PS, besaßen vorn Querblattfedern und Schublenker, hinten normale Halbelliptikfedern (Starrachsen), der Antrieb erfolgte auf die Hinterräder. Auch der Stoewer Greif-Junior, ein Nachfolgemodell des kleinen Röhr-Junior (Lizenz Tatra), der von 1936 bis 1939 gebaut wurde und einen 4-Zylinder-Boxermotor besaß, übertrug seine Kraft auf die Hinterachse, die als Pendelachse ausgebildet war. Stoewer ist also in der letzten Phase der Entwicklung ganz vom Frontantrieb abgegangen und ging zu der konventionellen Anordnung über, mit Frontmotor und Hinterradantrieb.

Brennabor, NAG, Audi

Nur am Rande erwähnenswert ist der Versuch von Brennabor mit dem Typ »Juwel 6 Front«, im Jahre 1932 auch einen größeren Frontantriebswagen auf den Markt zu bringen. Dieses

Der erste französische Frontantriebswagen, der Tracta von 1926, konstruiert von J.A. Gregoire

Fahrzeug hatte einen 2460-ccm-Motor mit 45 PS und war mit einer interessant häßlichen Karosserie versehen. Dieser Juwel 6 Front kam schon im Spätherbst 1931 heraus, gehörte also auch zu den ganz frühen deutschen Frontantriebswagen, hatte aber überhaupt keinen Erfolg und wurde nur in einzelnen Exemplaren hergestellt. Er war relativ schwer (die Limousine wog 1400 kg) und relativ langsam (90 km/h Spitzengeschwindigkeit).

Erwähnt werden muß auch noch NAG. Die letzten Modelle dieser einst so bekannten Firma waren Frontantriebswagen: 1932 erschien als Prototyp der »212« mit einem 4,5-Liter-V-8-Zylinder-Motor und 100 PS, der nie in Serie ging – und 1933 brachte die Berliner Firma den optisch recht ansprechenden »NAG Voran« mit 1,5-Liter-32-PS-Motor, seitengesteuert, der eine Gebläseluftkühlung besaß und eine interessante rahmenlose (selbsttragende) Holzkarosserie. Mit diesem Frontantriebswagen ging 1934 die NAG-Produktion zu Ende.

1933 kam auch bei Audi ein Wagen mit Frontantrieb auf den Markt: der Audi-Front, der einen 2-Liter-Wanderer-Motor mit 40 PS besaß, aus dem später die 2,3-Liter-Version mit 55 PS entstand.

Der merkwürdige Tracta

Längst bevor Citroën damit begann, gab es in Frankreich eine Marke, die den Frontantrieb propagierte, die allerdings Automobile nur in relativ geringen Stückzahlen baute – Tracta. Die Firma Tracta befand sich in Asnières an der Seine. Der Chefkonstrukteur war J. A. Gregoire, der zweifellos zu den besten und fortschrittlichsten französischen Konstrukteuren zählte. Gregoire war ein leidenschaftlicher Verfechter des Frontantriebs, und bereits die ersten Tracta, die im Herbst 1926 vorgestellt wurden, besaßen Frontantrieb. Die für die Tracta entwickelten Spezialkugelgelenke am Frontantrieb, die eine gleichmäßige Geschwindigkeit der Wellen garantierten, waren zweifellos ihrer Zeit um Jahre voraus und sind später noch häufig von Konstrukteuren für Frontantriebswagen angewendet worden.

Der Tracta war ein kleiner, sportlicher Wagen, der mit verschiedenen Motoren fremder Fabrikate ausgerüstet wurde. Der erste Tracta erschien mit einem SCAP-Motor mit 70 mm Hub und 105 Bohrung (1614 ccm, oben gesteuerte Ventile). Man hat die Tracta auch mit einem SCAP-Motor von 1100 ccm mit Kompressor versehen sowie mit einer 1-Liter- und mit einer 1,5-Liter-Maschine. Der Tracta sah sehr rassig aus, weil er eine für seine kleinen Dimensionen sehr lange Motorhaube besaß. Dies war aber nicht so sehr ein Stilelement, sondern das Ergebnis einer technischen Fehlplanung, denn das Getriebe befand sich nicht vor der angetriebenen Vorderachse oder über dieser, sondern Motor, Getriebe und Antrieb befanden sich in einer Reihe hintereinander, so daß sich daraus eine enorme Haubenlänge ergab. Die Vorderräder des Tracta waren unabhängig aufgehängt, so ähnlich wie beim Lancia-Lambda. Die Schaltung kam aus dem Armaturenbrett heraus in der alten klassischen Frontantriebsart.

Um dieses neue Fabrikat sofort populär zu machen, startete Gregoire selbst zusammen mit Lemesle mit diesem Tracta in der 1,1-Liter-Sportausführung 1927 in Le Mans. Er kam auch tatsächlich ans Ziel, wenn auch als letztes der insgesamt nur noch 7 Fahrzeuge, die das Ende dieser 24 Stunden erreichten. Ein Jahr später waren drei Tracta in Le Mans am Start: einer mit 1,5-Liter- und zwei mit 1100-ccm-Motor. Gregoire fuhr selbst wieder mit, und alle drei Tracta kamen ans Ziel. Für dieses Le-Mans-Rennen hatte Gregoire die Tracta mit einer relativ strömungsgünstigen Karosserie versehen: Die Scheinwerfer waren in die sehr breite Frontmotorhaube eingebaut, und die Roadster machten schon einen relativ modernen Eindruck. Auch 1929 versuchte sich Gregoire mit einem 988-ccm-Tracta noch einmal in Le Mans. Damals starteten wiederum drei Tracta, und zwei kamen ans Ziel. So bekannt auf diese Weise in Frankreich der Tracta wurde, so wenig drang sein Ruf ins Ausland, und auch die Verkaufsziffern blieben eigentlich bescheiden. Das Problem der Lenkung war nicht hundertprozentig gelöst; es übertrugen sich relativ harte Schwingungen auf die Lenksäule, und man mußte auch bei dem kleinen Wagen eine gewisse Kraft aufwenden, um die Lenkung wirklich fest in der Hand halten zu können.

Gregoire hat dann noch Versuche gemacht, seine Tracta mit größeren 6-Zylinder-Motoren zu versehen, aber das läutete schon das Ende dieser Firma ein, die 1933 ihre Produktion endgültig einstellen mußte.

»Traction Avant«

Der erste Wagen, der in wirklich großen Serien mit Frontantrieb in Frankreich auf den Markt kam, war der Citroën. Der »Traction Avant« von Citroën wurde in den 30er Jahren wirklich weltberühmt, aber man sollte dabei nicht vergessen, daß die Firmen DKW, Adler und Stoewer deutlich vor Citroën mit serienmäßigen Frontantriebswagen auf den Markt gekommen waren, ganz zu schweigen von dem großen amerikanischen Cord.

Man hatte bei Citroën schon zwei Jahre vorher mit dem Frontantriebsgedanken gespielt und Experimente gemacht

Der Citroën 11 wurde als Fronttriebler ein großer Erfolg. Erstmals 1934 vorgestellt, wurde er dann in verschiedenen Versionen 20 Jahre lang gebaut. Durch seine hervorragende Straßenlage war er sowohl bei Polizei als auch Gangstern sehr beliebt, weshalb man ihn auch »Gangsterwagen« nannte.

und kam dann 1934 mit diesem neuen Wagen, als sich in der Firma eine Produktions- und Absatzkrise spürbar machte. Der erste Prototyp dieses Citroën hatte noch einen Motor mit 1,3 Liter Hubraum, dann wurde eine zweite Serie mit 1624 ccm und später eine dritte mit 1911 ccm herausgebracht. Der erste Citroën-Traction-Avant trug die Typenbezeichnung 7 (entsprechend den französischen Steuer-PS). Der Folgetyp wurde dann der Typ 11 genannt, und dieser hat eigentlich Citroën den großen Erfolg mit dem Frontantriebswagen gebracht. Dieser Citroën 11 mit seiner charakteristischen Form, die auch heute noch gut bekannt ist, weil es noch viele solche Fahrzeuge in Frankreich und in manchen anderen Ländern gibt, wurde – von den Unterbrechungen des Krieges abgesehen – 20 Jahre lang gebaut. Er war bis 1957 auf dem Markt. Auch hier lag die Schaltung am Armaturenbrett. Der Motor hatte obenliegende, durch Stoßstangen gesteuerte Ventile. Der neue Citroën besaß einige bemerkenswerte technische Errungenschaften, zum Beispiel konnte man den gesamten Motor-Getriebe-Block aus Karosserie und Rahmen nach vorn ausfahren, wenn der Wagen in die Werkstatt kam. Der Stahlplattformrahmen war mit der Karosserie zu einer Einheit verschmolzen, die Bremsen waren hydraulisch, vorn und hinten verwendete man eine Torsionsstabfederung, die sich zwei Jahre vorher Ferdinand Porsche in Stuttgart hatte patentieren lassen. Die Aufhängung der Vorderräder war unabhängig. Der Wagen wirkte und war lang gestreckt und relativ niedrig, was auch dazu beitrug, daß er eine sehr gute Straßenlage besaß. Das Getriebe hatte aber nur drei Gänge. Als Citroën diesen Wagen im Frühjahr 1934 vorstellte, wurde er noch nicht gleich ein großer Erfolg. Das lag daran, daß die erste Serie eigentlich untermotorisiert war. Der Originalmotor mit 1300 ccm gab nur 32 PS ab, und das war einfach zu wenig für eine Limousine, die rund 1000 kg wog. Man offerierte dann kurze Zeit eine Sportversion mit leicht vergrößertem Hubraum und 36 PS. Schließlich gab es im Herbst 1934 eine Version mit 1628 ccm und 36 PS und eine mit 1911 ccm und 46 PS, und erst mit diesem Typ 11 war der Erfolg dieses Citroën-»Traction Avant« gesichert. Das kleinere Modell hatte eine Spitzengeschwindigkeit von etwa 105 km/h, der Typ 11 brachte es auf 115 km/h. Erst nach dem Krieg wurde die Leistung dieses Typ 11 auf 56 PS bei 4250 Umdrehungen vergrößert, ganz zum Schluß hatte er 60 PS. Es gab den 11 als »11 Legère«, als »11 Normale« und als »11 Normale« mit Langchassis für acht Personen. Als solcher besaß er einen Radstand von 3,27 m und brachte 1180 kg auf die Waage, während der »11 Legère« 1040 kg wog.

Der Citroën wurde fast nur als viertürige, vierfenstrige Limousine verkauft, doch gab es ihn auch als zweisitzigen Roadster und als zweisitziges Coupé, was eine sehr seltene und unter Veteranenfreunden heute noch gesuchte Form dieses Wagens ist.

Zum Pariser Salon 1938 wurde der Citroën 15 vorgestellt mit einer 2,9-Liter-6-Zylinder-Maschine, der im Prinzip genauso wie der 11 gebaut war, nur etwas größere Außenmaße besaß. Der Motor gab nun 76 PS bei 3800 Touren ab. Auch dieser Typ 15 wurde genau wie der 11 nach dem Kriege noch weitergebaut. Citroën wollte ganz am Anfang neben dem kleinen Frontantriebswagen einen großen 3,8 Liter mit V-8-Zylinder-Motor herausbringen, der 100 PS besaß – es war praktisch die Verdoppelung des Motors vom Typ 11. Es wurden 6 Prototypen davon gebaut. Eine Serie konnte aber damals nicht realisiert werden, weil es Citroën finanziell gar nicht sehr gut ging und um diese Zeit ja auch Michelin die Finanzleitung bei Citroën übernahm. Während es 1956 schon die neue Serie (ID und DS) gab, wurde der alte Typ 11 noch weiter gebaut, und der letzte Wagen dieser Serie, ein 11-D-Familiale, verließ im Juli 1957 das Band bei Citroën.

Mercedes-Heckmotor

Während also in den 30er Jahren in Europa der Frontantrieb zu einer gewissen Popularität und Verbreitung kam, hat man nur ganz zögernd die ersten Schritte zum Heckmotorwagen getan. Erstaunlich dabei ist, daß die Firma Daimler-Benz, die um diese Zeit eher konventionelle Automobile baute, am

Mercedes Typ 130 Heck von 1933/34 als Cabrio-Limousine. Eher häßlich, aber doch ganz individuell und eigenartig geformt. 1,3 Liter, 26 PS bei 3200 U/min, 92 km/h Spitze

Ende des Jahres 1933 das erste Fahrzeug vorstellte, das mit Heckmotor tatsächlich in Serie ging – wiederum von Kleinstwagen und Prototypen abgesehen. Dieser Mercedes-Benz Typ 130, der zwei Jahre lang gebaut wurde, hatte einen 4-Zylinder-Reihenmotor, der hinter der Hinterachse angeordnet war, mit seitlich stehenden Ventilen. Der Zylinderinhalt betrug 1308 ccm, die Leistung 26 PS bei 3200 Touren, Verdichtung 1 : 6. In der später üblichen Weise war das Getriebe vor der Hinterachse angeordnet und mit Motor und Achsantrieb verblockt. Es hatte vier Gänge, wobei der vierte als sogenannter Schnellgang mit der Übersetzung 1 : 0,69 ausgebildet war. Das Fahrwerk besaß einen Zentralrohrrahmen, die Federung vorn erfolgte durch zwei übereinanderliegende Querblattfedern, hinten befand sich eine Pendelachse mit je einer Spiralfeder und hydraulischen Stoßdämpfern. Die Reifengröße war 4,75 × 17, der Radstand betrug 2,50 m und das Eigengewicht der Limousine 880 kg. Der Wagen erreichte eine Spitze von 92 km/h. Die Limousine – zweitürig, vierfenstrig – kostete 3200 Reichsmark. Man muß ganz offen sagen, daß dieser Mercedes 130 ein totaler Mißerfolg war. Weder wurden nennenswerte Stückzahlen verkauft, noch war dieses Auto wirklich fahrsicher zu nennen. Trotzdem muß man mit großem Respekt diese Konstruktion deshalb betrachten, weil Daimler-Benz eine der ersten Firmen überhaupt war, die auf diesem Gebiet des Heckmotorwagens Erfahrungen sammeln wollte. Der 130 H bekam 1935 als Nachfolger den 170 H, der in der Straßenlage wesentlich besser war. Er besaß denselben Motor wie der parallel entwickelte 170 V, also einen seitengesteuerten Vierzylinder mit 1,7 Liter und 38 PS bei 3400 Touren. Rahmen und Abfederungen waren ähnlich gestaltet wie beim 130 H, doch hatte man eine günstigere Gewichtsverteilung erreicht. Der Radstand betrug nun 2,60 m, und die Limousine wog 1100 kg. Der Wagen wurde auch als Cabrio-Limousine geliefert und erreichte eine Spitze von 108 km/h. Er kostete damals 4350 Reichsmark, war also um 600 Mark teurer als sein Frontmotorbruder, der 170 V. Wenn man von Kleinwagen wie dem Standard Superior absieht, so waren diese beiden Mercedes-Konstruktionen die ersten Heckmotorwagen, die in Deutschland in Serie gingen.

Daimler-Benz hatte parallel zum Typ 130 noch für die 2000-km-Fahrt 1934 einen Heckmotorwagen entwickelt, der sich 150 H nannte und den es nur als Sport-Zweisitzer gab – teils offen, teils als Stromlinien-Limousine. Mit dieser Stromlinien-Limousine vom Typ 150 H fuhr Hermann Lang 1934 als ersten Renneinsatz bei Daimler-Benz diese 2000-km-Fahrt mit. Jener Sport-Zweisitzer allerdings war kein Heckmotor im korrekten Sinne dieses Wortes, sondern das, was man heute einen Mittelmotor nennen würde: Der Motor befand sich zwischen den beiden Sitzen und der Hinterachse. Der 150 H wurde ganz kurze Zeit zum Kauf angeboten, aber es entstand für diesen Wagen, der einen 1,5-Liter-Motor mit 55 PS und einer Spitze von etwa 130 km/h besaß, keine größere Serie.

Die Volkswagenentwürfe, die im Büro Porsche entstanden, reichen zwar weiter zurück als diese Konstruktion von

Der VW 412, heute der größte Gebrauchswagen mit Heckmotor. Das Volkswagenwerk hat ja bis in die jüngste Zeit ausschließlich Fahrzeuge mit Heckmotoren gebaut und dieses Prinzip erst mit dem K 70 und dem Passat durchbrochen.

Daimler-Benz, doch sind bei Porsche ja nur drei Prototypen von den jeweiligen Modellen fertiggestellt worden: zuerst von dem für Zündapp entwickelten Typ 12 (1931/32), der einen 5-Zylinder-Sternmotor (wassergekühlt) im Wagenheck besaß, dann (1933/34) für den Typ 32, den Porsche für NSU entwickelte und der mit einem 1,5 Liter luftgekühlten Vierzylinder-Boxermotor versehen war.

Pro und Contra

Sowohl der Heckmotor als auch der Frontantrieb haben erst nach dem Krieg wirklich an Boden gewonnen, wobei die Heckmotorwagen sich nicht im gleichen Maße vermehrt haben wie die Fronttriebler. Es gibt heute eine, wie es scheint, friedliche Co-Existenz zwischen den immer noch weit in der Überzahl befindlichen Fahrzeugen mit der konventionellen Anordnung Motor vorn, Übertragung durch Kardanwelle auf die angetriebene Hinterachse, den Wagen mit Heckmotor oder Mittelmotor und den Wagen mit vorn liegendem Motor und Frontantrieb. Es haben sowohl die Heckmotor- als auch die Frontantriebswagen zweifellos einige wesentliche Vorteile, die zum Beispiel darin bestehen, daß jeder konventionell gebaute Wagen im Winter schlechter die Kraft auf den Boden bringt als jene Fahrzeuge, bei denen Motor und Antrieb eine Einheit bilden und damit der Motor die jeweils angetriebene Achse belasten kann. Auch ist es für die Gestaltung eines Fahrgastraumes zweifellos besser, wenn sich keine Kardanwelle durch die Mitte des gesamten Wagens zieht. Dies kann besonders bei Kleinwagen ein ausschlaggebender Punkt sein. Auf der anderen Seite haben Frontantrieb und Heckmotor auch gewisse Nachteile. Jahrzehntelang konnte man die Lenkeigenschaften der Frontantriebswagen nicht im gleichen Maße beherrschen und konstruieren wie für Wagen mit angetriebener Hinterachse. Die Lenkung der Frontantriebler griff etwas härter und hatte auch ein sehr viel stärkeres Rückstellmoment, man brauchte mehr Lenkkräfte. Auf der anderen Seite hatte der Heckmotorwagen immer das Problem, wo bringt man genügend Gepäck unter. Und in den ersten Stadien der Heckmotorentwicklung war man im Fahrgestellbau noch nicht so weit, daß man den Heckmotorwagen zu einem mehr oder weniger neutralen Fahrverhalten bringen konnte. Die ersten Heckmotorwagen wurden von den Gegnern dieser Bauweise gern als Heckschleudern bezeichnet, weil das jeweils mit Gewicht sehr stark belastete Heck frühzeitig gewisse Schleuderbewegungen ausführte, wenn man in den Kurven an die Grenzen der möglichen Geschwindigkeit kam. Dieses Ausbrechen des Hecks bereitete allerdings dem geübten Fahrer keine Schwierigkeiten, weil er gegenlenken konnte. Wie die Entwicklung im Rennwagenbau zeigt, ist für eine optimale Gewichtsverteilung und Straßenlage sicherlich der sogenannte Mittelmotor der beste Weg, doch ergibt sich damit bei einem viersitzigen Wagen das Problem, die hinteren Sitze unterzubringen. Deswegen sind die Mittelmotorwagen fast alles Zwei- oder höchstens Zwei- plus Zwei-Sitzer, wobei sich als zusätz-

liches Problem die Abschirmung des Motorengeräuschs zu der Fahrgastkabine stellte.
Um zu verdeutlichen, wie stark in der ganzen Welt der Trend zum Frontantrieb ist, hier eine Liste der Frontantriebswagen, die zu Beginn des Jahres 1973 auf der ganzen Welt existieren:

Alfa Romeo Alfasud	Mini
Audi 80	Morris 1800
Audi 100	Morris 2200
Autobianchi A 112	NSU Ro 80
Austin 1100	Oldsmobile Toronado
Austin Maxi	Peugeot 104
Citroën 2 CV	Peugeot 204
Citroën Ami 8	Peugeot 304
Citroën GS	Renault 4
Citroën DS	Renault 5
Citroën SM	Renault 6
Datsun Cherry	Renault 12
Fiat 127	Renault 16
Fiat 128	Renault 17
Honda Z	Saab 96
Honda Life	Saab 99
Honda Civic	Simca 1100
Honda 145	Trabant
Innocenti Mini	VW K 70
Lancia Fulvia	VW Passat
Lancia Beta	Wolseley 1300
Lancia 2000	Wolseley Six

Der mit Abstand größte Wagen mit Frontantrieb ist heute der Oldsmobile-Toronado, zugleich der einzige amerikanische Frontantriebswagen. Er besitzt einen Motor mit 7,5 Liter Hubraum. Der nächstgrößte Frontantriebler ist der Citroën-Maserati mit einem 2670-ccm-170-PS-Motor. Aber auch eine ganze Reihe der Wagen der Mittelklasse und der gehobenen Mittelklasse sind heute mit Frontantrieb ausgerüstet, wie zum Beispiel der Audi 100, der Lancia 2000 und der NSU Ro 80; auch in Japan hat der Frontantrieb Einzug gehalten.
Hier nun diejenigen Fahrzeuge, die mit Stand vom Frühjahr 1972 einen Heckmotor aufzuweisen hatten, also einen Motor hinter der Hinterachse mit Getriebe vor dieser.

Alpine	Steyr Puch
Fiat 500	Subaru R 2
Fiat 126	Subaru Rex
Hillman Imp	Suzuki Fronte 72
NSU Prinz 4	VW Käfer
Porsche 911	VW 1600
Simca 1000	VW 412

Wenn wir hier vom Alpine und vom Porsche 911 absehen, sehr sportlichen, zweisitzigen Wagen, so müssen wir feststellen, daß der Heckmotor nur bei relativ kleinen Hubräumen angewandt wird. Der größte Heckmotorwagen ist der VW 412.
Die Liste der Mittelmotorwagen hat folgendes Aussehen:

De Tomaso Pantera	Maserati-Merak
Ferrari Dino	Maserati-Bora
Ferrari 365 GT-BB	Matra
Fiat X 1/9	Monteverdi hai 450
Lotus Europa	VW-Porsche 914

Es handelt sich also hier, wie schon gesagt, um rein sportliche Wagen, die nicht mit den normalen viersitzigen Gebrauchswagen verglichen werden können.

Trossi, ein in den 30er Jahren bekannter Rennfahrer, in einem von ihm und Augusto Monaco entworfenen Rennwagen von 1934 mit Frontantrieb und luftgekühltem Sternmotor.

Der »Liliput« aus Gaggenau, der schon in den Jahren 1904/05 als ein Volksautomobil bezeichnet wurde, aber auf dem Markt keine Chance hatte

Der Weg zum Volkswagen

Das Wort Volkswagen haben weder Hitler noch Porsche erfunden. Es gab nämlich schon im Jahr 1905 ein Fahrzeug, das sich ganz offiziell »Volksautomobil« nannte, was zunächst einmal zeigt, daß die Motorisierung in den ersten Jahren des neuen Jahrhunderts schon so weit fortgeschritten war, daß man dem kleinen Mann ein Auto bieten wollte.
Der wollte es aber gar nicht haben, und nach zwei Jahren verschwand dieses Volksautomobil wieder vom Boden. Es mußte nämlich
a) die Idee Autofahren erst populär sein, ehe ein »Volksautomobil« sich breitere Schichten erobern konnte, und es mußte
b) auch der Kraftwagen, der angeboten wurde, eine gewisse technische Perfektion erreicht haben.
Im Jahre 1905 aber war man einfach noch nicht soweit, um billige Wagen herzustellen, die dem Laien das geforderte Maß an Zuverlässigkeit und Leistung bieten konnten. Dazu hätten auch vier Sitze gehört.
Auch das Ford-Modell T, das in Amerika in etwa die Rolle eines Volkswagens übernahm, freilich erst einige Jahre nach dem Produktionsbeginn im Jahre 1908, war viersitzig.

Liliputs Zubehör

Das Volksautomobil von 1905 hieß eigentlich Liliput. Der Hersteller war die Süddeutsche Automobilfabrik GmbH in Gaggenau, die einige Jahre später von Benz übernommen wurde (weswegen heute im Daimlermuseum in Untertürkheim ein solcher Liliput zu sehen ist). Der Liliput wurde schon im Jahr 1904 produziert, damals stand indessen auf dem Prospekt noch nicht Volksautomobil, sondern nur Liliput-Friktionswagen. Die Süddeutsche Automobilfabrik kürzte sich SAF ab; dieses SAF war die eingetragene Schutzmarke.
Erst im zweiten Produktionsjahr, als man sah, daß sich der Liliput nicht so gut verkaufte, wie man sich das bei der SAF erträumte, kam die Bezeichnung Volksautomobil auf. Prospekte der damaligen Zeit hatten ja ihre eigene Note. »Liliput-Volksautomobil, ein leichter Gebrauchswagen, patentiert in allen Kulturstaaten«, stand da zu lesen. Dazu: »Liliput ist der billigste kleine Motorwagen der Welt im Vergleich zur Leistung und Ausführung«.
Was den Preis angeht, so war er mit 2500 Mark wirklich

sehr niedrig. Aber schon damals wußte man, wie man Automobilen zu niedrigen Preisen verhilft. Auf Seite 14 des ausführlichen Prospektes stand ganz klein »Preise für Extra-Wagenausstattungen«. Wenn man das las, erfuhr man erst, was man noch dazukaufen mußte, um ein Auto zu haben. Der 2500-Mark-Liliput hatte zum Beispiel kein Verdeck. Ein solches aus schwarzgummiertem Segeltuch kostete 145 Mark extra. Der 2500-Mark-Liliput hatte keine vordere Scheibe, die kostete 235 Mark extra. Der 2500-Mark-Liliput hatte seitlich keine Türen, die kosteten mit Griffen 50 Mark extra (es scheinen keine sehr soliden Türen gewesen zu sein!). Der 2500-Mark-Liliput hatte auch keine Beleuchtung, weder vorne noch hinten. Man mußte also auch dies dazukaufen, falls man mit dem Volksautomobil auch nachts fahren wollte; es gab ja 1904 noch keine Vorschrift, daß ein Auto auch bei Tagfahrt mit einer Beleuchtung versehen sein mußte. Eine Stütze für die Azetylenlaterne links kostete 10 Mark, eine für rechts auch 10 Mark, eine Stütze für die Hinterlichtlaterne 3 Mark, eine Hinterlichtlaterne zur Beleuchtung des Erkennungsschildes 10 Mark und die beiden Azetylenlaternen selbst – deren Preis stand nicht im Prospekt. Bei den mangelhaften Bremsen war eine Bergstütze zu 20 Mark sehr empfehlenswert; auch eine Kofferbrücke zu kaufen schien angebracht – mit Riemen und Schnallen 32 Mark. Das Volksautomobil wurde zwar mit Rädern und Reifen geliefert, aber die Reifen wurden extra berechnet. Es ist erstaunlich, mit welchen Praktiken man schon 1904 gearbeitet hat! Ein Satz »Pneumatikreifen« der Größe 5,50×65 kostete 210 Mark. Ob der Liliput mit all diesen Extras, ohne die man gar nicht fahren konnte, auch noch der »billigste kleine Motorwagen der Welt« war?
In der Liste dieser Zubehörteile finden sich noch etliche sehr eigenartige Positionen. Kindersitz mit Fußbrett und Armlehne, das war eine sehr nette Zugabe, die zum Wort Volksautomobil gut paßte. Große Spritzdecke, abknüpfbar – das leuchtet auch noch ein, aber dann gab es noch einen Steigungsmesser! Der Wagen besaß außer einem Ölmanometer, ohne den man damals schwerlich fahren konnte, weil die ganze Schmierung noch ein ernstes Problem war, kein einziges Instrument, auch keinen Geschwindigkeitsmesser. Und dann wird ein Steigungsmesser offeriert! Man war offenbar sehr stolz auf das Steigvermögen des Wagens, das mit 25 bis 28 Prozent angegeben wurde, und glaubhaften Berichten zufolge konnte er auch, mit sehr mäßiger Geschwindigkeit natürlich, 25prozentige Steigungen tatsächlich bewältigen. Der Steigungsmesser sollte also dazu dienen, das Selbstwertgefühl des Fahrers, der ein Volksautomobil kaufte, zu heben. Dann konnte man nämlich sagen: Ich habe gestern einen 22prozentigen Berg genommen.
Neben dem Steigungsmesser (25 Mark) ist noch ein Gewehrhalter zu 10 Mark verzeichnet. Für Leute, die mit dem Volksautomobil auf die Jagd gehen wollten? Oder zu militärischen Übungen? Oder wollte man das Volksautomobil dem Kriegsministerium schmackhaft machen?
Es gab den Liliput nicht nur als zweisitzigen Personenwagen (mit dem Kindersitz gegen Aufpreis), sondern auch als Pritschenwagen und als »Geschäftswagen«. Geschäftswagen bedeutete: ein kleiner Kastenwagen für 150 kg Nutzlast mit etwa 1 cbm Rauminhalt. Seltsame Parallele zur Volkswagenentwicklung in den Jahren 1935–38: Auch damals konstruierte Porsche für das VW-Chassis gleich einen Kastenwagen dazu, der allerdings mit dem erst nach dem Krieg in Produktion gekommenen Transporter keine Ähnlichkeit hat. Daß man ein Volksautomobil auch in einer Lieferwagen-Version herausbringt, ist als ein logischer Gedanke zu bezeichnen, war aber für das Jahr 1904 noch sehr ungewöhnlich. Der Liliput Pritschenwagen sollte auch nur 2500 Mark kosten (ohne jene Extras), der Geschäftswagen 2750 Mark.
Wir finden an diesem Motorwagen, bei dem zum ersten Mal das Wort Volksautomobil auftauchte, schon eine ganze Reihe sehr bemerkenswerter technischer Einzelheiten. Damals war es üblich, als Rahmen gepreßtes Stahlblech zu verwenden. Der Liliput besaß dagegen einen Rohrrahmen.
Die Konstruktion dieses Rahmens mutet uns noch primitiv an, aber bei den damaligen Geschwindigkeiten war das Problem der Verwindungsfreiheit noch von untergeordneter Bedeutung. Dieser Rohrrahmen trug auch dazu bei, daß der Wagen ein sehr geringes Gewicht auf die Waage brachte. Es wurden von der Fabrik nur 350 kg angegeben.

Stufenloses Getriebe

Die Hauptattraktion war die Friktionsübertragung, weswegen auf den ersten Prospekten ja auch vom Liliput-Friktionswagen gesprochen wurde. Da sich darunter das Publikum wahrscheinlich nichts vorstellen konnte, verschwand dieser Begriff wieder vom Titelblatt. Es wurde dann nur im Text des Prospektes diese Neuheit erklärt, die im übrigen keine Neuheit, aber doch eine Seltenheit war. Friktionsübertragung heißt nichts anderes, als daß statt eines Zahnradgetriebes zwei flache Scheiben verwendet werden, die im Winkel von 90 Grad zueinander laufen. Hinter dem Motor – da, wo sonst das Getriebe liegt – läuft quer zur Fahrtrichtung eine große Scheibe. Sie wird vom Motor angetrieben. Im Winkel von 90 Grad sitzt die zweite Scheibe auf der ersten, längs zur Fahrtrichtung. Diese zweite wird auf der ersten hin und her geschoben, und auf diese Weise entstehen natürlich verschiedene Übersetzungsverhältnisse, denn die zweite Scheibe läuft je nach Wunsch innen oder außen auf der ersten und damit langsamer oder schneller. Es ist dies das einfachste Prinzip eines stufenlosen Getriebes. Von der zweiten Scheibe aus übertrug beim Volksautomobil eine Kette die Kraft zur Hinterachse.
Theoretisch kann man mit einer solchen »Friktionsübertragung« beliebig viele Übersetzungen durch Hin- und Herschieben der zweiten Scheibe erzeugen. Beim Liliput waren 19 verschiedene Stellungen des Hebels zum Scheibenverrücken vorgesehen, so daß man also theoretisch von einem Neunzehnganggetriebe sprechen konnte. Diese Beweglichkeit der Scheiben war auch der Grund dafür, warum man mit dem kleinen Wagen, der einen stehenden 1-Zylinder-Motor mit 1340 ccm und 4 PS Bremsleistung besaß, so steile Berge erklimmen konnte. Ging man über den Mittelpunkt der Scheibe hinaus auf die andere Seite, so konnte man auf die gleiche Weise Rückwärtsgänge einschalten.
Solche Friktionssysteme tauchten Anfang der 20er Jahre noch einmal bei den Grade-Kleinwagen auf. Sie haben sich deshalb nicht durchgesetzt, weil man auf diese Weise höhere PS-Leistungen nicht mehr übertragen kann.
Die Überlegungen, die bei der Süddeutschen Automobilfabrik zum Bau dieses Volksautomobils geführt hatten,

Links: Opel Doktorwagen von 1909. – Rechts: Ziemlich ähnlich aussehend das Ford-Modell T von 1910 mit einem dritten Sitz, dem sogenannten »Schwiegermuttersitz«

waren zum Teil ganz vernünftig gewesen: »Für Geschäftsleute, Beamte, Schüler, welche außerhalb von Städten oder in Vororten wohnen, Fabrikanten, Ärzte, Architekten, Notare, Offiziere, Private, Stadtreisende und so weiter, wird ein solcher Motorwagen, wie wir ihn unter der Bezeichnung Liliput bringen, geradezu unentbehrlich werden«, erklärte der Direktor der Firma. »Der Anschaffungspreis ist nicht höher, als der eines guten Pferdes samt Wagen, dabei ist der Liliput viel leistungsfähiger, billiger und praktischer im Betrieb und Gebrauch als ein Pferd, erfordert keine große Stallung, keinen Heuspeicher, keine Dunggrube und keinen teuren Kutscher – kurz die Vorteile dem Pferdegeschirr gegenüber sind so groß, daß gerade dieser kleine Wagen in den breitesten Volksschichten Anwendung finden und das Velociped-Motorrad mehr als ersetzen wird.«

Klingt das nicht überzeugend? Man fragt sich, warum das Volk nicht das Volksautomobil in großen Mengen kaufte . . . Aber gerade da liegt der Fehler: Weder die Geschäftsleute, noch die Schüler, noch die Beamten ritten ja mit eigenen Pferden in die Stadt oder hatten zu Hause einen eigenen Pferdewagen mit Kutscher stehen. Die Kreise aber, die einen »Pferdeersatz« suchten, die wollten gar kein Volksautomobil kaufen, sondern einen Wagen mit 12 bis 15 PS, auch wenn er dann nicht 3000 sondern 8000 Mark kostete. Der Vergleich mit den Pferdewagen als persönliches Transportmittel scheidet aus, wenn man sich an breitere Schichten wenden will. Im Prospekt hieß es ferner, der Liliput könne ohne technische Kenntnisse von jedermann, »selbst von Damen und ohne Chauffeur ohne Gefahr gelenkt werden«. Er finde sozusagen in jedem Hausflur Platz, entspreche aber doch allen Anforderungen bezüglich Leistung und Dauerhaftigkeit. Das war falsch. Eine Spitzengeschwindigkeit von 25 bis 30 km/h war in den Jahren 1904 und 1905 nicht mehr attraktiv. Auch ein Volksautomobil mußte bestimmte Mindestleistungen vollbringen, die etwa dort liegen, wo die Leistungen der üblichen kleineren Wagen zu finden sind. Die Forderung, die man im Dritten Reich an die Volkswagenkonstruktion Professor Porsches stellte – 100 km/h Spitzengeschwindigkeit mit vier Personen und einem Leistungsgewicht von um die 30 kg pro PS – das waren Werte, die durchaus auf der Ebene der guten kleineren Wagen jener Zeit lagen. Ein Volkswagen darf einfach sein, aber nicht schwach. Auch das Ford-Modell T war sehr einfach, aber zu allen Zielen, die man mit anderen Wagen erreichte, kam dieser Ford auch.

Der gebührende Platz

Die Süddeutsche Automobilfabrik versuchte die mangelhafte Leistung ihres Volksautomobils in beredten Worten zu motivieren. Der mit über 35 km/h und damit schnellaufende Motorwagen gestaltet den Straßenverkehr unsicher, »und da er auch durch seinen aufwirbelnden Staub namentlich den Fußgänger belästigt, so liegt die Ursache nahe, warum sich die Motorwagen bis heute in der breiten Volksschicht noch so wenig Freunde erworben haben und das zu schnelle Fahren täglich neue Feinde schafft«. Schon mancher habe sich einen größeren Motorwagen mit dem Vorsatz angeschafft, nur mit ganz mäßiger Geschwindigkeit zu fahren, aber dann doch immer wieder die Höchstgeschwindigkeit benutzt, die der Wagen zuließ, was »zur Vermehrung der berechtigten Klagen von Nichtwagenbesitzern« geführt habe. Die SAF versuchte also alle Geschwindigkeiten, die über der Höchstgeschwindigkeit des eigenen Wagens lagen, über 25 bis 30 km/h, als viel zu gefährlich für den Autofahrer und für den Fußgänger hinzustellen. »Wenn der Motorwagen seinen gebührenden Platz als allgemeines Verkehrsmittel einnehmen soll, ist es unbedingt nötig, daß Wagen gebaut werden, die überhaupt nicht schneller laufen können, um die besprochenen Gefahren und Unannehmlichkeiten auszuschließen.«

Der »gebührende Platz« des Motorwagens lag aber nicht da, wo ihn die SAF mit ihrem Liliput gern sehen wollte, oder glaubten die SAF-Leute wirklich, was sie sagten? »Wenn man bedenkt, daß ein gut trabendes Pferd per Stunde nur 12 bis 15 Kilometer zurücklegt und daß diese neue Wagensorte immerhin das zwei- bis zweieinhalbfache leistet, so muß diese Geschwindigkeit als eine vollständig genügende und höchstzulässige bezeichnet werden.«

Für die Polizei muß dieser Text wie Balsam gewesen sein. Die Kunden indessen wurden davon nicht überzeugt, der Liliput und mit ihm das Wort Volksautomobil verschwanden also wieder.

Der Doktorwagen

Im Jahre 1909 brachten zwei damals schon sehr bekannte Firmen leichte, zweisitzige Wagen auf den Markt: Austin in England ein 9-PS-Modell, dessen Motor einen Hubraum vòn 1,1 Liter hatte, und Opel in Deutschland einen 8-PS-Wagen mit 1000 ccm 4-Zylinder-Motor. In der Außenform ähnelten sich die Wagen ziemlich stark; immer wieder findet man in der Technik Parallelentwicklungen, weil die zugrunde liegende Idee einfach die Forderung des Tages ist. Der Opel, obwohl er nicht die Rolle des T-Modells von Ford spielte (dazu hätte er viersitzig sein müssen) erlangte eine bis heute anhaltende Berühmtheit: Er wurde der Doktorwagen genannt und war damals das klassische Fahrzeug für den deutschen Landarzt: sehr zuverlässig, sehr folgsam und auch sehr preiswert mit 3950 Goldmark. Das Halbverdeck aus Segeltuch und die beiden Azetylenlaternen wurden dem Kunden allerdings auch bei diesem Opel extra berechnet, für 175 und für 90 Mark. Die Amerikaner hätten diesen Wagen einen Roadster genannt: Mit zwei Schalensitzen, einem seitlich offenen Zugang ohne Türen und einem kleinen Klappsitz in der Mitte des Hecks entsprach er durchaus den amerikanischen Vorstellungen von einem leichten, billigen Gebrauchswagen, wurde allerdings kaum nach den USA exportiert, weil man dort schon viel stärkere als 8-PS-Motoren gewohnt war.
Eine Windschutzscheibe besaß der Doktorwagen nicht. Bei kleineren Wagen, die nicht schneller als 40 bis 50 km/h fuhren, war es damals nicht üblich, sie mitzuliefern. Die Schaltung - auch das war 1909 ganz normal - lag als Kulissenschaltung rechts außen neben der Lenksäule, an der sich eine lange, geradezu elegante Ballhupe befand (Preis 12,50 Mark). Das Wort Opel stand in riesigen Buchstaben quer auf dem Kühler.
Für viele Dörfer war dieser Doktorwagen, mit dem der Arzt seine Besuche machte, das erste Automobil, das man von der Nähe besehen konnte, und gewöhnlich standen Scharen neugieriger Buben um das Gefährt, wenn der Doktor zum Wagen zurückkam. Dann mußte er den 8-PS-Motor erst einmal ankurbeln, elektrische Anlasser gab es ja noch nicht. Das war zuweilen eine mühsame körperliche Arbeit, und oft fiel die besorgte Bemerkung: »Ob unser Doktor sich nicht beim Kurbeln überanstrengt und nachher keine ruhige und sichere Hand mehr für unsere Kranken hat?«

3. Oktober 1908

Vielleicht bewirkte es der Erfolg des Ford-Modells T, daß in den Vereinigten Staaten nie der Wunsch nach einem »Volkswagen« aufkam. Ford brachte diesen Wagen durch eine ganzseitige Anzeige in der Saturday Evening Post vom 3. Oktober 1908 ins Gespräch. In den ersten Monaten gab es ihn als offenen Viersitzer und als dreisitzigen Roadster (1 Sitz zentral hinten, aber nicht als Klappsitz); sehr bald wurden nur noch viersitzige T produziert. Die 2,8-Liter-Maschine drehte 1600 Touren und gab 20 PS ab. Die Verdichtung lag bei 1 : 4,5, man konnte also den T mit sehr schlechtem Brennstoff fahren, ohne daß der Motor klopfte. Er war ziemlich breit: Die Spurweite betrug 1,44 m, ein Wert, den heute kaum ein großer Mercedes übertrifft. Der Radstand von 2,54 m war für die damalige Zeit lang, das Gewicht des offenen Wagens lag aber nur knapp unter 600 kg. Man erreichte 60 bis 70 km/h als Spitzengeschwindigkeit. Erstaunlich klein erscheint uns heute der Wendekreis, der 8,70 m betrug. Für das Getriebe hatte man nur zwei Gänge mit Planetenzahnrädern vorgesehen, so daß kein Schalthebel nötig war. Trat man das Kupplungspedal voll durch, dann fuhr der Wagen im ersten Gang an; wenn man das Kupplungspedal langsam losließ, schaltete sich von selbst der zweite Gang ein.
Man mußte allerdings aufpassen, wenn man den Motor mit der Handkurbel anwarf, es gab da nämlich noch einen Handhebel, der in der einen Stellung die Bremse der Hinterräder betätigte, in der anderen den großen Gang einschaltete. Hatte man den Handhebel versehentlich auf »Fahrt« stehen, dann überfuhr einen der eigene Wagen, während man ankurbelte.
Das war indessen kein Hinderungsgrund, den sonst so praktischen Wagen zu kaufen, der erst 1919 einen elektrischen Anlasser erhielt - gegen Aufpreis versteht sich. Ab 1911 nahm dieses Ford-Modell drüben in USA die Position eines »Volksautomobils« ein. In diesem Jahr wurden bereits 54 000 produziert. Insgesamt sind bis zum Jahr 1927 genau 15 176 888 T-Wagen gebaut worden, die bis zum Schluß die gleiche Maschine, das gleiche Getriebe und beinahe die gleiche Außenform besaßen. Die Popularität des Wagens spiegelt sich am besten darin wider, daß bei Aldous Huxley in seinem so berühmt gewordenen Zukunftsroman von der »Brave New World« die Menschen den »großen Ford« als Gott verehren und zum Zeichen dieser Verehrung nicht ein Kreuz, sondern ein T schlagen.
Als Ford diesen T herausbrachte, da gebrauchte er, um den sehr niedrigen Preis von 850 Dollar zu halten, einen ähnlichen Trick wie 4 Jahre vorher die Süddeutsche Automobilfabrik für ihren Liliput. Nicht enthalten im Preis waren: die Windschutzscheibe, das Verdeck, die Laternen (außer kleinen Petroleumleuchten) und das Reserverad. Schon im Jahr 1911 konnte man den Wagen dann - weil die Massenproduktion diese Verbilligung erlaubte - für 690 Dollar haben. Von Jahr zu Jahr wurden die Preise gesenkt, bis man 1917 bei 360 Dollar angekommen war. Kurz nach dem Krieg kam wieder ein leichter Preisanstieg, aber schließlich im Jahr 1925 sank die Summe, die man für Fords Volksautomobile ausgeben mußte, auf 290 Dollar herab: die niedrigste Summe, um die jemals ein komplettes vollwertiges Automobil verkauft und geliefert worden ist.

Die Zündapp-Pläne

In diesem Jahr 1925 keimte in Deutschland der erste Volkswagenplan. Der Geheimrat Neumeyer, Besitzer der Zündapp-Werke in Nürnberg, wollte mehr tun als nur Motorräder produzieren. Man müßte den Deutschen einen populären kleinen Wagen geben, der in ähnlichen Stückzahlen wie das Ford-Modell T verkauft werden sollte. Diese geheimrätlichen Pläne, die da um das Wort Volkswagen kreisten, stan-

den der Realität viel näher als die Äußerungen Hitlers, der in seiner Haftzeit in Landsberg zu Mitgefangenen auch schon etwas von einem »Auto für das ganze Volk« gesprochen hatte. Der Geheimrat hatte in der Nähe von München ein Stück Land gekauft, um Fabrikationshallen zu errichten, und aus England hatte er sich auch schon einen Kleinwagen zu Studienzwecken kommen lassen.
Der Neumeyer-Plan wurde aber damals nicht weiter verfolgt, weil die wirtschaftlichen Umstände das nicht erlaubten. Indessen, sechs Jahre später nahm dieser Plan sehr viel greifbarere Formen an. Ferdinand Porsche hatte am 1. Dezember 1930 in Stuttgart, nachdem er seine letzte firmengebundene Position bei Steyr verlassen hatte, bekanntlich ein Konstruktionsbüro eröffnet. An dieses Porsche-Büro wandte sich Neumeyer im Spätherbst 1931 und bat um den Entwurf eines leichten, viersitzigen Wagens, den man als eine Art »Volksauto« (Neumeyer sagte nicht Volkswagen, sondern Volksauto) in großer Serie verkaufen könne. Von Dezember 1931 bis April 1932 wurden im Porsche-Büro die Entwürfe gezeichnet. Anschließend gab Zündapp drei Versuchswagen in Auftrag.
Dieses Automobil ähnelte dem späteren VW in der Außenform schon ziemlich stark: Es war ein Heckmotorwagen mit einem Zentralrahmen, Schwingachsen vorn und hinten und einer stromlinienförmigen Karosserie mit vier Sitzen. Der Motor war allerdings noch kein luftgekühlter 4-Zylinder-Motor, sondern – Geheimrat Neumeyer hatte darauf bestanden, obwohl Porsche auch den Vorschlag eines Boxermotors gemacht hatte – ein wassergekühlter 5-Zylinder-Sternmotor. Alles in allem ein für das Jahr 1932 sehr ungewöhnliches Automobil. Die drei Versuchswagen fuhren eifrig zwischen

Oben: Typ 12 für Zündapp. – Mitte: Typ 32 für NSU mit Holz-Kunstleder-Aufbau. – Unten: Der erste VW 30 Ganzstahlwagen. Die spätere Käferform ist schon deutlich erkennbar.

Stuttgart und Nürnberg, aber Zündapp konnte sich nicht dazu entschließen, die hohen Summen zu investieren, die für den Bau eines solchen Wagens notwendig schienen, zumal 1933 durch den Aufschwung in der Motorradproduktion die Hallen wieder ganz ausgefüllt waren. Bei Porsche hieß der Versuchswagen Typ 12. Das letzte Exemplar verbrannte bei einem Bombenangriff auf Stuttgart im Jahre 1944.

Typ 32

1933 trat nun - ein Jahr bevor Hitler den Anstoß zur Entwicklung des »eigentlichen« Volkswagens gab - eine andere Motorradfabrik, nämlich NSU, unter ihrem damaligen Generaldirektor von Falkenhayn an Porsche heran. Auch hier wollte man einen Kleinwagen bauen. Porsche entwarf und baute daraufhin seinen Typ 32, diesmal mit luftgekühltem 4-Zylinder-Boxermotor und 30 PS Leistung, dem späteren VW noch ähnlicher sehend. Auch von diesem Vorvolkswagen gab es drei Versuchsexemplare mit etwas verschiedenen Karosserien, die Probefahrten unternahmen. Einer existiert heute noch und befindet sich im Volkswagen-Werk. Das staatliche VW-Projekt und das Aufkommen eines neuen Motorradbooms war der Tod der NSU-Initiative.
Wir haben es schon an vielen Beispielen gesehen: Es gibt kaum Entwicklungsarbeiten in der Technik, die nicht ihre Parallelen haben. Einen Kleinwagen mit luftgekühltem Heckmotor gab es nämlich schon zwei Jahre vor dem NSU-Porsche in England. Der Stand 108 auf der großen Londoner Automobilausstellung des Jahres 1931 zog viele Neugierige an. Dort hatte Rover seinen neuen »Scarab« ausgestellt, einen offenen Viersitzer mit einem luftgekühlten V-2-Zylinder-Motor im Heck: einen Wagen, der eine unabhängige Radaufhängung aller vier Räder besaß und nur 89 Pfund kostete, in England ein sensationell niedriger Preis um diese Zeit. Der Benzinverbrauch wurde mit 6 Liter pro 100 Kilometer angegeben.
»In diesen Tagen«, schrieb die britische Sunday Times, »sollte solch ein Wagen eine ganz große Karriere machen.« Das dachte man auch bei Rover. Aber dieser technisch seiner Zeit so weit vorauseilende Kleinwagen fand keine Resonanz. Waren die Engländer zu konservativ? War der luftgekühlte Motor noch zu wenig erprobt? Hatte der Wagen zu viele Kinderkrankheiten? Versäumte man es, die rechte Propaganda für ihn zu machen? Diese Fragen bleiben alle offen.
Karriere machte indessen das Auto, dessen Entwurf und Erprobung man in die Hände Ferdinand Porsches gelegt hatte. Im Herbst des Jahres 1936 waren die ersten drei Prototypen fertig, die VW-3-Serie, wie man sie nannte. Auf der Autobahn Richtung Frankfurt und im Schwarzwald wurden die Wagen erprobt. Im Laufe des Jahres 1937 entstanden bei Daimler-Benz dann noch 30 Wagen einer Vorserie. Am 26. Mai 1938 legte man den Grundstein zum Volkswagenwerk, den Grundstein zu einer Serienproduktion nach amerikanischem Vorbild.
Um diese Zeit war das Automobil bereits 52 Jahre alt. Es war erwachsen. Aus den Erfindern waren Produzenten geworden, aus den Straßenabenteuern mit dem Tonneau zuverlässige Limousinen. Über die Gefahren in der Pionierzeit begann man zu lächeln, aber man hatte sich in neue eingelassen, man ahnte sie noch kaum. Es ging alles so schnell, und sie waren so brav, diese Autos.

Oben: Mercedes-Rennwagen W 125 von 1937, 646 PS. – Unten: Rudolf Caracciola im Gespräch mit Rennleiter Neubauer

Berühmte Grand-Prix-Fahrer

Rudolf Caracciola

Wenn man heute in Deutschland eine Umfrage machen würde, wer von den Sportlern der letzten fünfzig Jahre der populärste sei, meine ich, Max Schmeling stünde an der Spitze. Aber an zweiter Stelle kommt dann wahrscheinlich Caracciola, Rudolf Carracciola, der Hoteliersohn aus Remagen am Rhein, der Mann, der fünfmal den Großen Preis von Deutschland gewonnen hat und der diesen inoffiziellen Rekord hält: die höchste Geschwindigkeit gefahren zu sein, die je auf einer normalen Verkehrsstraße gefahren wurde, im Mittel von Hin- und Rückfahrt 432,692 km/h auf der Autobahn zwischen Frankfurt und Darmstadt am 28. Januar 1938.

Caracciola überstrahlt im Ruhm, daran ist kein Zweifel, alle anderen großen deutschen Fahrer der Vergangenheit, überstrahlt auch einen Bernd Rosemeyer, einen Hermann Lang, einen Hans Stuck, einen Manfred von Brauchitsch, überstrahlt wohl auch einen Wolfgang Graf Berghe von Trips: Durch die Vielzahl seiner Erfolge, durch die lange Zeit, in der er nicht nur aktiv, sondern auch in der Weltelite war, durch die Beständigkeit seiner Leistungen.

Man hat in den 30er Jahren manchmal gesagt, im Mercedes-Stall führen sie alle für Caracciola, und Neubauer habe seine Stallregie immer so aufgebaut, daß »sein« Caracciola gewinnen solle und könne. Selbst wenn daran einige Körnchen Wahrheit sein sollten (und sie sind es sicher), so kann man nur sagen: Da hat dieser Neubauer recht gehabt. Denn Caracciola war der Verläßlichste, derjenige, der die Maschinen schonte, der »mit Kopf« fuhr und der trotzdem unheimlich

Caracciola siegt bei der Mille Migla 1931 auf Mercedes SSK.

schnell war, der zupacken konnte, wenn er mußte und wenn er wollte.
Rudolf Caracciola, das ist heute fast eine Legende. Eine Legende, die im übrigen eng mit dem Hause Daimler-Benz verbunden ist, fast bin ich geneigt zu sagen: mit der Legende um diesen Namen Daimler-Benz. Er hat den Untertürkheimern stets die Treue gehalten; er hat den ersten Großen Preis von Deutschland, den es gab, 1926 auf der Avus, mit einem Daimler-Rennwagen gewonnen, und er hat auch den letzten deutschen Grand Prix, der vor dem Kriege lief, den am 23. Juli 1939 auf dem Nürburgring, auf Mercedes als Sieger beendet.
Nur 1932 fuhr er für Alfa Romeo, mit Erlaubnis, ja sogar mit herzlichem Einverständnis von Daimler-Benz. Denn damals hatten die Untertürkheimer keinen geeigneten Wagen mehr, um großen Sport zu treiben, und man wollte auf der anderen Seite nicht, daß Deutschlands Fahrer Nummer 1 aus dem Training kommt. Und er siegte damals auch für Alfa Romeo.
Er gewann 1932 nicht nur das Eifelrennen, sondern auch den Großen Preis von Deutschland mit dem 2650-ccm-Alfa-Romeo-Monoposto, damals, als die Rennen noch mehr als die doppelte Länge von heute hatten: Er gewann nach 4 Stunden und 47 Minuten mit einem Vorsprung von 30 Sekunden vor seinen Teamkollegen Tazio Nuvolari, Borzacchini und Dreyfus.
Er gewann mit dem Alfa auch in Monza und beim Freiburger Bergrennen in Rekordzeit und wurde »Alpenmeister für Rennwagen«. Er sollte auch 1933 noch für Alfa fahren, in einem halb privaten Team mit Louis Chiron zusammen, mit dem er befreundet war, weil bei Mercedes der neue Grand-Prix-Wagen zwar schon im Bau, aber noch längst nicht fertig war und die neue Rennformel ja erst 1934 begann. Sein erster Grand Prix des Jahres 1933 sollte – am 23. April – der von Monaco werden, und als er im Training versuchte, die beste Zeit zu fahren, um in die Pole-Position zu kommen (Monte Carlo 1933 war ein historisches Rennen: das erste in Europa, bei dem die Startaufstellung nach Trainingszeiten und nicht mehr nach dem Los gemacht wurde), da verunglückte er schwer.
Es war genau seine 25. Trainingsrunde, und als er die Kurve anbremste, die zum Quai führt, blockierte offensichtlich eines der Vorderräder. Der Wagen rutschte in die Sandsäcke an der Mauer; Caracciola wurde mit einer komplizierten Fraktur eines Oberschenkels aus dem Wagen gezogen und verbrachte Monate in Spitälern und bei Ärzten. Das Ende der langwierigen Behandlungen bestand darin, daß er von nun an mit einem verkürzten Bein gehen und fahren mußte.
Als er im Winter 1933/34 wieder einigermaßen genesen war, ging er mit seiner Frau Charlotte, die man Charly nannte, nach Arosa, um sich vollends auszukurieren. Er war früher, genau wie seine Frau, ein begeisterter Skiläufer gewesen. Eines Tages machte dort seine Frau einen Skiausflug. Sie kam nicht mehr zurück: In einer Lawine war sie verschüttet worden.
Diese beiden tragischen Ereignisse standen am Beginn seiner zweiten Karriere in den Mercedes-Grand-Prix-Wagen der

30er Jahre. Daß er noch einmal zur Weltklasse vorstieß und eher noch souveräner fuhr als früher, obwohl er das ganze Jahr 1934 immer noch unter Schmerzen zu leiden hatte, stellt eine Energieleistung von ungewöhnlicher Größe dar.
Rudolf Caracciola wurde am 30. Januar 1901 geboren. 1922 fuhr er mit einem NSU-Motorrad seine erste Zuverlässigkeitsfahrt, bald darauf sehen wir ihn mit einem Ego-Kleinwagen ein nationales Rundstreckenrennen bestreiten, dann kommt er zu Fafnir, einer damals in Aachen ansässigen Firma, die bis 1926 recht bemerkenswerte sportliche Automobile baute.
Er möchte gerne zu Daimler, und mit der Empfehlung eines Direktors, den er in Dresden kennengelernt hat, redet man in Untertürkheim mit ihm und fühlt dem jungen Burschen auf den Zahn: Christian Werner, der spätere Targa-Florio-Sieger, testet ihn auf den Landstraßen rings um Stuttgart.
Aber anschließend wird er nicht als Rennfahrer eingestellt, sondern als Verkäufer bei der Dresdener Daimler-Filiale. Sein erstes Monatsgehalt betrug hundert Mark plus ein halbes Prozent Provision für jeden verkauften Wagen. Aber man stellt ihm dann doch nach kurzer Zeit »probeweise« einen der neuen 1,5-Liter-Kompressorwagen zur Verfügung, mit viersitziger Karosserie; er beteiligt sich damit im Juli 1923 an der ADAC-Reichsfahrt und gewinnt das Tourenwagen-Gesamtklassement.
Dies war der Beginn seiner großen Mercedes-Karriere. 1924 schickte man ihn schon zu einigen internationalen Veranstaltungen, und als er seine Klasse beim Klausenpaßrennen gewonnen und einen Sieg in der ČSR errungen hatte, wurde er eine Art Werkfahrer für die Untertürkheimer, zunächst für Daimler und noch nicht für Daimler-Benz, weil die Fusion ja erst im Sommer 1926 erfolgte.
Mit dem Sieg auf der Avus 1926, wo der erste Große Preis von Deutschland ausgetragen wurde, begann seine große Popularität. Er fuhr damals den 2-Liter-Achtzylinder-Kompressorwagen; es regnete fast das ganze Rennen über, und Caracciola zeigte schon damals, daß er ein vorzüglicher Regenfahrer war, weil er den Wagen mit jener Weichheit dirigierte, die bei allem Kämpfen und allem Elan der wichtigste Punkt in einem Regenrennen ist.
1927 siegte er mit dem Mercedes S (mit der 6,8-Liter-Kompressor-Maschine, karossiert als viersitziger Tourenwagen) beim Eröffnungsrennen auf dem Nürburgring; in den folgenden Jahren gab er mit dem 1800 kg schweren Mercedes SSK (der ja auch ganz erhebliche Körperkräfte verlangte: die hatte Caracciola) einige brillante Vorstellungen, die man nicht vergessen hat: Er gewann 1928 den Großen Preis von Deutschland, 1929 die englische TT (die auch zum Teil im Regen gefahren wurde), 1930 den Großen Preis von Irland und 1931 (mit Sebastian als Beifahrer) die Mille Miglia.
Er gewann 1931 auch das Avusrennen, das Eifelrennen und den Freiburger Bergrekord und wurde Europabergmeister für Sportwagen (Stuck holte sich den Titel für Rennwagen).
Er fuhr 1930 auch die 24 Stunden von Le Mans mit: Mit einem einzigen Wagen versuchte Mercedes, in die Phalanx der Bentley einzubrechen. Sein Co-Equipier war Christian Werner. Der mächtige SSK lag auch eine Zeitlang vor vier Bentley an der Spitze, aber nach einem nächtlichen Boxenstopp sprang der Wagen nicht mehr an.
Caracciola nahm auch am ersten Grand Prix von Monaco 1929 teil, mit einem SSK, den man mit einer Art »Striptease« vom Sport- zum Rennwagen befördert hatte. Bei Halbzeit führte er noch, obwohl es unerhört schwer war, sich auf

Caracciola überholt Rosemeyer beim Avus-Rennen 1937 in der Nordkurve.

diesem Kurs mit dem riesigen Wagen gegen die wendigen Bugatti zu behaupten. Beim Boxenstopp dauerte aber das Auftanken und Reifenwechseln zu lange, so daß er schließlich hinter Williams und Bouriano nur auf den dritten Platz kam.

Als er 1934 mit dem neuen Grand-Prix-Wagen wieder die großen Rennen zu fahren begann, war man bei Daimler-Benz sehr besorgt: Wird es Caracciola schaffen, bereiten ihm die Folgen des Unfalls nicht doch zu viele Beschwerden? Als er in Bern beim Großen Preis der Schweiz ausgeschieden war, sah man deutlich die übergroße Anstrengung, die ihm ein solches Rennen noch bereitete. Aber ein Jahr später war er wieder ganz fit. 1935 war förmlich ein »Caracciola-Jahr«.

Er gewann in diesem Jahr für Mercedes fünf Große Preise: Tripolis, Frankreich (ausgetragen in Montlhéry), Belgien (Spa), Schweiz und Spanien, dazu das Eifelrennen. Er wurde Europameister für Rennwagen, was dem heutigen Titel eines Weltmeisters entspricht.

Beim Rennen auf dem Bremgartenkurs schien er sich für die nicht sehr glückliche Vorstellung von 1934 revanchieren zu wollen. Es war ein klassischer Start-Ziel-Sieg; am Ende lag er 36 Sekunden vor seinem Markengefährten Fagioli und mehr als 1 Minute vor Rosemeyer. Caracciola hat 1937 wiederum den Grand Prix der Schweiz gewonnen, und 1938, mit dem 3-Liter-Kompressor der neuen Formel, zum dritten Mal! 1939 ist er dann noch, 3 Sekunden hinter Lang, Zweiter geworden: eine einmalige Serie.

Ich habe einmal, im Sommer 1959, auf der Einfahrbahn von Daimler-Benz den Mercedes-Grand-Prix-Wagen von 1936/37 selbst gefahren. Seitdem weiß ich, welche Leistung von Caracciola es war, 1936 bei strömendem Regen mit diesen kaum zähmbaren 646 PS und den damaligen Reifen im Kurvenkarussell von Monte Carlo zu gewinnen. Dieser Sieg war sicherlich einer seiner größten.

Schon zu Anfang der 30er Jahre hatte sich »Rudi« im Tessin einen zweiten Wohnsitz geschaffen. Anfänglich waren seine Privatautos noch mit Berliner Nummer versehen: IA-4444, weil 4 seine Lieblingszahl war. Als er dann in Lugano wohnte, bekam er TI 4444. 1937 heiratete er zum zweiten Mal. Alice Caracciola stammte aus Schweden, hatte aber durch eine vorhergehende Heirat mit einem Mann aus der Zubehörindustrie schon viel Kontakt mit dem Rennsport gehabt. Sie besorgte die Zeitnahme in den Boxen mit einer Akribie, die bewundernswert war.

Die Machthaber des Dritten Reiches ließen Caracciola in der Schweiz wohnen, selbst im Krieg. Er, das Idol der sportbegeisterten Jugend, genoß gewisse Sonderrechte. Er hielt sich aus der Politik heraus. Er wollte in Ruhe gelassen werden. 1946 lud man ihn nach Amerika ein, um Indianapolis mitzufahren. Man stellte ihm einen Wagen zur Verfügung. Im Training flog ihm ein Vogel in die Scheibe. Caracciola lag elf Tage ohne Bewußtsein und genas nur langsam – er war damals ja schon 45 Jahre alt. Sein Comeback-Versuch mit dem Mercedes 300 SL 1952 endete an einem Baum im Bremgartenwald, kurz vor dem scharfen Rechtsknick, den man Forsthauskurve nannte. Möglicherweise hatte eine Bremse blockiert. Mit Beinverletzungen kam er ins Krankenhaus.

Er ist schon 1959 gestorben, an einem Leberleiden. Da war er erst achtundfünfzig. Alice Caracciola lebt noch in Lugano, in der Villa und in der Welt eines der größten Fahrer aller Zeiten.

Tazio Nuvolari

Es wird immer gesagt, die Südländer alterten schnell, schneller als die kühlen, blonden Typen des Nordens. Die Südländer seien eher verbraucht, Frauen gleichermaßen wie Männer.

Diese Theorie fällt in sich zusammen, wenn man die Rennfahrer betrachtet. Gerade die Italiener sind es gewesen, die es immer wieder zu Weltklasse-Leistungen brachten, obwohl sie in einem Alter standen, in dem man »eigentlich« keine Großen Preise mehr fahren kann. Fangio, der von italienischen Eltern abstammende Argentinier, gewann mit 46 Jahren nicht nur seine letzten Großen Preise, sondern sogar die letzte Weltmeisterschaft, Nino Farina fuhr seine letzten Grand-Prix-Rennen mit 49 Jahren, Luigi Fagioli war bis über sein 50. Lebensjahr hinaus aktiv, Piero Taruffi gewann kurz vor seinem 51. Geburtstag noch mit dem 4,1-Liter-Ferrari die Mille Miglia, ehe er sich vom aktiven Sport zurückzog, und im Rahmen einer solchen Statistik wundert es einen dann kaum noch, daß der ganz große Italiener der Vergangenheit, den sie »il campionissimo« nannten, daß Tazio Nuvolari noch mit 54, mit 55 Jahren erfolgreich an großen Rennen teilgenommen hat.

Und obwohl er in Norditalien aufwuchs – er entstammt einer alten Bauernfamilie im Raume Mantua –, war dieser Nuvolari für uns alle immer das Ebenbild eines »Südländers«, vom dunklen Teint, vom Temperament und von der drahtigen kleinen Figur her: Nuvolari war nur 164 Zentimeter groß, und wenn er vor dem Krieg neben einem Caracciola, einem Brauchitsch oder gar einem Stuck (mit seinen 186 Zentimetern) stand, wirkte er fast zwergenhaft. Aber was hatte man für einen Respekt vor diesem unglaublich zähen und unglaublich schnellen Italiener!

Er wurde am 16. November 1892 geboren. Sein Vater und sein

Stoewer war eine der ältesten deutschen Automobilfabriken. Dieser rechtsgelenkte Typ D 9 besitzt einen 2,3-Liter-4-Zylindermotor mit 32 PS. Er wurde 1922–1924 gebaut. Charakteristisch für damals auch der Fahrtrichtungsanzeiger. Der Wagen befindet sich im Besitz von Heinz Mappes und steht im Deutschen Auto Museum Schloß Langenburg.

Der berühmte Alfa Romeo P 3 Grand-Prix-Wagen mit 8-Zylinder-Maschine, 2654 ccm und Kompressor

Onkel freilich brachen schon aus dem gewohnten bäuerlichen Rahmen aus: Sie begannen Radrennen zu fahren, kein Mensch weiß eigentlich, warum. Das Fieber des Wettbewerbs hatte sie ergriffen.

Der Bruder des Vaters, der auch der erfolgreichere Radrennfahrer war, sattelte 1907 um: vom rennradfahrenden Bauern zum Auto- und Motorradvertreter. Er übernahm in Mantua eine Werkstatt und vertrieb Bianchi. Das war für den jungen Tazio eine herrliche Sache, und fortan sah man ihn mehr in der Werkstatt als anderswo. Er lernte Motorrad fahren und Auto fahren, arbeitete bei seinem Onkel - aber Rennen fuhr er vor dem ersten Weltkrieg merkwürdigerweise noch keine, obwohl er schon alt genug dazu gewesen wäre.

Einmal hatte er die Idee, zur Fliegerei zu gehen. Diese Idee endete zwischen zwei Obstbäumen auf dem Nachbargrundstück. Der junge Tazio hatte sich eine schon etwas betagte Blériot-Maschine zusammengebaut und wollte sich in die Lüfte erheben. Schon im Anrollen setzte der Motor aus; die Maschine zerbrach zwischen den Bäumen, der junge Nuvolari kam mit ein paar Prellungen davon.

Im ersten Weltkrieg war er bei den Bersaglieri als Fahrer eingesetzt.

Erst mit knapp 28 Jahren - im Sommer 1920 - beteiligte sich Tazio Nuvolari an seinen ersten Rennen, mit dem Motorrad, wobei sein erster Start beim Rundstreckenrennen von Cremona damit endete, daß er mit einem Maschinenschaden ausfällt und niemand von ihm Notiz nimmt. Aber das stört ihn nicht.

Die ersten zehn Jahre von Nuvolaris Rennkarriere sind ein Phänomen für sich. Er tat etwas, was vorher und nachher kein Rennfahrer in diesem Ausmaß und mit diesem Erfolg fertigbrachte: Er fuhr nebeneinander Auto- und Motorradrennen. Fast alle großen Fahrer, die mit dem Motorrad begannen, ob es Bernd Rosemeyer war, Jean Behra oder John Surtees, sie alle haben den Zweiradsport sehr schnell aufgegeben, als sie mit dem Renn- und Sportwagen zu Erfolgen kamen. Lediglich Georg (»Schorsch«) Meier ist eine kurze Zeitlang Motorrad- und Autorennen nebeneinander gefahren, war aber mit dem Automobil nie wirklich schnell.

Tazio Nuvolari begann schon 1921, sich an Autorennen zu beteiligen, zunächst mit einem 2-Liter-Ansaldo, dann mit einem 1500-ccm-Chiribiri. Chiribiri war eine Firma in Turin, die in den 20er Jahren recht muntere kleine Sportwägelchen herstellte. Aber zunächst hat Nuvolari mit seinen automobilistischen Ambitionen keinen Erfolg.

Seine Karriere beginnt nicht mit einem Paukenschlag, und sie beginnt in relativ spätem Alter. Erst im Oktober 1922, er ist also jetzt fast 30 Jahre alt, er ist verheiratet, er hat zwei Söhne, im Hintergrund liegt ein wohlbestalltes bäuerliches Anwesen, erst im Oktober 1922 kommt der erste kleine Erfolg: Er wird mit dem Ansaldo bei einem Rennen am Gardasee Zweiter, und bei der lokalen Motorrad-Meisterschaft von Mantua erscheint er mit einer riesigen 1000-ccm-Harley-Davidson und gewinnt nun endlich einmal.

Das schafft ihm Auftrieb, und 1923 wird seine erste »volle« Rennsaison werden. Wiederum mit Automobilen und mit Motorrädern. Er fährt überall mit, wo man ihm Gelegenheit bietet. Und er gewinnt fünf Rennen, nationale Rundstreckenrennen in Oberitalien.

Sein erster internationaler Großerfolg kommt aber trotzdem erst 1925. Mit einer 350-ccm-Bianchi - einer Werksmaschine - startet er beim Großen Preis der Nationen in Monza.

Dieses Rennen hat eine Vorgeschichte, die für die ganze Laufbahn Nuvolaris typisch ist und sie schon wie in einem

Ein Alfa Romeo Grand-Prix-Wagen von 1936, der maschinell den deutschen Konstruktionen eindeutig unterlegen war. Dennoch versuchte Tazio Nuvolari den »Silberpfeilen« paroli zu bieten.

Brennspiegel einfängt. Er hatte 1925 schon einige Motorrad-Erfolge erzielt, mit der Bianchi, er war auch mit dem Chiribiri gestartet, und acht Tage vor dem großen Motorradrennen in Monza kam Alfa Romeo zu ihm. Ob er den neuen P-2-Rennwagen nicht einmal probefahren wolle, man suche einen Nachwuchsfahrer, man würde ihn gerne testen, hier in Monza, aber er solle nichts riskieren.

Nuvolari sitzt also zum ersten Mal in einem »richtigen« Grand-Prix-Wagen und beginnt seine Runden zu drehen, wird immer schneller und schneller, plötzlich bleibt er aus: Nuvolari ist von der Bahn abgekommen, der Wagen hat sich überschlagen, Nuvolari liegt verletzt und bewußtlos da. Angeblich war es ein Reifenschaden, andere sagen ein Schaden an der Hinterachse, andere meinen, er sei einfach zu schnell gewesen, jedenfalls, von Alfa Romeo wird er vorläufig nicht mehr zu Testfahrten eingeladen.

Mit einem eingegipsten Bein aber startet er zum 300 Kilometer langen Großen Preis der Nationen am folgenden Sonntag und gewinnt dort gegen die englischen Fahrer. Er ist total erschöpft, man trägt ihn weg, aber er hat gewonnen.

Drei Jahre später ist er auf vier Rädern ein Star geworden. Mit einem Bugatti gewinnt er vier große Rennen, darunter den Großen Preis von Tripolis, aber immer noch fährt und gewinnt er »nebenbei« für Bianchi Motorradrennen. 1930, er ist nun schon 37 Jahre alt, bekommt er ein Werk-Engagement bei Alfa Romeo und feiert in der Mille Miglia und in der englischen Tourist Trophy großartige Siege, er gewinnt übrigens auf Alfa Romeo auch das Klausenpaß-Rennen.

1931 siegt er in der Targa Florio und gewinnt den Großen Preis von Italien in Monza, zusammen mit Campari (dieser GP von Italien wurde als 10-Stunden-Rennen ausgetragen). Und während er auf seinen 40. Geburtstag zugeht, kommt sein erfolgreichstes Jahr. Er gewinnt 1932 die Großen Preise von Monaco und von Italien, den Großen Preis von Frankreich und auch das Rennen von Reims, die Coppa Acerbo und die (damals noch für Rennwagen ausgetragene) Targa Florio, dazu den Gran Premio Principe di Piemonte und wiederum das Klausenrennen. Er wäre 1932 Automobil-Weltmeister geworden, wenn es diesen Titel schon gegeben hätte. Ein Jahr später, 1933, siegt er auch bei den 24 Stunden von Le Mans, mit Sommer zusammen, dem Franzosen.

Dann, 1934, beginnt die Überlegenheit der neuen deutschen Rennwagen, der Mercedes und der Auto Union, in der 750-kg-Formel. Und jetzt ist Nuvolari mit dem stets um ein Weniges unterlegenen Alfa Romeo der einzige, der gelegentlich in die Phalanx der deutschen »Silberpfeile« einbrechen kann. Unvergessen sein Sieg 1935 beim Großen Preis von Deutschland auf dem Nürburgring. Brauchitsch, der in Führung liegt, fährt taktisch nicht sehr geschickt, verbraucht durch unnötiges Jagen zuviel Gummi, 8 Kilometer vor dem Ziel platzt ihm ein Reifen, Nuvolari geht nun nach vorn, er gewinnt vor Stuck, Caracciola und Rosemeyer.

Und es gelingt ihm 1936, die Großen Preise von Barcelona, von Ungarn und von Mailand für sich und für Alfa zu entscheiden. In der Rolle des heroisch kämpfenden Unterlegenen sammelt er ein Maß an Sympathie, das schon zur Legendenbildung beiträgt. Er wird nach Amerika eingeladen, um am Vanderbilt Cup teilzunehmen; auf der Überfahrt erreicht ihn ein Funkspruch, daß sein ältester Sohn an einer schweren Krankheit zu Hause gestorben ist, und die Menge weiß nicht, warum der Sieger dieses großen Rennens anschließend mit unbewegter Miene und still hinter den Boxen verschwindet.

Am 28. Januar 1938 ereignet sich der tödliche Unfall Bernd

Rosemeyers. Die Auto Union sucht nun einen neuen Spitzenfahrer für den 3-Liter-Wagen der neuen Formel von 1938. Man nimmt Kontakt mit Nuvolari auf. Er hat kein festes Engagement, Alfa fährt nicht mehr offiziell. Er startet zunächst mit einem vorjährigen Alfa in Pau. Er will starten. Im Training fängt der Wagen in voller Fahrt Feuer, niemand weiß warum. Nuvolari bremst, aber die Flammen schlagen hoch, er rutscht von der Bahn, springt aus dem Wagen, wälzt sich, um die Flammen zu ersticken: Das ist das Furchtbarste, sagt er nachher, viel schlimmer als jeder andere Unfall, wenn es zu brennen beginnt.
Er ist 46 Jahre alt. Aber er gibt nicht auf. Im Juli 1938 unterschreibt er für die Auto Union. Und gewinnt in diesem Jahr noch den Großen Preis von Italien (zum dritten Mal insgesamt) vor Farina und Caracciola. Gewinnt auch das Rennen im Donington Park für die Auto Union. Mit der alten Fahrkunst und dem alten Elan. 1939 wird er beim Eifelrennen hinter Hermann Lang hervorragender Zweiter, und im letzten Grand Prix jener Zeit, am 3. September 1939 in Belgrad, gewinnt er noch einmal.
Seine Zähigkeit ist unbeschreiblich. 1946 steht er mit einem Maserati-Kompressor beim GP von Albi am Start, 53 Jahre alt - und gewinnt dieses Rennen. 1947 liefert er den letzten Baustein zur Nuvolari-Legende. Er fährt noch einmal die Mille Miglia mit. Mit einem Cisitalia-Sportwagen, der nur 1100 ccm und knapp 70 PS besitzt. In Rom, bei der Hälfte der Distanz, führt Nuvolari vor dem großen Alfa von Biondetti. In Bologna, nach den Apennin-Pässen, hat er einen Vorsprung von fast 9 Minuten. In Asti, keine 300 Kilometer vor dem Ziel, führt er immer noch mit 6 Minuten. Da bringt Regen Aussetzer in der Zündanlage, mit seinem Beifahrer repariert er eine Viertelstunde und kommt noch als Gesamtzweiter ins Ziel.
Daraufhin gibt ihm Ferrari 1948 für die Mille Miglia einen Wagen. Der Fünfundfünfzigjährige liegt in Rom wieder in Führung. In Bologna, auf der Rückfahrt nach Brescia, erkennen die Zuschauer, daß er ein blutiges Taschentuch vor den Mund hält. Ein Blutsturz. Stechende Schmerzen. Am Abend liegt er im Krankenhaus.
Tazio Nuvolari starb am 12. August 1953 im Alter von 60 Jahren. Es wird wohl keinen zweiten Nuvolari mehr geben.

Tazio Nuvolari auf Auto Union 3-Liter-12-Zylinder-Rennwagen mit 450 PS beim Eifelrennen 1939, wo er Zweiter wurde

Hans Stuck im Gespräch mit Professor Porsche nach einem Rekordversuch auf der Autobahn Darmstadt – Frankfurt 1935

Hans Stuck

Hans Stuck ist - ein physisches Phänomen für sich - bis zu seinem 60. Geburtstag Rennen gefahren und hat auch noch Rennen gewonnen: Wenige Monate vor seinem Sechzigsten konnte er noch den Titel eines Deutschen Bergmeisters in der Tourenwagen-Kategorie seinen Erfolgen hinzufügen. Gut, es war nur ein 700er BMW-Coupé, mit dem er diesen Titel errang, es war ein gut vorbereiteter Werkswagen, und es war auch »nur« ein nationaler Titel, aber man muß das, bitte schön, erst einmal nachmachen.
Daß ein weltberühmter Grand-Prix-Fahrer im Alter noch einmal »hinuntersteigt« zu den kleinen Tourenwagen und nationale Rennen mitfährt, ist unüblich. Die großen Fahrer pflegen nach irgendeinem großen Rennen mit dem Grand Prix- oder dem Sportwagen aufzuhören, weil man ja sonst ein wenig belächelt wird. Warum tat es Stuck?
Die Antwort ist einfach. Er war finanziell nicht auf Rosen gebettet, er brauchte in der zweiten Hälfte der 50er Jahre dringend einen Job in der Autobranche, er hatte sich nicht rechtzeitig nach einer Garage oder Vertretung umgesehen, hatte das große Geld aus der Vorkriegszeit zu einem Teil wohl sehr großzügig verlebt, zu einem anderen Teil in kostspielige Rennwagen-Eigenentwicklungen gesteckt - da bot ihm BMW die Hand, er wurde angestellt, um den »507« an auserwählte Kunden zu verkaufen, fuhr mit diesem 3,2-Liter-Luxussportwagen auch noch einige Rennen mit und machte den Namen BMW auch durch persönliche Erfolge mit dem kleinen 700er-Coupé populär, ein hartes Brot für einen Mann von rund 60 Jahren.
Der Höhepunkt seiner Renn-Karriere lag dabei weit zurück. Sein größtes Jahr war ohne allen Zweifel 1934. Da gewann

er mit dem von Porsche konstruierten, damals neu entwickelten Auto-Union-Grand-Prix-Wagen den Großen Preis der Schweiz und den Großen Preis von Deutschland auf dem Nürburgring, dazuhin wurde er im Großen Preis von Italien (in Monza), sich mit dem Prinzen zu Leiningen ablösend, Zweiter. Er gehörte zu den erfolgreichsten Fahrern der Welt, und man staunte vor allem deshalb, weil man ihn bis dahin nur als »Bergkönig« kannte (ein Beiname, den er schon Ende der 20er Jahre in ganz Europa hatte) und weil er jetzt auch mit sehr PS-starken Kompressor-Rennwagen auf der Rundstrecke zur Weltklasse zählte.
Aber eigentlich nur dieses eine Jahr, 1934. Was auch ein Phänomen für sich ist. Nach 1934 hat er auf der Rundstrecke niemals mehr ähnliche Erfolge erzielen können, obwohl er als Mittdreißiger noch in einem Alter stand, in dem viele Grand-Prix-Fahrer erst ihre Top-Form erreichten, denken wir an Fangio, Farina oder auch an Brabham.
Hans Stuck ist als Sohn eines nicht unbegüterten südbadischen Fabrikanten - Garne und Nähseide - am 27. Dezember 1900 geboren. Nicht in Waldkirch bei Freiburg im Breisgau, wo die elterliche Villa stand, sondern in Warschau, weil sich die Eltern gerade auf einer längeren Geschäftsreise in Polen befanden.
Um den Geburtstag ranken sich zahlreiche Legenden. Vielfach wurde nämlich behauptet, Stuck sei gar nicht vom Jahrgang 1900, sondern er sei in Wirklichkeit fünf, ja sogar zehn Jahre älter, und ich habe selbst in einer österreichischen Zeitschrift vor etwa fünfzehn Jahren einmal gelesen, Stuck sei am 27. Dezember 1890 geboren. Er habe sich jünger gemacht, hieß es, andere sagten, unter Hitler habe man ihm nahegelegt, den richtigen Geburtstag zu verschleiern, weil man vierzigjährige Rennfahrer nicht verkaufen könne.
Das ist aber alles Unsinn, jedoch hat er einmal selbst diese »Stuck-ist-älter«-Legende ausgelöst. Als sehr junger Mann, kaum über zwanzig, umwarb er die Tochter eines Kommerzienrates, die er heiraten wollte (und auch heiratete, die Ehe wurde freilich sehr bald wieder geschieden). In dieser Familie wollte er älter erscheinen, also ließ er sich einen Schnurrbart wachsen und erklärte, er sei vom Jahrgang 1890 (statt 1900).
Nach dem ersten Weltkrieg kauften ihm die Eltern in der Nähe von Wolfratshausen in Oberbayern ein Gut. Er hatte große Freude am schnellen Autofahren und pflegte mit einem 2-Liter-Dürkopp Privatrekorde zwischen Wolfratshausen und München aufzustellen, wo er die Eier des Gutes auf den Markt brachte.
Mit den Wolfratshausener Honoratioren machte er einmal eine Wette, er könnte den Berg in Richtung München rückwärts schneller hinauffahren als jeder andere vorwärts. Er gewann die Wette, indem er sich vier Rückwärtsgänge einbauen ließ. Von Freunden angeregt, stellte er sich 1924 bei der Sportwoche von Baden-Baden mit dem Dürkopp zum Wettbewerb, gewann seine Klasse in der Bergwertung und fuhr daraufhin 1925 mit einem gut hergerichteten 2-Liter-Dürkopp-Sportwagen zahlreiche bekannte Bergrennen mit, wobei er eine große Anzahl davon gewann. Er war am Berg ein Naturtalent.
1926 ließ er sich daraufhin bei Austro Daimler einen Berg-

Hans Stuck auf Auto Union beim Masarykrennen 1934, das er als Sieger beendete

wagen mit 3-Liter-Motor herrichten, und von 1926 bis 1930 war er mit diesen – von 1927 an speziell für ihn gebauten – Austro-Daimler-Rennwagen der König der Berge.
Damals gab es ja noch eine sehr große Zahl von Bergrennen, fast in allen Ländern Europas, die ein Dorado für die vielen Privatfahrer waren und wo gelegentlich auch einzelne werkunterstützte »Asse« erschienen. Es gab kaum ein Bergrennen, das Stuck damals nicht gewonnen hat und wo er nicht mindestens die schnellste Zeit seiner Kategorie oder die schnellste Zeit des Tages gefahren ist. Ich nenne nur: Klausenpaß und Arlberg, Oberjoch und Ratisbona, Kesselberg und Hohensyburg, Taubensuhl und Bernina, Semmering und Zirlerberg, Ecce Homo und Zbraslav-Jiloviste in der ČSR, Feleac in Rumänien, Shelsley Walsh in England, La Turbie in Frankreich.
Und als 1930 zum ersten Mal eine Europa-Bergmeisterschaft ausgetragen wurde, war es Stuck mit seinem Austro Daimler, der die Rennwagenwertung gewann, während Rudolf Caracciola mit dem Mercedes SSK bei den Sportwagen siegreich blieb. 1930 machte Stuck auch seinen ersten Abstecher zur Rundstrecke: Er meldete sich mit dem Austro Daimler zum Großen Preis von Monaco, der 1930 zum zweiten Mal ausgefahren wurde. Aber in der 31. Runde schied er, ohne in der Spitzengruppe mitzumischen, mit einer defekten Bremse aus.
In den Rennprogrammen las man damals häufig Hans von Stuck, und er ließ sich auch ganz gern mit Herr von Stuck anreden, weil ihm die Aura des adligen Rennfahrers schmeichelte. Auch daran ist er nicht unbeteiligt. Seine Mutter war eine geborene Villiez, und plötzlich nannte er sich – was in Deutschland nicht korrekt ist – Stuck von Villiez, woraus die Leute dann der Einfachheit halber von Stuck machten. Ab 1934 tat er's nicht mehr.
Als die Austro-Daimler-Ära zu Ende ging, kaufte er sich – Daimler-Benz kam ihm dabei sehr weit entgegen – 1931 einen Mercedes SSK. Auch mit diesem Monster von 1800 kg hatte er große Erfolge, meist natürlich am Berg, aber er begann auch einzelne Rundstreckenrennen zu bestreiten, gewann 1932 den Großen Preis von Lemberg und wurde am Masarykring Zweiter.
Im gleichen Jahr heiratete er zum zweiten Mal: Paula von Reznicek, damals deutsche Tennismeisterin, später als Journalistin tätig.
1933 fährt er fast keine Rennen mehr. Der SSK ist nicht mehr konkurrenzfähig. Aber er hat für die Saison 1934 schon einen Vertrag in der Tasche: als Spitzenfahrer des neuen Auto-Union-Rennstalles. Mit ihm werden im ersten Jahr Momberger und der Prinz zu Leiningen – ehemalige Bugatti-Privatfahrer – im Team sein, dazu gelegentlich noch Burggaller und Sebastian.
Der Auto-Union-Rennwagen mit seinem 16-Zylinder-Mittelmotor, der zu Anfang 4,3 Liter Hubraum und 295 PS besitzt, ist etwas früher rennfertig als der parallel dazu entwickelte Grand-Prix-Wagen von Daimler-Benz. Stuck gibt seine Visitenkarte auf der Avus im März 1933 ab: mit dem Stunden-Weltrekord. Beim ersten Rennen freilich, an dem die Auto Union teilnimmt, dem Avusrennen zwei Monate später, muß Stuck mit einem Maschinenschaden aufgeben, der junge Guy Moll auf Alfa Romeo gewinnt, Varzi ist Zweiter.
Aber am 15. Juli 1934 gewinnt der »Bergkönig« seinen ersten Grand Prix. Nachdem beim Großen Preis von Frankreich

Stuck auf Auto Union mit Zwillingsreifen beim Shelsley-Walsh-Bergrennen (England)

die neuen deutschen Rennwagen allesamt ausgefallen sind und noch einmal Alfa triumphiert, setzt sich am Nürburgring Stuck sofort an die Spitze des Feldes und führt bis zur 13. Runde. Da greift dann Caracciola an, der Mercedes nimmt kurze Zeit die Spitze, geht aber eine Runde später an die Boxen, und Stuck siegt unangefochten vor Fagioli, Chiron und Nuvolari.
26. August 1934: Der Große Preis der Schweiz wird gestartet, der erste Schweizer Grand Prix. Vor dem Start fängt es an zu regnen. Stuck erweist sich als ein exzellenter Regenfahrer und kommt aus der ersten Runde schon mit fast 10 Sekunden Vorsprung vor Chiron und Nuvolari vorbei, Caracciola an vierter Stelle. In der dritten Runde hört der Regen auf, die Strecke trocknet ab. Stuck baut seine Führung weiter aus, fährt dabei materialschonend und hat schließlich das gesamte Feld überrundet. Sein Stallgefährte Momberger wird Zweiter, Dreyfus auf Bugatti Dritter, dann kommen die Alfas von Varzi und Chiron.
Und natürlich gewinnt der Bergkönig in neuer Rekordzeit den Großen Bergpreis von Deutschland am Schauinsland. In Italien wird er dann beim Großen Preis Zweiter, sich mit dem Prinzen zu Leiningen ablösend, und schließlich siegt er noch beim Masarykrennen in der ČSR gegen die internationale Grand-Prix-Elite: ein glänzendes, großes Jahr.

1935 gewinnt er wieder am Schauinsland, aber zunächst keinen Grand Prix. Im Bremgartenwald liegt er im ersten Drittel noch an zweiter Stelle, muß aber dann mit einem Reifenschaden an die Boxen, in Monte Carlo wird er Dritter, am Nürburgring Zweiter, in Monza gelingt ihm, am 8. September, noch einmal ein Grand-Prix-Sieg - der letzte. Denn am Ende der Saison ist ein Nachwuchsfahrer schon deutlich schneller: Bernd Rosemeyer. Im nächsten Jahr, 1936, siegt Rosemeyer am Nürburgring mit 4 Minuten Vorsprung vor Stuck, in Bern wird Stuck Dritter, Rosemeyer gewinnt, Varzi, auch auf Auto Union, wird Zweiter. Vielleicht ist dieses meteorhafte Aufkommen von Rosemeyer ein psychologisches Handicap von großer Tragweite für Stuck. 1937 fährt er keine Spitzenzeiten mehr, 1938, in der 3-Liter-Formel, wird er schon gar nicht mehr bei allen Rennen eingesetzt.
Er möchte seine Karriere jetzt abschließen: Er will den von Porsche konstruierten Mercedes-Rennwagen, den T-80 (der heute im Daimler-Museum steht), zum absoluten Weltrekord bringen, die Weichen dafür sind gestellt, aber da kommt der Krieg. Er fährt zur Truppe, um Vorträge über seine Rennzeit zu halten.
Die Ehe mit Paula von Reznicek geht auseinander, er heiratet nach dem Krieg zum dritten Mal; der Sohn aus dieser Ehe gehört heute, wie man weiß, zu den besten deutschen Fahrern.
Hans Stuck will mit 45, 46 Jahren nicht aufhören. Er besorgt sich den kleinen 1100er-Cisitalia-Rennwagen, gewinnt in Hockenheim, wird 1948 beim Preis von Bern hinter Taruffi Zweiter. Als ihn keine große Firma mehr engagiert, baut er, mit Alex von Falkenhausen und mit Küchen zusammen, einen eigenen Formel-2-Rennwagen, der das Schicksal aller Eigenbau-Konstruktionen hat: Er hält gewöhnlich nur wenige Runden und ist auch nicht schnell genug, international gesehen. Porsche stellt ihm 1953 für einzelne Rennen einen Spyder zur Verfügung, dann kommt seine BMW-Zeit. Er wohnt bescheiden in einer kleinen Villa in Grainau bei Garmisch.
Heute ist Hans Stuck dreiundsiebzig. Er hat natürlich auch einmal seine Memoiren geschrieben. Im Plauderton. Die Abstecher in die Politik darin darf man nicht ernst nehmen. Der Charme und das weltmännische Auftreten des Grandseigneurs begleiten ihn auch heute noch.

BMW 507 V8 Touring Sport von 1955 mit 150 PS Leistung

Hermann Lang

Als Hermann Lang 1909 geboren wurde, war Bad Cannstatt zwar von der schwäbischen Landeshauptstadt schon eingemeindet worden, aber wenn man den berühmten Fahrer fragte, wo er herstamme, sagte er nicht etwa: »Aus Stuttgart«, sondern stets: »Aus Cannstatt«, oder genauer: »Vo Cannschdadd«, weil er seine schwäbische (Verzeihung: seine Cannstatter) Mundart nie verleugnete und vor Rennleitern und Regierungschefs, Generaldirektoren und Freunden gleichermaßen immer sein angestammtes Schwäbisch sprach, auch dann, als seine Karriere international und er ein Star am Rennfahrerhimmel geworden war.
Mit Hermann Lang vollzog sich, soziologisch gesehen, etwas, über das wir uns heute gar keine Gedanken mehr machen, weil es viel zu selbstverständlich geworden ist und sich zu einer echten Partnerschaft ausgewachsen hat: der Einbruch des Mechanikers in die Gilde der »Herrenfahrer«.
Mechaniker, die Große Preise gewannen, das hat es zwar schon vor dem ersten Weltkrieg gegeben. Lautenschlager, der Sieger der Großen Preise von Frankreich 1908 und 1914 auf Mercedes, war ein einfacher Mann gewesen, hatte Mechaniker gelernt und es zum Meister gebracht; aber in den 20er Jahren war der Automobilsport wieder mehr ein Sport der »Herrenfahrer« geworden, der wohlhabenden Leute, die sich mit dem Geld des Vaters oder des Gutes erst einmal einen Bugatti-Rennwagen kauften und damit privat große Rennen fuhren, in Deutschland genauso wie in Frankreich und in England (in Italien nur zum Teil), wobei ein erstaunlich hoher Prozentsatz der schnellen Leute aus dem Adel kam: weil man dort den Automobilsport als legitime Fortsetzung der Ritter-Turniere ansah, als Probe für Mannesmut und Kämpfertum.

Hermann Lang auf dem siegreichen Mercedes beim Wiener Höhenstraßenrennen am 11. Juni 1939

Als Hermann Lang, Mechanikerlehrling und anschließend Lokomotivführer einer Feldbahnlok in einer Kiesgrube, seine Rennkarriere aufzubauen begann, hießen die populären Stars in Deutschland Rudolf Caracciola (Sohn eines Hoteliers), Hans Stuck (Sohn eines Fabrikanten und Gutsbesitzers) und Manfred von Brauchitsch (Sohn einer bekannten Offiziersfamilie), man kannte auch den Prinzen zu Leiningen gut und das junge Talent Heinz Joachim von Morgen.
Es ist fast logisch zu nennen, daß ein junger Mechaniker nicht mit Autorennen beginnt, weil dazu die finanzielle Basis fehlt, sondern zunächst mit Motorrädern versucht, seine Schnelligkeit zu zeigen. Wozu man gleich sagen muß, daß dieser 18jährige Hermann Lang, der 1927 auf der schon damals berühmten Solitude-Strecke sein erstes Rennen auf einer betagten, von ihm aber liebevoll zurechtgemachten Norton mitfuhr (und auch gewann), daß dieser Hermann Lang sehr wohl wußte, daß man zum Fahren auch eine gute Kondition braucht. Um die brauchte man sich bei ihm keine Sorgen zu machen, denn er war Mitglied eines Sportvereins und trieb Schwerathletik, vor allem Ringen und Gewichtheben.
Die württembergische Motorradfabrik Standard (die 1933/34 auch mit einem bemerkenswerten Kleinwagen auf dem Markt erschien, dem stromlinienförmig karossierten Standard »Superior« mit 500-ccm-Motor) engagierte den 20jährigen Hermann Lang dann als Werksfahrer: Dabei verdiente er nicht viel mehr als ein Kraftfahrzeugmeister, aber er war aller Sorgen um seine Renneinsätze enthoben. Er sollte die 350-ccm- und die 500-ccm-Maschine mit Beiwagen fahren, und er tat das mit großem Erfolg. Er gewann vor allem das große Rennen auf der Solitude.
Sein Debüt in der Schweiz gab er am Klausenpaß, wo er die 600er-Beiwagenklasse gewann, er siegte auch am Semmering und am Zirlerberg und wurde 1931 Deutscher Bergmeister in seiner Klasse. Dann zwang die Wirtschaftskrise die kleine Firma Standard, den Rennsport einzustellen, und nun war Hermann Lang eine Zeitlang arbeitslos. Er ging stempeln, bis er durch Fürsprache von Freunden jenen Posten als Lokomotivführer in der Kiesgrube erhielt, im Alter von 23 Jahren.
Zu Beginn des Krieges hat Hermann Lang einmal seine Renn-Memoiren geschrieben. Treuherzig sagt er über diese Zeit: »Ein halbes Jahr lang pendelte ich mit der Lokomotive durch die Kiesgrube. Jeden Tag fuhr ich dabei mit dem Fahrrad zu meiner Arbeitsstätte und kam auf diese Weise alle Tage an den Daimler-Werken vorüber, zu denen ich sehnsuchtsvolle Blicke hinübersandte - wenn ich doch dort beschäftigt werden könnte! Dann fuhr ich gesenkten Kopfes weiter, biß die Zähne zusammen und bestieg in der Kiesgrube meine Lokomotive. Den ganzen Tag war ich draußen und wurde, wie es dieses Geschäft mit sich brachte, immer dreckiger. Aber meine Lokomotive hielt ich in Schuß.«
Schließlich faßte er Mut und schickte an Daimler-Benz ein Bewerbungsschreiben. Man fand, daß er ein guter Mechaniker war, berücksichtigte auch, daß er schon eine Renn-Vergangenheit auf dem Motorrad hatte, und so kam er 1933 in die Versuchsabteilung, dorthin, wo die »Silberpfeile« vorbereitet wurden, die Rennwagen der neuen 750-kg-Formel, und als 1934 die erste Rennsaison begann, wurde er Luigi Fagioli als Rennmechaniker zugeteilt und kam auf diese Weise in ganz Europa herum.
Mehr noch: Man gab ihm eine erste Chance, selbst zu fahren. Mit einem Sportwagen. Damals wurde die »2000-km-Fahrt

Lang auf Mercedes siegt beim Großen Preis von Pau am 2. April 1939 vor von Brauchitsch.

durch Deutschland« veranstaltet, ausgeschrieben für Touren- und Sportwagen. Auf abgesperrten Straßen fuhr man von Baden-Baden über den Schwarzwald nach Ulm und München, von da Richtung Norden via Leipzig nach Berlin, dann führte die Strecke nach Westen ins Ruhrgebiet und wieder hinunter nach Baden-Baden. Für jede Klasse war ein Mindestdurchschnitt vorgeschrieben: Wenn man diesen erreichte, gab es eine Goldmedaille. Die vorgeschriebenen Zeiten waren nicht ganz leicht zu erreichen.
Hermann Lang erhielt vom Werk den 150 H, eine nur in wenigen Exemplaren gebaute Sportausführung des Mercedes 130 H, des Heckmotorwagens. Der 150 H hatte 1,5 Liter und 55 PS, es gab ihn offen und als Stromlinien-Coupé. Lang fuhr zu aller Zufriedenheit und brachte die Goldmedaille nach Hause. Daraufhin ließ man ihn in Monza bei einer internen Nachswuchsfahrer-Prüfung einen Grand-Prix-Wagen fahren und wählte ihn, zusammen mit Geier, für 1935 als offiziellen Nachwuchsfahrer aus. Für das Eifelrennen gab man ihm zum ersten Mal einen Platz im Team.
Er fuhr ein brillantes Rennen, auf Anhieb, aber es kam zu einem Zwischenfall: Nachdem er Chiron (auf Alfa) überholt hatte, lag er im letzten Drittel des Rennens hinter Rosemeyer und Caracciola sogar auf dem 3. Platz, was eine Sensation war, aber da tat er des Guten zuviel, und im Pflanzengarten, wo es noch feucht war, drehte sich der Wagen, und Lang rutschte aus der Bahn. Zuschauer schoben ihn wieder auf die Piste (was damals noch erlaubt war), und er kam dann noch auf dem 5. Platz ins Ziel.
Hermann Lang hatte ein sehr schlechtes Gewissen, weil Neubauer den Nachwuchsfahrern am Anfang der Saison gesagt hatte: »Wenn mir einer 'rausfliegt, kann er sich gleich die Fahrkarte kaufen und per Bahn nach Hause fahren.« Soweit kam es nicht, aber der Mercedes-Rennleiter sagte seinem Nachwuchsfahrer gehörig die Meinung. Und Lang brauchte etwa zwei Jahre, um einen Komplex zu überwinden: Zwei Jahre lang konnte dieser Weltklassefahrer bei Regen oder feuchter Bahn nicht mehr wirklich schnell sein, so tief steckte dieser Dreher von damals noch in ihm.

1936 war er bei Daimler-Benz noch nicht als »Hauptfahrer« eingestuft, er war vom gestrengen Neubauer vom »Nachwuchsfahrer« erst einmal zum »Reservefahrer« befördert worden. Das hinderte ihn nicht, beim Großen Preis von Deutschland hinter Caracciola, Brauchitsch und Rosemeyer die viertschnellste Trainingszeit zu erzielen, in den ersten zwei Runden des Rennens dann Caracciola und Brauchitsch zu überholen und auf den 2. Platz hinter Rosemeyer vorzustoßen. Als nun Rosemeyer zum ersten Mal an die Boxen ging, lag Hermann Lang vorn, kam aber dann mit unsäglichen Schmerzen an die Boxen: Bei einem Schaltvorgang war er so unglücklich an die Karosseriewand gekommen, daß er sich den kleinen Finger gebrochen hatte, der wie leblos von der Hand abstand.
Mit einem Notverband des Rennarztes saß er nun da. Als Brauchitsch zu den Boxen fuhr, weil sein Wagen nicht mehr voll lief, und der Nachwuchsfahrer Zehender diesen Mercedes übernehmen sollte, erklärte Lang, er fahre mit gebrochenem Finger noch schneller als dieser, stieg ein und hielt bis zum Schluß durch.
1937 gewann er den Großen Preis von Tripolis und das Avusrennen; beim Großen Preis der Schweiz und beim Großen Preis von Italien wurde er Zweiter. 1938 gewann er wiederum Tripolis, 1939 brachte er das Kunststück fertig, zum dritten Mal zu siegen (diesmal mit dem speziell dafür entwickelten 1,5-Liter-Kompressorwagen von Mercedes). 1939 war er Europameister der Rennwagen, gewann außer in Tripolis den Großen Preis von Pau, den Großen Preis von Belgien, den Großen Preis der Schweiz und das Eifelrennen, und er etablierte am Nürburgring den offiziellen Rundenrekord mit 9:52,2 – der erst 1956 durch Fangio unterboten wurde!
Nach dem Krieg hat er ein Comeback versucht. Es ist ihm, wollen wir's ganz nüchtern betrachten, nicht gelungen. Im Februar 1951 wurde er beim letzten Einsatz der 3-Liter-Kompressorwagen von Mercedes in Argentinien einmal Zweiter, einmal Dritter, bei der Mille Miglia 1952 verließ er mit dem 300 SL die Strecke, in Bern wurde er Zweiter (hinter Kling), bei der Carrera Panamericana mußte er sich auch mit dem 2. Platz hinter Kling begnügen, mit Fritz Riess gewann er allerdings die Gesamtwertung in Le Mans, und er siegte auch bei einem Sportwagenrennen auf dem Nürburgring.
Die Versuche 1954 mit dem neuen 2,5-Liter-Grand-Prix-Wagen dagegen verliefen enttäuschend. Er war nun fünfundvierzig und hatte nicht mehr den alten Elan, wer wollte ihm das verdenken? Er hatte seine Vorkriegsgewinne gut angelegt, meist in Häusern, er lebte inzwischen mit seiner Lydia, die er schon mit achtzehn kennengelernt hatte, und seinen beiden Söhnen auf die schwäbisch-gemütliche Art zusammen, will heißen, er trank sehr gerne ein Viertele und noch eines, zu allen Tageszeiten. Der ehemalige Ringer und Gewichtheber wirkte nun etwas behäbig, er fuhr dann noch einmal, 1954, am Nürburgring, schlug sich tapfer, ohne in den Kampf an der Spitze eingreifen zu können, und schied dann mit einem Hinterachsschaden aus.
Bei Daimler-Benz wurde er anschließend im technischen Außendienst beschäftigt, er gehörte ja ohnehin als »lebendes Inventar« zum Hause Daimler-Benz, das ihm viele große Siege verdankt und das ihm die Möglichkeit zu einer unerhörten Karriere gab, ihm, dem hochtalentierten, zuverlässigen, »knitzen«, sich selbst immer treu bleibenden schwäbischen, verzeihen Sie, Cannstatter Mechaniker.

Bernd Rosemeyer

Der 26. Juli 1936 war in der Geschichte des Nürburgrings – und damit auch in der Geschichte des gesamten Automobilsports – ein historischer Tag. An diesem 26. Juli wurde zum neunten Mal der Große Preis von Deutschland ausgetragen, und in der dritten Runde dieses Rennens fuhr zum ersten Mal ein Rennwagen in einer Zeit von weniger als 10 Minuten um die 22,8 Kilometer lange Strecke.
Zwanzig Jahre lang blieb diese Zehnminutengrenze am Nürburgring die »Schallmauer«, die nur die Weltklassefahrer durchbrechen konnten, gleichgültig, welche Fabrikate sie fuhren. Zwanzig Jahre lang war es das Ziel aller großen Fahrer, unter die 10 Minuten zu kommen. Damals, 1936, hatte niemand geglaubt, daß eine solche Leistung jemals möglich sein könnte, denn im Jahr zuvor hatte Manfred von Brauchitsch mit dem Mercedes-Kompressorwagen in wilder Fahrt erst 10:32 erreicht.
Der Mann, der diesen Großen Preis von Deutschland am 26. Juli 1936 gewann und dabei zum ersten Mal die Zehnminutengrenze unterbot, hieß Bernd Rosemeyer, und mit diesem Sieg und dieser Rundenzeit war er endgültig in den Kreis der ganz Großen im Automobilsport aufgerückt. Spätestens von diesem Großen Preis an genoß er eine ganz ungewöhnliche Popularität: die des kometenhaft aufsteigenden Sterns, des unbeschwerten »großen Jungen«, des Fahrers, für den es anscheinend überhaupt keine Grenzen nach oben gibt.
Bernd Rosemeyer wurde am 14. Oktober 1909 (er war also der gleiche Jahrgang wie Hermann Lang) in dem kleinen Städtchen Lingen im Emsland geboren, im äußersten Nordwesten von Deutschland also. Sein Vater besaß eine Motorradwerkstatt und handelte auch mit Automobilen.
Mit Hilfe einer Sondergenehmigung durfte Bernd schon mit 16 Jahren den Auto- und Motorradführerschein erwerben, um für die väterliche Werkstatt Probe- und Überführungsfahrten auszuführen, aber erst mit zweiundzwanzig begann er sich sportlich zu betätigen: Er fuhr auf einer 250-ccm-Zündapp beim Oldenburger Grasbahnrennen mit und gewann dort auf Anhieb.
Nun begann erst einmal seine Karriere als Motorradfahrer. In diesem ersten Jahr – 1931 – konnte er bei kleineren nationalen Veranstaltungen bereits elf Siege erringen; im Elternhaus hatte man Verständnis für die leidenschaftliche Hingabe des jungen Bernd an seinen Sport, und so konnte er sich für das Jahr 1932 eine 500-ccm-NSU-Rennmaschine anschaffen, mit der er dann bei größeren Rennen startete.
Als Privatfahrer besiegte er beim Schleizer Dreiecksrennen – einer damals sehr bekannten Veranstaltung – die gesamte Werkelite und gewann die 500er-Klasse. 1933 siegte er wiederum in Schleiz und wurde bei einem Rennen in Hockenheim schon vom NSU-Werk unterstüzt. Dann engagierte ihn DKW, und 1934 sah man ihn auf den 500-ccm-Ladepumpen-DKW alle bekannten deutschen Rennen mitfahren, wobei er in Marienberg und in Schleiz siegte. Man setzte ihn auch bei Geländefahrten und bei der 6-Tage-Fahrt ein, von der er mit einer Goldmedaille nach Hause kam.
1934 schielte er bereits mit einem Auge nach den vier Rädern, und bei der Auto Union – zu der ja auch DKW seit 1932 gehörte – gab man ihm bei der 2000-km-Fahrt durch Deutschland die erste Chance: Er bekam ein 2-Liter-Wanderer-Stromlinien-Coupé (eine Porsche-Konstruktion) zur Verfügung gestellt und fuhr in der Werkmannschaft, die außer ihm aus von Oertzen und Porsche bestand (jawohl, Dr. Ferdinand Porsche, der heutige Firmenchef in Zuffenhausen, fuhr einmal sehr schnell Auto und war an der Goldmedaille bei dieser 2000-km-Fahrt beteiligt).
Da man im Auto-Union-Rennstall für das Jahr 1935 Nachwuchsfahrer suchte – der Prinz zu Leiningen und August Momberger waren im Jahr 1934 neben Stuck doch nicht schnell genug gewesen –, bat man Rosemeyer zu Prüfungsfahrten auf den Nürburgring, nicht ohne ihm vorher einzuschärfen, wie schwierig der neue 16-Zylinder-Mittelmotorwagen zu fahren sei, wieviel Geld er koste und wie schlecht es für einen Nachwuchsfahrer sei, wenn er sich nicht korrekt an die Anweisungen des Rennleiters halte und am Anfang langsam fahre.
Diese Ermahnungen interessierten Rosemeyer überhaupt nicht. Als er das erste Mal in die Südkehre ging, am Ende der Zielgeraden, stand er mit dem Wagen bereits total quer, konnte sich aber aus der Situation doch wieder herausmanövrieren und fuhr, daß Dr. Feuereissen, der neue Rennleiter der Auto Union, innerlich längst überzeugt war, daß hier ein ganz großes Naturtalent da sei, nach außen hin aber noch von dem törichten Ungestüm der Jugend sprach, das man nicht dulden könne.
Für das Avusrennen 1935 erhielt er zum ersten Mal einen Grand-Prix-Wagen, kam aber wegen eines Defektes nicht ins Ziel. Sein zweiter Start erfolgte beim Eifelrennen auf dem Nürburgring, das damals immer auch für die Formel 1 ausgeschrieben war, jedoch über eine kürzere Distanz als der Große Preis führte. Man braucht zu diesem Rennen nicht mehr zu sagen als dieses: Caracciola gewann auf dem Mercedes; nach 250 Kilometer Renndistanz betrug sein Abstand zum Zweiten, zu Bernd Rosemeyer, genau 1,9 Sekunden. Er hatte ihn erst auf den letzten paar Kilometern überholen können.
Beim Großen Preis von Deutschland wird Rosemeyer Vierter, beim Großen Preis der Schweiz (am 25. August 1935) bereits Dritter (hinter Caracciola und Fagioli, er ist hier bester Fahrer der Auto Union), und beim letzten großen Rennen

Bernd Rosemeyer auf Auto Union fährt am 29. September 1935 auf dem Masarykring seinen ersten Grand-Prix-Sieg.

dieser Saison auf dem Masarykring führt er den Auto-Union-Grand-Prix-Wagen zum Sieg: Eine dieser ganz seltenen Karrieren, bei denen es einem Fahrer in seiner ersten Saison gelingt, einen Grand Prix zu gewinnen.
Nach dem Krieg haben es Jackie Stewart, Clay Regazzoni und Emerson Fittipaldi auch fertiggebracht, in der ersten Saison bereits einen Großen Preis zu gewinnen, aber bei Rosemeyer war es eigentlich noch viel erstaunlicher als bei allen anderen: Denn er war ja nicht über die Formel 3 und die Formel 2 zum Grand-Prix-Wagen aufgestiegen, sondern hatte bis zu seinem ersten Start im Auto-Union-Rennwagen nur Motorradrennen gefahren - und eine Langstreckenfahrt in einem Tourenwagen. Er stieg zu Beginn des Jahres 1935 in einen Grand-Prix-Wagen, ohne jemals vorher mit einem Automobil ein richtiges Rennen gefahren zu sein: ein einmaliger Aufstieg.
Die großartige Saison von 1936 begann für Rosemeyer gar nicht großartig. Er wurde zunächst in Monte Carlo eingesetzt. Im Training war Hans Stuck schneller gewesen als der junge Rosemeyer, wenngleich Varzi mit dem dritten Auto Union hinter Rosemeyer stand. Im Rennen, wo es regnete, verlor Rosemeyer in der 13. Runde in der Linkskurve vor dem Casino die Herrschaft über den Wagen und landete mit dem Heck voraus an einem Mäuerchen.
Sonst war die »13« immer seine Glückszahl. Er hatte im Herbst 1935 beim Masarykrennen die damals weltbekannte deutsche Fliegerin Elly Beinhorn kennengelernt; am 13. Juli 1936 heirateten die beiden, 13 Tage danach fuhr er dieses phänomenale Rennen auf dem Nürburgring. Er war in der dritten Startreihe placiert - durch Losentscheid. Es gab 1936 beim Großen Preis von Deutschland noch immer keine Startaufstellung nach Trainingszeiten, was man in Monte Carlo schon 1933 und in Bern 1935 eingeführt hatte. Nach der ersten Runde an jenem 26. Juli 1936 führte noch Manfred von Brauchitsch ganz knapp vor Rosemeyer, dann ging dieser an die Spitze, und als er in der dritten Runde die 10 Minuten unterbot, hatte er sich vom übrigen Feld eindeutig abgesetzt. Die genaue Zeit war 9:56,6 - was Rosemeyer ja mit einem noch relativ vollen Tank erreichte!
Im Ziel betrug sein Vorsprung vor Stuck fast 4 Minuten. Vier Wochen später - am 23. August 1936 - siegte Rosemeyer auch im Großen Preis der Schweiz, in einem ebenfalls denkwürdigen Rennen. Im Training war Caracciola noch schneller gewesen als er; neben ihm in der ersten Startreihe stand Rosemeyers Teamgefährte Achille Varzi, dahinter waren mit den nächstbesten Zeiten Brauchitsch und Lang postiert, gefolgt von Nuvolari, Dreyfus und Fagioli.
Caracciola ging beim Start in Führung und kam auch aus der ersten Runde an der Spitze zurück, Rosemeyer lag aber ganz knapp dahinter. Rosemeyer wollte nun Caracciola überholen, doch offensichtlich sah das der Altmeister nicht sehr gerne. Ob er den jungen Rosemeyer sperrte? Jedenfalls kam der Auto-Union-Fahrer jedesmal mit erhobener Faust an den Boxen vorbei. Auto-Union-Rennleiter Dr. Feuereissen legte bei der Rennleitung Protest wegen Behinderung ein, Caracciola erhielt von den Streckenposten die blaue Fahne, aber Rosemeyer kam nicht vorbei. »Zwischen dem Boxenpersonal von Auto Union und Mercedes wurden sehr unfreund-

Rosemeyer auf Rekordfahrt im Herbst 1937 auf der Autobahn Frankfurt – Darmstadt

liche Worte gewechselt«, schreibt René Häfeli, »das in zwei Lager geteilte Publikum tobte, die ganze Arena glich dem Hexenkessel eines südamerikanischen Fußballstadions«. Schließlich nahm Rennleiter Huber selbst eine blaue Flagge in die Hand und schwang sie unzweideutig, und nun konnte Rosemeyer überholen.

Nach der 10. Runde hatte er schon fast 4 Sekunden Vorsprung vor Caracciola, der später mit einem Hinterachsschaden aufgeben mußte. So kamen Varzi und Stuck auf die nächsten Plätze. Rosemeyer hatte, als er sich von Caracciola distanzieren wollte, in der 15. Runde dieses Großen Preises einen neuen Rundenrekord aufgestellt und war auf dem Bremgartenkurs 2:25,5 gefahren, Durchschnitt 169,633 km/h. Diese Zeit ist für Bern der »ewige Rundenrekord« geblieben, denn bis zum Jahr 1954, als dieser Grand Prix zum letztenmal gefahren wurde, ist es niemandem gelungen, diese Rosemeyer-Zeit von 1936 auch nur annähernd zu erreichen, gefahren mit dem 6-Liter-Auto-Union-Kompressorwagen.

Rosemeyer gewann 1936 noch das Eifelrennen, auch das war eine Glanzleistung, weil es bei feuchter Strecke und zum Teil dichtem Nebel ausgetragen wurde und kein Fahrer so sicher und schnell durch den Nebelvorhang stach; er gewann die Coppa Acerbo und brach in die Domäne des Bergkönigs Stuck ein, indem er auch beim Großen Bergpreis von Deutschland auf dem Schauinsland in neuer Rekordzeit siegte, ebenso beim Feldbergrennen. Er wurde Europameister bei den Rennwagen, dazu Deutscher Straßen- und Bergmeister. Nach dem zweiten Rennjahr stand er bereits auf einem Höhepunkt der Karriere.

Das folgende Jahr, 1937, sah die Mercedes-Rennwagen insgesamt erfolgreicher als die der Auto Union, trotzdem konnte Rosemeyer noch einmal das Eifelrennen gewinnen, die Coppa Acerbo, den Vanderbilt Cup in den USA und das große Rennen im Donington Park in England. Beim Training zum Großen Preis auf dem Nürburgring erreichte er in phantastischen 9:46,2 (für die damaligen Wagen mit ihrer vergleichsweise archaisch anmutenden Straßenlage) die Pole-Position; die einzigen, die damals auch unter 10 Minuten kamen, waren Lang mit 9:52 und Brauchitsch mit 9:55. Im Rennen selbst fuhr Rosemeyer die schnellste Runde in 9:53,4, kam aber durch einen Boxenstopp nur auf den 3. Platz.

Im Herbst setzte ihn die Auto Union auf einem stromlinienverkleideten Rennwagen zu Rekordfahrten auf der Autobahn Frankfurt – Darmstadt ein. Mit dem 6,33-Liter-Motor erreichte er als erster Fahrer der Welt auf einer normalen Straße mehr als 400 km/h und erzielte eine Reihe von Klassen- und Weltrekorden. Mit dem unverkleideten Wagen fuhr er Weltrekord über den stehenden Kilometer in 19,08 Sekunden.

Am 28. Januar 1938 fuhr dann, in aller Frühe, Rudolf Caracciola mit dem Mercedes auf diesem Autobahnstück sehr viel schneller: 432,7 km/h. Rosemeyer startete gegen 11 Uhr mit einem noch günstiger verkleideten Auto Union als im Herbst. Es war Wind angesagt. Rosemeyer meinte, er wolle erst einmal probieren, wie es laufe, kam nach dieser ersten Fahrt zufrieden zurück und fuhr dann voll. Bei einer Geschwindigkeit zwischen 430 und 440 km/h kam er in eine Windbö. Er hatte keine Chance mehr.

Alberto Ascari auf dem 2-Liter-Ferrari beim Großen Preis von Deutschland 1952 auf dem Nürburgring

Alberto Ascari

Er war der Sohn eines berühmten Vaters, und es ist eigentlich sehr selten, daß bei Rennfahrern die Söhne in die Fußstapfen des Vaters treten und ebenfalls zu ganz großen Erfolgen kommen. Antonio Ascari, der Vater, war einer der besten Werksfahrer bei Alfa Romeo und verunglückte 1925 beim Großen Preis von Frankreich auf der Rundstrecke von Montlhéry tödlich.

Alberto Ascari ist uns allen noch deshalb in so guter Erinnerung, weil er dreimal nacheinander 1950, 1951 und 1952 den Großen Preis von Deutschland auf dem Nürburgring gewinnen konnte, und die meisten denken, daß er 1950 auch zum ersten Mal in Deutschland gefahren sei. Aber sie kennen seine motorradsportliche Vergangenheit nicht. Der junge Alberto Ascari, 1918 geboren, debütierte bereits im Juni 1936 bei einem Motorrad-24-Stundenrennen des Automobilclubs von Mailand. Er wurde ein Jahr später Werksfahrer bei Bianchi und dadurch bei zahlreichen Geländefahrten eingesetzt. 1939 kam er als Mitglied der italienischen Mannschaft zur 6-Tage-Fahrt, die damals in den bayerischen Bergen ausgetragen wurde, und holte sich eine Goldmedaille.

Sein erster Einsatz mit einem Sportwagen erfolgte bei der Mille Miglia des Jahres 1940, die ja in Italien noch vor dem Frankreichfeldzug ausgetragen wurde, und hier pilotierte er einen 1,5-Liter-Versuchswagen von Ferrari, mit dem er freilich nicht bis ans Ziel kam. 1947 sehen wir ihn dann mit einem 2-Liter-Maserati-Sportwagen beim Preis von Modena zum zweiten Mal in einem schnellen Automobil, und nun beginnt seine eigentliche Rennkarriere. 1948 fährt er auf einem 1,5-Liter-Kompressor-Rennwagen von Maserati (Formel 1), mit dem er den Großen Preis von San Remo gewinnt. 1949 engagierte ihn Ferrari, und für das italienische Werk gewinnt er den Großen Preis von Bari und vor allen Dingen zwei weitere wichtige Große Preise, den Grand Prix der Schweiz auf der Rundstrecke von Bern (am 3. Juli 1949, wo er Luigi Villoresi schlägt) und am 11. September den in Monza ausgetragenen Grand Prix von Italien. Am Ende dieser Saison kann man bereits sagen, daß Alberto Ascari zu den wenigen absoluten Weltklassefahrern gehört. Seine Erfolgsserie setzt sich 1950 fort, er gewinnt die beiden großen Rennen in Argentinien, den Großen Preis von Rom und den Großen Preis von Deutschland auf dem Nürburgring, der ja damals nicht für die Formel 1, sondern für die Formel 2 ausgetragen wurde (2 Liter ohne Kompressor).

Im folgenden Jahr war er Fangios ernsthaftester Konkurrent bei der Formel-1-Weltmeisterschaft, und es gelang ihm nach einem dramatischen Rennen, den kompressorlosen 4,5-Liter-

Ferrari fahrend, Fangio mit dem 1,5-Liter-Kompressor-Alfa am Nürburgring zu distanzieren. Auch den Großen Preis von Italien 1951 gewann Ascari auf dem Ferrari, und alle Experten waren sich eigentlich einig, daß in den Ranglisten man Fangio und Ascari gemeinsam auf Platz 1 setzen müßte.
Es sah 1953 so aus, als wolle Ascari, damals mit dem kompressorlosen 2-Liter-Ferrari, zum vierten Mal den Großen Preis von Deutschland auf dem Nürburgring gewinnen. Er lag bereits klar in Führung, als ihm das rechte Vorderrad abbrach, und zwar auf der langen Geraden, kurz bevor man zu Start und Ziel kommt. Es gelang ihm aber meisterhaft, den Wagen abzufangen und auf der rechten Vorderradbremstrommel rutschend (damals hatte man ja noch Trommelbremsen und keine Scheibenbremsen!) den Wagen bis zu den Boxen schlittern zu lassen. Alberto Ascari war es auch 1954 - teils für Maserati, teils für Lancia fahrend -, der als einziger im Training die phantastischen Rundenzeiten egalisieren oder übertreffen konnte, die Fangio mit dem neuen Mercedes vorlegte.
1955 gab es in Monte Carlo ein dramatisches Rennen, bei dem sich wiederum Alberto Ascari im Training als gleichschnell wie Fangio erwiesen hatte. Zunächst führte Fangio mit Mercedes, dann fiel er nach 40 Runden mit einem Motorschaden aus. Moss lag nun in Führung, und Ascari befand sich auf dem 2. Platz. Aber auch Stirling Moss mußte nach 80 Runden den Wagen abstellen. Nun lag Alberto Ascari mit dem Ferrari in Führung, aber nur eine halbe Runde lang. Dann ging er - man weiß nicht ganz genau, ob er einfach zu schnell war oder ob doch ein Materialdefekt auftrat - so in die Schikane, die sich ja unmittelbar am Kai befindet, daß er auf der linken Seite die Strohballen durchbrach, der Wagen sich weit hinauskatapultierte und ins Meer fiel. Alberto Ascari entkam diesem Unfall wie durch ein Wunder, indem er rechtzeitig aus dem Wagen herausgeschleudert wurde und ins Meer tauchte. Er hatte nur kleine Verletzungen an der Nase und vielleicht eine leichte Gehirnerschütterung erlitten. Das war am 22. Mai 1955, einem Sonntag. Am Donnerstag, dem 26. Mai 1955, ging Alberto Ascari nach Monza, um dort einen Sportwagen von Ferrari auszuprobieren. Er wollte, wie er sagte, über das Gefühl hinwegkommen, daß er gestürzt sei, und ausprobieren, ob er einen Schock habe oder nicht. Es war kein Rennen, nur eine Versuchsfahrt, und in einer ganz schnellen Linkskurve, die man normalerweise als Weltklassefahrer ohne weiteres mit Vollgas durchmessen kann, kam Ascari plötzlich von der Fahrbahn ab, der Wagen überschlug sich - Alberto Ascari war tot. Niemand kann bis heute genau erklären, wieso dieser Unfall passiert ist - ob es ein Materialfehler war, ob ein momentanes Blackout kam, ob er von der Sonne zu sehr geblendet war oder ob er nicht die Ideallinie exakt erwischte. Italien verlor damals seinen besten Fahrer.
Alberto Ascari hatte eine glückliche Ehe geführt und einen Sohn Tonino und eine Tochter Patricia hinterlassen, die heute beide erwachsen sind. Tonino hat aber niemals ernsthafte Anstalten gemacht, auch Rennfahrer zu werden.

Ein Maserati-Rennwagen 250 F von 1954

Juan Manuel Fangio

Ich erinnere mich noch gut an ein Gespräch mit dem Argentinier. Er war nach Stuttgart gekommen, als Gast des Hauses Daimler-Benz, und hatte die Ausstellung »Motor Sport und Freizeit« besucht, wo man viele Renn- und Sportwagen bewundern kann. Juan Manuel Fangio ist ja nur anderthalb Jahre lang für das Untertürkheimer Haus gefahren, aber abgesehen davon, daß er später die Daimler-Benz-Vertretung in Buenos Aires bekam, verbindet ihn mit den Ingenieuren und auch noch mit seinen Rennmechanikern bei Daimler-Benz ein sehr herzlicher Kontakt. Man weiß dort sehr gut, was man dem Argentinier alles verdankt, den man als Fahrer Nummer 1 engagierte, als die 2,5-Liter-Formel kam, und Fangio weiß auch gut, welches hervorragende Instrument und welch durchdachte Organisation man ihm zur Verfügung stellte, um zweimal Weltmeister zu werden.
Mercedes-Sportleiter von Korff war damals mein Dolmetscher. Mich interessierte, was Fangio von der neuen Generation der Rennwagen hielt. Er hat ja 1958 aufgehört, Rennen zu fahren – als er 47 Jahre alt geworden war. Damals waren nicht nur die Reifen der Rennwagen noch sehr schmal, sondern man saß auch noch ganz aufrecht im Cockpit, und die Rennwagen waren viel höher gebaut.
Er meinte, der neue Stil zu fahren, indem man fast in den Rennwagen liegt, mit einer Rückenlehne, die um rund 45 Grad geneigt ist, das bringe zweifellos für das Fahrgefühl ein Plus. Denn man habe jetzt noch mehr direkten Körperkontakt mit dem Wagen.
Aber nach seiner Zeit, sagte ich, sei doch die 1500-ccm-Formel gekommen, da hätte man die Wagen sehr schmal und niedrig gebaut, und die meisten Rennfahrer hätten eine – im Vergleich zu ihm – sehr viel schmalere Figur gehabt, mit niedrigerem Gewicht. Er hätte ja kaum in diese Cockpits hineingepaßt.
»Ich wiege und ich wog während meiner ganzen Rennkarriere 180 Pfund, und man hätte mir in den modernen Wagen den Sitz extra schneidern müssen, aber erstens ist das Gewicht des Fahrers doch etwas anderes als das der toten Materie, und außerdem«, und als er das sagte, fing er an auf seine ganz eigene Art guttural und spöttisch zu lachen, »und außerdem habe ich ja früher diese Simca-Gordini-Rennwagen gefahren mit den kleinen, kompressorlosen 1430-ccm-Motoren, da sagten die Leute auch, ich sei zu schwer, und wer hat nachher die Rennen gewonnen? Ich!«
Er machte nie eine Schau aus dem, was er konnte, aber er wußte immer genau, was er wert war und wie gut er fuhr. Fangio ist in der Tat im Anfang seiner Karriere in Europa auch die kleinen Gordini-Rennwagen gefahren, ehe er als Werksfahrer zu Alfa Romeo kam, wo er 1950 debütierte und 1951 zum ersten Mal Automobil-Weltmeister wurde.
Vielleicht hätten wir in Europa diesen großen Juan Manuel Fangio, von dem viele Experten heute sagen, er sei wahrscheinlich der größte Fahrer der Nachkriegszeit gewesen – vielleicht hätten wir alle Fangio nie gesehen, wenn es in Argentinien nicht Peron gegeben hätte, den Diktator, der nicht nur um das Prestige seines Landes bedacht war, sondern der auch ein echtes Interesse für Rennen mitbrachte und selbst eine ganze Reihe erlesener Sportwagen in seiner Privatgarage stehen hatte.
In Argentinien gab es vor und kurz nach dem Krieg nur Straßenrennen, die durchs ganze Land führten, zum Teil auch noch durch andere südamerikanische Länder, und die mit amerikanischen Tourenwagen gefahren wurden, modifizierten und schnell gemachten Fords und Chevrolets. Schon vor dem Krieg hatte Fangio begonnen, sich für solche Rennen Wagen selbst herzurichten. Er war das Kind armer Eltern, italienische Einwanderer, die sich in Balcarce niedergelassen hatten, in der Provinz. Der Vater war Maurer, Juan Manuel lernte Mechaniker. Diese argentinischen Straßenrennen über lange Strecken auf staubigen Wegen, zum Teil durchs Gebirge, waren eine harte Schule. Der junge Fangio fuhr auch Sandbahnrennen mit selbstgebauten Rennwagen.
Zu Anfang der 40er Jahre gehörte er zu den Assen in diesem südamerikanischen Autosport, der mit den europäischen Rennen eigentlich nichts zu tun hatte, außer, daß man eben auch dort, unter schlechten Bedingungen, schnell Auto fahren mußte.
Unter Perons Fittichen bauten die Argentinier dann 1946 das »Autodromo« von Buenos Aires und damit die erste Rundstrecke europäischen Stils. Man lud europäische Spitzenfahrer ein; das erste Rennen fand am 9. Februar 1947 statt, es wurde von Villoresi auf Maserati-Kompressor gewonnen, knapp vor Wimille, der einen 1,5-Liter-Alfa-Romeo mit Kompressor fuhr. Im folgenden Jahr wiederholte man die Einladungen an europäische Grand-Prix-Fahrer, wobei man auch in Rosario eine brauchbare Rundstrecke für ein weiteres Rennen eingerichtet hatte.
Dort erhielt »ein Argentinier namens Fangio« den zweiten Werkswagen von Gordini zur Verfügung gestellt, als Geste gegenüber Argentinien. Den ersten der beiden Simca-

Gordini fuhr der Franzose Jean Pierre Wimille, der damals sicherlich zu den fünf besten Piloten der Welt zählte und 1947 den Großen Preis der Schweiz und den Großen Preis von Belgien gewonnen hatte.
Er hatte in Rosario die größte Mühe, mit dem 1430-ccm-Simca-Gordini vor diesem unbekannten Fangio zu bleiben, der ihn ernsthaft bedrängte und ein großartiges Rennen fuhr.
Als dann ein Jahr später die argentinische Regierung beschloß, erstmals ein Rennfahrer-Team nach Europa zu schicken und dort mit europäischen Wagen, deren Kauf Peron finanzierte, fahren zu lassen, wurden Fangio und Campos für diese Expedition ausgewählt. Sie erhielten beide den Maserati 4 CLT mit der 1,5-Liter-Kompressormaschine.
Campos, obwohl auch er sehr schnell war, was sich vor allem im Großen Preis von Frankreich zeigte, hatte keine großen Erfolge; er fiel auch oft mit Motorschaden aus. Fangio dagegen, zum ersten Mal mit einem europäischen Rennwagen auf europäischen Rennstrecken, gewann nacheinander den Großen Preis von San Remo, den Großen Preis von Pau, den Großen Preis von Roussillon und den Großen Preis von Albi; Gordini gab ihm für den Großen Preis von Marseille einen der kleinen kompressorlosen 1430-ccm-Wagen, und er gewann auch dieses Rennen.
Für den »Großen Preis des Autodroms« in Monza, gefahren am 26. Juni 1949, erhielt Fangio von Ferrari einen Wagen zur Verfügung gestellt. Er siegte vor Bonetto und Ascari. Nach dieser Erfolgsserie war es klar, daß der Argentinier 1950 in einem Werksteam fahren würde, und Alfa Romeo engagierte ihn sofort.
1950, als die Serie der »richtigen« Großen Preise begann, die nunmehr zur Weltmeisterschaft zählten, siegte Fangio dreimal und wurde in der WM-Wertung knapp hinter Nino Farina Zweiter – bedenken Sie dabei, daß Fangio im Juni 1911 geboren ist. Seine ersten Rennen im europäischen Stil fuhr er also kurz vor seinem 38. Geburtstag.
Woher er die Kondition nahm? Ich habe ihn damals in Stuttgart auch danach gefragt. Als er noch diese argentinischen Rennen fuhr, habe er sehr oft lange Läufe unternommen, im Sand der Küste, um sich fit zu halten, später Waldläufe. Zu Beginn der 50er Jahre habe er aber damit aufgehört und sei nur noch Rennen gefahren. Rauchen? Nein, nie. Trinken? Hie und da mal ein Glas.

Oben: Juan Manuel Fangio 1950, als er einmal einen Ferrari fuhr. – Unten: In Monza in der Lesmo-Kurve mit der »Alfetta«, dem 1500-ccm-Kompressor-Rennwagen von Alfa Romeo; davor Nino Farina

Trotzdem, er bekam, als er kurz vor seinem 60. Geburtstag stand, einen Herzinfarkt, mußte sich schonen und etwas abnehmen, es geht ihm aber heute wieder gut, und seine Aktivität im Rahmen des Geschäftes ist wieder voll da.
Doch zurück zu seiner Rennkarriere: 1951 wurde er, ganz überlegen, Weltmeister mit dem Alfa Romeo. Als sich im Jahr darauf die italienische Firma vom Sport zurückzog, ging er zu Maserati. Es gab damals einen Fahrer, den man ihm gleichsetzen konnte: Alberto Ascari, der für Ferrari fuhr. 1952 und 1953 wurden die WM-Läufe ja nicht mehr mit den 1,5-Liter-Kompressor-versus-4,5-Liter-Saugmotor-Wagen gefahren, sondern mit den 2-Liter-Modellen. Die Duelle Ascari auf Ferrari gegen Fangio auf Maserati waren für die Zuschauer an allen Strecken die Leckerbissen.
Obwohl Fangio die Sportwagenrennen eigentlich nicht mochte – er hielt ganz einfach das Zusammentreffen von so verschieden schnellen Wagen und Fahrern für zu gefährlich und fuhr im Sportwagen auch immer nur sieben bis acht Zehntel, nach Fangio-Maßstäben –, beteiligte er sich doch mehrfach an den 24 Stunden von Le Mans, der Mille Miglia und der Carrera Panamericana in Mexiko.
Beim Großen Preis von Frankreich am 4. Juli 1954 (an dem Tag, an dem in Bern das Endspiel um die Fußballweltmeisterschaft stattfand), fuhr Juan Manuel Fangio zum ersten Mal für Daimler-Benz. Mit dem stromlinienverkleideten 2,5-Liter-Grand-Prix-Wagen gewann er in Reims den Großen Preis von Frankreich. Das war der Auftakt zu einer Serie von Siegen für das Untertürkheimer Haus. In Silverstone mußte er zwar den Ferrari den Vortritt lassen, weil sich hier die Stromlinien-Karosserie als unzweckmäßig erwies, aber Fangio gewann dann den Großen Preis von Deutschland auf dem Nürburgring und den letzten Großen Preis der Schweiz, der auf dem Bremgartenkurs gefahren wurde, ehe 1955 der Le-Mans-Unfall zum Verbot für Rundstreckenrennen in der Schweiz führte.
Typisch für Fangio war, daß er 1955 mit dem Sportwagen (dem 300 SLR) bei der Mille Miglia sehr verhalten fuhr und mit großem Abstand auf Stirling Moss Zweiter wurde, daß er aber bei den Großen Preisen immer wieder zeigte, wer der Herr im Haus ist.
Als Daimler-Benz sich Ende 1955 vom großen Sport zurückgezogen hatte, zeigte er das auch 1956 bei Ferrari: Mit dem roten Wagen aus Maranello wurde er zum vierten Male Weltmeister, und er zeigte es 1957 noch einmal bei Maserati: Er errang mit dem 250 F seine fünfte Weltmeisterschaft, als er 46 Jahre alt war. Er gewann diese letzte Weltmeisterschaft ganz überlegen vor Moss, Musso und Hawthorn, indem er bei je vier Großen Preisen siegte und Zweiter wurde.
Insgesamt brachte er es auf 24 Grand-Prix-Siege; nur Jim Clark war mit 25 Siegen noch erfolgreicher als der argentinische Maurersohn – und Jackie Stewart.
Viele Experten sagen, sein größtes Rennen sei das auf dem Nürburgring gewesen, 1957, als er mit dem Maserati zum Nachtanken an den Boxen halten mußte und dann die Verfolgung von Hawthorn und Collins, den damaligen Spitzenfahrern von Ferrari, aufnahm. Cyril Posthumus schrieb: »A great drivers greatest drive«, und ich gebe zu, es war eines der faszinierendsten Rennen, die es gegeben hat. Hawthorn (der Weltmeister von 1958) und Collins fuhren an der Grenze ihrer Möglichkeiten – und Fangio kam mit immer neuen Rekordrunden, die man damals für schlechthin unmöglich hielt, immer näher. Ich stand genau an der Stelle, wo Fangio Peter Collins ausbremste, am Ende der Gegengeraden. Es war die Demonstration eines unbestrittenen Weltmeisters.
Trotzdem, Fangios Sieg im Großen Preis von Argentinien 1955 war für mich eine mindestens ebenso große Leistung.
Ich weiß nicht, ob sich irgend jemand vorstellen kann, was es bedeutet, mit einem Frontmotor-Wagen bei 38 Grad im Schatten drei Stunden Grand Prix zu fahren. Fangio war der einzige, der sich nicht ablösen ließ. Als er als Sieger durchs Ziel kam, war sein rechter Fuß mit Brandblasen bedeckt. Er war im Nehmen genauso hart wie im Geben.

Fangio beim Großen Preis von Argentinien 1955 überfährt als Sieger auf Mercedes die Ziellinie.

1966

Die letzte Porsche-Konstruktion bei Austro Daimler war der Typ ADM, ein Wagen, dessen 2,6-Liter-Motor eine obenliegende Nockenwelle besaß und 50 PS bei 2800 Touren leistete. Dieses Modell, 1923 gebaut, ist als siebensitziger Tourenwagen karossiert und gehört der Familie Porsche-Piëch. (Deutsches Auto Museum Schloß Langenburg)

Stirling Moss

Als Stirling Moss 1961 mit dem Lotus, der einen 148-PS-Motor besaß, gegen die Ferrari mit 185 PS auf dem Nürburgring den Großen Preis von Deutschland gewonnen hatte, sagte mir damals Wolfgang Graf Berghe von Trips: »Wenn wir einen guten Tag haben, dann gelingt es uns, von 100 Kurven 30 absolut optimal zu fahren. Moss hat hier deshalb gewonnen, weil er ein ganzes Rennen lang die 100 Kurven absolut an der Grenze des Möglichen fuhr – das kann sonst niemand.«

Bei jenem Großen Preis von Deutschland 1961 stand Stirling Moss nach dem Training schon in der ersten Startreihe, was erstaunlich war. Der Schnellste im Training war Phil Hill mit dem Ferrari gewesen, in 8:55,2. Neben ihm stand Jack Brabham mit dem neuen 8-Zylinder-Cooper in 9:01,4, und dann kam bereits Moss mit dem Lotus-4-Zylinder mit 9:01,7. Außen in dieser ersten Startreihe stand noch Bonnier mit dem 4-Zylinder-Porsche in 9:04,8. In der zweiten Reihe Graf Trips, Graham Hill und Dan Gurney. Es hatte vor dem Rennen geregnet, und der Nürburgring war noch nicht vollkommen trocken. Brabham rutschte bereits in der 1. Runde in der Hatzenbach von der Bahn. Moss führte, aber Phil Hill überholte ihn unten bei Adenau. Dann ging Stirling Moss vor dem Brünnchen wieder vorbei und kam, obwohl die Geschwindigkeit des Lotus gegenüber der des Ferrari deutlich geringer war und Phil Hill auf der Geraden immer Boden gutmachte, mit einer Sekunde Vorsprung nach der 1. Runde vorbei. Nach der 2. Runde hatte Moss mit dem unterlegenen Wagen bereits 9,5 Sekunden herausgeholt, in der 3. Runde weitere 1,1 Sekunden. Inzwischen hatte Graf Trips Phil Hill erreicht, und die beiden kämpften um den 2. und 3. Platz. Allmählich wurde der Nürburgring trockener, und das kam dem PS-stärkeren Ferrari zugute. Trotzdem: nach der 4. Runde lag Moss mit 11 Sekunden in Führung, nach der 5. Runde sogar mit 14,5 Sekunden. Nun griff Graf Trips an, und in der 9. Runde lag er nur noch 10 Sekunden hinter Moss. Dann durchbrach Trips zum ersten Mal die 9-Minuten-Schallmauer in einem Rennen und fuhr 8:59,9. Phil Hill kam dann sogar auf 8:57,8, nun lag der Lotus nur noch 8,7 Sekunden in Front. Nach der 11. Runde hatte sich der Abstand zwischen Moss und Trips auf 6,9 Sekunden verringert, nach der 12. Runde war Moss aber wieder 7,5 Sekunden vorne. Es war ein ungeheuer spannendes Rennen. In den letzten zwei Runden kamen dann die Elemente Moss zu Hilfe: Es begann an einzelnen Stellen des Nürburgrings zu regnen, und alle wußten, daß damit Moss dieses Rennen gewinnen würde, denn er galt zu seiner Zeit als der beste Regenfahrer. Und in der Tat vergrößerte sich nun der Vorsprung des Lotus vor dem ihn verfolgenden Ferrari immer mehr, und am Ende der 15. Runde waren es 21,4 Sekunden. Viele haben diesen Großen Preis 1961 als das größte Rennen bezeichnet, das Moss jemals gefahren ist.

Die Kombination von großer Kühnheit mit einer geradezu unglaublichen Fahr-Präzision und einer ungeheuren Konzentrationsfähigkeit über die ganze Dauer eines großen Rennens, verbunden mit dem untrüglichen Feingefühl für die Straßenoberfläche auch bei Regen, machten ihn zu einem Meisterfahrer, der in seiner Glanzzeit zweifellos die Nummer 1 auf der Welt war. Aber merkwürdigerweise ist er niemals Weltmeister geworden, was meistens an den Automobilen lag, die er jeweils fuhr und die oft nicht voll konkurrenzfähig waren. Man kann ihn durchaus als einen Patrioten bezeichnen, denn er versuchte immer wieder mit britischen Konstruktionen in das Renngeschehen einzugreifen, auch wenn diese nicht hundertprozentigen Erfolg versprachen. Er fuhr eine Zeitlang für BRM, eine Zeitlang im Vanwall-Team und vielfach für den Privatrennstall von Walker, Mitinhaber der gleichnamigen Whiskyfirma. Für ihn hat er teils auf Cooper, teils auf Lotus-Formel-1-Rennwagen zahlreiche Rennsiege erringen können. Historisch ist jener Große Preis von Argentinien am 19. Januar 1958, als zum ersten Mal einer jener neuen »komischen« Mittelmotorrennwagen, nämlich der von Walker gemeldete und von Stirling Moss pilotierte Cooper, vor den beiden Ferrari von Musso und Hawthorn und den beiden Maserati von Fangio und Behra dieses Rennen gewinnen konnte. Vorsprung nur 2,7 Sekunden, aber das genügte. Historisch ist auch der Große Preis von Monte Carlo 1961, als Stirling Moss die Überlegenheit der Ferrari nicht anerkennen wollte und versuchte, gegen Phil Hill, Graf Trips und Richie Ginther an die Spitze zu gehen. In der 10. Runde ging Stirling Moss mit seinem Lotus-4-Zylinder tatsächlich an die Spitze und hatte bei der Hälfte des Rennens, bei 50 Runden also, einen Vorsprung von 7,8 Sekunden. Der Amerikaner Richie Ginther lag mit dem besten Werks-Ferrari hinter ihm und bekam Zeichen, alles daran zu setzen, um den kleinen Lotus einzuholen. In der 80. von den 100 Runden lag Ginther nur noch 4,5 Sekunden hinter Moss, in der 84. Runde waren es nur noch 3,5 Sekunden. Dann konnte Moss den Vorsprung auf fast 5 Sekunden ausdehnen, am Ende der 98. und 99. Runde waren es genau 4 Sekunden, und am Ziel fuhr Moss mit einem Vorsprung von 3,6 Sekunden über die Linie. Auch

dies war eines der zahlreichen Rennen, in denen Stirling Moss praktisch nie einen Fehler machte und immer an der absoluten Grenze fuhr.
Stirling Moss war das, was man einen Allroundfahrer nannte. Er konnte auch im Sportwagen unerhört schnell sein. Er hat zum Beispiel 1958 und 1959 im Aston Martin das 1000-km-Rennen auf dem Nürburgring gewonnen. Er war auch ein hervorragender Straßenfahrer und auf Kursen wie der Mille Miglia oder der Targa Florio fast unschlagbar. Er hat ja auch 1955 im Mercedes 300 SLR die Mille Miglia gewonnen und damit dazu beigetragen, daß Daimler-Benz in diesem Jahr die Markenweltmeisterschaft der Sportwagen erringen konnte.
Als er einmal sehr nahe der Weltmeisterschaft war, hat er diese sozusagen vergeben, indem er einen anderen Fahrer, den Engländer Mike Hawthorn, vor einer Disqualifizierung rettete. Das ganze spielte sich 1958 beim Großen Preis von Portugal ab.
Mike Hawthorn fuhr damals Ferrari und hat in einer Kurve den sogenannten Notausgang benutzt, weil er zu schnell war, und der Motor seines Wagens war dann nach einer halben Drehung abgestorben. Damals hatten die Rennwagen noch keinen Anlasser, man mußte also den Wagen entweder anschieben oder anrollen lassen. Es ist selbstverständlich überall verboten, dies entgegen der Fahrtrichtung zu tun. Mike Hawthorn tat es aber doch, allerdings dort, wo dieser Notausgang die eigentliche Rennstrecke verließ. Man wollte nun Hawthorn von dem Rennen ausschließen, aber Moss zeugte für ihn und sagte, es habe an dieser Stelle keine Gefahr für andere Rennteilnehmer bestanden und deshalb dürfe man Hawthorn nicht disqualifizieren. Die Rennleitung entsprach diesem Wunsch. Wäre Mike Hawthorn damals aus der Wertung genommen worden, hätte er die Weltmeisterschaft verloren und Moss hätte sie gewonnen.
Stirling Moss stammt aus einer jüdischen Familie. Früher hieß die Familie Moses. Sein Vater war von Beruf Zahnarzt, betrieb aber nebenbei noch eine Farm. Der Vater begann in Amerika Ende der 20er Jahre Rennen zu fahren und ließ den Namen auf Moss umschreiben. Pat Moss, die Schwester von Stirling, gehörte Ende der 50er und Anfang der 60er Jahre zu den besten Rallyefahrerinnen. Außerdem war sie eine sehr gute Reiterin.
Die Karriere des Stirling Moss hörte 1962 beim Osterrennen in Goodwood auf, als sein Wagen vermutlich durch einen Materialfehler plötzlich die Strecke verließ und über eine feuchte Wiese in einen Graben katapultiert wurde. Seine Verletzungen waren so schwer, daß er elf Tage lang bewußtlos war. Er mußte anschließend auf den aktiven Sport verzichten. Dank seiner großen Popularität und seinem gesunden Geschäftssinn brauchte er sich um seine Zukunft keine Sorgen zu machen. Stirling Moss lebt heute in London; er war zweimal verheiratet und ist zweimal geschieden worden.
Moss hat, wenn man es genau nimmt, seit seinem 18. Lebensjahr nie etwas anderes getan, als Rennen zu fahren. Er begann 1948 mit den damals so spielzeughaft anmutenden Formel-3-Rennwagen mit 500-ccm-Norton- und Jap-Motorradmotoren, die damals groß in Mode waren und mit denen man relativ schnelle Rundenzeiten erreichen konnte. Er baute seine Karriere ganz systematisch auf: von diesen kleinen Rennwägelchen zu den Sportwagen von Jaguar und zu den Formel-2-Fahrzeugen von HWM und war bestrebt, so viele Rennen wie möglich zu fahren. Insgesamt, er hat es einmal ausgerechnet, ist er 466mal an den Start gegangen und hat 194mal gewinnen können – eine unerhörte Bilanz.

Stirling Moss auf Lotus auf dem Nürburgring 1961, wo er gegen die Ferrari gewann

Wolfgang Graf Berghe von Trips

»So merkwürdig es ist: die Technik hat uns Menschen einsamer gemacht, sie ermöglicht uns wohl vieles, was es früher nicht gab, und darum imponiert sie uns. Wir haben sie in unser Leben aufgenommen, aber nicht eingeordnet. Alle Prozesse, die vorher auf die Menschheit einwirkten, dauerten Jahrhunderte. Geistige und auch technische Epochen gingen fast unmerklich ineinander über, und doch war alles, was sich früher, zumindest an technischen Erkenntnissen und Entwicklungen ereignete, geringfügig gegenüber der Umwälzung, die unser Jahrhundert erlebte. Wie sollten wir uns darauf in wenigen Jahren einstellen können? Wir sind im Grunde doch die gleichen geblieben und waren vielleicht nicht recht darauf vorbereitet, mit dieser Umwälzung fertig zu werden. Möglich ist es aber trotzdem und auch notwendig, wenn wir nicht unterliegen wollen. Und eigentlich ist es mehr als sinnlos, dem Neuen gegenüber die Augen zu verschließen, denn es vermittelt uns nicht nur neue Möglichkeiten, unser Leben zu gestalten, sondern auch neue Gefühle des Glücks und der Lebensfreude.«
Dies sind nicht etwa die Worte eines modernen Philosophen, der die Technik betrachtet, sondern dies hat kurz vor seinem Tode Wolfgang Graf Berghe von Trips geschrieben, der sich über die Technik und den Automobilsport vielleicht mehr Gedanken gemacht hat als die meisten anderen Fahrer. Trips sagte: »Unser Jahrhundert hat uns neue Möglichkeiten gegeben, ein solches Glücksgefühl zu empfinden: Zu ihnen gehört das Fliegen und eben auch das schnelle Fahren. Wir dürfen, nur um diese Glücksgefühle zu verstehen und zu verwerten, sie nicht mit anderen vergleichen oder gar verwechseln. Wenn wir auf einer schnellen Straße durch eine schöne Landschaft fahren, sehen wir sie freilich anders, als wenn wir Schritt für Schritt am Waldrand entlanggehen. Aber wir sehen sie trotzdem, wir müssen eben nur lernen, zwischen dem einen und dem anderen einen Unterschied zu machen.«
Lassen Sie mich Graf Trips noch einmal zitieren. Aus dem, was er geschrieben und gesagt hat, ist so viel über seine Person, seinen Charakter und seine Anschauung von diesen Dingen abzuleiten:
»Das Furioso eines Grand-Prix-Startes läßt manchen Zuschauer daran zweifeln, ob es noch Menschen sind, die dort in den Ungetümen davonschießen. Aber jeder, der dabei einmal hinter dem Lenkrad gesessen hat, weiß, wie sehr er gerade in diesem Augenblick Mensch ist, wie ungeheuerlich sein Inneres angespannt ist. Alles, was man empfinden kann, ist freilich ins Überdimensionale gesteigert, sogar die Ruhe. Die tiefe innere Ruhe nach der Aufregung vor dem Start gibt überhaupt erst die Möglichkeit, in Körper und Geist alles für die große Aufgabe freizumachen, die das Rennen bedeutet. Die Auseinandersetzung Rad an Rad erfordert ein hohes Maß von Verantwortungsgefühl dem Gegner gegenüber, man bedrängt ihn, man hat dabei sein Leben ebenso in der Hand wie das eigene, und man wird nie einen Schritt weiter gehen, als man sich und dem Gegner zutraut. Wohl selten sind sich zwei im Wettstreit Kämpfende so nahe wie zwei Rennfahrer, die mit 200 km/h nebeneinander auf eine Kurve zuschießen, fiebernd darauf wartend, daß der Gegner zuerst das Gas wegnehmen möge.«
Diese beiden letzten Sätze stehen ja, wenn man will, in einem direkten Zusammenhang zu seinem tragischen Unfall in Monza, bei dem er am 10. September 1961 ums Leben kam. Trips, der immer als ein außerordentlich fairer Fahrer galt, ohne daß er die im Grand-Prix-Sport nun einmal nötige Härte missen ließ, hat sich ja bei diesem Unfall ganz offenbar um ein paar Zentimeter verschätzt. Er hatte bei diesem Großen Preis einen verhältnismäßig schlechten Start gehabt und setzte nun alles daran, schnell nach vorne zu kommen, denn es war ja der entscheidende Lauf, bei dem es für ihn darum ging, die Weltmeisterschaft der Formel 1 endgültig zu gewinnen, nachdem er in diesem Jahr bereits beim Großen Preis von Holland und beim Großen Preis von England jeweils auf Platz 1 gekommen war und am Nürburgring hinter Stirling Moss einen hervorragenden 2. Platz belegt hatte. Sein ernsthaftester Konkurrent war Phil Hill, der Amerikaner, der ja in diesem Jahr auch für Ferrari fuhr. Die Ferrari waren 1961 den englischen Rennwagen und auch den 4-Zylinder-Porsche in der PS-Leistung klar überlegen. Auf der Geraden in Monza, die auf die sogenannte Curva Sud zuführte, die früher Parabolica genannt wurde, glaubte Graf Trips mit dem PS-stärkeren Ferrari den Engländer Jim Clark auf dem Lotus bereits überholt zu haben, und er zog von der Mitte der Fahrbahn seinen Wagen wieder nach links, um die folgende Kurve anzubremsen. Aber Jim Clark war offenbar durch das Windschattenspiel doch etwas schneller gewesen und lag mit seinen Vorderrädern noch auf der Höhe der Hinterräder von Graf Trips. Beim Hinüberziehen nach links verfing sich ganz offenbar die Rudgeverzahnung des linken Hinterrades des Ferrari in dem rechten Vorderrad von Jim Clark, und dadurch wurden beide Wagen auseinandergeschleudert wie Katapulte.
Obwohl die Eltern von Graf Trips in der Nähe von Köln einen

Besitz hatten und sicherlich wohlhabend genannt werden mußten, bekam der junge Wolfgang doch keineswegs das nötige Geld, um von Anfang an im Rennsport auftrumpfen zu können. Bei seinem ersten Rennen mit einem privaten 1300-ccm-Porsche auf dem Nürburgring hatte er sich einen Motor gekauft, den er noch nicht einmal ganz bezahlen konnte. Es fehlten noch 1000 DM, aber er sagte, er werde dieses Rennen sicher gewinnen und das Preisgeld betrage ja 1000 DM, damit könne er den Motor dann bezahlen. Und so kam es auch. Graf Trips hat nach seinem Abitur ein komplettes Studium an einer landwirtschaftlichen Hochschule absolviert und sein Examen gut bestanden. Bei den ersten Rennen startete er noch unter dem Pseudonym Axel Linther, damit seine Eltern nicht merkten, daß er Rennen fährt. 1954 gewann er mit einem privaten Porsche die 1300-GT-Klasse bei der italienischen Mille Miglia und hatte auf privaten Porsche-Wagen so viele Erfolge, daß Daimler-Benz ihm anbot, im Sommer 1955 bei einem Rennen in Schweden den 300 SL Flügeltürenwagen zu fahren, neben Karl Kling und einem schwedischen Piloten. Und im September 1955 nahm man ihn sogar in die offizielle Mercedes-Mannschaft mit nach Irland zur Tourist Trophy, wo er mit dem 300 SLR den 3. Platz in diesem Weltmeisterschaftslauf für Sportwagen belegte, zusammen mit dem Amerikaner John Fitch.
Daimler-Benz fuhr ja 1956 keine großen Rennen mehr, und so engagierte ihn Porsche für die Werkseinsätze. Im 24-Stunden-Rennen von Le Mans bin ich damals mit Graf Trips

Oben: Graf Berghe von Trips im Gespräch mit Richard von Frankenberg. – Unten: Trips siegt beim Gaisbergrennen bei Salzburg 1958

zusammen in einem Porsche-Spyder in der 1500-ccm-Sportwagenklasse siegreich gewesen; wir konnten den 5. Platz in der Gesamtwertung belegen. Aber schon griff Ferrari nach dem jungen deutschen Grafen, und man ließ ihn in Monza einige Proberunden fahren. Daraufhin engagierte man ihn im August 1956 für das 1000-km-Rennen in Schweden, wo er mit Peter Collins zusammen bereits einen der großen Ferrari-Sportwagen fuhr. Im Januar 1957 war er schon so weit, daß ihm Enzo Ferrari, der ihn wie einen zweiten Sohn behandelte, einen Formel-1-Wagen beim Großen Preis in Argentinien zur Verfügung stellte, wenngleich er auch zunächst nur als Ersatzfahrer eingesetzt wurde. Er hatte im Anfang zweifellos eine Art Sturm- und Drangzeit, und gerade bei Ferrari »schmiß« er ein paarmal Wagen hinaus, die er einfach zu schnell an die Kurven herangebracht hatte. Aber der alte Enzo Ferrari, der in diesem Punkte sehr kritische Maßstäbe anzulegen pflegte, nahm es ihm nicht übel und vertraute auf die weitere Entwicklung. 1958 wurde Graf Trips im Großen Preis von Frankreich in Reims bereits Dritter und war nun voll in der Ferrari-Mannschaft. Zur gleichen Zeit fuhr er für Porsche die Europa-Bergmeisterschaft mit und konnte damals gegen harte Konkurrenz (Bonnier fuhr zum Beispiel für Borgward) 1958 Europa-Bergmeister werden. Trips war kein kraftstrotzender, athletischer Typ. Ihn strengte ein Rennen körperlich sehr an, und er betrieb viel Ausgleichssport. Er war sehr kämpferisch veranlagt und sagte oft, daß die modernen Autorennen irgendwie die Nachkommen der alten Ritterturniere seien. Er galt nicht nur als ein fairer Fahrer, sondern auch als ein guter Kumpel, der sich der Sorgen des Rennfahrernachwuchses sehr annahm. Eine Zeitlang versuchte er, im Rahmen einer eigenen kleinen Renngemeinschaft einen Formel-Junior-Rennwagen für den Nachwuchs zu entwickeln. Er war ungemein beliebt, was natürlich auch darauf zurückzuführen ist, daß er mit seinen 186 cm Größe und seinem gut geschnittenen Gesicht sozusagen wie ein Bilderbuch-Graf aussah. Er hatte keine Geschwister und war nicht verheiratet gewesen. Er hatte auch eine musische Ader. Ich kann mich noch gut an einen Abend in Mailand erinnern, wo wir im Autoradio ein Klavierkonzert von Beethoven hörten und den Wagen auf einen Parkplatz stellten, um dieses Klavierkonzert zu Ende hören zu können: Sollten die Leute, die uns zu einer Party eingeladen hatten, doch ruhig noch eine Viertelstunde warten.
Seine Offenheit war schön. Man ist es nicht gewöhnt, daß ein Fahrer unumwunden zugibt, wenn ein anderer besser ist. Meist wird ja von überlegenen Maschinen oder besseren Reifen gesprochen. Nach dem Großen Preis auf dem Nürburgring sagte er: Der Moss, der war einfach besser. Ich hätte ihn nicht kriegen können, ich bin einfach nicht alles optimal gefahren, Moss fuhr wirklich alle Kurven perfekt . . .
Wolfgang Graf Berghe von Trips war zweifellos nach dem Krieg der einzige deutsche Fahrer, der über längere Zeit nicht nur bei einem berühmten Werksstall verpflichtet war, sondern auch zur internationalen Spitzenklasse zählte und zahlreiche Große Preise mitgefahren ist, zuletzt mit solchem Erfolg, daß er vor der Weltmeisterschaft der Formel 1 stand. Nie hat nach dem Krieg ein deutscher Fahrer einen Grand Prix, der zur Weltmeisterschaft zählte, gewinnen können, außer Graf Trips.

Jim Clark

Wer war der größte Rennfahrer aller Zeiten? Es ist eigentlich müßig, diese Frage überhaupt zu stellen, denn jede Zeitepoche hat ihre Spitzenpiloten hervorgebracht. Man sollte sich nicht streiten, ob Caracciola oder Nuvolari, ob Ascari oder Fangio, ob Jim Clark oder Jackie Stewart als der Größte genannt werden kann. Eins steht nur fest, in der Nachkriegszeit war Jim Clark insofern der Erfolgreichste, als er nicht nur 25 Große Preise gewinnen konnte, sondern dazu auch noch das berühmte Indianapolis-Rennen.
Jim Clark war Schotte, er ist am 4. März 1936 in Kilmany geboren, als der einzige Sohn eines recht wohlhabenden Farmers. Die Clarks hatten südöstlich von Edinburgh beträchtliche Ländereien, insgesamt etwa 1100 ha Boden, getrennt in 2 Besitztümer. Ein Viertel des Bodens wurde mit Getreide bebaut, das man an Bierbrauereien und Whiskybrennereien verkaufte. Es wurden Schafe und Kälber gezüchtet, und logischerweise sollte der junge Clark einmal diese Farm übernehmen. Er hatte vier Schwestern, keine Brüder, und er wuchs auf, wie das in Schottland für den Sohn eines wohlhabenden Farmers üblich war, und erhielt eine brave Schulbildung, etwa bis zu dem Punkt, den wir mit dem Einjährigen bezeichnen. Er begann sehr früh Sport zu treiben und natürlich auch Vaters Autos und Traktoren zu chauffieren. Er war in einer Rugbymannschaft und galt als ein sehr guter Leichtathlet, der die 100 m in seiner Glanzzeit in etwa 11,2 Sekunden zurücklegen konnte. Als er zwanzig Jahre alt war, beteiligte er sich zum ersten Mal an nationalen automobilsportlichen Konkurrenzen, zum Teil mit einem Sunbeam und zum Teil mit einem DKW 3 = 6. In 8 Wettbewerben belegte er immerhin fünfmal den 1. Platz.

Das waren zum Teil kleine Rallyes und Zuverlässigkeitsfahrten, zum Teil Flugplatzrennen in Schottland. Ein Jahr später, 1957 – der junge Jim Clark hatte sozusagen jetzt Lunte gerochen – fuhr er für einen schottischen Motor-Racing-Club, in dem sich einige Farmersöhne zusammengeschlossen hatten, und benutzte nun einen Porsche 1600 S, der allerdings nicht ihm, sondern seinem Freund und Mäzen gehörte: Ian Scott Watson. Er startete mit diesem Porsche siebenmal und brachte zwei Siege und zwei 2. Plätze nach Hause. Man sah, daß er großes Talent hatte, und im Winter 1957/58 wurde ein neues Team gegründet, das Border Reivers Racing Team – und dieses Team kaufte sich einen Jaguar D-Type, der damals mit zu den schnellsten Sportwagen gehörte. Jim Clark bestritt zunächst drei kleinere Rennen in England mit diesem Wagen, dann ging er in Spa zu seinem ersten internationalen Rundstreckenrennen an den Start, am 18. Mai 1958. Zum ersten Mal fuhr er hier gegen internationale Klasse und kam auf einen 8. Platz. Clarks Aufstieg ging schnell, aber trotzdem ganz systematisch. Im Jahr 1958 fuhr er insgesamt 41 Rennen. Diese hohe Zahl resultiert daraus, daß es in England so viele kleine Veranstaltungen, sogenannten Clubrennen gibt, und mit dem Jaguar D errang er zwölfmal den Sieg. Außerdem saß er noch immer gelegentlich im Porsche 1600 S und in einem Triumph TR 3. 1959 stand Clark einerseits ein Lister-Jaguar-Sportwagen, andererseits ein Lotus-Elite 1,3 Liter GT zur Verfügung, und wiederum hat Clark das getan, was man jedem Nachwuchsfahrer empfehlen müßte – so viele Rennen zu fahren wie möglich. Er hatte in England auch die Gelegenheit dazu und bestritt in diesem Jahr insgesamt 52 kleinere und kleinste Rennen und buchte 23 Siege. Er wurde sogar in Le Mans eingesetzt, wo er mit einem Lotus-Elite mit John Whitmore zusammen fuhr und immerhin mit diesem GT-Fahrzeug den 10. Platz im Gesamtklassement erringen konnte, obwohl Clark nie gerne in Le Mans gefahren ist, weil er lieber kürzere Rennen bestritt, wo er ständig am Limit fahren konnte. Außerdem war ihm Le Mans ein wenig gefährlich, weil sich dort zu viele nicht voll qualifizierte Piloten tummelten. Von einem englischen Rennstall wurde er dann für die Tourist Trophy im August 1959 engagiert, ebenfalls auf einem Jaguar D, und es sprach sich langsam herum, was für ein Talent da heranreifte. Zum ersten Mal saß Jim Clark am 26. Dezember 1959 auf der Rundstrecke von Brands Hatch in einem Monoposto, nämlich in einem Junior-Rennwagen der englischen Firma Gemini.

Inzwischen waren die Manager der großen englischen Firmen auf ihn aufmerksam geworden, und als erste lud Aston Martin im Januar 1960 Jim Clark zu Testfahrten nach Goodwood ein. Der Chef des Aston-Martin-Teams sah ganz deutlich, daß dieser Jim Clark ein ganz großes Talent sein müßte, *a natural,* wie man in England sagt. Am gleichen Tag, als Aston Martin diese Versuche durchführte, kam auch die Firma Lotus nach Goodwood, um den neuen Formel-Junior-Rennwagen auszuprobieren, und man ließ nun Clark auch hierauf einige Testrunden fahren. Fast auf Anhieb unterbot er mit diesem Lotus-Formel-Junior den bis dahin bestehenden Rundenrekord dieser Formel, und kurz danach

Der Jaguar Typ D von 1954

Jim Clark auf Lotus beim Start zum Grand Prix von Monaco 1962. Man beachte die schmalen Reifen von damals.

unterschrieb Jim Clark bei Colin Chapman einen Vertrag für Formel-Junior- und Formel-2-Rennen. Damit begann der Aufstieg dieses großen Fahrers, der praktisch immer nur für Lotus gefahren ist und auf Lotus seine beiden Weltmeisterschaften und den Indianapolis-Sieg erringen konnte. Auf einem Lotus Formel 2 ist er dann auch in Hockenheim tödlich verunglückt.

Seinen ersten Werkseinsatz fuhr Jim Clark im März 1960 bei einem Formel-Junior-Rennen in Goodwood. Übrigens war bei diesem Rennen ein anderer Großer des Motorsports mit Jim Clark am Start und auch zum ersten Mal in einem Formel-Junior-Rennwagen, John Surtees, der vorher 5facher Motorradweltmeister gewesen war und jetzt auf vier Räder umzusatteln begann. Jim Clark wurde dann in Monte Carlo beim Formel-Junior-Rennen eingesetzt, das dem Großen Preis voranging, und der deutsche Fachjournalist Günther Molter schrieb damals: »Der beste Mann war Jim Clark auf einem Werks-Lotus, ein Mann übrigens, den ich für ein großes Talent halte und von dem wir sicherlich noch einiges hören werden.« Clark führte klar, als ihn ein Zündspulendefekt zurückwarf. Beim Großen Preis von Holland in Zandvoort 1960 setzte Chapman den jungen Jim Clark erstmals in der Formel 1 ein – er lieferte eine gute Show, mußte aber mit einem Maschinenschaden ausscheiden.

1960 gab Jim Clark auch sein »Deutschlanddebüt«, und zwar auf der Solitude. Er gab eine Galavorstellung, die man lange noch im Gedächtnis behalten wird. Zunächst gewann er das Rennen der Formel Junior, dann kam der Lauf der 1500-ccm-Rennwagen der damaligen Formel 2, wo es zunächst nach einem Kampf zwischen Hans Herrmann mit dem Porsche, Graf Trips mit dem Heckmotor-Ferrari und den beiden Porsche-Piloten Bonnier und Graham Hill aussah. Zunächst beachtete man Jim Clarks Wagen wenig, weil er noch nicht mit an der Spitze lag. Aus der 2. Runde kamen zuerst Bonnier, dann Hill, dann Herrmann und Trips, aber nun lag der grüne Lotus von Jim Clark schon knapp dahinter in 5. Position. In der 3. Runde noch Herrmann vor Trips, aber als sie in die Zielgerade kamen, lag der grüne Lotus nur 2 Meter hinter Trips. Clark ließ am Ende dieser Geraden einfach das Gas länger stehen und ging an Trips in der Linkskurve am Glemseck vorbei. Eine absolute Sensation. Und auch den Porsche von Hans Herrmann hatte er vor der nächsten Kurve bereits überholt. Clark schien in den folgenden Runden die übrige Weltelite förmlich zu deklassieren. Nach der 4. Runde hatte er schon 2,6 Sekunden Vorsprung, nach der 6. Runde war sein Vorsprung auf 10, nach der 8. Runde auf 12 Sekunden angestiegen. Clark, der damals noch unbekannte Formel-Junior-Fahrer, distanzierte Trips, Bonnier, Graham Hill, Hans Herrmann. Freilich mußte er dann 2 Runden später mit einem dampfenden Lotus an die Boxen kommen, der überhitzt zu sein schien. Clark fuhr 1960 für Lotus Formel-Junior-Rennen, gelegentlich Formel 2 und auch schon eine Reihe von Großen Preisen. In Reims belegte Clark den 5. Platz, im portugiesischen Grand Prix wurde er Dritter, bei einem Formel-1-Rennen in Snetterton, das nicht zur Weltmeisterschaft zählte, reichte es sogar zum 2. Platz. Außerdem gewann er neun bedeutende Formel-Junior-Rennen und war in Le Mans auf einem Aston Martin zusammen mit Roy Salvadori eingesetzt, wo er Dritter werden konnte. Das Jahr 1961 brachte für Jim Clark keine großen Erfolge in der Formel 1, weil in diesem Jahr die Ferrari maschinell eindeutig überlegen waren. Am Ende dieser Saison gab es den scheußlichen Unfall in Monza, wo Clark mit dem Wagen von Trips zusammenstieß, ganz offensichtlich deshalb, weil Graf Trips glaubte, an Clark schon vorbei zu sein, und mit den Hinterrädern des Ferrari die Vorderräder des Lotus berührte. Und während Trips auf so tragische Weise eine Böschung hinaufkatapultiert wurde und dabei 11 Zuschauer tödlich verletzt waren, drehte sich der Wagen von Jim Clark neben der Rennbahn auf der Grasnarbe, und Jim Clark blieb völlig unverletzt. 1962 waren die englischen Rennwagen den Ferrari ebenbürtig geworden, ja sogar leicht überlegen, und es gab in der ganzen Saison einen großen Zweikampf um die Weltmeisterschaftspunkte zwischen Graham Hill und Jim Clark. In diesem Jahr gewann Clark den Großen Preis von Belgien, wo er mit 212,2 km/h Durchschnitt die Ziellinie überfuhr. Außerdem gewann Jim Clark den britischen Grand Prix und den Großen Preis der USA in Watkins Glen, am Nürburgring wurde er Vierter. Die Weltmeisterschaftsentscheidung fiel erst am 29. Dezember beim Großen Preis von Südafrika. Wenn Clark hier siegen könnte, würde er Weltmeister, andernfalls fiel die Weltmeisterschaft an Graham Hill. So standen die Aktien vor dem Rennen, und von den 82 Runden führte Jim Clark 63 ganz klar, dann kräuselte sich über dem Lotusheck eine Ölfahne, Clark mußte an die Boxen und aufgeben.

1963 war die Kombination Lotus und Jim Clark ganz eindeutig allen anderen überlegen. Schon in Monte Carlo lag er vorn, als das Getriebe des Lotus blockierte. Aber dann gewann Jim Clark in Belgien, gewann in Holland, gewann den Großen Preis von Frankreich, gewann den Großen Preis von England in Silverstone. Es war fast eine beängstigende Siegesserie; nur am Nürburgring konnte Surtees mit dem Ferrari gewinnen. Dann kam der Große Preis von Italien, der wieder eine Beute von Jim Clark auf Lotus wurde, und längst war er damit Weltmeister des Jahres 1963 geworden. Er wiederholte diesen Erfolg 1965 und wurde auf vielleicht noch eindrucksvollere Weise erneut Weltmeister. Von insgesamt 10 Formel-1-Rennen gewann er 6, davon 5 hintereinander: die Großen Preise von Belgien, von Frankreich, von England, von Holland und von Deutschland auf dem Nürburgring: eine absolute Erfolgskette, wie sie in der Welt des Formel-1-Sports ihresgleichen sucht. In dieser Saison 1965 konnte außer Jim Clark noch Graham Hill zwei Weltmeisterschaftsläufe gewinnen, in Monte Carlo und in Amerika. Einen gewann Richie Ginther auf dem Honda-Grand-Prix-Wagen und einen Jackie Stewart in Monza mit einem BRM. Vielleicht noch höher bewertet werden muß der Sieg in den 500 Meilen von Indianapolis. Seit dem Jahr 1915, als der in Amerika ansässige Italiener Dario Resta die 500 Meilen gewonnen hatte, war es niemals einem Europäer gelungen, sich hier in Front zu bringen, obwohl vielfach europäische Rennfahrer auch in den 20er und 30er Jahren diesen Versuch unternommen hatten. Jim Clark startete mit einem von Colin Chapman konstruierten Lotus-Ford, dem Typ 38, einem Wagen mit einem V-8-Zylinder-Motor von Ford, Benzineinspritzung und einem Zweiganggetriebe, das von der Zahnradfabrik Friedrichshafen kam. In Indianapolis, wo es ja nur zwei Doppelkurven und zwei Gerade gibt, kommt man auch mit einem Zweiganggetriebe aus. Der Wagen hatte eine Schalenbauweise und eine asymmetrische Radaufhängung. Jim Clark erreichte mit einem Gesamtdurchschnitt von 242,45 km/h einen neuen Rekord, und nur am Rande sei bemerkt, daß das Preisgeld damals in Indianapolis, das zur Hälfte ihm, zur Hälfte seinem Werk gehörte, 173 000 Dollar betrug.

Hobbies eines zweifachen Weltmeisters? Er photographierte sehr gerne, ging zu Hause ab und zu auf die Jagd und liebte Schallplatten von Louis Armstrong und Ella Fitzgerald. Er rauchte nie, aber dem Alkohol hatte er nicht ganz abgeschworen, sondern trank ganz gern einmal ein Gläschen. Er verachtete die Mädchen nicht und hatte eine Zeitlang eine feste Freundin, aber er war nicht verheiratet und sagte: »Das ist so schwierig – jetzt im Glanze dieses Ruhmes ein Mädchen zu finden ist leicht, aber nachher, wenn ich mich zurückziehe und meine Farm bewirtschafte, was wird dann?« Am Nürburgring fragte ich ihn einmal, warum er überhaupt angefangen hätte, Rennen zu fahren, warum er so schnell geworden wäre, und er sagte: »Es ist, glaube ich, primär weder die Ruhmsucht oder das Geltungsbedürfnis noch das Abenteuer, das einen anzieht, sondern es ist einfach die Neugier, man spürt, man kann etwas, und dann möchte man wissen, wie weit man es treiben kann.« Helmut Zwickl, der österreichische Motorjournalist, der einmal ein Buch über Clark geschrieben hat, nannte ihn eine freundlich reservierte Stahlfeder, und das trifft, glaube ich, den Kern dieses Charakters. Er war freundlich, aber im Grunde reserviert und gespannt, sein Privatleben und seine Intimsphäre waren tabu.

Physische Härte und körperliche Leistungsfähigkeit waren für ihn selbstverständlich. Er konnte 30 Minuten nonstop Wasserski fahren, und er war bereit, in jedem Rennen seine äußersten Reserven einzusetzen, wenn es die Situation verlangte, aber er konnte auf der anderen Seite auch ganz entspannt sein, *relaxed*, wie die Engländer sagen.

Am Abend vor dem tragischen Rennen in Hockenheim trat er noch im »Aktuellen Sportstudio« des ZDF auf. Eigentlich sollte sein Wagen mit im Bild sein, aber das ging nicht, weil die Monteure noch zu arbeiten hatten. »Mein Lotus liegt schlecht, und das Getriebe macht Ärger«, äußerte er auf der Fahrt. Er hatte sich im Training auch nur für die dritte Startreihe qualifizieren können. Nun, dieses Formel-2-Rennen war für einen Jim Clark im Grunde ganz unwichtig, und die Lotus waren im wesentlichen gekommen, um das relativ gute Startgeld mitnehmen zu können. Der Braunschweiger Kurt Ahrens, damals einer der schnellsten deutschen Fahrer und Drittbester im Training mit seinem Brabham, begleitete Clark. Er überredete ihn noch zu einem Schluck Bier im Adler-Stübchen in Wiesbaden – er würde ihn nach Hockenheim zurückfahren. Gemütlich saßen sie noch zusammen. Am nächsten Tag, am 6. April 1968, lag Clark in diesem Formel-2-Rennen nur im Mittelfeld: Der Lotus war einfach nicht schnell genug. Er fuhr in der 5. Runde ohne Vorder- und Hintermann auf der Geraden in Richtung Ostkurve, wo man damals mit diesen Formel-2-Wagen etwa 255 km/h erreichte. Plötzlich brach der Wagen aus, auch ein Clark konnte ihn nicht mehr halten, er flog nach links in den Wald und zerschellte an einem Baum.

Jim Clark hatte einen Schädelbasisbruch und einen Genickbruch, er starb, ohne das Bewußtsein wiederzuerlangen, nach wenigen Minuten.

Seitdem gibt es in Hockenheim ein Jim-Clark-Gedächtnis-Rennen, jedes Jahr im Frühjahr. Seitdem gibt es in Hockenheim auch auf der Geraden Leitplanken und Sicherheitszonen – aber das soll nicht die Tatsache verschleiern, daß Clark eindeutig durch einen Materialfehler aus der Bahn getragen wurde. Welches Teil es war, das brach, war nachträglich nicht mehr genau festzustellen, da der Wagen praktisch in seine Bestandteile auseinandergeborsten war: Tragisches Ende eines Fahrers, der zu den Größten aller Zeiten zählte.

Die Formel-1-Rennwagen der heutigen Zeit haben Motoren mit 3 Liter Hubraum und mehr als 450 PS Leistung; sie wiegen aber weniger als 600 kg. Vorne Jackie Stewart, der 1969, 1971 und 1973 Weltmeister wurde

Die internationalen Rennformeln

Bei den Rennen bis zum Jahr 1899 gab es keinerlei Bestimmungen, die international verbindlich waren. Die erste Formel war von 1900 bis 1905 die sogenannte **Gordon-Bennett-Formel.**

Sie sah ein Minimalgewicht von 400 kg und ein Maximalgewicht von 1000 kg vor (Leergewicht ohne Fahrer, Öl, Benzin, Wasser, Akkumulatoren, Werkzeug, Ersatzteile, Gepäck, Kleidungsstücke und Nahrungsmittel, was ausdrücklich vermerkt war). Wenn die beiden Fahrer, die vorgeschrieben waren, weniger als 120 kg wogen, mußte ein Ausgleich durch totes Gewicht stattfinden. Dazuhin konnte ein Land zu diesen Rennen immer nur bis zu drei Fahrzeuge melden, alle Fahrzeugteile mußten in dem Land hergestellt sein, das die Wagen vertraten. Die Rennen mußten auf der Straße ausgefahren werden und wenigstens 550, aber höchstens 650 Kilometer lang sein.

1906 erschien anläßlich des Großen Preises des Automobilclubs von Frankreich die erste **Grand-Prix-Formel:**

Das Maximalgewicht der Rennwagen war mit 1000 kg begrenzt, plus 7 kg Zusatzgewicht für die Magnetzündung. Fahrer und Beifahrer durften sich ausdrücklich in der Lenkung des Wagens abwechseln. Eine eigene Bestimmung besagte, daß die Auspuffrohre horizontal verliefen, wegen Staubaufwirbelns mit aufwärts gebogenem Endstück.

1907 gab es für diesen Großen Preis von Frankreich eine **Verbrauchsformel,** in der nichts weiter vorgeschrieben war, außer daß man nicht mehr als 30 Liter Benzin pro 100 Kilometer verbrauchen durfte.

1908 kam dann schon wieder eine neue Formel, die nach dem Ort, an dem der Beschluß gefaßt wurde, die **Ostender Formel** genannt wurde und ein Minimalgewicht von 1100 kg vorsah, dazu eine Hubraumbeschränkung folgender Art: Der Hub war freigestellt, die maximale Bohrung für einen 4-Zylinder-Motor durfte nicht mehr als 155 mm betragen, bei anderer Zylinderzahl mußte die gleiche nutzbare Kolbenfläche entstehen. Das Gewicht des Wagens wurde ohne Wasser, Benzin, Werkzeug und Reservepneumatiks gemessen.

1909 bis 1911 gab es eine formellose Zeit, und auch 1912 wurde der französische Grand Prix nach einer freien Formel ausgetragen.

1913 kam wieder eine neue **Verbrauchsformel,** die diesmal nur 20 Liter pro 100 Kilometer vorsah, dazu ein Minimalgewicht von 800 und ein Maximalgewicht von 1100 kg.

Erst 1914 gab es die erste echte **Hubraumformel,** die bei einem Minimalgewicht von 1100 kg für die Rennwagen einen Maximal-Hubraum von 4500 ccm vorsah.

Nach dem Krieg erschien erst 1921 wieder eine Formel, die noch einmal eine Hubraumformel war, und zwar hatte man für dieses Jahr den Hubraum der Rennwagen auf **3000 ccm** begrenzt, mit einem Minimalgewicht von 800 kg. Schon ein Jahr später, 1922, erschien eine weitere Hubraumformel, nunmehr mit einer Maximalgrenze von **2000 ccm,** wobei ein Minimalgewicht von 650 kg vorgesehen war. Wiederum war bestimmt, daß zwei Wageninsassen mit mindestens 120 kg Gesamtgewicht das Rennen aufzunehmen hatten. Das Wagenende durfte nicht mehr als 150 cm über die Mitte der Hinterachse hinausragen. Diese Bestimmung kam daher, weil man damals versuchte, durch lange, pfeilförmige Wagenschwänze ein Stück Stromlinie herzustellen, was unter Umständen gefährlich für die nachfolgenden Konkurrenten werden konnte. 1923 und 1924 wurde diese 2-Liter-Formel beibehalten.

Sie wurde dann 1925 leicht modifiziert, indem man für die zweisitzige Karosserie eine Mindestbreite von 80 cm vorsah und der Wagen nur noch mit einer Person besetzt sein mußte.

Dann kam 1926 als nächstes die Formel **bis 1500 ccm,** wobei man ein Mindestgewicht von nunmehr 600 kg vorsah. Die Karosserie mußte weiterhin zweisitzig sein mit einer Mindestbreite von 80 cm, auch wenn nur ein Fahrer das Fahrzeug lenken sollte. Diese Formel wurde auch 1927 beibehalten, jedoch erhöhte man das Mindestgewicht auf 700 kg und erlaubte, daß die Karosserie ein- oder zweisitzig war, weiterhin aber mit einer Mindestbreite von 80 cm.

1928 kam eine halbfreie Formel auf, indem man eine **Gewichtsformel** einrichtete mit mindestens 550 und maximal 750 kg, wobei die Großen Preise über eine Mindestdistanz von 600 Kilometer führen sollten.

1929 wurde wieder einmal eine Verbrauchsformel eingeführt von maximal 14 kg Benzin und Öl für 100 Kilometer Distanz, wobei ein Mindestgewicht von 900 kg vorgeschrieben wurde. Aber die meisten Veranstalter hielten sich nicht mehr ernsthaft an diese Vorschriften, und man kann sagen, daß zwischen 1929 und 1933 keine echte Rennformel bestand.

1931 sagte man ganz offiziell, es gäbe jetzt eine freie Formel, wobei gelegentlich die Mindestdauer des Rennens vorgeschrieben war, aber auch das war eine uneinheitliche, vorübergehende Maßnahme. 1931 mußte auch wieder ein Beifahrer dabei sein, aber angesichts der aufkommenden Monoposto-Fahrzeuge wurde auch diese Vorschrift schnell wieder fallengelassen.

Im Herbst 1932 wurde in der Internationalen Sportkommission dann jene Formel festgelegt, die von 1934 bis 1937 Bestand hatte und berühmt wurde unter dem Namen **750-kg-Formel.** Dieses Gewicht galt ohne Betriebsstoffe und Öl, Wasser und Reifen, natürlich auch ohne Werkzeuge. Es war das echte Trockengewicht, wobei die Wagen also mit Felgen gewogen wurden, ohne Reifen. Die Mindestbreite der Karosserie, die einsitzig sein durfte, betrug 85 cm. Der Betriebsstoff war frei. Diese vier Jahre waren die Zeit der »Silberpfeile«, weil die Rennwagen von Mercedes-Benz und auch von Auto Union eine ganz überlegene Rolle spielten, obwohl das in den ersten Rennen des Jahres 1934 noch gar nicht so deutlich wurde.

Für das Jahr 1938 und 1939 modifizierte man diese Formel und ging wieder zu einem Hubraum über. Man nannte dies die **3-Liter-Kompressor-Formel,** obwohl dabei der Kompressor nicht allein dominierend sein sollte, sondern Rennwagen ohne Kompressor mit einem Hubraum bis 4,5 Liter zugelassen waren. Auf diese Weise wurden aber zum ersten Mal – was erstaunlich ist, nachdem der Kompressor in Rennen schon 15 Jahre lang existierte – die Kompressor-Wagen mit einer eigenen Restriktion versehen und in ein Verhältnis zum kompressorlosen Wagen gesetzt. Das Verhältnis betrug damals 1 : 1,5, und die Konstruktionen ohne Kompressor, die französischen Delahaye- und Talbot-Wagen, konnten sich gegen die Kompressor-Modelle von Auto Union und Mercedes-Benz in keiner Weise durchsetzen, was aber nicht primär mit dem Verhältnis 1:1,5 zusammenhing, sondern damit, daß hinter diesen französischen Firmen nicht das nötige Kapital steckte, um diese Fahrzeuge wirklich rennreif weiterzuentwickeln. Sie waren im Grunde aus Touren- und Sportwagenmotoren heraus entstanden. Auch in dieser 3-Liter-Kompressor-Formel war der Betriebsstoff freigestellt, was bedeutete, daß man die Kompressormotoren mit einem sehr starken Alkoholzusatz betrieb. Das Gewicht war in dieser Formel mit einer gleitenden Skala als Mindesgewicht festgelegt. 3-Liter-Kompressor-Wagen mußten mindestens 850 kg wiegen.

1946 fanden die ersten Nachkriegsrennen ohne Bestimmungen statt.

1947 wurde die **1,5-Liter-Kompressor-Formel** eingeführt und nun das Verhältnis vom Kompressor zum kompressorlosen Motor neu festgelegt, nämlich mit 1:3. Es blieb also die Grenze für kompressorlose Motoren bei 4,5 Liter, und diese Formel hatte theoretisch bis zum Jahre 1953 Gültigkeit.

Man fuhr jedoch 1952/53 alle Großen Preise, die zur Weltmeisterschaft zählten, nach der damaligen **Formel 2,** und zwar aus einem sehr nüchternen und praktischen Grund: Die 1,5-Liter-Alfa-Romeo-Kompressor und die 4,5-Liter-Ferrari ohne Kompressor hatten 1950 und 1951 sehr harte Kämpfe ausgetragen, wobei die kompressorlosen 4,5-Liter-Ferrari immer mehr Boden gewannen. Alfa Romeo beschloß nun im Jahr 1951, sich vom großen Sport zurückzuziehen und so wäre als einzige Firma Ferrari übriggeblieben. Um wieder einen aufregenden Kampf in den großen Rennen zu schaffen, der sich nun auf die Firmen Maserati und Ferrari konzentrierte, bei dem aber auch einzelne englische Fahrzeuge einzugreifen begannen, wählte man die Formel 2. Diese internationale Formel 2 war 1948 eingeführt worden und sah Motoren mit maximal 2000 ccm ohne Kompressor und maximal 500 ccm mit Kompressor vor. Von der Kompressorlösung machte aber niemand Gebrauch. Das Gewicht war freigestellt, ebenso der Brennstoff, und während diese Formel nur einmal wirklich ins Rampenlicht der Öffentlichkeit getreten war, nämlich 1950, als der erste Große Preis nach dem Kriege auf dem Nürburgring für diese Formel 2 ausgeschrieben war, blieb sie immer im Schatten der Formel 1, bis sie dann 1952 und 1953 als *die* Formel schlechthin angesehen werden mußte.

1954 kam dann die **2,5-Liter-Formel,** die theoretisch auch eine Möglichkeit vorsah, mit Kompressor zu fahren, falls nämlich der Hubraum eines Motors nicht mehr als 750 ccm hatte. Es wurden einzelne Versuchskonstruktionen in Italien und in Frankreich mit diesen kleinen Kompressormaschinen ausprobiert, aber die Idee wurde gleich wieder aufgegeben. Es fuhren praktisch nur Fahrzeuge mit 2,5 Liter Hubraum ohne Kompressor, zum Teil – als die Engländer in diese Formel einstiegen – auch Fahrzeuge mit kleinerem Hubraum, nämlich mit 1,9 bis 2,2 Liter, wobei Cooper und Lotus den Anfang machten. Diese Formel, in der in den ersten beiden Jahren die

Avusrennen 1924
ERSTTAGSBRIEF
folio-print

BERLIN 12
50 JAHRE AVUS-RENNEN BERLIN
27.-8. 1971
Erstausgabetag
1
AVUS 1921-1971
10
25
30
60
DEUTSCHE BUNDESPOST BERLIN
BERLIN - 50 JAHRE AVUS-RENNEN 1921 - 1971

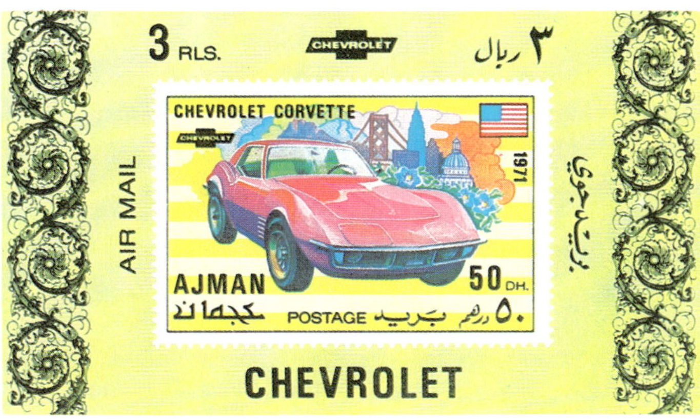
3 RLS.
CHEVROLET
AIR MAIL
CHEVROLET CORVETTE
1971
AJMAN
50 DH.
POSTAGE
CHEVROLET

3 RLS.
AIR MAIL
PORSCHE 911 E
1971
AJMAN
40 DH.
POSTAGE
PORSCHE

3 RLS.
AIR MAIL
ALFA ROMEO MONTREAL
1971
AJMAN
10 DH.
POSTAGE
ALFA ROMEO

3 RLS.
AIR MAIL
JAGUAR E TYPE
1971
AJMAN
15 DH.
POSTAGE
JAGUAR

MONACO
0,02
1967
ALFA ROMEO - 1932

MONACO
0,01
1967
BUGATTI 1931

Mercedes-Rennwagen klar dominierten, hatte bis einschließlich 1960 Gültigkeit. Es gab während dieser Zeit der 2,5-Liter-Formel nur einmal eine kleine Änderung, als nämlich die freie Brennstoffwahl verboten wurde und man mit einem etwa 100 Oktan Tankstellenbrennstoff fahren mußte (1957). Weil man fürchtete, daß die 2,5-Liter-Wagen zu schnell sein könnten, reduzierte man dann diese Formel ab 1961 auf 1,5 Liter Hubraum. Nun war überhaupt kein Kompressor mehr zugelassen. Diese **1,5-Liter-Formel** brachte nach wenigen Jahren, besonders auf den kurvenreichen Strecken, wiederum die gleichen Zeiten wie bei der 2,5-Liter-Formel, ja sogar noch bessere Resultate – aufgrund des niedrigeren Gewichtes und des weiterentwickelten Fahrwerks. Die 1,5-Liter-Formel bestand von 1961 bis 1965. In ihrem ersten Jahr dominierten die Ferrari-Rennwagen, und von 1962 an waren die englischen Rennwagen klar überlegen. Bei dieser 1500-ccm-Formel war ein Mindestgewicht von 450 kg vorgeschrieben, eine Zweikreisbremse, ein Anlasser (aus Sicherheitsgründen, damit ein Fahrzeug, das quer stand, schnell wieder in Fahrt kommen konnte) und normaler Tankstellenbrennstoff.

Praktisch war die 1,5-Liter-Formel nur die Übernahme der Bestimmungen der Formel 2 in die Formel 1, denn schon in der Zeit der 2,5-Liter-Formel hatte man eine Formel 2 kreiert, die Fahrzeuge mit einem Hubraum bis 1500 ccm vorsah. Es gab in dieser Klasse speziell in den Jahren 1958–60 sehr harte Kämpfe, besonders zwischen Porsche und der englischen Firma Cooper.

Von 1966 an gab es dann die **3-Liter-Formel,** die zweifelsohne jene Formel ist, die am längsten Bestand hatte, denn auch 1973 wird diese Formel noch fast unverändert benutzt, lediglich das Mindesgewicht der Rennwagen in dieser Formel, das zu Anfang nur 500 kg betrug, wurde allmählich etwas heraufgesetzt, um bestimmte Sicherheitsmaßnahmen zu gewährleisten. Es beträgt heute 575 kg. In dieser Formel sind auch Wagen mit Aufladung (Kompressor) zugelassen, wenn sie nicht mehr als 1500 ccm Hubraum haben und nicht mehr als zwölf Zylinder. Es hat aber keine Firma, die in dieser 3-Liter-Formel konkurrierte, bisher einen 1500-ccm-Kompressorwagen auf die Rennpiste gebracht. Der Grund liegt im wesentlichen darin, daß der Kompressorwagen natürlich einen wesentlich höheren Brennstoffverbrauch hat, was bei einem Grand Prix vermutlich zu häufigen Boxen-Stopps führen würde, und zum anderen, weil der Kompressormotor sehr viel mehr Innenkühlung braucht, was man mit dem vorgeschriebenen normalen Tankstellentreibstoff wohl nicht befriedigend erreichen kann. Diese Formel 1 gilt noch bis 31. Dezember 1975, wenn sie nicht weiter verlängert wird. Theoretisch sind auf der Basis einer Äquivalenzformel auch Turbinenmotoren zugelassen. Es hat auch einzelne Ansätze gegeben, solche Turbinenwagen in den Großen Preisen fahren zu lassen, aber man ist davon wieder abgekommen. Hierfür liegt der Hauptgrund darin, daß diese Turbinenfahrzeuge zwar auf Strecken wie Indianapolis sehr gut einsetzbar sind, nicht aber auf den europäischen Rennstrecken mit sehr häufigem Lastwechsel, das heißt mit sehr vielen Kurven, Drehzahlveränderungen und Steigungen, auf die die Turbine immer mit einer gewissen Verzögerung reagiert.

In der Formel 1 kamen, angeregt durch Sportwagenkonstruktionen, Flossen auf, die sich zum Teil ganz wesentlich über die Karosserie erhoben und beängstigende Ausmaße annahmen. Nachdem es beim Großen Preis von Spanien 1970 zu zwei Unfällen kam, die eindeutig dadurch verursacht wurden (bei Jochen Rindt und Graham Hill), daß sich die Aufhängungen dieser hochliegenden Flossen verschoben hatten, hat die internationale Sportkommission diese hochstehenden Flossen verboten und nur noch ganz bestimmte Maße für solche, auf aerodynamische Weise die Straßenlage beeinflussenden Spoiler zugelassen. Die maximale Breite für Spoiler ist 110 cm, sie dürfen die Gesamthöhe des Wagens nicht überschreiten und müssen noch als Teil der Karosserie angesehen werden können. Die Breite über alles der Karosserie darf in der Partie zwischen Vorder- und Hinterrädern im Höchstfall 140 cm betragen. Eine Vollstromlinienverkleidung (Verkleidung der Räder) ist verboten. Das Gesamtfassungsvermögen der

Ein Formel-3-Lotus-Ford

Start zum 24-Stunden-Rennen von Le Mans 1970

Kraftstoffbehälter darf 250 Liter nicht überschreiten, jede einzelne Kraftstoffzelle darf nicht mehr als 80 Liter fassen. Kraftstoffleitungen müssen so verlegt werden, daß bei Bruch eines Haupttanks nicht mehr als 80 Liter Benzin vergossen werden. Ein Überrollbügel ist vorgeschrieben, der mindestens 82 cm hoch sein muß. In jedem Fall muß der Überrollbügel mindestens 5 cm über dem Schutzhelm des Fahrers verlaufen. Auch sind bestimmte, von der CSI genau spezifizierte Knautschzonen dort, wo Kraftstoffbehälter untergebracht sind, vorgeschrieben. Ein eigenes Feuerlöschsystem muß im Innern der Hauptzelle eines Wagens untergebracht werden.

Die **Formel 2**, die 1964 in einer neuen Fassung mit 1000 ccm Hubraum begann, dann auf 1600 ccm erhöht wurde, ist seit 1. Januar 1972 auf 2000 ccm festgelegt worden. Auch sie gilt vorläufig bis zum 31. Dezember 1975. Es ist ein Mindestgewicht vorgeschrieben. Wagen, die mit einem 4-Zylinder-Motor ausgerüstet sind, müssen 450 kg wiegen, mit einem 6-Zylinder-Motor 475 kg und mit einem Motor von mehr als 6 Zylindern 500 kg. Der Motor muß dabei einschließlich Zylinderblock und Zylinderkopf von einem von der FIA homologierten Wagen stammen, der in mindestens 1000 Einheiten hergestellt wurde. Freilich sind an den Originalteilen des Motors praktisch alle Änderungen zulässig, die man auch bei den sogenannten Spezialtourenwagen vornehmen kann. Neuerdings ist das Mindestgewicht auf 475 kg ohne Rücksicht auf die Zahl der Zylinder festgelegt worden.

In der **Formel 3** ist der maximale Hubraum mit 1600 ccm und die höchstzulässige Zylinderzahl mit vier angesetzt worden. Das Mindestgewicht liegt bei 440 kg.

In den letzten Jahren sind auch eigene **Markenformeln** entstanden, und zwar gibt es heute eine Formel Renault in Frankreich, eine Formel Ford in England und eine Formel Vau (Volkswagen) in Europa, die sich über die ganze Welt verbreitet hat. Die ursprüngliche Formel V sah nur modifizierte Volkswagenmotoren bis 1300 ccm vor, inzwischen gibt es die Formel Super V, in der Fahrzeuge bis 1600 ccm zugelassen sind.

Erwähnt werden sollte in diesem Zusammenhang die **Formel Junior,** die zweifellos für die Formel 3 und auch für die Markenformeln eine nicht zu unterschätzende Vorarbeit geleistet hat. Sie trat international 1959 in Kraft. Innerhalb der Formel Junior waren Motoren bis 1100 ccm zugelassen, die von einem Serienmotor abgeleitet sein mußten, mit einem Mindestgewicht von 400 kg (bei 1000 ccm von 360 kg). Der Radstand mußte mindestens 2 m, die Spur mindestens 1,10 m betragen. In dieser Formel Junior waren am Anfang die Italiener maßgebend, die modifizierte 1100-ccm-Fiat-Motoren verwendeten (besonders Stanguellini). Ab 1960 kamen die Engländer eindeutig an die Spitze, die mit modifizierten kleinen Ford-Motoren fuhren. Die Formel Junior war bis 1963 in Kraft.

In Amerika (Indianapolis und ähnliche Rennen) herrschte stets eine eigene Formel, die mit den europäischen Rennformeln nie übereinstimmte. Es bestehen aber Pläne, diese beiden Bereiche zu einer gemeinsamen Formel zusammenzuführen. Eine Formel, die für beide Erdteile gleich ist, ist die sogenannte **Formel 5000,** wie sie in Europa heißt, und **Formel A,** wie sie in Amerika genannt wird. Dort sind Rennwagen mit einem Hubraum bis zu 5000 ccm zugelassen, sofern der Motor von einem Serienblock abgeleitet wurde (meistens verwendet man dazu Chevrolet-Motoren). Diese Formel-A- respektive Formel-5000-Rennwagen erreichen Geschwindigkeiten, die ganz nah an denen der Formel 1 liegen. Ein zweites solches Beispiel für eine Übertragung von amerikanischen Formeln auf europäische bietet die **CanAm-Serie,** in der die sogenannten zweisitzigen Rennwagen ohne Hubraumbegrenzung und auch ohne Vorschrift hinsichtlich Aufladung (Kompressor) starten dürfen. Diese Formel wurde in Europa von der sogenannten **Inter-Serie** übernommen, wo man inzwischen auch mit zweisitzigen Rennwagen starten darf, die keiner Hubraumbeschränkung unterliegen.

Der berühmte Blitzen-Benz Rekordwagen von 1911 mit 200 PS Leistung

Automobilweltrekorde

Ab Dezember 1910 finden nur noch solche Rekorde offizielle Anerkennung, die das Mittel aus zwei entgegengesetzten Läufen darstellen.

* Nicht offiziell anerkannt

** In den USA, jedoch nicht in Europa (FIA) anerkannt

° Nur in einer Richtung (jedoch nach Einführung der »mittleren Geschwindigkeit«)

°° Offizieller Weltrekord für Dreiräder

°°° Offizieller Weltrekord für konventionelle Automobile

Datum	Fahrer	Wagen	Ort	Rekord km/h
Elektrische Antriebe 1898/99				
18. 12. 1898	G. de Chasseloup-Laubat	Jeantaud	Achères	63,149
17. 1. 1899	C. Jenatzy	Jenatzy	Achères	66,657
17. 1. 1899	G. de Chasseloup-Laubat	Jeantaud	Achères	70,310
27. 1. 1899	C. Jenatzy	Jenatzy	Achères	80,336
4. 3. 1899	G. de Chasseloup-Laubat	Jeantaud	Achères	92,696
29. 4. 1899	C. Jenatzy	Jenatzy	Achères	105,876
Brennkraftantriebe (ausgenommen, wo auf Dampf besonders hingewiesen)				
9. 4. 1902	Hon. C. S. Rolls	Mors	Achères	101,547*
April 1902	W. K. Vanderbilt	Mercedes-Simplex	Achères	105,876*
13. 4. 1902	L. Serpollet	Serpollet (Dampf)	Nizza	120,794
21. 4. 1902	W. K. Vanderbilt	Mercedes-Simplex	Ablis	109,078*
21. 4. 1902	W. K. Vanderbilt	Mercedes-Simplex	Ablis	111,106*
Juli 1902	Baron P. de Caters	Mors	Brügge	120,794*
5. 8. 1902	W. K. Vanderbilt	Mors	Ablis	122,436

Datum	Fahrer	Wagen	Ort	Rekord km/h
5. 11. 1902	H. Fournier	Mors	Dourdan	123,272
17. 11. 1902	Augières	Mors	Dourdan	124,125
7. 3. 1903	Hon. C. S. Rolls	Mors	Clipstone	133,333*
17. 7. 1903	A. Duray	Gobron-Brillié	Ostende	134,328
Juli 1903	Baron de Forest	Mors	Phoenix Park	135,326*
Okt. 1903	Hon. C. S. Rolls	Mors	Clipstone	136,356*
5. 11. 1903	A. Duray	Gobron-Brillié	Dourdan	136,356
12. 1. 1904	H. Ford	Ford	Lake St. Clair	147,042**
27. 1. 1904	W. K. Vanderbilt	Mercedes	Daytona	148,538**
31. 3. 1904	L. Rigolly	Gobron-Brillié	Nizza	152,529
25. 5. 1904	Baron P. de Caters	Mercedes	Ostende	156,504
21. 7. 1904	L. Rigolly	Gobron-Brillié	Ostende	166,667
13. 11. 1904	P. Baras	Darracq	Ostende	168,222
25. 1. 1905	A. MacDonald	Napier	Daytona	168,413**
25. 1. 1905	H. L. Bowden	Mercedes	Daytona	176,621*
30. 12. 1905	V. Héméry	Darracq	Arles	176,460
26. 1. 1906	F. Marriott	Stanley (Dampf)	Daytona	205,443**/195,640
8. 11. 1909	V. Héméry	Benz	Brooklands	202,691
16. 3. 1910	B. Oldfield	Benz	Daytona	211,977**
23. 4. 1911	R. Burman	Benz	Daytona	227,510°
28. 12. 1913	A. Duray	Fiat	Ostende	213,023°
24. 6. 1914	L. G. Hornsted	Benz	Brooklands	199,714
27. 4. 1920	T. Milton	Duesenberg	Daytona	251,099°
17. 5. 1922	K. Lee Guinness	Sunbeam	Brooklands	215,244
6. 7. 1924	R. Thomas	Delage	Arpajon	230,629
12. 7. 1924	E. A. D. Eldridge	Fiat	Arpajon	234,974
25. 9. 1924	M. Campbell	Sunbeam	Pendine	235,215
21. 7. 1925	M. Campbell	Sunbeam	Pendine	242,795
16. 3. 1926	H. O. D. Segrave	Sunbeam	Southport	245,145
27. 4. 1926	J. G. Parry Thomas	Thomas Special	Pendine	272,454
28. 4. 1926	J. G. Parry Thomas	Thomas Special	Pendine	275,222
4. 2. 1927	M. Campbell	Napier-Campbell	Pendine	281,434
29. 3. 1927	H. O. D. Segrave	Sunbeam	Daytona	327,959
19. 2. 1928	M. Campbell	Napier-Campbell	Daytona	333,061
22. 4. 1928	R. Keech	White Triplex	Daytona	334,010
11. 3. 1929	H. O. D. Segrave	Irving-Napier	Daytona	372,456
5. 2. 1931	M. Campbell	Napier-Campbell	Daytona	396,033
24. 2. 1932	M. Campbell	Napier-Campbell	Daytona	408,714
22. 2. 1933	M. Campbell	Campbell Special	Daytona	438,470
7. 3. 1935	M. Campbell	Campbell Special	Daytona	445,486
3. 9. 1935	M. Campbell	Campbell Special	Bonneville	484,609
19. 11. 1937	G. E. T. Eyston	Thunderbolt	Bonneville	502,102
27. 8. 1938	G. E. T. Eyston	Thunderbolt	Bonneville	556,013
15. 9. 1938	J. R. Cobb	Railton	Bonneville	563,577
16. 9. 1938	G. E. T. Eyston	Thunderbolt	Bonneville	575,325
23. 8. 1939	J. R. Cobb	Railton	Bonneville	594,958
16. 9. 1947	J. R. Cobb	Railton	Bonneville	634,386
5. 8. 1963	C. Breedlove	Spirit of America	Bonneville	655,709**
17. 7. 1964	D. Campbell	Proteus Blue Bird	Eyre-See	648,709°°°
2. 10. 1964	T. Green	Wingfoot Express	Bonneville	664,963
5. 10. 1964	A. Arfons	Green Monster	Bonneville	698,726
13. 10. 1964	C. Breedlove	Spirit of America	Bonneville	754,311°°
15. 10. 1964	C. Breedlove	Spirit of America	Bonneville	846,942°°
27. 10. 1964	A. Arfons	Green Monster	Bonneville	875,668
2. 11. 1965	C. Breedlove	Spirit of America	Bonneville	893,366
7. 11. 1965	A. Arfons	Green Monster	Bonneville	927,847
12. 11. 1965	B. Summers	Goldenrod	Bonneville	658,649°°°
15. 11. 1965	C. Breedlove	Spirit of America	Bonneville	966,547
7. 10. 1970	G. Gabelich	Blue Flame	Bonneville	1001,671

Oben: Rekordwagen von Sunbeam von 1927, mit dem H. O. D. Segrave am 29. 3. 1927 eine Geschwindigkeit von 327,959 km/h erzielte. – Unten: Der »Golden Arrow«, entworfen von J. S. Irving mit Schneider/Napier 12-Zylinder-Maschine

Rolls-Royce baute auch in den 30er Jahren Luxuswagen, die auf der ganzen Welt einen Maßstab für Komfort und Laufruhe setzten: Dies ein »Phantom II« von 1935, der einen 6-Zylinder-Motor mit 7668 ccm besitzt und damals umgerechnet 54 000 Mark kostete – aufgenommen vor dem Schloß Langenburg.

Oben: Sir Malcolm Campbell in seinem Campbell Special »Blue Bird«, mit dem er 1933 438,47 km/h erreichte. – Unten: Der Mercedes-Weltrekordwagen T 80 konnte durch den Ausbruch des zweiten Weltkriegs nicht mehr für einen Rekordversuch eingesetzt werden.

Die derzeit schnellsten Autos der Welt. Oben: Breedloves »Spirit of America«. Unten: Gary Gabelichs »Blue Flame«, mit der zum ersten Mal die 1000-km/h-Grenze überschritten wurde

Von den schnellsten Wagen der Welt, die nur zum Zwecke von Rekordfahrten gebaut wurden, zu den eigenartigsten Versuchen, billige Gebrauchswagen für eine breite Bevölkerungsschicht zu bauen – welch ein Unterschied! Hier das Winkler-Einspurauto, eine ehemalige Mauser-Konstruktion (1928/29)

Kleinstwagen in Deutschland

In den Jahren nach einem Krieg oder in den Jahren einer echten Wirtschaftsdepression schießen Kleinstwagenkonstruktionen, die etwa ein Mittelding zwischen Motorrad und Automobil darstellen, oft wie Pilze aus dem Boden. Die erste solche Welle kam nach dem ersten Weltkrieg. Doch war damals die Literleistung der Motoren noch so niedrig, daß man die kleinen Autos im Hubraumbereich von 800 bis 1100 ccm ansiedelte. Außerdem gab man ihnen im allgemeinen keine provisorischen Karosserien, sondern versuchte, die großen Wagen auf kleinstem Maßstab nachzuahmen. Erst Mitte der 20er Jahre kamen einzelne Konstruktionen, die man in diese Rubrik Kleinstwagen einreihen konnte, zum Beispiel das Hanomag-Kommißbrot und das Einspurauto von Mauser. Die schlechte Zeit nach dem ersten Weltkrieg wirkte sich eher so aus, daß damals eine große Zahl von Firmen Motorräder zu bauen begann, und es gab gerade Anfang und Mitte der 20er Jahre in Deutschland eine wirklich erstaunliche Zahl von Motorradfabriken. Es waren insgesamt mehr als 400, von denen sich die meisten nur wenige Jahre, ja zum Teil nur wenige Monate auf dem Markt hielten.

Produkt der Wirtschaftskrise

Die zweite Kleinstwagenwelle kam in Deutschland zwischen 1932 und 1934, als typisches Produkt der Wirtschaftskrise. In der Zwischenzeit war man im Motorenbau sehr weit fortgeschritten und konnte mit relativ kleinem Hubraum einigermaßen brauchbare PS-Leistungen erzielen. Auch hatte sich der Zweitaktmotor eingebürgert, und sehr viele dieser Kleinstwagenkonstruktionen um das Jahr 1933 besaßen Zweitaktmotoren. Irgendwie waren diese Konstruktionen auch typisch dafür, daß der Deutsche sich lieber einen störungsanfälligen und nicht sehr leistungsfähigen Kleinstwagen anschaffte, als daß er ein Motorrad fuhr. Nicht weil er unsportlich gewesen wäre, sondern weil auch das kleinste Automobil eben schon das Image des Autos trug, was dem deutschen Bürger mehr schien als das Image eines noch so feinen Motorrades.

Um nur einige von diesen Kleinstautos zu nennen: Es gab 1933 in Berlin den Bully-Dreiradwagen mit 200-ccm-1-Zylinder-Zweitaktmotor, es gab die 1932 auf den Markt gekommenen, relativ bekannt gewordenen Framo-Kleinwagen, den Framo-Piccolo, drei- und vierrädrig mit einem 200-ccm-DKW-Motor, und den recht eleganten und leistungsfähigen Framo-Stromer mit drei Rädern und einem DKW-Vorderradantriebsaggregat, Motoren zwischen 400 und 600 ccm. Es gab in Wien den Gloriette-Kleinwagen, der einen wassergekühlten 2-Zylinder-Viertaktmotor mit 800 ccm und 18 PS besaß, aber auch nur im Jahr 1932 hergestellt wurde. Die Motorradfabrik Hercules kam mit einem lustigen Dreiradwagen, der einen 200-ccm-1-Zylinder-Zweitaktheckmotor und Kettenantrieb besaß. Viel anspruchsvoller war dagegen der 1934 im Versuch hergestellte Imperia-Kleinwagen mit einem 750-ccm-3-Zylinder-Zweitaktsternmotor im Wagenheck und vielen interessanten technischen Neuerungen, zum Beispiel dem Trilok-Flüssigkeitsgetriebe. Die Firma Thamag stellte einen Dreiradwagen Typ Zep (was, glaube ich, an Zeppelin erinnern sollte) mit einem 200-ccm-1-Zylinder-Zweitaktmotor und Vorderradantrieb her. 1933, im gleichen Jahr, erschien der Theis, der in Charlottenburg von einem Diplomingenieur K. Theis gebaut wurde, auch das war ein Dreiradwagen mit einem 200-ccm-Motor und Vorderradantrieb.

Ein sehr bemerkenswerter Versuch auf diesem Gebiet war der Standard-Kleinwagen, der die anspruchsvolle Typenbezeichnung Superior trug. 1932 hatte Wilhelm Gutbrod, der Hersteller der Standard-Motorräder, von Diplomingenieur Josef Ganz eine Lizenz für eine Kleinwagenkonstruktion erhalten. Ganz galt als ein Vorkämpfer des Kleinwagens mit Heckmotor und Schwingachsen, hat aber unter seinem Namen niemals ein Fahrzeug herausbringen können, dem eine größere Serie beschieden war. Der 1933 erschienene Standard-Superior, der bis zu Beginn des Jahres 1935 hergestellt wurde, hatte einen 2-Zylinder-Zweitakt-Reihenmotor mit 67 mm Bohrung und 70 mm Hub, also 494 ccm, der immerhin 16 PS bei 3000 Touren leistete und diesem kleinen Wagen eine Geschwindigkeit von 80 km/h verlieh. Er wurde übrigens auch mit einem etwas kleineren 400-ccm-Motor geliefert, der dann 12 PS bei 3000 Touren brachte. Der Motor war wassergekühlt und saß im Heck. Der ganze Motor- und Antriebsblock war als Rahmen-Mittelträger hinten angeflanscht. Der Antrieb erfolgte natürlich auf die Hinterräder, die durch je zwei übereinanderliegende Halbelliptikquerblattfedern abgefedert waren; es war eine Pendelachskonstruktion. Auch vorne war die Radaufhängung unabhängig. Das Getriebe war ein Vierganggetriebe mit Kugelschaltung. In fast allen technischen Einzelheiten kann man diesen Wagen als sehr modern bezeichnen, der Radstand betrug nur 2 m, die Spurweite 1,05 m und 0,95 m, das Eigengewicht der Limousine lag bei 450 kg. Der Zwerg hatte eine sehr gefällige Form mit einem recht eleganten Fließheck. Ein sehr ähnlich aussehender Wagen kam 1933 bei Hansa heraus, der Hansa 500. Auch das war ein Heckmotorwagen, der einen 2-Zylinder-Zweitaktmotor mit 68 mm Bohrung und 68 mm Hub gleich 500 ccm besaß und 15 PS bei 3000 Touren leistete. Dieser Motor war luftgekühlt und besaß ein Gebläse. Der Tank war vornliegend, die Förderung erfolgte durch Gefälle nach hinten. Man konnte bei diesem Wagen rein optisch kaum sehen, ob es sich um einen Frontmotor oder um einen Heckmotor handelte. Der Radstand war auch etwas länger als beim Standard-Superior, er sah deshalb etwas gestreckter aus. Der Radstand betrug 2,32 m, die Spur 1,15 m. Allerdings lag das Gewicht der zweifenstrigen, zweitürigen Limousine mit 620 kg schon relativ hoch, weshalb er keineswegs das Temperament des Standard-Superior besaß. Er hatte auch nur ein Dreiganggetriebe, das mit dem Achsantrieb und dem Motor verblockt war. Auch dieser Hansa hatte, was damals im normalen Automobilbau noch keineswegs selbstverständlich war, vorn und hinten Schwingachsen mit je zwei übereinanderliegenden Querblattfedern. Der Wagen wurde allerdings nur kurze Zeit gebaut und war kein wirklicher Verkaufserfolg.

Hanomag dagegen, die Firma, die 1924 mit dem ersten klassischen Kleinstwagen herausgekommen war – jenem legendären Kommißbrot –, unternahm in dieser Zeit nicht den Versuch, wiederum mit einem solchen Kleinstwagen den Markt zu erobern. Vielmehr begann Hanomag langsam den Hubraum zu vergrößern und mindestens 1100-ccm-Maschinen auf den Markt zu bringen. Einen Dreiradwagen gab es dagegen 1933/34 bei Goliath; auch er hatte einen solchen 200-ccm-Motor. All diesen Konstruktionen war deshalb keine lange Lebensdauer beschieden, weil zum einen der wirtschaftliche Aufschwung die Leute sehr schnell zu dem Wunsch brachte, ein »richtiges« Auto zu besitzen, und zum anderen, weil man ja für alle Automobile die Steuerfreiheit eingeführt hatte. Der große Vorteil dieser Kleinstwagen mit den kleinen Motoren war zunächst, daß man sehr wenig Steuern zahlen mußte, ja daß man sogar eine Zeitlang propagierte, alle Fahrzeuge bis 200 ccm steuer- und führerscheinfrei zu machen. Dieser Vorteil galt ja dann später nichts mehr.

Nur in Deutschland

Interessanterweise hat es diese Kleinstwagenwelle weitaus am stärksten in Deutschland gegeben. Nicht etwa, weil bei uns die Wirtschaftskrise die tiefsten Spuren hinterlassen hatte, sondern weil die Struktur in den einzelnen Ländern doch sehr verschieden war. In Italien hat es nie solche Kleinstwagen gegeben, jedenfalls nie in ernst zu nennenden Stückzahlen. Das mag damit zusammenhängen, daß es um diese Zeit in Italien noch mehr als in den mitteleuropäischen Ländern arm und reich gab: Entweder man konnte sich wirklich ein Auto leisten, oder man konnte sich weder ein Auto noch ein Motorrad anschaffen. In Frankreich gab es einzelne solche Kleinstwagenversuche um das Jahr 1930, von denen sich aber keines in irgendeiner Form durchsetzen konnte. In England gab es nicht mehr die »Cycle Cars«, die vor und nach dem ersten Weltkrieg einigermaßen populär waren. Es gab zwar merkwürdig anmutende Dreiradkonstruktionen, die auch so etwas Ähnliches wie ein Mittelding zwischen Motorrad und Auto waren, aber die gab es eigentlich in England immer. Und man kann beispielsweise den mit einem 2-Zylinder-Japmotor versehenen Morgan-Dreiradwagen nicht im eigentlichen Sinne als Kleinstwagen bezeichnen, weil er sämtlichen kleineren »normalen« Automobilen in Beschleunigung und Spitzengeschwindigkeit leicht davonfuhr. Diese Fahrzeuge, die optisch wie Kleinstwagen aussahen und meistens nur drei Räder besaßen, hat man in England mehr aus sportlichen Gründen gebaut, denn als kleines Automobil besaß man ja den Austin 7, der effektiv den Charakter eines kleinen Automobils, nicht eines Kleinstwagens hatte, so ähnlich also wie bei uns der Dixi und nachfolgend der erste kleine BMW.

In Amerika hat man nie den Versuch gemacht, Kleinstwagen herzustellen, vermutlich aus drei Gründen: Erstens war durch die Massenproduktion das normale »kleine« Automobil, das aber dann schon einen Hubraum von rund 3 Litern hatte, so billig geworden – speziell bei Ford im Modell T, dann im Modell A, aber auch bei Chevrolet –, daß man einen Kleinstwagen nicht rentabler herstellen konnte, zum zweiten waren die Entfernungen in Amerika viel größer, während man ja bei uns mit den Kleinstwagen nicht ernsthaft Nonstop von Hamburg nach München fahren konnte. Zum dritten hätte ein solcher Kleinstwagen zu den damals schon vorhandenen autobahnartigen Straßennetzen und den Wolkenkratzern der Großstädte kaum gepaßt. Übrigens hatte man ja in Amerika Ende der 20er und Anfang der 30er Jahre infolge der wirtschaftlichen Krise auch nicht auf das Motorrad umgeschaltet.

Oben: Die Neumann-Neander Fahrmaschine von 1935 mit 500-ccm-Motor. – Unten: Der Citroën 2 CV. – Darunter: Fiat 500 »Topolino« von 1936

Die dritte Welle

Die dritte Kleinstwagenwelle kam nach dem zweiten Weltkrieg. Daß auch sie in Deutschland viel stärker wogte als in den anderen Ländern, hängt nicht nur damit zusammen, daß wir den Krieg verloren hatten und es uns wirtschaftlich doch relativ schlecht ging. Diese Begründung kann insofern nicht allein gelten, als wir ja Anfang und Mitte der 50er Jahre, als bei uns noch sehr munter solche Kleinstwagen produziert wurden, schon am Beginn unseres sogenannten Wirtschaftswunders standen und manche andere Nation auf dieser Ebene schon wieder zu überflügeln begannen. Es gab in Frankreich unmittelbar nach dem Krieg ein paar Ansätze für solche Kleinstwagen, zum Beispiel den Rovin, aber es gab in Frankreich eben schon unmittelbar nach dem Krieg einen Kleinwagen, der schon ein echtes Auto war und der eigentlich all diese Wünsche nach einem praktischen und billigen Gebrauchsfahrzeug vorwegnahm: den Renault 4 CV und später dann bei Citroën den 2 CV, der vom Hubraum her zweifellos zu den Kleinstwagen zählt, der aber von der Optik her ein vollwertiges Auto war und auch immer als ein solches betrachtet wurde. Denken wir nur daran, daß er von Anfang an vier durchaus bequeme Sitze und vier Türen hatte. Die Italiener wiederum hatten schon kurz vor dem zweiten Weltkrieg ihren Fiat Topolino bekommen. Dieser wurde nach dem Krieg fast unverändert mit immer neuen Verbesserungen weitergebaut und konsequenterweise dann zum Fiat 500 entwickelt: Auch hier also ein Fahrzeug, das schon Automobil genannt werden konnte, auch wenn es im Hubraum noch unter 600 ccm lag. Dieser kleine Fiat war so preisgünstig, daß niemand es gewagt hätte, neben ihm einen Kleinstwagen in größeren Stückzahlen auf den Markt zu bringen. Auch in England gab es nach dem zweiten Weltkrieg keine Kleinstwagenwelle wie bei uns. Von Amerika in diesem Zusammenhang zu sprechen, ist ganz überflüssig.

Was ist ein Kleinstwagen? Auf diese Zeit nach dem zweiten Weltkrieg bezogen, müßten wir es etwa so definieren: Der Hubraum lag unter 500 ccm, meistens hatten diese Fahrzeuge nur zwei vollwertige Sitze. Vor allem der zur Verfügung stehende Platz war außerordentlich gering; es waren kompakte Konstruktionen, die man heute fast als Stadtwagen modernen Stils verkaufen könnte, mit einem extrem kurzen Radstand und der Möglichkeit, wunderbar einzuparken, aber genau das stand damals als Verkaufsargument gar nicht zur Diskussion, weil der Verkehr ja noch nicht so dicht war wie heute. Das entscheidende Argument war erneut ein fiskalisches, denn man konnte mit diesen kleinen Motorgrößen eben Steuern sparen, und wir hatten ja nach dem zweiten Weltkrieg wieder die Hubraumsteuer eingeführt, was die Konstruktion dieser Kleinstwagen – sprich Kleinstmotoren – wesentlich begünstigte. Diese Hubraumsteuer ist eigentlich der Grund dafür gewesen, daß speziell in Deutschland in den Jahren nach dem zweiten Weltkrieg relativ kleine Wagen mit relativ großen Motorleistungen (Literleistungen) und hohen Drehzahlen Allgemeingut wurden.

Man kann sagen, daß die Epoche dieser deutschen Kleinstwagen etwa von 1948 bis 1960 währte, was eine verhältnismäßig lange Zeit war, und man kann 12 Firmen nennen, die sich ernsthaft mit der Konstruktion solcher Wagen befaßt haben. Betrachten wir sie alphabetisch:

BMW Isetta

Diese Konstruktion ist vor allem deshalb erstaunlich zu nennen, weil sie so gar nicht in den Ablauf des Produktionsprogramms bei BMW zu passen schien. Die Münchner Firma, die ihr Eisenacher Werk durch den Krieg verloren hatte, stellte ihre erste Nachkriegskonstruktion auf der Frankfurter Automobilausstellung im April 1951 vor. Dies war vom Fahrgestell und vom Motor her auf der Basis des Vorkriegstyps BMW 326 der neue BMW Typ 501, eine Limousine mit 2-Liter-6-Zylinder-Motor und 65 PS bei 4400 Umdrehungen. Der Produktionsbeginn verzögerte sich allerdings bis zum November 1952. BMW fing also nach dem Krieg nicht mit einem Kleinwagen, sondern mit einem Fahrzeug der gehobenen Mittelklasse an, das relativ teuer und auch relativ schwer war (1340 kg) und das keine überragende Fahrleistung brachte. Es war im Charakter eigentlich nicht der immer sehr sportliche Vorkriegs-BMW. Das war wohl mit der Grund, warum von diesem BMW 501, auch in der Ausführung 501a und 501b, nur eine relativ geringe Stückzahl verkauft wurde. In der Geschäftsleitung von BMW war man mit diesem Wagen keineswegs glücklich und brachte dann 1954, vorgestellt auf dem Genfer Salon im März dieses Jahres, den ersten deutschen 8-Zylinder-Personenwagen nach dem Krieg heraus, den BMW Typ 502 mit einer 2,6-Liter-V-8-Zylinder-Maschine, die zuerst 95 PS besaß und 1½ Jahre später dann auf 3,2 Liter vergrößert wurde. Dieser zweite BMW-Typ war also eher in der Luxusklasse angesiedelt. Als man bei BMW merkte, daß mit diesem Wagen für die gehobenen Stände damals noch keine durchschlagenden Geschäfte zu machen waren, entschloß man sich, zum Kleinstwagen zurückzukehren, ein Gebiet, auf dem andere Firmen um diese Zeit schon einige Praxis besaßen. So entstand die BMW Isetta. Die Typenbezeichnung ist darauf zurückzuführen, daß BMW von der italienischen Firma Iso die Lizenz zur Herstellung dieses Fahrzeuges erwarb. Man verwendete den im eigenen Haus hergestellten Motorradmotor vom Typ R 25 zum Antrieb dieses Motocoupés, wie es im Anfang hieß. Die Produktion wurde im April 1955 aufgenommen. Es war ein echter Kleinstwagen insofern, als diese erste BMW Isetta nur einen sehr kleinen Motor besaß: 68×68 mm Bohrung und Hub, 245 ccm, 12 PS bei 5800 Touren, also eine echte Motorraddrehzahl, die höher lag als alle damaligen Drehzahlen von Personenwagen. Natürlich war das Drehmoment bei diesem kleinen Hubraum und dieser relativ hohen Leistung sehr bescheiden, 1,45 mkg bei 4500 Touren. Die Ventile waren hängend über Stoßstange und Kipphebel gesteuert. Die Kühlung erfolgte über ein Gebläse. Der Motor der Isetta stand seitlich quer hinter dem rechten Sitz. Der Antrieb auf die Hinterräder erfolgte über eine querliegende, kurze Gelenkwelle und eine Duplexkette im Ölbad, es gab kein Differential, aber ein Vierganggetriebe. Die Karosserie war eine Ganzstahlkarosserie mit Einstieg vorn um das Lenkrad herum. Vorn hatte man eine Einzelradaufhängung mit einer Spur von 1,20 m vorgesehen, mit geschobenen Längsschwingen und Schraubenfedern, hinten war eine starre Achse mit einer ganz schmalen Spur geplant, die nur 52 cm betrug. Der Radstand lag bei nur 1,50 m, und die gesamte Isetta war nur 2,28 m lang – Idealmaß also für einen heutigen Stadtwagen. Der Wendekreis betrug 8,30 m, die Reifen waren auf 10-Zoll-Felgen montiert, und das ganze Auto wog lediglich 360 kg. Es hatte selbstverständlich nur zwei Sitze und einen lächerlich kleinen Kraftstofftank von 13 Litern im Heck. Allerdings konnte man mit 5,5 bis 6 Liter Benzin auf 100 Kilometer auskommen. Die Höchstgeschwindigkeit lag bei 85 km/h, allerdings war die Beschleunigung im oberen Bereich nicht mehr berückend: Von 0 bis 80 km/h brauchte man 40 Sekunden. In der ersten Ausführung kostete die Isetta 250 2580,– DM, ein Jahr später gab es für sie auch einen Motor mit 300 ccm und 13 PS bei 5200 Touren, wobei die übrigen technischen Daten genau die gleichen waren. Die Isetta wurde dann stets wahlweise mit 250- oder mit 300-ccm-Motor geliefert und natürlich in verschiedenen Details verbessert. Die Isetta ist bis zum Mai 1962 gebaut worden, also bis zu einer Zeit, wo eigentlich das Thema Kleinstwagen in Deutschland nicht mehr ernsthaft zur Diskussion stand. Sie war zweifellos beliebt, insgesamt wurden 36372 Isettas gebaut, davon etwa je die Hälfte mit 250-ccm-Motor und 300-ccm-Motor. 1956 war sie im Preis ziemlich hinaufgeklettert (250er Modell 2780,– DM, 300er Modell 2920,– DM), wurde dann aber wieder auf knapp 2700,– beziehungsweise knappe 2800,– DM gesenkt.

Als nächstes entwickelte BMW den BMW 600, der von 1957 bis 1959 gebaut wurde und aus der Isetta abgeleitet worden war.

Man kann diesen BMW 600, was seine Leistung angeht und auch seinen Hubraum, zur damaligen Zeit kaum noch als einen Kleinstwagen bezeichnen, besaß dieses Modell doch den 2-Zylinder-Boxermotor der großen BMW-Motorräder, hatte 19,5 PS bei 4500 Umdrehungen und lief über 100 km/h. Aber optisch war auch dieser BMW 600 noch zu den Kleinstwagen zu zählen. Man hatte zwar vier Sitze vorgesehen, aber wie bei der kleinen Isetta für die Vordersitze einen Einstieg mit einer Fronttüre, die wie eine Haustür aufklappte. Dazu gab es dann für die Hintersitze eine Seitentür rechts. Sicherheit war ja damals noch nicht groß geschrieben, und es dachten vermutlich verhältnismäßig wenig Leute darüber nach, daß man bei einem solchen Kleinstwagen keinerlei Knautschzone hatte und mit den Füßen sozusagen direkt im ersten Bereich einer Frontalkollision saß. Der BMW 600 hatte einen Radstand von 1,70 m und eine Spur von 1,22/1,16 m. Auch er war mit 2,90 m Gesamtlänge durchaus noch ein Stadtfahrzeug zu nennen, hatte ebenfalls 10-Zoll-Felgen und einen Wendekreis von nur 8,30 m. Das Wagengewicht war inzwischen auf 550 kg angewachsen. Diese viersitzige Limousine, die um 3985,– DM geliefert wurde, war nur zwei Jahre (von Dezember 1957 bis November 1959) auf dem Markt. In dieser Zeit wurden aber immerhin fast genauso viele BMW 600 wie Isettas verkauft: etwas über 34 000 Stück. Dieses Hybridauto wurde, wenn wir Form und Leistung miteinander vergleichen, 1959 durch einen echten viersitzigen Kleinwagen, den BMW 700 abgelöst, der dem Werk dann wirklich große Stückzahlen brachte.

Oben: BMW Isetta, von 1953 bis 1962 gebaut. – Mitte: BMW 600 von 1957. – Unten: BMW 700 Luxus von 1961 mit 30-PS-2-Zylinder-Maschine

Brütsch

Im Prospekt stand, daß Egon Brütsch einer der ältesten Pioniere auf dem Gebiet des Kleinwagenbaus sei, was eine charmante Übertreibung ist. Egon Brütsch war Ende der 40er Jahre durch seine Einsätze mit einem Maserati-Rennwagen bei vielen nationalen deutschen Rennen bekannt geworden und hatte dann im Jahre 1952 seinen ersten Kleinwagen vorgestellt, den Brütsch 400, der als zweisitziges Cabriolet zweifellos eine sehr schicke Form hatte. Im Oktober 1954 kam Brütsch mit einer neuen Serie von Kleinstwagen heraus, die mit einer Kunststoffschalenbauweise versehen war und die Typen Zwerg, Bussard und Pfeil umfaßte. Das Fahrgestell war ein Zentralrohrrahmen, der Motor lag immer im Heck dieses Zweisitzers mit Klappverdeck. Die Federung dieser Brütsch-Kleinstwagen erfolgte durch relativ neuartige Gummielemente, und Brütsch behauptete, daß man dadurch die Stoßdämpfer sparen könnte. Die Lenkung war eine Zahnstangenlenkung. Der Antrieb auf das Hinterrad erfolgte beim Zwerg und Bussard über eine gekapselte Kette, die gleichzeitig zu einer Hinterschwinge ausgebildet war, beim Pfeil über eine Gelenkwelle. Der Zwerg und der Bussard waren dreirädrig, der Pfeil hatte vier Räder. Große Stückzahlen sind, wenn wir ein solches Fahrzeug etwa mit der Isetta oder auch mit dem Messerschmitt-Kabinenroller vergleichen, nicht erzielt worden, doch es waren technisch recht interessante Konstruktionen. Den Zwerg konnte man wahlweise mit einem Fichtel-&-Sachs-200-ccm-Zweitaktmotor mit 10 PS bekommen oder mit einem 250-ccm-Zweitaktmotor von Maico mit 14 PS. Er wog nur 185 kg, was zu erheblichen Fahrleistungen beitrug. Die Spitzengeschwindigkeit dürfte bei knapp 95 km/h gelegen haben. Brütsch verwendete für den Zwerg 8-Zoll-Reifen, das ganze Fahrzeug hatte nur eine Länge von 2,40 m, und der Preis mit dem kleinen Fichtel-&-Sachs-Motor lag mit 1995,– DM sehr günstig. Eine Nummer größer sozusagen war der Bussard, den es als Sport-Zweisitzer und als Coupé mit den gleichen Motoren ausgerüstet gab. Er lag im Preis entsprechend höher (2650,– DM) und er war

3,30 m lang geworden. Nunmehr wurden 12-Zoll-Felgen verwendet. Der vierrädrige Pfeil, den es auch als sportlichen Zwei- bis Dreisitzer und als Coupé gab, war außer mit diesen beiden Motoren noch mit einem Lloyd-400-ccm-Zweitaktmotor mit 13 PS gegen Aufpreis lieferbar. Während er mit den kleinen Motoren 4 Gänge besaß, hatte er mit der Lloyd-Maschine nur 3 Gänge. Mit dem einfachen Motor kostete er 2990,– DM und wog 285 kg. Er hatte also noch ein sehr niedriges Gewicht, einen Radstand von 1,93 m, eine Spur von 1,16 m, eine Gesamtbreite von 1,42 m und eine Länge von 3,30 m. An einigen Stellen war gespart worden; der Tank der beiden kleinen Modelle hatte insgesamt nur 8 Liter Fassungsvermögen. Viele Extras baute man serienmäßig ein, nicht nur einen elektrischen Scheibenwischer, sondern am Armaturenbrett auch eine Zeituhr und einen Aschenbecher. Dieser fast in Vergessenheit geratene Brütsch ist aus diesen technischen Gründen ein Fahrzeug, das man in Erinnerung behalten sollte.

Champion

Unter dem Namen Champion baute der Diplomingenieur Hermann Holbein in kleiner Stückzahl zuerst in Herrlingen bei Ulm, später in Paderborn einen kleinen, offenen Zweisitzer. Mit der Produktion begann er im Sommer 1948. Dieses Kleinstauto, das zum Preis von 2650,– DM angeboten wurde, hatte einen gebläsegekühlten Triumph-250-ccm-1-Zylindermotor mit 6 PS oder nach Wahl einen 10-PS-Doppelkolben-Zweitaktmotor im Heck. Die Kraft wurde über ein Dreiganggetriebe übertragen. Das Fahrzeug besaß einen Zentralrohrrahmen und vorn und hinten eine Drehstabfederung. Es hatte Motorradreifen in der Größe 3.25/16, einen Radstand von 1,80 m und eine Spur von 1,20 m. Es war ein normales vierrädriges Kleinstauto mit einer Gesamtlänge von 2,85 m, der Wagen wog nur 250 kg und lief etwa 70 km/h. Holbein, der in der Nachkriegszeit auch einmal einen interessanten 2-Liter-Rennwagen entwickelt hatte, besaß keine großen Produktionsstätten und hat diesen Champion 250 nur bis zum Februar 1951 gebaut. Es sind insgesamt etwa 400 solcher Fahrzeuge produziert worden, dann wurde der kleine Champion zum Champion 400 weiterentwickelt. Die Karosserie kam von Drauz in Heilbronn, es war eine zweisitzige Cabrio-Limousine. Mit diesem Champion 400 hatte Holbein einen wesentlich größeren Erfolg, so daß er sein Werk erweitern konnte. Von März 1951 bis Ende 1952 sind etwas mehr als 2000 solcher Champions 400 gebaut worden, die Cabrio-Limousine kostete zweisitzig 4300,– DM und hatte einen Ilo-Motor mit 14 PS bei 4000 Umdrehungen und einen Solex-Fallstromvergaser 26 VFIS. Der Motor saß hinter, das Getriebe vor der Hinterachse, es war die übliche klassische Heckmotoranordnung. Das Getriebe war ein unsynchronisiertes Dreiganggetriebe, die Karosserie aus Ganzstahl auf einen Zentralrohrrahmen aufgesetzt. Hinten befand sich eine Pendelachse mit Gummitorsionsfedern, vorn eine Einzelradaufhängung mit Doppelquerlenkern und ebenfalls Torsionsfedern. Erstaunlicherweise war die Fußbremse hydraulisch. Der Kraftstofftank mit 24 Liter Inhalt lag vorn im Wagen, die Höchstgeschwindigkeit betrug etwa 80 km/h. Der Champion bekam dann 1953 einen Heinkel-Zweitakt-2-Zylinder-Motor, ebenfalls mit 400 ccm, der 15 PS bei 4000 Umdrehungen leistete. Der Champion 400 hatte eine durchaus ansprechende Form. Es gab übrigens auch einen Champion 500 G, das war ein vom Champion 400 abgeleiteter Kombiwagen, von dem allerdings nur ganz wenige gebaut wurden. Nach vielem Hin und Her wurden ab Oktober 1955 die Champion 400 bei der Firma Maico in Pfäffingen gebaut und hießen Maico-MC 400 H. Vom Frühsommer 1956 an baute dann Maico unter seinem eigenen Namen eine verbesserte Ausführung dieses Champion, er hieß dann Maico 500, hatte eine zweitürige, vierfenstrige Limousinenkarosserie und einen Heinkel-Zweitakt-2-Zylinder-Motor von 452 ccm, der bei 4000 Touren 18 PS abgab. Nunmehr wurde dieses Modell mit Vierganggetriebe ausgestattet, der Motor blieb weiterhin hinten, das Getriebe befand sich vor der Hinterachse. Der Radstand betrug 2,02 m, die Reifengröße war 4,80×15, und das 585 kg schwere Wägelchen ging gestoppt 92 km/h – eine recht beachtliche Leistung. Werner Oswald charakterisierte dieses Modell so: Solide Verarbeitung, ordentliche Federung, aber dubiose Lenkung, schwache Bremsen und beträchtlicher Innenlärm. Immerhin wurden bis zum Oktober 1958, als Maico die Produktion einstellen mußte, 6301 Fahrzeuge dieses Modells zum Preis von 3665,– DM hergestellt.

Fend/Messerschmitt

Fritz Fend war Flugzeugingenieur gewesen und hatte sich 1948 in Rosenheim in Oberbayern niedergelassen, um dort zunächst einmal den Fend-Flitzer zu bauen, einen hauptsächlich für Beinamputierte gedachten, einsitzigen Wagen mit drei Rädern, den es zunächst mit einem 38-ccm-Viktoria- oder mit einem 98-ccm-Sachs-Motor gab. Zuerst hatte der Fend-Flitzer regelrechte Fahrradräder, später dann Rollerräder. Fend ging dann auch zu einem 100-ccm-Imme-Motor über, womit der Wagen rund 2000,– DM kostete. Vom Fend-Flitzer sind ungefähr 250 Stück gebaut worden. Dieses Modell vergrößerte er später zu einem zweisitzigen (zwei Sitze hintereinander) Kabinenroller und trat zur Produktion in Verhandlungen mit den Regensburger Messerschmitt-Werken ein, wo dann ab Frühjahr 1953 dieser Wagen unter der Typenbezeichnung Messerschmitt Kabinenroller KR 175 hergestellt wurde. Er kostete damals 2470,– DM. Dieser Kabinenroller wurde ein großer Publikumserfolg. Allein von dem ersten Modell wurden bis Ende 1954 etwa 10 000 Stück hergestellt. Dann verbesserte man ihn zum Kabinenroller KR 200, wie diese Bezeichnung schon sagt, bekam er nun statt eines 1-Zylinder-Motors von 175 ccm, Marke Fichtel & Sachs, einen solchen von rund 200 ccm, der nun 10,2 anstatt 9 PS bei 5250 Touren leistete. Obwohl bereits 1954 fast 12 000 solcher Kabinenroller produziert wurden, gab es 1956 gewisse finanzielle Schwierigkeiten, und das Regensburger Werk wurde aus dem Messerschmitt-Konzern ausgegliedert und selbständig. Fritz Fend übernahm die Leitung der neuen Firma, die dann Fahrzeug- und Maschinenbau GmbH Regensburg (FMR) hieß. Unter dieser Bezeichnung wurde der Kabinenroller (den man aber im Volksmund weiterhin als Messerschmitt-Kabinenroller bezeichnete) bis zum Jahr 1962 weitergebaut, was ähnlich wie bei der BMW Isetta ein Phänomen für sich darstellt: In einer Zeit, in der schon ein erheblicher Wohlstand herrschte, hatte man noch mit diesem

Kabinenroller-Erfolg. Man schätzt die Gesamtproduktion der Kabinenroller auf etwa 40000 Stück. Der Preis betrug von 1956 an 2400,– DM. Der Kabinenroller hatte vorn 2 Räder (Spurweite 1,08 m), hinten 1 Rad. Der Radstand betrug 2,03 m, die Gesamtlänge 2,82 m. Er hatte einen Wendekreis von 9 m und ein Gesamtgewicht von nur 240 kg. Der Kabinenroller besaß ganz kleine 8-Zoll-Reifen, der Motor befand sich vor dem Hinterrad, es war also eigentlich ein Mittelmotor, der Antrieb des einzelnen Hinterrades erfolgte über eine Rollenkette. Man schaltete das Viergang-getriebe, das natürlich unsynchronisiert war, mit einem Ratschen-Schalthebel rechts vom Fahrer. Die Ganzstahlkarosserie hatte eine tragende Bodenwanne und eine Plexiglaskabinenhaube. Vorn war eine Einzelradaufhängung mit einem Querlenker vorgesehen, das Hinterrad besaß eine einseitige Aufhängung an dem als Schwingarm dienenden Aluminiumkettenkasten mit Gummifedern. Dieser Kabinenroller war technisch eine recht interessante Konstruktion. Er hatte einen sehr kleinen Tank von nur 13 Liter Inhalt, der direkt über dem Motor lag, aber er verbrauchte auch nur etwa 5 Liter auf 100 km. Da er sehr niedrig und schmal war (Gesamtbreite 1,22 m, Gesamthöhe 1,20 m), hatte er natürlich einen sehr geringen Stirnwiderstand und erreichte mit einem Motor von knapp über 10 PS eine Spitze von fast 90 km/h. Von diesem KR 200 wurde 1958 noch eine Roadster-Version unter der Bezeichnung KR 201 gebaut, die nicht die Plexihaube, sondern ein normales kleines Klappverdeck besaß. Außerdem kam 1958 der FMR-Tiger 500 heraus, praktisch die Sport-Ausführung dieses Kabinenrollers. Dieser hatte nun plötzlich 4 Räder und einen Zweitakt-2-Zylinder-Motor (Twin) von Fichtel & Sachs, der mit 493 ccm 19,5 PS bei 5000 Touren leistete. Auch dies war ein luftgekühlter Motor. Der Radstand dieser Sport-Version war auf 1,88 m verkürzt worden, die Spur vorn betrug 1,11 m, hinten 1,04 m. Man verwendete nun 10-Zoll-Felgen und hatte einen 30-Liter-Tank vorgesehen. Dieser vierrädrige Tiger 500, von dem nur einige hundert Exemplare hergestellt worden sind (Preis damals 3725,– DM), wog 390 kg und erreichte eine Spitze von über 125 km/h. Einzelne Fahrer sind mit ihm damals zahlreiche Sportveranstaltungen mitgefahren. Ein Tiger 500 steht heute im Deutschen Auto Museum Schloß Langenburg.

Fulda-Mobil

Auch das Fulda-Mobil war ein dreirädriges Fahrzeug, das zu Beginn des Jahres 1950 auf den Markt kam, versehen mit einer zweitürigen, vierfenstrigen Coupékarosserie. Es hatte zunächst einen 250-ccm-Zweitakt-Ilo-Motor und kam zum Preis von 1850,– DM heraus, was sehr günstig war. Obwohl die Elektromaschinenbau Fulda GmbH, die dieses Fahrzeug herstellte, relativ häufig Veränderungen an diesem kleinen Wagen vornahm, wurde das Fulda-Mobil insgesamt doch bis zum Jahre 1960 gebaut, wenn es auch auf eine Stückzahl von kaum über 1500 gekommen sein dürfte. Es war auch als offener Zweisitzer lieferbar. 1952 erhielt es einen Sachs-Motor mit 360 ccm, was den Preis auf etwa 3000,– DM erhöhte, dann kehrte man wieder zu einem 200-ccm-Ilo-Motor zurück. Im Herbst 1957 stattete man das Fulda-Mobil mit einer anders gestalteten Kunststoffkarosserie aus und

Oben: Der Champion 250, gebaut von 1948 bis 1951. – Darunter ein Messerschmitt Kabinenroller KR 200, der anfangs nur mit Plexiglashaube geliefert wurde

baute einen 200-ccm-Sachs-Motor ein (Preis 3100,– DM). Zu einem wirklichen Verkaufserfolg, so wie der Kabinenroller oder die Isetta, wurde das Fulda-Mobil nie.

Goggomobil

Das Goggomobil dagegen, das von der Hans Glas GmbH im niederbayerischen Dingolfing hergestellt wurde, hatte von Anfang an einen sehr guten Verkaufserfolg. Vielleicht deshalb, weil im Grunde dieser Kleinstwagen wie die Miniaturausgabe eines großen Automobils aussah. Zunächst baute man in dieser Landmaschinenfabrik von 1951 bis 1955 den Goggo-Motorroller. Die Serienproduktion des Goggomobil-Vierradwagens begann im März 1955. Anfang des Jahres 1957 kam zu der Limousine noch ein Coupé dazu. Die Goggomobil-Limousine hatte von Anfang an vier Sitze, wenn man die Hintersitze auch nicht eben als bequeme und vollwertige Sitze bezeichnen konnte. Der Motor war ein im eigenen Werk

hergestellter Zweitakt-2-Zylinder-Twin mit 247 ccm, der 13,6 PS bei 5400 Touren abgab und mit einem Gebläse luftgekühlt war. Man fuhr diesen Zweitakter mit einem Gemisch von 1:25. Der Motorgetriebeblock lag quer hinter der Hinterachse, das unsynchronisierte Getriebe hatte vier Gänge. Beim Coupé serienmäßig und bei der Limousine auf Wunsch gab es ein Ziehkeilgetriebe mit elektromagnetischer Vorwählschaltung am Armaturenbrett. Die Stahlblechkarosserie war mittragend, vorn hatte man eine Einzelradaufhängung mit Querlenkern und Schraubenfedern gebaut, hinten eine Pendelschwingachse mit Längslenkern. Die Bremse war hydraulisch. Der Radstand betrug 1,80 m, die Spur 1,09 m. Die Goggomobil-Limousine war genau 2,90 m lang, 1,28 m breit und 1,31 m hoch, hatte 10-Zoll-Reifen und einen Wendekreis von 9 Metern. Die Limousine wog 435 kg, das Coupé 480 kg. Die Spitzengeschwindigkeit lag bei 80 bis 85 km/h, der 25 Liter fassende Kraftstofftank lag im Motorraum.
Von Anfang an konnte man dieses Goggomobil auch mit einem etwas stärkeren 300-ccm-Motor haben, der 14,8 PS leistete und natürlich auch ein etwas besseres Drehmoment besaß. Von 1957 an gab es auch einen »großen Goggo« mit einem Zweitakt-2-Zylinder-Motor von 400 ccm und 20 PS bei 5000 Touren. Damit lief die Limousine 95 und das Coupé sogar 100 km/h. Der Preisunterschied war bei der Limousine nicht groß. Zunächst wurde der T 250 um 3097,- DM angeboten, der T 300 um 3157,- DM und der T 400 um 3232,- DM. Deshalb wundert es einen zunächst, wenn man in der Produktionsstatistik feststellt, daß etwa 75 Prozent aller Goggos mit 250-ccm-Motor geliefert worden sind, ja seit 1962 (als man glaubte, daß nun das Ende des Goggos gekommen sei, aber bei der Landbevölkerung fand es nach wie vor großen Zuspruch) sogar 95 Prozent dieser Fahrzeuge mit 250-ccm-Motor geliefert wurden. Das kam einfach daher, weil man die kleine Ausführung mit 250 ccm mit dem alten Führerschein IV fahren konnte. Von 1962 an wurden die Preise für diese Goggo-Modelle etwas erhöht, was aber dem Absatz gar keinen nennenswerten Abbruch tat. Die Goggos sind bis 1967 gebaut worden, und man findet sie auch heute noch gelegentlich auf unseren Straßen. In den 10 Jahren von 1955 bis 1965 wurden insgesamt 245 000 Goggomobile hergestellt, eine wirklich erstaunliche Zahl. Es war dies der Kleinstwagen mit dem größten Verkaufserfolg – natürlich auch deshalb, weil es bei uns in Deutschland unterhalb des Volkswagens und des später dazugekommenen Opel Kadett keine solchen Automobile gab wie in Frankreich den Citroën 2 CV. Und vielleicht würde die Firma Glas heute noch als selbständige Firma existieren und wäre nicht in den Besitz von BMW übergegangen, wenn sie immer nur Goggomobile gebaut hätte und nicht plötzlich Wagen der Mittelklasse und sogar ein Fahrzeug mit 8-Zylinder-Motor.

Heinkel

Die Ernst Heinkel AG in Stuttgart-Zuffenhausen, Träger eines weltberühmten Namens, zeigte erst am Anfang des Jahres 1955 den Prototyp eines neuen Kleinstwagens, der dreirädrig war. Es ist erstaunlich, daß eine ganze Reihe von recht namhaften Firmen erst in der zweiten Hälfte der 50er Jahre dazu übergingen, solche Kleinstwagen auf den Markt zu bringen. Heinkel hatte ähnlich wie die Firma Glas vorher einen Roller hergestellt, den Heinkel-Roller, der einen Viertaktmotor besaß, und konsequenterweise verwendete man dann bei der Heinkel-Kabine, wie die offizielle Bezeichnung für diesen Kleinstwagen hieß, auch diesen Viertaktmotor, einen Einzylinder mit 174 ccm und 9,2 PS bei 5500 Touren. Nach etwa einem Jahr bot man auch einen stärkeren Motor mit rund 200 ccm an, der 10 PS entwickelte. Dieser Motor der Heinkel-Kabine, in die man genau wie bei der Isetta von vorn einstieg, lag vor der Hinterachse. Der Antrieb erfolgte über eine Kette im Ölbad. Die Kulissenschaltung befand sich an der linken Seitenwand, das Vierganggetriebe war unsynchronisiert. Die Ganzstahlkarosserie war auf ein Rohrgerippe aufgezogen. Vorn hatte man eine Einzelradaufhängung konstruiert (mit Schraubenfedern), hinten zunächst eine einseitige Aufhängung des Hinterrades an dem als Schwingarm dienenden Kettenkasten. Bei der größeren Heinkel-Kabine mit 200 ccm ging man dazu über, vier Räder zu verwenden, freilich waren die beiden Hinterräder ganz nah beieinander und hatten nur eine Spurweite von 22 cm. Der Radstand betrug 1,76 m, die Spurweite vorn 1,22 m. Die Heinkel-Kabine war 2,55 m lang und hatte 10-Zoll-Reifen, einen Wendekreis von 8,50 m und ein Fahrzeuggewicht von 250 kg mit dem kleinen und 290 kg mit dem großen Motor und den vier Rädchen. Die jeweiligen Höchstgeschwindigkeiten betrugen 82 und 86 km/h. Diese Heinkel-Kabine ist nur etwa zwei Jahre lang hergestellt worden, zu einem Preis von 2800,- DM. Die Gesamtproduktionsziffer lag bei 6400 Exemplaren. Anfang 1958 verkaufte Heinkel die Produktionsrechte und auch die Produktionseinrichtungen an eine irische Firma, die dann diese Rechte an ein englisches Werk übertrug, und noch Anfang der 60er Jahre baute man in England die Heinkel-Kabine, wenn auch in kleinen Stückzahlen.

Kleinschnittger

Die Firma Kleinschnittger befand sich in Arnsberg in Westfalen. Sie baute von 1950 bis 1954 einen sehr kleinen zweisitzigen offenen Wagen, der eine Aluminiumkarosserie und einen 125-ccm-Ilo-Motor besaß. Er trug die Bezeichnung Kleinschnittger F 125, kostete 2400,- DM, und gebaut wurden davon etwa 2000 Stück. Der Kleinschnittger sah fast wie ein Spielzeugauto aus, obwohl zwei Erwachsene in ihm Platz hatten. Er besaß keine Türen, sondern wie bei einem Sportwagen waren die Seitenwände ziemlich weit ausgeschnitten. Dem Trend der Zeit folgend, wollte Kleinschnittger im Herbst 1954 mit einem größeren Wagen herauskommen, einem Coupé mit 250-ccm-Motor, der aber nicht bis zur Serienreife entwickelt wurde. Kurze Zeit später geriet die Firma in Konkurs.

Lloyd

Jedermann kennt heute noch den Spitznamen für den ersten Lloyd, der unter der Typenbezeichnung Lloyd 300 im Juni 1950 als zweitürige, vierfenstrige Limousine auf dem Markt erschien: Man nannte ihn den Leukoplast-Bomber. Das kam daher, weil er mit einer Holzkarosserie, einem Hartholz-Fachwerk-Gerippe ausgerüstet war, dazu kam noch eine

Ein Lloyd mit Stahl-Kunstleder-Holz-Karosserie

Sperrholzverkleidung und ein Kunstlederbezug. Diese erste Karosserieausführung behielt Lloyd bis zum Jahr 1953 bei, dann begann man allmählich einzelne Teile aus Stahlblech herzustellen. Es gab von Ende 1953 bis 1957 den Lloyd in Gemischtbauweise. Erst die dritte Ausführung des Lloyd, die 1956 kam, hatte eine Karosserie in Schalenbauweise aus Stahlblechteilen. Der Lloyd war optisch keineswegs ein typischer Kleinstwagen, sondern sah aus wie ein storchschnabelverkleinertes großes Automobil, und man kann von der Motorleistung her nur die Lloyd mit der 250-, 300- und 400-ccm-Maschine in die Kategorie der Kleinstwagen rechnen. Der Lloyd, der dann 1955 mit einem 600er Motor erschien (Lloyd 600), dessen Nachfolger Lloyd Alexander und Lloyd Alexander TS gehörten schon in die Rubrik der »normalen« Automobile, nicht der Kleinstwagen. Den Lloyd gab es im übrigen nicht nur als Limousine und Limousine mit kleinem Faltdach, sondern 1951 auch als Lloyd LS 300 Kombi und als Lloyd LC 300 Coupé. Ihn hat man allerdings sehr selten auf den Straßen gesehen. In etwas mehr als zwei Jahren wurden vom ersten Lloyd mit der 300-ccm-Maschine insgesamt 18 000 Wagen verkauft. Sie kosteten zwischen 3300,– und 3700,– DM. Das Coupé war 150,– DM teurer.

Der Motor des »Leukoplast-Bombers« war ein Zweitakt-2-Zylinder, Bohrung 54 mm, Hub 64 mm, was 293 ccm Hubraum ergibt. Damit leistete dieser Motor 10 PS bei 4000 Touren, es war also eine relativ niedrige Drehzahl, verglichen mit den Motoren der anderen Kleinstwagen. Das maximale Drehmoment betrug 2 mkg bei 2700 U/min. Der Motor hatte Luftkühlung durch ein Gebläse, er lag vorn, und zwar quer vor der Vorderachse und hatte logischerweise Frontantrieb. Unter dem Lenkrad befand sich die Krückstockschaltung für das unsynchronisierte Dreiganggetriebe. Der Zentralrohrrahmen war mit einem Plattformboden ausgestattet. Vorn hatte man eine Einzelradaufhängung mit zwei Querfedern vorgesehen, hinten eine Pendelachse, die Bremse war mechanisch (Seilzug). Der Radstand betrug genau 2 m, die Spur 1,05 m. Der Lloyd war immerhin schon 3,20 m lang, aber nur 1,32 m breit und hatte 15-Zoll-Reifen. Der Wendekreis mit 11 Metern lag nicht sehr günstig; das Wagengewicht des 300er stand mit 480 kg zu Buche, das des 400er mit 510 kg. Der 400-ccm-Motor gab 13 PS bei 3750 Touren ab. Die Spitzengeschwindigkeit lag bei 80 km/h, was nicht wesentlich schneller war als beim 300er. Der Kraftstofftank hatte beim 300er 18 Liter Fassungsvermögen, beim 400er 25 Liter und lag vorn im Motorraum. Im März 1953 wurden hydraulische Bremsen eingeführt. Der 400er Lloyd, der im Anfang 3780,– DM kostete und später bis auf 3350,– DM heruntergging, war ein absoluter Schlager. Von Januar 1953 bis September 1957 wurden 109 878 solche Wagen gebaut. Es gab eine Zeit, da stand Lloyd hinter VW und Opel an dritter Stelle in der deutschen Zulassungsstatistik.

Viktoria Spatz

Die Basis zum Viktoria Spatz, der von 1956 bis 1958 gebaut wurde, lieferte die Kunststoffkarosserie des Fahrzeuges von Egon Brütsch. Zunächst entwickelte eine Firma Friedrich in Traunreut in Oberbayern einen Sportroadster, der dann zu Viktoria nach Nürnberg kam, wo unter Verwendung eines 250-ccm-Viktoria-Zweitaktmotors eine Serienproduktion begann. Viktoria war ja eine altbekannte Motorradfirma. Von Anfang an war dieser Spatz kein dreirädriges, sondern ein vierrädriges Fahrzeug, der Motor befand sich im Heck. Die Karosserie war ein zweisitziger Roadster mit einem Klappverdeck und ohne seitliche Türen (mit Ausschnitten). Eine Stoßleiste zog sich um das ganze Fahrzeug herum. Viktoria hatte jedoch keinen rechten Verkaufserfolg mit diesem Kleinstwagen, der sicherlich auch mit 3350 DM zu teuer war: Dafür konnte man schon einen viersitzigen Lloyd bekommen. Bis 1958 wurden nicht ganz 1500 Stück von diesem Spatz gebaut, dann stellte man die Produktion ein.

Zündapp Janus

Der Zündapp Janus, der nur von Juni 1957 bis Oktober 1958 gebaut wurde – auch er kam eigentlich für die Kleinstwagenwelle zu spät –, war technisch ein ungewöhnlich interessantes Fahrzeug, von dem 6900 Exemplare gebaut wurden. Er kostete zunächst 3390 und dann 3470 DM. Der Prototyp dazu war bei Dornier unter dem Namen Dornier Delta entwickelt worden. Die Insassen des Janus saßen Rücken an Rücken, das heißt, die beiden Mitfahrer schauten nach rückwärts zur Heckscheibe hinaus. Das ist keineswegs eine Neuigkeit, denn es gab schon Ende der 90er Jahre des vorigen Jahrhunderts, im ersten Stadium des Automobilbaus, das sogenannte Dos-à-dos. Insbesondere bei Benz wurden solche Karosserien gern verwendet. Für die Insassen vorn war wie bei der Isetta eine Fronttüre vorgesehen, die Insassen hinten stiegen mit einer entsprechenden Türe hinten ein. Der Tank und der Gepäckraum befanden sich zwischen den beiden Sitzbänken. Zündapp, diese altrenommierte Motorradfirma, entwickelte dafür einen liegenden Zweitakt-Einzylindermotor mit 248 ccm, der gute 14 PS bei 5000 Touren leistete und mit 2,15 mkg auch ein gutes Drehmoment brachte, allerdings erst bei 4800 Touren. Man mußte dieses Fahrzeug einigermaßen hochtourig fahren. Der Motor besaß Luftkühlung durch Gebläse, das Getriebe wurde durch eine im Ölbad liegende Kette angetrieben, der Antrieb auf die Hinterachse erfolgte durch Gelenkwelle. Die Schaltung war eine »Ratschenschaltung« (wie beim Motorrad) an der linken Seitenwand, das Getriebe war ein Viergang-Ziehkeil-Getriebe ohne Synchronisierung. Die Einzelradaufhängung vorn war durch Schraubenfedern und durch einen zusätzlichen Stabilisator abgefedert, hinten verwendete man eine Pendelachse mit Schraubenfedern. Das gesamte Fahrwerk galt als sehr gut. Der Radstand betrug 1,82 m, die Spurbreite 1,15/1,18 m. Mit einer Gesamtlänge von 2,89 m hatte er für ein viersitziges Auto eine erstaunlich kompakte Form. Mit den 12-Zoll-Rädern und seiner selbsttragenden Ganzstahlkarosserie wog das komplette Auto 440 kg und ging 80 km/h. Der Tank faßte 21 Liter, der Verbrauch lag bei 6 Litern pro 100 km. Wie man sich vorstellen kann, war der zentral liegende Motor zwischen den Sitzen ziemlich laut.

Diese deutschen Kleinstwagen stellen zweifellos ein Stück Automobilgeschichte dar, das eng zusammenhängt mit der gesamten wirtschaftlichen Entwicklung und den von so vielen Faktoren beeinflußten Käuferwünschen. In gewisser Weise sind diese deutschen Kleinstwagen alles Unikate, doch technisch zum Teil recht bemerkenswert, weshalb man sie nicht aus dem Gedächtnis verschwinden lassen sollte.

Der Zündapp Janus mit 250-ccm-Motor und 14 PS mit vier Sitzen Rücken-an-Rücken. Kraft Fürst zu Hohenlohe-Langenburg probiert gerade die Türe für die Vordersitze aus. Ganz links Richard von Frankenberg

Das Automobil in der Literatur

In der Literatur hat das Automobil noch nicht seinen gebührenden Platz gefunden. Gerade die großen, die berühmten Schriftsteller haben in den letzten 70 Jahren vom Automobil kaum Notiz genommen. Weder Thomas Mann noch Hermann Hesse, weder Knut Hamsun noch Gerhart Hauptmann, weder James Joyce noch André Gide haben versucht, das Phänomen Auto in irgendeiner Weise literarisch darzustellen und zu überhöhen - allenfalls hat man sich mit der Eisenbahn und mit Bahnwärtern befreundet. Auch die Modernen, auch Heinrich Böll und Max Frisch, sind dem Thema gegenüber, das bei allen Menschen dieser Welt zu Diskussionen führen kann, fern geblieben. Es gibt nur wenige Ausnahmen. Eine solche ist Ilja Ehrenburg gewesen, der 1930 das Buch »Das Leben der Autos« schrieb (im Russischen hieß der Titel, wörtlich übersetzt, 10 PS). Auch William Saroyan hat einmal eine short story verfaßt, die den Titel trug »Cadillac zu verkaufen«. Hier zunächst zwei Passagen aus Ehrenburgs sozialkritischem Buch:

Das laufende Band

Lange Reihen von Arbeitern. Die einen schrauben Muttern auf, andere versplinten sie, dritte vernieten Kotflügel, vierte lackieren Felgen, fünfte schmieden Achsen. Der Mensch hebt die Hand und läßt sie wieder sinken. Für diesen kleinen Bolzen hier stehen ihm genau vierzig Sekunden zur Verfügung. Die Maschine eilt. Mit ihr läßt sich nicht reden.

Der Arbeiter weiß nicht, was ein Automobil ist. Er weiß nicht, was ein Motor ist. Er nimmt einen Bolzen und schraubt eine Mutter auf. In der erhobenen Hand seines Nebenmannes wartet bereits der Splint. Verliert er zehn Sekunden, so läuft die Maschine weiter. Er wird mit seinem Bolzen und einem Lohnabzug dasitzen. Zehn Sekunden - das ist sehr viel, und das ist sehr wenig. In zehn Sekunden kann man sich seines ganzen Lebens erinnern und doch nicht einmal zu Atem kommen. Er muß einen Bolzen nehmen und eine Mutter aufschrauben. Nach oben, nach rechts, eine halbe Drehung, nach unten. Er macht das Hunderte, Tausende von Malen. Er macht das acht Stunden hintereinander. Er macht das sein ganzes Leben lang. Er tut nur dies eine.

Durch die lange Werkstatt kriechen die Chassis. Ihr Weg wird von den Rädern gekreuzt. Die Räder drehen sich in der Luft. Die Räder eilen dem Chassis zu. Ein Mann nimmt ein Rad und steckt es auf. Ein Rad. Ein andrer - ein andres. Seine Lebensbestimmung ist einfach und feierlich: Er steckt das linke Hinterrad auf, stets das linke, stets das Hinterrad. Er ist gewohnt, sein rechtes Bein im Knie abzubiegen. Das linke ist unbeweglich. Er ist gewohnt, den Kopf nur nach rechts zu wenden. Nach links sieht er niemals. Er ist bereits kein

Mensch mehr. Er ist nur noch ein Rad – das linke hintere. Das Band aber bewegt sich weiter.
Auf dem unteren Band ruhen die Chassis, auf dem oberen die Karosserien. Die Karosserie senkt sich mit qualvoller Exaktheit in die Luke. Das nennt man »Vermählung«; aber nie vermag ein Mensch sich so exakt einem andern Menschen anzupassen. Die »Vermählung« dauert genau anderthalb Minuten. Der Mann beugt sich vor: eine Schraubenmutter, ein kleiner Bolzen. Das Band bewegt sich.
Es ist nicht aus Seide, es ist aus Eisen. Es ist nicht einmal ein Band. Es ist eine Kette. Es ist ein Wunder der Technik, es ist ein Sieg des Verstandes, es ist Wachstum der Dividenden, und es ist eine gewöhnliche eiserne Kette; durch sie sind hier 25 000 Gefangene zusammengekettet.

Fahrten

Die Autos kennen keine Heimat. Wie Erdölaktien oder wie die klassische Liebe überschreiten sie leicht die Grenzen. Auf die Felsgebirge Norwegens kraxeln die italienischen »Fiat«. »Renault«-Taxis holpern auf den ausgefahrenen Straßen Moskaus. Ford ist allgegenwärtig, er ist in Australien, er ist auch in Japan. Amerikanische »Chevrolet«-Lastautos transportieren Sumatra-Tabak und Palästina-Apfelsinen. Der Madrider Bankier hat einen deutschen »Mercedes«. Die 10-PS-»Citroën« in den Schaufenstern des Piccadilly oder Unter den Linden veranlassen gleichermaßen sehnsüchtige Passanten zum Stehenbleiben.
Das Auto ist gekommen, um den Uneinsichtigen zu beweisen, daß die Erde tatsächlich rund ist, daß das Herz nur ein dichterisches Requisit ist, daß der Mensch zwei Standardzähler in sich trägt: Der eine zeigt die Kilometer, der andre die Minuten an.–

Saroyans Ironie ist beschwingter, zynisch und schmunzelnd zugleich:
Täglich kommen sie zu Hunderten, Männer, Frauen und Kinder, und wünschen einen gebrauchten Wagen, und ich kann ihnen nur ihren Willen lassen. Ich fange keinen Wortwechsel an, weil es gar keinen Zweck hätte. Ein alte Dame, die keine Ahnung vom Fahren hat, will ein altes Hupmobile, weil es grün ist – warum soll ich mich ihren Wünschen widersetzen? Ich schenke ihr über das alte Vehikel reinen Wein ein; aber sie kauft es doch, und am folgenden Tage sehe ich sie die Straße entlangflitzen. Sie trägt Sportkleidung, und das Radio läßt mit voller Lautstärke eine Stimme schmettern: »Tief in meinem Herzen.«
Mein Gott, es ist wunderschön und schrecklich.
Dann wieder kommt ein kleiner Junge, nicht älter als zwölf Jahre, mit elf Dollar, die er sich zusammengespart hat, und will wissen, wieviel das billigste Auto kostet, und ich zeige ihm den Chevrolet 1922, den wir jetzt seit sieben Jahren für 15 Dollar angeboten haben. Er klettert hinein, hält das Steuer fest und sagt, er wolle nach Hause und die fehlenden vier Dollar holen. Er kehrt mit seinem großen Bruder zurück, der die Papiere unterzeichnet, und als nächstes sehe ich, daß sie die Haube aufgeklappt haben und an dem Motor herumbasteln. Meiner Meinung nach hat der alte Kasten nicht mehr Aussicht, sich vom Fleck zu rühren, als ein Bronzepferd in einer Anlage; aber drei Stunden später geschieht etwas, und der ganze Wagenpark ist voller Rauch und Lärm. Es ist der alte Chevrolet.
Als sich der Rauch glücklich verzogen hat, sehe ich sie über die Straße sausen, und tief in meinem Herzen muß ich zugeben, daß entweder die Bewohner dieses Landes geborene Helden sind, oder daß der durchschnittliche gebrauchte Wagen zum Teil menschlicher Natur ist und wie wir auf zärtliche, liebevolle Behandlung antwortet.

Chevrolet »Saloon« von 1918

Die Zukunft des Automobils

Die Dream cars

Auch wer die englische Sprache nicht beherrscht, aber sich für Automobile interessiert, weiß heute, was ein »Dream car« ist. Man braucht also dieses Wort kaum zu übersetzen, obwohl ich der Ansicht bin, unsere deutsche Bezeichnung »Traumwagen« klingt noch viel träumerischer, noch viel utopischer, noch viel hintergründiger.

Das Wort kommt aus Amerika, und wir leben heute förmlich in einer »Traumwagenzeit«, denn die Amerikaner präsentieren uns fast auf allen Automobilausstellungen Wagen, die mit diesem Begriff umschrieben oder bezeichnet werden. Was versteht man eigentlich unter einem Traumwagen?

Ich glaube, daß dieser Begriff ein viel weiteres Feld umfaßt, als man es im ersten Augenblick vermutet. Zunächst einmal ist ein Traumwagen jedes Automobil, von dem der normale Automobilbesitzer träumt, ohne es erwerben oder besitzen zu können, und zwar ein Automobil, das man durchaus auf dem Markt kaufen kann, das aber jenseits der normalen Preisvorstellungen liegt. Automatisch ist ein solcher Wagen natürlich auch ein besonders großer, besonders luxuriöser oder besonders schneller Wagen.

Es ist durchaus legitim, einen großen Rolls-Royce, einen Mercedes 600 oder auch einen Ferrari als einen Traumwagen zu bezeichnen, weil das ohne Zweifel eine Fahrzeuggattung ist, von der nicht nur der kleine Mann träumt, sondern gerade auch jene Automobilbesitzer, die in Deutschland einen Wagen der Kategorie von 10 000,– bis 15 000,– DM fahren.

Mit einem Auge schielt man irgendwie immer nach dem noch größeren oder präziser gesagt, nach dem größten, nach dem besten, dem schönsten und dem schnellsten Produkt der eigenen Rasse. Und das ist nun einmal, wenn man einen Mercedes 200 fährt, ein 450er oder ein Mercedes 600. Das ist, wenn man einen englischen Wagen der Mittelklasse fährt, ein Rolls-Royce, und das ist auch, wenn man einen VW-Porsche 914 fährt, ein Carrera RS, und wer in Italien mit einem Fiat unterwegs ist, der darf von einem Ferrari oder einem Lamborghini träumen. Derartige Traumwagen gibt es allerdings nicht in allen Ländern, zum Beispiel kann heute Frankreich kaum ein solches Traumfahrzeug bieten. In Frankreich gibt es, seit der letzte Sproß aus diesem Zweig entschlafen ist (das war der große Facel-Vega), nur noch Wagen der unteren und der gehobenen Mittelklasse.

Auch in Italien ist der Begriff Traumwagen nicht mehr in dem Sinne vorhanden, wie es bei uns im Hinblick auf einen Mercedes 600 oder in England im Hinblick auf einen Rolls-Royce der Fall ist. Die Traumwagen in Italien sind von anderer Natur, aber darauf werden wir noch zu sprechen kommen. Jedenfalls gibt es bei unserem südlichen Nachbarn keinen größeren und luxuriöseren Wagen als den 3,2-Liter-Fiat, welcher optisch ein Wagen der gehobenen Mittelklasse ist, oder den Lancia 2000, oder den Alfa Romeo 2000, während man ja früher in Italien etwa den Isotta-Fraschini fahren konnte, einen Wagen der internationalen Luxusklasse.

Anders in Amerika

Drüben in den USA gibt es natürlich auch einige sehr luxuriöse Fahrzeuge, wie zum Beispiel den großen Lincoln oder aus dem Chrysler-Konzern den Imperial, der ja dort als eigene Marke auftritt, wenngleich wir hier immer noch das Wort Chrysler dazusetzen und ihn Chrysler-Imperial nennen. Ebenso gehört der große Cadillac zu diesen luxuriös zu nennenden amerikanischen Wagen mit mehr als 7 Liter Hubraum, aber es ist in den USA der Abstand vom normalen Ford zum Lincoln als Spitzenprodukt des Ford-Konzerns rein optisch bei weitem nicht so groß wie der Abstand von einem Austin zu einem Rolls-Royce oder von einem Opel-Kadett zu einem Mercedes 600. Es haben ja auch die heutigen »normalen« Amerikaner schon Motoren mit einem Hubraum zwischen 5 und 7 Liter.

Auch im Preis stehen diese drei Luxusamerikaner, wenn wir sie einmal so nennen wollen - der große Cadillac, der Imperial und der Lincoln - nicht so turmhoch über ihren Konkurrenten, wie das in England und Deutschland bei den Parallelbeispielen der Fall ist. Selbst in Deutschland liegt der Preis für diese ganz großen Amerikaner nur in der Größenordnung 40000,- bis 50000,- DM, erreicht also bei weitem nicht das Preisniveau des Mercedes 600, der als normale Limousine um 83000,- DM und als Pullman um 94000,- DM angeboten wird. Ganz zu schweigen von den Preisen eines Rolls-Royce Corniche, der weit über 100000,- DM kostet. Und auch einen großen Ferrari bekommt man nicht unter 75000,- DM vor das Haus gestellt.

Wir halten also fest: Die erste Kategorie Traumwagen ist die Kategorie der vom Preis her mehr oder weniger unerschwinglichen Automobile, die nur von einigen besonders wohlhabenden, reichen und prominenten Leuten gefahren werden. Die zweite Kategorie der Traumwagen kommt fast ausschließlich aus Italien.

Italienisches Spiel

Denn in Italien gibt es als einzigem Land noch (es steht wirklich die Frage im Raum, wie lange noch?) eine ganze Reihe von Karosseriefirmen, die Spezialkarosserien anfertigen: Spezialkarosserien auf Fahrgestellen aus der ganzen Welt. Natürlich entwerfen diese italienischen Karosseriefirmen auch Serienautos. Es ist ja bekannt, daß die italienische Schule, wie man sie nennen kann, nach England gekommen ist und dort sehr befruchtend auf den Karosseriebau der Serienwagen gewirkt hat, ebenso nach Frankreich und auch zu uns nach Deutschland. Es ist ja auch bekannt, daß eine ganze Reihe von deutschen Firmen sich mit italienischen Stilisten liiert hat. Das klassische Beispiel dafür ist der seit so vielen Jahren existierende Karmann-Ghia auf dem Volkswagen-Chassis, aber auch Giugiaro ist schon vom Volkswagenwerk für Entwürfe herangezogen worden, und BMW hat schon, als es noch den Achtzylinder gab, den italienischen Karosserieschneider Bertone für seine Automobile geholt.

Aber der Ruf, der internationale Ruf dieser italienischen Karosseriebauer beruht nicht auf den Serienwagen und Serienentwürfen - nein, es ist gerade umgekehrt: Daß sie zu solchen Serienprodukten herangezogen werden, das verdanken sie ihren Einzelanfertigungen.

Und diese Einzelkarosserien, die tatsächlich nur in einem Exemplar oder in ganz geringen Stückzahlen hergestellt werden, die gehören zweifellos zu der zweiten Kategorie Traumwagen. Denn für uns verkörpert - sei es, daß wir sie nur auf dem Bild sehen, sei es, daß wir sie in Turin auf dem Autosalon leibhaftig vor uns haben - eine Spezialkarosserie von Bertone oder Ghia, von Pininfarina oder Frua, Zagato oder Giugiaro eine Traumwelt. Wobei diese Traumwelt eine um so echtere Traumwelt ist (das müssen wir einmal ganz offen sagen), je weniger funktionell das Auto dabei erscheint. Mit anderen Worten, den Sigma genannten Sicherheitswagen, den Pininfarina schon vor einigen Jahren entworfen hat und der zweifellos von der reinen Funktion her zwar nicht eine epochemachende Neuerung, aber eine glänzende Zusammenfassung aller Sicherheitsideen darstellte, den möchte man nicht in die Kategorie Traumwagen einreihen, weil der Sigma eine sehr reale Sache ist, eine sehr nützliche Sache. Eigentlich ist der Traum etwas Unnützes, etwas, das dem Spiel näher steht als der harten Wirklichkeit des Alltags. Der schönste Traum ist der Traum als Traum, nicht der Traum als Fortsetzung der Wirklichkeit.

Und deshalb sind uns nicht jene italienischen Spezialkarosserien am sympathischsten, die besonders sicher oder besonders strömungsgünstig oder besonders bequem sein wollen oder eine Funktion haben, wie die eines Stadtwagens, sondern jene, die gleichsam verspielt aussehen, italienisch verspielt, ornamental, »bloß schön«, unser ästhetisches Empfinden ansprechend, nicht unsere technischen Kenntnisse.

In diesem Zusammenhang muß noch gesagt werden, daß es in Italien auch die Kategorie der ganz schnellen Traumwagen gibt, doch sind diese großen Namen der letzten 10 bis 15 Jahre zwar nicht verblaßt, haben aber in ihrer Produktion im Grunde Schiffbruch erlitten, denn es haben sich größere

3 6300
WYO 58

1937 Packard
Frontmotor mit acht stehenden Zylindern, Bohrung und Hub 81×127 mm, Hubraum 5261 ccm, 125 PS bei 3200 Umdrehungen

Der Buick Experimental »Y« von 1938

und größte Firmen dieser Marken angenommen. Ferrari gehört zu 50 Prozent zu Fiat, De Tomaso gehört zu Ford, Lamborghini wurde von einer Schweizer Finanzgruppe übernommen, Maserati ist mit Citroën liiert. Allein können heute diese Sportwagentraumfirmen offenbar gar nicht mehr existieren.

Der Traum vom besten Wagen von morgen

Die dritte Kategorie der Traumwagen kommt aus den USA. Die USA – wir sagten es schon – sind das Ursprungsland der Dream cars. Der erste derartige Traumwagen, den es drüben gegeben und dem man damals auch schon das Wort »Dream car« beigelegt hat – obwohl es sehr schwierig ist zu erforschen, wo das Wort zum ersten Mal aufgetaucht ist –, war im Jahr 1938 ein Buick, der sich ganz einfach Typ »Y« nannte und der keineswegs in einer Serie gebaut oder verkauft wurde. Es scheint mir überhaupt das Charakteristikum der amerikanischen Traumwagen zu sein, daß von ihnen keine Serie hergestellt wird; daß sie zwar auf Messen und Ausstellungen zu sehen sind, daß sie unter Umständen auch fahren, daß sie aber niemals verkauft werden.
Dieser Buick Typ »Y« war ein Wagen, der in die Zukunft weisen sollte. Die Amerikaner verstehen unter dem Begriff Traumwagen ja oft ein Fahrzeug, das seiner Zeit weit voraus sein soll oder, um es einmal englisch auszudrücken mit einer Überschrift in der amerikanischen Zeitschrift »Automobil Quarterly«: ». . . the dream car – preview of futurity.«
Auch wenn in der Zukunft die Automobile gar nicht so gebaut werden, wie sie jetzt als Zukunfts- oder Traumautos erscheinen, so ist es doch wesentlich, daß die Leute das Gefühl haben, so ungefähr könnte das Auto von morgen aussehen. Dieses »Image« leitet den Traumwagenbegriff in den USA.
Jener erste Dream car, der in der Buick Motor Division von General Motors 1938 entworfen und in einem Exemplar gebaut wurde, zeigte zweifellos gewisse zukunftsträchtige Ideen.
Mit den Entwicklungen, die in diesem Wagen verkörpert wurden, wollte man ja auch den Geschmack des Publikums testen und wollte, daß über diese Ideen geschrieben wird. Der Buick Typ »Y« hatte zum Beispiel ein völlig versenkbares, elektrisch betätigtes Dach, außerdem waren die Türfenster elektrisch zu bedienen (was heute eine Selbstverständlichkeit geworden ist). Die Hecklampen befanden sich in den hinteren Kotflügeln; die vorderen Kotflügel waren so weit nach hinten gezogen (in einem Ansatz zum vollkommenen Pontonstil), daß sie bis in die seitlichen Türen führten. Außerdem war der Kühler nicht mehr höher als breit, sondern der Kühlergrill war in die Breite gezogen, also wesentlich breiter als hoch, was uns heute gar nicht mehr wundert, aber damals noch sehr ungewöhnlich war.
Der Karosserieaufbau befand sich auf einem normalen Buick-Fahrgestell, aber als ganzes wirkte dieser Traumwagen durchaus amerikanisch. Er war mit unseren Karosserien in Europa nicht oder noch nicht vergleichbar.
Der nächste klassische Traumwagen, der in den USA erschien – natürlich brachte auch hier der Krieg eine Unterbrechung in der Entwicklung –, war 1951 der von General Motors entworfene »Le Sabre«. Dieser Le Sabre war eine Art »Versuchskaninchen«, und gerade er ist ein Beispiel, daß die technische Entwicklung keineswegs so laufen muß, wie man sich das bei solchen Traumwagenkonstruktionen gelegentlich vorstellt. Dieser Le Sabre besaß zum Beispiel einen V-8-Zylinder-Kompressor-Motor aus Aluminium, obwohl schon damals dem europäischen Fachmann klar war, daß die Zeit der Kompressor-Motoren endgültig vorüber sei.
Vielleicht hat man ihn auch nur deshalb mit einem Kom-

Linke Seite: Alfa Romeo P 33 GS Roadster von Pininfarina. – Oben: Alfa Romeo 33 von Pininfarina – Beispiele für italienische »Traumkarosserien« von heute

pressor-Motor ausgerüstet, weil das Wort Kompressor auch 1951 noch eine gewisse Faszination ausübte. Auch solche Gesichtspunkte soll man nicht übersehen, wenn man von amerikanischen Traumwagen und ihrer Publicity spricht. Hübsch im Sinne von verspielt war an diesem Le Sabre ein automatisches Verdeck, das sich in dem Augenblick von selbst schließen sollte, in dem die ersten Regentropfen fielen. Außerdem war der Le Sabre mit eingebauten hydraulischen Wagenhebern für jedes einzelne Rad ausgerüstet.
Auch das ist natürlich eine Übertreibung par excellence, denn kein Serien-Automobil von heute hat vier eingebaute hydraulische Wagenheber und dazu ein Dach, das sich aufgrund des Kontakts mit Wasser automatisch schließt. Erstens, weil wir ja ohnehin nicht im Zeitalter der Cabriolets, sondern im Zeitalter der Limousine und des Coupés leben, und zweitens, weil solche Vorrichtungen selbst für komfortable, luxuriöse Wagen etwas teuer sind. Aber es ist natürlich ganz typisch für einen Traum: Das Verdeck schließt sich von selbst, wenn es regnet. Alice im Wunderland . . .
Was an diesem Le Sabre technisch wirklich zukunftsweisend schien, war die Panoramascheibe und bis zu einem gewissen Grad die riesige Heckflosse an den hinteren Kotflügeln, die nachher von Cadillac »wörtlich« übernommen wurde, wenn diese amerikanische Form auch nicht sehr lange Bestand hatte. Auch der Le Sabre besaß noch wie sein Vorgänger aus dem Jahr 1938 ein völlig normales Fahrgestell, war also auf dem Gebiet des Fahrwerks – und gerade auf diesem Gebiet hatten ja die Amerikaner gegenüber den Europäern einiges nachzuholen – durchaus rückständig.
Der Begriff Dream car war inzwischen in Amerika so populär geworden, daß in einem bekannten Verlag im Frühjahr 1953 eine sehr hübsch aufgemachte Broschüre mit dem Titel »Dream cars« erschien, wo auf 160 Seiten eigentlich nur über diesen Begriff gesprochen wird und über die Automobile, die man sich darunter vorstellte. Der Herausgeber dieses kleinen Bandes wies in seinem Vorwort darauf hin, Lord Austin, der Mann, der den Austin zum Austin machte, habe einmal erklärt, daß alles, was in der Technik wirklich interessant und wertvoll sei, »geboren wurde aus den Träumen eines Träumers«.
Nun ist natürlich die Frage, wovon träumte ein Mann, der so wie Lord Austin ganz nüchtern darauf aus war, Automobile nicht nur zu schaffen, sondern auch gut zu verkaufen.
Man kann sagen, Lord Austin habe 1921/22 vom Austin Seven geträumt, von einem »Volkswagen«, wie man es mit dem heutigen Begriff wohl nennen kann, von einem Wagen mit kleinem Hubraum, der in großer Serie die Welt erobern sollte. Oder hat Lord Austin in Wirklichkeit von ganz anderen Wagen geträumt?
Übrigens begann Ford etwas später als General Motors Traumwagen herzustellen: 1955 kreierte man den »Futura«, einen Zweisitzer mit doppelter Glaskanzel und riesigen Heckflossen, der aus der Flugzeugwelt zu kommen schien, aber gelegentlich in den Straßen New Yorks herumfuhr. Auch der Traumwagengeschmack in Amerika hat sich natürlich inzwischen gewandelt, niemand würde heute mehr ein solches Flossenungeheuer bauen.
Der Herausgeber dieses Dream-car-Buches, Fred Horsley, fragte sich, warum man denn überhaupt so gern Auto fahren möchte: »Wohl nicht nur deshalb, weil man weiß, daß da in den Zylindern der Kolben auf- und abgeht, nein. Man träumt irgendwie von einer Art magischem Teppich, der einen leise und schnell, elegant und schön über Straßen und Distanzen führt, überall dahin, wohin man gelangen will.« Die ganze Autoidee, so philosophiert er, sei ja eigentlich eine Traumwagenidee – und er hat damit gar nicht so unrecht.
Manchmal haben die Menschen schreckliche Träume, Angstträume, unangenehme Träume, aber wenn man von einer Traumwelt spricht, so meint man doch eigentlich immer eine schönere Welt als die des Alltags, und mir scheint, so ist es auch beim Automobil, wenn man das Wort Traumwagen gebraucht. Die Menschen wollen unter diesen Begriff das schönste Auto einordnen, das beste, das vollkommenste, das mit den heutigen Mitteln überhaupt darstellbar ist. Mag es heute noch ein Phantasiewagen sein, vielleicht könnte es in acht, zehn oder vielleicht auch in 20 Jahren doch einmal ein solches Automobil, ein gewissermaßen perfektes Automobil geben, perfekt in punkto Schönheit und perfekt in punkto Technik.

Cadillac »Coupé de Ville« von 1958

Ein Columbia von 1901, gebaut in den USA bei Electric Vehicle Company

Mit elektrischem Antrieb

Kraftfahrzeuge mit Elektroantrieb - dieses Kapitel schien lange Zeit der Vergangenheit anzugehören. Man sah noch hie und da bei der Post Elektrolastwagen, die Pakete ausfuhren, aber fand in keinem Land Personenwagen oder Lastwagen mit elektrischem Antrieb, die größere Entfernungen zurücklegen konnten und auf dem Markt angeboten wurden. Erst in jüngster Zeit, als die Frage der Umweltverschmutzung immer mehr in den Vordergrund trat und für die Kraftfahrzeuge nicht nur in den USA, sondern auch in Europa relativ harte Abgasvorschriften entstanden, beschäftigte man sich wieder intensiver mit den Problemen des elektrischen Antriebs, weil dieser sehr viel »umweltfreundlicher« ist als die bisherigen Systeme des Verbrennungsmotors. Auch bei der Diskussion um den »Stadtwagen« tauchte die Frage nach der Möglichkeit des elektrischen Antriebs wieder auf.

Bezeichnend dafür ist, daß beispielsweise die Firma Daimler-Benz im Frühsommer 1973 den Elektrotransporter LE 306 vorstellte. Bei dieser Gelegenheit wurde gesagt, daß man jetzt gemeinsam mit dem RWE-Konzern (Rheinisch-Westfälische Elektrizitätswerke) und dessen Tochter, der Gesellschaft für elektrischen Straßenverkehr, noch mehr als bisher zusammenarbeiten wolle. Bei dieser Gelegenheit wagte man sogar die Prognose, daß bis zum Jahr 1985 »vielleicht schon zehn Prozent von den bis dahin in Deutschland zu erwartenden 20 Millionen Fahrzeugen auf Elektroantrieb umgestellt sein könnten«.

Etwa zur gleichen Zeit wurde aus Frankreich gemeldet, daß »für besondere Einsätze« die Renault-Typen R 4 und R 5 als Elektroautos zur Verfügung stünden: Die »Electric de France« und das Haus Renault hätten die gemeinsame Herstellung von elektrisch betriebenen Autos beschlossen.

Um die Jahrhundertwende schien es noch nicht hundertprozentig entschieden zu sein, ob die Zukunft dem Fahrzeug mit Verbrennungsmotor oder dem elektrisch angetriebenen Wagen gehört. Bereits 1855 hatte M. Davidson in Edinburgh Versuche mit einem elektrisch angetriebenen Fahrzeug gemacht, ohne daß man von einem Erfolg sprechen konnte; von 1885 an aber sind zahlreiche Erfinder mit elektrisch angetriebenen Konstruktionen an die Öffentlichkeit getreten, wobei die Franzosen Raffard, Krieger, Jeantaud, Trové und der Engländer Magnus Volk erwähnt werden sollten.

Sowohl Krieger als auch Jeantaud gründeten Firmen, die Elektrofahrzeuge herstellten, doch waren dies meist nur Einzelstücke. Auch bei Darracq kam 1896 ein »Coupé Electrique« heraus. In den USA gab es um diese Zeit die »Electric Carriage and Wagon Company«, die elektrische Taxis in Produktion nahm (von 1897 an), es gab die Firma Baker und die Columbia Automobiles, die für ihren Zweisitzer im Jahr 1901 versprachen, daß man 40 Meilen mit

Oben: Elektrisch betriebener Hotelomnibus. – Rechts: Ein Baker Elektromobil von 1912, das 1960 mit Sonnenbatterien auf dem Dach ausgerüstet wurde

einer Batteriefüllung zurücklegen könne. Die Firma Baker brachte 1902 ein elektrisches Rekordfahrzeug mit einer bemerkenswert strömungsgünstigen Karosserie heraus.
Die ersten offiziellen Automobil-Weltrekorde wurden bekanntlich mit Elektrofahrzeugen aufgestellt: Der Graf Gaston de Chasseloup-Laubat ließ sich 1899 einen Jeantaud-Elektrowagen bauen, der, obwohl einsitzig, durch die schweren Batterien 1450 kg wog und zunächst 63, dann 70,3 km/h und schließlich sogar 92,7 km/h erreichte. Der Belgier Camille Jenatzy überbot aber auf einem anderen Elektrowagen, den er »Jamais Contente« nannte und der nur aus einem Eisengestell (zur Aufnahme der Batterien) mit vier Rädern und einer einsitzigen torpedoähnlichen Karosserie bestand, diese Leistung und kam auf 105,8 km/h. Jenatzy stellte selbst Elektrowagen her, sein Rekordauto wog rund 1000 kg, es ist heute noch im Museum von Compiègne zu sehen.
Die überwiegende Mehrzahl der ersten Taxis, in Paris genauso wie in London und in Berlin, waren Elektrofahrzeuge: schon deshalb, weil man den Fahrgästen das laut ratternde Geräusch der Automobile von damals nicht zumuten und weicher fahren wollte. Ein Wagen mit Elektroantrieb benötigte ja kein Getriebe, weil der Elektromotor im ganzen Drehzahlbereich eine gleichmäßige Leistung abgab. Die Reichweite der Batterien war beschränkt, aber mit 50 bis 60 Kilometer kam man in der Stadt doch recht weit, und hohe Geschwindigkeiten waren ohnehin nicht gefragt. Es dauerte viele Jahre, bis sich die Taxis mit Verbrennungsmotoren durchsetzen konnten.
Ein Konstrukteur, der den elektrischen Antrieb um die Jahrhundertwende noch sehr stark verfochten und durch originelle Erfindungen ins Gespräch gebracht hat, war Ferdinand Porsche. Der Wagen mit elektrischem Antrieb, den er bei der Hofkutschenfabrik Lohner in Wien 1899 entwarf und der dann auf der Weltausstellung in Paris 1900 zu sehen war, besaß in den beiden Vorderrädern die Elektromotoren. Porsche nannte diese neue Anordnung den Radnabenantrieb – ein System, welches heute noch in den USA bei großen Straßenbaumaschinen mit Vielachsanhängern verwendet wird. Er kreierte dann als nächstes den »gemischten Antrieb« (heute sagt man Hybridantrieb dazu), bei welchem er als Kraftquelle einen normalen Verbrennungsmotor vorsah, der seine PS auf Elektromotoren übertrug, die sich zumeist in den Radnaben befanden. So konnte die hohe Leistung des Benzinmotors mit der Weichheit der elektrischen Kraftübertragung kombiniert werden, wenngleich das Verfahren nicht eben billig zu nennen war.
Aber just da, wo man nicht auf den Preis zu schauen hatte, in Kriegsfahrzeugen, fand dieser gemischte Antrieb vielfach Verwendung: Die bei Skoda 1914 gebauten, von Porsche entworfenen Mörserzugwagen, 1917 dann der »C-Zug«, der an der Isonzofront den 42-cm-Mörser motorisierte, waren mit diesem gemischten Antrieb ausgerüstet; bis zu den Panzerkonstruktionen des zweiten Weltkriegs und bis zu jenen amerikanischen Straßenbaumaschinen der jüngsten Zeit findet man immer wieder den gemischten Antrieb.
Ferdinand Porsche hat 1902 mit einem Lohner-Rennwagen, den er mit diesem Antrieb versehen hatte, das Exelbergrennen gewonnen, und als er 1906 zu Austro Daimler kam, pflegte er diese Sparte weiter. Es gab damals bei zahlreichen großen Automobilfirmen noch immer einzelne »Spezialausführungen« mit elektrischem Antrieb, und im Handbuch für Automobilisten, das Continental für 1907 herausbrachte, war Mercedes mit einer Anzeige vertreten, in der ausdrücklich auf diese Möglichkeit hingewiesen wurde: »Mercedes Electrique und Electrique-Mixte System Porsche« stand da zu lesen.
Von 1904 bis 1907 wurde von der Akkumulatorenfabrik Hagen in Köln der große, viersitzige »Urbanus« propagiert, als vornehm-repräsentativer, offener Stadtwagen.
Fast paradox muß es genannt werden, daß aber drei große Elektrizitäts-Konzerne in Deutschland um diese Zeit nicht

Elektromobil System Lohner-Porsche mit Radnabenantrieb, vorgestellt auf der Pariser Weltausstellung 1900

etwa Elektrowagen, sondern Benzin-Motorwagen herstellten: Die Bergmann-Elektrizitätswerke hatten die Produktion der 4-Zylinder-Metallurgique-Wagen aufgenommen, die Firma NAG, die sehr bemerkenswerte Motorwagen fabrizierte, war dem AEG-Konzern angegliedert, und ab 1908 gehörte die Autofirma Protos zu Siemens-Schuckert.
In den USA hatte um diese Zeit der Owen Magnetic das Porsche-System übernommen, in den Anzeigen wurde er als »the car of a thousand speeds« offeriert, weil durch die Elektromotoren eine stufenlose Regelung der Geschwindigkeit möglich war.
Die letzte Firma, die auf Wunsch noch in den 20er, ja sogar noch in den 30er Jahren elektrische Autos baute, war die Anderson Electric Car Company, die ihren »Detroit Electric« noch hie und da fabrizierte.
Das Grundproblem, das der Verbreitung von Elektrowagen entgegensteht, ist heute im Prinzip das gleiche wie vor 80 Jahren: Auch heute sind die Batterien noch sehr schwer und haben eine begrenzte Reichweite, so daß kein »behender«, schneller Wagen entsteht. Der LE 306 von Daimler-Benz zum Beispiel wiegt rund 3 Tonnen und trägt eine Nutzlast von einer Tonne. Seine Reichweite beträgt etwa 40 Minuten, wenn man die vorhandene Leistung beansprucht, die Höchstgeschwindigkeit liegt bei 80 km/h (was für ein Transportfahrzeug genügend ist). Ein eigenes Batterietauschgerät kann innerhalb von vier Minuten sämtliche Sammler wechseln.
Am Elektroantrieb wird gearbeitet – mehr zu sagen, wäre auch auf diesem Feld eine Utopie.

Der Kreiskolbenmotor

Wenn man will, daß sich ein Rad dreht und dieses drehende Rad Kraft auf die Straße überträgt, so ist es am logischsten, als Kraft erzeugendes Maschinenelement auch ein drehendes Element zu verwenden. Alle Kreiskolben- oder Rotationskolbenmaschinen und alle Turbinen sind also logischer als ein Hubkolbenmotor, weil bei diesem erst die auf- und niedergehende Bewegung in eine kreisförmige Bewegung umgesetzt werden muß. Die Vorläufer für die heutigen Rotationskolbenmotoren lassen sich weit zurückverfolgen. Die erste geschichtlich bestätigte Rotationskolbenmaschine hat der Italiener Ramelli 1588 als Wasserpumpe entworfen, auch Branca beschäftigte sich 1629 schon mit Schaufelrädern. James Watt, den man allgemein als den Erfinder der Dampfmaschine bezeichnet, hat zwischen 1772 und 1782 auch Dampfmaschinen mit umlaufenden Kolben konstruiert, Barber hat 1791 ein Patent für eine Verbrennungsturbine mit Brenngasstrahlen gegen Schaufelrad erteilt bekommen, und Murdock verwendete 1799 eine Zahnradpumpe als Drehkolbenmotor. Erwähnenswert ist auch Galloway, der 1846 eine Kreiskolbendampfmaschine erfand und baute. Oldham und Franchot konstruierten 1860 einen innenachsigen 1:12 übersetzten Kreiskolbenverdichter mit einer äußeren Epitrochoide, und 1867 baute Behrens eine langkolbige Drehkolbendampfmaschine. Bei Durchsicht der entsprechenden Patentschriften findet man auch noch 1882 Parsons Kreiskolbendampfmaschine und 1889 die Dampfturbine des Franzosen Laval, die schon mit einer Drehzahl von 30000 Umdrehungen arbeitete. 1900 bauten Ljungström Dampfmaschinen mit umlaufenden Kolben von 2 bis 16 PS und Coley innenachsige Drehkolbendampfmaschinen mit einer inneren Epitrochoide. 1907 erhielt Lake ein Patent für ein reines Staustrahltriebwerk, und 1908 wurde eine stationäre Verbrennungsturbine von Holzwarth zum Laufen gebracht. Von einer wirklichen, praktischen Bedeutung dieser frühen Ideen und Erfindungen kann man freilich noch nicht sprechen, doch sieht man daraus, daß sich schon früh die Erfinder intensiv mit diesem Problem auseinandergesetzt haben. Unserer Wirklichkeit näher stehen schon das Patent von Sensaud de Lavaud für einen innenachsigen, 6:5 übersetzten

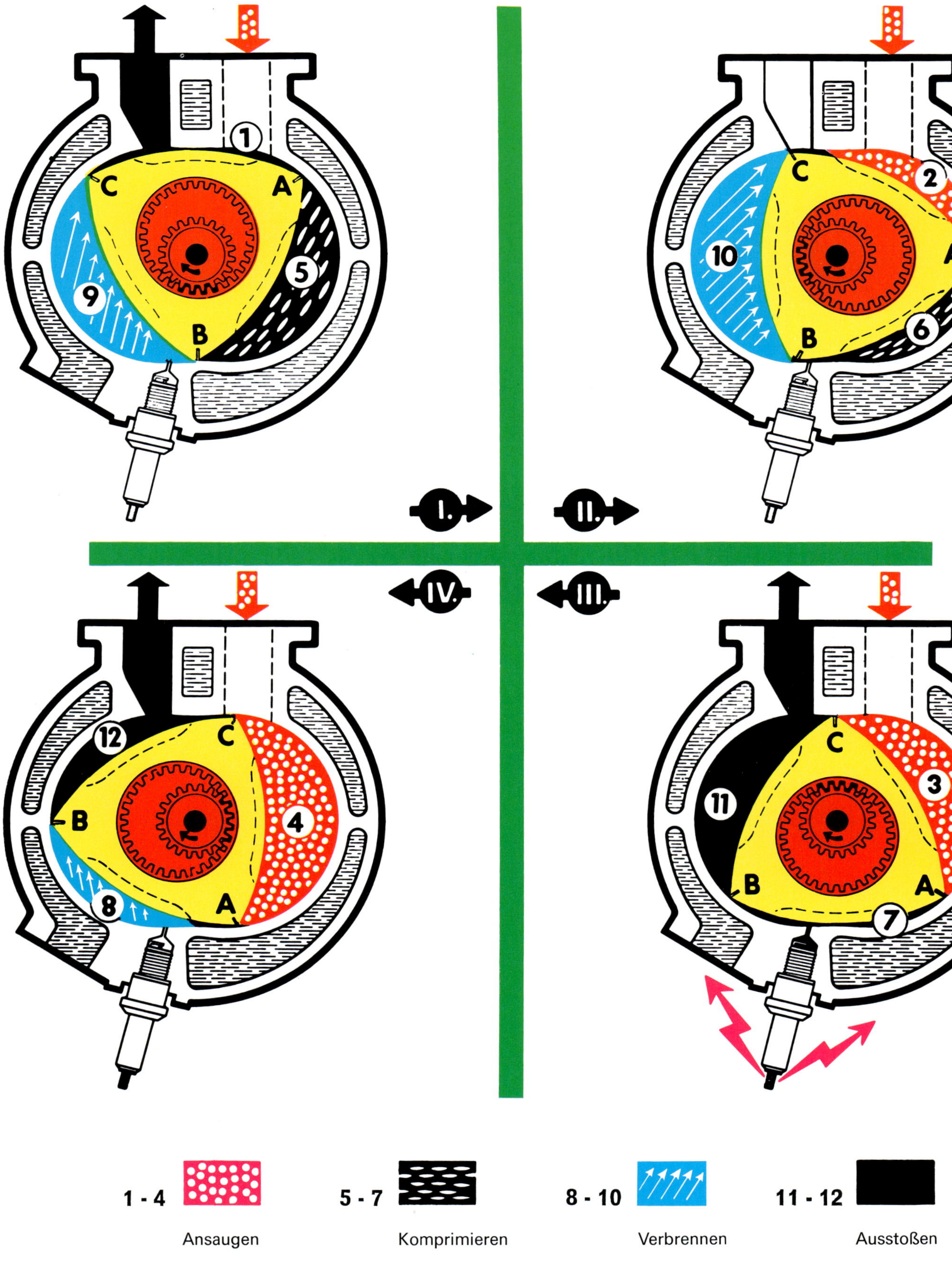

Schematischer Arbeitsablauf des von Felix Wankel erfundenen und nach ihm benannten Kreiskolbenmotors

Drehkolbenmotor mit äußerer Hypotrochoide und Viertakt-Verfahren aus dem Jahr 1938 und das Patent von Maillard für eine innenachsige, 2:3 übersetzte Dreh- oder Kreiskolbenmaschine mit innerer Hypotrochoide von 1943.
Die Vorarbeiten Felix Wankels gehen bis in die 20er Jahre zurück. Die eigentliche Wankel-Geschichte beginnt 1951. Hier sind die Stationen dieses Weges:

1951: Erste Kontakte zwischen der technischen Entwicklungsstelle Lindau, die Felix Wankel betrieb, und der Forschungsabteilung von NSU in Neckarsulm. NSU interessiert sich für Arten der Abdichtung, die Felix Wankel im Lauf der Jahre für Drehschiebermotoren entwickelt hat. Wankels Erfindung, auch Räume abzudichten, die von der Kreisform abweichen, bildet eine entscheidende Voraussetzung zur Entwicklung von Rotationskolbenmaschinen.
Anfang 1954: Wankel erkennt, daß sich in einer zweibogigen Epitrochoide (Oval mit eingezogenen Breitseiten), in der ein dreieckiger Läufer rotiert, ein exakter Viertaktprozeß durchführen läßt.
April 1954: Diese Idee führt zum Entwurf eines im Viertakt arbeitenden Drehkolbenmotors, bei dem das Gehäuse und der dreieckige Drehkolben um eigene Achsen rotieren.
1956: Ein kleiner Kompressor, nach dem Prinzip dieses Drehkolbenmotors gebaut, bringt den von NSU gebauten »Baumm'schen Liegestuhl« mit seinem 50-ccm-Rennmotor auf 196 km/h.
1. Februar 1957: Auf einem Prüfstand in der NSU-Forschungsabteilung wird der erste Drehkolbenmotor angeworfen.
Mitte 1957: Nach dem Prinzip des Drehkolbenmotors wird durch kinematische Umkehrung der Kreiskolbenmotor entwickelt: Das Gehäuse steht. Beide Drehbewegungen werden durch die Exzenterwelle (Kurbelwelle im konventionellen Hubkolbenmotor) vereint.
Anfang 1958: Der erste Kreiskolbenmotor wird bei NSU auf den Prüfstand genommen.
Oktober 1958: Die amerikanische Flugmotorenfabrik Curtiss-Wright beteiligt sich durch einen Lizenzvertrag an der Entwicklung von Kreiskolbenmotoren System NSU/Wankel.
November 1959: Die Öffentlichkeit wird über den neuen Motor informiert.
September 1963: Der NSU Spider, das erste Auto der Welt mit Kreiskolbenmotor, wird auf der Internationalen Automobil-Ausstellung in Frankfurt vorgestellt.
September 1964: Der NSU Spider geht bei den NSU Motorenwerken in Neckarsulm in Serienproduktion.
September 1965: NSU zeigt auf der Internationalen Automobil-Ausstellung in Frankfurt einen Doppel-Kreiskolbenmotor mit 2 × 500 ccm Kammergröße. Er leistet ca. 110 PS.

Der erste serienmäßig mit einem Kreiskolbenmotor ausgerüstete Personenwagen, ein NSU Spider von 1963

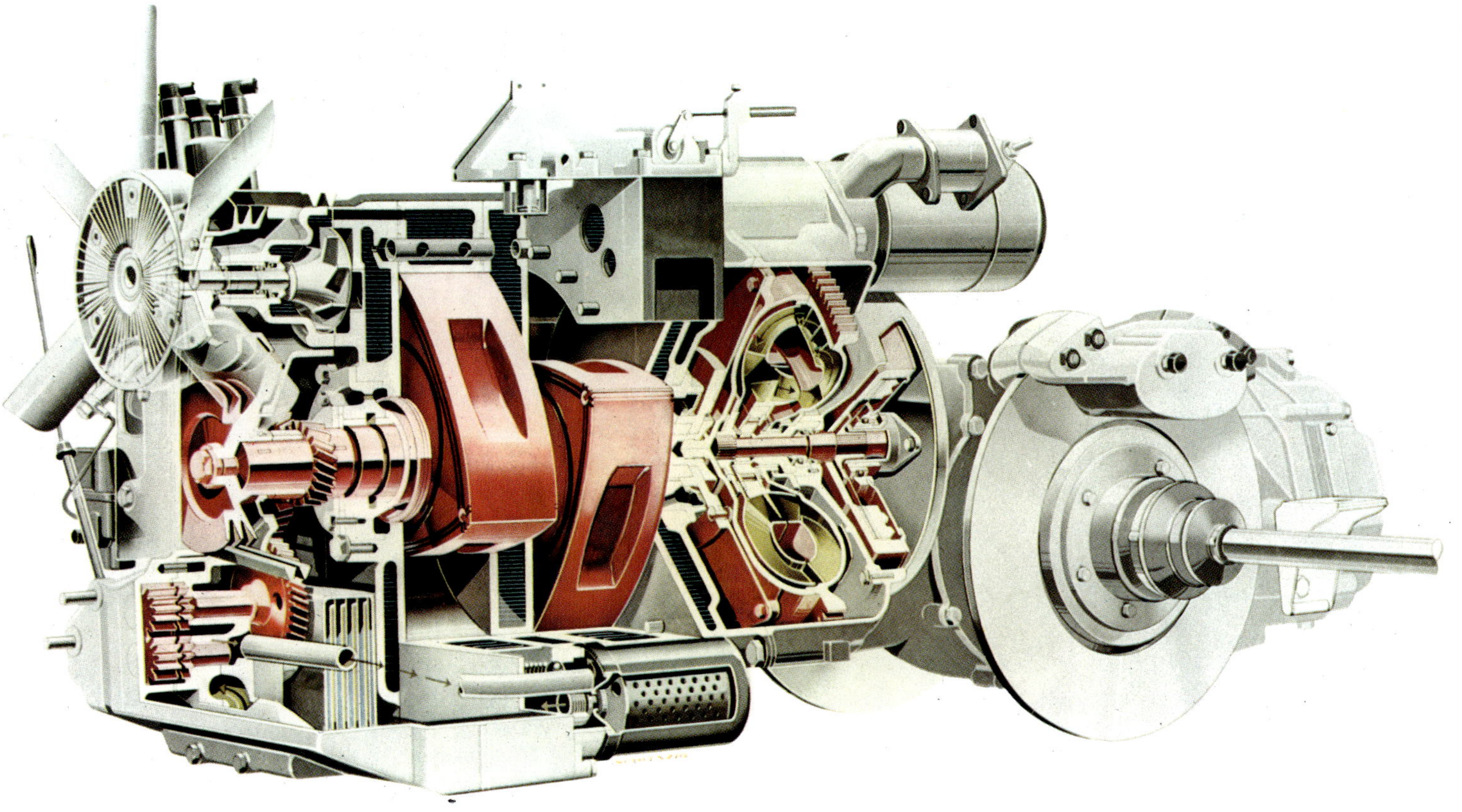

Oben: Schnitt durch einen Zweischeiben-Kreiskolbenmotor. –
Unten: Schemazeichnung des NSU Ro 80

Der NSU Ro 80 mit Zweischeiben-Wankelmotor, erstmals vorgestellt auf der IAA am 14. September 1967

Mai 1966: Der Doppel-Kreiskolbenmotor wird erstmals – eingebaut in einen Geländewagen – bei Versuchsfahrten der Presse vorgestellt.
14. September 1967: Anläßlich der Internationalen Automobilausstellung in Frankfurt wird der Ro 80 der Öffentlichkeit vorgestellt, der erste viersitzige Pkw mit (2-Scheiben-)Wankelmotor.

Der Ro 80 brachte aber nicht den erwarteten Durchbruch der Wankel-Idee im Personenwagenbau. Es traten zu viele Kinderkrankheiten im Motor auf, die besonders die Dichtleisten betrafen. Von 1958 bis 1971 nahmen 21 Firmen auf der ganzen Welt Lizenzen für das Wankel-Prinzip, aber nur die Japaner gingen in größerem Umfang daran, Personenwagen mit Wankelmotor zu bauen. Sie erzielten wesentlich höhere Produktions- und Verkaufsziffern als NSU, ohne daß dort der Wankelmotor den Ottomotor in irgendeiner Form verdrängen konnte. Daimler-Benz baute einen strömungsgünstigen Versuchswagen, zuerst mit einem 3-Scheiben-, dann mit einem 4-Scheiben-Wankelmotor, der 300 PS leistete. Dieser C 111 genannte Wagen war jedoch ein Versuchsfahrzeug und wurde nicht in Serie gefertigt.

Ein Versuch, die Rakete als Antriebsmittel zu verwenden. Fritz von Opel auf dem Opel Rak 2 auf der Avus 1928. Eine Nachbildung dieses Wagens wurde für das Deutsche Museum angefertigt.

Die Turbine

Das erste Transportmittel, das mit einer Verbrennungsturbine betrieben wurde, war ein Flugzeug: die Heinkel He 178, aber obwohl der erste Versuchsflug schon 1939 stattfand, vergingen noch einige Jahre bis zur Serienreife solcher Flugzeuge. Vor allem die Firma Messerschmitt schuf im Krieg mit ihrer Me 262 einsatzreife Kampfflugzeuge mit einem solchen Turbinenantrieb. Auch in England hatte man sich schon bald der Entwicklung des Strahltriebwerks zugewandt. Ehe die großen Verkehrsmaschinen allmählich mit Strahltriebwerken ausgerüstet wurden, waren es stets die wendigen und schnellen Jagdflugzeuge, bei denen dieses Triebwerk Verwendung fand.
Es lag nahe, dieses System auch für das Automobil anzuwenden, obwohl man hier natürlich nicht mit dem Rückstoß arbeiten konnte wie beim Flugzeug, sondern die Kraft der Turbine auf die Räder übertragen mußte.
Am 19. März 1950 fuhr der erste Turbinenkraftwagen der Welt, von der englischen Firma Rover auf der Silverstone-Rennstrecke der Öffentlichkeit vorgeführt. Der gleiche, etwas verbesserte Wagen stellte am 25. und 26. Juni 1952 die ersten offiziellen Geschwindigkeitsrekorde für Turbinenkraftfahrzeuge auf. Er legte auf der Autobahn bei Ostende den fliegenden Kilometer mit einer Durchschnittsgeschwindigkeit von 244,4 km/h zurück. In 10 oder 15 Jahren, so hörte man damals, werden fast alle Automobile mit Turbinenantrieb fahren – aber diese Entwicklung lief ganz anders. Zwar gab es immer wieder Versuchswagen mit Turbinenantrieb, und besonders die großen Firmen der Automobilindustrie beschäftigten sich intensiv mit diesem Problem, aber man sah gerade bei diesen Entwicklungsarbeiten, daß der Weg zum Serienfahrzeug noch sehr, sehr lang sein würde. 1954 brachte General Motors seinen ersten, Firebird genannten Turbinenwagen als Versuchs- und Demonstrationsmodell an die Öffentlichkeit. Im gleichen Jahr präsentierte Fiat ein zweisitziges Sportcoupé mit Turbinenantrieb. Renault wollte dem nicht nachstehen und baute ein Jahr später einen einsitzigen Turbinen-Rennwagen, der 270 PS entwickelte und mit dem man auf dem Salzsee im Staate Utah/USA einen neuen Rekord für Turbinenfahrzeuge mit über 300 km/h aufstellte. 1956 stand auf dem Londoner Autosalon ein weiterentwickelter Rover-Gasturbinenwagen, T III genannt, ein Coupé mit Heckmotor und Vierradantrieb. General Motors entwickelte inzwischen einen weiteren »Firebird«, und Chrysler baute eine relativ kleine Turbine, die man im normalen Personenwagen unterbringen konnte. Mehr noch: Diese Firma stellte eine kleine Serie solcher Turbinenwagen her und verlieh sie an normale Kraftfahrer, die damit auf den Landstraßen Erfahrungen sammeln sollten. Auch im Rennsport kam die Turbine zur Geltung: Mit einem von Rover entwickelten Aggregat und einem Fahrgestell von BRM erschien ein solcher Turbinenwagen in Le Mans und konnte dort 1963, besetzt mit den Grand-Prix-Fahrern Graham Hill und Richie Ginther, nicht nur die 24 Stunden durchhalten, sondern auch einen sehr guten Durchschnitt erzielen, der sie auf den 7. Platz in der Gesamtwertung gebracht hätte. Der Turbinenwagen lief freilich außer Konkurrenz. Schließlich setzte man bei den Rennen in Indianapolis Turbinenwagen ein, die auch außerordentlich erfolgreich waren, bis man den Einlaßquerschnitt der Turbinen begrenzte und so die Möglichkeit ausschloß, daß die Turbine in Zukunft auf dieser amerikanischen Rennbahn den normalen Fahrzeugen mit Kolbenmotor überlegen war.
Bei Ford in Detroit konzentrierte man sich mehr auf die Turbine im Lastwagenbau und hatte 1966 einen Versuchslastwagen entwickelt, von dem die zuständigen Entwicklungsingenieure sagten, daß er mit Sicherheit fünf Jahre später – also 1971 – für den normalen Straßenverkehr tauglich und einsatzbereit sein würde, aber keine dieser Prophezeiungen erfüllte sich, und kein serienmäßiger Turbinenwagen für den Privatgebrauch erschien.

Links: Der Experimentierwagen »Jet 1« von Rover aus dem Jahre 1950, der erste durch Gasturbine getriebene Wagen. – Rechts: Innenansicht eines Chrysler Gasturbinenwagens. – Unten: Ein Fiat Gasturbinenwagen von 1954

Die Gründe dafür sind im wesentlichen auf drei Nenner zu bringen: Zum ersten drehen diese Turbinentriebwerke mit Drehzahlen, die weit über denen von Kolbenmotoren liegen, nämlich zwischen etwa 25 000 und 40 000 Umdrehungen. Für solche Drehzahlen und die damit verbundenen extrem hohen Temperaturen muß wesentlich wertvolleres, teureres Material verwendet werden als beim Kolbenmotor, das heißt die Produktion eines Turbinentriebwerks käme viel teurer als die eines Kolbenmotors. Dazu kommt, daß das Umsetzen dieser Turbinenleistung auf ein normales Getriebe und eine entsprechende Hinter- oder Vorderachse wiederum auf dieselben Probleme stößt und man nun statt einer Drehzahl von maximal 6000 oder 7000 Umdrehungen 30 000 Umdrehungen auf ein Getriebe und einen Antrieb bringen muß.

Das zweite Problem ist das Beharrungsvermögen bei hohen Drehzahlen des Turbinentriebwerks. Daß man mit dem Turbinen-Rennwagen in Indianapolis sehr erfolgreich sein konnte – zumindest als die Größe dieser Turbinen nicht limitiert war –, beruht im wesentlichen darauf, daß Indianapolis ein Kurs mit nur wenigen Lastwechseln ist. Man fährt dort ja nur zwei Gerade und zwei Doppelkurven und niemals unter 230 km/h, während man auf den europäischen Rennkursen ständig von Höchstgeschwindigkeit auf ganz geringes Tempo in Spitzkehren zurückbremsen muß. Die Turbine

Oben: Gasturbinen-Fahrzeug »Etoile filante« von Renault aus dem Jahre 1955. – Unten: General Motors XP–21 Firebird

spricht aber auf solche Lastwechsel nicht so elastisch an wie ein Kolbenmotor, und es ist deshalb auch viel schwieriger, eine Turbinendrehzahl entsprechend abzubremsen. Die Kräfte, die man dafür aufbringen muß, sind höher. Der Normalbetrieb im Kraftfahrzeug besteht ja aus ständigen Lastwechseln, ob man dabei auf einer Landstraße oder in der Stadt fährt; es sind völlig andere Fahrzustände als im Flugzeug, das nach dem Aufstieg mit einer kontinuierlichen Drehzahl des Triebwerks stundenlang fliegen kann.

Der dritte Punkt, der hier zur Diskussion steht, ist natürlich der Kundendienst. Die Umstellung von Kolbenmotoren auf ein Turbinenaggregat würde bei allen Firmen größte Schwierigkeiten auslösen, weil das gesamte Service-Netz auf diese Umstellung noch nicht vorbereitet ist. Gerade in der heutigen Zeit, wo es so außerordentlich schwierig ist, einen guten Kundendienst aufrecht zu erhalten, ist das ein weiterer Punkt, der das »Beharrungsvermögen« der Kolbenmaschine vorantreibt.

Sicherlich werden sinnvollerweise zuerst amerikanische Lastwagen mit einem solchen Turbinenaggregat ausgerüstet werden – wenn überhaupt –, weil man dort sehr lange Strecken mit verhältnismäßig gleichbleibenden Drehzahlen zurücklegen kann. Diese Service-Schwierigkeiten verhinderten zwar auch beim Rotationskolbenmotor nach dem Wankel-System einen schnellen Durchbruch, aber er hat doch eine erheblich günstigere Ausgangsposition als der reine Turbinenmotor.

Für unser Jahrzehnt wird jedenfalls weiterhin unbestritten der Hubkolbenmotor die führende Stellung im Fahrzeugbau einnehmen. Jede andere Voraussage wäre reine Utopie.

Ein fünfsitziger Peugeot-V-2-Zylinder von 1895. 1645 ccm, 12 PS, Höchstgeschwindigkeit 35 km/h

Das Kraftfahrzeug in Zahlen

Die Produktion von 1898 bis 1906

Land	1898	1899	1900	1901	1902	1903	1904	1905	1906
Frankreich	1 631	4 914	10 039	16 486	23 711	30 204	37 321	47 302	55 000
England	682	1 413	2 481	4 112	6 263	9 437	14 170	20 848	27 000
Deutschland	844	1 478	2 312	3 209	4 738	6 904	11 370	15 682	22 000
Belgien	–	–	400	600	1 700	2 839	5 026	7 927	12 000
Italien	–	–	–	300	350	1 308	3 080	8 870	18 000
USA	–	–	–	–	314	2 722	11 374	22 827	58 000

In der »Pionierzeit« des Automobils stand – bis 1905 – Frankreich mit den Stückzahlen ganz klar an der Spitze. Bis einschließlich 1903 wurden sogar in Frankreich mehr Automobile hergestellt als in allen anderen Ländern der Welt zusammengerechnet. Das hängt nicht mit der Qualität der jeweiligen Konstruktionen zusammen – die damals führenden deutschen Marken standen genau wie einige englische auf einem sehr hohen qualitativen Niveau –, sondern damit, daß die französische Bevölkerung dem neuen »Motorwagen« viel positiver gegenüberstand und das Automobil sehr schnell als einen Bestandteil des Lebens akzeptierte. Bemerkenswert ist auch, daß die englischen Produktionsziffern, die bis 1900 etwa bei den deutschen liegen, von 1901 an unaufhaltsam davonziehen und dann 20 bis 25 Prozent über

den deutschen pendeln. Ebenso bemerkenswert ist die Größe der Automobilindustrie in dem verhältnismäßig kleinen Belgien. Italien fängt relativ spät an, zieht aber dann kräftig nach. Aus den USA sind vor dem Jahr 1902 keine Stückzahlen bekannt, es handelt sich bei den einzelnen Fabrikaten, die auftauchten, mehr oder weniger noch um Einzelexemplare. 1903/04 »entdeckt« Amerika plötzlich das Automobil, die Produktionsziffern schnellen nun in einer für uns kaum vorstellbaren Weise in die Höhe und übertreffen bereits 1906 – also zwei Jahre, ehe das Ford-Modell T eingeführt wurde – die französischen Zahlen. Es gab dann in Amerika zwar noch ein retardierendes Moment, aber von 1906 an übernahmen die USA die Rolle, die sie bis heute spielen: die Automobilproduzenten mit den größten Stückzahlen.

Oben: Ein Mercedes aus dem Jahre 1909 mit 45 PS Leistung. – Unten: Ein Opel Tonneau von 1902

Kraftwagen in den USA 1924

In den ersten sechs Monaten des Jahres 1924 erhöhte sich die Zahl der Kraftwagen in den USA gegenüber der gleichen Zeit des Vorjahres um etwa 20 Prozent. Es waren Mitte 1924 in den USA insgesamt 15 552 077 Kraftwagen registriert, und zwar 13,6 Millionen Personenwagen, 1,8 Millionen Lastwagen, der Rest Autobusse und Taxis. Nach Angaben der National Automobil Chamber of Commerce waren in der Automobilindustrie in den USA damals 3 105 350 Personen beschäftigt, und man zählte 1 220 000 Berufschauffeure. Vier amerikanische Bundesstaaten wiesen bereits eine die Million überschreitende Zahl von Kraftwagen auf, voran stand New York mit 1 233 362 Wagen, gefolgt von Kalifornien, Ohio und Pennsylvania. Der Staat Illinois war gerade bei 1 Million Wagen angekommen. Die Kraftwagenpreise hatten 1924 in Amerika merklich angezogen. Begründet wurde diese Tatsache mit dem Hinweis, daß die infolge früherer Überproduktion gefüllten Lager nunmehr geräumt waren und der Konkurrenzkampf weniger scharf geworden war. Die Olds Motor Company hatte ihre Preise um 55 bis 100 Dollar erhöht, ebenso wie die Willys Overland ihre Typen um 100 Dollar, die Cadillac waren um 100 bis 400 Dollar gestiegen, die Studebaker-Wagen um 100 bis 175 Dollar.

Mercedes C 111
Versuchswagen mit 3- bzw. 4-Scheiben-Wankelmotor, strömungsgünstiger Karosserie, 300 km/h Höchstgeschwindigkeit

Ohne Gewähr — Auto-Preisliste — Ohne Gewähr

Abkürzungen: A. = Allwetterphaethon; I. = Innenlenker; K. = Kabriolett; L. = Limousine; P. = Phaethon; S. = Sportkarosserie. Die Zahlen hinter den Karosseriebezeichnungen bedeuten Zahl der vorhandenen Türen, die eingeklammerten Zahlen in der Rubrik „Sitze" die Zahl der vorhandenen Notsitze.

Deutsche Kraftwagen

Marke	Typ	Sitze	ccm	Zylinder	Jahressteuer RM	Preis RM
Adler	L. 4	4—5	1930	4	276	5575
	K. 2	4	1980	4	276	7700
	P. 4	4—5	2523	6	359	6700
	I. 4	4—5	2523	6	359	6750
	K. 2	2 (2)	2523	6	359	8350
	P. 4	6—7	2895	6	401	8300
	L. 4	6—7	2895	6	401	8300
	K. 2	2 (2)	2895	6	401	8575
	P. 4	6—7	3861	8	539	10800
	L. 4	6—7	3861	8	539	10750
Aga	I. 4	4—5	2467	6	345	6485
Audi	P. 4	6	4872	8	677	22000
	L. 4	6	4872	8	677	24000
	K. 4	6	4872	8	677	26500
Austro-Daimler	P. 4	[illegible]	2973	6	414	13900
	I. 4	5	2973	6	414	15300
	K. 2	4	2973	6	414	16500
	K. 2	6	2973	6	414	18500
	L. 4	7	2973	6	414	15700
BMW.	P. 2	3—4	743	4	111	2200
	L. 2	3—4	743	4	111	2500
Brennabor	K. 2	2 (2)	1569	4	221	4475
	I. 4	4	1569	4	221	3850
	K. 4	4	1569	4	221	4550
	P. 4	4	1650	4	235	3980
	I. 2	4	1650	4	235	4250
	K. 2	2 (2)	1650	4	235	4875
	I. 4	4	2500	6	345	5350
	K. 2	2 (2)	2500	6	345	5550
	K. 4	4	2500	6	345	5650
	L. 4	5	3000	6	414	6850
	K. 4	4	3000	6	414	7150
Dixi	P. 4	4—5	2339	6	332	5450
	S. 2	(2)	2339	6	332	5975
	L. 4	4—5	2339	6	332	6750
	K. 2	4	2339	6	332	7350
DKW.	P. 2	2 (2)	584	2	83	2285
	K. 2	2 (2½)	584	2	83	2495
	K. 2	3	585	2	83	2785
Grade	P.	2	800	2	111	2450
Hanomag	K. 2	2 (1½)	750	4	111	2800
Hansa	P. 4	7	3400	6	470	10750
	L. 4	6—7	3400	6	470	11950
	K. 2	5	3400	6	470	13750
	P. 4	7	4400	8	608	13300
	L. 4	7	4400	8	608	14800
	K. 2	5	4400	8	608	16600
Horch	P. 4	6—7	4000	8	552	12800
	L. 4	6—7	4000	8	552	13800
	K. 2	4—5	4000	8	552	13800
Kühn	S. 2	2 (2)	1916	6	276	4800
	P. 4	4	1916	6	276	4700
	L. 4	4	1916	6	276	5600
	K. 2	2 (2)	1916	6	276	5780
	K. 2	4	1916	6	276	5400
Mannesmann	P. 4	4—5	2402	8	345	10550
	L. 4	6—7	2402	8	345	11850
	S. 4	4	2402	8	345	12500
	L. 4	6—7	5200	8	718	14900
	S. 2	4	5200	8	718	17000
Maybach	Fahrgestell	—	6995	6	966	25000
Mercedes-Benz	P. 4	4—5	1977	6	276	6800
	I. 4	4—5	1977	6	276	6880
	S. 2	2	2560	6	359	7320
	P. 4	4—5	2560	6	359	7420
	I. 4	4—5	2560	6	359	7880
	P. 4	4—5	3444	6	483	11000
	P. 4	6—7	3444	6	483	11500
	I. 4	4—5	3444	6	483	12500
	I. 4	6—7	3444	6	483	12900
	K. 2	[illegible]—3	3444	6	483	14000
	K. 4	4—5	3444	6	483	15000
	P. 4	4—5	4592	8	635	13500
	P. 4	6—7	4592	8	635	14000
	I. 4	4—5	4592	8	635	14500
	L. 4	6—7	4592	8	635	15000
	K. 4	4—5	4592	8	635	17000
[Kompressor]	P. 4	6—7	3895	6	539	19000
	L. 4	6—7	3895	6	539	20500
	K. 4	4—5	3895	6	539	21500
	P. 4	6—7	6202	6	870	26000
	L. 4	6—7	6202	6	870	27000
	K. 4	4—5	6202	6	870	28500
	P. 4	4	6202	6	870	26000
Mercedes-Benz [Kompressor]	S. 2	2	7020	6	980	33000
	S. 4	4	7020	6	980	35000
NAG.-Protos [Kupplungsautomat]	P. 4	4—5	3075	6	428	9850
	I. 4	4—5	3075	6	428	10850
	S. 2	2	3075	6	428	11500
	K. 4	4—5	3075	6	428	12800
	A. 4	6—7	3594	6	497	11400
	L. 4	6—7	3594	6	497	12600
	PL. 4	6—7	3594	6	497	13500
	K. 4	6—7	3594	6	497	17000
NSU.	P. 4	4	1781	6	249	5200
Opel	P. 2	4	1100	4	152	2100
	K. 2		1100	4	152	2450
	L. 2	4	1100	4	152	2930
	P. 4	4	1925	6	276	4540
	L. 4	4	1925	6	276	4440
	S. 4	4	1925	6	276	3 40
	L. 4	5	2600	4	359	5400
	P. 4	[illegible]	3700	6	511	5900
	L. 4	5	3700	6	511	6800
	P. 4	7	4200	6	580	7750
	L. 4	5	4200	6	580	7500
	S. 2	2	4200	6	580	8500
	K. 2	2	4200	6	580	9000
Röhr	S. 2	2	2250	8	318	8400
	K. 4	4	2250	8	318	8409
Selve	P. 4	4—5	3075	6	428	9750
	L. 4	6—7	3075	6	428	11500
	K. 4	4—5	3075	6	428	13500
Simson-Supra	A. 4	6	3108	6	442	9700
	I. 4	4—5	3108	6	442	10600
	K. 2	2—3	3108	6	442	10900
	K. 4	6—7	3108	6	442	13500
	L. 4	6—7	3108	6	442	11500
Steyr	P. 4	4—5	1560	6	221	5585
	I. 4	4—5	1560	6	221	6595
	K. 2	4—5	1560	6	221	7695
	P. 4	4—5	2000	6	276	7890
	I. 4	4—5	2000	6	276	8375
	K. 2	4	2000	6	276	10600
	L. 4	6—7	3300	6	456	10673
	P. 4	6—7	3300	6	456	9295
	P. 4	6—7	4014	6	566	12800
	L. 4	6—7	4014	6	566	13750
Stoewer	I. 4	4—5	2464	8	345	8950
	P. 4	4—5	3974	8	552	11750
	I. 4	4—6	3974	8	552	12500
	P. 4	6—7	3974	8	552	12900
	L. 4	6—7	3974	8	552	14300
Wanderer	P. 4	5	2523	6	359	6995
	L. 4	5	2523	6	359	7995
	K. 2	2 (2)	2523	6	359	8750
	L. 4	6—7	2523	6	359	9320
	K. 2	5	2523	6	359	9600
	K. 2	5	2523	6	359	10400

Ausländische Kraftwagen

Marke	Typ	Sitze	ccm	Zylinder	Jahressteuer RM	Preis RM
Auburn	I. 4	4	2993	6	414	7950
	K. 2	2 (2)	2993	6	414	8500
	I. 4	4—5	3989	8	552	10800
	K. 2	2 (2)	989	8	552	11500
	K. 4	4—5	3989	8	552	11900
	S. 2	2	3989	8	552	12500
	I. 4	4—5	4783	8	663	13500
	K. 4	4—2	4783	8	663	14500
Austin	I. 4	5	2249	6	318	7500
	K. 2	4	2249	6	318	9500
Bugatti	S.	2	1485	4	207	10400
	S.	3—4	1485	4	207	7800
(Komp.)	S.	2	1485	4	207	13800
	S.	4	1976	8	276	13300
(Komp.)	S.	4	2200	8	304	23800
Chassis		—	3000	8	404	10600
Buick	P. 4	5	3863	6	539	8200
	I. 4	5	3863	6	539	8530
	K. 4	5	3863	6	539	9950
	P. 4	7	5038	6	704	10650
	L. 4	7	5038	6	704	11950
Cadillac	P. 4	4	5503	8	773	20400
Cadillac	L. 4	5	5503	8	773	20450
	L. 4	7	5503	8	773	22600
Chandler	P. 4	4—5	3150	6	442	6600
	I. 4	4—5	3150	6	442	6950
	K. 2	2—4	3150	6	442	7700
	P. 4	6—7	4655	6	649	11000
	L. 4	4—5	4655	6	649	10350
	K. 2	3—5	4655	6	649	11500
	L. 2	4—5	4113	8	580	9200
	P. 4	6—7	5117	8	718	12900
	L. 4	5	5117	8	718	12000
	I. 4	7	5117	8	718	14800
	K. 2	3—5	5117	8	718	13400
Chevrolet	P. 4	5	3170	6	442	3995
	I. 2	5	3170	6	442	4395
	L. 4	5	3170	6	442	4795
	K. 2	2—4	3170	6	442	4925
	P. 2	2	3170	6	442	4395
Chrysler	P. 4	5	2813	4	401	5490
	S. 2	2	2813	4	401	5290
	L. 4	5	2813	4	401	5690
	L. 2	5	2813	4	401	5490
	P. 4	5	3108	6	442	6990
	L. 4	5	3108	6	442	7590
	L. 2	5	8108	6	442	6990
	K. 2	5	3108	6	442	10500
	S. 2	5	3108	6	442	6990
	S. 2	2	4004	6	566	8990
	L. 4	5	4004	6	566	8990
	K. 2	5	4004	6	566	12500
	K. 4	5	4004	6	566	14250
	L. 4	7	5071	6	7[illegible]0	22 00
Citroën	L. 4	4—5	1500	4	207	4550
	K. 2	4	150	4	207	5950
	L. 4	5	2442	6	345	5950
	K. 2	5	2442	6	345	6950
	L. 4	6—7	2442	6	345	6500
Donnet	I.	4—5	1200	4	166	4400
	I.	4—6	1900	6	263	5750
	I.	4—3	2540	6	359	8500
Durant	I. 4	4	2451	4	345	4950
	I. 4	4	3005	6	428	5950
Essex	P. 4	4	2584	6	359	4950
	L. 2	5	2584	6	359	5150
	S. 2	2 (2)	2584	6	359	5900
	K. 2	2 (2)	2584	6	359	6000
Fiat	P. 4	4	990	4	138	3980
	I. 2	4	990	4	138	4200
	P. 4	4—5	2244	6	318	6250
	I. 4	4—5	2244	6	318	6750
	P. 4	4	2516	6	359	7750
	I. 4	6—7	2516	6	359	7750
	P. 4	4—5	3740	6	525	9200
	I. 4	4—5	3740	6	525	9750
FN.	I. 4	4	1450	4	207	5500
Ford	P. 4	5	3236	4	456	3505
	L. 2	5	3236	4	456	3965
	S. 2	2	3236	4	456	3445
	2050 ccm zu gleichen Preisen					
Graham-Paige	P. 4	5	3120	6	442	6600
	L. 2	5	3120	6	442	6750
	L. 4	5	3120	6	442	6975
	S. 2	2 (2)	3120	6	442	7115
	K. 2	5	8120	6	442	9450
	P. 4	7	3670	6	511	9050
	L. 4	5	3670	6	511	9250
	K. 2	5	3670	6	511	11250
	L. 4	5	4740	6	663	11900
	P. 4	5	4740	6	663	12950
	K. 2	5	4740	6	663	15000
	L. 4	5	5270	8	732	15450
	K. 4	5	5270	8	732	18550
Hispano-Suiza	Chassis	—	3719	6	525	28500
		—	6600	6	911	35000
Hudson	L. 2	5	4655	6	649	7950
	P. 4	5	4655	6	649	9150
Hubmobile	P.	5	3695	6	511	9600
	L. 4	5	3695	6	511	9800
	P.	7	4450	8	623	13275
	L.	5	4450	8	623	13800
Isotta-Fraschini	Chassis	—	7320	8	1022	27500
Itala	A. 4	4	1980	6	276	10900
	I. 4	6	1980	6	276	14800
Lancia	P. 4	4	2548	[illegible]	359	12000
	P. 4	6	2548	4	359	12500
	I. 4	4	2548	4	359	14500
	K. 2		2548	4	359	16500
La Salle	P. 4	4	5308	8	746	14800
	L. 4	5	5308	8	746	16800
	S. 2	2 (2)	5308	8	746	14550
Marmon	L. 4	5	3[illegible]00	8	456	7520
	K. 2	2—4	3300	8	456	7965
	P. 4	6	3400	8	470	10575
	L. 4	5	3400	8	470	9870
	P. 4	6	3500	8	483	12755
	L. 4	5	3500	8	483	12325
Mathis	L. 2	4	1187	4	166	3995
	L. 2	4—5	1990	6	276	5350
	K. 2	4—5	1990	6	276	6380
Minerva	P. 4	4—5	1990	6	276	8500
	L. 4	4—5	1990	6	276	9000
	K. 4	6	3255	6	456	19500
Nash	L. 2	5	2964	6	414	6650
	K. 2	2 (2)	2964	6	414	6850
	I. 2	5	3631	6	511	8625
	K. 2	2 (2)	3631	6	511	8925
	L. 2	5	4498	6	621	9925
	L. 4	5	4498	6	621	10275
	K. 2	2 (2)	4498	6	621	10825
	L. 4	7	4498	6	621	13275
Oakland	L. 2	5	3678	6	511	7850
	P. 2	5	3678	6	511	8525
	S. 2	4	3678	6	511	8525
Oldsmobile	P. 4	5	3177	6	442	7750
	S. 2	2 (2)	3177	6	442	7750
	L. 4	5	3177	6	442	7000
Overland-Whippet	P. 2	4	2346	4	332	4395
	L. 4	4	2846	4	332	4695
	P. 4	4	2862	6	401	5090
	L. 4	4	2862	6	401	5595
Packard	P. 4	7	4712	6	663	14500
	L. 4	7	4712	6	663	17000
	S. 2	2 (2)	4712	6	663	13500
	L. 4	5	5199	8	718	16250
	K. 2	2 (2)	5199	8	718	17000
	P. 4	5	5199	8	718	16500
	P. 4	5	6263	8	870	20500
	L. 4	7	6263	8	870	23500
Pontiac	L. 2	[illegible]	3236	6	456	5975
	S. 2	2 (2)	3236	6	456	6600
	P. 4	5	3236	6	456	6875
Renault	P. 4	4	1045	4	152	3775
	L. 4	4	1045	4	152	3995
	P. 4	4	1476	6	207	4750
	L. 4	4	1476	6	207	4975
	P. 4	4	2120	4	304	5115
	L. 4	5	2120	4	304	5750
	P. 4	5	3120	6	442	6800
	L. 4	5	3120	6	442	6990
	P. 4	7	7150	6	994	18000
	L. 4	7	7150	6	994	25000
Rolls-Royce	Chassis	—	3127	6	442	31000
	Chassis	—	7668	6	1063	49500
Singer	S.	4	841	4	—	3325
	L.	4	841	4	—	3850
	Spec.	4	841	4	—	4160
Studebaker	L. 4	4	2359	6	332	6600
	L. 2	4	2359	6	332	6150
	L. 4	4	3945	6	552	8650
	L. 4	5	5424	8	759	12500
	L. 4	7	5424	8	759	14900
Stutz	P. 4	5	4500	8	621	16750
	L. 2	5	4500	8	621	16000
	L. 4	5	4500	8	621	17000
	P. 4	7	4890	8	677	25000
	L. 4	7	4890	8	677	26400
	P. 4	7	5200	8	718	25000
	L.	5	5200	8	718	23000
Tatra	P. 2	4	1050	2	152	4440
	L. 2	4	1050	2	152	5125
	P. 4	4	1680	4	235	6500
	L. 4	6	1680	4	235	8065
	P. 4	6	2300	6	318	11825
	L. 4	6	2300	6	318	14750
Willys-Knight	P. 4	4	2883	6	401	7450
	L. 2	4	2883	6	401	7650
	L. 4	4	3883	6	401	7850

Bitte! An alle Hersteller und Generalvertreter in- und ausländischer Kraftfahrzeuge richten wir die Bitte, die Richtigkeit der angeführten Preise, für die wir keine Gewähr übernehmen können, laufend nachzuprüfen und uns sofort von Preisänderungen in Kenntnis zu setzen, damit wir in der Lage sind, unsere Preislisten zu berichtigen.

Die Hauptschriftleitung

Bis zum 26. Nov. waren uns die hier veröffentlichten Preise als gültig bekannt

Allgemeine Automobil-Zeitung
37. JAHRGANG NUMMER 7 BERLIN, 15. FEBRUAR 1936

Bis 2000 RM

1650 RM Opel P 4 1,1 Liter 23 PS 4 Zylinder, Limousine
1750 RM DKW-Reichsklasse 600 ccm 18 PS 2 Zyl., Zweisitzer
1795 RM DKW-Reichsklasse 600 ccm 18 PS 2 Zyl., Limousine
1880 RM DKW-Reichsklasse 600 ccm 18 PS 2 Zyl., Kabriolett
1880 RM Opel P 4 1,1 Liter 23 PS 4 Zylinder, Kabrio-Limousine

Bis 3000 RM

2100 RM Austin 750 ccm 4 Zylinder 15 PS, Roadster
2175 RM DKW-Front 700 ccm 20 PS 2 Zylinder, 2-Sitzer
2250 RM Ford Typ Köln 1 Liter 4 Zylinder 4/21 PS, Limousine
2350 RM DKW-Meisterklasse 700 ccm 20 PS 2 Zylinder, Limousine
2350 RM Austin 750 ccm 4 Zylinder 15 PS, Standard-Limousine
2360 RM NSU-Fiat Typ 1000 1 Liter 4 Zylinder 4/25 PS, Standard-Limousine
2450 RM DKW-Meisterklasse 700 ccm 20 PS 2 Zylinder, Kabr.
2500 RM Opel-Olympia 1,3 Liter 24 PS 4 Zylinder, Limousine
2550 RM Ford Typ Eifel 1,2 Liter 4 Zylinder 5/34 PS, Kabrio-Limousine
2550 RM Hanomag-Garant 1,1 Liter 4 Zylinder 23 PS, Limous.
2600 RM Fiat-Balilla 1 Liter 4 Zylinder 4/36 PS, Sportwagen (Speyder)
2600 RM Hanomag-Garant 1,1 Liter 4 Zylinder 23 PS, Kabrio-Limousine
2650 RM Austin 750 ccm 4 Zylinder 15 PS, Sportwagen
2650 RM Ford Typ Eifel 1,2 Liter 4 Zylinder 5/34 PS, Limous.
2650 RM NSU-Fiat Typ 1000 1 Liter 4 Zylinder 4/25 PS, Kabrio-Limousine
2950 RM Adler-Trumpf-Junior, Ganzstahllimousine, 1 Liter 4/25 PS 4 Zylinder
2950 RM Hansa 1,1 Liter 4 Zylinder 28 PS, Limousine oder Kabrio-Limousine
2975 RM Hanomag-Kurier 1,1 Liter 4 Zylinder 23 PS, Limous.
2980 RM Steyr Typ 50 1 Liter 4 Zylinder 22 PS, Limousine mit Schiebedach
2990 RM DKW-Schwebeklasse 1 Liter 4 Zylinder 32 PS, Limousine oder Kabriolett
2990 RM Fiat-Balilla 1 Liter 4 Zylinder 4/25 PS, Limousine
2990 RM NSU-Fiat Typ 1000 1 Liter 4 Zylinder 4/25 PS, Kabr.
2995 RM Tornax-Rex 700 ccm 2 Zylinder, Sportwagen

Bis 4000 RM

3150 RM Austin 1,1 Liter 4 Zylinder 25 PS, Roadster
3200 RM Mercedes-Benz Typ 130 1,3 Liter 4 Zylinder 26 PS, Limousine
3250 RM Opel 2 Liter 6 Zylinder 8/40 PS, Limousine
3275 RM Austin 1,1 Liter 4 Zylinder 25 PS, Standard-Limousine
3300 RM Renault-Celtavier 4 Zylinder 1,5 Liter, Limousine oder dreisitziges Coupé
3350 RM Hansa 1,1 Liter 4 Zylinder 28 PS, Kabriolett
3350 RM Opel 2 Liter 6 Zylinder 8/40 PS, Kabrio-Limousine
3395 RM Stoewer-Greif-Junior 1,5 Liter 4 Zylinder 6/34 PS, Limousine (Normalausführung)
3450 RM Hansa 1,7 Liter 6 Zylinder 41 PS, Limousine oder Kabrio-Limousine
3475 RM Hanomag-Rekord 1,5 Liter 4 Zylinder 32 PS, Limous.
3600 RM Renault-Primavier 2,4 Liter 4 Zylinder, Limousine oder dreisitziges Coupé
3625 RM Stoewer-Greif-Junior 1,5 Liter 6/34 PS 4 Zylinder, Limousine (Stromlinienausführung)
3650 RM Fiat-Balilla 1 Liter 4 Zylinder 4/25 PS, Kabriolett
3750 RM Adler-Trumpf-Junior 1 Liter 4/25 PS 4 Zyl., offener Sportzweisitzer
3750 RM BMW 1,5 Liter 6 Zylinder 34 PS, Limousine
3750 RM Fiat-Balilla 1 Liter 4 Zylinder 4/36 PS, Sportlimousine
3750 RM Mercedes-Benz Typ 170 V 1,7 Liter 4 Zylinder, Limousine
3850 RM Adler-Primus 1,7 Liter 7/38 PS, Innensteuerlimousine, 4 Zylinder
3850 RM Hansa 1,7 Liter 6 Zylinder 41 PS, Kabriolett
3900 RM Ford Typ Rheinland 3,4 Liter 4 Zylinder 13/50 PS, Limousine
3900 RM Renault-Primavier 2,4 Liter 4 Zylinder, dreisitziges Kabriolett oder Celtavier, 4 Zylinder 1,5 Liter, fünfsitziges Kabriolett
3950 RM Adler-Trumpf-Junior 1 Liter 4/25 PS, Zweisitzer-Kabriolett, 4 Zylinder
3950 RM Adler-Trumpf 1,7 Liter 7/38 PS 4 Zyl., Limousine
3950 RM Mercedes-Benz Typ 170 1,7 Liter 6 Zylinder 7/32 PS, Limousine

Bis 5000 RM

4000 RM Opel 2 Liter 6 Zylinder 8/40 PS, Kabriolett
4150 RM Austin 1,55 Liter 4 Zylinder 28 PS, Roadster
4150 RM BMW 2 Liter 6 Zylinder 45 PS, Limousine
4200 RM Hanomag-Rekord 1,5 Liter 4 Zylinder 32 PS, Kabr.
4250 RM Austin 1,55 Liter 4 Zylinder 28 PS, Standard-Limous.
4250 RM Fiat Typ 1500 1,5 Liter 6 Zyl. 6/43 PS, Limousine oder NSU-Fiat
4270 RM Steyr Typ 100 1,3 Liter 4 Zylinder 32 PS, Limousine
4350 RM Austin 1,5 Liter 6 Zylinder 30 PS, Roadster
4350 RM Hanomag-Sturm 2,25 Liter 6 Zylinder 50 PS, Limous.
4350 RM Mercedes-Benz Typ 170 H, mit Heckmotor, 1,7 Liter 4 Zylinder, Limousine
4400 RM BMW 1,5 Liter 6 Zylinder 34 PS, Kabriolett
4400 RM Renault-Vivavier 2,4 Liter 4 Zylinder, Limousine
4490 RM Wanderer 1,7 Liter 6 Zylinder 35 PS, Limousine
4500 RM Adler-Trumpf 1,7 Liter 7/38 PS 4 Zyl., Kabriolett
4500 RM Austin 1,5 Liter 6 Zylinder 30 PS, Standard-Limous.
4575 RM Stoewer-Greif-Junior 1,5 Liter 4 Zylinder 6/34 PS, 2—3sitz. Sport-Kabriolett (Stromlinienausführung)
4700 RM Lancia-Augusta 4 Zylinder 1,2 Liter 5/30 PS, Innensteuerlimousine
4700 RM Mercedes-Benz Typ 170 1,7 Liter 6 Zylinder 7/32 PS, Kabriolett
4800 RM BMW 2 Liter 6 Zylinder 45 PS, Kabriolett
4800 RM Opel 2 Liter 6 Zylinder 8/40 PS, 6sitz. Limousine
4800 RM Steyr Typ 100 1,3 Liter 4 Zylinder 32 PS, Kabriolett
4800 RM Wanderer 2 Liter 6 Zylinder 40 PS, Limousine
4880 RM Mercedes-Benz Typ 170 V 1,7 Liter 4 Zylinder, Kabr.

Bis 6000 RM

5000 RM Fiat Typ 1500 1,5 Liter 6 Zylinder 6/43 PS, Kabriolett oder NSU-Fiat
5050 RM Mercedes-Benz Typ 200 2 Liter 6 Zylinder 8/40 PS, Limousine
5085 RM Ford Typ V8 3,6 Liter 14/90 PS 8 Zylinder, Limousine
5100 RM Fiat Typ 518 2 Liter 8/45 PS 6 Zylinder, 7sitz. Lim.
5100 RM Hanomag-Sturm 2,25 Liter 6 Zylinder 50 PS, Kabr.
5200 RM BMW 1,5 Liter 34 PS 6 Zylinder, 2sitz. Sport-Kabr.
5200 RM BMW 1,5 Liter 6 Zylinder 40 PS, 2sitz. Sportwagen
5200 RM Hanomag-Sturm 2,25 Liter 6 Zyl. 50 PS, Sportwagen
5250 RM Wanderer 2,3 Liter 6 Zylinder 50 PS, Limousine
5350 RM Wanderer 2 Liter 6 Zylinder 40 PS, Kabriolett
5450 RM Chevrolet-Master 3,3 Liter 6 Zylinder 90 PS, Sedan-Limousine
5500 RM BMW 2 Liter 6 Zylinder 50 PS, Limousine
5500 RM Renault-Vivagrandsport 4 Liter 6 Zylinder, Limousine
5530 RM Audi-Front 2,3 Liter 6 Zylinder 50 PS, Limousine
5550 RM Steyr Typ 120 Super 2 Liter 6 Zyl. 50 PS, Limousine
5700 RM Mercedes-Benz Typ 200, mit verlängert. Fahrgestell, 2 Liter 6 Zylinder 8/40 PS, Limousine
5700 RM Renault-Vivagrandsport 4 Liter 6 Zylinder, 3sitz. Roadster-Kabriolett
5700 RM Stoewer-Greif V8 2,5 Liter 8 Zylinder 55 PS, Limous.
5750 RM Adler-Trumpf 1,7 Liter 7/38 PS 4 Zylinder, offener Sportzweisitzer
5750 RM Adler-Trumpf 1,7 Liter 7/38 PS 4 Zylinder, Zweisitzer-Spezial-Kabriolett
5750 RM Pontiac 8 Zylinder, Touring-Sedan-Limousine
5800 RM BMW 2 Liter 6 Zylinder 55 PS, 2sitz. Sportwagen
5800 RM BMW 2 Liter 6 Zylinder 45 PS, 2sitz. Sport-Kabriolett
5850 RM Lancia-Augusta 4 Zyl. 1,2 Liter 5/30 PS, Kabriolett
5950 RM Mercedes-Benz Typ 200 2 Liter 6 Zylinder 8/40 PS, Kabriolett
5950 RM Wanderer-Spezial 2,3 Liter 6 Zyl. 50 PS., Limousine

Bis 7000 RM

6000 RM Fiat Typ 527 2,5 Liter 6 Zylinder 10/55 PS, Limousine
6130 RM Steyr Typ 120 Super 2 Liter 6 Zylinder 50 PS, Kabr.
6200 RM Steyr Typ 120 Super 2 Liter 6 Zylinder 50 PS, Sportwagen

PREISE FÜR JEDERMANN

6250 RM	Wanderer 2,3 Liter 6 Zylinder 50 PS, Kabriolett
6350 RM	Chrysler - Plymouth 3,3 Liter 6 Zylinder 78 PS, 2-Sitzer-Coupé
6390 RM	Ford Typ V8 3,6 Liter 14/90 PS 8 Zylinder, Kabr.
6400 RM	BMW 2 Liter 6 Zylinder 50 PS, Kabriolett
6400 RM	Chrysler - Plymouth 3,3 Liter 6 Zylinder 78 PS, 5-Sitzer-Sedan
6400 RM	Renault-Vivastella 4 Liter 6 Zylinder, Limousine
6475 RM	Audi-Front 2,3 Liter 6 Zylinder 50 PS, Sport-Kabriolett oder Vier-Fenster-Kabriolett
6700 RM	Stoewer-Greif V 8 2,5 Liter 8 Zyl. 55 PS, Kabriolett
6800 RM	Fiat Typ 527 2,5 Liter 6 Zylinder 10/55 PS, Kabriolett
6800 RM	Ford Typ V8 3,6 Liter 14/90 PS 8 Zylinder, Roadster-Kabriolett
6800 RM	Steyr Typ 430 2,1 Liter 6 Zylinder 45 PS, Kabriolett
6800 RM	Wanderer W 25 2 Liter 6 Zylinder 8/85 PS, Sportzweisitzer mit Kompressor
6850 RM	Hansa Typ Privat 3,5 Liter 8 Zylinder, Limousine
6990 RM	Mercedes-Benz Typ 200, mit verlängert. Fahrgestell, 2 Liter 6 Zylinder 8/40 PS, Kabriolett
6950 RM	Wanderer-Spezial 2,3 Liter 50 PS 6 Zylinder, Kabr.

Bis 8000 RM

7000 RM	De Soto Six 3,9 Liter 6 Zyl. 87 PS, 2-Sitzer-Coupé
7000 RM	Fiat Typ 527/S 2,5 Liter 6 Zylinder 10/60 PS, Sport-Limousine
7000 RM	Nash 400 3,8 Liter 6 Zylinder 90 PS, 3sitz Kabriolett mit Notsitz
7200 RM	Steyr Typ 530 2,3 Liter 6 Zylinder 55 PS, Limousine
7250 RM	De Soto Six 3,9 Liter 6 Zylinder 87 PS, 5-Sitzer-Touring-Sedan
7300 RM	Chrysler Six 3,9 Liter 6 Zyl. 87 PS, 2-Sitzer-Coupé
7350 RM	Stoewer-Greif V8 2,5 Liter 8 Zylinder 55 PS, 2—3sitz. Luxus-Sport-Kabriolett
7400 RM	Renault-Nervagrandsport 5,4 Liter 8 Zyl., Limousine
7450 RM	Lancia-Artena 2 Liter 4 Zylinder 8/55 PS, Innensteuerlimousine
7500 RM	Adler-Diplomat 3 Liter 12/60 PS 6 Zylinder, Innensteuerlimousine
7500 RM	Nash 400 3,8 Liter 6 Zylinder 90 PS, 6-Sitzer-Sedan
7500 RM	Wanderer W 25 2 Liter 6 Zylinder 8/85 PS, Sportkabriolett mit Kompressor
7550 RM	Chrysler Six 3,9 Liter 6 Zylinder 87 PS, 5-Sitzer-Touring-Sedan
7550 RM	Hansa Typ Privat 3,5 Liter 8 Zylinder, 2sitz. Kabrio-Limousine
7550 RM	Nash Ambassador Six 3,8 Liter 6 Zylinder 93 PS, Victoria, 6sitz.
7650 RM	Mercedes-Benz Typ 200 2 Liter 6 Zylinder 8/40 PS, zweisitz. Kabriolett
7700 RM	Renault-Nervagrandsport 5,4 Liter 8 Zylinder, 3sitz. Roadster-Kabriolett
7750 RM	Horch 830 B 3,5 Liter 8 Zylinder 75 PS, Limousine
7800 RM	Steyr Typ 530 2,3 Liter 6 Zylinder 55 PS, Kabriolett
7900 RM	Chrysler - Plymouth, 3,3 Liter 6 Zylinder 78 PS, 7-Sitzer-Sedan
7900 RM	Mercedes-Benz Typ 260, Diesel, 2,6 Liter 4 Zylinder, Sechssitzer, Privat-Landaulet
7900 RM	Renault-Nervastella 5,4 Liter 8 Zylinder, Limousine
7950 RM	Mercedes-Benz Typ 290 2,9 Liter 6 Zylinder 11/60 PS, Limousine

Bis 9000 RM

8000 RM	Adler-Diplomat 3 Liter 12/60 PS 6 Zyl., Kabriolett
8000 RM	Buick 41 3,8 Liter 8 Zylinder 85 PS, Touring Sedan Limousine
8000 RM	De Soto Airflow 3,9 Liter 6 Zylinder 96 PS, mit Stromlinienkarosserie, 6-Sitzer-Sedan oder 3-Sitzer-Coupé
8100 RM	Chrysler-Plymouth 3,3 Liter 6 Zylinder 78 PS, Sport-Kabriolett mit deutscher Luxuskarosserie, 4—5sitzig
8150 RM	Chrysler Deluxe Eight 4,5 Liter 8 Zylinder 105 PS, 2-Sitzer-Coupé
8750 RM	Chrysler Deluxe Eight 4,5 Liter 8 Zylinder 105 PS, 5-Sitzer-Touring-Sedan
8800 RM	De Soto Six 3,9 Liter 6 Zylinder 87 PS, 7-Sitzer-Sedan

Bis 10 000 RM

9150 RM	Nash Ambassador Eight 4,2 Liter 8 Zylinder 102 PS, Touring Sedan, 6sitz.
9300 RM	Horch 830 B 3,5 Liter 8 Zylinder 75 PS, Sport-Kabr.
9500 RM	Mercedes-Benz Typ 290, mit verlängert. Fahrgestell, 2,9 Liter 6 Zylinder 11/60 PS, Limousine
9550 RM	De Soto Six 3,9 Liter 6 Zylinder 87 PS, 5-Sitzer-Convertible-Sedan
9600 RM	Mercedes-Benz Typ 290 2,9 Liter 6 Zylinder 11/60 PS, Kabriolett
9850 RM	Chrysler Six 3,9 Liter 6 Zylinder 87 PS, 5-Sitzer-Convertible-Sedan
9900 RM	Lancia-Astura 3 Liter 8 Zylinder 12/75 PS, Innensteuerlimousine

Bis 15 000 RM

10 150 RM	Chrysler Deluxe Eight 4,5 Liter 8 Zylinder 105 PS, 7-Sitzer-Sedan
10 200 RM	Chrysler Eight 5,3 Liter 8 Zylinder 115 PS, 6-Sitzer-Sedan oder Coupé
10 300 RM	Horch 830 B 3,5 Liter 8 Zylinder 75 PS, Kabriolett
10 900 RM	Chrysler Deluxe Eight 4,5 Liter 8 Zylinder 105 PS, 5-Sitzer-Convertible-Sedan
11 150 RM	Packard 4,2 Liter 110 PS, Coupé, 2sitz.
11 350 RM	Packard 4,2 Liter 110 PS, Kabriolett, 2—4sitz.
11 450 RM	Packard 4,2 Liter 110 PS, Sedan, 5sitz.
11 500 RM	Mercedes-Benz Typ 290, mit verlängert. Fahrgestell, 2,9 Liter 6 Zylinder 11/60 PS, Kabriolett
12 450 RM	Chrysler Imperial Eight 5,3 Liter 8 Zylinder 123 PS, mit Stromlinienkarosserie, 6-Sitzer-Sedan oder Coupé
12 600 RM	Lancia-Astura 3 Liter 8 Zylinder 12/75 PS, Kabriolett
13 800 RM	Maybach SW 35/38 3,5 Liter 6 Zylinder 140 PS, Chassis
14 900 RM	Horch 5 Liter 100 PS 8 Zylinder, Limousine

Bis 20 000 RM

15 900 RM	Mercedes-Benz Typ 500 5 Liter 8 Zylinder 6—7sitz. Limousine
17 300 RM	Maybach Typ DSH 5,2 Liter 6 Zylinder 130 PS, Chassis
17 500 RM	Horch 5 Liter 100 PS 8 Zylinder, Kabriolett
17 500 RM	Mercedes-Benz Typ 500 5 Liter 8 Zylinder, Kabriolett
17 600 RM	Maybach SW 35/38 3,5 Liter 6 Zyl. 140 PS, Limousine
18 400 RM	Isotta Fraschini 7,4 Liter 8 Zylinder 150 PS, Kabriolett
18 500 RM	Maybach SW 35/38 3,5 Liter 6 Zyl. 140 PS, Kabriolett

Bis 30 000 RM

22 000 RM	Mercedes-Benz Typ 500, mit Kompressor, 5 Liter 8 Zylind., 2—3sitz. Kabriolett oder 2—3sitz. Roadster oder Limousine oder Kabriolett oder offener Tourenwagen
24 000 RM	Maybach-Zeppelin 8 Liter 12 Zylinder 200 PS, Chassis
24 000 RM	Mercedes-Benz Typ 500, mit Kompressor, 5 Liter 8 Zylinder, Autobahn-Kurierwagen in Stromlinienform
24 300 RM	Maybach Typ DSH 5,2 Liter 6 Zylinder 130 PS, 6sitz. Limousine
26 300 RM	Maybach Typ DSH 5,2 Liter 6 Zylinder 130 PS, 6sitz. Kabriolett

Über 30 000 RM

31 000 RM	Maybach-Zeppelin 8 Liter 12 Zylinder 200 PS, 6sitz. Limousine
33 000 RM	Maybach-Zeppelin 8 Liter 12 Zylinder 200 PS, 6sitz. Kabriolett
41 000 RM	Mercedes - Benz Typ Großer Mercedes 7,7 Liter 8 Zylinder, mit Kompressor, 7sitz. Limousine
44 500 RM	Mercedes-Benz Typ Großer Mercedes 7,7 Liter 8 Zyl. mit Kompressor, Kabriolett

Der Trend in den 30er Jahren

Land	Kraftwagenbestand 1934	1935	1936	1937	1 Kraftwagen auf ... Einw. 1937
USA	23 827 000	24 952 000	26 221 000	28 221 000	4,5
England	1 725 000	1 800 000	2 043 000	2 242 000	21,0
Frankreich	1 890 000	1 892 000	2 065 000	2 167 000	19,0
Kanada	1 051 000	1 052 000	1 163 000	1 234 000	9,0
Deutschland	866 000	1 042 000	1 232 000	1 447 000	47,0
Österreich	39 000	40 000	43 000	46 000	147,0
Italien	347 000	376 000	397 000	411 000	105,0
Japan	106 000	107 000	133 000	147 000	472,0

Schon in den 30er Jahren standen die Amerikaner turmhoch über allen anderen Nationen und hatten eine Kraftfahrzeugdichte, wie sie in Deutschland erst zu Anfang der 70er Jahre erreicht wurde. Deutschland wiederum besaß, obwohl sich von 1934 an ein erheblicher Aufschwung abzeichnete, 1937 pro Kopf der Bevölkerung zehnmal weniger Kraftwagen als zu Beginn der 70er Jahre. Allerdings fuhren damals in Deutschland relativ viele Motorräder, die hier nicht erfaßt sind. Wir hatten 1937 mit Abstand die meisten Motorräder auf der ganzen Welt: etwas mehr als 1,3 Millionen! England und Frankreich besaßen, im Gegensatz zu den heutigen Verhältnissen, wesentlich mehr Kraftwagen als Deutschland, sowohl der absoluten Zahl als auch der Pro-Kopf-Ziffer nach, die mehr als doppelt so hoch wie in Deutschland lag. – Die deutschen Ziffern von 1937 sind die letzten, die exakte Vergleiche ermöglichen, weil 1938 bereits Österreich dazukam und 1939 ja der Krieg ausbrach. Verblüffend, wie niedrig in den 30er Jahren noch die Ziffern in Italien lagen und vor allem: welchen geringen Autobestand damals ein Land aufwies, das heute eine Industrie- und Autonation größten Aus-

Ein Renault »Juvaquatre« aus der Zeit kurz vor dem zweiten Weltkrieg mit 1003 ccm und 4-Zylinder-Maschine

Oben: Rolls-Royce Phantom II von 1930. – Rechts: Ein Fiat »Balilla« von 1932, ein sehr beliebter Wagen

maßes geworden ist: Japan. Zu Beginn des Jahres 1938 lagen auch die Marktanteile bei den deutschen Autofirmen in der Pkw-Produktion noch ganz anders als heute:

Opel	36,8 %	BMW	3,3 %
DKW	17,9 %	Fiat (NSU-Fiat)	3,3 %
Mercedes	9,4 %	Borgward	2,6 %
Ford	7,8 %	Horch	1,0 %
Adler	6,9 %	Stoewer	0,5 %
Wanderer	4,4 %	Audi	0,1 %
Hanomag	3,4 %		

Krise in Amerika 1938

Der Automobilbestand der USA verzeichnete für 1938 einen Rückgang um 250 000 Fahrzeuge, so daß der Gesamtbestand jetzt mit 29,4 Millionen angegeben wurde, wovon 25 150 000 auf Personenwagen, der Rest auf Lastwagen und Nutzfahrzeuge entfielen. Am gesamten Automobilbestand der Welt von damals 42,9 Millionen Wagen waren die USA aber immer noch mit 68 Prozent beteiligt. Die Abnahme des Automobilbestandes - so eine Notiz aus der damaligen Zeit - war auf den starken Rückgang in der Produktion von nicht weniger als 47 Prozent zurückzuführen. Diese betrug 1938 nur 2 660 000 Automobile, davon 2 130 000 Personenwagen und 530 000 Nutzfahrzeuge. Dies war einer der stärksten Rückschläge, die die amerikanische Automobilindustrie je zu verzeichnen hatte. Die Vereinigten Staaten hatten nach der Volkszählung von 1937 genau 129 257 000 Einwohner, was bei einem Kraftfahrzeugbestand von fast 30 Millionen bedeutet, daß auf 4,3 Einwohner ein Kraftfahrzeug entfiel. Damit hatten die USA bereits in der zweiten Hälfte der 30er Jahre eine Kraftfahrzeugdichte erreicht, wie sie erst Anfang der 70er Jahre in Deutschland und in einzelnen anderen europäischen Ländern anzutreffen war.

Die Autowelt nach dem zweiten Weltkrieg

Zwischen 1940 und 1970 hat der Automobilbestand in der Welt in einem geradezu ungeahnten Maße zugenommen. Ungeahnt deshalb, weil man sich sicherlich 1940 diese Expansion des Automobils noch nicht vorstellen konnte. Die vielen Probleme, die mit dem Straßenbau, den Parkräumen in den Städten und den Garagen zusammenhingen, sind dadurch entstanden, daß man eine so aktive Entwicklung und Zunahme des Automobilbestandes nicht voraussehen konnte. 1940 gab es auf der Welt insgesamt 46 057 100 Kraftfahrzeuge, wobei Personenwagen, Lastwagen und Omnibusse zusammengerechnet werden. In diesen Zahlen sind aber die Motorräder und Traktoren nicht enthalten. Von 1940 bis 1950 stieg der Kraftfahrzeugbestand auf der Welt um mehr als 40 Prozent an und erreichte im Jahre 1950 63 200 500 Fahrzeuge. Das heißt, daß unmittelbar nach dem Krieg ein enormer Nachholbedarf eingesetzt hat. Die eigentliche Expansion fand aber zwischen 1950 und 1960 statt, denn die Ziffer für 1960 liegt fast doppelt so hoch wie die von 1950: 119 275 100. Wer nun glaubte, daß ein gewisser Sättigungsgrad erreicht sei, hatte sich getäuscht. Denn nun begannen ja eine ganze Reihe von Ländern erst, sich dem Automobil intensiv zuzuwenden, die bisher als eine Art Entwicklungsländer angesehen werden mußten. Und auch in Deutschland war noch ein sehr starker Nachholbedarf vorhanden. Auf diese Weise hat sich der Kraftfahrzeugbestand der Welt zwischen 1960 und 1970 noch einmal fast verdoppelt. Die Zahl für 1970 liegt bei 230 321 400, wobei die Bestände in den Ostblockstaaten zu einem großen Teil geschätzt werden mußten, weil dort nicht überall zuverlässige Statistiken herausgegeben werden. Alle Experten sind sich darüber einig, daß in den 70er Jahren dieser Kraftfahrzeugbestand sich noch einmal erheblich vermehren wird. Trotzdem wird es aber nicht mehr zu einer so expansiven Ausdehnung

Ein Chevrolet »Corvette« aus dem Jahre 1968

kommen, das heißt, es wird voraussichtlich 1980 nicht die doppelte Zahl der Kraftfahrzeuge von 1970 geben. Ein erster Anhaltspunkt sind die Zahlen der vergangenen Jahre. 1971 war der Bestand bei 236 Millionen, 1972 bei 249 Millionen angelangt. Das ist zwar auch eine starke Steigerungsrate, aber sie liegt prozentual nicht ganz so hoch wie in den vergangenen Jahren.

An der Spitze stehen selbstverständlich die USA, die beispielsweise 1972 einen Bestand von 89,3 Millionen Personenwagen und 19,1 Millionen Lastwagen und Omnibussen aufzuweisen hatten. Aber Westeuropa braucht sich dahinter kaum zu verstecken. Mit 65,4 Millionen Personenwagen und 10,3 Millionen Lastwagen und Omnibussen liegen wir ziemlich dicht hinter den USA. Was an diesen Zahlen so interessant ist, ist das Verhältnis zwischen Personenwagen und Nutzfahrzeugen. In Westeuropa betrug dies 1972 ziemlich genau 6,5:1, das heißt es gab 6,5mal soviel Personenwagen wie Lastwagen. Auch in den USA dominieren die Personenwagen ganz eindeutig, wenn auch das Verhältnis nur bei etwa 4,5:1 liegt. Ganz anders die Verhältnisse dagegen in Osteuropa: Dort wurden 1972 etwa 4,5 Millionen Personenwagen registriert, während der Bestand an Lastwagen und Omnibussen bei 5,6 Millionen lag, das heißt es gibt dort ungefähr 20 Prozent mehr Lastwagen (Nutzfahrzeuge) als Personenwagen. Das kennzeichnet die gesamte Situation, den Lebensstandard, die Verhältnisse in den Ostblockstaaten. Der private Gebrauch des Personenwagens ist dort weitgehend eingeschränkt, und das Nutzfahrzeug dominiert. Selbst in Afrika gibt es bei 1,3 Millionen Lastwagen schon 3,2 Millionen Personenfahrzeuge. Das Automobil ist heute mehr denn je ein getreuer Spiegel der gesamten Gesellschaftsordnung geworden, wobei in den letzten Jahren die Automobilproduktion nicht überall gleichmäßig weiter gestiegen ist. In Amerika gibt es ohnehin verhältnismäßig große Schwankungen: Schwankungen, die dann auf der negativen Seite des Pendels bei uns schon als eine Rezession bezeichnet würden. Beispielsweise haben die USA 1969 10,2 Millionen Automobile produziert, ein Jahr später, 1970, war die Produktionsziffer auf knapp 8,3 Millionen zurückgegangen, während sie 1971 sich wieder auf fast 10,7 Millionen hinaufgearbeitet hat. Solche Schwankungen sind in Amerika zwar nicht an der Tagesordnung, aber werden noch als eine normale Quote angesehen.

Wie man sich denken kann, sind vor allem die japanischen Produktionen ständig gestiegen: 1969 waren es noch 4,6 Millionen, 1972 schon 5,8 Millionen Kraftfahrzeuge.

In der Bundesrepublik haben wir uns in den letzten Jahren der 4-Millionen-Grenze genähert. Die Franzosen liegen knapp unter 3 Millionen, die Engländer knapp über 2 Millionen Kraftfahrzeugen pro Jahr. In Italien werden etwa 1,8 Millionen hergestellt. Die russische Produktion ist in den letzten Jahren ziemlich stark angestiegen, wobei man eben berücksichtigen muß, das die Mehrzahl Nutzfahrzeuge sind. Die Zahl liegt bei 1,1 bis 1,3 Millionen im Jahr. Was die Produktion der DDR angeht, so besagt die Ziffer von 1971, daß dort insgesamt 161 000 Kraftfahrzeuge hergestellt worden sind.

Bei der Produktion eines einzelnen Modells hat das Volkswagenwerk mit dem »Käfer« die bisher geltende Rekordzahl des Ford-Modells T mit 15,2 Millionen bereits im Jahr 1972 überschritten. Ford hält allerdings immer noch unbestritten einen anderen Rekord: Die größte Produktion an einem Tag fällt auf das Modell T, von dem einmal 9173 Stück in 24 Stunden hergestellt worden sind.

Die Produktion von 1965 bis 1969

Land	1965	1966	1967	1968	1969
USA	11 137 830	10 396 298	9 023 736	10 820 410	10 205 911
Japan	1 875 614	2 286 399	3 146 486	4 085 826	4 674 932
Bundesrepublik Deutschland	2 976 477	3 050 708	2 482 319	3 106 958	3 604 567
Großbritannien	2 177 261	2 042 354	1 937 195	2 225 122	2 182 793
Frankreich	1 550 291	1 830 031	1 837 988	2 075 617	2 459 072
Italien	1 160 817	1 343 893	1 524 808	1 663 648	1 595 951
Ostblockländer	938 788	1 035 054	1 126 051	1 264 000	1 314 800
davon DDR	118 056	126 626	130 000	133 000	138 000
Tschechoslowakei	89 312	112 049	135 000	145 000	157 000
UdSSR	616 000	675 000	728 800	800 900	844 300
Kanada*	853 931	895 246	937 479	1 179 983	1 352 899
Spanien*	232 665	340 418	362 906	393 433	454 471
Australien	407 596	343 929	410 002	369 500	424 596
Brasilien*	185 645	224 574	225 418	279 715	320 000
Schweden	205 717	199 910	214 171	244 786	270 720
Argentinien*	194 536	179 453	175 318	180 976	218 587
Belgien/Luxemburg*	175 503	203 287	189 349	177 152	311 059
Mexiko*	95 542	113 276	122 603	144 913	160 000
übrige Länder	18 787	53 170	8 171	70 968	145 697
Welt insgesamt	24 187 000	24 538 000	23 724 000	29 361 907	29 696 055

* Die Produktionen in Kanada, Spanien, Brasilien, Argentinien, Belgien und Mexiko setzen sich im wesentlichen nur aus Fahrzeugen zusammen, die in Lizenz gebaut oder montiert werden.

Aus dieser Fünfjahresstatistik erkennt man, mit welch riesigem Abstand die Produktionsziffern der USA immer noch an der Spitze liegen. Es steigen im Durchschnitt die Produktionsziffern in Amerika nicht mehr an, was deutlich wird, wenn man die hohe Ziffer von 1965 betrachtet.
Ganz anders in Japan: Hier ist ein unaufhaltsamer Trend nach oben festzustellen, und in diesen fünf Jahren hat sich die Produktion von Kraftfahrzeugen in Japan weit mehr als verdoppelt. Die Sprünge von 1966 auf 1967 und dann noch einmal um fast eine Million von 1967 auf 1968 sind frappierend und zeigen, wie die Japaner nicht nur auf dem heimischen Markt, sondern vor allen Dingen auf dem Weltmarkt Fuß zu fassen begannen. Bei der Produktion in der Bundesrepublik erkennt man sehr deutlich die sogenannte Rezession im Jahr 1967, wo die Zahlen um fast 20 Prozent niedriger lagen als 1966, aber bereits 1968 waren die Ziffern wieder so weit in die Höhe geschnellt, daß man von einer regen Konjunktur sprechen konnte.
Die englische Produktion dagegen ist in diesen fünf Jahren, wie die Tabelle wiedergibt, fast immer gleich geblieben; die Schwankungen waren nicht sehr groß, man kann auch keine aufsteigende Linie feststellen. Dies ist jedoch in Frankreich, vom Jahr 1967 abgesehen, ganz klar erkennbar, denn die Ziffer von 1969 liegt ja so deutlich über der von 1965, daß die französische Industrie sehr zufrieden sein konnte. Auch hier sind wesentliche Erweiterungen im Export einer der wichtigsten Faktoren dafür gewesen.
Auch die italienische Kurve war bis 1967 deutlich im Steigen begriffen, erreichte 1968 einen Höhepunkt und kam dann im folgenden Jahr etwa wieder auf die Ziffer vom Jahr 1967 zurück. In Italien wie in England sind die zahlreichen Streiks oft für eine Produktionsausweitung hinderlich gewesen.

Die Produktion der Ostblockländer hat sich auch allmählich erhöht, das gilt auch für die Zahlen in der DDR, die im Vergleich zu unseren geradezu erschreckend niedrig liegen, auch wenn man berücksichtigt, daß drüben nur knapp ein Drittel der Bevölkerung lebt im Vergleich zu unserer Bevölkerungsziffer. Die russischen Ziffern täuschen insofern, als dort im überwiegenden Maße Lastwagen hergestellt werden Die Pkw-Produktion ist von den Zahlen her eigentlich uninteressant.
Kanada besitzt keine eigene Automobilindustrie, sondern nur Zweigwerke amerikanischer Firmen, die aber dort immerhin in erheblichem Maße Automobile produzieren. Ähnliches gilt für Spanien und Australien, wo europäische Firmen Zweigwerke errichtet haben oder wo in Lizenz Fabrikate anderer Länder hergestellt werden, in Spanien zum Beispiel der SEAT als Lizenzausgabe des Fiat, in Australien der Holden als General-Motors-Erzeugnis.
Die schwedische Produktion war in diesen fünf Jahren deutlich im Wachsen, besonders 1968 und 1969.
Wenn man die Zahlen der ganzen Welt zusammennimmt, so stellt sich heraus, daß in diesen fünf Jahren die Motorisierungswelle immer weiter fortgeschritten ist und die Produktion sich insgesamt um 23 Prozent vermehrt hat.
Alle Statistiken dieser Art gipfeln natürlich in der Frage: Wie lange noch werden die Automobilfabrikanten mit immer größeren Stückzahlen rechnen können, wie weit kann die Motorisierungswelle noch fortschreiten, die in den USA mit einem Verhältnis von etwa einem Auto pro zwei Einwohner ein gewisses Limit schon erreicht zu haben scheint. In diesem Zusammenhang wird ja auch von behördlicher Seite das Auto manchmal verteufelt, weil es große Anforderungen an den Straßenbau und schier unüberwindliche Probleme in den Städten bringt. Man ist geneigt, für die langfristige Planung

im innerstädtischen Verkehr den Schnellbahnen, nicht im Stile der alten S-Bahnen und U-Bahnen, sondern in einer moderneren Fassung als Kabinenbahnen nach dem sogenannten Transurban-Taktsystem den Vorzug zu geben. Man steht hier natürlich immer wieder vor dem Problem, wie man die kurz- und mittelfristige Planung mit der langfristigen in Einklang bringen soll, was mit außerordentlichen organisatorischen und produktionstechnischen Schwierigkeiten verbunden ist. Man kann in der Notsituation, in der wir uns in diesen 70er Jahren befinden, keinesfalls auf eine kurzfristige Planung, die auf eine positive Einstellung zum Automobil hinausläuft, verzichten, weil sonst an verschiedenen Brennpunkten wirklich chaotische Verhältnisse eintreten würden. Aber auf der anderen Seite wird man sich den Projekten, die für die 80er und 90er Jahre realisierbar erscheinen und technisch längst realisierbar sind, auch nicht verschließen können.

Im Grunde läuft all dieses Nachdenken darauf hinaus, daß man unmittelbar nach dem Krieg noch keine weitreichende und langfristige Planung begonnen hat, weil man mit einem solch enormen und schnellen Anwachsen der Motorisierungswelle einfach noch nicht rechnen konnte. Man kann in den nächsten Jahren nur dadurch positive Ergebnisse erreichen, daß sich der einzelne Autofahrer auf allen Straßen, ganz besonders aber in den Städten, mit Geduld und Disziplin wappnet und sich bewußt wird, wie auch er als einzelner Autofahrer dazu beitragen kann, daß solche Probleme, wenn nicht gelöst, so doch einfacher gestaltet werden.

Kraftfahrzeugbestand in Österreich von 1931 bis 1972

(Personen- und Kombiwagen)

Jahr	Bestand	Einw. in Mio	Einw. je Pkw
1931	22.253	6,75	303
1937	32.373		
1948	34.382		
1952	65.533	6,94	106
1956	187.938		
1960	404.042	7,07	17,5
1964	702.034		
1968	1.056.290		
1972	1.460.163	7,44	5,11

Die österreichische Statistik zeigt, ein wie starker »Nachholbedarf« in Österreich nach dem Krieg gegeben war. Die höchste Zuwachsrate ist in den Jahren von 1952 bis 1956 festzustellen – in diesen vier Jahren stieg hier der Pkw-Bestand fast auf das Dreifache an, in den folgenden vier Jahren noch einmal auf mehr als das Doppelte. Neben Japan ist Österreich das Land mit den höchsten Zuwachsraten gewesen, darauf zurückzuführen, daß die »Motorisierungswelle« aufgrund eines steigenden Lebensstandards erst relativ spät einsetzte.

Ein English Daimler »Sovereign«

Drei Methoden der PS-Bestimmung

DIN

VW-Motor 1,3 Liter

44 PS
= 32,4 kW
= 42 SAE Net. HP

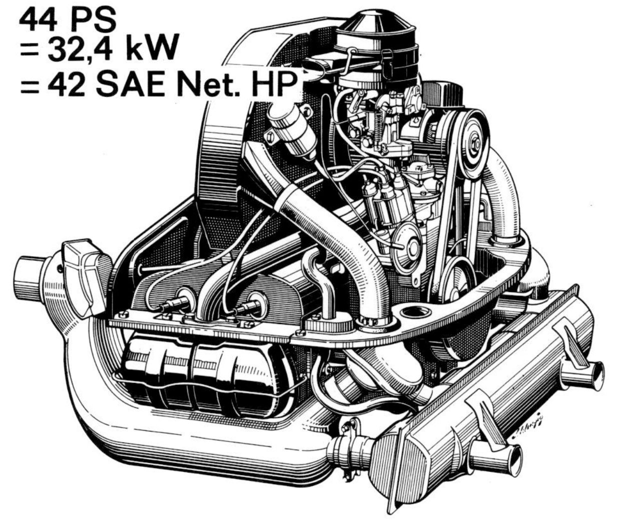

Die DIN-PS werden nach einem in Deutschland üblichen Verfahren gemessen (DIN = Deutsche Industrie-Norm). Alles, was zu einem Motor gehört, um ihn im öffentlichen Straßenverkehr betreiben zu können, ist bei der DIN-Messung dran und wird vom laufenden Motor selbst angetrieben.

CUNA

48 PS

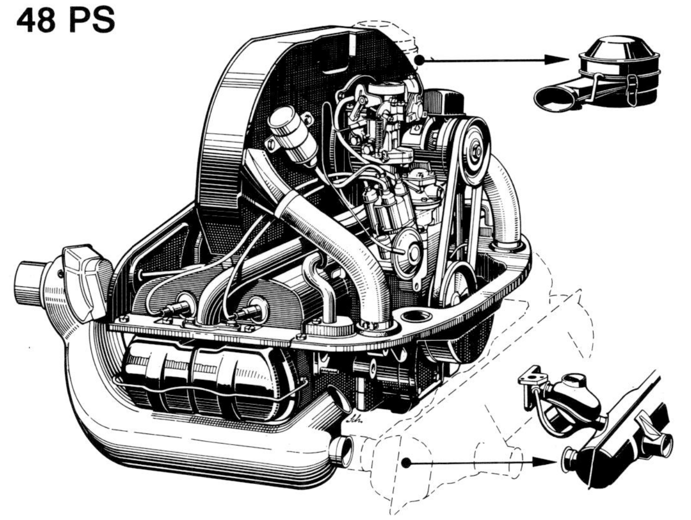

Die CUNA-PS erscheinen gelegentlich hinter Zahlenangaben, die aus Italien stammen (CUNA = Commissione Unificazione Normalizzazione Autoveicoli). Wer sich mit der Prüfstand-Ausrüstung dieser Meßmethode auf die Straßen wagt, würde bald von der Polizei notiert, weil es niemandem gestattet ist, ohne Auspufftopf, dafür aber mit ungehemmter Lärmentfaltung in der Öffentlichkeit herumzufahren. Wer in Automobilprospekten auf CUNA-Werte stößt, der sollte von der PS-Zahl 5 bis 10 Prozent abziehen, um dann mit Hilfe der Kilowattberechnung auf einen gemeinsamen Nenner zu kommen.

SAE **(überholte amerikanische Meßmethode)**

52 PS

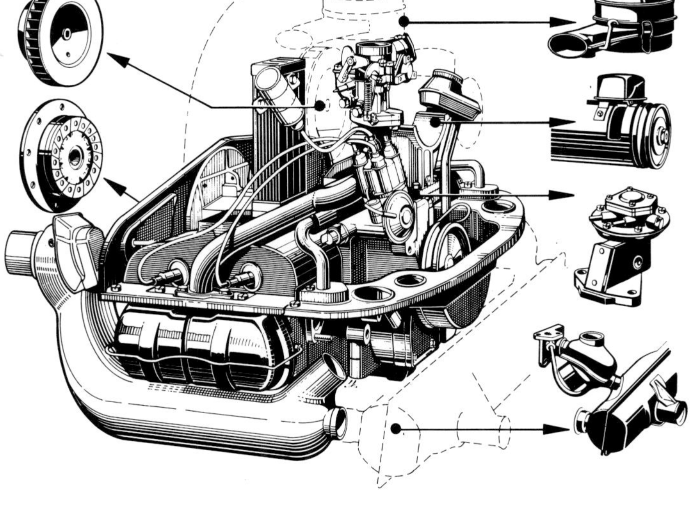

Die SAE-PS (veraltet) und SAE-Netto HP (= Netto-PS) kommen aus den USA. Die SAE-Bemessung hat durch Importgeschäfte auch in Europa weite Verbreitung gefunden (SAE = Society of Automotive Engineers).
Dieses Bild – zum Glück überholt, weil die amerikanische Autoindustrie nun zu realen Meßmethoden übergegangen ist – gleicht in der Abmagerung des Motoraggregates einer radikalen Pferdekur. Zurückgeblieben ist eine Maschine, die nur mit fremder Hilfe funktionieren kann. Luftfilter, Lichtmaschine, Lüfterrad (oder Wasserpumpe), Kupplung, Benzinpumpe und Auspufftopf sind demontiert. Um Höchstwerte zu erzielen, werden Zündung und Vergaser auf optimale Leistungsabgabe getrimmt, und so ist die Maschine auf dem Prüfstand, mit dem die SAE-PS alter Art gemessen werden, recht weit von der deutschen Straßenverkehrs-Zulassungs-Ordnung entfernt. Wo in alten Druckschriften solche Zahlen auftauchen, müssen die PS um etwa 15 bis 20 Prozent verringert werden, um den Tatsachen nahezukommen.

Kilowatt contra Pferdestärke

Auch in der Automobilbranche werden die Pferde rar, denn das Kilowatt, bisher vornehmlich zur Darstellung der elektrischen Leistung verwendet, spannt die Pferdestärken aus. Das ist in der Bundesrepublik Deutschland seit dem 2. Juli 1970 beschlossene und in Kraft getretene Sache. Man hat aber noch Geduld mit den geplagten Menschen und auch mit der Buchdruckerzunft, denn die Umstellung alteingesessener Gedankengänge und auch der Tabellen braucht gehörige Zeit. Bis Anfang 1978 traben Kilowatt und Pferdestärken als Zweispänner nebeneinander her.

1 PS = 0,736 kW

Die internationale Verflechtung der Wirtschaft, die Verständigung über Sprach- und Landesgrenzen hinaus fordern gemeingültige technische Begriffe und ein einheitliches Maßsystem. So hat man sich auf das »Système International des Unités« geeinigt, bei dem alle sechs Basisgrößen der Maßeinteilungen dem Dezimalsystem untergeordnet sind. Komplizierte Umrechnungsfaktoren zwischen den Einheiten fallen also in Zukunft fort. (Bis auf die Zahl 0,736 zum besseren Verständnis vergangener Pferdestärken; mit ihr werden PS-Angaben in Handbüchern und Prospekten modernisiert.)
Die PS-Berechnung setzt man überall in Europa und in Übersee mit der gleichen Formel an, aber – andere Länder, andere Sitten – sie werden auf unterschiedliche Weise aus den Motoren herausgeholt. Um die gebräuchlichsten Arten deutlich zu machen, stellen wir auf der vorigen Seite als Beispiel den 1,3-Liter-VW-Käfer-Motor vor. Man erkennt, wie die Demontage von Aggregaten zu scheinbarem Gewinn bei der Leistung führt.
Das ist ein Trugschluß, denn zu jedem Verbrennungsmotor gehören viele zusätzliche Apparaturen, die für seinen Betrieb unumgänglich sind. Die Kraftstoffpumpe fördert das Benzin zum Vergaser – sie muß angetrieben werden. Das Luftfilter erfüllt nur dann seinen Zweck, wenn es den Staub säuberlich zurückhält – das kostet Leistung, weil man die Luft durch Filtergewebe und Ölbäder ansaugen muß. Die Lichtmaschine erzeugt den Strom für die Bordelektrik; auch das geht nicht ohne Leistungsverluste ab. Verbrennungsmotoren sind Wärmekraftmaschinen; sie verkraften aber die Ausdehnung verbrennender Gase aus physikalischen Gründen nicht vollständig, und man tut gut daran, die ungenutzte Wärme alsbald wieder abzuleiten: mit einem Kühlsystem. Die Auspuffanlage mit ihrer schalldämmenden Funktion trägt schließlich auch nicht zu ungehemmter Kraftentfaltung bei.
Neuerdings wenden die amerikanischen Motorenhersteller eine Meßmethode für die Leistung an, die der deutschen DIN-PS-Formel, soweit es den Ausrüstungsumfang des Motors betrifft, entspricht. Der Motor ist also komplett, so wie er ins Fahrzeug eingebaut wird. Die neue amerikanische Leistungsabgabe heißt SAE-Netto-Leistung. Abweichend von der DIN-PS-Ermittlung liegen den SAE-Netto-PS aber andere Umgebungsbedingungen in bezug auf Temperatur und Luftdruck und eine unterschiedliche Größenordnung der Pferdestärke zugrunde. Die Tabelle gibt Aufschluß darüber:

Unterschiede bei Leistungsmessung	DIN-PS	SAE-Netto-HP	Korrekturfaktor
Testtemperatur	68° F (20° C)	85° F (29,5° C)	0,984
Luftdruck	29,92 in. HG (760 mm Hg)	29,38 in. Hg (746 mm Hg)	0,982
	0 m über dem Meeresspiegel	160 m über dem Meeresspiegel	
Pferdestärken	542,5 lb.ft./sec	550 lb.ft./sec	0,986
	(0,736 kW)	(0,746 kW)	

Berücksichtigt man alle Korrekturfaktoren, so ist, genau definiert, eine präzise Umrechnung von DIN-PS in SAE-Netto-HP möglich:

$$x \text{ DIN-PS} \cdot 0{,}953 = y \text{ SAE-Netto-HP}$$

Es muß dazu noch gesagt werden, daß sich die USA noch nicht der internationalen Normung (SI) mit Leistungsangaben in Kilowatt angeschlossen haben. Aber auch das ist wohl nur eine Frage der Zeit. Der dargestellte 1,3-Liter-Volkswagen-Käfer-Motor leistet 44 DIN-PS. Das sind 48 CUNA-PS, 42 SAE-Netto-HP, 52 SAE-PS alter Art und, demnächst, 32,4 kW.

Bildquellen

Alfa Romeo, Ansafoto, Aston Martin, Audie Photo, Audi NSU Auto Union, Christian Auer, Austin, Autobianchi, Autoradio Becker, Bentley, H. P. Bergler, Bizzarini, BMW, Robert Bosch, Botzenhardt, British Petroleum, Brunaud, Alex Büttner, Civica Raccolta Bertarelli, Citroën, Continental, Corrado Millanta, Daimler-Benz, De Tomaso, Deutsches Museum München, Deutsche Vergaser-Gesellschaft, Dr. Dietz, Eastern Press, Ediprint, Farabola, H. F. Fergusson-Wood, Ferrari, Fiat, Ford, Archiv Richard von Frankenberg, Ewin Galloway, General Motors, HGW-Archiv, J. E. Höller, Dr. Eberhard Hundt, Innocenti, Jaguar, Klöckner-Humboldt-Deutz, Helmut Kratz, Otto Kuchler, Lancia, Derek Livemore, Long Island Auto Museum Southampton/N.Y., Lotus, M.A.N., Martini, Maserati, MG, Michelin, Montagu Motor Museum Beaulieu/Hants., Dr. Benno Müller, Musée de l'Automobile Chateau de Grandson, Musée de l'Automobile Rochetaillée, Musée National de la Voiture Compiègne, Museo dell'Automobile di Torino, National Museum van de Automobiel Driebergen, News Blitz, Antony Nowarth, Opel, Opera Mundi, Palnic, Peugeot, Ken Phillip, Photo Service, Faust Picedi, Porsche, Publifoto, Renault, G. Riebicke, Rolls-Royce, M. L. Rosenthal, Royal Automobile Club of Great Britain, Adolph Saurer, Schirnerbild, Dr. Seifert, H. P. Seufert, Sibilia, J. Soblisky, Stern-Archiv, Erich Strenger, Sunbeam, Alfred Teves/Ingo Kilian, The Daily Telegraph, A. Traverso, Traudl Utz, Vauxhall, Verkehrshaus der Schweiz Luzern, Volkswagen-Werk, Votawa, Julius Weitmann, Leica-Studio Wörner

Ein Wort des Dankes

Unter den zahlreichen vom deutschen Verfasser benutzten Quellen möchte er an erster Stelle die beiden Bände von Hans Heinrich von Fersen »Autos in Deutschland 1885–1920« und das anschließende »Autos in Deutschland 1920–1939« nennen und in gleichem Atemzug »Autos in Deutschland 1945–1966« von Werner Oswald hinzufügen, das für die Geschichte der Kleinstwagen von unschätzbarem Wert war. Speziell für die Frühgeschichte waren mir die Informationen von SB Max Rauck (Deutsches Museum München), die Bücher »Gebändigte Kraft« von Gustav Goldbeck, »Gottlieb Daimler« von Paul Siebertz und das Archiv der Firma Daimler-Benz AG von größtem Nutzen, ebenso wie das Werk »Automobiles Suisse« von Ernest Schmid. Auf dem Sektor Sport möchte ich zuvorderst »The French Grand Prix« von David Hodges und dessen Buch über die 24 Stunden von Le Mans erwähnen, dazu das Indianapolis-Buch von Helmut Zwickl; einen besonderen Hinweis verdient auch noch »Die Geschichte der Bugatti-Automobile« von Monika und Uwe Hucke. Herrn Wolfgang Hornung sei für seine Feuerspritzen-Informationen herzlich gedankt, Ingo Kasten im Zusammenhang mit den Söhnlein-Versuchen erwähnt. Der Verfasser möchte auch nicht verhehlen, daß seine Aufsätze in dem längst vergriffenen Buch »Autos« (Steingrüben-Verlag) eine gute Starthilfe waren. Last but not least sei auch dem Hause Porsche für viele Informationen gedankt.

Richard von Frankenberg

Namens- und Sachregister

Die normal gesetzten Zahlen (28) verweisen auf Textstellen, die halbfetten (**49**) auf Bildunterschriften beziehungsweise Abbildungen. Halbfette Doppelzahlen (**384/385**) bezeichnen Tafeln zwischen den angeführten Seiten.
Rennen, Rallyes und andere Wettbewerbe sind unter den Austragungs- oder Startorten und, soweit es sich um Große Preise handelt, unter dem Stichwort »Grand Prix« zu finden.